W0259344

M. Denis-Papin
R. Faure
A. Kaufmann
Y. Malgrange

Theorie und Praxis der Booleschen Algebra

Logik und Grundlagen der Mathematik

Herausgegeben von
Prof. Dr. Dieter Rödding, Münster

Band 15

Band 1
L. Félix, Elementarmathematik in moderner Darstellung

Band 2
A. A. Sinowjew, Über mehrwertige Logik

Band 3
J. E. Whitesitt, Boolesche Algebra und ihre Anwendungen

Band 4
G. Choquet, Neue Elementargeometrie

Band 5
A. Monjallon, Einführung in die moderne Mathematik

Band 6
S. W. Jablonski / G. P. Gawrilow / W. B. Kudrjawzew
Boolesche Funktionen und Postsche Klassen

Band 7
A. A. Sinowjew, Komplexe Logik

Band 8
J. Dieudonné, Grundzüge der modernen Analysis

Band 9
N. Gastinel, Lineare numerische Analysis

Band 10
W. V. O. Quine, Mengenlehre und ihre Logik

Band 11
J.-P. Serre, Lineare Darstellung endlicher Gruppen

Band 12
I. R. Schafarewitsch, Grundzüge der algebraischen Geometrie

Band 13
A. I. Malcew, Algorithmen und rekursive Funktionen

Band 14
P. S. Novikov, Grundzüge der mathematischen Logik

Band 15
M. Denis-Papin / R. Faure / A. Kaufmann / Y. Malgrange
Theorie und Praxis der Booleschen Algebra

Band 16
I. Adler, Gruppen in der Neuen Mathematik

M. Denis-Papin
R. Faure
A. Kaufmann
Y. Malgrange

Theorie und Praxis der Booleschen Algebra

Mit 129 Bildern

Vieweg · Braunschweig

Übersetzung:
Erster Teil: Ursula Schulte, Herbern
Zweiter Teil: Prof. Dr. F. Cap, Innsbruck

Verlagsredaktion: Alfred Schubert, Richard Bertram

Der erste Teil ist entnommen aus:
M. Denis-Papin / R. Faure / A. Kaufmann
Cours de Calcul booléien appliqué
© Éditions Albin Michel, Paris 1963

Der zweite Teil ist entnommen aus:
M. Denis-Papin / Y. Malgrange
Exercices de Calcul booléien avec leurs solutions
© Éditions Eyrolles, Paris 1966

ISBN 978-3-528-08273-4 ISBN 978-3-322-86335-5 (eBook)
DOI 10.1007/978-3-322-86335-5

1974

Softcover reprint of the hardcover 1st edition 1974

Satz: Vieweg, Braunschweig

Buchbinder: W. Langelüddecke, Braunschweig
Umschlaggestaltung: Peter Kohlhase, Lübeck

Vorwort

Das vorliegende Werk besitzt eine seltene Eigenschaft: Einerseits ist es vom mathematischen Standpunkt genau und so vollständig, daß es möglich ist, den Begriff „Teilmenge" der Mengenlehre streng mathematisch zu definieren, ohne die Kritik eines Mathematikers hervorzurufen; andererseits wird jeder der eingeführten und axiomatisch definierten Begriffe mit Anwendungen und zahlreichen Beispielen aus der Erfahrung verbunden, so daß die mathematische Definition nur natürlich erscheint.

Das Werk kann sicherlich ohne umfangreiche mathematische Kenntnisse gelesen und nutzbringend gebraucht werden, was jedoch den reinen Mathematiker nicht hindert, genaue Ausführungen, die er beansprucht, zu finden. Zu diesem letzten Punkt möchte ich die Beziehung zwischen der Booleschen Algebra der Teilmengen einer Menge und der binären Algebra zitieren.

Dieses Buch wendet sich an alle, die sich mit Boolescher Algebra beschäftigen, und lenkt die Aufmerksamkeit sowohl der weniger Eingeweihten als auch der Spezialisten auf sich.

Vergessen wir nicht, daß die Boolesche Algebra jeden Tag in neue Bereiche eindringt. Das Feld der Anwendungen erscheint jedoch so groß, daß jeder neue Bereich den Leser, der das gesamte Werk im Auge hat, vom Weg abbringen könnte.

Es ist uns zu Beginn gelungen, eine gute Einführung der unendlichen Mengen zu geben, obwohl im Folgenden nur endliche Mengen berücksichtigt werden. Auf diese Weise erhält der Leser eine gewisse Aufnahmebereitschaft, die für das weitere Werk notwendig ist. Meiner Kenntnis nach ist es die einzige Abhandlung über Mengenlehre, die die Ähnlichkeiten und Unterschiede zwischen dem mathematischen Begriff der Menge und den verschiedenen benachbarten intuitiven Begriffen hervorhebt.

Ich bedaure, und das soll keine Kritik sein, daß man sich scheute zu schreiben, daß das Oktalsystem geeignet ist, alle anderen gebräuchlichen Zahlensysteme zu ersetzen, vor allem beim Messen von Längen und Massen.

Wenn das Oktalsystem schon zu beträchtlichen Vereinfachungen z. B. bei der Herstellung von Behältern für Gewichtssätze führt, welche Verbesserung bringt es dann für den Gebrauch dieser Gegenstände oder auch für alles, was mit periodischen Frequenzen in Beziehung steht!

René de Possel
Professor an der Sorbonne
Direktor des Instituts Blaise Pascal

Inhaltsverzeichnis

Erster Teil: Boolesche Algebren

Erster Teil
Boolesche Algebren

1. Begriffe zur Mengenlehre

1.1. Der „intuitive“ Begriff der Anhäufung, der Ansammlung und der Menge

So vertraut der Begriff der Menge erscheinen mag, verdient er dennoch eine kurze Untersuchung.

Tatsächlich unterscheiden sich die Vorstellungen von einer Anhäufung, einer Ansammlung und einer Menge von Dingen in der Logik und in der Mathematik merklich voneinander. Hinsichtlich unserer Aufgabe erscheint es weder sinnvoll, ausführlich die Herleitung des Begriffs der Menge noch den dorthin führenden Mechanismus der Abstraktion abzuhandeln; denn die angewandte Boolesche Algebra betrachtet lediglich endliche Mengen, und größere Schwierigkeiten in der mathematischen Mengenlehre stellten sich, wie man weiß, hauptsächlich bzgl. unendlicher Mengen.

Eine Mutter wirft ihrem Kind vor, in den Taschen seiner Schürze eine „Ansammlung seltsamer Gegenstände“ anzuhäufen. In dieser sehr trivialen Bedeutung hat das Wort „Ansammlung“ einen umfassenden Sinn: Es handelt sich um eine einfache Vereinigung von verschiedenen Gegenständen, um eine zufällige Anhäufung, von der Phantasie des Kindes und der Zufälligkeit seines Fundes abhängig. Dasselbe Wort erhält hingegen eine viel klarere Bedeutung, wenn es die Menge der von einem Philatelisten sorgsam gesammelten Briefmarken, die Menge der einem Entomologen gehörenden Schmetterlinge bezeichnet, usw., denn in diesen Fällen sind die angehäuften Gegenstände gleicher Art.

Der Schüler, der gute Punkte sammelt, die seine Lehrer bei guten Leistungen vergeben, hat die charakteristische Eigenschaft erkannt, diese Fleißkärtchen von allen anderen zu unterscheiden.

Es ist ihm nicht gleichgültig, irgendwelche grünen, blauen oder roten Karten zu sammeln. Schon bevor ein Kind lesen kann, hat es begriffen, daß das als Belohnung verteilte Kärtchen eine ganz spezielle Eigenschaft besitzt, die es von den anderen Karten unterscheidet, die jedoch ähnlich in Form, Substanz und Farbe sind. Diese charakteristische Eigenschaft kann z.B. zur Folge haben, daß 10 Fleißpunkte gegen ein schönes Bild getauscht werden können.

Der Begriff der „Anhäufung“ scheint ein intuitiver Begriff zu sein, den wir sofort auf Grund der Erfahrung erkennen.

Ist der Schüler einige Jahre älter geworden, lernt er, daß die Tierwelt in Mehrzeller und Einzeller unterteilt wird, daß die mehrzelligen Lebewesen in zahlreiche Gruppen aufgeteilt werden: Wirbeltiere, Stachelhäuter, Schalentiere, Weichtiere, Würmer, Ringelwürmer, Quallen und Schwämme. Er erfährt weiter, daß die Wirbeltiere aus folgenden Klassen bestehen: Säugetiere, Vögel, Reptilien, Lurche, Fische, daß diese Klassen noch in weitere Gruppen unterteilt werden, usw.

Die Säugetiere bringen i.a. lebendige Junge zur Welt. Die Viper könnte jedoch z.B. oberflächlich betrachtet zur Gruppe der Säugetiere gezählt werden, da sie die Eier im Innern des Körpers ausbrütet. Die primitiven Säugetiere hingegen, wie der australische Ameisenigel, haben einige Eigenschaften mit den Vögeln gemein. Sie bilden jedoch eine Untergruppe der Gruppe der Säugetiere.

Es gibt eine charakteristische Eigenschaft, mit deren Hilfe die Säugetiere bestimmt werden können: Die Weibchen ernähren die Jungen; die Stute wie das Elefantenweibchen, das Kängeruh – wie das Walfischweibchen.

Auf diese Weise erscheint eine Klasse als die Menge von Wesen, die eine bestimmte charakteristische Eigenschaft besitzen.

Hier wird der Begriff der Klasse deutlicher; man braucht nicht sämtliche Säugetiere in einem Park zu versammeln, um ihre Klasse zu bestimmen; man beschließt, all die Tiere Säugetiere zu nennen, die gewisse charakteristische Eigenschaften besitzen.

In der Mathematik ist es gebräuchlich, mit *Menge* jede Klasse von Objekten (Zahlen, Punkte, Funktionen, . . .) zu bezeichnen, die durch eine gewisse Eigenschaft bestimmt sind. Ohne große Schwierigkeiten kann man zum Beispiel die Menge der positiven ganzen Zahlen betrachten. Speziell können die Klassen der positiven geraden und die der positiven ungeraden Zahlen, die jede für sich eine Menge bilden, als Teilmengen der positiven ganzen Zahlen angesehen werden.[1])

Wir wissen zum Beispiel, daß die Zahl 17 zur Menge der positiven ganzen Zahlen und zur Menge der positiven ungeraden Zahlen gehört; sie gehört jedoch nicht zur Menge der positiven geraden Zahlen. Die Zahl 17 entsteht aus 1 durch eine geeignete Anzahl sukzessiver Additionen der 1, und auf Grund dieser Eigenschaft gehört sie zur Menge der positiven ganzen Zahlen. Durch die einschränkende Eigenschaft, nicht durch 2 teilbar zu sein, gehört sie zur Teilmenge der positiven ungeraden Zahlen.

Es scheint, daß der Begriff der Klasse oder Menge noch abstrakter geworden ist; es war uns praktisch einfach unmöglich, alle auf der Erde lebenden Säugetiere zu versammeln, obwohl wir wissen, daß ihre Anzahl endlich ist; auf der anderen Seite können wir keine Liste der positiven ganzen Zahlen aufstellen, weil ihre Folge unendlich ist.

Daher ist es nützlich, soweit es geht, jetzt das zu präzisieren, was die Mathematiker mit dem Wort Menge verbinden.

1.2. Der mathematische Begriff der Menge

Im Laufe der zweiten Hälfte des 19. Jahrhunderts begannen die Mathematiker, sich mit dem Begriff der Menge zu beschäftigen. Der Begründer der Mengenlehre, *Georg Cantor,* definierte Menge „als die Zusammenfassung bestimmter wohlunterschiedener Objekte unserer Wahrnehmung oder unseres Denkens zu einem Ganzen." Zur Definition der Menge schienen ihm also zwei Kriterien notwendig zu sein:

- mit Hilfe des ersten können alle Objekte der Menge definiert werden;
- mit Hilfe des zweiten wird entschieden, ob zwei Objekte der Menge verschieden sind oder nicht.

---

[1]) N_+ ist die Menge der positiven ganzen Zahlen ohne die 0.

Der erste Teil dieser Definition zeigt zum Beispiel, daß es nach *Cantors* Auffassung keinen Sinn hat, von einer Menge von Gedanken zu sprechen, denn es existiert kein Verfahren, alle Gedanken zu erfassen. Das erste Cantorsche Kriterium will also die Mengen eliminieren, deren Objekte nicht genau bestimmt werden können oder deren Definition ungenau ist.

Der zweite Teil der Cantorschen Definition bezieht sich auf die Eigenart der Objekte einer Menge.

Obwohl die Kriterien von *Cantor* auf den ersten Blick klar erscheinen, wurden sie nicht von allen Mathematikern angenommen. Wir werden am Ende des Kapitels einiges über die Mächtigkeit einer Menge sagen; wir werden vor allem sehen, daß einige Mengen die Mächtigkeit des Unendlichen, andere die des abzählbar Unendlichen besitzen. Zu Beginn des Jahrhunderts stellte sich vor allem das Problem, Mengen von immer größerer Mächtigkeit zu finden. Je nach ihrer Auffassung vom *Auswahlaxiom* oder vom *Axiom von Zermelo* beantworteten die Mathematiker dieses Problem verschieden.[1])

Diejenigen, die die empirische, auch realistisch genannte Richtung vertraten, lehnten dieses Axiom ab. Während *E. Borel* sich weigerte, die Existenz einer Klasse anzuerkennen, deren Objekte nicht mit Hilfe einer Methode konstruiert werden konnten,[2]) schwächten die Nominalisten diese Erfordernis ab, indem sie ein Existenzkriterium verlangten, das es ermöglichte, mittels einer endlichen Anzahl von Worten eine Menge zu bestimmen.

Im Gegensatz dazu erkannten die als Idealisten bezeichneten Mathematiker das Axiom von Zermelo an. Die Axiomatiker forderten nur die Widerspruchslosigkeit als Grundlage für die Existenz, was schließlich dahin führte, die Widerspruchslosigkeit der Logik selbst zu untersuchen. *M. Hadamard* glaubte, daß ihre Stellung psychologische Kenntnis und vor allem geistige Fähigkeiten erfordert. Weiterhin kritisierte er die Unterscheidung, die *Lesbesgue* zwischen aufzählbaren und nicht aufzählbaren Mengen traf. Die momentan nicht aufzählbaren Mengen, so meinte er, könnten bestimmt zu einem späteren Zeitpunkt angegeben werden.

Man wird also nicht erstaunt sein, daß man unter den Vertretern der einen oder anderen Richtung äußerst vorsichtige Ansichten über den Begriff Menge findet.

Deshalb erscheint es *R. Baire* „unmöglich, das Wort Menge auf Grund seiner Einfachheit und Allgemeinheit in einer klaren Definition zu fassen.“ [3])

E. Borel seinerseits schreibt: „Wir wollen nicht versuchen, eine Definition des Wortes Menge zu geben; wir glauben, daß es ein genügend einfacher Begriff ist, so daß eine Definition durchaus unnötig ist.“ [4]) In einem anderen seiner Werke [5]) eröffnet

---

1) Um zu zeigen, daß jede Menge wohlgeordnet werden kann, hat *Zermelo* folgendes Axiom aufgestellt: Ist eine Familie von Mengen gegeben, so existiert eine Beziehung, die jeder nicht leeren Menge der Familie ein Element dieser nicht leeren Menge zuordnet.

2) Das Auswahlaxiom, das die Existenz einer Menge und nicht die Konstruktionsmethode sichert, war also für die Empiristen unannehmbar.

3) Encyclopédie des Sciences mathématiques. T. I, vol. I, fasc. 4.

4) Leçons sur la théroie des fonctions. Gauthier-Villars.

5) Éléments de la théorie des ensembles. Albin Michel, p. 9.

E. Borel die Einleitung durch folgenden Satz: „Jeder weiß, was man unter einer Menge von Objekten versteht."

Nachdem wir diese beiden Vertreter der empirischen oder realistischen Richtung zitiert haben, wollen wir die Stellung eines Idealisten, wie zum Beispiel *W. Sierpinski*, untersuchen. Auf der ersten Seite seines Buches über unendliche Zahlen liest man: „Jeder weiß, was eine Menge von irgendwelchen Objekten ist . . .".[1]

Die einen wie die anderen weigerten sich, wie man sieht, eine Definition zu geben, indem sie die Einfachheit und Augenscheinlichkeit des Begriffs anführten.

Nachdem die Mengenlehre Fortschritte gemacht und sich auf Grund ihrer Ergebnisse als Lehrstoff des Studiums behauptet hatte, war es, wie *J. Favard* 1950 feststellte, durchaus normal, daß sich die Streitigkeiten legten[2], und *E. Borel* konnte schreiben: „Es war den Mathematikern schon immer erlaubt, Axiome frei zu wählen . . . Jedenfalls wurden die Axiome gewöhnlich so gewählt, daß die darauf aufgebaute Mathematik zum Studium und zum Verständnis der Naturerscheinungen nützlich war . . . Vor allem die langjährige Erfahrung der Mathematiker und der anderen Wissenschaftler hat letztlich die Auswahl der Zweige der mathematischen Forschung bestimmt . . . Das wird zweifellos auch für diesen speziellen Zweig, der sich aus den vom Axiom von Zermelo abgeleiteten Ergebnissen gebildet hat, der Fall sein. Die Einwände, die gegen dieses Axiom vorgebracht werden, hatten wenigstens das Ergebnis, daß alle Mathematiker im Einverständnis miteinander die Folgerungen spezifizieren wollen, die unabhängig vom Auswahlaxiom sind,und solche, die im Gegensatz dazu das Auswahlaxiom voraussetzen . . ."[3] *P. Dubreil* schreibt dazu folgendes: „Zur Zeit beruhen wesentliche Resultate der Mathematik auf dem Auswahlaxiom . . . Wir werden uns bemühen, niemals dieses oder ein gleichwertiges Axiom zu benutzen, ohne es vorher explizit zu erwähnen."[4]

Allgemein geht heute die Tendenz dahin, den Begriff Menge als grundlegenden Begriff zu betrachten, ohne jedoch die mehr oder weniger genaue „Definition" auszuschließen.

Um 1937 begann *René de Possel* einen Artikel über Mengen folgendermaßen: „In der Mathematik hat das Wort Menge einen allgemeinen Sinn: Eine Menge ist eine Vereinigung von mehreren Dingen, die Elemente der Menge genannt werden, zu etwas Neuem."[5]

Man kann auch bei *N. Bourbaki* lesen: „Eine Menge wird von Elementen gebildet, die gewisse Eigenschaften besitzen und die miteinander oder mit Elementen anderer Mengen in Beziehung stehen."[6]

---

1) Leçons sur les nombres transfinis.

2) Espace et dimension. Albin Michel, p. 89.

3) Éléments de la théorie des ensembles. Albin Michel, p. 201.

4) Algèbre, T. I. Cahiers scientifiques, fasc. XX, p. 44. Gauthier-Villars, 2. Ausgabe. 1954.

5) Encyclopédie française. Mathématiques. Les ensembles, 1° 64.– 1 – 1937.

6) Théorie des ensembles. Fascicule de résultats. Hermann, 1954. *N. Bourbaki* ist der Name einer Gruppe, der 1934 von einer Gruppe französischer Mathematiker gewählt wurde, um eine axiomatische Abhandlung der Mathematik zu veröffentlichen.

1.3. Verfahren zur Definition einer Menge

Hauptsächlich zur allgemeinen Information wollen wir dem Leser einige der Entwicklungsphasen des mathematischen Begriffs der Menge aufzeigen. Wie wir bereits erwähnt haben, bezieht sich das angewandte Boolesche Kalkül nur auf endliche Mengen; wir hätten uns deshalb darauf beschränken können, zum Beispiel diese oder jene Definition auszuwählen, die die Wohlunterscheidung der Elemente einer Menge herausstellt.

Uns stehen zwei Methoden zur Verfügung, eine Menge zu definieren.

Zunächst das *analytische* Verfahren: Es besteht aus der genauen Kenntnis eines jeden Elements, in einer Aufzählung der Elemente, wenn die Menge endlich ist, oder auch in der Aufstellung eines Vergleichs mit einer bereits bekannten Menge.

Beispiele:

1. Um die Menge der Primzahlen, die kleiner als 50 sind, zu bilden, genügt es, ihre Elemente aufzuzählen:

$$E = (2, 3, 5, 7, 11, 13, 17, 19, 23, 29, 31, 37, 41, 43, 47).$$

2. Kennt man die Menge N_+ der positiven ganzen Zahlen, dann ist es leicht, die Menge der positiven geraden Zahlen zu definieren:

Der 1 entspricht 2, der 2 entspricht 4, usw. . . ; das Bildungsgesetz ist offensichtlich.

Im Gegensatz zum analytischen Verfahren steht die *synthetische* Methode zur Definition einer Menge, die darin besteht, die einschränkenden Eigenschaften zu nennen, durch die ein beliebiges Element der Menge in Bezug auf eine größere Menge charakterisiert wird.

Beispiel: Betrachten wir die Menge der positiven ganzen Zahlen. Wir charakterisieren ein beliebiges Element der positiven geraden Zahlen dadurch, daß es durch 2 teilbar ist.

Folglich genügt es, bezüglich der Menge der positiven ganzen Zahlen alle nicht durch 2 teilbaren Zahlen auszuschließen, um die Menge der positiven geraden Zahlen zu erhalten:

2, 4, 6, 8, 10, . . . usw.

1.4. Bezeichnungen

Wir werden Mengen mit großen und Elemente der Mengen mit kleinen Buchstaben bezeichnen.

Beispiel: $A = \{a, b, c, \dots\}$.

Die Menge A wird aus den Elementen a, b, c ... gebildet. Die Reihenfolge ist beliebig.

Falls b Element von A ist, schreibt man: $b \in A$.

Ist m nicht Element von A, so kann man folgende Bezeichnung verwenden: $m \notin A$.

Zwei Mengen A und B sind gleich, wenn sie aus denselben Elementen bestehen; man schreibt: $A = B$.

1.5. Die Inklusion

Als wir die Menge N_+ der positiven ganzen Zahlen betrachteten und die der positiven geraden Zahlen P_+ definierten, sahen wir, daß die zweite in der ersten enthalten ist. Jedes Element von P_+ ist ein Element von N_+. Man sagt, P_+ ist in N_+ enthalten und schreibt dafür

$$P_+ \subset N_+ .$$

Man sagt auch: N_+ schließt P_+ ein, daher der Name *Inklusion*.

Die Schreibweise ist entsprechend:

$$N_+ \supset P_+ ,$$

man liest: „N_+ enthält P_+" oder „N_+ umfaßt P_+".

P_+ heißt *Teilmenge* oder *Teil* von N_+.

Betrachten wir die Menge A der Primzahlen ohne 1 und 2; sie enthält keine gerade Zahl, da diese sämtlich durch 2 teilbar sind. Sie ist also in der Menge B der ungeraden Zahlen größer als 2 enthalten. Die Menge der ungeraden Zahlen größer als 2 hingegen ist in der Menge C der positiven ganzen Zahlen größer als 2 enthalten. Also

$$A \subset B \subset C .$$

Die Inklusion besitzt folgende Eigenschaften:

1. Aus $A \subset B$ und $B \subset C$ folgt $A \subset C$;
   aus $A \supset B$ und $B \supset C$ folgt $A \supset C$,

das bedeutet: Die Inklusion ist *transitiv*.

2. Gilt gleichzeitig: $A \subset B$ und $A \supset B$, dann folgt $A = B$, die beiden Mengen sind identisch. Die Inklusion ist *antisymmetrisch*.

3. Schließlich ist die Beziehung $\supset$ oder $\subset$ nach Definition *reflexiv*, denn es läßt sich schreiben: $A \supset A$ oder $A \subset A$. Einige amerikanische Autoren betrachten deshalb uneigentliche Teilmengen und Obermengen (vgl. Fußnote 1 des folgenden Abschnitts).

In Kapitel 2 findet man die Definition der Reflexivität, der Antisymmetrie und der Transitivität. Wir nennen eine reflexive, antisymmetrische und transitive Beziehung eine *Ordnungsrelation* (vgl. Kapitel 2).

1.6. Teilmenge. Teil. Leere Menge. Komplement

Gegeben sei eine Grundmenge E, die auch Universalmenge genannt wird. Betrachten wir alle Elemente von E, die eine gewisse Eigenschaft p besitzen. Die so definierte Menge ist, wie wir gesehen haben, eine Teilmenge oder ein Teil von E.[1]) Es ist möglich, daß kein Element von E die Eigenschaft p besitzt: Dann heißt die Menge A leer; man schreibt ϕ, also: $A = \phi$.

Bezüglich der Universalmenge E wird das Komplement der Menge A, das man mit $\complement_E A$ (oder $\complement A$, falls keine Verwechslung möglich ist) bezeichnet, aus all den Elementen gebildet, die nicht die Eigenschaft p besitzen, wobei p zur Definition der Menge A diente.

Es gilt offensichtlich: $\complement(\complement A) = A$.

Man kann für $\complement A$ auch $E - A$ schreiben.

Gehen wir zu dem Fall zurück, in dem man in derselben Universalmenge E folgende Teilmengen hat:

eine Teilmenge A, durch die Eigenschaft p definiert;

eine Teilmenge B, durch die Eigenschaft q definiert.

Ist jedes Element von A Element von B, dann gilt: Aus p *folgt* q und umgekehrt, wenn aus p q *folgt*, dann ist jedes Element von A auch Element von B, also: $A \subset B$.

Zwei Eigenschaften p und q sind äquivalent in Bezug auf eine Menge E, wenn gilt: Aus p *folgt* q und aus q *folgt* p. Wir sehen also:

$A \subset B$ und $B \subset A$ ist äquivalent zu $A = B$.

Die Teile einer Menge E bilden eine Menge neuer Art, nämlich die Menge der Teilmengen von E, P(E), in der die Menge E und die leere Menge ϕ enthalten sind.

Man stellt fest, daß die Beziehung der Inklusion $\subset$ eine Ordnungsrelation in der Menge der Teilmengen der Menge E ist.

1.7. Verknüpfungen von Mengen

a) Die Vereinigung. Man nennt *Vereinigung* R zweier Mengen A und B die Menge der gemeinsamen und nicht gemeinsamen Elemente von A und B, d.h.: Wenn A durch die Eigenschaft p und B durch die Eigenschaft q in Bezug auf eine größere Menge E definiert sind, dann ist die Vereinigung die Menge der Elemente von E, die die Eigenschaft p oder q besitzen (oder auch beide, falls p und q nicht widersprüchlich zueinander sind).

Wir schreiben: $A \cup B = R$

und lesen: „A vereinigt B gleich R."

---

[1]) Gilt $A \supset B$, so sagt man auch, daß A eine *Obermenge* von B ist, so wie B eine Teilmenge von A ist. Schreibt man $A \supset B$ und gilt $A = B$, so handelt es sich um eine *uneigentliche* Ober- bzw. Teilmenge.

Beispiele:

1. $I_+ = \{1, 3, 5, 7, 9, \ldots\}$;

$P_+ = \{2, 4, 6, 8, 10, \ldots\}$.

$I_+ \cup P_+ = \{1, 2, 3, 4, 5, 6, 7, 8, 9, 10, \ldots\} = N_+$.

2. In einem Unterrichtsraum befinden sich auf der rechten Seite die Schüler, die eine Brille,tragen und links jene, die keine Brillenträger sind.

Die erste Klasse L ist durch die Eigenschaft l, die zweite Klasse L' durch die Eigenschaft (nicht l) = l' charakterisiert:

l = Brillenträger; (nicht l) = l' = nicht Brillenträger.

Die Menge der Schüler ist: $E = L \cup L'$; jedes ihrer Elemente hat entweder die Eigenschaft l oder die Eigenschaft l': l oder l'.

3. Eine Gesellschaft versammelt ihre Mitglieder. Einige unter ihnen arbeiten auf Provision, andere erhalten einen Festbetrag, viele bekommen gleichzeitig ein Fixum und Provision.

Wir wollen die Tatsache, einen Festbetrag zu bekommen, mit der Eigenschaft f, die Tatsache, auf Provision zu arbeiten, durch p charakterisieren. Wie wir bereits bemerkt haben, sind die Eigenschaften f und p nicht widersprüchlich.

Wir teilen trotzdem die Mitglieder in zwei Klassen und bezeichnen mit F diejenigen, die einen Festbetrag erhalten, mit P diejenigen, die auf Provision arbeiten. Jetzt bilden wir die Vereinigung $F \cup P$; es ist klar, daß wir die Menge sämtlicher Mitglieder erhalten. Einige Elemente haben die Eigenschaft f, andere die Eigenschaft p, viele die Eigenschaft f und p: Man kann kurz schreiben f oder p, falls die Bedeutung des Wortes oder geklärt ist.

Wichtige Bemerkung: Gegeben sei eine Menge E und zwei Teilmengen A und B. Die Elemente der Menge A besitzen eine gewisse Eigenschaft p, die A definiert, die Elemente der Teilmenge B eine gewisse Eigenschaft q. Die Elemente der Vereinigung besitzen dann die Eigenschaft p oder q, oder beide gleichzeitig.

Wenn wir sagen, die Vereinigung ist durch p oder q charakterisiert, so muß zunächst der Sinn der Konjunktion oder bestimmt werden. Es handelt sich um das „einschließende oder", das die Lateiner mit „vel" bezeichneten. Dieses *oder* entspricht der Operation $\cup$. Man schreibt dieses „einschließende oder" manchmal auch als „und/oder". Man kann also sagen, daß R bestimmt ist durch: p und/oder q, d.h.: p allein, q allein oder beide (p und q).

Universalmenge. Es ist zu bemerken, daß die Universalmenge nichts anderes als die Menge der Vereinigung der Elemente und Teilmengen ist, die man in einem bestimmten Fall betrachtet.

Graphische Darstellung. Gegeben sei die Universalmenge E; A und B seien zwei Teilmengen von E. Betrachten wir die Vereinigung R.

$R = A \cup B$;

Da sie aus allen gemeinsamen und nicht gemeinsamen Elementen von A und B besteht, kann sie als schraffierter Bereich in der Universalmenge, hier durch ein Rechteck symbolisiert, dargestellt werden. Verschiedene Darstellungen sind möglich: Zeichnung 1.1 zeigt zwei Teilmengen A und B, die sich teilweise überdecken; die gemeinsamen Elemente können nicht zweimal gezählt werden. Beispiel 3 behandelt diesen Fall. Die Teilmengen A und B können elementefremd sein, wie in den Beispielen 1 und 2. Mit der Vereinigung R betrachten wir alle Elemente von A und B gleichzeitig; in diesem Fall wird jedes Element nur einmal genommen, ohne besondere Vorsichtsmaßregeln beachten zu müssen.

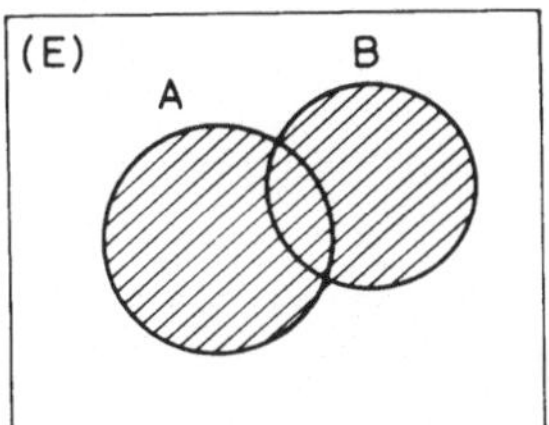

Bild 1.1

Die graphischen Darstellungen wie zum Beispiel in Zeichnung 1.1 nennt man *Euler-Diagramme* oder *Venn-Diagramme;* um die Lektüre des einen oder anderen zu erleichtern, bezeichnen wir sie hier mit *Euler-Venn-Diagrammen.*

Grundlegende Eigenschaften der Vereinigung

Es gilt offensichtlich nach Definition: $A \cup B = B \cup A$; das bedeutet: Die Vereinigung ist *kommutativ.*

Bilden wir jetzt

$$R = A \cup (B \cup C).$$

Diese Symbole bedeuten, daß wir zunächst in der Universalmenge E die Elemente der B definierenden Eigenschaft q oder der C definierenden Eigenschaft r suchen. Durch ihre Vereinigung haben wir eine neue Teilmenge von E, sagen wir $D = B \cup C$, die durch q oder r bestimmt ist.

Um die Vereinigung zu bilden, betrachten wir jetzt die Elemente von A, die durch die Eigenschaft p bestimmt sind, und alle Punkte von D:

$$R = A \cup D = A \cup (B \cup C);$$

die Elemente von R sind also bestimmt durch die Eigenschaften p oder q oder r.

Unter diesen Bedingungen kann man ebenfalls zunächst die Teilmenge $F = A \cup B$, die durch p oder q charakterisiert ist, betrachten und dann ihre Vereinigung mit C bilden, $(A \cup B) \cup C$, die durch p oder q oder r bestimmt ist.

Daraus folgt

$$R = A \cup (B \cup C) = (A \cup B) \cup C;$$

die Vereinigung ist also *assoziativ.*

Das ist in der graphischen Darstellung übrigens offensichtlich (Bild 1.2).

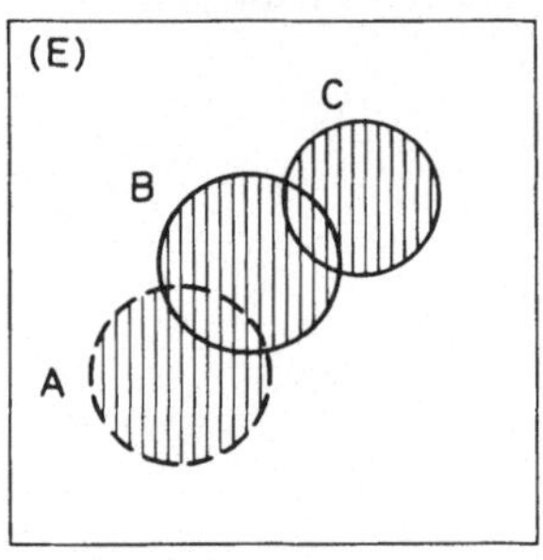

a) $A \cup (B \cup C)$

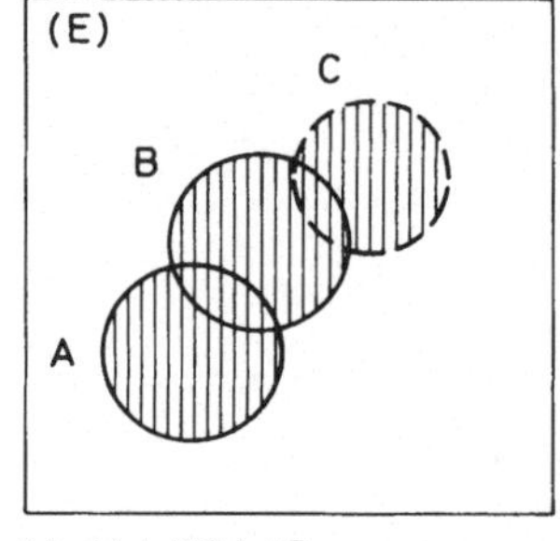

b) $(A \cup B) \cup C$

Bild 1.2

b) Der Durchschnitt. Man bezeichnet mit *Durchschnitt* I zweier Teilmengen A und B einer Universalmenge E die Menge der gemeinsamen Elemente von A und B.

Wir schreiben

$$A \cap B = I$$

und lesen: A geschnitten mit B gleich I.

Wenn A durch die Eigenschaft p und B durch q bestimmt ist, dann ist $A \cap B$ durch die Eigenschaften p und q bestimmt.

Beispiel: Betrachten wir in der Menge der positiven ganzen Zahlen N_+ (Universalmenge) die Menge der Vielfachen von 2, d.h. die Menge der positiven geraden Zahlen P_+, und die Menge Q_+ der positiven Vielfachen von 3:

$$P_+ = \{2, 4, 6, 8, 10, 12, 14, 16, 18, 20, \ldots\},$$
$$Q_+ = \{3, 6, 9, 12, 15, 18, 21, \ldots\}.$$

Dann gilt

$$P_+ \cap Q_+ = \{6, 12, 18, \ldots\}.$$

Wir erhalten die gemeinsamen Vielfachen von 2 und 3, das erste Element ist das k.g.V. Die neu entstandene Menge ist durch die Eigenschaft bestimmt, daß ihre Elemente durch 2 und 3 teilbar sind.

Graphisch läßt sich die Durschnittbildung leicht interpretieren.

In der Universalmenge E betrachten wir die Teilmengen A und B. Entweder gilt: Sie überdecken sich teilweise, dann ist ihr Durchschnitt der gemeinsame Teil (schraffierter Bereich in Bild 1.3); oder sie sind elementefremd, dann ist ihr Durchschnitt leer, da sie keinen gemeinsamen Teil besitzen. Die letzte Annahme schreibt sich

$A \cap B = \phi$.

Zwei Mengen, deren Durchschnitt leer ist, heißen *disjunkt.*

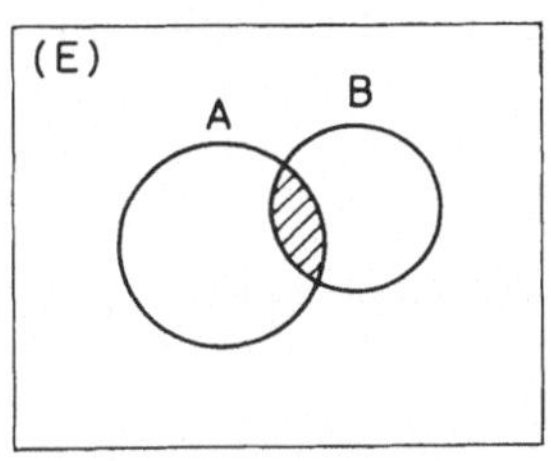

Bild 1.3 $A \cap B$

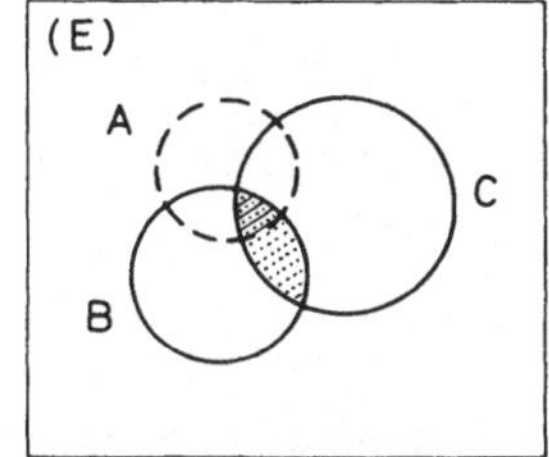

a) $I = A \cap (B \cap C)$
$Z = B \cap C$ durch den punktierten Bereich Z definiert
$I = A \cap Z$ durch den schraffierten Bereich definiert

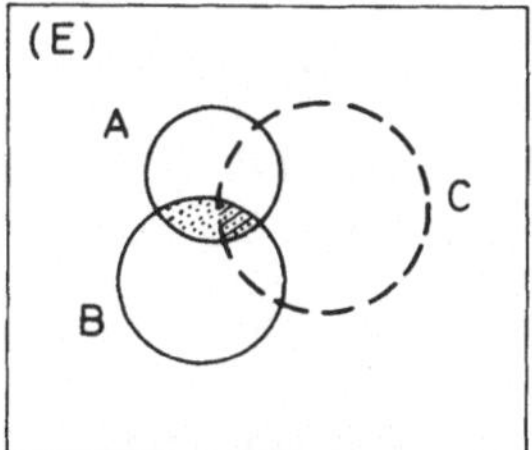

b) $I = (A \cap B) \cap C$
$Z' = A \cap B$ durch den punktierten Bereich Z' definiert
$I = Z' \cap C$ durch den wie in (a) schraffierten Bereich definiert

Bild 1.4

Grundlegende Eigenschaften der Durchschnittbildung

1. Die Durchschnittbildung ist *kommutativ;* nach Bild 1.3 gilt offensichtlich

$A \cap B = B \cap A$.

2. Die Durchschnittbildung ist *assoziativ,* d.h. es gilt

$A \cap (B \cap C) = (A \cap B) \cap C$.

Man kann diese Gleichheit graphisch verifizieren (Bild 1.4).

1.8. Die Gültigkeit des Distributivgesetzes der Vereinigung und der Durchschnittbildung

1. Betrachten wir zunächst den Ausdruck

$A \cup (B \cap C)$;

danach soll man den Durchschnitt von B und C mit A vereinigen. Den Durchschnitt von B und C, der durch den punktierten Bereich (Bild 1.5a) dargestellt ist, vereinigt man anschließend mit dem Gebiet A; die gesuchte Vereinigung wird schließlich durch das schräg schraffierte Gebiet dargestellt.

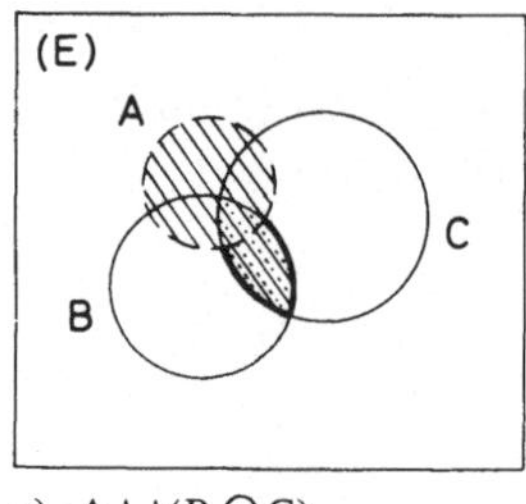

a) $A \cup (B \cap C)$

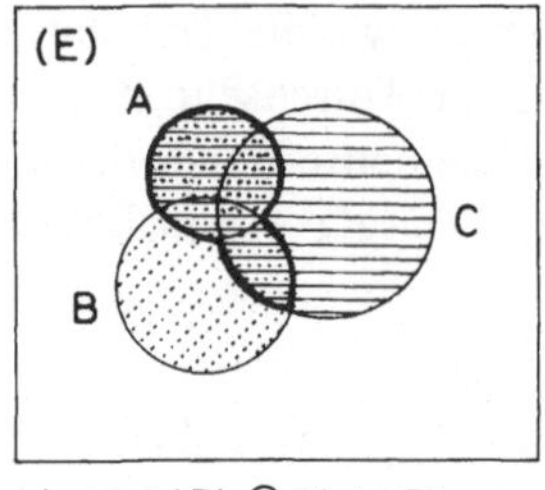

b) $(A \cup B) \cap (A \cup C)$

Bild 1.5

Wenn die Vereinigung dem Distributivgesetz in Bezug auf die Durchschnittbildung genügt, so wird man diese Gleichung erhalten:

$$A \cup (B \cap C) = (A \cup B) \cap (A \cup C).$$

Wir wollen versuchen, diese Schreibweise graphisch zu interpretieren, indem wir die folgende Menge konstruieren:

$$(A \cup B) \cap (A \cup C).$$

Dazu müssen wir zunächst die Menge $A \cup B$ bestimmen, die mit dem punktierten Bereich übereinstimmt (Bild 1.5b), anschließend die Menge $A \cup C$, die dem horizontal schraffierten Bereich entspricht. Der Durchschnitt beider so definierten Bereiche führt, wie wir feststellen, zu demselben Ergebnis wie die Operation $A \cup (B \cap C)$.

Daraus folgt, daß die Vereinigung das Distributivgesetz bezüglich der Durchschnittbildung erfüllt.

2. Gegeben sei

$$A \cap (B \cup C).$$

Wir werden zeigen, daß gilt:

$$A \cap (B \cup C) = (A \cap B) \cup (A \cap C);$$

d.h. daß die Durchschnittbildung das Distributivgesetz bezüglich der Vereinigung erfüllt. Auf Grund der graphischen Untersuchung (Bild 1.6) können wir die Identität der durch den einen oder anderen Prozeß erhaltenen Bereiche feststellen. Es versteht sich, daß diese Ergebnisse auch durch abstraktere Schritte erhalten werden können.

Beispiel:

A ist bestimmt durch die Eigenschaft p

B ist bestimmt durch die Eigenschaft q,

C ist bestimmt durch die Eigenschaft r,

$A \cap (B \cup C)$ ist wie $B \cup C$ durch die Eigenschaft q **oder** r bestimmt; also ist $A \cap (B \cup C)$ durch p **und** (q **oder** r) bestimmt.

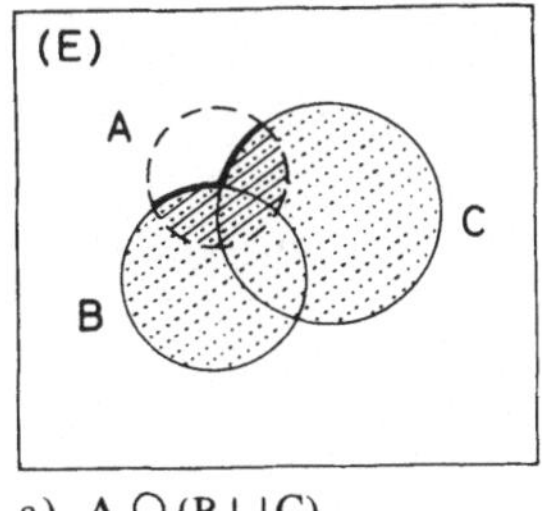

a) $A \cap (B \cup C)$

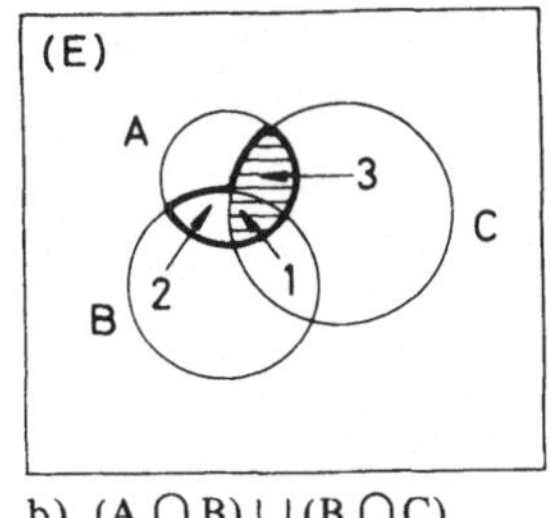

b) $(A \cap B) \cup (B \cap C)$

Bild 1.6

$A \cap B$ ist bestimmt durch die Eigenschaften p **und** q,

$A \cap C$ ist bestimmt durch die Eigenschaften p **und** r,

$(A \cap B) \cup (A \cap C)$ ist also durch die Eigenschaften

(p **und** q) **oder** (p **und** r)

bestimmt, d.h. es gilt immer p und q oder r oder q und r. Das läßt sich wie folgt schreiben:

p **und** (q **oder** r).

Bemerkung: Das *oder* in dieser Formulierung bedeutet „einschließendes oder", was man zuweilen auch mit „und/oder" bezeichnet. Deshalb besitzen die Elemente des kleinen Kurvendreiecks 1, das sich in der Mitte der Zeichnung befindet, die Eigenschaften p, q und r gleichzeitig. Das Kurvendreieck 2 wird durch die Eigenschaften p und q, das Kurvendreieck 3 durch die Eigenschaften p und r bestimmt.

Die Interpretation der Formeln

p **und** (q **und/oder** r); (p **und** q) **und/oder** (p **und** r)

kann man erleichtern:

$$\text{p } \textbf{und} \text{ (q } \textbf{und/oder} \text{ r)} = \begin{cases} & \text{p und q und r} \\ \text{oder} & \\ & \text{p und q oder r} = \begin{cases} \text{p und q} \\ \text{oder} \\ \text{p und r;} \end{cases} \end{cases}$$

$$\text{(p } \textbf{und} \text{ q) } \textbf{und/oder} \text{ (p } \textbf{und} \text{ r)} = \begin{cases} & \text{p und q und p und r = p und q und r} \\ \text{oder} & \\ & \text{p und q oder p und r} = \begin{cases} \text{p und q} \\ \text{oder} \\ \text{p und r.} \end{cases} \end{cases}$$

Die obigen Darstellungen kann man ebenso auf eine größere Anzahl von Mengen erweitern.

Bemerkung: In der gewöhnlichen Algebra hat man

$$a \cdot (b + c) = ab + ac,$$

was bedeutet, daß die Multiplikation in Bezug auf die Addition dem Distributivgesetz genügt.

Jedoch gilt

$$a + bc \neq (a + b) \cdot (a + c);$$

die Addition erfüllt also das Distributivgesetz nicht bezüglich der Multiplikation.

Im Gegensatz dazu sind die oben angegebenen Verknüpfungen ∪ und ∩, wie wir gesehen haben, distributiv.

1.9. Das Produkt zweier Mengen

Betrachten wir die Mengen E und F, sowie die Menge A, Teilmenge von E, und die Menge B, Teilmenge von F.

Gegeben sind ein Element x aus A und ein Element y aus B.

Man hat also:

$$x \in A, \quad A \subset E; \; y \in B, \quad B \subset F.$$

In der angegebenen Reihenfolge betrachten wir nun die Paare (x, y) von Elementen. Sie bilden eine neue Menge, die man nach Definition das *Produkt* der Mengen A und B nennt und mit A × B bezeichnet.

Gegeben sei ein Element c = (a, b) der Produktmenge; a heißt *Projektion* von c auf A, b Projektion von c auf B. Wenn $G \subset A \times B$ gilt, dann nennt man die Menge der Elemente x aus A, die Projektion eines Elementes aus G auf A ist, Projektion von G auf A. Man nennt die Menge der Elemente y aus B, so daß (a, y) zu G gehört, *Schnitt* x = a von G.

Der Begriff der Produktmenge ermöglicht es, neue Mengen zu konstruieren.

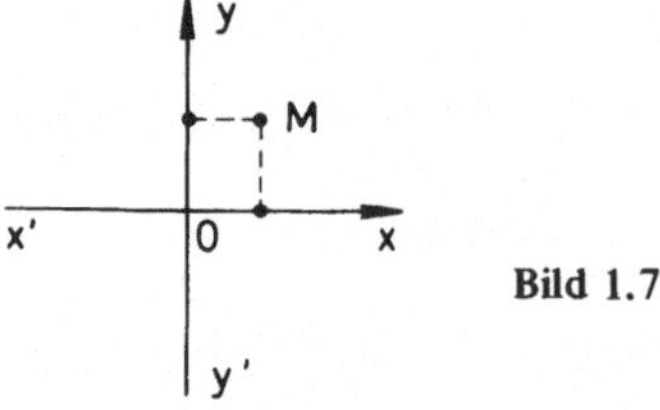

Bild 1.7

Beispiel: Gegeben sei die Menge A der reellen Zahlen, B sei die gleiche Menge. Die Elemente von A können allen Punkten der Achse x'Ox, diejenigen von B allen Punkten der Achse y'Oy zugeordnet werden. Dem Paar (x, y) entspricht der Punkt M der Ebene. Die Menge der Punkte der Ebene ist also die Produktmenge der Punkte von xx' und y'y (Bild 1.7).

Wenn wir mit R die Menge der reellen Zahlen bezeichnen, so kann die Menge der Punkte der Ebene mit $R \times R = R^2$ bezeichnet werden.

Der Leser kann ohne Mühe andere Erweiterungen konstruieren (die Menge R^3 der Punkte des dreidimensionalen Raumes, die Menge R^4 der Quaternionen, usw.).

1.10. Zuordnungen von Mengen

Betrachten wir zwei Mengen A und B, und ordnen wir mit Hilfe eines gewissen Gesetzes, das wir im Moment nicht genauer bestimmen, jedem Element a der ersten ein Element b der zweiten zu. b heißt *Bild des Argumentes* a [1]).

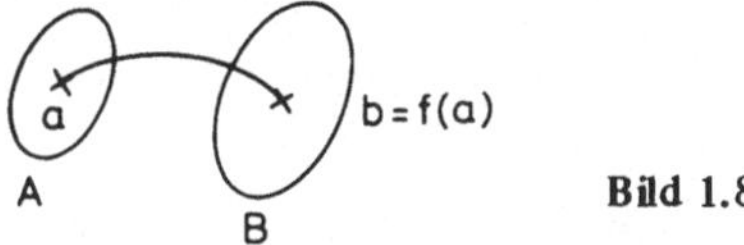

Bild 1.8

1. Ist jedes Element von B Bild eines oder mehrerer Elemente von A, so nennt man diese Zuordnung eine *Abbildung* von X **auf** Y.

Beispiel: Gegeben ist die Menge A der reellen Zahlen und das Zuordnungsgesetz $y = 3x + 7$. Jedem Element x aus A entspricht ein Element y aus B. Jedes Element aus B ist Bild eines Elements aus A. Es handelt sich um eine Abbildung der reellen Zahlen auf die reellen Zahlen, von R auf R.

Man schreibt: $x \rightarrow y$ oder $y = f(x)$, um die Beziehung der Zuordnung zu verdeutlichen.

2. Sind gewisse Elemente von B Bilder eines oder mehrerer Elemente von A, ergibt diese Zuordnung eine *Abbildung* von A in B. [2])

Beispiel: Ist die Menge der reellen Zahlen gegeben und ordnet man jedem Element x aus A das Element y aus B so zu, daß $y = x^2$ gilt, so handelt es sich um eine Zuordnung der reellen Zahlen in die reellen Zahlen, von R in R; die negativen Zahlen sind nämlich nicht das Bild von reellen Quadratzahlen.

Bemerkung. Das allgemeine Element x aus A wird Argument oder auch *Variable* genannt: Ein bestimmtes a aus A ist ein *Wert* der Variablen. Unter den angeführten Voraussetzungen sei das Bild b eines bestimmten Elements gegeben: Dieses Bild wird ebenfalls *Funktionswert* des Wertes a der Variablen genannt. Betrachten wir zwei Mengen E und F. Wenn man gewissen Elementen y aus F durch eine gewisse Abbildung f Elemente x aus E zuordnen kann, so bilden die Elemente x eine Teilmenge A von E und die Elemente y eine Teilmenge B von F.

---

1) Bei dieser Beziehung müssen also die Mengen A und B und das Gesetz der Komposition gegeben sein.

2) Eine Abbildung *auf* ist lediglich ein Spezialfall einer Abbildung *in*.

A heißt Definitionsmenge von f; man sagt: x beschreibt oder durchläuft A; y beschreibt eine Untermenge von F; es handelt sich um eine Abbildung von A auf B.

Nehmen wir nun an, daß ein Element von B einem und nur einem Element von A zugeordnet wird. Es handelt sich dann um eine *reziproke*[1]) oder *inverse* Abbildung von f, die man mit f^{-1} bezeichnet.

Man schreibt $y \to x$ oder $x = f^{-1}(y)$.

Die Abbildung f heißt in diesem Fall *eineindeutig*.

Beispiel: Betrachten wir die Menge A der reellen Zahlen und die Funktion $y = e^x$. Die Menge B ist gleich der Menge der positiven reellen Zahlen R_+. Man weiß, daß jedem y aus R das Element

$$x = \ln y$$

zugeordnet werden kann, wobei das Symbol ln die numerischen Logarithmen definiert.

Die reziproke Abbildung von $y = e^x$ ist $x = \ln y$.

Im Gegensatz dazu ist die Abbildung $y = \sin x$ nicht eineindeutig. Die inserve Abbildung $x = \arcsin y$ ist tatsächlich mehrdeutig. Einem Element y entsprechen bekanntlich mehrere Elemente x.

Bemerkung: Nehmen wir an, die Mengen A und B seien identisch, und es sei eine Abbildung $y = f(x)$ von A in A gegeben. Ein Element x mit $x = f(x)$ heißt *invariant* unter f. Eine eineindeutige Abbildung von A auf sich selbst heißt *Permutation*.

1.11. Kompositionsabbildung. Fortsetzung und Beschränkung

$y = f(x)$ sei eine Funktion von A in B und $z = g(y)$ eine Funktion von B in C. Wird jedem Element x aus A das Element z aus C zugeordnet, mit

$$z = g[f(x)],$$

so heißt die Funktion von A in C *Kompositionsabbildung* von f und g. Man kann zum Beispiel schreiben:

$$(g * f)(x) = g[f(x)].$$

f sei nun eine Abbildung in A und f′ eine Abbildung in eine Menge $A' \subset A$, so daß $f'(x) = f(x)$ für jedes Element x aus A′ ist.

Dann heißt f′ eine *Beschränkung* von f und f eine *Fortsetzung* von f′.

Bemerkung. Gegeben ist eine eineindeutige Funktion von A in B und eine Funktion $z = g(y)$ von B in A. Setzt man $g = f^{-1}$, so wird durch f einem beliebigen Element a aus A ein Element b aus B und diesem b durch g das anfangs betrachtete Element a zugeordnet. Man kann also schreiben:

$$(f * f^{-1})(a) = a$$

1) In einigen Werken ist die Umkehrabbildung selbst für mehrdeutige Funktionen definiert.

Diese Kompositionsabbildung ist die *identische* Transformation oder *kanonische* Abbildung, die oft mit 1 bezeichnet wird.

Die Komposition zweier eineindeutiger Funktionen ist wieder eine eineindeutige Funktion:

$$(g * f)^{-1} = f^{-1} * g^{-1} .$$

1.12. Indizierung

Ist die Definitionsmenge abzählbar, so wird die Variable auch manchmal *Index* genannt (vgl. Abschnitt 1.13). Ist j diese Variable, dann kann die Funktion durch f_j dargestellt werden. Die Indexmenge J, in der die Funktion f definiert ist, ist eine Menge von Indices. Wenn E diese Menge ist, in der f seine Werte annimmt, so sagt man: Die Funktion f ist eine Familie von Elementen aus E, die von dem J durchlaufenden Index j abhängt.

Ist jeder Funktionswert ein Teil derselben Menge A, so wird man die Familie A_j der Untermengen von A definieren.

Eine Funktion, deren Indexmenge J eine Menge von ganzen Zahlen ist, heißt *Folge.*

Das Indizieren ist vor allem einer Erweiterung der Begriffe Vereinigung und Durchschnitt angepaßt.

j sei ein Element einer Indexmenge J und A_j eine Familie von Untermengen derselben Grundmenge E.

Um die Vereinigung R der Mengen A_j zu symbolisieren, schreibt man

$$R = \bigcup_{j \in J} A_j ,$$

diese Gleichung besagt, daß ein Element x zu R gehört, wenn es wenigstens einer der A_j angehört, oder gleichbedeutend damit, wenn es wenigstens einen Index j gibt, so daß x aus A_j ist.

Der Durchschnitt I der Mengen A_j läßt sich wie folgt schreiben:

$$I = \bigcap_{j \in J} A_j .$$

Tatsächlich ist der Durchschnitt die Menge von Elementen y, so daß für jedes beliebige j gilt $y \in A_j$.

Ist

$J = (1, 2, \dots , n)$, so schreibt man

$$\bigcup_{j=1}^{n} A_j \text{ und } \bigcap_{j=1}^{n} A_j$$

oder gleichbedeutend damit:

$$A_1 \cup A_2 \cup \ldots \cup A_n \quad \text{und} \quad A_1 \cap A_2 \cap \ldots \cap A_n .$$

Ist J die Menge N aller natürlichen Zahlen, so ergeben sich die Bezeichnungen:

$$\bigcup_{j=0}^{\infty} A_j \quad \text{und} \quad \bigcap_{j=0}^{\infty} A_j .$$

Eine Folge von Mengen A_j heißt *nicht abnehmend,* wenn $A_j \subset A_{j+1}$; sie heißt *nicht wachsend,* wenn $A_j \supset A_{j+1}$.

Übung: Gegeben sind zwei Teilmengen A und B derselben Universalmenge E. Suchen Sie das Komplement von $A \cup B$:

$$\complement(A \cup B) .$$

In der graphischen Darstellung sehen wir im linken Teil von Bild 1.9, daß $\complement(A \cup B)$ durch den Bereich außerhalb der Mengen A und B dargestellt wird.

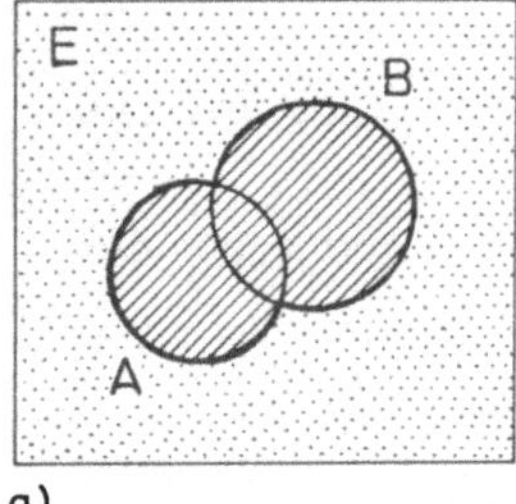

a)

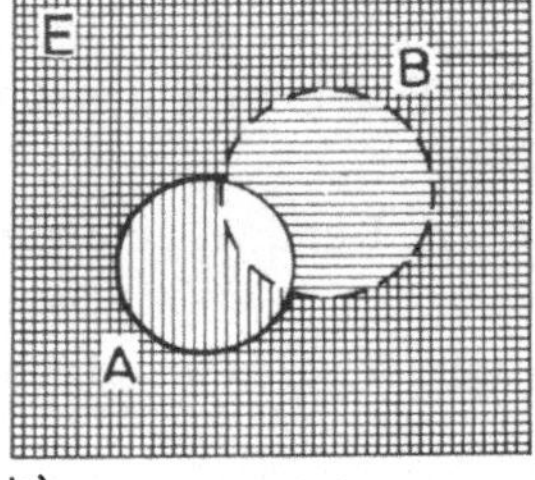

b)

Bild 1.9

In der rechten Zeichnung wurden $\complement A$ und $\complement B$ getrennt konstruiert. Die horizontale Schraffierung repräsentiert $\complement A$, die vertikale $\complement B$. Der Bereich außerhalb von A und B entspricht hier $\complement(A \cup B)$, denn es ist genau der Bereich, in dem beide Schraffierungen vorkommen.

Anders ausgedrückt: Sind A und B durch die Eigenschaft p bzw. q bestimmt, so ist $\complement(A \cup B)$ durch die Eigenschaften „nicht p" und „nicht q" definiert. $\complement A$ entspricht der Menge, die durch die Eigenschaft „nicht p" und $\complement B$ der Menge, die durch die Eigenschaft „nicht q" bestimmt ist. Also ist $\complement A \cap \complement B$ durch „nicht p" und „nicht q" festgelegt. Folglich gilt

$$\complement(A \cup B) = \complement A \cap \complement B .$$

Allgemeiner:

$$\complement\Big(\bigcup_{j \in J} A_j\Big) = \bigcap_{j \in J} (\complement A_j) .$$

2. Man veifiziert, natürlich mit elementaren Methoden, daß folgende Aussage gilt

$$\complement(A \cap B) = \complement A \cup \complement B$$

und allgemeiner:

$$\complement\Big(\bigcap_{j \in J} A_j\Big) = \bigcup_{j \in J} (\complement A_j).$$

In jeder Gleichung von Durchschnitten und Vereinigungen kann man das Komplement jeder Vereinigung durch den Durchschnitt der Komplemente ersetzen und umgekehrt.

1.13. Die Mächtigkeit einer Menge

Eine Menge B = (b, b′, b″, ...) soll die gleiche Mächtigkeit wie eine Menge A = (a, a′, a″, ...) besitzen, wenn es eine eineindeutige Zuordnung zwischen den Elementen beider Mengen gibt.

Man nennt zwei Mengen von gleicher Mächtigkeit *gleichmächtige* Mengen; sind zwei Mengen gleichmächtig, so schreibt man: $|A| = |B|$.

$b = F(a)$ sei die bereits betrachtete eineindeutige Abbildung. Man kann zeigen, daß die Gleichmächtigkeit eine *Äquivalenzrelation*[1]) ist, denn es gilt:

1. sie ist *reflexiv,* da die identische Transformation, die jedem Element von A dieses Element selbst zuordnet, offensichtlich eineindeutig ist.

2. sie ist *symmetrisch;* gilt $|A| = |B|$, so gilt ebenfalls $|B| = |A|$. Es genügt zu bemerken, daß bei einer eineindeutigen Zuordnung f zwischen A und B die reziproke Abbildung f^{-1} die gleiche Eigenschaft besitzt.

3. sie ist *transitiv;* d.h.: Ist $|A| = |B|$ und $|B| = |C|$, so gilt $|A| = |C|$. Das folgt aus der Tatsache, daß die Komposition zweier eineindeutiger Funktionen eineindeutig ist.

Enthält eine Menge eine endliche Anzahl von Objekten, so heißt sie endliche Menge. Man kann jedem dieser Objekte eine Zahl der durch eine bestimmte Zahl begrenzten Folge der natürlichen Zahlen N_+ zuordnen.

Enthält B zum Beispiel n Objekte, dann kann man die beiden folgenden Mengen betrachten:

$$A = \{1, 2, 3, \dots, n\}$$
$$B = \{a, b, c, \dots, q\}.$$

Man sagt, B hat die Mächtigkeit n (eineindeutige Zuordnung der Elemente von A und B).

Es ist demnach möglich, Mengen von verschiedenen Mächtigkeiten zu definieren, eine Menge von größerer Mächtigkeit als die einer anderen, usw.

---

1) Eine Äquivalenzrelation ist eine Relation, die die drei Eigenschaften der Reflexivität, der Symmetrie und der Transitivität besitzt (vgl. Kap. 2).

Es läßt sich zeigen, daß eine Menge E niemals gleichmächtig zur Menge ihrer Teilmengen P(E) ist. Die Menge P(E) besitzt immer eine größere Mächtigkeit als die Menge E.[1])

Eine Menge kann eine unendliche Anzahl von Objekten enthalten. Sie heißt dann *unendlich.* [2]) Wenn sich jedes ihrer Elemente durch eine Ordnungszahl bestimmen läßt, anders gesagt: Wenn es möglich ist, eine eineindeutige Zuordnung zwischen ihren Elementen und der nicht begrenzten Folge der positiven ganzen Zahlen N_+ aufzustellen, so heißt die Menge *abzählbar.* Natürlich sind nicht alle unendlichen Mengen abzählbar.

Beispiel: Gegeben ist die Folge der positiven geraden Zahlen P_+:

$$P_+ = \{2, 4, 6, 8, \ldots\}.$$

Es ist möglich, eine eineindeutige Zuordnung von N_+ und P_+ herzustellen:

$$N_+ = \{1, 2, 3, 4, \ldots\},$$

1 wird 2, 2 wird 4, 4 wird 6 zugeordnet, usw.

Also hat die Menge der positiven geraden Zahlen die *gleiche Mächtigkeit* wie die Menge der positiven ganzen Zahlen. Beide Mengen sind gleichmächtig. Die Folge der positiven geraden Zahlen ist abzählbar.

In Bezug auf abzählbare Mengen gelten verschiedene Theoreme, zum Beispiel:

Theorem: Jede unendliche Menge enthält eine abzählbare Menge.

Theorem: Jede in einer abzählbaren Menge enthaltene unendliche Menge ist selbst abzählbar. (Das gilt für die geraden Zahlen, die ungeraden Zahlen, die Quadrate der ganzen Zahlen.)

Theorem: Das Produkt zweier abzählbarer Mengen ist abzählbar.

Stehen nun die Elemente y einer Menge E in eineindeutiger Zuordnung zur Menge R der reellen Zahlen oder zu einer Teilmenge von R, d.h. gibt es eine eineindeutige Zuordnung f von x, einer Untermenge von R (z.B. $0 \leqslant x \leqslant 1$) nach y, so daß gilt:

$$y = f(x),$$

dann heißt die Mächtigkeit von E *überabzählbar.*

Die überabzählbare Mächtigkeit ist größer als die abzählbare.

Wir schließen diese Betrachtungen,nicht ohne vorher zu bemerken, daß wir bereits Beispiele von Mengen gegeben haben, die eine überabzählbare Mächtigkeit besitzen. Die Menge der Punkte der Geraden ist überabzählbar; da das Produkt mehrerer überabzählbarer Mengen wieder überabzählbar ist, sind die Menge R^2 der Punkte der Ebene und die Menge R^3 der Punkte des dreidimensionalen Raumes überabzählbar, usw.

---

[1]) Es wird daran erinnert, daß die leere Menge Teilmenge der Menge P(E) ist.

[2]) Genauer kann man die unendliche Menge als die Menge definieren, die die Eigenschaft besitzt, daß wenigstens eine ihrer Teilmengen (die ungleich der Menge selbst ist) dieselbe Mächtigkeit wie sie selbst besitzt.

1.14. Übungen

1. Beweisen Sie das Gesetz der *Absorption:*

$$A \cap (A \cup B) = A \cup (A \cap B).$$

2. Beweisen Sie, daß aus den Beziehungen

$$(A \cup C) \subset (A \cup B)$$
$$(A \cap C) \subset (A \cap B)$$

$C \subset B$ folgt.

3. Die symmetrische Differenz D zweier Teilmengen A und B einer Menge E ist die Menge der Elemente von E, die zur einen, aber nicht zur anderen Menge gehören.

Zeigen Sie, daß gilt:

$$D = \complement_{A \cup B}(A \cap B);$$
$$D = \{\complement_A (A \cap B)\} \cup \{\complement_B (A \cap B)\};$$
$$D \cap A = \complement_A (A \cap B);$$
$$\complement_E (D) = (A \cap B) \cup \complement_E (A \cup B).$$

4. Gegeben ist das geradlinige Intervall $0 < x < \frac{1}{n}$, das A_n definiert. Bestimmen Sie

$$\bigcap_{j=0}^{\infty} A_j.$$

(Falls die Intervalle mit n gegen 0 konvergieren, so ist der Durchschnitt leer).

5. Gegeben ist eine Menge E und eine ganze Zahl k. Man setzt

$$n = 2k - 1 \quad \text{und} \quad s = C_n^k = \frac{n!}{k!\,(n-k)!}$$

und betrachtet n Teilmengen $A_1, A_2, \ldots, A_n$ von E. Bilden wir:

$$P_1 = A_1 \cap A_2 \cap \ldots \cap A_k; \ldots; P_s = A_{n-k+1} \cap \ldots \cap A_{n-1} \cap A_n,$$
$$Q_1 = A_1 \cup A_2 \cup \ldots \cup A_k; \ldots; Q_s = A_{n-k+1} \cup \ldots \cup A_{n-1} \cup A_n,$$

wobei P_i und Q_j jeweils der Durchschnitt bzw. die Vereinigung von k Teilmengen der n Teilmengen der A_j sind.

Zeigen Sie

$$\bigcup_{i=1,\ldots,s} P_i = \bigcap_{j=1,\ldots,s} Q_j.$$

2. Binäre Relationen (Äquivalenzrelationen - Ordnungsrelationen) Exkurs über Zahlensysteme (Binäres Zahlensystem)

2.1. Binäre Relationen[1])

2.1.1. Einleitung

Die einfachsten mathematischen Sätze, die eine gegebene Menge betreffen, sagen aus, daß ein gewisses Element der Menge eine bestimmte Eigenschaft hat oder diese Eigenschaft nicht besitzt; zum Beispiel: Die Zahl 4 ist gerade; eine Aussage dieser Art bedeutet, daß das betrachtete Element zu der Teilmenge gehört, die die gegebene Eigenschaft besitzt. Die positiven geraden Zahlen (P_+) bilden eine Teilmenge der Menge der positiven ganzen Zahlen (N_+): 4 ist ein Element aus P_+.

Bei einer anderen Art mathematischer Aussagen liegen beliebige Elemente a und b einer gemeinsamen Menge E zugrunde (a ist das erste, b das zweite Element). Nehmen wir an, daß eine gewisse Eigenschaft P auf das geordnete Paar (a, b) derart zutrifft, daß es möglich ist, eindeutig zu entscheiden, ob das Paar (a, b) die Eigenschaft P besitzt oder nicht. Man sagt, auf diese Weise ist auf E eine *binäre Relation* $\mathcal{R}$ definiert, und man schreibt a $\mathcal{R}$ b, wenn diese Relation zutrifft.

Beispiel: Wir betrachten in der Menge der Geraden der Ebene zwei beliebige Geraden; es ist möglich zu entscheiden, ob sie parallel sind oder nicht. Die Parallelitätsbeziehung ist also eine binäre Relation in der betrachteten Menge.

Bemerkung: Allgemein können die Elemente a und b jeweils zu zwei Mengen E und F gehören. Man betrachtet nun die Eigenschaft P für das Paar (a, b) der Produktmenge E × F: Die Paare (a, b), die die Eigenschaft P erfüllen, bilden eine Teilmenge der Produktmenge E × F. Man könnte sogar eine binäre Relation auf der Menge E in Aussagen von dem Typ einordnen, wie sie, auf der Menge E × E definiert, zu Beginn des Paragraphen charakterisiert wurden.

Beispiel: Wir betrachten die Menge E der Geraden und die Menge F der Ebenen des Raumes. Man kann immer entscheiden, ob eine Gerade a aus E parallel zu einer Ebene aus F ist. Die Parallelität einer Geraden und einer Ebene ist also eine binäre Relation bezüglich der Produktmenge E × F.

2.1.2. Äquivalenzrelationen

Wir betrachten zum Beispiel die Menge E der Geraden im Raum. Gegeben ist ein Paar von Geraden (a, b); wir können eindeutig bestimmen, ob die Geraden a und b parallel sind.

---

[1]) Der erste Teil dieses Kapitels ist lediglich unerläßlich für das Studium der Gitter (Kapitel 8).

Die binäre Relation der Parallelität erfüllt drei Eigenschaften:

1. sie gilt für das Paar (a, a): tatsächlich kann man als Konvention gelten lassen, daß jede Gerade parallel zu sich selbst ist, und man schreibt

$$a\,R\,a$$

für beliebige $a \in E$; jede Relation mit dieser Eigenschaft heißt *reflexiv.*

2. ist die Relation für das Paar (a, b) gültig, so ist sie es ebenfalls für das Paar (b, a); denn ist a parallel zu b, so ist auch b parallel zu a, und man schreibt:

$$\text{aus } a\,R\,b \text{ folgt } b\,R\,a\,;$$

eine Relation mit dieser Eigenschaft heißt *symmetrisch.*

3. ist die Relation gleichzeitig für die Paare (a, b) und (b, c) wahr, so gilt sie auch für das Paar (a, c); denn ist a parallel zu b und b parallel zu c, so ist a parallel zu c, und man schreibt:

$$\text{aus } a\,R\,b \text{ und } b\,R\,c \text{ folgt } a\,R\,c\,.$$

Eine Relation, für die diese Eigenschaft immer zutrifft, wird *transitiv* genannt.

Allgemein heißt eine reflexive, symmetrische und transitive binäre Relation *Äquivalenzrelation.*

Ein weiteres Beispiel: Betrachten wir die Menge der relativen ganzen Zahlen (positiv, negativ und 0).

Sind a und b zwei relative ganze Zahlen und n eine natürliche Zahl ungleich Null, so heißt a *kongruent* zu b modulo n, wenn $a - b$ durch n teilbar ist. Man schreibt:

$$a \equiv b (\text{mod. } n)\,.$$

Wir zeigen nun, daß diese Relation eine Äquivalenzrelation ist.

1. $a \equiv a(\text{mod. } n)$, da $a - a = 0$ und der Quotient von 0 und $n \neq 0$ identisch 0 ist.

2. Aus $a \equiv b(\text{mod. } n)$ folgt $b \equiv a(\text{mod. } n)$; denn ist $a - b$ durch n teilbar, so gilt das ebenfalls für $b - a$;

3. Aus $a \equiv b(\text{mod. } n)$ und $b \equiv c(\text{mod. } n)$ folgt $a \equiv c(\text{mod. } n)$; denn sind sowohl $a - b$ als auch $b - c$ durch n teilbar, so ist

$$a - c = (a - b) + (b - c)$$

ebenfalls durch n teilbar.

Also sind die arithmetischen Kongruenzen von *Gauß* Äquivalenzrelationen. Viele Autoren benutzen übrigens für eine beliebige Äquivalenzrelation R die Bezeichnung

$$a \equiv b(R)\,,$$

d.h.: „a ist äquivalent zu b modulo R“, und diese Aussage erinnert an die der Kongruenz.

Gleichheit. Betrachten wir eine Menge E und die Relation der Gleichheit =, die in 1.4 definiert ist und die wir nun auf Elemente von E übertragen.

Es gilt a = a für jedes beliebiges Element a aus E (Reflexivität); ist a = b, so ist b = a (Symmetrie), und ist schließlich a = b und b = c, so ist a = c (Transitivität).

Also hat die Gleichheit mit den Äquivalenzrelationen die drei charakteristischen Eigenschaften: Reflexivität, Symmetrie und Transitivität gemeinsam. Man versteht nun, warum eine Äquivalenzrelation auch „Relation der verallgemeinerten Gleichheit" genannt wird.

2.1.3. Äquivalenzklasse. Quotientenmenge

Betrachten wir eine Menge E, in der eine Äquivalenzrelation erklärt ist. Man kann in E die Klasse der zu einem gegebenen Element a äquivalenten Elemente betrachten; diese Klasse wird mit $C_R(a)$ bezeichnet.

1. Zwei beliebige Elemente aus $C_R(a)$ sind äquivalent.

Sind α_1 und α_2 zwei Elemente aus $C_R(a)$, dann gilt

$$a \equiv \alpha_1(R)$$

und

$$a \equiv \alpha_2(R),$$

und auf Grund der Symmetrie gilt für die erste Beziehung

$$\alpha_1 \equiv a(R).$$

Ist nun gleichzeitig

$$\alpha_1 \equiv a(R) \quad \text{und} \quad a \equiv \alpha_2(R),$$

so folgt nach dem Transitivgesetz:

$$\alpha_1 \equiv \alpha_2(R).$$

2. Zwei Äquivalenzklassen, die ein gemeinsames Element besitzen, sind identisch. Es sei c das gemeinsame Element der Klassen $C_R(a)$ und $C_R(b)$. Nach 1. wird eine Klasse durch ein beliebiges ihrer Elemente bestimmt; folglich sind die Klassen $C_R(a)$ und $C_R(b)$, die beide mit $C_R(c)$ übereinstimmen, identisch.

3. Jedes Element aus E gehört zu der Teilmenge der ihm äquivalenten Elemente; andererseits können diese Teilmengen kein gemeinsames Element besitzen, denn sonst wären sie nach 2. identisch. Daraus folgt, daß jede Äquivalenzrelation auf einer Menge eine *Zerlegung* dieser Menge bestimmt. Eine Zerlegung einer Menge E ist demnach eine Familie F von Teilmengen von E, so daß gilt:

$$\bigcup_{X \in F} X = E \quad \text{und} \quad \underset{X \in F}{X} \cap \underset{Y \in F}{Y} = \phi.$$

Die Menge der durch die Relation R bestimmten Äquivalenzklassen über E heißt Quotient oder *Quotientenmenge* von E bezüglich R.

Man verbindet mit dem Begriff Quotientenmenge oft ein Repräsentantensystem; d.h. eine Teilmenge S von E derart, daß es ein Element aus S gibt, das seine Äquivalenzklasse bezüglich R eindeutig bestimmt.

Beispiel. 1. In der Menge der Ebenen des Raumes ist jede *Richtung* eine Äquivalenzklasse bezüglich der Parallelitätsbeziehung. Ein Repräsentant einer Richtung ist die durch einen Fixpunkt O gehende Gerade mit dieser Richtung.

2. Als *Segment* oder *gebundenen Vektor* bezeichnet man die Strecke zwischen zwei Punkten A und B, von einem fest gewählten Anfangspunkt zum Endpunkt. Zwei gebundene Vektoren sind nur dann gleich, wenn sie denselben Anfangs- und Endpunkt besitzen.

Definieren wir nun in der Menge E zwei gebundene Vektoren als äquivalent, wenn sie die gleiche Steigung, den gleichen Richtungssinn und die gleiche Länge haben, so sind die auf diese Weise erklärten Klassen die *Vektorscharen.*

Ersetzen wir in der Äquivalenzrelation das Wort Steigung durch „Richtung“, so bestehen die definierten Klassen aus den *freien Vektoren.* Zwei gebundene Vektoren AB und A′B′ sind äquivalent, wenn sie den gleichen Richtungssinn und die gleiche Länge haben: Sie heißen *äquipollent.*

2.1.4. Ordnungsrelationen

Betrachten wir zum Beispiel die Menge der positiven ganzen Zahlen N_+ und die binäre Relation „a teilt b“:

$$a | b\,;$$

gleichbedeutend damit: $b = c \cdot a$ mit $c \in N_+$.

1. Für jedes $a \in N_+$ gilt $a | a$;

denn: $a = 1 \cdot a$ und $1 \in N_+$; die Relation ist also *reflexiv.*

2. Gilt $a | b$ und $b | a$, so folgt $a = b$;

denn es ist

$$b = c \cdot a \quad \text{mit} \quad c \in N_+$$

und

$$a = c' \cdot b \quad \text{mit} \quad c' \in N_+,$$

also folgt

$$a = c' \cdot (c \cdot a)\,,$$

$$c' = c = 1, \quad c' \cdot c = 1 \quad \text{und somit: } a = b.$$

Die Relation | heißt *antisymmetrisch* (oder identitiv).

3. Gilt gleichzeitig: $a | b$ und $b | c$, so gilt $a | c$;

denn

$$b = d \cdot a \quad \text{mit} \quad d \in N_+,$$
$$c = e \cdot b \quad \text{mit} \quad e \in N_+,$$

daraus folgt

$$c = e \cdot (d \cdot a) = (e \cdot d) \cdot a;$$

und da $e \cdot d \in N_+$, folgt $a|c$.

Die Relation ist also *transitiv.*

Allgemeiner geben wir uns auf einer Menge E eine binäre Relation R so vor, daß es Paare $x, y \in E$ gibt, die diese Relation erfüllen und für die gilt:

1. $x R x$ (Reflexivität);
2. aus $x R y$ und $y R z$ folgt $x R z$ (Transitivität);
3. aus $x R y$ und $y R x$ folgt $x = y$ (Antisymmetrie).

Zwei Elemente heißen *vergleichbar,* wenn gilt: $a R b$ oder $b R a$; also sind in dem oben angeführten Beispiel 3 und 6 vergleichbar, denn $3|6$ (3 teilt 6); 2 und 3 sind jedoch nicht vergleichbar, denn es gilt weder $2|3$ noch $3|2$.

Strenge und nicht strenge Relationen. Die oben definierten Ordnungsrelationen heißen nicht strenge oder schwache Ordnungsrelationen; sie werden durch die Reflexivität charakterisiert. Ebenfalls definiert man strenge Ordnungsrelationen, die transitiv und antisymmetrisch, aber nicht reflexiv sind.

Ein bekanntes Beispiel einer Ordnungsrelation ist die Gleichheits- Ungleichheitsbeziehung $\leqslant$. Der Leser verifiziert leicht, daß diese Relation die Eigenschaften der Reflexivität, Transitivität und Antisymmetrie besitzt, also eine nicht strenge Ordnungsrelation ist. Die echte Ungleichheitsbeziehung $<$ ist eine strenge Ordnungsrelation:

1. sie ist nicht reflexiv: $a < a$ gilt für kein a;
2. sie ist transitiv, denn aus $a < b$ und $b < c$ folgt $a < c$;
3. sie ist antisymmetrisch: die Antisymmetrie kann hier nur folgenden Sinn haben: es existiert kein Paar (a, b), so daß gleichzeitig gilt: $a < b$ und $b < a$.

Eine strenge Ordnungsrelation ist also eine nicht reflexive, transitive und antisymmetrische Relation im oben erklärten Sinn. Zu bemerken ist, daß man die Antisymmetrie für eine strenge Ordnungsrelation nicht so definieren kann wie für eine nicht strenge: die Eigenschaft: aus $x R y$ und $y R x$ folgt $x = y$ setzt nach dem Transitivitätsgesetz $x R x$ voraus; das widerspricht jedoch 1. (Nichtreflexivität).

Ist eine nicht strenge Ordnungsrelation auf einer Menge E gegeben, so kann man eine und nur eine ihr entsprechende nicht strenge Ordnungsrelation R' definieren; d.h.: für jedes Paar mit $x R y$, wobei $x \neq y$, gilt $x R' y$, und für jedes Paar mit $x R' y$ gilt $x R y$.

Anders gesagt: Es gibt eine eineindeutige Beziehung der Menge der binären Relationen in sich, die jeder nicht strengen Ordnungsrelation genau eine strenge Ordnungsrelation zuordnet – und umgekehrt.

Man setzt $x\,R'\,y$, wenn $x\,R\,y$ und $x \neq y$ ist.

Der Leser verifiziert leicht, daß die so definierte Relation R' eine strenge Ordnungsrelation ist, daß sie R entspricht und daß sie eindeutig bestimmt ist.

Diese Bemerkung zeigt folgendes: Ist zum Beispiel auf einer Menge eine nicht strenge (bzw. strenge) Ordnungsrelation definiert, dann kann man ohne andere Definition sowohl diese Relation als auch die ihr entsprechende strenge (bzw. nicht strenge) Relation benutzen.

Man kann auch eine Halbordnung definieren, die reflexiv, transitiv und nicht symmetrisch ist, wobei die Nicht-Symmetrie als Negation der Symmetrieeigenschaft der Äquivalenzrelationen hier sehr weit gefaßt wird.

Die Symmetrieeigenschaft einer Relation R läßt sich schreiben:

aus $x\,R\,y$ folgt $y\,R\,x$;

diese Aussage bedeutet:
Für jedes Paar (x, y), das die Relation $x\,R\,y$ erfüllt, gilt die Relation $y\,R\,x$.

Die Negation dieser Eigenschaft lautet:
Es existiert mindestens ein Paar (x, y), das die Relation xRy erfüllt, so daß die Relation yRx falsch ist.

Nehmen wir an, auf einer Menge E sei eine solche Relation R definiert, die reflexiv, transitiv und nicht symmetrisch im eben genannten Sinn ist. Die Eigenschaft P wird wie folgt erklärt:

Gilt xRy und yRx, so gilt xPy $(x, y \in E)$.

Die Relation P ist eine Äquivalenzrelation:

1. sie ist *reflexiv:* xPx; da R reflexiv ist, gilt nämlich: xRx und xRx, also xPx;

2. sie ist *transitiv:* Aus xPy und yPz folgt xPz. Denn xPy bedeutet, daß xRy und yRx gilt; yPz besagt, daß yRz und zRy erfüllt ist. Da R transitiv ist, gilt:

aus xRy und yRz folgt xRz;

aus zRy und yRx folgt zRx;

insgesamt gilt also: xPz; damit ist P transitiv.

3. sie ist *symmetrisch:* Aus xPy folgt yPx. Denn xPy bedeutet, daß xRy und yRx gilt oder gleichbedeutend damit: yRx und xRy, also yPx.

Betrachten wir nun die Quotientenmenge E/P; eine Äquivalenzklasse ist die Menge der z mit xPz; wir bezeichnen sie mit (x); (x) ist ein Element der Quotientenmenge. Sind zwei Klassen (x), (y) einer Äquivalenzrelation, die eine Zerlegung einer Menge definiert, verschieden, so haben sie kein Element gemeinsam.

Wir definieren auf E/P eine Relation R' wie folgt: Man sagt, daß $(x)R'(y)$ $((x), (y) \in E/P)$, wenn für $u \in (x)$ und $v \in (y)$ gilt: uRv; d.h. wenn ein Element u aus der Klasse (x) und ein Element v aus der Klasse (y) existiert, so daß uRv.

Also gilt:

1. R' ist *reflexiv:* $(x)R'(x)$. Sind u und v zwei beliebige Elemente aus der Klasse (x). Es ist uRv (oder vRu) nach Definition der Äquivalenzrelation P. Daraus folgt die Reflexivität von R'.

2. R' ist *transitiv:* aus $(x)R'(y)$ und $(y)R'(z)$ folgt $(x)R'(z)$. Denn: $(x)R'(y)$ bedeutet, daß ein $u \in (x)$ und $v \in (y)$ existiert mit uRv; $(y)R'(z)$ besagt, daß $v' \in (x)$ und $w \in (z)$ existiert mit $v'Ry$. Aber v und v' gehören zu der Klasse (y), also: vRv' und man hat nun:

a) aus uRv und vRv' folgt uRv';

b) aus uRv' und $v'Rw$ folgt uRw.

Es existiert also $u \in (x)$ und $w \in (z)$, so daß uRw; somit gilt: $(x)R'(z)$, damit ist die Transitivität von R' gezeigt.

3. R' ist *antisymmetrisch* im Sinn einer nicht strengen Ordnungsrelation: Aus $(x)R'(y)$ und $(y)R'(x)$ folgt $(x) = (y)$ (Es wird an die Definition der Gleichheit erinnert: Zwei Mengen sind gleich, wenn sie die gleichen Elemente enthalten).

$(x)R'(y)$ bedeutet, daß $u \in (x)$ und $v \in (y)$ existiert mit uRv. Man sieht leicht, daß, wenn ein solches Paar (u, v) existiert, für jedes Paar (u', v') mit $u' \in (x)$, $v' \in (y)$ $u'Rv'$ gilt; denn: $u'Ru$ (da u äquivalent zu u' ist) und: Aus $u'Ru$ und uRv folgt $u'Rv$ (Transitivität von R).

vRv' (da v äquivalent zu v' ist) und: Aus $u'Rv$ und vRv' folgt $u'Rv'$ (Transitivität von R).

Gilt also $(x)R'(y)$ mit beliebigen Elementen u und v aus (x) bzw. (y), so hat man: uRv.

Gleichfalls folgt aus $(y)R'(x)$, wenn v' und u' beliebige Elemente aus (x) bzw. (y) sind, daß gilt: $v'Ru'$.

Es genügt zu zeigen, daß u und v zur selben Klasse gehören; ist diese Aussage richtig, so gilt sie für jedes Paar u, v', wobei v' ein beliebiges Element aus (y) ist; also ist (y) in (x) enthalten. Umgekehrt gilt sie für jedes Paar u', v, mit einem beliebigen Element u' aus (x): (x) ist dann in (y) enthalten. Insgesamt folgt die Gleichheit von (x) und (y).

Man sieht leicht, daß u und v zur selben Klasse gehören. Es gilt: uRv und vRv', also uRv'; und auf Grund der Annahme $v'Ru$ gilt: Aus vRv' und $v'Ru$ folgt vRu.

Man hat also gleichzeitig: uRv und vRu, woraus folgt: uPv; u und v sind damit äquivalent; daraus folgt die Gleichheit zwischen (x) und (y).

Die auf der Menge der Klassen (x) definierte Ordnungsrelation ist also eine nicht strenge Ordnungsrelation. Man sieht, daß von Halbordnungen an immer nicht strenge Ordnungsrelationen definiert werden können, die der ursprünglichen Relation entsprechen.

Partielle Ordnungsrelationen. Totale Ordnungsrelationen

Wir haben gesehen, daß zwei Elemente x und y bezüglich einer auf einer Menge definierten Ordnungsrelation vergleichbar heißen, 1. wenn $x\mathcal{R}y$ oder $y\mathcal{R}x$, wobei $\mathcal{R}$ eine nicht strenge Ordnungsrelation ist;oder 2. wenn $x\mathcal{R}'y$ oder $y\mathcal{R}'x$ oder auch $x = y$ gilt, wobei $\mathcal{R}'$ eine strenge Ordnungsrelation ist.

Eine Ordnungsrelation heißt *totale Ordnungsrelation,* wenn zwei vorgegebene beliebige Elemente x und y aus E vergleichbar sind. Im entgegengesetzten Fall, d.h. wenn wenigstens ein Paar x', y' existiert, so daß x' nicht mit y' vergleichbar ist, heißt die Ordnungsrelation *partielle Ordnungsrelation.*

Beispiele:

a) Die Menge der reellen Zahlen, durch die Größe geordnet (Relation $\leqslant$), besitzt eine totale Ordnung: Bei beliebigen Zahlen gilt nämlich immer: $a \leqslant b$ oder $b \leqslant a$.

b) Die Menge der positiven ganzen Zahlen N_+, durch die Relation „a teilt b" geordnet, ist durch diese Relation nur teilweise geordnet, denn gewisse Paare (z.B. das Paar 2,3) sind nicht vergleichbar.

c) Die Menge der Punkte der Ebene A, B, ..., gegeben durch die Koordinaten: a, a'; b, b'; ... ist durch folgende Relation $\mathcal{R}$ geordnet:

$$A\mathcal{R}B, \text{ falls } a \leqslant b \quad a' \leqslant b';$$

$\mathcal{R}$ ist eine partielle Relation. Betrachten wir zum Beispiel folgende Punkte:

$$A\begin{cases}1\\3\end{cases} \qquad B\begin{cases}4\\5\end{cases} \qquad C\begin{cases}1\\6\end{cases}$$

Man hat: $A\mathcal{R}B$; $A\mathcal{R}C$, aber B und C sind nicht vergleichbar.

2.2. Das binäre Zahlensystem

2.2.1. Exkurs über die Zahlensysteme

Schreiben wir die Zahl 256 in unserem gewöhnlichen Zahlensystem, so gilt

$$\begin{aligned}256 &= 2 \cdot 10^2 + 5 \cdot 10^1 + 6 \cdot 10^0\\ &= 200 + 50 + 6 = 256\,.\end{aligned}$$

Die Basis dieses Zahlensystems ist zehn. Die Basis ist die Anzahl der Einheiten einer gegebenen Ordnung, die man zu einer Einheit von höherer Ordnung vereinigt: Im Dezimalsystem sind zehn Einheiten notwenig, um 10 zu bekommen, zehn Zehner sind notwendig, um einen Hunderter zu bekommen, usw...

Daß die Basis unseres gewöhnlichen Zahlensystems in Beziehung zu den zehn Fingern unserer beiden Hände steht, schließt die Möglichkeit der Wahl anderer Basen nicht aus. Gewisse primitive Stämme, die den aufrechten Gang noch nicht kannten, gebrauchten – so erzählen die Anthropologen – Zahlensysteme der Basis 20, denn man zählte sowohl mit den Zehen als auch mit den Fingern. Im Gegensatz dazu empfehlen manche das System mit der Basis 12, da 12 mehr Teiler als 10 besitzt, und man kann als Titel auf einem kürzlich herausgebrachten Buch lesen: *12, unsere zukünftige 10* (ÉD. Dunod. 1955).

Es ist klar, daß sich mit Vergrößerung der Basis die Schreibweise der Potenzen verkürzt. Im System mit der Basis 10 ist 100 die erste der dreistelligen Ziffern; im System mit der Basis 12 bedeutet 100:

$$1 \cdot 12^2 + 0 \cdot 12^1 + 0 \cdot 12^0 = 144\,;$$

in dem der Basis 20 ist 100 gleich folgender Zahl:

$$1 \cdot 20^2 + 0 \cdot 20^1 + 0\ 20^0 = 400\,.$$

Nimmt man umgekehrt eine kleinere Basis als 10, so erweitert sich die Schreibweise. Im System mit der Basis 5 besteht die der dezimalen Zahl 25 entsprechende Zahl aus drei Ziffern:

$$1 \cdot 5^2 + 0 \cdot 5^1 + 0 \cdot 5^0 = 25.$$

Im System der Basis 2 eröffnet die der dezimalen Zahl 4 entsprechende Zahl die dreistellige Ziffernreihe:

$$1 \cdot 2^2 + 0 \cdot 2^1 + 0 \cdot 2^0 = 4,$$

diese Zahl schreibt sich also 100 im System der Basis 2.

Man las kürzlich noch in ausgezeichneten Abhandlungen, daß das dyadische oder binäre System den Nachteil besitze, „eine große Anzahl Ziffern zu benötigen, um die gebräuchlichsten Zahlen darzustellen.“[1])

Auf den ersten Blick ist man versucht, dem Autor dieser Bemerkung Recht zu geben. Schreibt sich die Zahl 100 des Dezimalsystems nicht 1100100 im System mit der Basis 2? Tatsächlich gilt:

$$\begin{aligned}\overline{\overline{1100100}} &= 1 \cdot 2^6 + 1 \cdot 2^5 + 0 \cdot 2^4 + 0 \cdot 2^3 + 1 \cdot 2^2 + 0 \cdot 2^1 + 0 \cdot 2^0 \\ &= 64 + 32 + 0 + 0 + 4 + 0 + 0 + 0 = 100\end{aligned}$$

Nun wird das System mit der Basis 2 aber seit einigen Jahren benutzt, um Berechnungen mit Hilfe elektronischer Rechner zu bewerkstelligen. Tatsächlich konnte man vor 50 Jahren kaum voraussehen, daß sich das Binärsystem auf Grund seiner äußerst einfachen Schreibweise (zwei Ziffern, 0 oder 1) glänzend der Technik der mathematischen Maschinen anpaßt; daß der 0 oder 1 entspricht: Strom oder kein Strom, unterschiedliche oder gleiche Spannung, Magnetanziehung oder keine magnetische Anziehung, usw...

---

1) Traité d'arithmétique, *E. Humbert.* Vuibert (1908).

2.2.2. Das Binärsystem

Eine Zahl, die im System mit der Basis 2 geschrieben ist, heißt binäre Zahl. Nur zwei Ziffern, 0 und 1, reichen aus, sie darzustellen.

0 ergibt 0,
1 ergibt 1,
2 (dezimal) ergibt 10,
3 (dezimal) ergibt 11,
4 (dezimal) ergibt 100, usw...

denn wie wir bereits erwähnten, stellt jede Einheit von höherer Ordnung zwei Einheiten der hier vorliegenden Ordnung dar.

In einem anderen Buch[1]) findet man folgende Tabelle:

System mit der Basis 10		System mit der Basis 2			
10^1	10^0	2^3	2^2	2^1	2^0
0	1	0	0	0	1
0	2	0	0	1	0
0	3	0	0	1	1
0	4	0	1	0	0
0	5	0	1	0	1
0	6	0	1	1	0
0	7	0	1	1	1
0	8	1	0	0	0
0	9	1	0	0	1
1	0	1	0	1	0

Aus dieser Tabelle kann der Leser leicht den Aufbau verfolgen.

Innerhalb dieses Werkes werden wir oft vom binären System zum Dezimalsystem überwechseln und umgekehrt.

Der Übergang vom Binär- zum Deziamalsystem ist klar: Es genügt, die Potenzen von 2 mit ihren dezimalen Werten in eine kleine Tabelle zu schreiben, aus der man die entsprechende Dezimalzahl erhält, indem man die Potenzwerte von 2 addiert, an deren Stelle die binäre Zahl die Ziffer 1 besitzt.

Beispiel: Die binären Zahlen $\overline{\overline{10101101}}$ und $\overline{\overline{1110010}}$ sind in das Dezimalsystem zu übertragen.

...	2^7	2^6	2^5	2^4	2^3	2^2	2^1	2^0	
...	128	64	32	16	8	4	2	1	
	1	0	1	0	1	1	0	1	= 173
	0	1	1	1	0	0	1	0	= 114

---

[1]) *Cullmann, Denis-Papin* et *Kaufmann.* Éléments de calcul informationnel. Albin Michel. 1960.

Man erhält sofort:

128 + 32 + 8 + 4 + 1 = 173

64 + 32 + 16 + 2 = 114

Der Übergang von einer Dezimalzahl zu einer binären Zahl ist wie die Zerlegung in Faktoren sofort zu bewerkstelligen.

Die Zahl 625 sei zum Beispiel im Binärsystem zu schreiben. Versuchen wir zunächst, 625 durch 2 zu teilen. Entweder ist die Zahl durch 2 teilbar, dann erhalten wir einen genauen Quotienten mit dem Rest 0; oder sie ist nicht durch 2 teilbar – wie in diesem Fall –,und wir erhalten den Rest 1. Behalten wir zunächst diesen Rest, der die erste rechte Ziffer in der gesuchten binären Zahl sein wird.

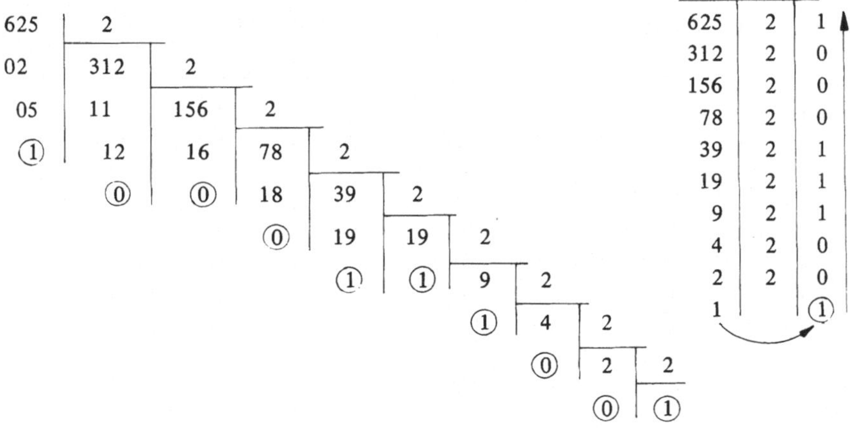

Dividieren wir den Quotient der obigen Rechnung durch 2, so erhalten wir wieder den Rest 0 oder 1. Wir behalten diesen Rest, denn es ist die zweite Ziffer der binären Zahl, und wir stellen sie links neben den Rest der vorigen Rechnung, usw. Erhält man einen Quotienten kleiner als 2, so geht dieses Verfahren nicht mehr weiter: Die zuletzt als Quotient erhaltene 1 bestimmt die höheren Einheiten der binären Zahl.

Für 625 erhalten wir nach diesem Verfahren:

1001110001 = 512 + 64 + 32 + 16 + 1 = 625

Es ist möglich, die oben beschriebene Rechnung zu vereinfachen. Setzen wir auf die linke Seite eines senkrechten Strichs die Zahl 625, rechts den Teiler 2 und in einer dritten Spalte, rechts von diesem Teiler, den bei jeder Division durch 2 erhaltenen Rest.

Es genügt, den letzten Quotienten 1 in die rechte Spalte zu übertragen, und man liest, *unten beginnend,* die binäre Zahl: 1001110001.

Bemerkung: Der über einer binären Zahl stehende Pfeil gibt das abnehmende „Gewicht" an. Wir werden ihn weglassen, wenn kein Zweifel darüber besteht, ob eine Zahl im binären oder in einem anderen System geschrieben ist.

2.2.3. Operationen im Binärsystem

Die Additionstafel erhält man unmittelbar:

$$0+0=0 \qquad 1+0=\ 1$$
$$0+1=1 \qquad 1+1=10\,.$$

Die Multiplikationstafel ist nicht weniger offensichtlich:

$$0\cdot 0=0 \qquad 1\cdot 0=0$$
$$0\cdot 1=0 \qquad 1\cdot 1=1\,.$$

Man findet Beispiele von Operationen in dem Werk, das in der vorangehenden Fußnote zitiert wurde (S. 31).

2.2.4. Das oktale und das binäre System

In seiner Arbeit über die „Grundbegriffe numerischer automatischer Rechenmaschinen“ [1] schreibt *M. P. Naslin:* „Falls wir die Basis unseres Zahlensystems ändern müßten – was übrigens höchst unwahrscheinlich ist –, so ist es keineswegs die Basis 12, die wir wählen sollten, sondern vielmehr die Basis 8“. [2] Die Basis 12 hat keine besonderen Vorteile, denn es ist, vom Kopfrechnen abgesehen, von geringem Interesse, im Laufe einer numerischen Rechnung mehr oder weniger häufig glatte Zahlen zu bekommen. Im Gegenteil, die Basis 8 hätte den sehr großen Vorteil, das Innere der automatischen Rechenmaschinen oft beträchtlich zu vereinfachen, *denn die einer oktalen Zahl entsprechende binäre Zahl erhält man einfach, indem man nach und nach die jeder ihrer Ziffern entsprechende binäre Zahl bildet.*“ (Wir unterstreichen diese Aussage).

Diese Eigenschaft wollen wir an Hand eines Beispiels bestätigen. Gegeben sei die Zahl 625. Mit der Basis 8 schreibt sie sich als 1161. Denn:

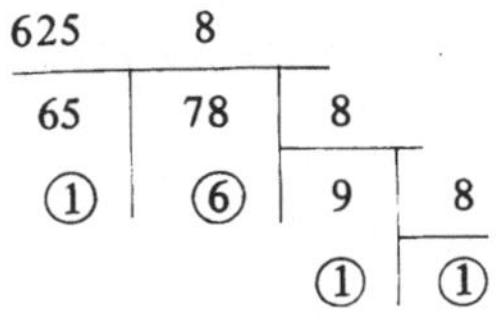

625	8	1
78	8	6
9	8	1
1		①

und

$$1\cdot 8^3+1\cdot 8^2+6\cdot 8^1+1\cdot 8^0=512+64+48+1=625$$

Außerdem ist $8=2^3$, und die obige Gleichung läßt sich wie folgt schreiben:

$$\begin{aligned}625 &= 1\cdot(2^3)^3+1\cdot(2^3)^2+6\cdot(2^3)^1+1\cdot(2^3)^0\\ &= 1\cdot 2^9+1\cdot 2^6+6\cdot 2^3+1\cdot 2^0\,.\end{aligned}$$

---

1) Monographies, Dunod. 1958.

2) Vgl. hierzu das Vorwort von *M. R. de Possel.*

Die Dezimalzahl 6 schreibt sich 110 im Binärsystem, d.h.:

$$1 \cdot 2^2 + 1 \cdot 2^1 + 0 \cdot 2^0 .$$

Also:

$$\begin{aligned} 625 &= 1 \cdot 2^9 + 1 \cdot 2^6 + (1 \cdot 2^2 + 1 \cdot 2^1) \cdot 2^3 + 1 \cdot 2^0 \\ &= 1 \cdot 2^9 + 1 \cdot 2^6 + 1 \cdot 2^5 + 1 \cdot 2^4 + 1 \cdot 2^0 \end{aligned}$$

625 läßt sich somit im Binärsystem schreiben:

1001110001 .

Man hat sich darauf beschränkt, jede der Ziffern der oktalen Zahl 1161 (die der Zahl 625 entspricht) in das Binärsystem zu übertragen. Da $2^3 = 8$, Basis des Oktalsystems, im Binärsystem 1000 entspricht, schreibt sich jede der Ziffern der oktalen Zahl mit Hilfe von drei binären Ziffern. (Die größte Ziffer in einem beliebigen System ist immer gleich der Basis minus 1; um eine oktale Zahl zu schreiben, braucht man nur die Ziffern: 0, 1, 2, 3, 4, 5, 6, 7).

Schreiben wir hintereinander die Abschnitte der drei Ziffern, die die Ziffern der oktalen Zahl im Binärsystem repräsentieren:

1	1	6	1
001	001	110	001;

Man erhält: 001001110001; die beiden ersten Nullen haben hier keinerlei Bedeutung; man stellt fest, daß es gleichwohl genügt, nacheinander die Ziffern der oktalen Zahl im Binärsystem auszudrücken, um die gleichwertige binäre Zahl zu finden.

Ein weiteres Beispiel: Die Dezimalzahl 1235 schreibt sich als 2323 im System mit der Basis 8. Daraus ergibt sich sofort im Binärsystem: 010011010011.

Man sieht, daß die dezimale Zahl 1235 sich als binäre Zahl: 10011010011 schreibt.

Wir wollen diese Behauptung prüfen:

$$\begin{aligned} 10011010011 &= 1 \cdot 2^{10} + 1 \cdot 2^7 + 1 \cdot 2^6 + 1 \cdot 2^4 + 1 \cdot 2^1 + 1 \cdot 2^0 \\ &= 1024 + 128 + 64 + 16 + 2 + 1 = 1235 . \end{aligned}$$

2.2.5. Die zur Darstellung einer Dezimalzahl notwendige Anzahl von binären Ziffern

Mit n_1 binären Ziffern kann man alle Zahlen zwischen 0 und $2^{n_1} - 1$ darstellen, mit n_2 dezimalen Ziffern alle Zahlen von 0 bis $10^{n_2} - 1$. Angenommen, die größten Zahlen in dem einen und anderen System seien gleich. Man hat also

$$2^{n_1} - 1 = 10^{n_2} - 1 ,$$

d.h.:

$$2^{n_1} = 10^{n_2}$$

oder

$$n_1 \lg 2 = n_2 \lg 10 = n_2 \,;$$

daraus ergibt sich

$$n_1 = \frac{1}{\lg 2} n_2 = \frac{n_2}{0{,}30103} \approx 3{,}322\, n_2 \,.$$

Das bedeutet, daß ungefähr 3,32 mal mehr binäre als dezimale Ziffern notwendig sind, um dieselbe Zahl darzustellen.

2.3. Übungen

1. Man prüfe bei folgenden binären Relationen nach, ob sie reflexiv, symmetrisch und transitiv sind:

a) die Relation der Orthogonalität der Geraden der Ebene;

b) die Relation der Orthogonalität bei Kreisen;

c) die Relation „konjugiert" bei Punkten bzgl. eines Kreises;

d) die Relation $\leqslant$ für positive ganze Zahlen;

e) die Relation R: $a R b$, wenn $a^2 + a = b^2 + b$ für relative ganze Zahlen ist (pos. und neg.);

f) die Relation der Orthogonalität der Geraden im Raum.

2. Gegeben sei die Menge H der Homothetien, die den Punkt (a, b) in (ka, kb) überführen. Man schreibt: $(a, b)\; R\; (a', b')$, wenn der zweite Punkt sich aus dem ersten durch eine Transformation H herleiten läßt. Zeigen Sie, daß R eine Äquivalenzrelation ist. Wie sehen die Klassen aus?

3. Eine binäre Relation heißt *zirkulär,* wenn aus $a R b$ und $b R c$ folgt $c R a$. Zeigen Sie, daß eine reflexive und zirkuläre Relation eine Äquivalenzrelation ist und umgekehrt.

4. Gegeben sei ein inneres[1]) Verknüpfungsgesetz T auf einer Menge E. R sei eine Äquivalenzrelation, und man definiert auf dem Mengenquotienten E/R ein Verknüpfungsgesetz $\perp$ wie folgt:

---

1) Ein Gesetz, das jedem Paar a, b ($a \in E$, $b \in E$) ein Element c aus E zuordnet, das mit $c = a \mathrm{T} b$ bezeichnet wird, heißt inneres Verknüpfungsgesetz auf der Menge E und wird mit $*$ bezeichnet.
Beispiel: Auf der Menge der natürlichen Zahlen N_+ ist die Addition eine innere Verknüpfung; das Gesetz der Subtraktion auf dieser Menge ist hingegen kein inneres Verknüpfungsgesetz.

(a) sei die Klasse der zu a äquivalenten Elemente bezüglich R; also: aus $x \in (a)$ folgt: $x \equiv a(R)$.

(b) sei die Klasse der zu b äquivalenten Elemente bezüglich R; also:

$(a) \perp (b) = (a \top b)$.

1. Zeigen Sie, daß $\perp$ ein inneres Verknüpfungsgesetz auf dem Mengenquotienten ist.

2. Zeigen Sie: Wenn $\top$ kommutativ ist, so ist es ebenfalls $\perp$.

5. Sind a und b zwei relative ganze Zahlen (pos. oder neg.), so gelte aRb, wenn $a-b$ durch 2 teilbar ist. Zeigen Sie, daß es sich hier um eine Äquivalenzrelation handelt, und bestimmen Sie die Klassen.

6. Man hat in diesem Kapitel gesehen, daß jede Äquivalenzrelation auf einer Menge eine *Zerlegung* dieser Menge bestimmt. Gilt auch die Umkehrung?

7. Zeigen Sie, daß die Relation $\subseteq$ (nicht strenge Inklusion) zwischen Untermengen einer Menge eine partielle Ordnungsrelation ist.

8. Zeigen Sie, daß eine partielle Ordnungsrelation $<$ auf einer endlichen Menge durch ein Hasse-Diagramm dargestellt werden kann. In dieser Art Diagramm wird ein Element durch einen Punkt dargestellt, zwei vergleichbare Elemente werden durch eine nicht horizontale Linie verbunden, und $a < b$ gilt, wenn b unterhalb von a liegt. Das folgende Diagramm 1 kann 1, 2, 4, 8 bezüglich der Ordnungsrelation $a|b$ (a teilt b) darstellen. Man versuche, die Diagramme 2 und 3 in gleicher Weise zu interpretieren.

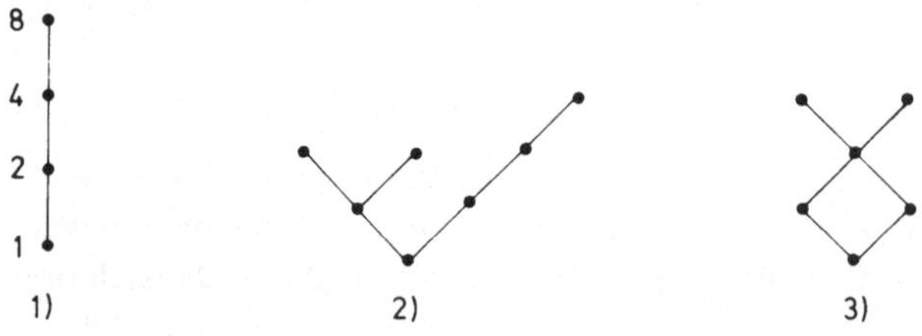

9. Eine Menge heißt wohlgeordnet, wenn jede nichtleere Teilmenge ein erstes Element besitzt, d.h. ein Element, das kleiner als alle anderen ist. Sind die folgenden, vorher durch die Größe geordneten Mengen wohlgeordnet?

a) die positiven ganzen Zahlen;

b) die rationalen Zahlen x mit $0 < x < 1$;

c) die Menge der Brüche $\frac{1}{n}$, mit $n > 0$ $(n \in N_+)$;

d) die Menge der Zahlen $1 - \frac{1}{n}$, mit $n > 0$ $(n \in N_+)$.

Bemerkung: Man benutze nicht das Axiom von *Zermelo*.

3. Definitionen und Eigenschaften der Booleschen Algebra

3.1. Wichtige Eigenschaften und Anwendungen

3.1.1. Einführung

Die Boolesche Algebra betrifft Relationen zwischen Untermengen oder Teilmengen einer Menge (oder Universalmenge) von beliebigen Objekten. In den Anwendungen betrachtet man lediglich endliche Mengen.

Zunächst definiert man sich also eine *Universalmenge R*, die aus der Menge aller Klassen,[1]) aus den Mengen besteht, die man bei einer bestimmten Fragestellung betrachtet; man bezeichnet diese Grundmenge entweder mit 1 oder mit T (Totalität). Wir betonen, daß diese Grundmenge endlich ist, da man sich in den Anwendungen nur mit endlichen Mengen beschäftigt (Bild 3.1).

Im Gegensatz dazu betrachtet man auch die leere Menge, die man nun anstelle des Symbols ϕ mit 0 oder auch N (Nichts) bezeichnet.

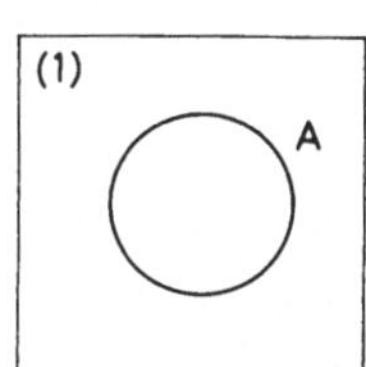

Bild 3.1

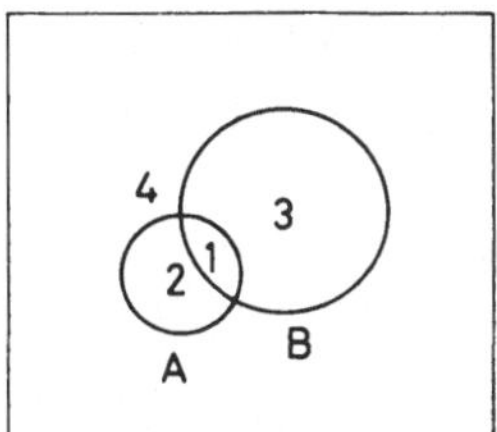

Bild 3.2

Gegeben sei die Universalmenge 1 und eine Klasse A; das Komplement von A wird mit $\overline{A}$ bezeichnet. Ist A durch die Eigenschaft p definiert, so ist $\overline{A}$ durch die Eigenschaft „nicht p" bestimmt; diese Eigenschaft definiert man als $\overline{p}$. So betrachtet ist $\overline{A}$ die *Negation* von A. Ist A = 0, so gilt offensichtlich $\overline{A}$ = 1 und umgekehrt.

Betrachten wir nun zwei Klassen A und B, die durch die Eigenschaften p bzw. q definiert sind; die Elemente der Universalmenge sind in vier Klassen eingeteilt (Bild 3.2):

1. jene, die zu A und B gehören und die Eigenschaft p und q besitzen; sie sind durch $A \cap B$ bestimmt;

2. jene, die zu A und $\overline{B}$ gehören, d.h. die nur die Eigenschaft p, aber nicht die Eigenschaft q besitzen; sie sind durch $A \cap \overline{B}$ bestimmt. Zu erwähnen bleibt noch, daß sie die Eigenschaften p und $\overline{q}$ besitzen;

---

[1]) In der Booleschen Algebra, die früher hauptsächlich in der Logik angewandt wurde, ist das Wort Klasse oft ein Synonym für *Menge*. Ebenso werden die Bezeichnungen 1 und 0 für die Grundmenge bzw. die leere Menge seit *Boole* benutzt.

3. jene, die zu $\overline{A}$ und B gehören, d.h. die nur die Eigenschaft q, aber nicht die Eigenschaft p besitzen, oder anders gesagt, die durch die Eigenschaften $\overline{p}$ und q bestimmt sind; sie sind durch $\overline{A} \cap B$ bestimmt;

4. schließlich jene, die zu $\overline{A}$ und $\overline{B}$ gehören; d.h. jene, die weder die Eigenschaft p, noch die Eigenschaft q besitzen. Man kann sagen, daß sie durch die Eigenschaften $\overline{p}$ und $\overline{q}$ definiert sind; sie sind durch $\overline{A} \cap \overline{B}$ bestimmt.

3.1.2. Wiederholung der Eigenschaften der Inklusion

Im ersten Kapitel haben wir die Relation $\subset$ wie folgt definiert: Gilt $A \subset B$, so gehört jedes Element von A zu B.

Setzen wir nun

$$A \cap B = A$$

oder

$$A \cup B = B,$$

so erhalten wir offensichtlich zwei andere Möglichkeiten, $A \subset B$ zu schreiben.

Der Durchschnitt von A und B ist A.

Die Vereinigung von A und B ist B.

Die Diagramme in Bild 3.3 verdeutlichen diese Behauptung.

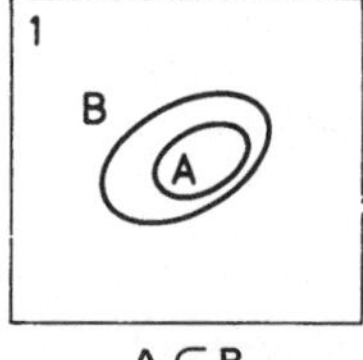

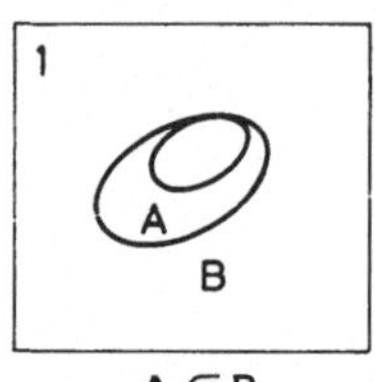

Bild 3.3
Der Durchschnitt von A und B ist A.
Die Vereinigung von A und B ist B.

Betrachten wir nun eine Klasse A und die Klasse oder Universalmenge B = 1. Dann gilt

$$A \cap 1 = A \quad \text{und} \quad A \cup 1 = 1 .$$

Setzen wir anstelle der Klasse B die leere Menge, so ergibt sich

$$A \cap 0 = 0 \quad \text{und} \quad A \cup 0 = A .$$

3.1.3. Weitere Eigenschaften

1. Jede Klasse A befindet sich offensichtlich zwischen der leeren Menge und der Universalmenge, man hat also:

$$1 \supset A \supset 0 ;$$

1 und 0 sind die *universellen Grenzen* der Klassen.

2. Betrachten wir nun das Komplement $\overline{A}$ von A. Es bedarf keiner Erläuterung, daß

$$A \cup \overline{A} = 1 \quad \text{und} \quad A \cap \overline{A} = 0 .$$

3. Zwei Klassen A und B sind *gleich,* wenn gleichzeitig gilt

$$A \subset B \quad \text{und} \quad B \subset A .$$

4. Betrachten wir $A \cup A$ und $A \cap A$. Wir wissen, daß $A \subset B$ auch wie folgt geschrieben werden kann: $A \cap B = A$ oder $A \cup B = B$. Da gilt: $A \subset A$, haben wir

$$A \cap A = A \quad \text{und} \quad A \cup A = A .$$

Man hat dieser Eigenschaft den Namen *Idempotenz* vorbehalten. Sie ist wichtig, denn sie bedeutet, daß in der Schreibweise der Ergebnisse von Operationen, die durch die Zeichen $\cap$ und $\cup$ symbolisiert sind, weder Exponenten noch Koeffizienten notwendig sind.

Bemerkung: In der gewöhnlichen Algebra gilt: $A + A = 2A$ und $A \cdot A = A^2$, man gebraucht Koeffizienten und Exponenten. In der Booleschen Algebra hat man: $A \cup A = A$ und $A \cap A = A$, Koeffizienten und Exponenten sind unnötig.

5. Betrachten wir nun $\overline{A}$. Ist A durch die Eigenschaft p bestimmt, so ist $\overline{A}$, das Komplement oder die Negation von A, durch $\overline{p}$, d.h. durch „nicht p" definiert.

Bilden wir nun $\overline{\overline{A}}$, das Komplement oder die Negation von $\overline{A}$, so ist $\overline{\overline{A}}$ folglich durch $\overline{\overline{p}}$ oder „nicht (nicht p)" charakterisiert. Wenn aber, wie es übrigens offensichtlich erscheint, $\overline{\overline{A}}$ aus den Elementen der Universalmenge besteht, die nicht jene sind, die nicht die Eigenschaft p besitzen, so bedeutet das, daß diese Elemente die Eigenschaft p besitzen. Unter diesen Voraussetzungen gilt

$$\overline{\overline{A}} = A .$$

Diese Eigenschaft wird *Involution* genannt.

Um jede Schwierigkeit zu vermeiden, schreibt man auch: $\overline{(\overline{A})}$.

6. Wir haben bereits die folgenden äquivalenten Beziehungen betrachtet und benutzt:

$$A \subset B, \quad A \cap B = A, \quad A \cup B = B .$$

Man sieht in Bild 3.3 deutlich, daß die Inklusion von A in B auch anders dargestellt werden kann; also:

$$B \cup \overline{A} = 1 \quad \text{und} \quad A \cap \overline{B} = 0 .$$

Bei einer der von der Booleschen Algebra gestellten Fragen geht es nun um die Möglichkeit, von einem der äquivalenten Ausdrücke zum anderen überzugehen.

3.1.4. Das Distributivgesetz

Wir kommen nicht auf die Ausführungen und Beweise des ersten Kapitels zurück, die die folgende Gleichheit ergaben:

$$A \cap (B \cup C) = (A \cap B) \cup (A \cap C); \qquad (1)$$

wenn man in derselben Universalmenge drei beliebige Klassen A, B und C betrachtet (vgl. hierzu besonders Bild 1.6).

Es ist hingegen leicht zu zeigen, daß

$$(A \cup B) \cap (A \cup C) = A \cup (B \cap C) \qquad (2)$$

gilt; denn entwickeln wir den ersten Ausdruck so, wie wir es von der Algebra her kennen, so ergibt sich

$$D = (A \cap A) \cup (B \cap A) \cup (A \cap C) \cup (B \cap C); \qquad (3)$$

wir haben gesehen, daß $A \cap A = A$ und $A \cap 1 = A$ ist; andererseits gilt nach (1)

$$(A \cap B) \cup (A \cap C) = A \cap (B \cup C).$$

Also läßt sich der in (3) entwickelte Ausdruck wie folgt beschränken:

$$D = (A \cap 1) \cup [A \cap (B \cup C)] \cup (B \cap C). \qquad (4)$$

Auf die erste runde und die eckige Klammer kann noch die Folgerung von (1) angewandt werden:

$$D = \{A \cap [1 \cup (B \cap C)]\} \cup (B \cap C). \qquad (5)$$

Da die Vereinigung assoziativ ist, können wir die runde Klammer innerhalb der eckigen Klammer von (5) weglassen:

$$D = [A \cap (1 \cup B \cup C)] \cup (B \cap C); \qquad (6)$$

Da $1 \cup B = 1$, vereinfacht sich die runde Klammer innerhalb der eckigen Klammer von (6) zunächst auf $1 \cup C$, was nichts anderes als 1 ergibt; die eckige Klammer ist also gleich: $A \cap 1$ und $A \cap 1 = A$. Also

$$D = A \cup (B \cap C),$$

und die Beziehung (2) ist unter Benutzung von (1) bewiesen.

Diese Beweisführung, die auf den ersten Blick erstaunlich sein mag, wird sich im Folgenden als nützlich erweisen.

3.1.5. Die Formel von A. de Morgan

Das Theorem [1]) von *de Morgan* beinhaltet zwei Beziehungen:

$$\begin{cases} \overline{A \cup B} = \overline{A} \cap \overline{B}, & (7) \\ \overline{A \cap B} = \overline{A} \cup \overline{B}. & (8) \end{cases}$$

Durch ihre gleichzeitige Existenz drücken diese beiden Gleichungen die Eigenschaft der *Dualität* aus.

Man kann sie folgendermaßen beschreiben: Die Negation einer Vereinigung ist der Durchschnitt der Negationen der Glieder der Vereinigung; die Negation eines Durchschnitts ist die Vereinigung der Negationen der Glieder des Durchschnitts. Wir haben diese Relationen bereits im ersten Kapitel kennengelernt, als wir andeuteten, daß

$$\complement(A \cup B) = \complement A \cap \complement B \quad \text{und} \quad \complement(A \cap B) = \complement A \cup \complement B.$$

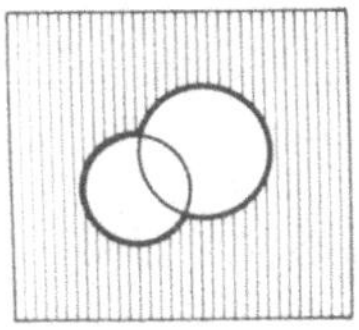

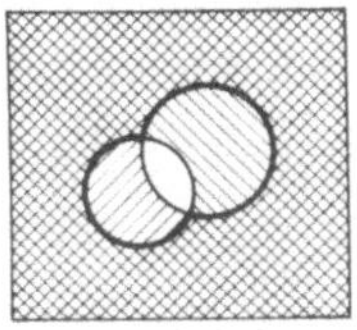

$\overline{A \cup B}$ = $\overline{A} \cap \overline{B}$

vertikal schraffierter Bereich = Bereich beider Arten von Schraffierungen

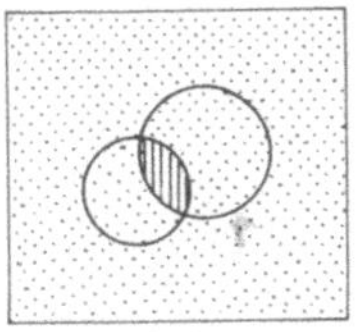

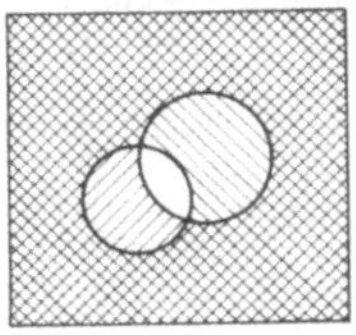

$\overline{A \cap B}$ = $\overline{A} \cup \overline{B}$

punktierter Bereich (die gesamte Grundmenge außer des in der Mitte schraffierten Bereichs) = Bereiche, die eine beliebige oder beide Schraffierungen besitzen (gesamte Grundmenge außer des mittleren weißen Bereichs)

Bild 3.4

Die Diagramme in Bild 3.4 veranschaulichen die Dualitätseigenschaften. Man kann übrigens weitaus einfacher schließen, um die beiden Gleichungen des Theorems zu erhalten. Betrachten wir die erste: Ein Punkt, der nicht in der Vereinigung von A und B liegt, ist weder in A noch in B; er befindet sich also gleichzeitig in A und B, also

$$\overline{A \cup B} = \overline{A} \cap \overline{B}. \tag{9}$$

Man kann weiter feststellen, daß die Gleichungen A = B und $\overline{A} = \overline{B}$ äquivalent sind, was bedeutet, daß man die beiden Seiten einer Gleichung verneinen kann.

[1]) Die *Formel* von *A. de Morgan* hat sich unter dem Namen *Theorem* eingebürgert.

Unter diesen Voraussetzungen verneinen wir die beiden Seiten der Gleichung (9):

$$\overline{\overline{A \cup B}} = \overline{\bar{A} \cap \bar{B}} \cdot \qquad (10)$$

Aber es gilt: $\bar{\bar{A}} = A$, wie wir vorher gesehen haben, also folgt

$$A \cup B = \overline{\bar{A} \cap \bar{B}}; \qquad (11)$$

ersetzen wir nun auf beiden Seiten von (11) A durch $\bar{A}$ und B durch $\bar{B}$, so ergibt sich

$$\bar{A} \cup \bar{B} = \overline{A \cap B}, \qquad (12)$$

und man erhält die zweite Gleichung des Morganschen Theorems.

3.1.6. Anwendung auf Probleme der Mengenalgebra

In den Abschnitten 3.1.3 und 3.1.4 haben wir angedeutet, daß sowohl die eine als auch die andere der Beziehungen

$$A \cap B = A \quad \text{und} \quad A \cup B = B \qquad (13) \text{ und } (14)$$

zur Relation der Inklusion $A \subset B$ äquivalent ist und darum beide Beziehungen auch untereinander äquivalent sind.

Die Berechnung liefert dasselbe Ergebnis.

1. Betrachten wir die Beziehung $A \cap B = A$; vereinigt man beide Seiten mit B, so bleibt die Gleichung erhalten:

$$(A \cap B) \cup B = A \cup B;$$

es gilt:

$$B = B \cap 1 \quad \text{nach Zeile IV}^{1)}$$

und

$$B \cap 1 = B \cap (A \cup \bar{A}) \quad \text{nach Zeile VI.}$$

Nach Zeile III gilt

$$B = B \cap (A \cup \bar{A}) = (B \cap A) \cup (B \cap \bar{A}).$$

Daraus folgt

$$(A \cap B) \cup B = (A \cap B) \cup [(B \cap A) \cup (B \cap \bar{A})] = (A \cap B) \cup (B \cap A) \cup (B \cap \bar{A}).$$

Die beiden ersten Terme der Vereinigung lassen sich nach Zeile I[1]) wie folgt schreiben:

$$(A \cap B) \cup (A \cap B),$$

[1]) Tafel S. 43.

Tafel der wichtigen Eigenschaften

	Vereinigung	Durchschnitt	
I	$A \cup B = B \cup A$	$A \cap B = B \cap A$	Kommutativität
II	$(A \cup B) \cup C = A \cup (B \cup C)$	$(A \cap B) \cap C = A \cap (B \cap C)$	Assoziativität
III	$(A \cup B) \cap C = (A \cap C) \cup (B \cap C)$	$(A \cap B) \cup C = (A \cup C) \cap (B \cup C)$	Distributivität jeder Operation bezüglich der anderen.
	Einführung der Elemente 0 und 1		
IV	$A \cup 1 = 1$	$A \cap 1 = A$	Existenz des Elementes 1 } universelle Grenzen
V	$A \cup 0 = A$	$A \cap 0 = 0$	Existenz des Elementes 0 } universelle Grenzen
	Einführung der Operation der Negation		
VI	$A \cup \overline{A} = 1$	$A \cap \overline{A} = 0$	Operation der Negation (Komplementbildung)
	Theorem oder Formel von de Morgan		
VII	$\overline{A \cup B} = \overline{A} \cap \overline{B}$ und	$A \cap B = \overline{A} \cup \overline{B}$	Dualität

Zu diesen Gleichungen muß man hinzufügen: $A = B$ und $\overline{A} = \overline{B}$.

Bemerkung: Wohlgemerkt sind die obigen Eigenschaften nicht unabhängig. Wir haben bereits gezeigt, wie einige sich aus den anderen ableiten lassen.

Man wird sich später auf den Abschnitt des sechsten Kapitels beziehen können, der der Axiomatik der Booleschen Algebra gewidmet ist.

was sich nach der Eigenschaft der Idempotenz vereinfachen läßt zu ($C \cup C = C$):

$$A \cap B\,.$$

Schließlich gilt

$$(A \cap B) \cup B = (A \cap B) \cup (B \cap \bar{A}) = (B \cap A) \cup (B \cap \bar{A})\,,$$

unter Benutzung von Zeile III[1]) und anschließender Anwendung der Zeilen VI und IV[1]) folgt

$$(A \cap B) \cup B = B \cap (A \cup \bar{A}) = B \cap 1 = B\,.$$

Wir sind ausgegangen von

$$(A \cap B) \cup B = A \cup B\,;$$

stellen wir (15) und (16) gegenüber, so ergibt sich die Gleichheit der beiden rechten Teile:

$$A \cup B = B\,.$$

Von (13) ur prünglich ausgegangen, erhalten wir auf diese Weise die Beziehung (14)

$$A \cup B = B\,.$$

2. Umgekehrt könnten wir als Ausgangspunkt die Beziehung (14) betrachten:

$$A \cup B = B\,.$$

Bilden wir den Durchschnitt beider Seiten mit A, so ergibt sich

$$A \cap B = A \cap (A \cup B)\,;$$

und nach Zeile III[1])

$$A \cap B = (A \cap A) \cup (A \cap B)\,;$$

da

$$A \cap A = A = A \cap 1:$$

$$A \cap B = (A \cap 1) \cup (A \cap B)\,.$$

Nach Zeile III[1]) ergibt sich weiter

$$A \cap B = A \cap (1 \cup B)\,;$$

aber

$$1 \cup B = 1,$$

---

[1]) Tafel S. 43.

woraus folgt:

$$A \cap B = A \cap 1 = A .$$

Darin zeigt sich, daß sich die Beziehung $A \cap B = A$ umgekehrt aus $A \cup B = B$ folgern läßt.

3. Es gelte wieder

$$A = A \cap B . \qquad (13)$$

Wenden wir auf beiden Seiten die Operation der Negation an, so erhalten wir

$$\overline{A} = \overline{A \cap B} = \overline{A} \cup \overline{B}$$

nach Zeile VII[1]).

Bilden wir nun die Vereinigung beider Seiten mit B:

$$\overline{A} \cup B = (\overline{A} \cup \overline{B}) \cup B = \overline{A} \cup (\overline{B} \cup B) = \overline{A} \cup 1 = 1 .$$

Die Beziehung

$$\overline{A} \cup B = 1 \qquad (17)$$

ist also äquivalent zu $A \subset B$.

4. Gehen wir wieder von

$$\overline{A} \cup B = 1 \qquad (17)$$

aus und wenden auf beiden Seiten die Negation an, so ergibt sich

$$\overline{\overline{A} \cup B} = \overline{1} ,$$

d.h.:

$$A \cap \overline{B} = 0 . \qquad (18)$$

Dieser letzte Ausdruck, der noch zu $A \subset B$ äquivalent ist, hat eine besondere Bedeutung in dem Sinn, daß er in der gewöhnlichen Algebra der Form $f(A, B) = 0$ entspricht. Wir haben also die vier Beziehungen (13), (14), (17) und (18) wieder erhalten, die sämtlich zu $A \subset B$ äquivalent sind. Es ist hingegen noch eine Bemerkung notwendig: Die Beziehung $A \subset B$ ist einfach eine Ordnungsrelation; die vier äquivalenten Ausdrücke sind in Form von Gleichungen geschrieben.

5. Es ist möglich, eine Hilfsoperation zu konstruieren, die wir mit dem Symbol $\dot{\subset}$ bezeichnen und die folgendermaßen definiert ist:

$$A \dot{\subset} B = \overline{A} \cup B .$$

Ist $A \dot{\subset} B = 1$, so gilt: $A \subset B$.

Bezeichnen A, B und C *beliebige*[1]) Klassen, so kann man zeigen, daß gilt:

$$[(A \dot{\subset} B) \cap (B \dot{\subset} C)] \dot{\subset} (A \dot{\subset} C) = 1\,. \tag{19}$$

Die eckige Klammer läßt sich also schreiben:

$$(A \dot{\subset} B) \cap (B \dot{\subset} C) = (\overline{A} \cup B) \cap (\overline{B} \cup C)$$

und

$$A \dot{\subset} C = \overline{A} \cup C\,;$$

aus der linken Seite der Gleichung (19) entsteht

$$\begin{aligned} &\overline{(\overline{A} \cup B) \cap (\overline{B} \cup C)} \cup (\overline{A} \cap C) \\ &= (A \cap \overline{B}) \cup (B \cap \overline{C}) \cup (\overline{A} \cap C) \\ &= [(A \cap \overline{B}) \cup \overline{A}] \cup [(B \cap \overline{C}) \cup C]\,. \end{aligned}$$

Nun gilt

$$(A \cap \overline{B}) \cup \overline{A} = (A \cup \overline{A}) \cap (\overline{A} \cup \overline{B}) = \overline{A} \cup \overline{B}$$

und

$$(B \cap \overline{C}) \cup C = (B \cup C) \cap (C \cup \overline{C}) = B \cup C\,,$$

die linke Seite von (19) ist gleich

$$\begin{aligned} (\overline{A} \cup \overline{B}) \cup (B \cup C) &= (\overline{B} \cup B) \cup (\overline{A} \cup C) \\ &= 1 \cup \overline{A} \cup C = 1\,. \end{aligned}$$

Obwohl der Umgang mit den Symbolen der Booleschen Algebra keinerlei Schwierigkeiten bereitet, muß man doch mit ihnen vertraut werden.

Die Hilfsoperation $\dot{\subset}$ erlaubt es uns, auf die Eigenschaft der Inklusion zurückzukommen. Nehmen wir zum Beispiel an, daß $A \subset B$ und $B \subset C$ ist; gilt $A \subset B$, so ist nach Definition $A \dot{\subset} B = 1$; gilt ebenso $B \subset C$, so schreibt man $B \dot{\subset} C = 1$. In Gleichung (19), die für *beliebige* Klassen gültig ist,

$$[(A \dot{\subset} B) \cap (B \dot{\subset} C)] \dot{\subset} (A \dot{\subset} C) = 1$$

ist die eckige Klammer offensichtlich gleich 1, woraus folgt:

$$1 \dot{\subset} (A \dot{\subset} C) = 1\,,$$

was bedeutet, daß $1 \subset (A \dot{\subset} C)$; für die Menge $A \dot{\subset} C$ ist es jedoch nur möglich, eine Obermenge von 1 zu sein, wenn sie unecht ist, daraus folgt:

$$A \dot{\subset} C = 1.$$

Hieraus ergibt sich schließlich, daß gilt: $A \subset C$, und man hat die Gültigkeit des Transitivgesetzes nachgewiesen.

---

[1]) Es gilt also weder $A \dot{\subset} B = 1$ noch $B \dot{\subset} C = 1$, usw..., denn die Klassen A, B und C sind beliebig.

3.2. Maxterme, Minterme – Erste Berechnungen auf Booleschen Funktionen

Die vorangehenden Anwendungen, denen einige einfache Rechenschritte zugrunde lagen, weisen in genügendem Maß darauf hin, daß es zur Handhabung der Booleschen Gesetze eine gewisse Anzahl systematischer Mittel geben muß.

Dazu geben wir zunächst einige Definitionen, anschließend versuchen wir, gewisse geläufige Handhabungen, sowie Entwicklungen, Verdichtungen, Negationen usw. zu beschreiben.

3.2.1. Definitionen

Allgemein nennt man *Boolesche Funktion* in *n* Klassen, die auf einer Grundmenge E definiert sind, jede Untermenge dieser Grundmenge, die als Kombination dieser Klassen mit Hilfe der Operationen Vereinigung, Durchschnitt und Komplementbildung [1]) dargestellt werden kann.

Beispiel: $[A \cap (\overline{B} \cup C)] \cup \overline{B}$ ist eine Funktion in drei Klassen A, B und C.

1. Unter einer *elementaren Funktion* versteht man eine Vereinigung von Durchschnitten oder einen Durchschnitt von Vereinigungen.

Beispiele:

$$C = (\overline{A} \cap B) \cup (A \cap \overline{B})$$

$$F = (A \cap B) \cup (C \cap D) \cup (\overline{A} \cap C)$$

[1]) Um die Bezeichnung Boolesche Funktion mit dem Begriff der vorher definierten Funktion (Abschnitt 1.10) in Beziehung zu setzen, muß man folgendes sagen:

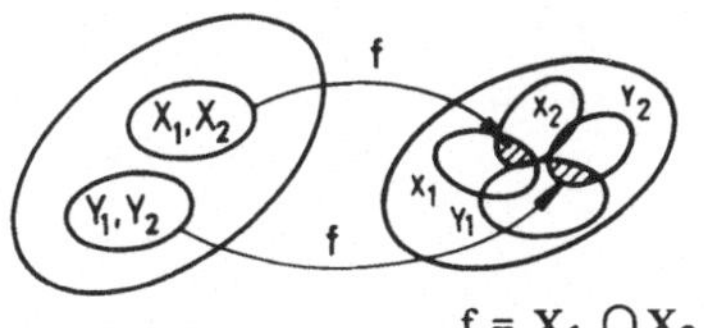

Grundmenge

$f = X_1 \cap X_2$

Menge der geordneten Familien von zwei Klassen

Eine Boolesche Funktion ist eine Abbildung, die jeder geordneten Familie von n Klassen eine durch die Kombination dieser n Klassen der Familie bestimmte Teilmenge der Grundmenge mit Hilfe der Operationen der Vereinigung, des Durchschnitts und der Komplementbildung zuordnet. Es ist eine Abbildung der Menge der geordneten Familien in n Klassen in die Menge der Teilmengen der Grundmenge.

sind Vereinigungen von Durchschnitten.

$$G = (A \cup \overline{B}) \cap (A \cup B)$$

$$H = (A \cup B) \cap (\overline{C} \cup D) \cap (D \cup A)$$

sind Durchschnitte von Vereinigungen.

Es handelt sich also um elementare Funktionen.

Im Gegensatz dazu ist:

$$I = [A \cap (\overline{C} \cup B)] \cup C$$

keine elementare Funktion.

Bemerkung: Das bezieht sich auf die *gegenwärtige* Form der Funktion, denn I kann in Wirklichkeit als elementare Funktion dargestellt werden.[1]

2. Man nennt die Durchschnitte der Vereinigungsmengen *Funktionen der Obermengen.*[2]

Beispiele: Die obigen Funktionen G und H sind Funktionen der Obermengen.

3. Die Vereinigungen der Durchschnitte heißen *Funktionen der Untermengen.*

Beispiele: Die obigen Funktionen C und F sind Funktionen der Untermengen.

Weitere Beispiele: $A \cup (B \cap C)$ ist eine Funktion der Untermengen, während $A \cap (B \cup C)$ eine Funktion der Obermengen ist.

Bemerkung: Um Verwechslungen zu vermeiden ist der Gebrauch von Klammern beim Übergang vom Symbol ∪ zum Symbol ∩ und umgekehrt in jedem Fall notwendig.

Wie zum Beispiel die Diagramme des Bildes 3.5 zeigen, ist der Ausdruck $A \cup B \cap C$ zweideutig.

Offensichtlich ist $(A \cup B) \cap C \neq A \cup (B \cap C)$; also muß der Ausdruck $A \cup B \cap C$ durch geeignete Klammern vervollständigt werden.

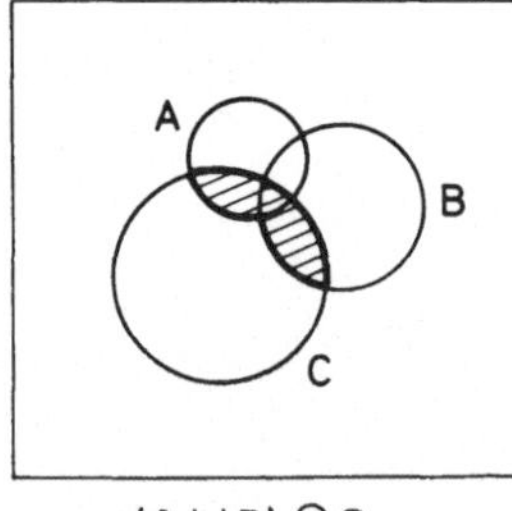

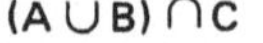
(A ∪ B) ∩ C

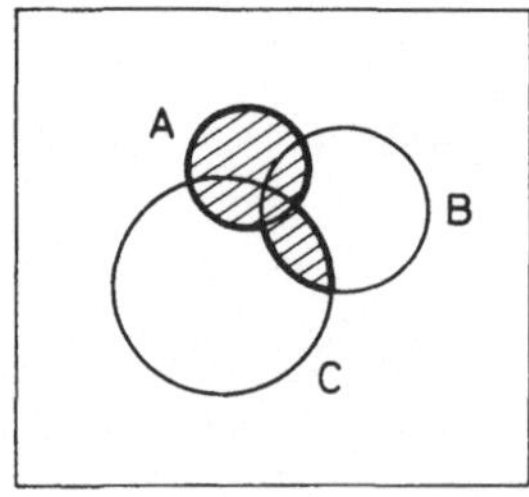
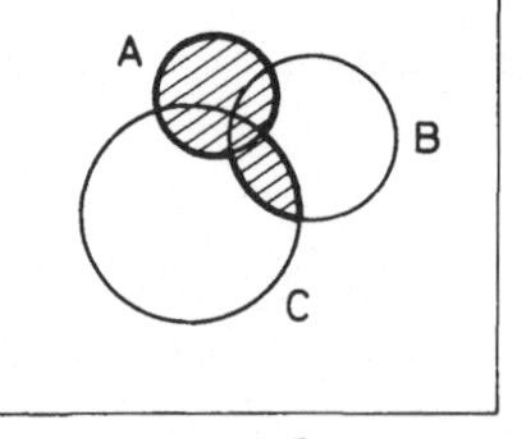

A ∪ (B ∩ C)

Bild 3.5

[1] $I = [A \cap (\overline{C} \cap B)] \cup C = (A \cap \overline{C}) \cup (A \cap B) \cup C$
$= (A \cap \overline{C}) \cup (A \cap B) \cup (C \cap C)$.

[2] Einige Autoren nennen sie einfach *Funktion der Mengen.*

4. Ein beliebiger der 2^n Durchschnitte von *n* Klassen (oder Variablen) oder ihrer Negationen heißt *Minterm* [1]) und wird mit *m* bezeichnet, wobei m gegebenenfalls indiziert wird; zum Beispiel

$$m_i = A_1 \cap \overline{A}_2 \cap \overline{A}_3 \cap \ldots \cap A_n .$$

Diese Bezeichnung ist nichts anderes als die Zusammenziehung des Ausdrucks „minimaler Term“, der besagt, daß bei n Klassen keine anderen Teilmengen des Minterms als die Teilmenge 0 zugelassen ist. (Vergleichen Sie die späteren Ausführungen).

Eine beliebige der 2^n Vereinigungen von *n* unabhängigen Klassen (oder Variablen) oder ihrer Negationen heißt *Maxterm* und wird, abgesehen von einer möglichen Indizierung,mit *M* bezeichnet.

Diese Bezeichnung ist äquivalent zu dem Ausdruck „maximaler Term“, ein Maxterm ist in keiner ab n Klassen definierten Obermenge enthalten als der 1.

Bemerkung: Die Maxterme und Minterme werden manchmal auch als *Normalformen* bezeichnet. *R. Fortet* nennt die Minterme: *vollständige Produkte.*

Beispiele: a) Gegeben sind zwei Klassen (oder Variablen) A und B, n = 2.

Die Anzahl der Minterme und entsprechend die der Maxterme ist $2^2 = 4$. Es ist leicht, von beiden eine Aufstellung zu geben:

Minterme:	*Maxterme:*
$m_0 = \overline{A} \cap \overline{B}$	$M_0 = \overline{A} \cup \overline{B}$
$m_1 = \overline{A} \cap B$	$M_1 = \overline{A} \cup B$
$m_2 = A \cap \overline{B}$	$M_2 = A \cup \overline{B}$
$m_3 = A \cap B$	$M_3 = A \cup B$.

Wie man später noch in allen Einzelheiten sehen wird, hat man die Symbole m und M nicht zufällig mit den Indices 0, 1, 2, 3 versehen, die Indizierung beruht vielmehr auf einer besonderen Regel.

b) Gegeben sind nun drei Klassen (oder Variablen) A, B, C; n = 3.

Nach dem oben angegebenen Gesetz gibt es acht Maxterme und acht Minterme, denn $2^3 = 8$.

Minterme		*Maxterme*	
$m_0 = \overline{A} \cap \overline{B} \cap \overline{C}$	$m_4 = A \cap \overline{B} \cap \overline{C}$	$M_0 = \overline{A} \cup \overline{B} \cup \overline{C}$	$M_4 = A \cup \overline{B} \cup \overline{C}$
$m_1 = \overline{A} \cap \overline{B} \cap C$	$m_5 = A \cap \overline{B} \cap C$	$M_1 = \overline{A} \cup \overline{B} \cup C$	$M_5 = A \cup \overline{B} \cup C$
$m_2 = \overline{A} \cap B \cap \overline{C}$	$m_6 = A \cap B \cap \overline{C}$	$M_2 = \overline{A} \cup B \cup \overline{C}$	$M_6 = A \cup B \cup \overline{C}$
$m_3 = \overline{A} \cap B \cap C$	$m_7 = A \cap B \cap C$	$M_3 = \overline{A} \cup B \cup C$	$M_7 = A \cup B \cup C$.

1) Die Abkürzungen Minterm und Maxterm stammen aus dem Englischen; wir sehen keinen Vorteil in der vorgeschlagenen Übersetzung Termmin und Termmax.

3.2.2. Indizierung und Aufzählung der Minterme und Maxterme

a) Wie wir bereits im zweiten Kapitel erwähnt haben, sind zur Schreibweise der Zahlen im System mit der Basis 2, dem Binärsystem, nur die beiden Symbole 0 und 1 notwendig.

Um die Minterme und Maxterme voneinander zu unterscheiden, ordnen wir jeder der Klassen (oder Variablen), aus denen sie sich zusammensetzen, die Ziffer 1 und der Negation dieser Klassen (oder Variablen) die Ziffer 0 zu, ohne das gemeinsame Symbol $\cup$ oder $\cap$ zu beachten, das sie verbindet. ($\cap$ im Fall der Minterme, $\cup$ im Fall der Maxterme). Anschließend übertragen wir die so erhaltenen binären Zahlen ins Dezimalsystem.

Beispiel:

	$\bar{A} \cap \bar{B} \cap \bar{C}$	$\bar{A} \cap \bar{B} \cap C$	$\bar{A} \cap B \cap \bar{C}$	$\bar{A} \cap B \cap C$
binäre Schreibweise:	0 0 0	0 0 1	0 1 0	0 1 1
dezimale Schreibweise:	0	1	2	3
	$A \cap \bar{B} \cap \bar{C}$	$A \cap \bar{B} \cap C$	$A \cap B \cap \bar{C}$	$A \cap B \cap C$
binäre Schreibweise:	1 0 0	1 0 1	1 1 0	1 1 1
dezimale Schreibweise:	4	5	6	7

Auf Grund des obigen Beispiels sieht man leicht, daß die durch drei Variable erhaltenen Minterme (oder Maxterme, für die lediglich das Symbol des Durchschnitts $\cap$ durch das der Vereinigung $\cup$ ersetzt werden muß) den Zahlen der Menge N = (0, 1, 2, 3, 4, 5, 6, 7) entsprechen.

Diese Regel läßt sich auf eine beliebige Anzahl von Klassen (oder Variablen) verallgemeinern.

Mit Hilfe des Euler-Venn-Diagramms, das einer gegebenen Anzahl von Variablen entspricht, ist es leicht, die Bereiche zu numerieren, die den Mintermen entsprechen.

Beispiel: Bei drei Klassen (oder Variablen) hat man 8 Bereiche, von 0 bis 7 numeriert (Bild 3.6).

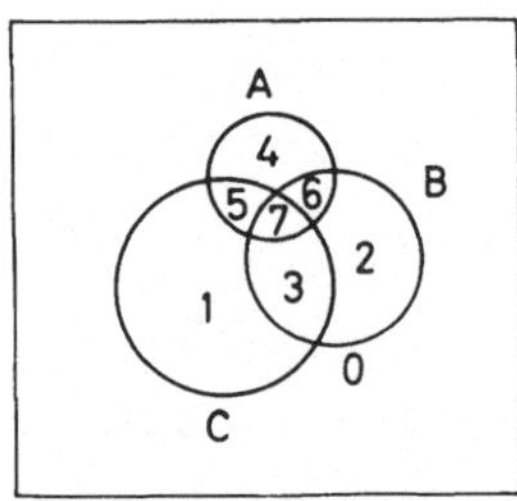

Bild 3.6

b) Wir haben bereits behauptet, daß die Anzahl der Minterme (oder Maxterme) bzgl. n Klassen gleich 2^n ist. Wir werden diese Aussage nun beweisen.

Gibt es nur eine Klasse, sagen wir A_1, so existieren zwei Minterme (oder Maxterme): A_1 und $\bar{A}_1$. Die Aussage gilt also für n = 1.

Nehmen wir an, sie gelte auch für n Klassen; es gebe also 2^n Minterme (und 2^n Maxterme). Fügen wir eine weitere Klasse A_{n+1} hinzu.

Jeder Minterm hat die Form

$$m_i^{n+1} = X_1 \cap X_2 \cap \ldots \cap X_n \cap X_{n+1}, \quad \text{wobei} \quad X_i = A_i \quad \text{oder} \quad \overline{A}_i,$$

und

$$m_i^{n+1} = [X_1 \cap X_2 \cap \ldots \cap X_n] \cap X_{n+1} \quad \text{(Assoziativität des Durchschnitts).}$$

Der Ausdruck in der eckigen Klammer ist dann einer der 2^n Minterme m_i^n, also

$$m_i^{n+1} = m_i^n \cap X_{n+1},$$

und jedem Minterm der n Klassen m_i^n entsprechen zwei Minterme der n + 1 Klassen

$$m_i^n \cap A_{n+1} \quad \text{und} \quad m_i^n \cap \overline{A}_{n+1}.$$

Insgesamt folgt also

$$S_{n+1} = 2 \cdot S_n = 2 \cdot 2^n = 2^{n+1};$$

die Beziehung gilt für n + 1 und ist somit durch vollständige Induktion bewiesen.

Auf dieselbe Weise zeigt man, daß auch für die Maxterme gilt:

$$S_n = 2^n.$$

Die Gleichung $S_n = 2^n$ kann auch als Veranschaulichung der Methode interpretiert werden, die wir zur Indizierung der Minterme (oder Maxterme) benutzten. Jedem Minterm (oder Maxterm) von n Klassen entspricht tatsächlich ein binärer Index von n binären Ziffern, und es gibt 2^n verschiedene binäre Zahlen von n Ziffern.

Man könnte unter diesen Voraussetzungen beweisen, daß die Gesamtzahl der Minterme (oder Maxterme) von n Klassen der Summe der n-ten Reihe des Pascalschen Dreiecks entspricht:

$$S_n = C_n^0 + C_n^1 + C_n^2 + \ldots + C_n^{n-1} + C_n^n = 2^n,$$

was dazu führt, die Kombinationen der n Indices 0 und 1 zu untersuchen, die 0 mal 1, 1 mal 1, 2 mal 1, ..., n mal 1 enthalten.

Wir haben nun die bisher angenommene Aussage bewiesen, daß die Anzahl der Minterme oder Maxterme von n Klassen (oder Variablen) gleich 2^n ist.

c) Ein weiteres Problem, das sich nun stellt, besteht darin, alle möglichen Kombinationen der 2^n Minterme oder Maxterme zu bestimmen, wobei die einen oder anderen Gruppen von 2, 3, 4, ..., 2^n bilden können; es ist zu bemerken, daß man ebenfalls Null (leere Menge) oder einen einzigen Term betrachten kann.

Die Anzahl der so gebildeten Kombinationen ist nichts anderes als

$$C_{2^n}^0 + C_{2^n}^1 + C_{2^n}^2 + \ldots + C_{2^n}^{2^n},$$

diese Summe entspricht der Summe aller Kombinationen der (2^n)-ten Zeile des Pascalschen Dreiecks.

Nach der in b) angegegebenen Regel ist die Gesamtzahl der Kombinationen

$$N = 2^{(2^n)}.$$

Wächst n um nur einige Einheiten, so ist diese Zahl sehr groß. Für neun Klassen oder Variablen (n = 9) ist sie größer als die geschätzte Anzahl der Elektronen und Protonen des Weltalls.

Bemerkung: Im vierten Kapitel wird man sehen, daß jede Boolesche Funktion sich entweder als Vereinigung von Mintermen oder als Durchschnitt von Maxtermen darstellen läßt. Daraus kann man also schließen, daß es $2^{(2^n)}$ verschiedene Funktionen von n Klassen oder Variablen gibt.

Beispiele: Bei zwei Klassen (A und B) gibt es vier Maxterme und vier Minterme, denn $2^2 = 4$, 16 Kombinationen von Maxtermen und 16 Kombinationen von Mintermen, denn $2^{(2^2)} = 16$.

Bei drei Klassen (A, B und C zum Beispiel) gibt es 8 Maxterme und 8 Minterme und 256 Kombinationen $(2^{(2^3)})$ von Maxtermen oder Mintermen.

3.2.3. Erstes Studium der Funktionen von zwei Klassen

Um die Aufmerksamkeit des Lesers hierauf zu lenken und um das Studium des folgenden Kapitels vorzubereiten, ist es zweifellos nützlich, die bereits aus Abschnitt 3.1.1 bekannten Funktionen von zwei Klassen (oder Variablen) hier wieder aufzugreifen.

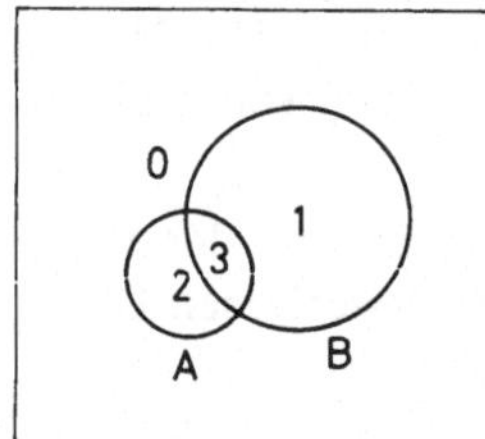

Bild 3.7

Bild 3.2 wird abgeändert und durch Bild 3.7 ersetzt; für deren Bereiche hat man hinsichtlich der Numerierung die Gesetze der Korespondenz verschiedener Mengen mit der einer binären Zahl äquivalenten Dezimalzahl berücksichtigt, wobei man die binäre Zahl erhält, indem man im Ausdruck der Minterme jede Variable durch 1 und jede Negation der Variablen durch 0 ersetzt (vgl. Abschnitt 3.2.1).

Die Minterme sind also	$\bar{A} \cap \bar{B}$	$\bar{A} \cap B$	$A \cap \bar{B}$	$A \cap B$
	0 0	0 1	1 0	1 1
	0	1	2	3
und die Maxterme	$\bar{A} \cup \bar{B}$	$\bar{A} \cup B$	$A \cup \bar{B}$	$A \cup B$
	0	1	2	3

Wie man weiß, sind die Minterme in Bild 3.7 durch die Bereiche 0, 1, 2, 3 dargestellt.

Betrachten wir nun die verschiedenen Kombinationen, die man durch die Operation der Vereinigung erhält.

Kombinationen zweier Minterme

Mit (3) und (2) hat man $(A \cap B) \cup (A \cap \overline{B}) = A \cap (B \cup \overline{B}) = A \cap 1 = A$.

Man kann dafür schreiben:
$$\begin{aligned} A \cup 0 &= (A \cup A) \cup 0 = A \cup A \cup 0 \\ &= A \cup [A \cap (B \cup \overline{B})] \cup 0 \\ &= (A \cap A) \cup (A \cap B) \cup (A \cap \overline{B}) \cup (B \cap \overline{B}) \\ &= (A \cup \overline{B}) \cap (A \cup B). \end{aligned}$$

So geht man tatsächlich mit Hilfe einiger Rechenkunstgriffe von der Vereinigung der Minterme zum Durchschnitt der Maxterme über.

Wir werden an anderer Stelle sehen, daß der hier gemachte Schritt einfach darin hätte bestehen können, die Vereinigung der Minterme (2) und (3) durch den Durchschnitt der Komplemente der Minterme zu ersetzen, die nicht in der Vereinigung vorkommen; es ist

Komplement von (1) = $(0) \cup (2) \cup (3)$
Komplement von (0) = $(1) \cup (2) \cup (3)$

und

[Komplement von (1)] $\cap$ [Komplement von (0)]
$= [(0) \cup (2) \cup (3)] \cap [(1) \cup (2) \cup (3)]$;

daraus erhält man offensichtlich die gemeinsamen Terme (2) und (3), d.h. A; es ist noch zu bemerken, daß

$$A \cup \overline{B} = (0) \cup (2) \cup (2) \cup (3) = (0) \cup (2) \cup (3)$$

gilt (vgl. z.B. Bild 3.7), während

$$A \cup B = (1) \cup (2) \cup (3),$$

woraus folgt: $(A \cup \overline{B}) \cap (A \cup B)$ ist äquivalent zu $(A \cap B) \cup (A \cap \overline{B})$, also zu A.

Auf gleiche Weise erhält man

- mit (3) und (1): $(A \cap B) \cup (\overline{A} \cap B) = B = (\overline{A} \cup B) \cap (A \cup B)$;
- mit (1) und (0): $(\overline{A} \cap B) \cup (\overline{A} \cap \overline{B}) = \overline{A} = (\overline{A} \cup \overline{B}) \cap (\overline{A} \cup B)$;
- mit (3) und (0): $(A \cap B) \cup (\overline{A} \cap \overline{B}) = (A \cup \overline{B}) \cap (\overline{A} \cup B)$;
- mit (2) und (1): $(A \cap \overline{B}) \cup (\overline{A} \cap B) = (\overline{A} \cup \overline{B}) \cap (A \cup B)$.

Weisen wir zum Beispiel im letzten Fall die oben angegebene Regel nach:

a) Minterme, die nicht in der Vereinigung (3) und (0) vorkommen;

b) Komplement von (3): $(0) \cup (1) \cup (2)$
Komplement von (0): $(1) \cup (2) \cup (3)$;
der Durchschnitt beider Komplemente ergibt $(1) \cup (2)$;

c) aber: $\overline{A} \cup \overline{B} = (0) \cup (1) \cup (0) \cup (2) = (0) \cup (1) \cup (2)$
und $A \cup B = (1) \cup (2) \cup (3)$,

woraus die Äquivalenz zwischen $(A \cap \overline{B}) \cup (\overline{A} \cap B)$ und $(\overline{A} \cup \overline{B}) \cap (A \cup B)$ folgt.

Kombination von drei Mintermen

Die Vereinigung von (3), (2) und (1) schreibt sich

$$\begin{aligned}(A \cap B) \cup (A \cap \overline{B}) \cup (\overline{A} \cap B) &= [A \cap (B \cup \overline{B})] \cup (\overline{A} \cap B)\\ &= A \cup (\overline{A} \cap B)\\ &= (A \cup \overline{A}) \cap (A \cup B)\\ &= A \cup B.\end{aligned}$$

Noch einfacher wäre es gewesen, den Minterm zu betrachten, der in der Vereinigung von (3), (2) und (1) keine Rolle spielt, also (0), d.h. $\overline{A} \cap \overline{B}$,und davon das Komplement zu bilden: $A \cup B$.

Man stellt fest, daß die Vereinigung von drei Mintermen einem Maxterm entspricht

$$(A \cap B) \cup (A \cap \overline{B}) \cup (\overline{A} \cap B) = A \cup B.$$

Für die anderen Kombinationen erhält man:

- mit (0), (1) und (2)

$$(\overline{A} \cap \overline{B}) \cup (\overline{A} \cap B) \cup (A \cap \overline{B}) = (\overline{A} \cup \overline{B}),$$

diese Gleichung leitet sich aus der vorangehenden ab, in der man A durch $\overline{A}$, B durch $\overline{B}$ ersetzt hätte und umgekehrt;

- mit (0), (1) und (3):

$$(\overline{A} \cap \overline{B}) \cup (\overline{A} \cap B) \cup (A \cap B) = \overline{A} \cup B;$$

- mit (0), (2) und (3):

$$(\overline{A} \cap \overline{B}) \cup (A \cap \overline{B}) \cup (A \cap B) = A \cup \overline{B}.$$

Kombinationen von vier Mintermen

Die Vereinigung der vier Minterme (0), (1), (2) und (3) ergibt

$$(\overline{A} \cap \overline{B}) \cup (A \cap \overline{B}) \cup (\overline{A} \cap B) \cup (A \cap B) = 1.$$

Außerdem kann man schreiben

$$[A \cap (B \cup \overline{B})] \cup [\overline{A} \cap (B \cup \overline{B})] = A \cup \overline{A} = 1 .$$

Bildet man auf beiden Seiten die Negation, so ergibt sich

$$(A \cup B) \cap (\overline{A} \cup B) \cap (A \cup \overline{B}) \cap (\overline{A} \cup \overline{B}) = 0 .$$

Der Durchschnitt der vier Maxterme ist leer.

3.2.4. Eigenschaften von Booleschen Funktionen bei einfachen Berechnungen

1. Jede Funktion von Teilmengen mit α Termen, wobei jeder von ihnen β Klassen oder Variablen oder Negationen dieser Klassen enthält, kann zu einer Funktion von Obermengen mit höchstens β^α Termen entwickelt werden, wobei jeder dieser Terme maximal α Klassen (oder Variablen) oder Negationen dieser Klassen (oder Variablen) enthält.

Beispiel: $(A \cap B \cap C) \cup (A \cap \overline{B} \cap C)$ enthält zwei Terme oder Teilmengen, und jede besteht aus drei Klassen (oder Variablen) oder aus Negationen dieser Klassen (oder Variablen). Es ist $\alpha = 2$ und $\beta = 3$. Man kann erwarten, in der Entwicklung höchstens $\beta^\alpha = 3^2 = 9$ Terme (Obermengen) zu erhalten:

$$(A \cap B \cap C) \cup (A \cap \overline{B} \cap C) = (A \cup A) \cap (B \cup A) \cap (C \cup A) \cap (A \cup \overline{B}) \cap (B \cup \overline{B}) \cap (C \cup \overline{B}) \cap (A \cup C) \cap (B \cup C) \cap (C \cup C) .$$

Wie man vor der Vereinfachung voraussehen konnte, erscheinen in der Entwicklung 9 Terme. Das ist auch die maximale Anzahl von Termen.

Bemerkung: Außerdem ist hier zu bemerken, daß $A \cup A = A$; $B \cup \overline{B} = 1$, $C \cup C = C$, und man setzt nun diese Werte in den entwickelten Ausdruck ein; man stellt fest, daß der Term $C \cup A$ zwei Mal vorkommt, man läßt ihn nur einmal stehen und erhält

$$A \cap (B \cup A) \cap (C \cup A) \cap (A \cup \overline{B}) \cap (C \cup \overline{B}) \cap (B \cup C) \cap C ;$$

und man sieht nun, daß gilt:

$$A \cap (B \cup A) = A ,$$
$$A \cap (C \cup A) = A ,$$
$$A \cap (A \cup \overline{B}) = A ,$$
$$(B \cup C) \cap C = C ,$$
$$(C \cup \overline{B}) \cap C = C ;$$

es bleibt also

$$A \cap C .$$

2. Jede Funktion von Obermengen mit α Termen, wobei jeder von ihnen β Klassen (oder Variablen) oder Negationen dieser Klassen (oder Variablen) enthält, läßt sich zu einer Funktion von Teilmengen entwickeln, die höchstens β^α Terme enthalten mit jeweils α Variablen oder Negationen dieser Variablen.

Beispiel:

$$(A \cup \bar{B}) \cap (C \cup \bar{D}) \cap (\bar{C} \cup D).$$

Es ist $\alpha = 3$, $\beta = 2$, woraus folgt: $\beta^\alpha = 2^3 = 8$ Terme (maximal) mit jeweils drei Klassen (oder Variablen) oder Negationen dieser Klassen (oder Variablen). Nämlich

$$(A \cup \bar{B}) \cap (C \cup \bar{D}) = (A \cap C) \cup (\bar{B} \cap C) \cup (A \cap \bar{D}) \cup (\bar{B} \cap \bar{D})$$

und

$$\begin{aligned} &[(A \cap C) \cup (\bar{B} \cap C) \cup (A \cap \bar{D}) \cup (\bar{B} \cap \bar{B})] \cap (\bar{C} \cup D) \\ &= (A \cap C \cap \bar{C}) \cup (\bar{B} \cap C \cap \bar{C}) \cup (A \cap \bar{D} \cap \bar{C}) \cup (\bar{B} \cap \bar{D} \cap \bar{C}) \cup (A \cap C \cap D) \\ &\cup (\bar{B} \cap C \cap D) \cup (A \cap \bar{D} \cap D) \cup (\bar{B} \cap D \cap \bar{D}). \end{aligned}$$

Bemerkung: Man sieht, daß unser Ziel hier darin besteht, die maximale Anzahl von Termen zu veranschlagen. Hat man die obige Funktion zu entwickeln, so ist es besser, zunächst den folgenden Ausdruck zu ändern:

$$(C \cup \bar{D}) \cap (\bar{C} \cup D),$$

dieser Ausdruck läßt sich vereinfachen zu: $(\bar{D} \cap \bar{C}) \cup (C \cap D)$, so daß die Entwicklung von

$$(A \cup \bar{B}) \cap [(\bar{D} \cap \bar{C}) \cup (C \cap D)]$$

nur aus vier Termen besteht:

$$(A \cap \bar{D} \cap \bar{C}) \cup (A \cap C \cap D) \cup (\bar{B} \cap \bar{C} \cap \bar{D}) \cup (\bar{B} \cap C \cap D).$$

Man stellt übrigens die Gleichheit der vereinfachten Entwicklung fest, wenn man in Betracht zieht, daß die beiden ersten und die beiden letzten Terme der gesamten Entwicklung Null sind, da sie als Faktoren $C \cap \bar{C}$ und $D \cap \bar{D}$ enthalten.

3. Man kann offensichtlich die maximale Anzahl von Termen einer Entwicklung in dem Fall bestimmen, in dem die Faktoren aus Termen bestehen, die nicht dieselbe Anzahl von Klassen oder Negationen dieser Klassen enthalten.

Beispiel: Die Entwicklung von

$$(A \cup \bar{B} \cup C) \cap (A \cup D) \cap (B \cup C \cup \bar{A})$$

enthält maximal 18 Terme.

All diese Terme sind Durchschnitte der drei Variablen oder Negationen dieser Variablen; sie sind untereinander durch das Symbol der Vereinigung verbunden.

4. So wie wir es bereits ausgeführt haben, verwendet man bei einigen Schritten die umgekehrte Eigenschaft des Distributivgesetzes, um die Schreibweise zu verkürzen.

Beispiele:

$$(A \cap B) \cup (A \cap C) = A \cap (B \cup C),$$

$$(A \cup B) \cap (A \cup C) = A \cup (B \cap C).$$

Bemerkung: Gewisse Autoren nennen diesen Verkürzungsvorgang *Indistributivität.* Viele Autoren bezeichnen A und $\overline{A}$ als die beiden *Aspekte* der Variablen A; im Folgenden kommt es vor, daß wir diese Bezeichnungen benutzen. Von dem Term $A \cup \overline{B} \cup C$ sagt man z.B., daß er aus drei „Aspekten" der Variablen besteht.

5. *Verallgemeinerung des Theorems von de Morgan.*

Wir haben gesehen, daß gilt:

$$\overline{A \cup B} = \overline{A} \cap \overline{B}$$

und

$$\overline{A \cap B} = \overline{A} \cup \overline{B}.$$

Betrachten wir eine Vereinigung von n Termen:

$$A \cup B \cup \ldots \cup N.$$

Es wird bewiesen, daß

$$\overline{A \cup B \cup \ldots \cup N} = \overline{A} \cap \overline{B} \cap \ldots \cap \overline{N}$$

gilt, (eine Eigenschaft, die wir bereits implizit benutzt haben).

Zunächst läßt sich schreiben:

$$\overline{A \cup [B \cup C \cup \ldots \cup N]} = \overline{A} \cap \overline{(B \cup C \cup \ldots \cup N)},$$

anschließend:

$$\overline{A} \cap \overline{B \cup [C \cup D \cup \ldots \cup N]} = \overline{A} \cap \overline{B} \cap \overline{(C \cup D \cup \ldots \cup N)}$$

und so weiter.

Auf dieselbe Weise erhält man

$$\overline{A \cap B \cap C \cap D \cap \ldots \cap N} = \overline{A} \cup \overline{B} \cup \ldots \cup \overline{N}.$$

Nun sei

$$G = (A \cup \overline{B}) \cap \{(C \cup D \cup E) \cup \overline{F}\};$$

Wie läßt sich $\overline{G}$ schreiben?

Auf jeden Term, wie $X = A \cup \bar{B}$; $Y = C \cup D \cup E$; $Z = \bar{F}$, läßt sich die Operation der Negation anwenden, woraus sich ergibt:

$$\bar{X} = \bar{A} \cap B;\quad \bar{Y} = \bar{C} \cap \bar{D} \cap \bar{E};\quad \bar{Z} = F.$$

Es ist nun

$$G = X \cap \{Y \cup Z\} \quad \text{und} \quad \bar{G} = \bar{X} \cup \overline{Y \cup Z} = \bar{X} \cup \{\bar{Y} \cap \bar{Z}\};$$

und schließlich erhalten wir

$$\bar{G} = (\bar{A} \cap B) \cup \{(\bar{C} \cap \bar{D} \cap \bar{E}) \cap F\} = (\bar{A} \cap B) \cup (\bar{C} \cap \bar{D} \cap \bar{E} \cap F).$$

Man sieht, daß es genügt, alle Zeichen $\cup$ durch $\cap$ zu ersetzen und umgekehrt und die Negation all der Variablen zu bilden, die in dem ursprünglichen Ausdruck vorkommen.

Die Klammern bleiben im Laufe der Operationen der Negation (oder Komplementbildung) an derselben Stelle, sofern sie im ursprünglichen Ausdruck notwendig sind (in unserem Beispiel war eine der Klammern unnötig).

6. *Relationen, die für Berechnungen nützlich sind*

Wir geben eine Übersicht über diese Relationen mit Anleitungen für die Beweise, die der Leser bei seiner ersten Lektüre als Übung nachvollziehen möge.

a) $A \cap (\bar{A} \cup B) = A \cap B$ (nach Zeile VI)[1])

$\bar{A} \cup (A \cap \bar{B}) = \bar{A} \cup \bar{B}$ (nach Zeilen III und VI)

$B \cup (A \cap \bar{B}) = A \cup B$ (nach Zeilen III und VI)

$A \cup (\bar{A} \cap B) = A \cup B$ (nach Zeilen III und VI)

b) $(A \cup B) \cap (A \cup C) = A \cup (B \cap C)$ (vgl. Punkt 4 dieses Abschnitts)

$(A \cup B) \cap (\bar{A} \cup C) = (\bar{A} \cap B) \cup (A \cap C) \cup (B \cap C)$ (zu entwickeln)

c) $(\bar{A} \cap \bar{B}) \cup (A \cap B) = \overline{(A \cap \bar{B}) \cup (\bar{A} \cap B)} = \overline{(A \cap \bar{B})} \cap \overline{(B \cap \bar{A})}$

(Anwendung des Theorems von de Morgan)

$(A \cap \bar{B}) \cup (\bar{A} \cap B) = \overline{(\bar{A} \cap \bar{B}) \cup (A \cap B)} = \overline{(\bar{A} \cap \bar{B})} \cup \overline{(A \cap B)}$

$= \overline{(A \cap B)} \cap (A \cup B)$ (Ergänzung zur vorigen Eigenschaft)

$\left.\begin{array}{l} \overline{A \cap B \cap C} = \bar{A} \cup \bar{B} \cup \bar{C} \\ \overline{A \cup B \cup C} = \bar{A} \cap \bar{B} \cap \bar{C} \end{array}\right\}$ (Anwendung des Theorems von de Morgan)

$(A \cap B) \cup (\bar{A} \cap C) = \overline{(A \cap \bar{B}) \cup (\bar{A} \cap \bar{C})}$

(Anwendung des Theorems von de Morgan, Entwicklung, anschließend Zeile VI[1]), schließlich die obige Eigenschaft b/2).

---

[1]) Tafel S. 43.

d) Die Beziehung

$$A \cap (\bar{A} \cup B) = A \cap B$$

läßt sich verallgemeinern:

$$A \cap (\bar{A} \cup B) \cap (\bar{A} \cup \bar{B} \cup C) \cap \ldots = A \cap B \cap C \cap \ldots$$

Ebenso wird aus

$$A \cup (\bar{A} \cap B) = A \cup B$$

durch Verallgemeinerung

$$A \cup (\bar{A} \cap B) \cup (\bar{A} \cap \bar{B} \cap C) \cup \ldots = A \cup B \cup C \cup \ldots$$

e) $(A \cup B) \cap (B \cup C) \cap (C \cup \bar{A}) = (A \cup B) \cap (C \cup \bar{A})$

(das erste Glied ist zu entwickeln, und auf das zweite ist b/2 anzuwenden).

3.3. Übungen

1. Beweisen Sie die folgenden Beziehungen:

a) $A \cap (A \cup B) = A$;

b) $A \cap (\bar{A} \cup B) = A \cap B$;

c) $A \cup (\bar{A} \cap B) = A \cup B$;

d) $(A \cup B) \cap (B \cup C) \cap (C \cup A) = (A \cap B) \cup (B \cap C) \cup (C \cap A)$;

e) $A \cap C \cap (B \cup C) = A \cap C$;

f) $A \cap C \cap (B \cup \bar{C}) = A \cap B \cap C$;

g) $(A \cap C) \cup (B \cup C) = B \cup C$;

h) $(A \cup \bar{C}) \cap (B \cup C) = (A \cap C) \cup (B \cap \bar{C})$.

2. Verallgemeinern Sie die Beziehung:

$$A \cap (\bar{A} \cup B).$$

(vgl. Nr. 6d; 3.2.4)

3. Um die Minterme der 2 (bzw. 3) Variablen durch 4 (bzw. 8) Bereiche der Grundmenge darzustellen, haben wir hier die Euler-Venn-Diagramme benutzt. Stellen Sie ein Euler-Venn-Diagramm auf, das die Minterme von 4 Variablen darstellt; numerieren Sie die so erhaltenen Bereiche.

4. Indem Sie die Euler-Venn-Diagramme von 2, 3 und 4 Variablen (vgl. vorige Übung) untersuchen, stellen Sie fest, daß es zum Übergang von dem Diagramm bzgl. n Variablen zu dem Diagramm von n + 1 Variablen genügt, eine geschlossene Linie zu finden, die jeden der Bereiche des Diagramms von n Variablen in zwei Teile teilt (und nur in zwei Teile teilt). Daraus ist abzuleiten, daß die Anzahl der Minterme einer Funktion von n Variablen 2^n beträgt.

Bemerkung: Die Darstellung durch die Euler-Kreise ist bei einer größeren Anzahl als drei Variablen nicht möglich. Man kann einfacher die Linien benutzen, die vom Umfang des Dreiecks, von einer Menge von zusammenhängenden Dreiecken oder auch von beliebigen geschlossenen Kurven bestimmt sind.

5. Betrachten Sie noch einmal die drei ersten Beziehungen von Übung 1, und beweisen Sie diese

a) an Euler-Venn-Diagrammen;

b) indem Sie die charakteristischen Eigenschaften von A und B (p und q z.B.) berücksichtigen.

6. Gegeben ist eine Menge von n Klassen: $X_1, X_2, \ldots, X_n$, und es ist $E = \{x, y, z, \ldots\}$ die Menge der durch diese Variablen bestimmten 2^{2^n} Booleschen Funktionen. Man definiert das Gesetz der Komposition $\oplus$ (direkte Summe) auf der Menge E durch:

$$x \oplus y = (x \cap \overline{y}) \cup (y \cap \overline{x}).$$

Zeigen Sie:

a) daß $\oplus$ assoziativ ist: $(x \oplus y) \oplus z = x \oplus (y \oplus z)$;

b) daß $\oplus$ kommutativ ist: $x \oplus y = y \oplus x$;

c) daß ein Element aus E existiert, so daß für alle x gilt:

$$x \oplus e = x;$$

d) daß jedes Element x aus E ein Element x′ zugeordnet werden kann, so daß gilt:

$$x \oplus x' = e;$$

e) daß bzgl. $\oplus$ für den Durchschnitt das Distributivgesetz gilt:

$$x \cap (y \oplus z) = (x \cap y) \oplus (x \cap z).$$

f) Berechnen Sie die Ausdrücke:

$$E \oplus x;$$

$$E \oplus [(E \oplus x) \cap (E \oplus y)].$$

4. Die beiden Normalformen

Wir haben wiederholt festgestellt, daß Funktionen, die auf den ersten Blick verschieden erscheinen, letzten Endes doch die gleiche Bedeutung haben können. Es stellt sich nun die Frage, ob eine gegebene Funktion auf eine einzige Art auf eine oder mehrere geeignete Formen gebracht werden kann, so daß sie mit einer anderen Funktion vergleichbar ist, die ebenfalls in einer analoger Form geschrieben werden könnte.

Wir werden sehen, daß diese Frage zu bejahen ist; es gibt allgemein für jede Funktion zwei äquivalente Normalformen.

Bevor wir mit dem Studium dieser Normalformen beginnen, beweisen wir einige Eigenschaften der Minterme und Maxterme.

4.1. Eigenschaften der Minterme und Maxterme

Theorem 1: Die Vereinigung der 2^n Minterme, die n Klassen (Variablen) entsprechen, ergibt 1.

Betrachten wir n Klassen (Variablen) und die Vereinigung der entsprechenden Minterme. Von den 2^n Mintermen bilden 2^{n-1} die erste Klasse (Variable), die wir mit A bezeichnen,und 2^{n-1} andere bilden $\bar{A}$, den zweiten Aspekt der ersten Klasse (Variable). Also gilt

$$\{(A \cap \ldots) \cup (A \cap \ldots) \cup \ldots \cup (A \cap \ldots)\}$$
$$\cup \{(\bar{A} \cap \ldots) \cup (\bar{A} \cap \ldots) \cup \ldots \cup (\bar{A} \cap \ldots)\},$$

wendet man nun die umgekehrte Eigenschaft des Distributivgesetzes an, so folgt

$$\underbrace{\{A \cap [(\ldots) \cup (\ldots) \cup \ldots \cup (\ldots)]\}}_{Q} \cup \{\bar{A} \cap \underbrace{[(\ldots) \cup (\ldots) \cup \ldots \cup (\ldots)]\}}_{Q}.$$

Da die Terme in den eckigen Klammern gleich sind, läßt sich der Ausdruck wie folgt schreiben:

$$(A \cap Q) \cup (\bar{A} \cap Q) = (A \cup \bar{A}) \cap Q = 1 \cap Q = Q.$$

Betrachtet man nun die Q bildenden Durchschnitte, so stellt man gleichfalls fest, daß sie in zwei Klassen zu teilen sind: Die erste enthält den Aspekt B der zweiten Variablen, die zweite den Aspekt $\bar{B}$, so daß man Q in der Form

$$(B \cap R) \cup (\bar{B} \cap R) = R$$

schreiben kann, und so fort, bis daß nur noch eine Variable bleibt, L zum Beispiel. Es folgt dann

$$L \cup \bar{L} = 1;$$

und damit ist das Theorem bewiesen.

Theorem 2: Der Durchschnitt der 2^n Maxterme, die n Klassen (oder Variablen) entsprechen, ergibt 0.

Verneint man nämlich den Ausdruck der 2^n Minterme, so erhält man den Durchschnitt von 2^n Maxtermen. Da die Vereinigung von 2^n Mintermen 1 ergibt, folgt, daß der Durchschnitt der 2^n Maxterme gleich $\overline{1}$, d.h. gleich 0 ist.

Bemerkung: Ersetzt man in Theorem 1 „Vereinigung" durch „Durchschnitt", „Minterm" durch „Maxterm" und 1 durch 0, so sieht man leicht, daß sich dann Theorem 2 ergibt. Die Eigenschaft gilt ebenfalls für die Paare von Theoremen 3 und 4, 5 und 6.

Theorem 3: Der Durchschnitt von zwei verschiedenen Mintermen gleicher Ordnung ist leer.

Jeder der beiden Minterme bildet nämlich n Aspekte der Variablen; also unterscheiden sich zwei Minterme mindestens um die Tatsache, daß der eine Minterm einen der Aspekte einer gegebenen Variablen, der zweite den anderen Aspekt dieser Variablen enthält.

Beispiel:

$$m_i = (A \cap \ldots \cap F \cap \ldots)$$

und

$$m_j = (A \cap \ldots \cap \overline{F} \cap \ldots).$$

Der zuerst betrachtete Minterm enthält F, der zweite $\overline{F}$, die Aspekte der anderen Variablen können gleich sein oder nicht.

Unter diesen Bedingungen ist der erste Minterm eine Teilmenge von F, der zweite eine Teilmenge von $\overline{F}$, und $F \cap \overline{F} = 0$, woraus folgt:

$$m_i \cap m_j = 0;$$

damit ist das Theorem bewiesen.

Aus dem Vorangegangenen läßt sich schließen, daß die Minterme disjunkt sind.

Bemerkung: Die Theoreme 1 und 3 sagen aus, daß die Menge der Minterme der gleichen Ordnung eine Zerlegung der Grundmenge 1 bildet.

Theorem 4: Die Vereinigung von zwei verschiedenen Maxtermen gleicher Ordnung ergibt die Grundmenge.

Es genügt, die Operation der Negation auf beide Terme des vorigen Ausdrucks anzuwenden:

$$\overline{m_i \cap m_j} = \overline{0},$$

woraus sich ergibt:

$$M_k \cup M_l = 1.$$

Bemerkung: Wir werden später die Beziehung zwischen den Indizes von $\overline{m_i}$ und M_k präzisieren.

Theorem 5 (oder exponentielle Entwicklung): Bildet man den Durchschnitt einer beliebigen Funktion mit jedem der 2^k Minterme von k beliebigen Klassen (oder Variablen), so ist die Vereinigung der so entstandenen 2^k Durchschnitte gleich der Funktion selbst.

Es seien: $m_0, m_1, \ldots, m_{2^k-1}$ die betrachteten Minterme und Φ die beliebige Funktion; man bildet den Ausdruck

$$(\Phi \cap m_0) \cup (\Phi \cap m_1) \cup \ldots \cup (\Phi \cap m_{2^k-1}),$$

in dem Φ nach der inversen Eigenschaft des Distributivgesetzes nur ein einziges Mal geschrieben werden kann:

$$\Phi \cap [m_0 \cup m_1 \cup \ldots \cup m_{2^k-1}];$$

nach Theorem 1 ist die Vereinigung der 2^k Minterme jedoch gleich 1, also:

$$\Phi \cap 1 = \Phi.$$

Theorem 6: Bildet man die Vereinigung einer beliebigen Funktion mit jedem der 2^k Maxterme von k beliebigen Klassen (oder Variablen), so ist der Durchschnitt der auf diese Weise erhaltenen 2^k Vereinigungen gleich der Funktion selbst.

Theorem 6 ist, wie man sieht, nichts anderes als das „Komplement" von Theorem 5; wir ziehen es jedoch vor, einen direkten Beweis zu geben.

Schreiben wir

$$(\Phi \cup M_0) \cap (\Phi \cup M_1) \cap \ldots \cap (\Phi \cup M_{2^k-1}),$$

so ergibt sich

$$\Phi \cup [M_0 \cap M_1 \cap \ldots \cap M_{2^k-1}],$$

oder nach Theorem 2:

$$\Phi \cup 0 = \Phi.$$

4.2. Die erste Normalform

Arbeiten wir zunächst an einem Beispiel. Betrachten wir dazu die Funktion:

$$\{\overline{\bar{A} \cup [(\bar{B} \cup \bar{C}) \cap B]}\} \cup (\bar{A} \cap B \cap \bar{C}).$$

Wir können zunächst die bekannten Regeln der Negation anwenden:

$$\{A \cap [(B \cap C) \cup \bar{B}]\} \cup (\bar{A} \cap B \cap \bar{C}),$$

entwickeln wir weiter, ergibt sich:

$$(A \cap B \cap C) \cup (A \cap \bar{B}) \cup (\bar{A} \cap B \cap \bar{C}).$$

Man sieht, daß der zweite Term weder C noch $\overline{C}$ enthält; nach Theorem 5 kann ein Term, der nicht alle Variablen enthält, durch die Vereinigung von 2^k Termen ersetzt werden, wobei k die Anzahl der fehlenden Variablen (oder Klassen) ist. Hier muß C, also nur eine Klasse (Variable) angefügt werden, und an Stelle von $A \cap \overline{B}$ erhält man zwei Terme:

$$(A \cap \overline{B} \cap C) \cup (A \cap \overline{B} \cap \overline{C}).$$

Schließlich schreibt sich die vereinfachte Funktion:

$$(A \cap B \cap C) \cup (A \cap \overline{B} \cap C) \cup (A \cap \overline{B} \cap \overline{C}) \cup (\overline{A} \cap B \cap \overline{C}).$$

Man stellt fest, daß sie eine Vereinigung von folgenden Mintermen ist:

$$m_7 \cup m_5 \cup m_4 \cup m_2 .$$

Ist es möglich, eine andere Vereinigung von Mintermen dreier Klassen (oder Variablen) zu erhalten, die ebenfalls die Funktion darstellt? Das widerspricht der Tatsache, daß alle Minterme disjunkt (verschieden) sind; eine Vereinigung anderer verschiedener Mengen kann offensichtlich nur zum selben Ergebnis führen.

Man sagt, man hat die betrachtete Funktion auf die *disjunktive Normalform* gebracht.

Nach dieser Einführung können wir das folgende allgemeine Theorem beweisen.

Theorem 7: Jede Funktion von n Klassen kann auf die Form einer und nur einer Vereinigung von Mintermen gebracht werden, die man *disjunktive Normalform* nennt.

Wir zeigen zunächst (Proposition 1): Sind Φ_1 und Φ_2 Boolesche Funktionen in disjunktiver Normalform, so sind die Vereinigung $\Phi_1 \cup \Phi_2$, der Durchschnitt $\Phi_1 \cap \Phi_2$ und das Komplement $\overline{\Phi}_1$ Boolesche Funktionen, die in disjunktiver Normalform dargestellt werden können.

Wir zeigen anschließend (Proposition 2), daß die Klassen selbst Boolesche Funktionen sind, die in disjunktiver Normalform dargestellt werden können.

Dann ist das Theorem bewiesen; denn nach Definition ist jede Boolesche Funktion in n Klassen eine Teilmenge der Grundmenge, die als Kombination dieser Klassen mittels der Operationen Vereinigung, Durchschnitt und Komplementbildung dargestellt werden kann.

Nehmen wir zum Beispiel die Funktion

$$F = (A \cap B) \cup \overline{C}.$$

Gilt Proposition 2, kann man schreiben:

$$A = \Phi_A, \quad B = \Phi_B, \quad C = \Phi_C,$$

wobei Φ_A, Φ_B und Φ_C Funktionen in disjunktiver Normalform sind. Gilt Proposition 1, kann man folgende Funktion in disjunktiver Normalform darstellen:

$$A \cap B = \Phi_A \cap \Phi_B \qquad \text{ergibt } \Phi_{A \cap B}$$

und

$$\overline{C} = \overline{\Phi}_C, \qquad \text{ergibt } \Phi_{\overline{C}}$$

schließlich:

$$F = (A \cap B) \cup \overline{C} = \Phi_{A \cap B} \cup \Phi_{\overline{C}} \quad \text{ergibt } \Phi_{(A \cap B) \cup \overline{C}}\,.$$

Proposition 1: Sind als Basis n Klassen (oder Variablen) gegeben, so kann man die 2^n Klassen der Minterme $m_0, m_1, \ldots, m_{2^n-1}$ bilden und Funktionen der folgenden Gestalt betrachten:

$$\bigcup_{i=0}^{2^n-1} (\epsilon_i \cap m_i),$$

wobei das Symbol ϵ_i 0 oder 1 darstellt, das bedeutet, daß nur die Klassen erhalten bleiben, für die $\epsilon_i = 1$ gilt.

1. Betrachten wir zwei Funktionen Φ_1 und Φ_2:

$$\Phi_1 = \bigcup_{i=0}^{2^n-1} (\epsilon_{i_1} \cap m_i) \qquad \text{und} \qquad \Phi_2 = \bigcup_{i=0}^{2^n-1} (\epsilon_{i_2} \cap m_i).$$

Der Ausdruck $\Phi = \Phi_1 \cup \Phi_2$ ergibt sich, wenn man die Vereinigung der m_i bildet, die in der einen oder anderen der Funktionen Φ_1 und Φ_2 vorkommen, also

$$\Phi = \Phi_1 \cup \Phi_2 = \bigcup_{i=0}^{2^n-1} [(\epsilon_{i_1} \cup \epsilon_{i_2}) \cap m_i],$$

denn

$$1 \cup 1 = 1, \quad 1 \cup 0 = 1, \quad 0 \cup 1 = 1 \quad \text{und} \quad 0 \cup 0 = 0.$$

Daraus ergibt sich, daß $\epsilon_{i_1} \cup \epsilon_{i_2}$ nur dann Null ist, wenn gleichzeitig ϵ_{i_1} und ϵ_{i_2} verschwinden.

2. Betrachten wir nun den Durchschnitt $\pi = \Phi_1 \cap \Phi_2$: Allein die Terme, für die m_i mit einem Index ϵ_{i_1} und einem Index ϵ_{i_2}, beide gleich 1, versehen ist, treten in π auf.

$$\pi = \Phi_1 \cap \Phi_2 = \bigcup_{i=0}^{2^n-1} [(\epsilon_{i_1} \cap \epsilon_{i_2}) \cap m_i] = \bigcup_{i=0}^{2^n-1} (\epsilon_{i_1} \cap \epsilon_{i_2} \cap m_i).$$

3. Gegeben sei die Negation $\overline{\Psi}$ von $\Psi = \bigcup_{i=0}^{2^n - 1} (\epsilon_i \cap m_i)$.

Wir wissen, daß die Vereinigung der 2^n Minterme gleich 1 ist; nehmen wir also die Vereinigung der Minterme, die nicht in Ψ auftreten, erhalten wir das Komplement von Ψ, d.h. $\overline{\Psi}$.

Für die Vereinigung dieser Minterme ergibt sich eine Darstellung:

$$\bigcup_{i=0}^{2^n - 1} (\overline{\epsilon}_i \cap m_i);$$

tatsächlich tritt in dieser neuen Vereinigung kein Minterm auf, für den $\epsilon_i = 1$ ist, und jeder Minterm, für den $\epsilon_i = 0$ gilt, kommt vor. Also:

$$\overline{\Psi} = \bigcup_{i=0}^{2^n - 1} (\overline{\epsilon}_i \cap m_i).$$

Damit haben wir gezeigt, daß bei beliebigen Funktionen n Variabler in disjunktiver Normalform jede Funktion, die man durch die Operationen der Vereinigung, Durchschnittbildung und Negation erhält, auf die disjunktive Normalform gebracht werden kann.

Proposition 2: Es wird nun gezeigt, daß die Klassen selbst Boolesche Funktionen sind, die auf die disjunktive Normalform gebracht werden können.

Im Beweis von Theorem 1 betrachteten wir eine der n Variablen und zeigten, daß diese Variablen, z.B. A, unter ihrem Aspekt A in 2^{n-1} Mintermen und unter ihrem Aspekt $\overline{A}$ in den restlichen 2^{n-1} Mintermen enthalten ist. Die Vereinigung der 2^n Minterme brachten wir auf die folgende Form:

$$(A \cap Q) \cup (\overline{A} \cap Q).$$

Betrachten wir den Term Q: Er ist nichts anderes als die Vereinigung der mit Hilfe von $n - 1$ Variablen gebildeten 2^{n-1} Minterme, die übrig bleiben, wenn man A bei den ursprünglichen Variablen wegläßt. Nach Theorem 1 ist diese Vereinigung bekanntlich identisch 1; also

$$A \cap Q = A.$$

Wendet man jedoch die umgekehrte Eigenschaft des Distributivgesetzes an, läßt sich A in die 2^{n-1} Minterme von Q integrieren. Das ergibt

$$(A \cap \dots) \cup (A \cap \dots) \cup (A \cap \dots) \cup \dots \cup (A \cap \dots) = A.$$

Auf diese Weise kann jede Variable auf die disjunktive Normalform gebracht werden. Wie in dem weiter oben angegebenen Beispiel ergibt sich die Eindeutigkeit der disjunktiven Normalform aus der Tatsache, daß die Minterme disjunkt sind.

Damit ist Theorem 7 also bewiesen.

In jedem Fall ist folgende Bemerkung anzuschließen. Betrachten wir die Funktion $\Psi = 1$. Sie läßt sich wie folgt darstellen:

$$\Psi = \bigcup_{i=0}^{2^n-1} (\epsilon_i \cap m_i) = \bigcup_{i=0}^{2^n-1} m_i = 1 ,$$

denn alle ϵ_i sind gleich 1; dieses ist eine Möglichkeit, Theorem 1 zu beschreiben.

Wenden wir die Operation der Negation an:

$$\overline{\Psi} = 0 ,$$

und nach der oben angeführten Schreibweise:

$$\overline{\Psi} = \bigcup_{i=0}^{2^n-1} (\overline{\epsilon}_i \cap m_i);$$

alle ϵ_i sind hier gleich Null.

Es gibt, um es ausdrücklich zu sagen, offensichtlich keine disjunktive Normalform, die eine solche Funktion beschreibt, die letzten Endes Null ist.

Zu Theorem 7 gibt es ebenfalls ein ergänzendes Theorem. Das wird sich herausstellen, wenn wir uns mit der zweiten Normalform beschäftigen.

4.3. Die zweite Normalform

Nehmen wir wieder die Funktion

$$\Phi = \overline{\{\overline{A} \cup [(\overline{B} \cup \overline{C}) \cap B]\}} \cup (\overline{A} \cap B \cap \overline{C});$$

es ist uns schon gelungen, diese Funktion auf die disjunktive Normalform zu bringen:

$$\Phi_m = (A \cap B \cap C) \cup (A \cap \overline{B} \cap C) \cup (A \cap \overline{B} \cap \overline{C}) \cup (\overline{A} \cap B \cap \overline{C}) = m_7 \cup m_5 \cup m_4 \cup m_2 .$$

Wenden wir auf beide Glieder die Operation der Negation an:

$$\overline{\Phi}_m = (\overline{A} \cup \overline{B} \cup \overline{C}) \cap (\overline{A} \cup B \cup \overline{C}) \cap (\overline{A} \cup B \cup C) \cap (A \cup \overline{B} \cup C);$$

dieser Ausdruck ist ein Durchschnitt von Maxtermen, genauer:

$$(\overline{\Phi})_M = \overline{\Phi}_m = M_0 \cap M_2 \cap M_3 \cap M_5 .$$

Man verifiziert sehr leicht, daß die Negation eines jeden Minterms den Maxterm ergibt, dessen Index das Komplement von 7 des Index des betrachteten Minterms ist.

Die verallgemeinerte Anwendung des Theorems von de Morgan

$$\Phi_m = \bigcup_{i=0}^{2^n-1} (\epsilon_i \cap m_i)$$

ergibt folgenden Ausdruck:

$$\overline{\Phi}_m = \bigcap_{i=0}^{2^n-1} (\overline{\epsilon}_i \cup M_{2^n-1-i}),$$

denn

$$\overline{m}_i = M_{2^n-1-i}.$$

Das entspricht der gesuchten Form, denn ist $\epsilon_i = 1$, so ist $\overline{\epsilon}_i = 0$ und $\overline{\epsilon}_i \cup M_{2^n-1-i} = M_{2^n-1-i}$. Und ist $\epsilon_i = 0$, so ist $\overline{\epsilon}_i = 1$, woraus folgt: $\overline{\epsilon}_i \cup M_{2^n-1-i} = 1$. Es wird genügen, die Ausdrücke, die gleich 1 sind, zu eliminieren. Das ergibt sich in einer Folge von Durchschnitten jedoch von selbst.

Vorsicht! Man hat auf diese Weise gezeigt, daß $\overline{\Phi}$ sich als Durchschnitt von Maxtermen darstellen läßt. Wie sieht nun der Φ entsprechende Durchschnitt von Maxtermen aus?

Um dieses Problem zu lösen, betrachten wir

$$\Phi = m_7 \cup m_5 \cup m_4 \cup m_2 ;$$

die zu Φ komplementäre Menge wird von der Vereinigung all der Minterme gebildet, *die nicht in Φ auftreten:*

$$\begin{aligned}(\overline{\Phi})_m &= m_6 \cup m_3 \cup m_1 \cup m_0 \\ &= (A \cap B \cap \overline{C}) \cup (\overline{A} \cap B \cap C) \cup (\overline{A} \cap \overline{B} \cap C) \cup (\overline{A} \cap \overline{B} \cap \overline{C}).\end{aligned}$$

Man sieht also, daß gilt:

$$\begin{aligned}\Phi_M = \overline{(\overline{\Phi})_m} &= (\overline{A} \cup \overline{B} \cup C) \cap (A \cup \overline{B} \cup \overline{C}) \cap (A \cup B \cup \overline{C}) \cap (A \cup B \cup C) \\ &= M_1 \cap M_4 \cap M_6 \cap M_7 .\end{aligned}$$

Bemerkung: Φ_M symbolisiert diejenige Normalform von Φ, die einen Durchschnitt von Maxtermen bildet, während Φ_m die Form darstellt, die eine Vereinigung von Mintermen bildet.

Man hat übrigens

$$\Phi_M \cap \overline{(\overline{\Phi})_M} = M_0 \cap M_1 \cap \ldots \cap M_7 = 0,$$

denn der Durchschnitt der 2^n Maxterme ist leer (Theorem 2).

Im vorangehenden Abschnitt schrieben wir

$$\overline{(\overline{\Phi})_m} = \bigcup_{i=0}^{2^n-1} (\overline{\epsilon}_i \cap m_i).$$

Indem man die Negation anwendet, erhält man

$$\overline{(\overline{\Phi})}_m = \Phi_M = \bigcap_{i=0}^{2^n-1} (\overline{\overline{\epsilon}}_i \cup M_{2^n-1-i}) = \bigcap_{i=0}^{2^n-1} (\epsilon_i \cup M_{2^n-1-i}).$$

Da

$$\epsilon_i \cup M_{2^n-1-i} = M_{2^n-1-i} \qquad \text{falls} \qquad \epsilon_i = 0$$

und

$$\epsilon_i \cup M_{2^n-1-i} = 1 \qquad \text{falls} \qquad \epsilon_i = 1,$$

muß man offensichtlich all die Maxterme vom Index $2^n - 1 - i$ nehmen, für die ϵ_i gleich Null in der Zerlegung von Φ_m ist, d.h, wie bereits bemerkt, all die Maxterme, die den *nicht* in der Zerlegung von Φ_m *auftretenden* Mintermen entsprechen. Auf diese Weise erhält man eine und nur eine *konjunktive Normalform.*

Nun ist es möglich, das Theorem 7 ergänzende Theorem zu formulieren:

Theorem 8: Jede Funktion kann auf die Form eines und nur eines Durchschnitts von Maxtermen gebracht werden, die man *konjunktive Normalform* nennt.

Brachte man eine Funktion auf die disjunktive Normalform, so gab es, wie wir gesehen haben, eine Ausnahme: die Nullfunktion.

Die bezüglich der konjunktiven Normalform entsprechende Ausnahme wird vermutlich die Funktion sein, die gleich der Universalmenge ist (d.h. 1).

Umgekehrt wird es möglich sein, eine Nullfunktion in der konjunktiven Normalform darzustellen. Der Durchschnitt der 2^n Maxterme ist tatsächlich gleich Null:

$$M_0 \cap M_1 \cap \ldots \cap M_{2^n-1} = 0.$$

Von den Betrachtungen, die uns zur Aufstellung von Theorem 8 dienten, kann man ohne Schwierigkeit die folgende Eigenschaft ableiten:

Theorem 9: Die Summe der Anzahl der Minterme von Φ_m und der Maxterme von Φ_M ist gleich 2^n.

Es seien n Variable gegeben. Nehmen wir an, daß Φ_m p Minterme besitzt; um $(\overline{\Phi})_m$ zu erhalten, betrachteten wir alle nicht in Φ_m auftretenden Minterme, also $2^n - p$; anschließend wandten wir die Negation auf $(\overline{\Phi})_m$ an und erhielten Φ_M, das also $2^n - p$ Maxterme enthält. Die Summe N der Anzahl der Minterme und Maxterme beider Normalformen beträgt

$$N = p + 2^n - p = 2^n.$$

Als Folgerung aus Theorem 9 ergibt sich im allgemeinen Fall, daß eine der Normalformen weniger Terme besitzt als die andere; ist $p > 2^n - p$, so gilt: $p > 2^{n-1}$; setzt man umgekehrt $p < 2^n - p$, so folgt: $p < 2^{n-1}$.

Im Fall $p = 2^n - p$ ist $p = 2^{n-1}$; ein Beispiel dieser Art wurde bereits weiter oben angegeben.

4.4. Überführung der ersten in die zweite Normalform und umgekehrt

1. Eine Methode der Überführung von Φ_m (disjunktive Normalform) in Φ_M (konjunktive Normalform) läßt sich direkt aus dem Verfahren ableiten, das uns Φ_M im letzten Paragraphen lieferte.

Regel 1:

a) Die Vereinigung all der Minterme ist zu bilden, die nicht in Φ_m aufteten;

b) diese Vereinigung ist durch den Durchschnitt der Maxterme zu ersetzen, die den darin enthaltenen Mintermen entsprechen (dem Index i eines Minterms entspricht der Index $2^n - 1 - i$ des erhaltenen Maxterms).

Beispiel: Gegeben ist

$$\Phi_m = (A \cap \overline{B} \cap C) \cup (\overline{A} \cap B \cap C) \cup (\overline{A} \cap \overline{B} \cap C)$$
$$= m_5 \cup m_3 \cup m_1 .$$

a) Daraus ergibt sich sofort

$$(\overline{\Phi})_m = m_7 \cup m_6 \cup m_4 \cup m_2 \cup m_0 ;$$

b) es folgt also

$$\overline{(\overline{\Phi})_m} = \Phi_M = M_0 \cap M_1 \cap M_3 \cap M_5 \cap M_7 .$$

2. In dem im vorigen Abschnitt behandelten Beispiel führte uns das Verfahren dahin, $\Phi_m = \overline{(\overline{\Phi})_M}$ zu setzen. Das läßt sich ebenfalls übertragen, und man kann folgende Regel aufstellen:

Regel 2:

a) Die Negation von Φ_m ist zu bilden; es ergibt sich $\overline{(\overline{\Phi})_M}$;

b) der Durchschnitt all der nicht in $(\overline{\Phi})_M$ auftauchenden Maxterme ist zu betrachten, und man erhält Φ_M.

Beispiel: Gegeben ist

$$\Phi_m = (A \cap \overline{B} \cap C) \cup (\overline{A} \cap B \cap C) \cup (\overline{A} \cap \overline{B} \cap C) .$$

a) Es ist dann

$$\overline{\Phi}_m = (\overline{\Phi})_M = (\overline{A} \cup B \cup \overline{C}) \cap (A \cup \overline{B} \cup \overline{C}) \cap (A \cup B \cup \overline{C}) ,$$

d.h. man überführt

$$\Phi_m = m_5 \cup m_3 \cup m_1$$

in

$$(\overline{\Phi})_M = M_2 \cap M_4 \cap M_6 ;$$

b) es folgt also

$$\Phi_M = M_0 \cap M_1 \cap M_3 \cap M_5 \cap M_7 .$$

3. Wir wollen gleichfalls eine Methode des Übergangs von der konjunktiven Normalform in die disjunktive Normalform angeben.

Φ_M ist gegeben, gesucht wird Φ_m.

Regel 3:

a) man bildet den Durchschnitt all der nicht in Φ_M auftretenden Maxterme;

b) man führt die Operation der Negation auf dem so erhaltenen Ausdruck aus.

Beispiel: Gegeben ist

$$\Phi_M = M_0 \cap M_1 \cap M_3 \cap M_5 \cap M_7$$

a) wir bilden

$$(\overline{\Phi})_M = M_2 \cap M_4 \cap M_6 \; ;$$

b) mit Hilfe der Operation der Negation erhält man

$$\overline{(\overline{\Phi})_M} = \Phi_m = m_5 \cup m_3 \cup m_1 \, .$$

Man stellt fest, daß bei der Operation der Negation für die Beziehung der Indizes immer gilt: $i \leftrightarrow 2^n - 1 - i$.

4. Aus den vorangehenden Regeln ergibt sich

a) daß jeder Minterm gleich dem Durchschnitt von $2^n - 1$ Maxtermen ist;

b) daß jeder Maxterm gleich der Vereinigung von $2^n - 1$ Mintermen ist.

4.5. Weitere Theoreme über die elementaren Kompositionen

Die elementaren Kompositionen, Maxterme oder Minterme, besitzen gewisse Eigenschaften, die wir bisher nur mehr oder weniger andeuteten. Es ist jedoch nützlich, diese Eigenschaften systematisch herzuleiten.

Eigenschaft 1: Jeder ab n Klassen definierte Minterm enthält keine weitere Boolesche Funktion dieser n Klassen als sich selbst und Null.

Gegeben sei ein beliebiger Minterm m_i; nehmen wir an, er enthalte eine von m_i verschiedene nichttriviale Funktion F. Diese Funktion ließe sich also auf die disjunktive Normalform bringen, die mindestens einen Minterm m_j enthielte.

Unter diesen Voraussetzungen ergäbe sich

$$m_i \cap m_j = m_j \, ,$$

denn nach Abschnitt 3.1.6 gilt mit $m_j \subset m_i$, daß $m_i \cap m_j = m_j$.

Nach Theorem 3 sind alle verschiedenen Minterme disjunkt und ihr Durchschnitt leer. Durch diesen Widerspruch ist Eigenschaft 1 bewiesen.

Eigenschaft 2: Jeder ab n Klassen definierte Maxterm ist in keinen weiteren Booleschen Funktionen dieser n Klassen enthalten, außer in sich selbst und in 1.

Es handelt sich hier um eine zur vorhergehenden komplementäre Eigenschaft. Nehmen wir trotzdem an, ein Maxterm M_k sei derart gegeben, daß gilt $S \supset M_k$, wobei S eine von M_k und 1 verschiedene Funktion sei. Die Funktion S kann nun in der konjunktiven Normalform dargestellt werden, die mindestens einen Term M_l enthält. Unter diesen Bedingungen muß gelten:

$$M_l \cup M_k = M_l ,$$

was jedoch Theorem 4 widerspricht, nach dem die Vereinigung zweier beliebiger Maxterme die Universalmenge ergibt. Also gilt

$$M_l = 1 .$$

Bemerkung: Der Leser wird sich erinnern, daß die Eigenschaften 1 und 2 bei der Definition der Maxterme und Minterme ohne Beweis aufgeführt wurden.

Theorem 10: Die Vereinigung zweier Funktionen in disjunktiver Normalform in n Klassen als Basis (oder in n Variablen als Basis) ist gleich der Funktion, die man erhält, wenn man die Vereinigung der nur einmal genommenen gemeinsamen Minterme und der verschiedenen Minterme bildet.

Beispiel: Gegeben sind folgende Funktionen dreier Variabler:

$$F_1 = m_2 \cup m_3 \cup m_6 ,$$

$$F_2 = m_1 \cup m_2 \cup m_3 \cup m_7 ;$$

man erhält

$$F_1 \cup F_2 = m_1 \cup m_2 \cup m_3 \cup m_6 \cup m_7 ;$$

denn man kann die Klammern fortlassen und die Eigenschaft der Idempotenz benutzten.

Theorem 11: Der Durchschnitt zweier Funktionen in disjunktiver Normalform in n Variablen (oder Klassen) ist gleich der Funktion, die man aus der Vereinigung der gemeinsamen Minterme erhält.

Beispiel: Betrachten wir wieder die Funktionen F_1 und F_2 aus dem obigen Beispiel.

$$F_1 \cap F_2 = (m_2 \cup m_3 \cup m_6) \cap (m_1 \cup m_2 \cup m_3 \cup m_7) ;$$

nach Theorem 3 ist der Durchschnitt verschiedener Minterme leer; es ist also lediglich der Durchschnitt der gemeinsamen Minterme zu beachten. Benutzt man die Eigenschaft der Idempotenz, so erhält man

$$(m_2 \cap m_2) \cup (m_3 \cap m_3) = m_2 \cup m_3 .$$

Zu diesen beiden Theoremen gibt es natürlich die entsprechenden für Funktionen in der konjunktiven Normalform.

Theorem 12: Der Durchschnitt zweier Funktionen in konjunktiver Normalform in n Klassen (Variablen) ist gleich der Funktion, die man erhält, wenn man den Durchschnitt der nur einmal genommenen Maxterme und der verschiedenen Maxterme bildet.

Beispiel: Gegeben ist

$$F_1 = M_0 \cap M_1 \cap M_4 \cap M_5 \cap M_7;$$

$$F_2 = M_0 \cap M_4 \cap M_5 \cap M_6.$$

Man erhält

$$\begin{aligned} F_1 \cap F_2 &= (M_0 \cap M_1 \cap M_4 \cap M_5 \cap M_7) \cap (M_0 \cap M_4 \cap M_5 \cap M_6) \\ &= M_0 \cap M_1 \cap M_4 \cap M_5 \cap M_6 \cap M_7, \end{aligned}$$

denn man kann die Klammern fortlassen und die Eigenschaft der Idempotenz benutzen.

Theorem 13: Die Vereinigung zweier Funktionen in konjunktiver Normalform in n Klassen (Variablen) als Basis ist gleich der Funktion, die man aus dem Durchschnitt der gemeinsamen Maxterme erhält.

Beispiel: Gegeben ist

$$F_1 = M_1 \cap M_2 \quad \text{und} \quad F_2 = M_2 \cap M_3.$$

Man erhält

$$F_1 \cup F_2 = (M_1 \cap M_2) \cup (M_2 \cap M_3),$$

woraus sofort folgt:

$$F_1 \cup F_2 = M_2 \cap (M_1 \cup M_3),$$

und da nach Theorem 4 gilt: $M_1 \cup M_3 = 1$:

$$F_1 \cup F_2 = M_2 \cap 1 = M_2.$$

Eine andere Möglichkeit besteht darin, die Entwicklung durchzuführen. Nennen wir zum Beispiel G die durch $M_2 \cap M_3$ definierte Menge

$$\begin{aligned} F_1 \cup F_2 &= (M_1 \cap M_2) \cup G \\ &= (M_1 \cup G) \cap (M_2 \cup G) \end{aligned}$$

nach Eigenschaft III[1]). Ebenso

$$M_1 \cup G = M_1 \cup (M_2 \cap M_3) = (M_1 \cup M_2) \cap (M_1 \cup M_3)$$

und

$$M_2 \cup G = M_2 \cup (M_2 \cap M_3) = (M_2 \cup M_2) \cap (M_2 \cup M_3)\cdot$$

---

1) siehe Tafel S. 43.

Also

$$F_1 \cup F_2 = (M_1 \cup M_2) \cap (M_1 \cup M_3) \cap (M_2 \cup M_2) \cap (M_2 \cup M_3)$$
$$= 1 \cap 1 \cap M_2 \cap 1 = M_2 .$$

Aus dieser anderen Beweisführung ergibt sich eine neue Bezeichnung zur Formulierung von Theorem 13.

Betrachten wir die Menge der Maxterme, die einerseits F_1, andererseits F_2 definieren:

$$E_1(M) = (M_1, M_2), \qquad E_2(M) = (M_2, M_3) .$$

Der Durchschnitt von $E_1(M)$ und $E_2(M)$ ist offensichtlich M_2, der gemeinsame Maxterm.

Indem wir mit $F_{E(M)}$ die Funktion bezeichnen, deren Menge von Maxtermen in der konjunktiven Normalform gleich E(M) ist, können wir schreiben:

$$F_{E_1(M)} \cup F_{E_2(M)} = F_{E_1(M) \cap E_2(M)} .$$

Eine analoge Begründung erlaubt uns, Theorem 12 wie folgt zu formulieren:

$$F_{E_1(M)} \cap F_{E_2(M)} = F_{E_1(M) \cup E_2(M)} .$$

Nun können wir die Theoreme 10, 11, 12 und 13 in folgender Form zusammenfassen:

Theorem 10: $F_{E_1(m)} \cup F_{E_2(m)} = F_{E_1(m) \cup E_2(m)}$;

Theorem 11: $F_{E_1(m)} \cap F_{E_2(m)} = F_{E_1(m) \cap E_2(m)}$;

Theorem 12: $F_{E_1(M)} \cap F_{E_2(M)} = F_{E_1(M) \cup E_2(M)}$;

Theorem 13: $F_{E_1(M)} \cup F_{E_2(M)} = F_{E_1(M) \cap E_2(M)}$.

E(m) und E(M) bezeichnen die Menge der Minterme bzw. Maxterme in den Normalformen, $F_{E(m)}$ und $F_{E(M)}$ in der disjunktiven bzw. konjunktiven Normalform.

4.6. Bestimmung der disjunktiven Normalform

Der Gebrauch der disjunktiven Normalform ist sehr geläufig. Wir haben bereits einige Beispiele der Zerlegung einer Funktion in diese erste Normalform gegeben.

Allgemein kann man jede Funktion auf die disjunktive Normalform bringen, indem man folgende Regeln anwendet:

1. **das Theorem von de Morgan:**

$$\overline{E_1 \cup E_2} = \overline{E}_1 \cap \overline{E}_2$$
$$\overline{E_1 \cap E_2} = \overline{E}_1 \cup \overline{E}_2 ,$$

immer dann, wenn die Regeln der Negation lediglich auf die Klassen A, B, C, ... angewandt werden, d.h. wenn in dem erhaltenen Ausdruck nur die Variablen A, B, C, ..., $\overline{A}$, $\overline{B}$, $\overline{C}$, ... und die Zeichen $\cup$ und $\cap$ vorkommen.

2. **Distributivgesetz des Durchschnitts bzgl. der Vereinigung:**

$$(A \cup B) \cap C = (A \cap C) \cup (B \cap C),$$

um Vereinigungen von Durchschnitten zu bekommen (elementare Funktionen).

3. **Reduktion gleichartiger Terme:**

$$A \cup A = A\,; \qquad A \cap \overline{A} = 0\,;$$

der Gebrauch dieser Eigenschaften erlaubt es, die Funktion als Vereinigung von Termen darzustellen, die alle oder keine Variable enthalten.

4. **Vervollständigung der Terme:**

Die alle Variablen enthaltenden Terme, wobei jede unter ihrem normalen Aspekt oder dem der Negation vorkommt, sind ein Teil der Normalform. Es gibt jedoch unvollständige Terme; fehlen einem gegebenen Term k Variable, kann er durch die Vereinigung von zwei Termen dargestellt werden (Theorem 5).

Man kann natürlich entsprechende Terme erhalten, die man reduziert, wenn man die systematische Entwicklung aller Terme ausführt.

Beispiel: Folgende Funktion ist auf die disjunktive Normalform zu bringen:

$$\Phi = \overline{((\overline{A \cup B}) \cap C)} \cup [D \cap (\overline{A} \cup \overline{D}).$$

a) Man wendet das Theorem von de Morgan an:

$$\Phi = \overline{(\overline{A \cup B})} \cup \overline{C} \cup [D \cap (\overline{A} \cup \overline{D})] = A \cup B \cup \overline{C} \cup [D \cap (\overline{A} \cup \overline{D})]\,;$$

b) man entwickelt die Terme in eckigen Klammern, indem man das Distributivgesetz des Durchschnitts bzgl. der Vereinigung benutzt:

$$\Phi = A \cup B \cup \overline{C} \cup (D \cap \overline{A}) \cup (D \cap \overline{D})\,;$$

c) man reduziert die gleichartigen Terme:

$$\Phi = A \cup B \cup \overline{C} \cup (D \cap \overline{A})\,;$$

d) die Basis besteht aus drei Klassen; also kann die Funktion Φ auf die disjunktive Normalform gebracht werden mit höchstens $2^4 = 16$ Mintermen.

Betrachten wir den Ausdruck $D \cap \overline{A}$: Es fehlen bei einem ihrer zwei Aspekte die Variablen C und B; es ist also möglich, diesen Ausdruck als Vereinigung von $2^3 = 8$ Termen darzustellen.

Ein jeder der Terme A, B, $\overline{C}$ könnte die ihn repräsentierende Vereinigung der $2^3 = 8$ Terme erzeugen.

Die Entwicklung bestünde also unter diesen Voraussetzungen aus $3 \cdot 8 + 4 = 28$ Termen.

Bildet man jedenfalls zunächst die zu A äquivalente Vereinigung der Terme, d.h. also 8 Terme, und anschließend die B entsprechende Vereinigung der Terme, so stellt man fest, daß vier der Terme dieser letzten Vereinigung A enthalten und nicht von den in der A entsprechenden Vereinigung benutzten Terme verschieden sind. Wir werden lediglich die B und $\overline{A}$ enthaltenden Terme konstruieren.

Es ist nicht notwendig, die Vereinigung der Terme zu bilden, die $\overline{C}$ entspricht, denn vier von ihnen treten in der zu A äquivalenten Vereinigung auf, zwei andere in den Termen, die wir bei der B entsprechenden Vereinigung behielten. Davon werden wir die beiden konstruieren, die $\overline{A}$ und $\overline{B}$ enthalten.

Kommen wir nun zu den Termen, die $D \cap \overline{A}$ enthalten; diejenigen, die B enthalten, sind bereits konstruiert; sie treten in den vier Termen der zu B äquivalenten Vereinigung auf; derjenige der Terme, die $\overline{B}$ enthalten, ist in den mit $\overline{C}$ konstruierten Termen mit einbegriffen; es ist also nur ein neuer Term mit $D \cap \overline{A}$ zu konstruieren; er muß $\overline{B}$ und C enthalten.

Insgesamt haben wir: $8 + 4 + 2 + 1 = 15$ Terme.

Zunächst gilt:

$$\begin{aligned} A &= (A \cap B) \cup (A \cap \overline{B}) \\ &= (A \cap B \cap C) \cup (A \cap B \cap \overline{C}) \cup (A \cap \overline{B} \cap C) \cup (A \cap \overline{B} \cap \overline{C}) \\ &= (A \cap B \cap C \cap D) \cup (A \cap B \cap C \cap \overline{D}) \cup (A \cap B \cap \overline{C} \cap D) \cup (A \cap B \cap \overline{C} \cap \overline{D}) \\ &\quad \cup (A \cap \overline{B} \cap C \cap D) \cup (A \cap \overline{B} \cap C \cap \overline{D}) \cup (A \cap \overline{B} \cap \overline{C} \cap D) \cup (A \cap \overline{B} \cap \overline{C} \cap \overline{D}). \end{aligned}$$

Man stellt nun fest, daß

$$\begin{aligned} A \cup B &= (A \cap B) \cup (A \cap \overline{B}) \cup [(A \cap B) \cup (\overline{A} \cap B)] \\ &= (A \cap B) \cup (A \cap \overline{B}) \cup (\overline{A} \cap B). \end{aligned}$$

Die beiden ersten Ausdrücke sind bereits entwickelt; wir beschäftigen uns nur mit den Vereinigungen, die den dritten Term betreffen:

$$\begin{aligned} \overline{A} \cap B &= (\overline{A} \cap B \cap C) \cup (\overline{A} \cap B \cap \overline{C}) \\ &= (\overline{A} \cap B \cap C \cap D) \cup (\overline{A} \cap B \cap C \cap \overline{D}) \cup (\overline{A} \cap B \cap \overline{C} \cap D) \cup (\overline{A} \cap B \cap \overline{C} \cap \overline{D}). \end{aligned}$$

Für die Vereinigung der mit A und B gebildeten Minterme oder ihre Negationen, die gleich 1 sind, kann man schreiben:

$$\overline{C} = \overline{C} \cap [(A \cap B) \cup (A \cap \overline{B}) \cup (\overline{A} \cap B) \cup (\overline{A} \cap \overline{B})];$$

die Terme in den eckigen Klammern sind außer $\overline{A} \cap \overline{B}$ bereits behandelt, und es gilt

$$\overline{C} \cap (\overline{A} \cap \overline{B}) = (\overline{A} \cap \overline{B} \cap \overline{C} \cap D) \cup (\overline{A} \cap \overline{B} \cap \overline{C} \cap \overline{D}).$$

Der einzige Term, der sowohl $D \cap \overline{A}$ als auch $\overline{B}$ und C enthält, ist: $\overline{A} \cap \overline{B} \cap C \cap D$.

Nach dieser impliziten Reduktion der gleichartigen Terme läßt sich die gesuchte Normalform wie folgt schreiben:

$$\begin{aligned}\Phi = &(A \cap B \cap C \cap D) \cup (A \cap B \cap C \cap \overline{D}) \cup (A \cap B \cap \overline{C} \cap D)\\ &\cup (A \cap B \cap \overline{C} \cap \overline{D}) \cup (A \cap \overline{B} \cap C \cap D) \cup (A \cap \overline{B} \cap C \cap \overline{D})\\ &\cup (A \cap \overline{B} \cap \overline{C} \cap D) \cup (A \cap \overline{B} \cap \overline{C} \cap \overline{D}) \cup (\overline{A} \cap B \cap C \cap D)\\ &\cup (\overline{A} \cap B \cap C \cap \overline{D}) \cup (\overline{A} \cap B \cap \overline{C} \cap D) \cup (\overline{A} \cap B \cap \overline{C} \cap \overline{D})\\ &\cup (\overline{A} \cap \overline{B} \cap \overline{C} \cap D) \cup (\overline{A} \cap \overline{B} \cap \overline{C} \cap \overline{D}) \cup (\overline{A} \cap \overline{B} \cap C \cap D).\end{aligned}$$

Eine weitere Methode besteht offensichtlich darin, A, B, $\overline{C}$ und $D \cap \overline{A}$ als Vereinigungen von Mintermen zu entwickeln und anschließend Theorem 10 anzuwenden:

$$\begin{aligned}A &= m_{15} + m_{14} + m_{13} + m_{12} + m_{11} + m_{10} + m_9 + m_8,\\ B &= m_{15} + m_{14} + m_{13} + m_{12} + m_7 + m_6 + m_5 + m_4,\\ \overline{C} &= m_{13} + m_{12} + m_9 + m_8 + m_5 + m_4 + m_1 + m_0,\\ D \cap \overline{A} &= m_7 + m_5 + m_3 + m_1;\end{aligned}$$

daraus läßt sich die erste Normalform ableiten:

$$\begin{aligned}A \cup B \cup \overline{C} \cup (D \cap \overline{A}) = &m_{15} + m_{14} + m_{13} + m_{12} + m_{11} + m_{10} + m_9 + m_8\\ &+ m_7 + m_6 + m_5 + m_4 + m_3 + m_1 + m_0.\end{aligned}$$

In diesem Beispiel ist es sehr einfach, zur zweiten Form zu gelangen; man sieht sofort, daß gilt:

$$\overline{m}_2 = A \cup B \cup \overline{C} \cup (D \cap \overline{A})$$

oder

$$M_{13} = A \cup B \cup \overline{C} \cup (D \cap \overline{A}).$$

Bekanntlich ist

$$M_{13} = \overline{m}_2 = \overline{\overline{A} \cap \overline{B} \cap C \cap \overline{D}} = A \cup B \cup \overline{C} \cup D.$$

Bemerkung: Festzustellen ist, daß gilt:

$$A \cup B \cup \overline{C} \cup (D \cap \overline{A}) = A \cup B \cup \overline{C} \cup D;$$

das ist übrigens offensichtlich, wenn man auf $A \cup (D \cap \overline{A})$ das Distributivgesetz der Vereinigung bzgl. der Durchschnittbildung anwendet. Für die erste Normalform ist dieses eine unnötige Operation, denn: Der Durchschnitt $(D \cap \overline{A})$ erzeugt nur 4 Minterme anstelle von 8, denen D entspräche.

Bemerkung: Man könnte bestimmte Regeln aufstellen, die zu befolgen sind, um die konjunktive Normalform zu erhalten. Warum das nicht geschieht, soll im Folgenden klar werden.

In der praktischen Berechnung der Booleschen Funktionen ersetzt man nämlich oft das Zeichen $\cup$ durch + und das Zeichen $\cap$ durch $\times$, obwohl, wie wir feststellen werden, diese Bezeichnung nicht bedeutet, daß die Operation $\cup$ und $\cap$ gleich der gewöhnlichen Addition bzw. Multiplikation sind.

Insbesondere gilt folgender Ausdruck:

$$(A + B) \times C = (A \times C) + (B \times C),$$

der das Distributivgesetz der Operation $\times$ bzgl. der Operation + überträgt und mit den Regeln der gewöhnlichen Algebra übereinstimmt.

Um die konjunktive Normalform zu finden, müßte man hingegen das Distributivgesetz der Vereinigung bzgl. des Durchschnitts anwenden:

$$(A \cap B) \cup C = (A \cup C) \cap (B \cup C),$$

was mit den Bezeichnungen + und $\times$ folgenden Ausdruck ergibt:

$$(A \times B) + C = (A + C) \times (B + C)$$

und nicht mehr der Anwendung der Regeln der gewöhnlichen Algebra entspricht.

Um nun die konjunktive Normalform zu erhalten, bevorzugt man den Weg über die disjunktive Normalform, indem man die Regeln des Übergangs von der einen zur anderen Form beachtet.

Übung. Mit Hilfe der Normalformen ist es möglich zu entscheiden, ob zwei Funktionen äquivalent sind oder nicht.

Es ist zum Beispiel zu untersuchen, ob die Operation $\dot{\subset}$ (vgl. Abschnitt 3.1.6.5) assoziativ ist, d.h. ob gilt:

$$(A \dot{\subset} B) \dot{\subset} C = A \dot{\subset} (B \dot{\subset} C).$$

Bekanntlich ist

$$A \dot{\subset} B = \overline{A} \cup B.$$

Also

$$(A \dot{\subset} B) \dot{\subset} C = (\overline{A} \cup B) \dot{\subset} C = \overline{(\overline{A} \cup B)} \cup C,$$

während

$$A \dot{\subset} (B \dot{\subset} C) = \overline{A} \cup (\overline{B} \cup C).$$

Bringt man $\overline{(\overline{A} \cup B)} \cup C$ auf die Normalform, so erhält man sukzessiv

$$\begin{aligned}(A \cap \overline{B}) \cup C &= (A \cap \overline{B} \cap C) \cup (A \cap \overline{B} \cap \overline{C}) \cup C \\ &= (A \cap \overline{B} \cap C) \cup (A \cap \overline{B} \cap \overline{C}) \cup (A \cap B \cap C) \cup (\overline{A} \cap B \cap C) \\ &\quad \cup (A \cap \overline{B} \cap C) \cup (\overline{A} \cap \overline{B} \cap C).\end{aligned}$$

Eliminiert man den Term $A \cap \overline{B} \cap C$ in einer der Entwicklungen, ergibt sich

$$\begin{aligned}(A \cap \overline{B}) \cup C &= (A \cap B \cap C) \cup (A \cap \overline{B} \cap C) \cup (A \cap \overline{B} \cap \overline{C}) \cup (\overline{A} \cap B \cap C) \cup (\overline{A} \cap \overline{B} \cap C) \\ &= m_7 \cup m_5 \cup m_4 \cup m_3 \cup m_1 .\end{aligned}$$

Bringen wir andererseits auch $\overline{A} \cup (\overline{B} \cup C)$ auf die Normalform

$$\overline{A} \cup (\overline{B} \cup C) = \overline{A} \cup \overline{B} \cup C\,,$$

es gilt:

$$\overline{A} \begin{cases} \overline{A} \cap B \rightarrow \overline{A} \cap B \cap C,\ \overline{A} \cap B \cap \overline{C}, \text{ also } m_3 \text{ und } m_2 \\ \overline{A} \cap \overline{B} \rightarrow \overline{A} \cap \overline{B} \cap C,\ \overline{A} \cap \overline{B} \cap \overline{C}, \text{ also } m_1 \text{ und } m_0 \end{cases}$$

$$\overline{B} \begin{cases} A \cap \overline{B} \rightarrow A \cap \overline{B} \cap C,\ A \cap \overline{B} \cap \overline{C}, \text{ also } m_5 \text{ und } m_4 \\ \overline{A} \cap \overline{B} \rightarrow \text{(unnötig, da bereits in Zeile } \overline{A} \text{ betrachtet)} \end{cases}$$

$$C \begin{cases} A \cap C \rightarrow A \cap B \cap C \text{ und ein weiterer unwichtiger Term } m_7 \\ \overline{A} \cap C \rightarrow \text{(unwichtig, da bereits in der ersten Zeile von } \overline{A} \text{ betrachtet).} \end{cases}$$

Daraus folgt

$$\overline{A} \cup \overline{B} \cup C = m_7 \cup m_5 \cup m_4 \cup m_3 \cup m_2 \cup m_1 \cup m_0\,.$$

Man stellt fest, daß die Entwicklungen beider zu vergleichender Ausdrücke verschieden sind; daraus ergibt sich, daß die Operation $\dot{\subset}$ nicht assoziativ ist.

Bemerkung. Das Komplement von $(A \cap \overline{B}) \cup C$ ist $m_6 \cup m_2 \cup m_0$.

Daraus ergibt sich

$$\overline{(A \mathbin{\dot{\subset}} B) \mathbin{\dot{\subset}} C} = m_6 \cup m_2 \cup m_0\,.$$

Betrachten wir

$$\Phi = [(A \mathbin{\dot{\subset}} B) \mathbin{\dot{\subset}} C] \mathbin{\dot{\subset}} [A \mathbin{\dot{\subset}} (B \mathbin{\dot{\subset}} C)]\,;$$

auf Grund der Definition dieser Operation gilt

$$\Phi = \overline{[(A \mathbin{\dot{\subset}} B) \mathbin{\dot{\subset}} C]} \cup [A \mathbin{\dot{\subset}} (B \mathbin{\dot{\subset}} C)]\,;$$

wendet man Theorem 9 an, so erhält man

$$\Phi = 1\,.$$

5. Elementare Komponenten und erste Vereinfachungen von Funktionen

5.1. Elementare Komponenten

Jede Funktion, die durch Vereinigung oder den Durchschnitt von mindestens einem oder höchstens n Aspekten der 2n Aspekte der n Variablen gebildet ist, wobei jede Variable nur unter einem Aspekt auftreten kann, heißt elementare Komponente (nicht zu verwechseln mit den elementaren Kompositionen, d.h. Mintermen und Maxtermen). Die elementaren Komponenten umfassen also die Minterme und Maxterme, die aus genau n Aspekten der Variablen bestehen.

Für die Praxis ist es nützlich, ein Verzeichnis dieser elementaren Komponenten aufzustellen.

Beispiele:

1. Aufstellung der elementaren Komponenten einer Variablen A: $A, \bar{A}$.
2. Aufstellung der elementaren Komponenten zweier Variabler A und B:

$A, \bar{A}, B, \bar{B}$

$A \cup B,\ A \cup \bar{B},\ \bar{A} \cup B,\ \bar{A} \cup \bar{B}$

$A \cap B,\ A \cap \bar{B},\ \bar{A} \cap B,\ \bar{A} \cap \bar{B}$.

3. Aufstellung der elementaren Komponenten dreier Variabler: A, B, C:

$A, \bar{A}, B, \bar{B}, C, \bar{C},$

$A \cup B,\ A \cup \bar{B},\ \bar{A} \cup B,\ \bar{A} \cup \bar{B};\ A \cap B,\ A \cap \bar{B},\ \bar{A} \cap B,\ \bar{A} \cap \bar{B};$

$A \cup C,\ A \cup \bar{C},\ \bar{A} \cup C,\ \bar{A} \cup \bar{C};\ A \cap C,\ A \cap \bar{C},\ \bar{A} \cap C,\ \bar{A} \cap \bar{C};$

$B \cup C,\ B \cup \bar{C},\ \bar{B} \cup C,\ \bar{B} \cup \bar{C};\ B \cap C,\ B \cap \bar{C},\ \bar{B} \cap C,\ \bar{B} \cap \bar{C};$

$A \cup B \cup C,\ A \cup \bar{B} \cup C,\ \bar{A} \cup B \cup C,\ \bar{A} \cup \bar{B} \cup C,\ A \cup B \cup \bar{C};$

$A \cup \bar{B} \cup \bar{C},\ \bar{A} \cup B \cup \bar{C},\ \bar{A} \cup \bar{B} \cup \bar{C};$

$A \cap B \cap C,\ A \cap \bar{B} \cap C,\ \bar{A} \cap B \cap C,\ \bar{A} \cap \bar{B} \cap C,\ A \cap B \cap \bar{C};$

$A \cap \bar{B} \cap \bar{C},\ \bar{A} \cap B \cap \bar{C},\ \bar{A} \cap \bar{B} \cap \bar{C}.$

Wir versuchen nun, die elementaren Komponenten n Variabler aufzuzählen, denn ihre Anzahl ist notwendig endlich.

- Anzahl der Komponenten eines Aspekts: n Variable ergeben 2n Aspekte; wir bezeichnen sie mit $2C_n^1$.
- Anzahl der Komponenten zweier Aspekte: Die Anzahl der zwei Aspekte enthaltenden Vereinigungen (oder Durchschnitte) ist gleich der Anzahl von Kombinationen,

die man mit zwei aus n gewählten Objekten, d.h. in der betrachteten Komponente auftretenden Variablen, bilden kann, multipliziert mit 2^2, denn jede der zwei Variablen tritt in einem ihrer zwei Aspekte auf. Diese Anzahl bezeichnen wir mit $C_n^2 \cdot 2^2$.

Beispiel:

$$\begin{array}{ll} A, B, C & \left\{\begin{array}{l} A \cup B, A \cup C, B \cup C \\ \bar{A} \cup B, \bar{A} \cup C, \bar{B} \cup C \\ \\ A \cup \bar{B}, A \cup \bar{C}, B \cup \bar{C} \\ \bar{A} \cup \bar{B}, \bar{A} \cup \bar{C}, \bar{B} \cup \bar{C} \end{array}\right. \quad C_3^2 \cdot 2^2 = 12. \\ C_3^2 = \frac{3!}{1!\,2!} = 3 & \\ A \cup B, A \cup C, B \cup C & \end{array}$$

Die Anzahl der zwei Aspekte enthaltenden Vereinigungen und Durchschnitte ist also $2C_n^2 \cdot 2^2$.

- Anzahl der k Aspekte umfassenden Komponenten: Die obige Formel läßt sich verallgemeinern, und man erhält

  $2 \cdot C_n^k \cdot 2^k$.

  Beispiel:

$$\begin{array}{ll} A, B, C & \left\{\begin{array}{l} A \cup B \cup C, \bar{A} \cup B \cup C \\ A \cup \bar{B} \cup C, \bar{A} \cup \bar{B} \cup C \\ \\ A \cup B \cup \bar{C}, \bar{A} \cup B \cup \bar{C} \\ A \cup \bar{B} \cup \bar{C}, \bar{A} \cup \bar{B} \cup \bar{C} \end{array}\right. \quad C_3^3 \cdot 2^3 = 8, \\ C_3^3 = 1 & \\ A \cup B \cup C & \end{array}$$

daraus ergibt sich $2 \cdot C_3^3 \cdot 2^3 = 2 \cdot 8 = 16$ Vereinigungen und Durchschnitte.

- Anzahl der n Aspekte umfassenden Komponenten:

  $2 \cdot C_n^n \cdot 2^n = 2 \cdot 2^n$,

  das entspricht genau den 2^n Mintermen und 2^n Maxtermen.

  Die Gesamtzahl der verschiedenen Komponenten beträgt also:

$$2\left[C_n^1 + \sum_{k=2}^{k=n} C_n^k \cdot 2^k\right].$$

5.2. Verschiedene Funktionen, die effektiv von n Variablen abhängen

Eine weitere Aufzählung bezieht sich auf *verschiedenartige Funktionen*, die von *genau* n Variablen abhängen.

Wir untersuchen z.B. den Fall zweier Klassen. Fügt man die leere Menge 0 und die Universalmenge 1 in dem Verzeichnis der elementaren Komponenten hinzu, so erhält man

$$A, B, \overline{A}, \overline{B}, 0, 1$$

$$A \cup B, A \cup \overline{B}, \overline{A} \cup B, \overline{A} \cup \overline{B}$$

$$A \cap B, A \cap \overline{B}, \overline{A} \cap B, \overline{A} \cap \overline{B}.$$

Wir haben bereits in Abschnitt 3.2.3 die Vereinigungen der Minterme untersucht und festgestellt, daß die einander entsprechenden Funktionen sämtlich in den vorangehenden enthalten sind, außer in

$$(A \cap B) \cup (\overline{A} \cap \overline{B}) = (A \cup \overline{B}) \cap (\overline{A} \cup B) \tag{1}$$

$$(A \cap \overline{B}) \cup (\overline{A} \cap B) = (\overline{A} \cup \overline{B}) \cap (A \cup B). \tag{2}$$

Bzgl. der Maxterme können wir übrigens entsprechende Eigenschaften angeben.

- Maxterme, ihre Anzahl beträgt 4:

  $$A \cup B, A \cup \overline{B}, \overline{A} \cup B, \overline{A} \cup \overline{B};$$

- Durchschnitte von je zwei Maxtermen:

  $$(A \cup B) \cap (A \cup \overline{B}) = A$$

  $$(A \cup B) \cap (\overline{A} \cup B) = B$$

  $$(A \cup B) \cap (\overline{A} \cup \overline{B}) = (A \cap \overline{B}) \cup (B \cap \overline{A})$$

  $$(A \cup \overline{B}) \cap (\overline{A} \cup B) = (A \cap B) \cup (\overline{B} \cap \overline{A})$$

  $$(A \cup \overline{B}) \cap (\overline{A} \cup \overline{B}) = \overline{B}$$

  $$(\overline{A} \cup B) \cap (\overline{A} \cup \overline{B}) = \overline{A}.$$

  Man sieht, daß die Durchschnitte von jeweils zwei Maxtermen die Klasse und ihre Negation ergeben: A, $\overline{A}$, B, $\overline{B}$,und außerdem zwei Funktionen, die schließlich mit (1) und (2) identisch sind.

- Durchschnitte von je drei Maxtermen:

  $$(A \cup B) \cap (A \cup \overline{B}) \cap (\overline{A} \cup B) = A \cap B$$

  $$(A \cup B) \cap (A \cup \overline{B}) \cap (\overline{A} \cup \overline{B}) = A \cap \overline{B}$$

  $$(A \cup B) \cap (\overline{A} \cup B) \cap (\overline{A} \cup \overline{B}) = \overline{A} \cap B$$

  $$(A \cup \overline{B}) \cap (\overline{A} \cup B) \cap (\overline{A} \cup \overline{B}) = \overline{A} \cap \overline{B};$$

  die Durchschnitte von jeweils drei Maxtermen ergeben die vier Minterme.

- Durchschnitte von vier Maxtermen:

  $$(A \cup B) \cap (A \cup \overline{B}) \cap (\overline{A} \cup B) \cap (\overline{A} \cup \overline{B}) = 0.$$

Mit den 2^n Maxtermen und den Durchschnitten von jeweils 2, 3, ..., 2^n dieser 2^n Maxterme erhält man sämtliche Booleschen Funktionen in n Variablen außer 1.

Mit den 2^n Mintermen und den Vereinigungen von jeweils 2, 3, ..., 2^n dieser 2^n Minterme erhält man sämtliche Booleschen Funktionen außer 0.

Die verschiedenen Funktionen zweier Variabler sind nun

$$\left.\begin{array}{ll} A, B, \bar{A}, \bar{B}, 0, 1 & 6 \\ \left.\begin{array}{l} A \cup B, A \cup \bar{B}, \bar{A} \cup B, \bar{A} \cup \bar{B} \\ A \cap B, A \cap \bar{B}, \bar{A} \cap B, \bar{A} \cap \bar{B} \end{array}\right\} & 8 \\ \left.\begin{array}{l} (A \cap B) \cup (\bar{A} \cap \bar{B}) \\ (A \cup B) \cap (\bar{A} \cup \bar{B}) \end{array}\right\} & 2 \end{array}\right\} 16.$$

Bekanntlich (vgl. Abschnitt 3.2.2.c) beträgt die Anzahl dieser verschiedenen Funktionen 2^{2^n}, in diesem Fall:

$$2^{(2^2)} = 2^4 = 16.$$

Einige unter ihnen hängen jedoch *nicht effektiv* von n Variablen ab. Im vorigen Beispiel sind es: A, B. $\bar{A}$, $\bar{B}$, 0 und 1, also insgesamt 6. Es bleiben schließlich: 16 − 6 = 10 effektiv von n Variablen abhängige verschiedene Funktionen.

Es sind nun allgemein n Klassen (oder Variable) als Basis gegeben, sie entsprechen $2^{(2^n)}$ oder $C_n^n \cdot 2^{(2^n)}$ verschiedenen Funktionen, deren n Variable, ihre Negationen, 0 und 1, getrennt genommen sind.

Betrachtet man n − 1 Variable, so hat man $2^{(2^{n-1})}$ verschiedene Funktionen mit n − 1 Variablen, ihren n − 1 Negationen, 0 und 1; bei n Variablen gibt es C_n^{n-1} Gruppen der (n − 1) Variablen. Sie entsprechen also

$$C_n^{n-1} \cdot 2^{(2^{n-1})}$$

Funktionen, bei denen C_n^{n-1}-mal die (n − 1) Variablen auftreten, C_n^{n-1}-mal ihre Negationen, C_n^{n-1}-mal 0 und C_n^{n-1}-mal 1. Die Gruppen der (n − 1) Variablen ergeben schließlich

$$C_n^{n-1} \cdot 2^{(2^{n-1})} - C_n^{n-1}\,[(n-1) + (n-1) + 1 + 1] = C_n^{n-1} \cdot 2^{(2^{n-1})} - 2nC_n^{n-1}$$

verschiedene Funktionen, ohne die Funktionen eines einzigen Elements, d.h. die Variablen, ihre Negationen, 0 und 1.

Für die Gruppen von (n − 2) Variablen hat man

$$C_n^{n-2} \cdot 2^{(2^{n-2})} - 2(n-1)C_n^{n-2}$$

verschiedene Funktionen, ohne die Variablen, ihre Negationen, 0 und 1.

Und so fort.

Zieht man von den $C_n^n \cdot 2^{(2^n)}$ verschiedenen Funktionen, die n Variablen entsprechen, die $2(n+1)\,C_n^n$ Funktionen eines einzigen Elements ab, die n Variablen, ihren Negationen, 0 und 1, entsprechen, und subtrahiert anschließend die verschiedenen (n − 1) Variablen entsprechenden Funktionen ohne die Funktionen eines einzigen Elements, ohne die Variablen, ihre Negationen, 0 und 1, und subtrahiert weiter die (n – 2) Variablen entsprechenden Funktionen, ohne die für sich stehenden Variablen, ihre Negationen, 0 und 1, usw., so erhält man die verschiedenen Funktionen in n Variablen:

$$N(n) = C_n^n\, 2^{(2^n)} - 2(n+1)C_n^n - [C_n^{n-1} \cdot 2^{(2^{n-1})} - 2nC_n^{n-1} + C_n^{n-2} \cdot 2^{(2^{n-2})} - 2(n-1)C_n^{n-2} + \ldots + C_n^0 \cdot 2^{(2^0)} - 2C_n^0].$$

Wenden wir diese Formel auf n = 2 und n = 3 an:

Für n = 2 ergibt sich: 16 – 6 – 8 + 8 – 2 + 2 = 10.

Für n = 3 ergibt sich: 256 – 8 – 48 + 18 – 12 + 12 – 2 + 2 = 218.

Es läßt sich zeigen, daß man die obige Formel auch wie folgt schreiben kann:

$$N(n) = C_n^n\, 2^{(2^n)} - C_n^{n-1}\, 2^{(2^{n-1})} + C_n^{n-2}\, 2^{(2^{n-2})} + \ldots + (-1)^k C_n^{n-k}\, 2^{(2^{n-k})} + (-1)^{(k+1)} C_n^{n-k-1}\, 2^{(2^{n-k-1})} + \ldots \quad (3)$$

Nehmen wir nun den Fall zweier Klassen, so gilt

$$2^{(2^2)} = \sum_k C_{2^2}^k = C_4^0 + C_4^1 + C_4^2 + C_4^3 + C_4^4 = 16.$$

Dieses Ergebnis kann man folgendermaßen interpretieren: Durchschnittbildung der vier Maxterme, jeweils 0 zu 0, 1 zu 1, ... genommen; daraus ergeben sich verschiedene Funktionen zweier Variabler:

0	$\ldots C_4^4$		Tafel I
1	$\ldots C_4^0$ [1]		
$A, B, \bar{A}, \bar{B}$	←	$\ldots C_4^2$	
$A \cup B,\ A \cup \bar{B},\ \bar{A} \cup B,\ \bar{A} \cup \bar{B}$	$\ldots C_4^1$		
$A \cap B,\ A \cap \bar{B},\ \bar{A} \cap B,\ \bar{A} \cap \bar{B}$	$\ldots C_4^3$		
$(A \cup \bar{B}) \cap (\bar{A} \cup B);\ (A \cup B) \cup (\bar{A} \cup \bar{B})$	←		

Betrachten wir nun

$$2^{(2^1)} = C_2^0 + C_2^1 + C_2^2 = 4.$$

Es handelt sich zunächst um die Variable A, die ergibt: $0, A, \bar{A}, 1,$
und um die Variable B, die liefert: $0, B, \bar{B}, 1$ } Tafel II

Daraus folgt

$$C_2^1\,[C_2^0 + C_2^1 + C_2^2] = 8.$$

---

[1]) Entsprechend ist C_4^0, als Vereinigung von 0 Mintermen definiert, nichts anderes als die leere Menge 0; analog kann man für die Maxterme $C_4^0 = 1$ setzen.

Schließlich gilt

$$2^{2^0} = 2^1 = C_1^0 + C_1^1 = 2\,;$$

in diesem Fall hat man keine Variable mehr, sondern nur noch 0,1} Tafel III, daraus folgt ebenso $C_2^0\,[C_1^0 + C_1^1] = 2$.

Von C_4^4 mal 0 subtrahiert man $C_2^1 C_2^0$ mal 0 und fügt $C_2^0 C_1^0$ mal 0 hinzu, es bleibt also $1 - 2 + 1 = 0$ mal 0;

– von C_4^0 mal 1 subtrahiert man $C_2^1 C_2^2$ mal 1 und addiert $C_2^0 C_1^1$ mal 1, man hat also 0 mal 1;

– von C_4^2 durch die Vereinigung von jeweils zwei der vier Maxterme erhaltenen Funktionen subtrahiert man $C_2^1 C_2^1$ Funktionen: A, $\overline{A}$, B, $\overline{B}$; es bleiben zwei.

Zum Schluß erhält man

$$C_4^1 + C_4^3 + C_4^2 - C_2^1 C_2^1 = 4 + 4 + 6 - 4 = 10 \text{ unabhängige Funktionen.}$$

Wohlgemerkt ist noch durch Rekursion zu beweisen, daß N(n + 1) die gewünschte Form hat, wenn N(n) sich durch (3) darstellen läßt.

5.3. Die zum Ausdrücken einer Funktion in n Klassen maximale Anzahl von notwendigen Operationszeichen

Die Gesamtzahl der mit n Klassen gebildeten Minterme beträgt bekanntlich 2^n, und jeder der Minterme beinhaltet $(n - 1)$ mal das Zeichen $\cap$. Nimmt man als Basis nur $(n - 1)$ Klassen, d.h. A, B, C, ..., K anstelle von A, B, C, ..., K, L, so gibt es offensichtlich nur 2^{n-1} Minterme, und um die den n Klassen entsprechenden 2^n Minterme zu finden, muß man den Durchschnitt der 2^{n-1} Minterme der $n - 1$ Klassen mit der n-ten Klasse und ihrer Negation betrachten:

$$m_0 \cap L,\ m_1 \cap L,\ \ldots,\ m_j \cap L,\ \ldots,\ m_{2^{n-1}-1} \cap L,$$
$$m_0 \cap \overline{L},\ m_1 \cap \overline{L},\ \ldots,\ m_j \cap \overline{L},\ \ldots,\ m_{2^{n-1}-1} \cap \overline{L}.$$

Man stellt fest, daß gilt:

$$(m_j \cap L) \cup (m_j \cap \overline{L}) = m_j \cap (L \cup \overline{L}) = m_j\,.$$

Das bedeutet folgendes: Enthält eine Boolesche Funktion in disjunktiver Normalform in n Klassen mehr als 2^{n-1} Minterme, so ist es immer möglich, sie auf höchstens 2^{n-1} Terme zurückzuführen, indem man die obige Regel anwendet.

Man erhält schließlich höchstens $(n - 1) \cdot 2^{n-1}$ Zeichen $\cap$ und 2^{n-1} Zeichen $\cup$; das ergibt insgesamt:

$$(n - 1) \cdot 2^{n-1} + 2^{n-1} - 1 = 2^{n-1}(n - 1 + 1) - 1$$
$$= n \cdot 2^{n-1} - 1 \text{ Zeichen } \cap \text{ und } \cup \text{ (maximal).}$$

Betrachten wir nun eine beliebige Funktion Φ in n Klassen. Wie wir bemerkten, genügen nach Vereinfachung maximal 2^{n-1} Terme in n Klassen, um sie zu beschreiben. Man benötigt also für die Darstellung höchstens $n \cdot 2^{n-1}$ Buchstaben. Aber die Vereinigung von Φ und $\overline{\Phi}$ in disjunktiver Normalform ist der Durchschnitt der 2^n Minterme, d.h.

$$\Phi \cup \overline{\Phi} = 1 .$$

$n \cdot 2^n$ Buchstaben treten darin auf, und die Hälfte erscheint als Negation der Basis von n Klassen. Daraus ergeben sich

$$\frac{n \cdot 2^n}{2} = n \cdot 2^{n-1}$$

Negationszeichen ($\overline{}$).

Bezeichnen wir mit n_1 die Anzahl der in Φ auftretenden und mit n_2 die Anzahl der in $\overline{\Phi}$ vorkommenden Negationszeichen; mit Hilfe der zur Vereinfachung dienenden Operationen, von denen zu Beginn des Kapitels die Rede war, fielen lediglich die Negationszeichen fort. Also gilt sicherlich

$$n_1 + n_2 \leqslant n \cdot 2^{n-1} .$$

Daraus folgt, daß $n_1 \leqslant n \cdot 2^{n-2}$ oder auch $n_2 \leqslant n \cdot 2^{n-2}$ ist. Nehmen wir an, eine der beiden Ungleichungen sei nicht richtig, z.B. $n_2 > n \cdot 2^{n-2}$. Es folgt

$$n_1 \leqslant n \cdot 2^{n-1} - n_2 < n \cdot 2^{n-1} - n \cdot 2^{n-2} = n \cdot 2^{n-2} .$$

Wir hatten höchstens $n \cdot 2^{n-1} - 1$ Zeichen $\cap$ und $\cup$ gefunden; nehmen wir an, daß $n_1 \leqslant n \cdot 2^{n-2}$ ist, d.h. nehmen wir an, es gäbe maximal $n \cdot 2^{n-2}$ Negationszeichen für $\overline{\Phi}$. Die maximale Anzahl der zur Darstellung der Funktion Φ in n Variablen notwendigen Operationszeichen beträgt also

$$n \cdot 2^{n-1} - 1 + n \cdot 2^{n-2} = 3n \cdot 2^{n-2} - 1 .$$

Nehmen wir hingegen an, daß $n_1 > n \cdot 2^{n-2}$ ist, d.h. $n_2 \leqslant n \cdot 2^{n-2} - 1$; unter dieser Voraussetzung läßt sich $\overline{\Phi}$ mit Hilfe von höchstens $3n \cdot 2^{n-2} - 2$ Operationszeichen darstellen. Um Φ zurückzubekommen, genügt es, auf $\overline{\Phi}$ erneut die Negation anzuwenden, denn $\overline{(\overline{\Phi})} = \Phi$ (Involution). Man benötigt zur Darstellung von Φ maximal $3n \cdot 2^{n-2} - 2 + 1 = 3n \cdot 2^{n-2} - 1$ Operationszeichen.

Die oberste Grenze der zur Darstellung einer Funktion in n Variablen benötigten Operationszeichen beträgt also: $3n \cdot 2^{n-2} - 1$.

Beispiele: Für $n = 2$ ist $N_2 = 3n \cdot 2^{n-2} - 1 = 3 \cdot 2 \cdot 2^0 - 1 = 5$.

Die Funktionen: $(A \cap B) \cup (\overline{A} \cap \overline{B}) = (A \cup \overline{B}) \cap (\overline{A} \cup B)$

$(A \cap \overline{B}) \cup (\overline{A} \cap B) = (\overline{A} \cup \overline{B}) \cap (A \cup B)$

lassen sich tatsächlich mit Hilfe von fünf Operationszeichen ($\cap$, $\cup$, $\overline{}$) darstellen, sowohl in der Form der Vereinigung als auch als Durchschnitt von Maxtermen. All die anderen verschiedenen Funktionen lassen sich mit weniger als fünf Zeichen darstellen.

Für $n = 3$ ist $N_3 = 3 \cdot 3 \cdot 2^1 - 1 = 17$.

Betrachten wir:

$$\Phi = (A \cap B \cap C) \cup (A \cap \overline{B} \cap \overline{C}) \cup (\overline{A} \cap B \cap \overline{C}) \cup (\overline{A} \cap \overline{B} \cap C);$$

man benötigt zur Darstellung von Φ 17 Operationszeichen, dasselbe gilt für $\overline{\Phi}$:

$$\overline{\Phi} = (\overline{A} \cup \overline{B} \cup \overline{C}) \cap (\overline{A} \cup B \cup C) \cap (A \cup \overline{B} \cup C) \cap (A \cup B \cup \overline{C}).$$

Man benötigt zur folgenden Darstellung ebenfalls 17 Operationszeichen:

$$\Psi = (\overline{A} \cap \overline{B} \cap \overline{C}) \cup (\overline{A} \cap B \cap C) \cup (A \cap \overline{B} \cap C) \cup (A \cap B \cap \overline{C})$$

und

$$\overline{\Psi} = (A \cup B \cup C) \cap (A \cup \overline{B} \cup \overline{C}) \cap (\overline{A} \cup B \cup \overline{C}) \cap (\overline{A} \cup \overline{B} \cup C).$$

Es läßt sich übrigens nachweisen, daß $\overline{\Phi} = \Psi$ und folglich $\overline{\Psi} = \Phi$.

Beweisen wir z.B., daß $\overline{\Psi} = \Phi$ gilt; der Ausdruck $\overline{\Psi}$ läßt sich auf die folgende Form bringen:

$$\overline{\Psi} = \{A \cup [(B \cup C) \cap (\overline{B} \cup \overline{C})]\} \cap \{\overline{A} \cup [(B \cup \overline{C}) \cap (\overline{B} \cup C)]\},$$

durch Ausrechnen und Vereinfachen ergibt sich

$$\overline{\Psi} = (A \cap B \cap C) \cup (A \cap \overline{B} \cap \overline{C}) \cup (\overline{A} \cap B \cap \overline{C}) \cup (\overline{A} \cap \overline{B} \cap C) = \Phi.$$

Wir betrachten noch einmal die Funktion Φ; sie enthält 17 Operationszeichen, und daraus könnte man schließen, daß 17 logische Zeichen notwendig sind, um sie darzustellen. Macht man sich klar, daß $\overline{A}$, $\overline{B}$ und $\overline{C}$ je zweimal wiederholt werden, so findet man schon eine kleinere Anzahl. Das ist jedoch noch nicht sehr einsparend, denn die Funktion läßt sich auf eine einfachere Form bringen:

$$\Phi = \{A \cap [(B \cap C) \cup (\overline{B} \cap \overline{C})]\} \cup \{\overline{A} \cap [(B \cap \overline{C}) \cup (\overline{B} \cap C)]\},$$

daraus folgt

$$\overline{[(B \cap C) \cup (\overline{B} \cap \overline{C})]} = (B \cap \overline{C}) \cup (\overline{B} \cap C),$$

denn

$$\begin{aligned}(\overline{B} \cup \overline{C}) \cap (B \cup C) &= (\overline{B} \cap B) \cup (\overline{B} \cap C) \cup (\overline{C} \cap B) \cup (\overline{C} \cap C) \\ &= (B \cap \overline{C}) \cup (\overline{B} \cap C);\end{aligned}$$

es folgt

$$\Phi = \{A \cap [(B \cap C) \cup (\overline{B} \cap \overline{C})]\} \cup \{\overline{A} \cap \overline{[(B \cap C) \cup (\overline{B} \cap \overline{C})]}\}.$$

Man stellt fest, daß diese Funktion nur 10 logische Zeichen benötigt, und man kann sie tatsächlich mit 4 Komplement- oder Negationszeichen, 4 Durchschnittszeichen und 2 Vereinigungszeichen darstellen.

Wir werden später noch auf die Konvention der Aufzählung logischer Elemente zurückkommen. Wir betrachten ein weiteres Beispiel. Folgende von den drei ersten Termen von Φ gebildete Funktion ist darzustellen:

$$\theta = (A \cap B \cap C) \cup (A \cap \overline{B} \cap \overline{C}) \cup (\overline{A} \cap B \cap \overline{C});$$

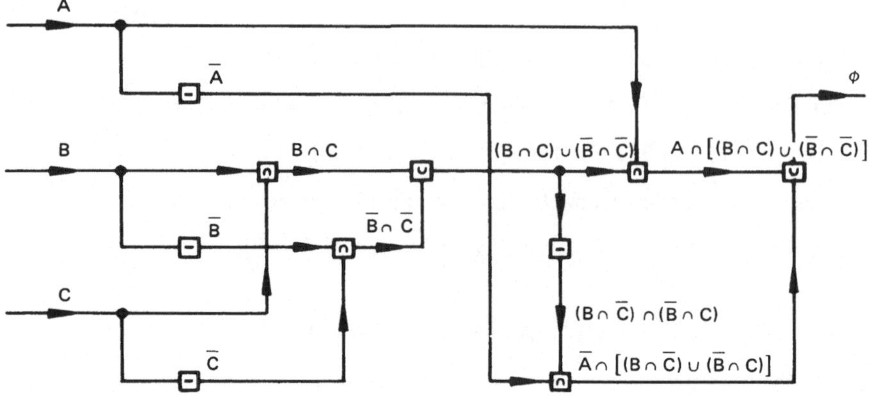

zählt man die Zeichen, so sind es 12, wobei übrigens eines dieser Zeichen von einer Wiederholung von $\overline{C}$ herrührt. Auf Grund der Eigenschaften der Distributivität gilt

$$\theta = (A \cap B \cap C) \cup \{\overline{C} \cap [(A \cap \overline{B}) \cup (\overline{A} \cap B)]\};$$

das reduziert die Anzahl der Zeichen auf 10.

Man bemerkt, daß beim jetzigen Stand unserer Kenntnisse scheinbar genau so viele logische Symbole zur Darstellung von θ wie zur Darstellung von Ψ benötigt werden.

Diese wiederholten Bemerkungen zeigen offensichtlich, daß es unerläßlich ist zu untersuchen, wie die Ausdrücke der Booleschen Funktionen sich vereinfachen lassen. Bevor wir dieses Studium aufnehmen, geben wir auf S. 89 eine Zusammenfassung der bisherigen Ergebnisse.

5.4. Gebrauch der Exponentialentwicklung zur Vereinfachung der Ausdrücke

Wir erinnern, daß Theorem 5 von der exponentiellen Entwicklung und Theorem 6 (Abschnitt 4.1) folgendes aussagen:

Theorem 5: $(\Phi \cap m_0) \cup (\Phi \cap m_1) \cup \ldots \cup (\Phi \cap m_{2^k-1}) = \Phi$,

wobei $m_0, m_1, \ldots, m_{2^k-1}$ die den k Klassen entsprechenden 2^k Minterme sind.

Theorem 6: $(\Phi \cup M_0) \cap (\Phi \cup M_1) \cap \ldots \cap (\Phi \cup M_{2^k-1}) = \Phi$,

wobei $M_0, M_1, \ldots, M_{2^k-1}$ die den k Klassen entsprechenden 2^k Maxterme sind.

Daraus ergibt sich

Theorem 14. Hat die Funktion F in n Klassen eine Darstellung in Form einer Vereinigung (bzw. eines Durchschnitts) von 2^k Termen der Art $\Phi \cap m_i$ (bzw. $\Phi \cup M_i$), wobei Φ eine beliebige Funktion ist, in der nur $n-k$ Klassen auftreten, und m_i einer der 2^k von den bleibenden k Klassen erzeugten Minterme (bzw. M_i einer der 2^k von den bleibenden k Klassen erzeugten Maxterme) ist und der Index i die Menge $(0, 1, \ldots, 2^k - 1)$ durchläuft, dann gilt: $F = \Phi$.

Klassen oder Variablen als Basis	Anzahl der Maxterme oder Minterme	Anzahl der verschiedenen Funktionen	Anzahl der verschiedenen Funktionen, die von allen Klassen oder Variablen abhängen	Anzahl der verschiedenen Komponenten	maximale Anzahl der notwendigen Operationszeichen
n	2^n	$2^{(2^n)}$	$2^{(2^n)} - \frac{n}{1!} \cdot 2^{(2^{n-1})} + \frac{n(n-1)}{2!} 2^{(2^{n-2})} + \ldots$	$2\left[n + \sum_{k=2}^{n} C_n^k 2^k\right]$	$3 \cdot n \cdot 2^{n-2} - 1$
1	2	4	2	2	
2	4	16	10	12	5
3	8	256	218	46	17
4	16	65 536	64 594	152	47
5	32	4 294 967 296	4 294 642 034	474	119
6	64	$18{,}447 \cdot 10^{18}$	$\approx 18{,}447 \cdot 10^{18}$ [1]	1444	287
7	128	$3{,}4029 \cdot 10^{38}$	$\approx 3{,}4029 \cdot 10^{38}$	4358	671
8	256	$11{,}579 \cdot 10^{76}$	$\approx 11{,}539 \cdot 10^{76}$	13 104 [2]	1535 [3]

Bemerkung. Es ist zu erkennen, daß: $2^{[2^{(n+1)}]} = (2^{(2^n)})^2$; denn:

$$2^{(2^n)} \cdot 2^{(2^n)} = 2^{(2^n + 2^n)} = 2^{(2 \cdot 2^n)} = 2^{[2^{(n+1)}]}.$$

---

[1] Das Zeichen $\approx$ bedeutet offensichtlich einen ungefähren Wert; für $n = 6$ unterscheidet sich der absolute Wert des Ausdrucks

$$2^{(2^n)} - \frac{n}{1!} 2^{(2^{n-1})} + \ldots$$

um ungefähr 20 Milliarden von $2^{(2^n)}$.

[2] Man sieht leicht, daß gilt:

$$2\left[(n+1) + \sum_{k=2}^{n+1} C_{n+1}^k 2^k\right] \simeq 3 \cdot 2\left[n + \sum_{k=2}^{n} C_n^k 2^k\right];$$

denn

$$r = \frac{2\left[(n+1) + \sum_{k=2}^{n+1} C_{n+1}^k 2^k\right]}{2\left[(n + \sum_{2}^{n} C_n^k 2^k\right]} = \frac{n+1 + \sum_{2}^{n} C_n^k 2^k + \sum_{2}^{n+1} C_n^{k-1} 2^k}{n + \sum_{2}^{n} C_n^k 2^k} = \frac{n+1 + \sum_{2}^{n} C_n^k 2^k + 2\sum_{1}^{n} C_n^k 2^k}{n + \sum_{2}^{n} C_n^k 2^k}.$$

[3] Wächst n über alle Grenzen, so gilt $r \to 1 + 2 = 3$.
Das Verhältnis des Folgenden zum vorigen Term geht langsamer gegen 2.

Beispiele: 1. Es gilt, wie wir bereits wiederholt feststellten:

$$(A \cup B \cup C) \cap (A \cup B \cup \overline{C}) = A \cup B;$$

hier vertreten C und $\overline{C}$ die 2^k Terme, $2^k = 2$, und $A \cup B$ entspricht Φ.

2. Betrachten wir

$$\theta = (\overline{A} \cap B \cap C) \cup (\overline{A} \cap B \cap \overline{C}) \cup (A \cap B \cap \overline{C}) \cup (A \cap B \cap C);$$

es gilt

$$\begin{aligned} \theta &= \{[(\overline{A} \cap B) \cup (A \cap B)] \cap C\} \cup \{[(\overline{A} \cap B) \cup (A \cap B)] \cap \overline{C}\} \\ &= [(\overline{A} \cap B) \cup (A \cap B)] \cap (C \cup \overline{C}) = (\overline{A} \cap B) \cup (A \cap B) \\ &= B \cap (\overline{A} \cup A) = B. \end{aligned}$$

Hier gilt $\Phi = B$; $m_0 = \overline{A} \cap \overline{C}$; $m_1 = \overline{A} \cap C$; $m_2 = A \cap \overline{C}$; $m_3 = A \cap C$. Man stellt fest, daß es $2^2 = 4$ Minterme der Klassen A und C gibt. Da B in allen Funktionen unter einem einzigen wohlbestimmten Aspekt vorkommt, läßt sich das Theorem anwenden.

Wir betrachten nun eine Vereinigung von 2^k Mintermen (bzw. einen Durchschnitt von Maxtermen) in n Klassen und nehmen an, wir hätten bereits eine zu jedem dieser 2^k verschiedenen Minterme (bzw. Maxterme) gehörige Funktion Φ gefunden. Da die Terme ungleich sind, treten die k von Φ verschiedenen Klassen in allen möglichen Arten in den 2^k betrachteten Termen auf. Unter diesen Voraussetzungen ist Φ eine elementare Komponente, in der die übrigen $n - k$ Klassen vorkommen.

Theorem 15: Hat eine Funktion F in n Klassen eine Darstellung als Vereinigung (bzw. Durchschnitt) der 2^k verschiedenen Terme der Form $\Phi \cap m_i$ (bzw. $\Phi \cup M_i$), wobei Φ eine beliebige Funktion ist, in der $n - k$ Klassen vorkommen, und m_i (bzw. M_i) ein beliebiger der 2^k von den k übrigen Klassen erzeugten Minterme (bzw. Maxterme) ist, dann tritt jeder der 2^k Minterme (bzw. Maxterme) in der Darstellung von F auf. Ist das nicht der Fall, so sind die 2^k Terme nicht verschieden.

Es genügt also, 2^k Minterme (bzw. Maxterme) bzgl. Φ zu finden. Man kann sicher sein, daß die Vereinigung (bzw. der Durchschnitt) der Minterme (bzw. Maxterme) mit Φ identisch ist.

Beispiel: Betrachten wir die Funktion Ψ in 5 Klassen:

$$\begin{aligned} \Psi = \; & (A \cap B \cap C \cap D \cap \overline{E}) \cup (A \cap B \cap C \cap \overline{D} \cap \overline{E}) \cup (A \cap \overline{B} \cap C \cap D \cap \overline{E}) \\ & \cup (A \cap \overline{B} \cap \overline{C} \cap D \cap \overline{E}) \cup (A \cap B \cap \overline{C} \cap D \cap \overline{E}) \cup (\overline{A} \cap B \cap C \cap D \cap \overline{E}) \\ & \cup (\overline{A} \cap \overline{B} \cap \overline{C} \cap D \cap \overline{E}) \cup (\overline{A} \cap B \cap \overline{C} \cap D \cap \overline{E}) \cup (\overline{A} \cap \overline{B} \cap C \cap D \cap \overline{E}). \end{aligned}$$

Auf Grund der inversen Eigenschaft der Distributivität gilt

$$\{(D \cap \bar{E}) \cap [(A \cap B \cap C) \cup (A \cap \bar{B} \cap C) \cup (A \cap \bar{B} \cap \bar{C}) \cup (A \cap B \cap \bar{C}) \cup (\bar{A} \cap B \cap C) \cup (\bar{A} \cap \bar{B} \cap \bar{C}) \cup (\bar{A} \cap B \cap \bar{C}) \cup (\bar{A} \cap \bar{B} \cap C)]\} \cup (A \cap B \cap C \cap \bar{D} \cap \bar{E}),$$

und man stellt fest, daß die eckige Klammer den 2^3 Mintermen der Klassen A, B und C entspricht; die Vereinigung dieser 2^3 Minterme ist nach Theorem 1 gleich 1. Also:

$$\Psi = (D \cap \bar{E}) \cup (A \cap B \cap C \cap \bar{D} \cap \bar{E}) = \bar{E} \cap [D \cup (A \cap B \cap C \cap \bar{D})].$$

Man stellt fest, daß die Theoreme 14 und 15 sicherlich zur Vereinfachung der Booleschen Funktionen nützlich sind.

Außerdem sieht man, daß die letzte Darstellung von Ψ auf die Form zweier elementarer Komponenten gebracht werden kann, von denen eine ein Minterm in 5 Variablen ist. Diese Eigenschaft ist allgemeingültig. Jede Normalform kann mit Hilfe der Methode der exponentiellen Entwicklung auf eine elementare Funktion reduziert werden, in der nur elementare Komponenten gleicher Art auftreten. Diese elementaren Komponenten sind Durchschnitte, wenn man von der disjunktiven Normalform ausgeht, und Vereinigungen, wenn man von der konjunktiven Normalform ausgeht.

Es scheint offensichtlich, daß die vereinfachte Form einer Funktion in n Klassen höchstens so viele elementare Komponenten enthält wie die Ausgangsform Maxterme (bzw. Minterme), und natürlich kann jede der Komponenten maximal nur n Klassen umfassen.

Beispiele: 1. Gegeben ist eine Funktion in 3 Klassen:

$$\Phi = (\bar{A} \cap B \cap C) \cup (A \cap B \cap \bar{C}) \cup (A \cap B \cap C).$$

Es ist:

$$\Phi = m_3 \cup m_6 \cup m_7;$$

man kann bemerken, daß gilt:

$$(\bar{A} \cap B \cap C) \cup (A \cap B \cap C) = m_3 \cup m_7 = B \cap C$$

$$(A \cap B \cap \bar{C}) \cup (A \cap B \cap C) = m_6 \cup m_7 = A \cap B.$$

Bringt man Φ auf die Form

$$(m_3 \cup m_7) \cap (m_6 \cup m_7),$$

so erscheint der Minterm m_7 zweimal; nach Theorem 10 erhält man jedoch $m_3 \cup m_6 \cup m_7$. Also kann man setzen:

$$\Phi = (m_3 \cup m_7) \cap (m_6 \cup m_7) = (B \cap C) \cup (A \cap B).$$

2. Betrachten wir die Funktion zweier Variabler:

$$\Phi = (\bar{A} \cup \bar{B}) \cap (A \cup \bar{B}) \cap (A \cup B) = M_0 \cap M_2 \cap M_3.$$

Es ist

$$M_0 \cap M_2 = \overline{B}$$

$$M_2 \cap M_3 = A;$$

aber nach Theorem 12 gilt

$$(M_0 \cap M_2) \cap (M_2 \cap M_3) = M_0 \cap M_2 \cap M_3;$$

also:

$$\Phi = M_0 \cap M_2 \cap M_3 = \overline{B} \cap A.$$

Das war übrigens offensichtlich, denn in Φ fehlte lediglich der Maxterm $\overline{A} \cup B$, woraus sich folgende Darstellung in der anderen Normalform ergibt:

$$\overline{\overline{A} \cup B} = A \cap \overline{B}.$$

In jedem Fall wird die Regel bestätigt.

Schon jetzt können wir eine wichtige Bemerkung anschließen: Wir wissen, daß eine beliebige Boolesche Funktion auf zwei Normalformen gebracht werden kann; eine der Folgerungen aus Theorem 9 ist jedoch, daß außer im Spezialfall eine von ihnen weniger Terme als die andere enthält.

Beispiel: Gegeben ist

$$\begin{aligned}\Phi_m &= (\overline{A} \cap \overline{B} \cap \overline{C}) \cup (\overline{A} \cap B \cap \overline{C}) \cup (A \cap \overline{B} \cap \overline{C}) \cup (A \cap \overline{B} \cap C) \cup (A \cap B \cap C)\\ &= m_0 \cup m_2 \cup m_4 \cup m_5 \cup m_7;\end{aligned}$$

die fehlenden Minterme sind: m_1, m_3, m_6. Daraus folgt

$$\begin{aligned}\Phi_M &= M_6 \cap M_4 \cap M_1\\ &= (A \cup B \cup \overline{C}) \cap (A \cup \overline{B} \cup \overline{C}) \cap (\overline{A} \cup \overline{B} \cup C).\end{aligned}$$

Offensichtlich besitzt Φ_M zwei Terme weniger als Φ_m.

Wir vereinfachen nun Φ_m; man erhält

$$\begin{aligned}m_0 \cup m_2 \cup m_4 \cup m_5 \cup m_7 &= (m_0 \cup m_2) \cup (m_4 \cup m_5) \cup (m_5 \cup m_7)\\ &= (\overline{A} \cap \overline{C}) \cup (A \cap \overline{B}) \cup (A \cap C)\end{aligned}$$

oder auch

$$\begin{aligned}&(m_0 \cup m_2) \cup (m_0 \cup m_4) \cup (m_5 \cup m_7)\\ &= (\overline{A} \cap \overline{C}) \cup (\overline{B} \cap \overline{C}) \cup (A \cap C).\end{aligned}$$

Andererseits kann man ebenfalls Φ_M vereinfachen:

$$\begin{aligned}M_6 \cap M_4 \cap M_1 &= M_1 \cap (M_4 \cap M_6)\\ &= (A \cup \overline{C}) \cap (\overline{A} \cup \overline{B} \cup C).\end{aligned}$$

Man bemerkt, daß der letzte Ausdruck (Durchschnitt von Maxtermen) nur aus 7 Operationszeichen besteht, während für die vorigen (Vereinigungen von Mintermen) mehr nötig sind.

5.5. Anzahl der logischen Elemente

Es muß nun präzisiert werden, wie die Anzahl der zur Darstellung einer Funktion notwendigen logischen Elemente zu bestimmen ist, wobei – und das sei im Augenblick ohne weitere Ausführungen bemerkt – ein logisches Element das minimale Boolesche Element ist, das nur ein einziges Organ zur Realisierung benötigt.

Man kommt z.B. überein, daß kein logisches Element nötig ist, um eine isolierte Klasse oder ihre Negation (ihr Komplement) darzustellen. Um eine elementare Komponente von mehreren Klassen darzustellen, sind hingegen genau so viele logische Elemente notwendig,wie es in diesem Term auftretende Klassen gibt. Um die Vereinigung oder den Durchschnitt mehrerer Komponenten darzustellen, benötigt man entsprechend genau so viele logische Elemente wie Komponenten; die Negation einer beliebigen Kombination von Klassen verlangt schließlich kein zusätzliches logisches Element.

Regel: Wir brauchen also:

- ein logisches Element pro elementare Komponente;
- ein Element für jede der Klassen der elementaren Komponenten in mindestens zwei Variablen.

Beispiele:

1. $\Phi = (A \cup B \cup \overline{C}) \cap (A \cup \overline{B} \cup \overline{C}) \cap (\overline{A} \cap \overline{B} \cap C)$

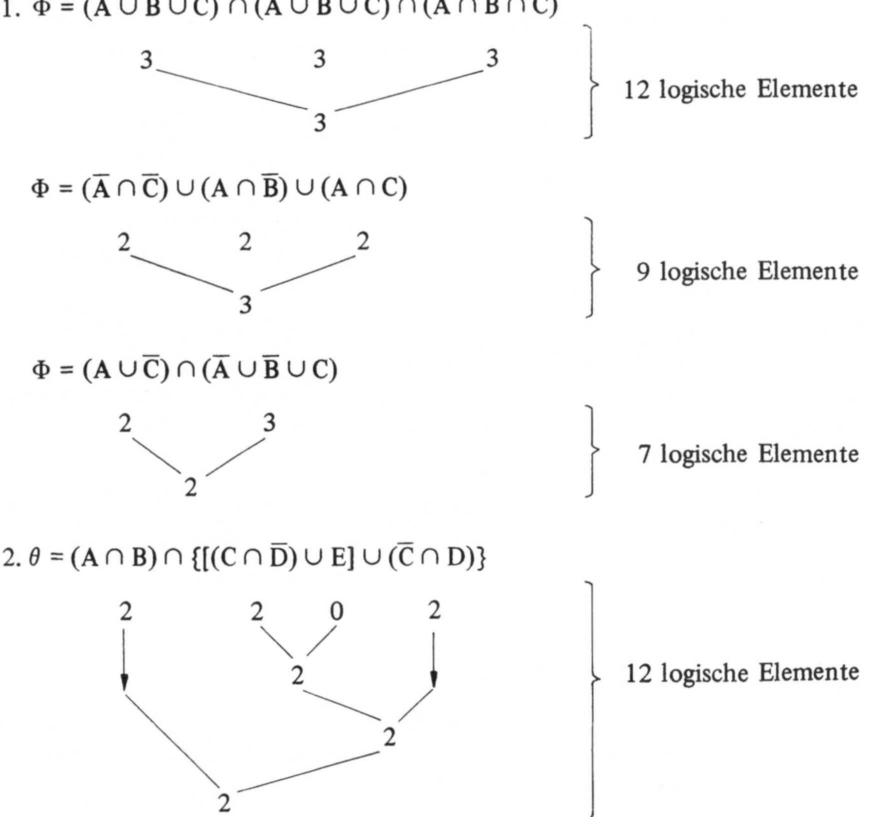

3. Gegeben ist die Funktion Φ in disjunktiver Normalform:

$$\Phi = (\bar{A} \cap \bar{B} \cap \bar{C}) \cup (\bar{A} \cap B \cap C) \cup (A \cap \bar{B} \cap C) = m_0 \cup m_3 \cup m_5\,;$$

diese Funktion läßt sich, wie man sieht, nicht weiter zurückführen. Sie erfordert 12 logische Elemente.

Die nicht auftretenden Minterme sind: m_1, m_2, m_4, m_6 und m_7. Daraus leitet man die konjunktive Normalform ab:

$$\begin{aligned}\Phi &= M_6 \cap M_5 \cap M_3 \cap M_1 \cap M_0 \\ &= (A \cup B \cup \bar{C}) \cap (A \cup \bar{B} \cup C) \cap (\bar{A} \cup B \cup C) \cap (\bar{A} \cup \bar{B} \cup C) \cap (\bar{A} \cup \bar{B} \cup \bar{C})\,.\end{aligned}$$

Das läßt sich schreiben:

$$\begin{aligned}\Phi &= (M_1 \cap M_3) \cap (M_1 \cap M_5) \cap (M_0 \cap M_1) \cap M_6 \\ &= (\bar{A} \cup C) \cap (\bar{B} \cup C) \cap (\bar{A} \cup \bar{B}) \cap (A \cup B \cup \bar{C})\,;\end{aligned}$$

diese letzte Form erfordert 13 logische Elemente.

Aus den wenigen angeführten Beispielen können wir schon folgern, daß es zur Untersuchung einer Booleschen Funktion günstig ist, zunächst die Normalformen zu bestimmen (wir werden später praktische Methoden kennenlernen und insbesondere auf die exponentielle Entwicklung zurückkommen), anschließend die Normalformen zu reduzieren und schließlich die Anzahl der logischen Elemente zu bestimmen (auch auf diese Fragen kommen wir zurück).

Zum Abschluß dieses Kapitels beweisen wir das folgende Theorem:

Theorem 16: Die Anzahl der nach der obigen Konvention definierten logischen Elemente, die zur Darstellung einer Funktion in n unabhängigen Klassen notwendig ist, ist kleiner oder gleich $(n + 1) \cdot 2^{n-1}$.

Theorem 9 (Abschnitt 4.3) lehrt uns, daß eine durch p Minterme definierte Funktion durch $2^n - p$ Maxterme dargestellt werden kann. Eine der Folgerungen aus Theorem 9 besteht darin, daß die Funktion immer auf eine Normalform gebracht werden kann, die aus nicht mehr als 2^{n-1} Termen besteht, wobei Gleichheit der Terme der einen oder anderen Form nur dann besteht, wenn gilt: $p = 2^{n-1}$.

Folglich zählen wir

- höchstens n Klassen pro Term, d.h. $n \cdot 2^{n-1}$ logische Elemente;
- höchstens 2^{n-1} Terme, d.h. zusätzliche logische Elemente.

Insgesamt findet man

$$n \cdot 2^{n-1} + 2^{n-1} = (n + 1) \cdot 2^{n-1}\,.$$

Es ergibt sich von selbst, daß diese Aufzählung das mögliche Maximum anzeigt; tatsächlich ist, wie wir sehen werden, die wirkliche Anzahl der logischen Elemente in den meisten Fällen viel kleiner.

5.6. Übungen zu den Kapiteln 4 und 5

1. Zeigen Sie unter Benutzung der Regeln der Booleschen Algebra, daß die Vereinigung der Minterme in drei Variablen gleich 1 ist.

$$(A \cap \overline{B} \cap \overline{C}) \cup (A \cap \overline{B} \cap C) \cup (A \cap B \cap \overline{C}) \cup (A \cap B \cap C)$$
$$\cup (\overline{A} \cap \overline{B} \cap \overline{C}) \cup (\overline{A} \cap B \cap C) \cup (\overline{A} \cap \overline{B} \cap C) \cup (\overline{A} \cap B \cap \overline{C}) = 1 .$$

2. Man betrachtet die Funktionen in drei Variablen A, B und C. Zeigen Sie direkt, daß jede der Variablen A, B, C ihrerseits auf die Normalform gebracht werden kann.

Beispiel:

$$A = (A \cap B \cap C) \cup (A \cap B \cap \overline{C}) \cup (A \cap \overline{B} \cap C) \cup (A \cap \overline{B} \cap \overline{C}) .$$

3. Gegeben sind zwei Klassen A und B; man definiert die Operation $\sim$ durch folgende Gleichheit:

$$A \sim B = (A \cap B) \cup (\overline{A} \cap \overline{B}) .$$

Berechnen Sie den Ausdruck

$$[(A \sim B) \cap (B \sim C)] \sim (A \sim C) .$$

4. Gegeben sind zwei auf einer Grundmenge 1 definierte Boolesche Variable A und B. Man betrachtet die Booleschen Funktionen:

$$\alpha = (A \cap B) \cup (\overline{A} \cap \overline{B}) ,$$
$$\beta = B .$$

a) Zeigen Sie, daß alle Booleschen Funktionen $\Phi(A, B)$ auf die Form $\Psi(\alpha, \beta)$ gebracht werden können.

Gilt das ebenso, wenn man z.B. $\alpha = A \cap \overline{B}$, $\beta = B$ setzt?

b) Geben Sie die Darstellung von $\Psi(\alpha, \beta)$ für:

$$\Phi_1 = A, \quad \Phi_2 = A \cup B, \quad \Phi_3 = A \cap \overline{B} .$$

5. Bestimmen Sie die Anzahl der zur Darstellung der folgenden Funktion notwendigen logischen Elemente:

a) $\{A \cap B \cap [C \cup (\overline{D} \cap \overline{C})]\} \cup F$;

b) $(A \cap B \cap C) \cup (\overline{A} \cap B) \cup C$.

6. Binäre Boolesche Algebra

6.1. Charakteristische Funktionen der Klassen

Man kann jeder Klasse A einer Grundmenge R eine *charakteristische Funktion* der folgenden Form zuordnen:

$$f_a(x) = F(A; x),$$

so daß mit $x \in A$

$$f_a(x) = 1$$

gilt und daß mit $x \notin A$, also $x \in \overline{A}$, gilt

$$f_a(x) = 0.$$

Die charakteristische Funktion kann also nur zwei Zahlenwerte 0 oder 1 annehmen.

Beispiel. Betrachten wir Bild 6.1. Das Element x (der Punkt x) liegt in A, also

$$f_a(x) = 1;$$

y hingegen liegt in $\overline{A}$, nicht in A; somit

$$f_a(y) = 0.$$

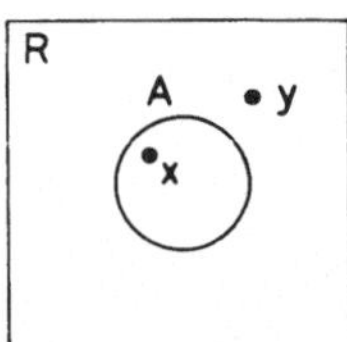

Bild 6.1

6.2. Die charakteristische Funktion eines Durchschnitts

Betrachten wir zwei Klassen A und B und die beiden charakteristischen Funktionen

$$f_a(x) = F(A; x) \quad \text{und} \quad f_b(x) = F(B; x).$$

Liegt das Element x in $A \cap B$, kann man auf Grund der Definition schreiben:

$$F(A \cap B; x) = 1;$$

liegt das Element x nicht in $A \cap B$:

$$F(A \cap B; x) = 0.$$

Nehmen wir die Euler-Venn-Diagramme zu Hilfe (Bild 6.2).

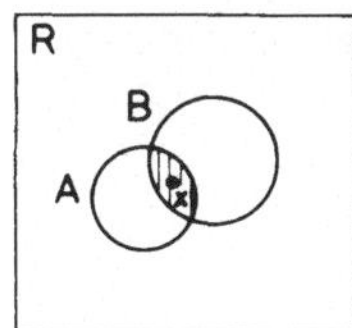

$F(A \cap B;\, x) = 1$
$f_a(x) = 1;\ f_b(x) = 1$
$f_a(x) \cdot f_b(x) = 1$

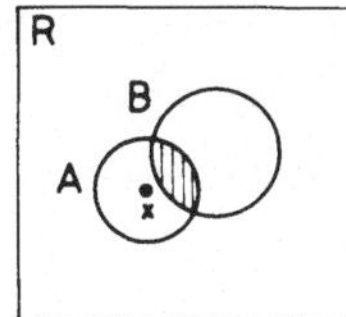

$F(A \cap B;\, x) = 0$
$f_a(x) = 1;\ f_b(x) = 0$
$f_a(x) \cdot f_b(x) = 0$

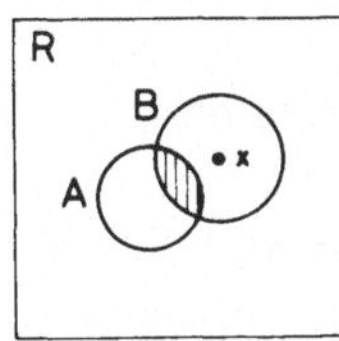

$F(A \cap B;\, x) = 0$
$f_a(x) = 0;\ f_b(x) = 1$
$f_a(x) \cdot f_b(x) = 0$

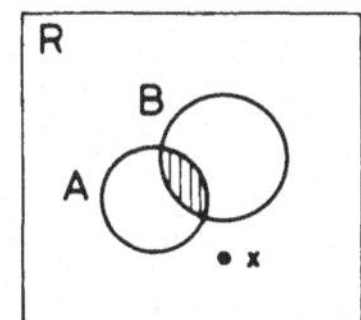

$F(A \cap B;\, x) = 0$
$f_a(x) = 0;\ f_b(x) = 0$
$f_a(x) \cdot f_b(x) = 0$

Bild 6.2

Wenn die Werte $f_a(x)$ und $f_b(x)$ bekannt sind, sieht man leicht, daß man den Wert von $F(A \cap B; x)$ bestimmen kann, indem man das Produkt $f_a(x) \cdot f_b(x)$ bildet.

Folglich setzen wir

$$F(A \cap B; x) = F(A; x) \cdot F(B; x)$$

oder auch

$$f_{a \cdot b}(x) = f_a(x) \cdot f_b(x).$$

6.3. Die charakteristische Funktion einer Vereinigung

Mit

$$f_a(x) = F(A; x) \qquad \text{und} \qquad f_b(x) = F(B; x),$$

wie oben definiert, wollen wir nun $F(A \cup B; x)$ ausdrücken.

Nehmen wir wieder die Euler-Venn-Diagramme zu Hilfe (Bild 6.3).

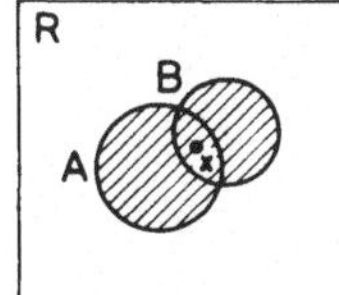

$F(A \cup B;\, x) = 1$
$f_a(x) = 1;\ f_b(x) = 1$
$f_a(x) \dotplus f_b(x) = 1$

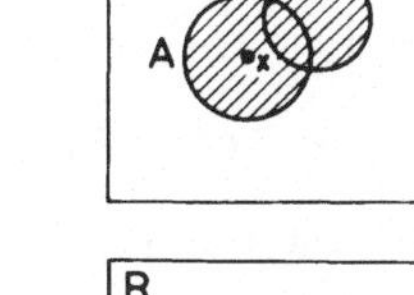

$F(A \cup B;\, x) = 1$
$f_a(x) = 1;\ f_b(x) = 0$
$f_a(x) \dotplus f_b(x) = 1$

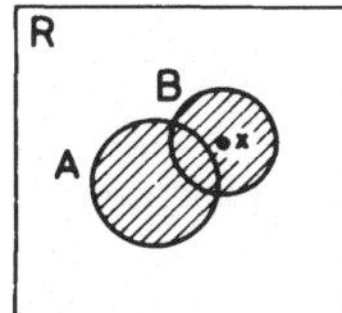

$F(A \cup B;\, x) = 1$
$f_a(x) = 0;\ f_b(x) = 1$
$f_a(x) \dotplus f_b(x) = 1$

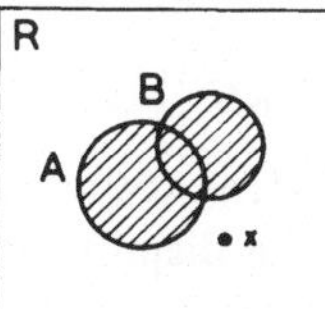

$F(A \cup B;\, x) = 0$
$f_a(x) = 0;\ f_b(x) = 0$
$f_a(x) \dotplus f_b(x) = 0$

Bild 6.3

Man stellt fest, daß man hier das arithmetische Zeichen + nicht gebrauchen kann, um die Werte von $F(A \cup B; x)$ bezüglich $f_a(x)$ und $f_b(x)$ zu berechnen.

Es ist jedoch möglich zu schreiben:

$$F(A \cup B; x) = f_a(x) \dot{+} f_b(x)$$

mit der Konvention, daß:

$$1 \dot{+} 1 = 1; \quad 1 \dot{+} 0 = 1 \quad 0 \dot{+} 1 = 1; \quad 0 \dot{+} 0 = 0.$$

Läßt sich $F(A \cup B; x)$ durch eine Relation aus der gewöhnlichen Algebra darstellen?

Zeigen wir zunächst, daß für die disjunkten Mengen A und $B (A \cap B = \phi)$ das Additionsgesetz der gewöhnlichen Algebra, +, zur Darstellung der Vereinigung gültig ist, d.h.:

$$f_a(x) \dot{+} f_b(x) = f_a(x) + f_b(x).$$

Ist in diesem Fall $f_a(x) = 1$, so ist $f_b(x) = 0$,und umgekehrt. Da A und B disjunkt sind, kann x nämlich nicht gleichzeitig zu A und B gehören. Es gilt also einzig und allein einer der drei folgenden Fälle:

$$f_a(x) = 1, \quad f_b(x) = 0 \quad f_a(x) \dot{+} f_b(x) = 1 \dot{+} 0 = 1 + 0 = 1;$$

$$f_a(x) = 0, \quad f_b(x) = 1 \quad f_a(x) \dot{+} f_b(x) = 0 \dot{+} 1 = 0 + 1 = 1;$$

$$f_a(x) = 0, \quad f_b(x) = 0 \quad f_a(x) \dot{+} f_b(x) = 0 \dot{+} 0 = 0 + 0 = 0.$$

Versuchen wir nun, folgendem Ausdruck einen Sinn zu geben:

$$\varphi = f_a(x) - f_b(x).$$

Auf Grund unsrer Annahme sind für φ nur die Werte 0 und 1 möglich. Ist $f_a(x) = 1$, so ergibt sich, wenn $f_b(x) = 1$ ist: $\varphi = 1 - 1 = 0$; wenn $f_b(x) = 0$ ist: $\varphi = 1 - 0 = 1$.

Ist $f_a(x) = 0$, so muß $f_b(x)$ gleich 0 sein; andernfalls wäre φ negativ; das bedeutet jedoch, daß B in A enthalten ist.

Man hat also:

$\varphi = 1$ für $f_a(x) = 1$ und $f_b(x) = 0$, wenn $x \in A \cap \overline{B}$;

$\varphi = 0$ für $f_a(x) = 1$ und $f_b(x) = 1$

oder $f_a(x) = 0$, wenn $x \in (A \cap B) \cup \overline{A} = \overline{A} \cup B = \overline{A \cap \overline{B}}$.

Ist also $B \subset A$, so können wir schreiben:

$$\varphi = f_{a \cdot \overline{b}}(x) = f_a(x) - f_b(x).$$

Kommen wir nun auf den Ausdruck $F(A \cup B; x)$ im allgemeinen Fall zurück, in dem A und B nicht notwendig disjunkt sind.

$$A \cup B = (A \cap \overline{B}) \cup (\overline{A} \cap B) \cup (A \cap B);$$

die drei Mengen $A \cap \overline{B}$, $\overline{A} \cap B$ und $A \cap B$ sind disjunkt.

1. $A \cap \overline{B} = A \cap (\overline{A \cap B})$, und da $(A \cap B) \subset A$,

$f_{a \cdot \bar{b}}(x) = f_a(x) - f_{a \cdot b}(x) = f_a(x) - f_a(x) \cdot f_b(x)$.

2. $\overline{A} \cap B = B \cap (\overline{A \cap B})$, und da $(A \cap B) \subset B$:

$f_{\bar{a} \cdot b}(x) = f_b(x) - f_{a \cdot b}(x) = f_b(x) - f_a(x) \cdot f_b(x)$.

3. $A \cap B$,

$f_{a \cdot b}(x) = f_a(x) \cdot f_b(x)$.

Schließlich hat man

$$f_{a \dot{+} b}(x) = f_a(x) \dot{+} f_b(x) = [f_a(x) - f_a(x) \cdot f_b(x)] + [f_b(x) - f_a(x) \cdot f_b(x)]$$
$$+ f_a(x) \cdot f_b(x) = f_a(x) + f_b(x) - f_a(x) \cdot f_b(x).$$

Also allgemein:

$$f_a(x) \dot{+} f_b(x) = F(A \cup B; x) = f_a(x) + f_b(x) - f_a(x) \cdot f_b(x)$$

oder

$$F(A; x) + F(B; x) - F(A; x) \cdot F(B; x),$$

d.h.

$$f_{a \dot{+} b}(x) = f_a(x) + f_b(x) - f_a(x) \cdot f_b(x).$$

Die entsprechende Wertetafel lautet:

$1 \dot{+} 1 = 1 + 1 - 1 \cdot 1 = 1$

$1 \dot{+} 0 = 1 + 0 - 1 \cdot 0 = 1$

$0 \dot{+} 1 = 0 + 1 - 0 \cdot 1 = 1$

$0 \dot{+} 0 = 0 + 0 - 0 \cdot 0 = 0$.

6.4. Die charakteristische Funktion und die Negation

Wir können einfach auf die Definition zurückkommen, um die Beziehung zwischen $F(A; x)$ und $F(\overline{A}; x)$ zu finden.

Setzen wir $F(A; x) = f_a(x)$ oder auch $f_a(x) = 1$, wobei x nicht zum Komplement von A (zur Negation) gehört, also $F(\overline{A}; x) = 0$, oder auch $f_a(x) = 0$, wobei x in $\overline{A}$ liegt, somit $F(\overline{A}; x) = 1$.

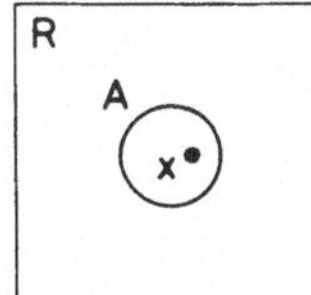

$F(\overline{A}; x) = 0$
$f_a(x) = 1$
$F(\overline{A}; x) = 1 - f_a(x)$
$= 1 - F(A; x)$

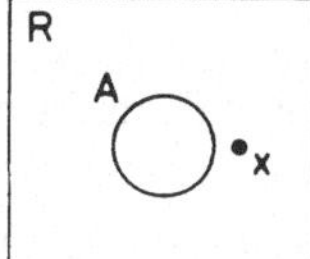

$F(\overline{A}; x) = 1$
$f_a(x) = 0$
$F(\overline{A}; x) = 1 - f_a(x)$
$= 1 - F(A; x)$

Bild 6.4

Die Euler-Venn-Diagramme bestätigen, daß gilt:

$$F(\overline{A}; x) = 1 - F(A; x)$$

oder

$$f_{\overline{a}}(x) = 1 - f_a(x).$$

(Man könnte auch schreiben: $\overline{f}_a(x)$.)

6.5. Binäre Algebra

Wie wir bereits festellten, können die charakteristischen Funktionen nur die Zahlenwerte 0 und 1 annehmen; all die durch die Operationen $\cdot$, $\dot{+}$ und $\overline{}$ erhaltenen Zahlenwerte sind entweder 0 oder 1. Das bedeutet, daß die auf diesen charakteristischen Funktionen operierende Boolesche Algebra eine *binäre Algebra* ist.

Sind a und b die Werte der beiden charakteristischen Funktionen, so hat man die folgenden algebraischen Beziehungen:

$$a \dot{+} b = a + b - a \cdot b; \qquad a \cdot b = a \cdot b; \qquad \overline{a} = 1 - a.$$

Die charakteristische Eigenschaft der binären Zahlen besteht darin, gleich ihrem Quadrat zu sein.

$$0^2 = 0 \qquad \text{und} \qquad 1^2 = 1\,.$$

Nehmen wir nun an, daß es zwei Werte der charakteristischen Funktionen gibt, für die gilt: $a^2 = a$ und $b^2 = b$.

Betrachten wir jetzt

$$\begin{aligned}(a \dot{+} b)^2 &= (a + b - ab)^2 = a^2 + b^2 + a^2b^2 - 2a^2b - 2ab^2 + 2ab\\ &= a + b + ab - 2ab - 2ab + 2ab\\ &= a + b - ab = a \dot{+} b\,;\end{aligned}$$

ebenso

$$(a \cdot b)^2 = a^2b^2 = a \cdot b\,;$$

schließlich

$$(\overline{a})^2 = (1 - a)^2 = 1 - 2a + a^2 = 1 - a = \overline{a}\,.$$

Wir haben also gezeigt, daß die auf Werte der charakteristischen Funktionen angewandten Operationen $\cdot$, $\dot{+}$ und $\overline{}$ nur 0 und 1 als Ergebnis haben.

Zusammenfassung: Die *binäre Boolesche Algebra* erscheint als eine spezielle Algebra, oft *logische Algebra* genannt, in der die einzigen numerischen Werte die des Binärsystems, 0 und 1, sind. Die Operationen $\dot{+}$, $\cdot$ und $\overline{}$ auf den numerischen Werten sind wie folgt charakterisiert:

logische Summe (entsprechend der Vereinigung in der Algebra der Klassen)	*logisches Produkt* (dem Durchschnitt entsprechend)
$0 \dot{+} 0 = 0$	$0 \cdot 0 = 0$
$0 \dot{+} 1 = 1$	$0 \cdot 1 = 0$
$1 \dot{+} 0 = 1$	$1 \cdot 0 = 0$
$1 \dot{+} 1 = 1$	$1 \cdot 1 = 1$

Negation (oder Komplementbildung)

$\overline{0} = 1 - 0 = 1$ $\qquad$ $\overline{1} = 1 - 1 = 0.$

Man kann natürlich Fragen der binären Algebra stellen und sie mit Booleschen Gleichungen lösen. Wir werden einen Teil des nächsten Kapitels dieser Aufgabe widmen. Da diese Begriffe jedenfalls für geläufige Anwendungen unerläßlich sind, zogen wir es auf Grund des praktischen Charakters dieses Buches vor, sie in einem speziellen Kapitel zusammenzutragen, auch wenn damit von der traditionellen Reihenfolge abgewichen wird.

6.6. Wertetafeln

Die Wertetafel wird auch *Boolesche Tafel* genannt. Um 1864 wurde sie von *W. S. Jevons* entwickelt und anschließend von *E. L. Post* und *L. Wittgenstein* verallgemeinert. Wie wir sehen werden,ist es eine Methode der arithmetischen Berechnung. Sie besteht darin, numerisch alle Elemente darzustellen und die durch die Symbole angegebenen Operationen auf die numerischen Werte anzuwenden, wobei man wohlbemerkt die Tabellen des vorigen Abschnitts benutzt, die wie folgt zusammengefaßt werden können:

Additionstafel

$\dot{+}$	0	1
0	0	1
1	1	1

Multiplikationstafel

$\cdot$	0	1
0	0	0
1	0	1

Negationstafel

$\overline{}$	0	1
	1	0

Die Wertetafel oder Boolesche Tabelle kann praktischen Untersuchungen oder Beweisführungen dienen.

A. Betrachten wir zum Beispiel die Eigenschaften der Distributivität (III).

$$(A \cup B) \cap C = (A \cap C) \cup (B \cap C)$$

$$(A \cap B) \cup C = (A \cup C) \cap (B \cup C).$$

Um sie nachzuprüfen, stellen wir eine Tabelle auf, in der die Klassen (oder Variablen) A, B, C in den verschiedenen Möglichkeiten durch binäre Zahlen dargestellt sind. Anschließend bilden wir Spalten, in denen die Ergebnisse der angegebenen Operationen berechnet sind, sowohl für die linken als auch für die rechten Glieder der zu prüfenden Gleichungen.

a) Untersuchung von $(A \cup B) \cap C = (A \cap C) \cup (B \cap C)$

Um diese Gleichung zu verifizieren, berechnen wir:

$(a \dotplus b) \cdot c$ und $(a \cdot c) \dotplus (b \cdot c)$

und zeigen die Gleichheit der Ergebnisse.

Klassen A, B, C (1	$A \cup B$ (2	$(A \cup B) \cap C$ (3	$A \cap C$ (4	$B \cap C$ (5	$(A \cap C) \cup (B \cap C)$ (6
binäre Variable a, b, c	$a \dotplus b$	$(a \dotplus b) \cdot c$	$a \cdot c$	$b \cdot c$	$a \cdot c \dotplus b \cdot c$
0 0 0	0	0	0	0	0
0 0 1	0	0	0	0	0
0 1 0	1	0	0	0	0
0 1 1	1	1	0	1	1
1 0 0	1	0	0	0	0
1 0 1	1	1	1	0	1
1 1 0	1	0	0	0	0
1 1 1	1	1	1	1	1

Man stellt die Gleichheit der in den Spalten 3 und 6 auftretenden Ergebnisse fest, und es folgt

$$(a \dotplus b) \cdot c = (a \cdot c) \dotplus (b \cdot c)$$

für alle möglichen Zahlenwerte; ebenso gilt

$$(A \cup B) \cap C = (A \cap C) \cup (B \cap C).$$

b) Beweis der Gleichung $(A \cap B) \cup C = (A \cup C) \cap (B \cup C)$

Der Beweis wird dem Leser als Übungsaufgabe überlassen.

B. Das Theorem von de Morgan ist zu beweisen:

$$\begin{cases} \overline{A \cup B} = \overline{A} \cap \overline{B} \\ \overline{A \cap B} = \overline{A} \cup \overline{B}. \end{cases}$$

Wir betrachten die numerischen Operationen: $\overline{a \dotplus b}$ und $\overline{a} \cdot \overline{b}$ einerseits, $\overline{a \cdot b}$ und $\overline{a} \dotplus \overline{b}$ andererseits. Daraus ergibt sich die Tabelle

a b	$\overline{a}\,\overline{b}$	$a \dotplus b$	$\overline{a \dotplus b}$	$\overline{a} \cdot \overline{b}$	$a \cdot b$	$\overline{a \cdot b}$	$\overline{a} \dotplus \overline{b}$
0 0	1 1	0	1	1	0	1	1
0 1	1 0	1	0	0	0	1	1
1 0	0 1	1	0	0	0	1	1
1 1	0 0	1	0	0	1	0	0

aus der effektiv folgt:

$$\overline{a \dot{+} b} = \overline{a} \cdot \overline{b} \quad \text{und} \quad \overline{a \cdot b} = \overline{a} \dot{+} \overline{b}.$$

6.7. Funktionen in Booleschen Variablen. Normalformen

Betrachten wir eine Menge von Booleschen Klassen $X_1, X_2, \ldots, X_n$ und ihre charakteristischen Funktionen $x_1, x_2, \ldots, x_n$. $x_1, x_2, \ldots, x_n$ werden *Boolesche Variable* genannt. Sie können nur die Werte 0 und 1 annehmen. Man hat

$$x_1 = f_{X_1}(x), \ldots, x_n = f_{X_n}(x)$$

und:

$$x_1 = \begin{cases} 1, & \text{falls} \quad x \in X_1 \\ 0, & \text{falls} \quad x \notin X_1, \text{ usw.} \end{cases}$$

Wir können ebenso eine Boolesche Funktion in n Klassen betrachten:

$$F(X_1, X_2, \ldots, X_n)$$

und ihre charakteristische Funktion

$$f_{F(X_1, \ldots, X_n)}(x) = \begin{cases} 1, & \text{falls} \quad x \in F(X_1, \ldots, X_n) \\ 0, & \text{falls} \quad x \notin F(X_1, \ldots, X_n). \end{cases}$$

Wir ordnen der Funktion $F(X_1, \ldots, X_n)$ eine Funktion in binären Werten zu:

$$f(x_1, x_2, \ldots, x_n),$$

abhängig von den binären Variablen $x_1, \ldots, x_n$. Es wird genügen, die Klassen $X_1, \ldots, X_n$ in F durch die Variablen $x_1, x_2, \ldots, x_n$, die Operationen der Vereinigung, des Durchschnitts und der Komplementbildung durch die Operationen des binären Produkts, der Summe und der Komplementbildung zu ersetzen.

Wenn also

$$F(X_1, X_2, X_3) = (X_1 \cap X_2) \cup \overline{X}_3,$$

so gilt

$$f(x_1, x_2, x_3) = x_1 \cdot x_2 \dot{+} \overline{x}_3.$$

Man sieht leicht, daß

$$f(x_1, x_2, \ldots, x_n) = f_{F(X_1, X_2, \ldots, X_n)}(x) \text{ ist,}$$

denn nach Konstruktion von $f(x_1, \ldots, x_n)$ gilt

$$f(x_1, x_2, \ldots, x_n) = \begin{cases} 1, & \text{falls} \quad x \in F(X_1, X_2, \ldots, X_n) \\ 0, & \text{falls} \quad x \notin F(X_1, X_2, \ldots, X_n). \end{cases}$$

Eine solche Funktion heißt Boolesche Funktion der binären Variablen $x_1, x_2, \ldots, x_n$. Gegeben sei nun die Funktion

$$y = f(x_1, x_2, \ldots, x_n);$$

setzen wir

$$y = x_1 \cdot r \dot{+} \overline{x}_1 \cdot s,$$

wobei r und s Boolesche Funktionen sind.

Ist $x_1 = 1$, so gilt: $\overline{x}_1 = 0$:

$$y = f(1, x_2, \ldots, x_n) = r;$$

und ist $x_1 = 0$, so gilt: $\overline{x}_1 = 1$:

$$y = f(0, x_2, \ldots, x_n) = s,$$

so daß man schreiben kann:

$$y = x_1 \cdot f(1, x_2, \ldots, x_n) \dot{+} \overline{x}_1 \cdot f(0, x_2, \ldots, x_n).$$

Setzt man diese Methode für x_2 fort, so sieht man, daß

$$f(1, x_2, \ldots, x_n) = x_2 \cdot f(1, 1, x_3, \ldots, x_n) \dot{+} \overline{x}_2 \cdot f(1, 0, x_3, \ldots, x_n)$$

und:

$$f(0, x_2, \ldots, x_n) = x_2 \cdot f(0, 1, x_3, \ldots, x_n) \dot{+} \overline{x}_2 \cdot f(0, 0, x_3, \ldots, x_n)$$

gilt, also

$$\begin{aligned} y = {} & x_1 \cdot x_2 \cdot f(1, 1, x_3, \ldots, x_n) \dot{+} x_1 \cdot \overline{x}_2 \cdot f(1, 0, x_3, \ldots, x_n) \\ & \dot{+} \overline{x}_1 \cdot x_2 \cdot f(0, 1, x_3, \ldots, x_n) \dot{+} \overline{x}_1 \cdot \overline{x}_2 \cdot f(0, 0, x_3, \ldots, x_n). \end{aligned}$$

Geht man ebenso bei $x_3, x_4, \ldots, x_n$ vor, kommt man schließlich zu

$$\begin{aligned} y = {} & x_1 \cdot x_2 \cdot x_3 \cdot \ldots \cdot x_{n-1} \cdot x_n \cdot f(1, 1, 1, \ldots, 1, 1) \\ & \dot{+} x_1 \cdot x_2 \cdot x_3 \cdot \ldots \cdot x_{n-1} \cdot \overline{x}_n \cdot f(1, 1, 1, \ldots, 1, 0) \\ & \dot{+} x_1 \cdot x_2 \cdot x_3 \cdot \ldots \cdot \overline{x}_{n-1} \cdot x_n \cdot f(1, 1, 1, \ldots, 0, 1) \\ & \dot{+} x_1 \cdot x_2 \cdot x_3 \cdot \ldots \cdot \overline{x}_{n-1} \cdot \overline{x}_n \cdot f(1, 1, 1, \ldots, 0, 0) + \ldots \\ & \dot{+} \overline{x}_1 \cdot \overline{x}_2 \cdot \overline{x}_3 \cdot \ldots \cdot x_{n-1} \cdot x_n \cdot f(0, 0, 0, \ldots, 1, 1) \\ & \dot{+} x_1 \cdot \overline{x}_2 \cdot \overline{x}_3 \cdot \ldots \cdot x_{n-1} \cdot \overline{x}_n \cdot f(0, 0, 0, \ldots, 1, 0) \\ & \dot{+} \overline{x}_1 \cdot \overline{x}_2 \cdot \overline{x}_3 \cdot \ldots \cdot \overline{x}_{n-1} \cdot x_n \cdot f(0, 0, 0, \ldots, 0, 1) \\ & \dot{+} \overline{x}_1 \cdot \overline{x}_2 \cdot \overline{x}_3 \cdot \ldots \cdot \overline{x}_{n-1} \cdot \overline{x}_n \cdot f(0, 0, 0, \ldots, 0, 0) \end{aligned}$$

Setzt man[1])

$$f_0 = f(0, 0, 0, \ldots, 0, 0)$$
$$f_1 = f(0, 0, 0, \ldots, 0, 1)$$
$$\ldots\ldots\ldots\ldots\ldots\ldots$$
$$f_{2^n-2} = f(1, 1, 1, \ldots, 1, 0)$$
$$f_{2^n-1} = f(1, 1, 1, \ldots, 1, 1)$$

und beachtet man, daß die Produkte

$$\overline{x}_1 \cdot \overline{x}_2 \cdot \overline{x}_3 \cdot \ldots \cdot \overline{x}_{n-1} \cdot \overline{x}_n = m_0$$
$$\overline{x}_1 \cdot \overline{x}_2 \cdot \overline{x}_3 \cdot \ldots \cdot \overline{x}_{n-1} \cdot x_n = m_1$$
$$\ldots\ldots\ldots\ldots\ldots\ldots\ldots\ldots$$
$$x_1 \cdot x_2 \cdot x_3 \cdot \ldots \cdot x_{n-1} \cdot \overline{x}_n = m_{2^n-2}$$
$$x_1 \cdot x_2 \cdot x_3 \cdot \ldots \cdot x_{n-1} \cdot x_n = m_{2^n-1}$$

die Minterme sind, so gilt[2])

$$y = f_0 \cdot m_0 \dotplus f_1 \cdot m_1 \dotplus \ldots \dotplus f_{2^n-1} \cdot m_{2^n-1} = \mathop{\dot{\sigma}}_{i=0}^{2^n-1} f_i \cdot m_i .$$

Wie Σ eine algebraische Summe, so gibt $\dot{\sigma}$ eine logische Summe an.

Es handelt sich hier um die *erste Normalform* oder *disjunktive Normalform,* die wir vorher durch

$$\bigcup_{i=0}^{2^n-1} (\epsilon_i \cap m_i)$$

darstellten, wobei die ϵ_i, wie hier die f_i, 0 oder 1 sind. Daraus ergibt sich also wieder Theorem 7.

Man wird feststellen, daß eine beliebige Boolesche Funktion in n Variablen von 2^n Parametern f_i abhängt, die je zwei Werte annehmen können.

Betrachten wir nochmals

$$y = \mathop{\dot{\sigma}}_{i=0}^{2^n-1} f_i \cdot m_i ;$$

---

1) Wie in der Aufzählung der Minterme setzt man: $f_i = f(a_i^1, a_i^2, \ldots, a_i^n)$, denn $a_i^1, a_i^2, \ldots, a_i^n$ ist der binäre Ausdruck der Zahl i.

2) Genauer sind diese Produkte charakteristische Funktionen der Minterme in n Klassen A_i, denn jedes x_i ist eine charakteristische Funktion der Klasse A_i. Zur Vereinfachung gebraucht man zu ihrer Bezeichnung den Ausdruck „Minterm“.

es gilt

$$\overline{y} = \overset{2^n-1}{\underset{i=0}{\dot{\sigma}}} \overline{f}_i \cdot m_i .$$

Das ergibt sich aus einer einfachen Anwendung der Komplementbildung (man nimmt die Minterme, die nicht in y vorkommen; denn $y \dotplus \overline{y} = 1$ und

$$\overset{2^n-1}{\underset{i=0}{\dot{\sigma}}} (f_i \dotplus \overline{f}_i) \cdot m_i = \overset{2^n-1}{\underset{i=0}{\dot{\sigma}}} m_i = 1) .$$

Nach dem Theorem von de Morgan gilt aber

$$\overline{\overline{f}_i \cdot m_i} = f_i \dotplus \overline{m}_i ,$$

ebenso

$$\overline{\overline{y}} = y = \overset{2^n-1}{\underset{i=0}{\overline{\omega}}} (f_i \dotplus \overline{m}_i) ,$$

wobei das Zeichen $\overline{\omega}$ ein Produkt darstellt.

Man weiß andererseits, daß:

$$\overline{m}_i = M_{2^n-1-i} \text{ ist}$$

(vgl. 4.3, zweite Normalform), daraus folgt

$$y = \overset{2^n-1}{\underset{i=0}{\overline{\omega}}} (f_i \dotplus M_{2^n-1-i})$$

oder auch

$$y = \overset{2^n-1}{\underset{i=0}{\overline{\omega}}} (f_{2^n-1-i} \dotplus M_i) .$$

Das bedeutet, daß der Maxterm mit dem Index i nicht auftritt, wenn $f_{2^n-1-i} = 1$ ist, und der Term $f_{2^n-1-i} \dotplus M_i$ in diesem Fall gleich 1 bei beliebigem M_i ist.

Das ergibt also wieder die *zweite Normalform* oder *konjunktive Normalform*, d.h. Theorem 8.

Beispiel: Wir behandeln hier ein Beispiel, um das Gedächtnis des Lesers aufzufrischen und zu zeigen, wie man eine Wertetafel oder *Boolesche Tabelle* benutzt, um zunächst die erste Normalform und anschließend durch Anwendung der bereits bekannten und oben wiederholten Regeln die zweite Normalform zu erhalten.

Von nun an nennen wir die f_i *Komponenten* der disjunktiven Normalform und die Minterme m_i *Koordinaten*.

Gegeben sei nun die Funktion

$$Y = \{A \cap [\overline{(\overline{B} \cap D) \cup (B \cap C)}]\} \cup [\overline{A} \cap \overline{B} \cap (C \cup D)] .$$

Wir ordnen ihr die Funktion der numerischen Variablen a, b, c, d zu:

$$y = a \cdot (\overline{\bar{b} \cdot \bar{d} \dotplus b \cdot c}) \dotplus \bar{a} \cdot \bar{b} \cdot (c \dotplus d)$$

und konstruieren die Tabelle, die uns erlaubt, die Werte von y bezüglich aller Variablen a, b, c, d zu bestimmen.

In dieser Tabelle stellen wir ebenfalls die Minterme m_i und die Komponenten f_i dar.

Wir vereinfachen die Operationen durch folgende Bemerkung:

$$\begin{aligned} Y &= \{A \cap [\overline{(\bar{B} \cap \bar{D}) \cup (B \cap C)}]\} \cup [\bar{A} \cap \bar{B} \cap (C \cup D)] \\ &= [A \cap (B \cap D) \cap (\overline{B \cap C})] \cup [(\bar{A} \cap \bar{B} \cap C) \cup (\bar{A} \cap \bar{B} \cap D)] \\ &= [A \cap (B \cap D) \cap (\bar{B} \cup \bar{C})] \cup [(\bar{A} \cap \bar{B} \cap C) \cup (\bar{A} \cap \bar{B} \cap D)] \\ &= (A \cap B \cap \bar{C} \cap D) \cup (\bar{A} \cap \bar{B} \cap C) \cup (\bar{A} \cap \bar{B} \cap D), \end{aligned}$$

woraus folgt:

$$y = a \cdot b \cdot \bar{c} \cdot d \dotplus \bar{a} \cdot \bar{b} \cdot c \dotplus \bar{a} \cdot \bar{b} \cdot d.$$

i	a b c d	$\bar{a}\,\bar{b}\,\bar{c}\,\bar{d}$	$a \cdot b$	$\bar{a} \cdot \bar{b}$	$a \cdot b \cdot d$	$a \cdot b \cdot \bar{c} \cdot d$	$\bar{a} \cdot \bar{b} \cdot c$	$\bar{a} \cdot \bar{b} \cdot d$	y	Koordinaten m_i	Komponenten f_i
0	0000	1111	0	1	0	0	0	0	0	$\bar{a} \cdot \bar{b} \cdot \bar{c} \cdot \bar{d}$	$f_0 = 0$
1	0001	1110	0	1	0	0	0	1	1	$\bar{a} \cdot \bar{b} \cdot \bar{c} \cdot d$	$f_1 = 1$
2	0010	1101	0	1	0	0	1	0	1	$\bar{a} \cdot \bar{b} \cdot c \cdot \bar{d}$	$f_2 = 1$
3	0011	1100	0	1	0	0	1	1	1	$\bar{a} \cdot \bar{b} \cdot c \cdot d$	$f_3 = 1$
4	0100	1011	0	0	0	0	0	0	0	$\bar{a} \cdot b \cdot \bar{c} \cdot \bar{d}$	$f_4 = 0$
5	0101	1010	0	0	0	0	0	0	0	$\bar{a} \cdot b \cdot \bar{c} \cdot d$	$f_5 = 0$
6	0110	1001	0	0	0	0	0	0	0	$\bar{a} \cdot b \cdot c \cdot \bar{d}$	$f_6 = 0$
7	0111	1000	0	0	0	0	0	0	0	$\bar{a} \cdot b \cdot c \cdot d$	$f_7 = 0$
8	1000	0111	0	0	0	0	0	0	0	$a \cdot \bar{b} \cdot \bar{c} \cdot \bar{d}$	$f_8 = 0$
9	1001	0110	0	0	0	0	0	0	0	$a \cdot \bar{b} \cdot \bar{c} \cdot d$	$f_9 = 0$
10	1010	0101	0	0	0	0	0	0	0	$a \cdot \bar{b} \cdot c \cdot \bar{d}$	$f_{10} = 0$
11	1011	0100	0	0	0	0	0	0	0	$a \cdot \bar{b} \cdot c \cdot d$	$f_{11} = 0$
12	1100	0011	1	0	0	0	0	0	0	$a \cdot b \cdot \bar{c} \cdot \bar{d}$	$f_{12} = 0$
13	1101	0010	1	0	1	1	0	0	1	$a \cdot b \cdot \bar{c} \cdot d$	$f_{13} = 1$
14	1110	0001	1	0	0	0	0	0	0	$a \cdot b \cdot c \cdot \bar{d}$	$f_{14} = 0$
15	1111	0000	1	0	1	0	0	0	0	$a \cdot b \cdot c \cdot d$	$f_{15} = 0$

Man erhält

$$y = \bar{a} \cdot \bar{b} \cdot \bar{c} \cdot d \dotplus \bar{a} \cdot \bar{b} \cdot c \cdot \bar{d} \dotplus \bar{a} \cdot \bar{b} \cdot c \cdot d \dotplus a \cdot b \cdot \bar{c} \cdot d = m_1 \dotplus m_2 \dotplus m_3 \dotplus m_{13},$$

daraus ergibt sich die disjunktive Normalform:

$$\begin{aligned} Y &= (\bar{A} \cap \bar{B} \cap \bar{C} \cap D) \cup (\bar{A} \cap \bar{B} \cap C \cap \bar{D}) \cup (\bar{A} \cap \bar{B} \cap C \cap D) \cup (A \cap B \cap \bar{C} \cap D), \\ &= m_1 \cup m_2 \cup m_3 \cup m_{13}. \end{aligned}$$

Diese Funktion ist gleich dem oben dargestellten Y, denn es gilt

$$Y = (A \cap B \cap \bar{C} \cap D) \cup (\bar{A} \cap \bar{B} \cap C) \cup (\bar{A} \cap \bar{B} \cap D).$$

Vervollständigt man die Terme, in denen nicht alle Klassen vorkommen, so gilt

$$Y = (A \cap B \cap \bar{C} \cap D) \cup (\bar{A} \cap \bar{B} \cap C \cap D) \cup (\bar{A} \cap \bar{B} \cap C \cap \bar{D}) \\ \cup (\bar{A} \cap \bar{B} \cap C \cap D) \cup (\bar{A} \cap \bar{B} \cap \bar{C} \cap D);$$

da diese Form zwei identische Minterme enthält, folgt schließlich

$$Y = (A \cap B \cap \bar{C} \cap D) \cup (\bar{A} \cap \bar{B} \cap C \cap D) \cup (\bar{A} \cap \bar{B} \cap C \cap \bar{D}) \cup (\bar{A} \cap \bar{B} \cap \bar{C} \cap D).$$

Um die konjunktive Normalform zu finden, setzen wir

$$\bar{y} = m_0 \dot{+} m_4 \dot{+} m_5 \dot{+} m_6 \dot{+} m_7 \dot{+} m_8 \dot{+} m_9 \dot{+} m_{10} \dot{+} m_{11} \dot{+} m_{12} \dot{+} m_{14} \dot{+} m_{15},$$

woraus folgt:

$$y = \bar{m}_0 \cdot \bar{m}_4 \cdot \bar{m}_5 \cdot \bar{m}_6 \cdot \bar{m}_7 \cdot \bar{m}_8 \cdot \bar{m}_9 \cdot \bar{m}_{10} \cdot \bar{m}_{11} \cdot \bar{m}_{12} \cdot \bar{m}_{14} \cdot \bar{m}_{15}$$

und

$$Y = M_{15} \cap M_{11} \cap M_{10} \cap M_9 \cap M_8 \cap M_7 \cap M_6 \cap M_5 \cap M_4 \cap M_3 \cap M_1 \cap M_0.$$

Eine andere Art, die Berechnung auszuführen, besteht darin, die vorangehende Tafel durch Angabe der M_i und der den f_i durch folgende Beziehung entsprechenden g_i zu vervollständigen:

i	m_i	M_i	f_i	g_i
0	$\bar{a} \cdot \bar{b} \cdot \bar{c} \cdot \bar{d}$	$\bar{a} \dot{+} \bar{b} \dot{+} \bar{c} \dot{+} \bar{d}$	0	0
1	$\bar{a} \cdot \bar{b} \cdot \bar{c} \cdot d$	$\bar{a} \dot{+} \bar{b} \dot{+} \bar{c} \dot{+} d$	1	0
2	$\bar{a} \cdot \bar{b} \cdot c \cdot \bar{d}$	$\bar{a} \dot{+} \bar{b} \dot{+} c \dot{+} \bar{d}$	1	1
3	$\bar{a} \cdot \bar{b} \cdot c \cdot d$	$\bar{a} \dot{+} \bar{b} \dot{+} c \dot{+} d$	1	0
4	$\bar{a} \cdot b \cdot \bar{c} \cdot \bar{d}$	$\bar{a} \dot{+} b \dot{+} \bar{c} \dot{+} \bar{d}$	0	0
5	$\bar{a} \cdot b \cdot \bar{c} \cdot d$	$\bar{a} \dot{+} b \dot{+} \bar{c} \dot{+} d$	0	0
6	$\bar{a} \cdot b \cdot c \cdot \bar{d}$	$\bar{a} \dot{+} b \dot{+} c \dot{+} \bar{d}$	0	0
7	$\bar{a} \cdot b \cdot c \cdot d$	$\bar{a} \dot{+} b \dot{+} c \dot{+} d$	0	0
8	$a \cdot \bar{b} \cdot \bar{c} \cdot \bar{d}$	$a \dot{+} \bar{b} \dot{+} \bar{c} \dot{+} \bar{d}$	0	0
9	$a \cdot \bar{b} \cdot \bar{c} \cdot d$	$a \dot{+} \bar{b} \dot{+} \bar{c} \dot{+} d$	0	0
10	$a \cdot \bar{b} \cdot c \cdot \bar{d}$	$a \dot{+} \bar{b} \dot{+} c \dot{+} \bar{d}$	0	0
11	$a \cdot \bar{b} \cdot c \cdot d$	$a \dot{+} \bar{b} \dot{+} c \dot{+} d$	0	0
12	$a \cdot b \cdot \bar{c} \cdot \bar{d}$	$a \dot{+} b \dot{+} \bar{c} \dot{+} \bar{d}$	0	1
13	$a \cdot b \cdot \bar{c} \cdot d$	$a \dot{+} b \dot{+} \bar{c} \dot{+} d$	1	1
14	$a \cdot b \cdot c \cdot \bar{d}$	$a \dot{+} b \dot{+} c \dot{+} \bar{d}$	0	1
15	$a \cdot b \cdot c \cdot d$	$a \dot{+} b \dot{+} c \dot{+} d$	0	0

$g_i = f_{2^n - 1 - i}$,

anschließend sind all die Minterme zu nehmen, für die $g_i = 0$ ist, und es ergibt sich

$$\underset{i=0}{\overset{2^n-1}{\overline{\omega}}} (g_i + M_i),$$

also hier

$$\begin{aligned} y = {} & (a \dotplus b \dotplus c \dotplus d) \cdot (a \dotplus \overline{b} \dotplus c \dotplus d) \cdot (a \dotplus \overline{b} \dotplus c \dotplus \overline{d}) \cdot (a \dotplus \overline{b} \dotplus \overline{c} \dotplus d) \cdot \\ & (a \dotplus \overline{b} \dotplus \overline{c} \dotplus \overline{d}) \cdot (\overline{a} \dotplus b \dotplus c \dotplus d) \cdot (\overline{a} \dotplus b \dotplus c \dotplus \overline{d}) \cdot (\overline{a} \dotplus b \dotplus \overline{c} \dotplus d) \cdot \\ & (\overline{a} \dotplus b \dotplus \overline{c} \dotplus \overline{d}) \cdot (\overline{a} \dotplus \overline{b} \dotplus c \dotplus d) \cdot (\overline{a} \dotplus \overline{b} \dotplus \overline{c} \dotplus d) \cdot (\overline{a} \dotplus \overline{b} \dotplus \overline{c} \dotplus \overline{d}) \cdot \end{aligned}$$

6.8. Tabelle von Aiken

Es existieren bekanntlich – wir haben das bereits früher ausgeführt – $2^{(2^n)}$ verschiedene Boolesche Funktionen in n Klassen. Wir wissen ebenfalls, daß jede der $2^{(2^n)}$ Funktionen auf die eine oder andere Normalform gebracht werden kann.

Mit Hilfe der *Tabelle von Aiken* erhält man alle Funktionen in n Variablen. In der ersten Spalte treten die Minterme m_j auf; in den anderen Spalten, und zwar Spalte für Spalte, alle möglichen Kombinationen der Komponenten. Numerieren wir die Spalten der Komponenten von 0 bis $2^{2^n} - 1$. Die Spalte 0 enthält die Anzahl von 2^n Nullen, denn es gibt 2^n Minterme. In der ersten Spalte enthält das erste Feld eine 1, die $2^n - 1$ anderen Nullen, usw.; umgekehrt gelesen ist die Spalte 1 nichts anderes als die binäre Schreibweise der Dezimalzahl 1, wenn man sich die binären Zahlen mit 2^n Ziffern geschrieben denkt. Die Spalte k, von unten nach oben gelesen, entspricht ebenso der binären Schreibweise der Dezimalzahl k, usw. Selbstverständlich enthält die Spalte $2^{(2^n)} - 1$ nur die Ziffern 1.

Koordinaten (Minterme)	Komponenten f_j							
$m_1 = \overline{x}_1 \cdot \overline{x}_2 \cdot \overline{x}_3 \cdot \ldots \cdot \overline{x}_j \cdot \ldots \cdot \overline{x}_{n-1} \cdot \overline{x}_n$	0	1	0	1	. . .	0	1	0	1
$m_1 = \overline{x}_1 \cdot \overline{x}_2 \cdot \overline{x}_3 \cdot \ldots \cdot \overline{x}_j \cdot \ldots \cdot \overline{x}_{n-1} \cdot x_n$	0	0	1	1	. . .	0	0	1	1
$m_2 = \overline{x}_1 \cdot \overline{x}_2 \cdot \overline{x}_3 \cdot \ldots \cdot \overline{x}_j \cdot \ldots \cdot x_{n-1} \cdot \overline{x}_n$	0	0	0	0	. . .	1	1	1	1
	.	.	.	.	. . .	.	.	.	.
. . . .	.	.	.	.	. . .	.	.	.	.
	.	.	.	.	. . .	.	.	.	.
$m_j =$.	0	0	0	0	. . .	1	1	1	1
	.	.	.	.	. . .	.	.	.	.
. . . .	.	.	.	.	. . .	.	.	.	.
	.	.	.	.	. . .	.	.	.	.
$m_{2^n-2} = x_1 \cdot x_2 \cdot x_3 \cdot \ldots \cdot x_j \cdot \ldots \cdot x_{n-1} \cdot \overline{x}_n$	0	0	0	0	. . .	1	1	1	1
$m_{2^n-1} = x_1 \cdot x_2 \cdot x_3 \cdot \ldots \cdot x_j \cdot \ldots \cdot x_{n-1} \cdot x_n$	0	0	0	0	. . .	1	1	1	1
	F_n^0	F_n^1	F_n^2	F_n^3	… F_n^k …	F_n^{N-3}	F_n^{N-2}	F_n^{N-1}	F_n^N

In der obigen Tabelle ist $N = 2^{(2^n)} - 1$.

Jede Funktion y schreibt sich in der Form:

$$y = f_0 \cdot m_0 \dotplus f_1 \cdot m_1 \dotplus f_2 \cdot m_2 \dotplus \ldots \dotplus f_{2^n-1} \cdot m_{2^n-1} \,. \qquad (1)$$

Man bezeichnet mit F_n^k die Boolesche Funktion in n Variablen, die man erhält, wenn man die k-te Spalte der f_j in der Tabelle von Aiken nimmt. Es ist leicht festzustellen, daß es genügt, die Dezimalzahl k in binärer Schreibweise mit 2^n Ziffern darzustellen, um F_n^k zu erhalten (man vervollständigt also die Schreibweise mit so vielen Nullen,wie links von der Zahl k im Binärsystem notwendig sind, um auf insgesamt 2^n Ziffern zu kommen), anschließend sind $f_0, f_1, \ldots, f_j, \ldots$ die binären Ziffern der Ordnung $1, 2, \ldots, j-1, \ldots$, zu bilden und schließlich diese Werte in den allgemeinen Ausdruck (1) von y einzusetzen.

Beispiel. Wir kennen die 8 Minterme der drei Variablen x_1, x_2, x_3:

$$m_0 = \overline{x}_1 \cdot \overline{x}_2 \cdot \overline{x}_3 ;\ m_1 = \overline{x}_1 \cdot \overline{x}_2 \cdot x_3 ;\ m_2 = \overline{x}_1 \cdot x_2 \cdot \overline{x}_3 ;\ m_3 = \overline{x}_1 \cdot x_2 \cdot x_3 ;$$

$$m_4 = x_1 \cdot \overline{x}_2 \cdot \overline{x}_3 ;\ m_5 = x_1 \cdot \overline{x}_2 \cdot x_3 ;\ m_6 = x_1 \cdot x_2 \cdot \overline{x}_3 ;\ m_7 = x_1 \cdot x_2 \cdot x_3 \,.$$

Es ist nun F_3^{81} zu bilden; übertragen wir zunächst k = 81 mit $2^n = 2^3 = 8$ Ziffern in das Binärsystem:

	2^7	2^6	2^5	2^4	2^3	2^2	2^1	2^0
	128	64	32	16	8	4	2	1
81	0	1	0	1	0	0	0	1
bin. Ordn.	8	7	6	5	4	3	2	1

Es ist: $f_0 = 1$; $f_4 = 1$; $f_6 = 1$ und alle anderen f_j Null.
Folglich gilt:

$$F_3^{81} = \overline{x}_1 \cdot \overline{x}_2 \cdot \overline{x}_3 \dotplus x_1 \cdot \overline{x}_2 \cdot \overline{x}_3 \dotplus x_1 \cdot x_2 \cdot \overline{x}_3 \,.$$

Falls gewünscht, ist es leicht, zur konjunktiven Normalform von F_3^{81} überzugehen.

Bemerkung: Unter den n Variablen entsprechenden $2^{(2^n)}$ Funktionen gibt es Formen, die als *gewöhnliche* Formen bezeichnet werden; das sind 0 und 1, bzw. F_n^0 und $F_n^{2(2^n)-1}$.

6.9. Relationen der Booleschen Algebra

Wir werden Relationen der Booleschen Berechnung finden, indem wir die Tabelle von Aiken für zwei Variable a und b konstruieren.

Koordinaten m_i	Komponenten															
$m_0 = \bar{a} \cdot \bar{b}$	0	1	0	1	0	1	0	1	0	1	0	1	0	1	0	1
$m_1 = \bar{a} \cdot b$	0	0	1	1	0	0	1	1	0	0	1	1	0	0	1	1
$m_2 = a \cdot \bar{b}$	0	0	0	0	1	1	1	1	0	0	0	0	1	1	1	1
$m_3 = a \cdot b$	0	0	0	0	0	0	0	0	1	1	1	1	1	1	1	1
	F_2^0	F_2^1	F_2^2	F_2^3	F_2^4	F_2^5	F_2^6	F_2^7	F_2^8	F_2^9	F_2^{10}	F_2^{11}	F_2^{12}	F_2^{13}	F_2^{14}	F_2^{15}

Die Anzahl der Funktionen ist $2^{(2^2)} = 16$; unter diesen 16 Funktionen gibt es zwei gewöhnliche Formen: F_2^0 und F_2^{15}; vier andere haben, wie wir wissen, als Werte a, b, $\bar{a}$ und $\bar{b}$; sie heißen quasi-gewöhnlich. Alle anderen 10 entsprechen den Operationen ohne die Negation. Stellen wir die vollständige Liste der Funktionen in zwei Variablen auf, um uns darüber klar zu werden und sie darzustellen:

$F_2^0 = 0$	gewöhnliche Form,
$F_2^1 = \bar{a} \cdot \bar{b}$ Operation $\downarrow$ oder $(\overline{a \dotplus b})$	Funktion von Peirce oder inklusive inverse Funktion,
$F_2^2 = \bar{a} \cdot b$	Funktion des indirekten Durchschnitts,
$F_2^3 = \bar{a} \cdot \bar{b} \dotplus \bar{a} \cdot b = \bar{a}$ Operation der Negation $(\bar{a})$	Negation oder Komplement (quasi-gewöhnliche Form),
$F_2^4 = a \cdot \bar{b}$	Funktion des indirekten Durchschnitts,
$F_2^5 = \bar{a} \cdot \bar{b} \dotplus a \cdot \bar{b} = \bar{b}$ Operation der Negation $(\bar{b})$	Negation oder Komplement (quasi-gewöhnliche Form),
$F_2^6 = \bar{a} \cdot b \dotplus a \cdot \bar{b}$ Operation $(a \oplus b)$	Funktion der disjunktiven Summe (manchmal Differenz genannt),
$F_2^7 = \bar{a} \cdot \bar{b} \dotplus \bar{a} \cdot b + a \cdot \bar{b} = \bar{a} \dotplus \bar{b}$ Operation $\mid (a \mid b)$	Funktion von Sheffer oder inverse Durchschnittbildung,
$F_2^8 = a \cdot b$	Funktion des direkten Durchschnitts (oder logisches Produkt),
$F_2^9 = \bar{a} \cdot \bar{b} \dotplus a \cdot b$ Operation $(\overline{a \oplus b})$	disjunktive inverse Funktion (manchmal Gleichheit genannt),
$F_2^{10} = \bar{a} \cdot b \dotplus a \cdot b = b$	quasi-gewöhnliche Form,
$F_2^{11} = \bar{a} \cdot \bar{b} \dotplus \bar{a} \cdot b \dotplus a \cdot b = \bar{a} \dotplus b$ Operation $a \dot{\subset} b$	Funktion der Implikation,
$F_2^{12} = a \cdot \bar{b} \dotplus a \cdot b = a$	quasi-gewöhnliche Form,

$F_2^{13} = \overline{a} \cdot \overline{b} \dotplus a \cdot \overline{b} \dotplus a \cdot b = a \dotplus \overline{b}$ Operation $b \,\dot{\subset}\, a$ — Funktion der Implikation,

$F_2^{14} = \overline{a} \cdot b \dotplus a \cdot \overline{b} \dotplus a \cdot b = a \dotplus b$ — inklusive Funktion (oder logische Summe),

$F_2^{15} = 1$ — gewöhnliche Form.

Bemerkung: Wir haben bereits früher gesehen (Kapitel 3.1.6.5 und Kapitel 4.6), daß die Operation $a \,\dot{\subset}\, b$ der Relation der Inklusion entspricht; die Funktionen F_2^{11} und F_2^{13} werden Funktionen der *Implikation* genannt, F_2^{14} heißt *inklusive* Funktion (inklusive Summe oder logische Summe), als Entsprechung zum inklusiven *oder* (und/oder).

Man stellt fest, daß jede von einer anderen durch die Operation „$\overline{}$" (Negation) abgeleitete Funktion „inverse Funktion" genannt wird.

6.10. Die Operation der disjunktiven Summe und die Operation von Sheffer

Auf Grund der Ergebnisse des Abschnitts 6.9 kamen wir auf gewisse Operationen der Mengenalgebra zurück.

A. Aus der Tabelle heben wir besonders die Funktion der disjunktiven Summe hervor, die wie folgt bezeichnet ist:

$$a \oplus b .$$

Sie entspricht im Euler-Venn-Diagramm (Bild 6.5) dem in einer Menge A und einer Klasse B enthaltenen Bereich, jedoch außer dem gemeinsamen Gebiet.

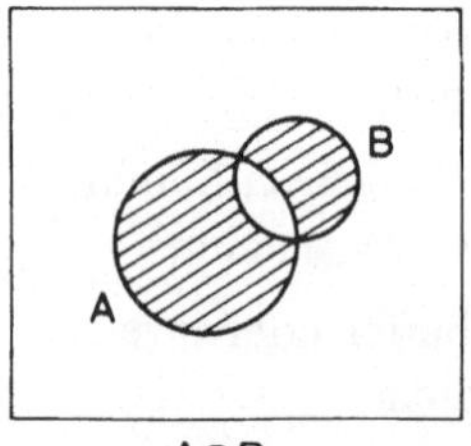

Bild 6.5

Man sieht sofort, daß

$$A \oplus B = (\overline{A} \cap B) \cup (A \cap \overline{B})$$

gilt, woraus hinsichtlich der numerischen binären Variablen folgt:

$$(a \oplus b) = \overline{a} \cdot b \dotplus a \cdot \overline{b} .$$

Stellen wir für diese Funktion eine Boolesche Tabelle auf:

a	b	$\bar{a}$	$\bar{b}$	$\bar{a} \cdot b$	$a \cdot \bar{b}$	$a \oplus b$
0	0	1	1	0	0	0
0	1	1	0	1	0	1
1	0	0	1	0	1	1
1	1	0	0	0	0	0

$\oplus$	0	1
0	0	1
1	1	0

Daraus ergibt sich sofort die Operationstafel der disjunktiven Summe:

$$0 \oplus 0 = 0$$
$$0 \oplus 1 = 1$$
$$1 \oplus 0 = 1$$
$$1 \oplus 1 = 0 .$$

Bemerkung: Die arithmetische Addition der binären Zahlen ergibt

$$0 + 0 = 0, \quad 0 + 1 = 1, \quad 1 + 0 = 1, \quad 1 + 1 = 10 .$$

Mit Hilfe der disjunktiven Summe kann man also das Ergebnis erhalten; im vierten Fall ist jedoch auf den *Bezug* auf Einheiten höherer Ordnung zu achten.

Der Leser mag nachprüfen, daß die disjunktive Summe nicht dem Distributivgesetz bzgl. des Durchschnitts genügt:

$$A \oplus (B \cap C) \neq (A \oplus B) \cap (A \oplus C) .$$

Ohne Schwierigkeiten läßt sich die Funktion der inversen disjunktiven Summe definieren:

$$\begin{aligned} \overline{A \oplus B} &= \overline{(A \cap \bar{B}) \cup (\bar{A} \cap B)} = (\bar{A} \cup B) \cap (A \cup \bar{B}) \\ &= (\bar{A} \cap A) \cup (\bar{A} \cap \bar{B}) \cup (B \cap A) \cup (B \cap \bar{B}) \\ &= (\bar{A} \cap \bar{B}) \cup (B \cap A) . \end{aligned}$$

Bezüglich der binären Werte ergibt sich

$$\overline{a \oplus b} = \bar{a} \cdot \bar{b} \dotplus a \cdot b .$$

Nimmt man als Grundoperation die disjunktive Summe und eine andere Operation, z.B. den Durchschnitt, so ist es möglich, die anderen Operationen aus der Tabelle in Abschnitt 6.9 zu finden, z.B. die Vereinigung und die Negation.

Betrachten wir also die Operation $\oplus$; es gilt:

$$1 \oplus A = \bar{A} .$$

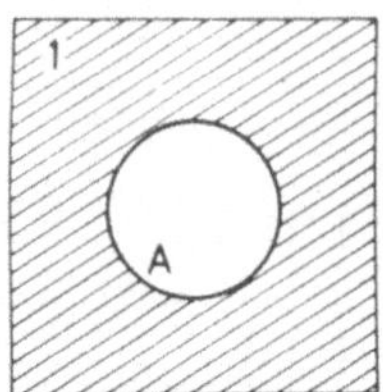

Bild 6.6

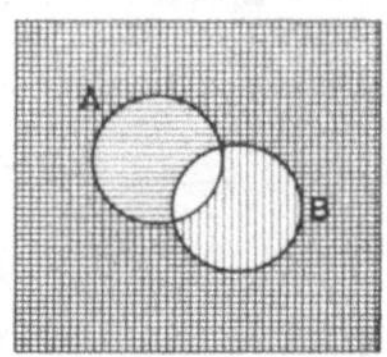

Bild 6.7

Diese Gleichheit läßt sich sofort mit Hilfe des Euler-Venn-Diagramms nachprüfen, denn der gemeinsame Teil der Grundmengen 1 und A ist genau A; indem man diesen gemeinsamen Teil ausschließt, erhält man all das, was nicht in A liegt (Bild 6.6).

Betrachten wir unter diesen Voraussetzungen die folgende Funktion, in der nur die Operationen $\oplus$ und $\cap$ vorkommen:

$$1 \oplus [(1 \oplus A) \cap (1 \oplus B)] .$$

Wir erhalten

$$(1 \oplus A) \cap (1 \oplus B) = \overline{A} \cap \overline{B} ,$$

d.h. im Euler-Venn-Diagramm (Zeichnung 6.7) alles außerhalb des Umfangs von (A, B).

Es läßt sich nun schreiben:

$$1 \oplus [\overline{A} \cap \overline{B}] = \overline{\overline{A} \cap \overline{B}} ;$$

wir erhalten schließlich alles innerhalb des Umfangs von (A, B), d.h. auf Grund der Definition: $A \cup B$.

B. Letztlich ist noch eine weitere Operation interessant, die Operation von Sheffer. Diese Operation, auch inverse Durchschnittbildung oder Kontradiktion genannt, wird folgendermaßen definiert:

$$A|B = \overline{A} \cup \overline{B} \quad \text{oder} \quad \overline{A \cap B} ;$$

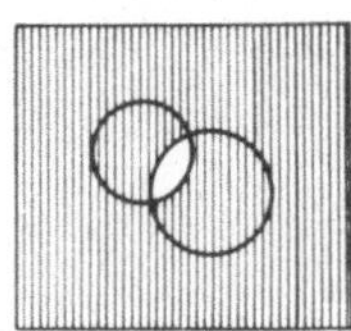

$A|B$ = schraffierte Fläche

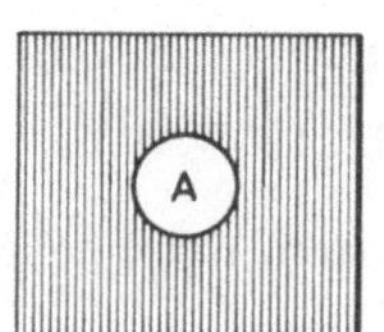

$A|A = \overline{A}$

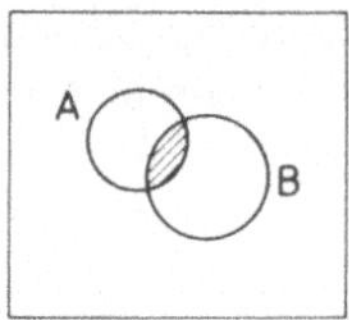

$\overline{A|B} = A \cap B$

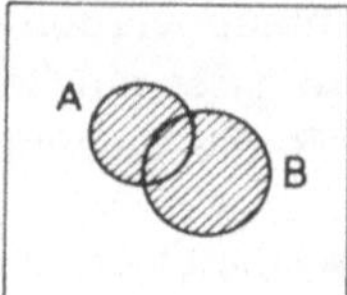

$\overline{A}|\overline{B} = A \cup B$

Bild 6.8

wir könnten sie hingegen auch im Euler-Venn-Diagramm (Bild 6.8) als Operation definieren, die A und B all die nicht gemeinsamen Elemente von A und B zuordnet.

Es ist also leicht, die Negation mit $\overline{A|A}$, den Durchschnitt mit $\overline{A|B}$ und schließlich die Vereinigung mit $\overline{A}|\overline{B}$ zu definieren.

Wir stellen fest, daß uns die Operation von Sheffer erlaubt, die anderen Operationen der Booleschen Algebra zu bekommen.

6.11. Axiomatik der Booleschen Algebra

1904 stellte *Huntington* eine erste Axiomatik der Booleschen Algebra auf und fand heraus, daß sechs unabhängige Postulate notwendig sind, um sie aufzubauen, ausgehend von einer Klasse H von beliebigen Objekten und von den zwei Operationen der logischen Summe und des logischen Produkts (jede durch eine Operationstafel definiert).

Postulat 1: Liegen zwei Elemente A und B in der Klasse H:

1.a) Das Element $A \cup B$ befindet sich in der Klasse H.

1.b) Das Element $A \cap B$ befindet sich in der Klasse H.

Postulat 2:

2.a) Es gibt immer ein Element 0, so daß $A \cup 0 \equiv a$ für jedes Element aus H ist.

2.b) Es gibt immer ein Element 1, so daß $A \cap 1 \equiv A$ für jedes Element aus H ist.

Postulat 3: Liegen A und B in H:

3.a) Die logische Summe ist kommutativ: $A \cup B \equiv B \cup A$.

3.b) Das Produkt ist kommutativ: $A \cap B \equiv B \cap A$.

Postulat 4: Es seien A, B, C aus H:

4.a) Die logische Summe ist distributiv bzgl. des Produkts:

$$A \cup (B \cap C) \equiv (A \cup B) \cap (A \cup C).$$

4.b) Das logische Produkt ist distributiv bzgl. der logischen Summe:

$$A \cap (B \cup C) \equiv (A \cap B) \cup (A \cap C).$$

Postulat 5: Falls die Elemente 0 und 1 existieren und eindeutig sind, existiert zu jedem Element A ein Element $\overline{A}$, so daß gilt:

$$A \cup \overline{A} \equiv 1 \qquad \text{und} \qquad A \cap \overline{A} \equiv 0.$$

Postulat 6: Es gibt mindestens zwei Elemente in H, 0 und 1.

Diese Postulate lassen sich leicht am Euler-Venn-Diagramm nachprüfen. Wir kommen hier nicht mehr auf diese Frage zurück, da wir sie bereits in den Kapiteln 1 und 3 behandelt haben.

Es sei uns hingegen erlaubt, darauf hinzuweisen, daß die Tabelle der wichtigen Eigenschaften in Kapitel 3 wie folgt den jetzigen Postulaten entspricht:

	Zeile	Spalte	Zeile	Spalte
Postulat 2.	2a → V	1	2b → IV	2
Postulat 3.	3a → I	1	3b → I	2
Postulat 4.	4a → III	2	4b → III	1
Postulat 5.	5a → VI	1	5b → VI	2

(Die Klassifikation der Tafel der Eigenschaften war beliebig bzgl. der gewählten Spalten.)

Die Postulate 1 und 6 sind mit den in Kapitel 3 gegebenen Definitionen identisch.

Etwas später, um 1913, zeigte *Sheffer,* daß fünf Postulate zur Definition der Booleschen Struktur genügen, einzig aus der Operation von Sheffer lassen sich alle anderen ableiten.

Die Tatsache, daß man zum Aufbau der Booleschen Algebra zunächst von den Operationen $\dotplus$, $\cdot$ und $\overline{}$ ausging, rührt daher, daß durch die Schalttechnik zu jener Zeit diese Operationen leicht realisierbar waren. Es läßt sich nicht daran zweifeln, daß, wenn in Zukunft neue Techniken eine einfachere Darstellung von anderen Grundoperationen zulassen, diese an Stelle der traditionellen Operation gewählt werden können.

Wir haben gesehen, daß es die Operationen der disjunktiven Summe und des Durchschnitts erlaubten, alle anderen Operationen zu definieren. Dasselbe gilt für die folgenden Paare:

Implikation $a \dot{\subset} b$	$a \dotplus b = \bar{a} \dot{\subset} b$
Negation $\bar{a}$	$a \cdot b = \overline{\bar{a} \dot{\subset} b}$
(Bezeichnung von Frege)	
Operation von Peirce[1]) $a \downarrow b$	$a \dotplus b = \overline{a \downarrow b}$
Negation	$a \cdot b = \bar{a} \downarrow \bar{b}$
Operation von Sheffer $a \mid b$	$a \dotplus b = \bar{a} \mid \bar{b}$
Negation	$a \cdot b = \overline{a \mid b}$

Verschiedene andere Versuche verdanken wir *Brentano* (Negation, Durchschnitt), *Russell* (Negation, Vereinigung) und *Hilbert* (inverse disjunktive Summe, disjunktive Summe oder Implikation, Durchschnitt), die beiden letzten Systeme von *Hilbert* beziehen sich übrigens auf andere Interessensgebiete.

Wir werden auf die Operation von Peirce und Sheffer zurückkommen.

---

[1]) Wir haben bereits gesehen, daß allein die Operation von Sheffer gestattet, alle anderen Operationen, jedoch ohne die Negation, zu erhalten:

$$\bar{a} = a \mid a, \quad a \dotplus b = \bar{a} \mid \bar{b}, \quad a \cdot b = \overline{a \mid b}.$$

Wir werden später sehen, daß das ebenfalls für die Operation von Peirce gilt.

6.12. Übungen

1. Prüfen Sie mit Hilfe einer Wertetafel nach, daß gilt:

$$(A \cap B) \cup C = (A \cup C) \cap (B \cup C).$$

2. Beweisen Sie erneut die Relationen aus Übung Nr.1 von Kapitel III, indem Sie die Wertetafel benutzen.

3. Mit Hilfe der Booleschen Tabelle bringen Sie die Funktion:

$$\varphi = x \cdot y \dotplus \overline{x} \cdot z \dotplus y \cdot z$$

auf beide Normalformen.

4. Bringen Sie die Funktion:

$$\varphi = \overline{x} \cdot y \dotplus w \cdot y \cdot z \dotplus w \cdot x$$

auf beide Normalformen unter Benutzung der Booleschen Tabelle.

5. Man betrachtet die folgenden Paare von Operationen:

Implikation $\dot{\subset}$ und Negation $\overline{}$;

Operation von Peirce $\downarrow$ und Negation $\overline{}$;

Operation von Sheffer $|$ und Negation $\overline{}$;

Zeigen Sie, daß man von einem Paar ausgehend auf jeden Fall alle anderen Operationen bekommen kann.

6. Ist die Operation $\oplus$ distributiv bzgl. des Durchschnitts, d.h.: kann man schreiben

$$A \oplus (B \cap C) = (A \oplus B) \cap (A \oplus C)\,?$$

Ist der Durchschnitt bzgl. der disjunktiven Summe distributiv:

$$A \cap (B \oplus C) = (A \cap B) \oplus (A \cap C)\,?$$

7. Zeigen Sie, daß gilt:

a) $\overline{A} \oplus \overline{B} = A \oplus B$,

b) $\overline{A \oplus B} = A \oplus \overline{B} = \overline{A} \oplus B$.

Die Operation $A \oplus B$ ist assoziativ, zeigen Sie:

$$\begin{aligned}\overline{A_1 \oplus A_2 \oplus A_3 \oplus \ldots \oplus A_n} &= \overline{A}_1 \oplus A_2 \oplus A_3 \oplus \ldots \oplus A_n \\ &= A_1 \oplus \overline{A}_2 \oplus A_3 \oplus \ldots \oplus A_n \\ &\ldots\ldots\ldots\ldots\ldots\ldots \\ &= A_1 \oplus A_2 \oplus A_3 \oplus \ldots \oplus \overline{A}_n\end{aligned}$$

und beweisen Sie, daß in allgemeiner Form gilt:[1])

$$\begin{aligned}\overline{A_1 \oplus A_2 \oplus \ldots \oplus A_n} &= (\overline{A}_k) \oplus (\delta_{i \neq k} A_i)\\ &= (\overline{A}_k \oplus \overline{A}_l \oplus \overline{A}_m) \oplus (\delta_{i \neq k, l, m} A_i)\\ &= (\overline{A}_{i_1} \oplus \overline{A}_{i_2} \oplus \ldots \oplus \overline{A}_{i_{2k+1}}) \oplus (\delta_{i \neq i_1, \ldots, i_{2k+1}} A_i),\end{aligned}$$

wobei die Anzahl der Terme $\overline{A}_i$ ungerade ist.

8. Welchen Bedingungen müssen A, B, C genügen, damit gilt:

1. $(A|B)|C = A|(B|C)$,

wobei das Symbol | die Operation von Sheffer darstellt?

[1]) Das Symbol δ_i hat für die disjunktive Summe die gleiche Bedeutung wie das Symbol $\underset{i}{\sigma}$ für die Vereinigung.

7. Geometrische Darstellung der Booleschen Funktionen

Nicht erst heute oder vor einigen Jahren wurde die geometrische Darstellung der Booleschen Funktionen entwickelt. Schon 1905 fand *Perrin,* daß diese Methode zum Beispiel im Studium der Weichenstellung bei der Eisenbahn anzuwenden sei.

7.1. Funktionen in zwei Variablen

Erinnern wir uns, daß die Minterme in zwei Klassen A und B ($\overline{A} \cap \overline{B}$, $\overline{A} \cap B$, $A \cap \overline{B}$ und $A \cap B$) im Euler-Venn-Diagramm durch die mit 0, 1, 2, 3 bezeichneten

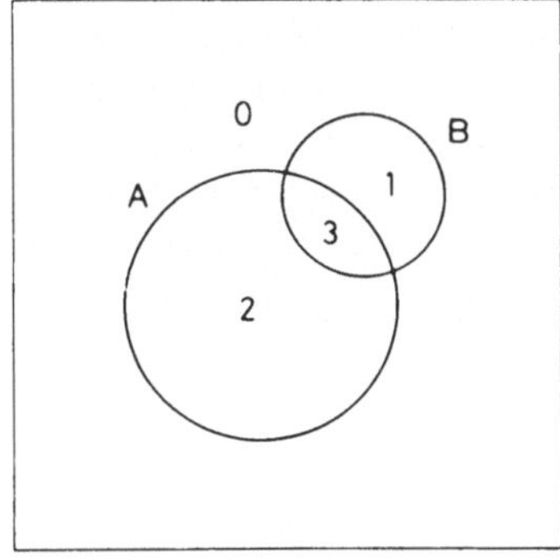

Bild 7.1

Mengen darstellbar sind. Diese Zahlen entsprechen den zu denjenigen binären Zahlen äquivalenten Dezimalzahlen, die man erhält, wenn man in jedem Minterm die Negation einer Variablen durch 0 und die Variablen selbst durch 1 ersetzt.

Minterme	$\overline{A} \cap \overline{B}$	$\overline{A} \cap B$	$A \cap \overline{B}$	$A \cap B$
binäre Zahlen	0 0	0 1	1 0	1 1
Dezimal-zahlen	0	1	2	3
numerische Variablen	$\overline{x}_1 \cdot \overline{x}_2$	$\overline{x}_1 \cdot x_2$	$x_1 \cdot \overline{x}_2$	$x_1 \cdot x_2$

Jeder in einer Funktion mit zwei Variablen A und B vorkommenden Minterme besitzt einen wohlbestimmten Wert, entweder 0 oder 1, denn es ist nicht möglich, bezüglich A und B eine nichtleere Teilmenge eines Minterms zu definieren. Wir stellen die Minterme durch die vier Punkte mit den Koordinaten (0, 0), (0, 1), (1, 0) und (1, 1) in einem rechtwinkligen Koordinatensystem dar, so wie es Bild 7.2 angibt. Eine Funktion ist also durch ihren Wert 0 oder 1 in jedem dieser vier Punkte definiert.

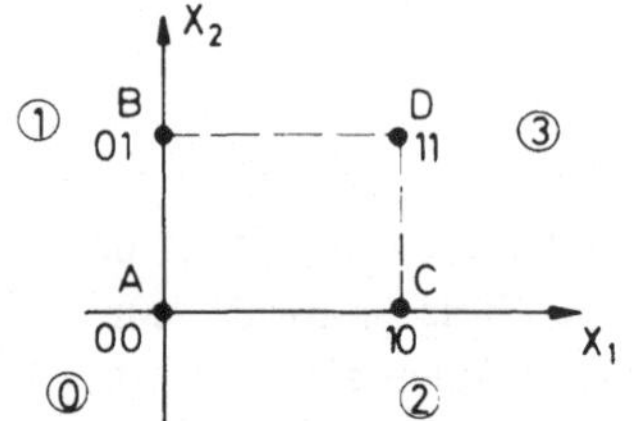

Bild 7.2

Betrachten wir insbesondere die charakteristische Funktion x_1 der Menge A, die als 1 in jedem Punkt von A und als 0 in jedem Punkt von $\overline{A}$ definiert ist; entsprechend sei x_2 die charakteristische Funktion von B. Man sieht leicht, daß x_1 und x_2 als Wert in einem Punkt die erste bzw. die zweite Koordinate dieses Punktes besitzen.

Ein Minterm wie $\overline{A} \cap \overline{B}$ wird nach Definition durch einen der vier Punkte dargestellt, hier durch (0, 0). Andererseits ist seine charakteristische Funktion, die nach den Ergebnissen von Abschnitt 6.2 $\overline{x}_1 \cdot \overline{x}_2$ entspricht, jedoch nur dann gleich 1, wenn $\overline{x}_1 = \overline{x}_2 = 1$, d.h. $x_1 = x_2 = 0$ ist. Man sieht also, daß der einen Minterm darstellende Punkt der Punkt (x_1, x_2) der durch vier Punkte begrenzten Ebene ist, in dem seine charakteristische Funktion gleich 1 ist.

Es sei nun allgemein eine Boolesche Funktion mit zwei Klassen in disjunktiver Normalform gegeben; zur besseren Vorstellung nehmen wir

$$\varphi = m_0 \cup m_1 \cup m_3 .$$

Diese Funktion ist in jedem Punkt gleich 1, oder einer der in φ vorkommenden Minterme ist gleich 1; d.h. in jedem Fall gleich den Punkten (0, 0), (0, 1) und (1, 1). Andererseits entspricht nach Abschnitt 6.3 ihre charakteristische Funktion der logischen Summe der charakteristischen Funktion der in φ auftretenden Minterme, hier:

$$\overline{x}_1 \cdot \overline{x}_2 \dotplus \overline{x}_1 \cdot x_2 \dotplus x_1 \cdot x_2 .$$

Dieser Ausdruck ist in jedem Punkt der Ebene gleich 1, oder einer der drei Terme ist gleich 1, und er ist identisch 0 sonst (hier im Punkt mit $x_1 \cdot \overline{x}_2 = 1$).

Man kann schematisch jede Funktion durch ein Viereck PQRS darstellen, indem man die Eckpunkte, in denen die Funktion gleich 1 ist, in der Zeichnung durch einen etwas dicker gezeichneten kleinen schwarzen Kreis hervorhebt. Um die Darstellung übersichtlicher zu machen, verbindet man jedes Paar von solchen Eckpunkten durch eine durchgezogene Strecke.

Nach der Anzahl der in der disjunktiven Normalform φ auftretenden Minterme erhält man so:

- ein Viereck, in dem kein Eckpunkt durch einen Kreis dargestellt ist ($\varphi = 0$);
- einen durch einen Kreis dargestellten Eckpunkt;
- eine Seite oder eine durchgezogene Diagonale;
- ein durchgezogenes Dreieck;
- ein Viereck mit vier durchgezogenen Seiten ($\varphi = 1$).

Stellen wir eine Tabelle der 16 verschiedenen Funktionen in zwei Variablen auf, in die wir die ihnen entsprechenden geometrischen Figuren einzeichnen.

Bei der Figur ABCD hat man einen Weg gewählt, der zum selben Resultat führt und darin besteht, die Funktionen $\overline{x}_1 \cdot \overline{x}_2$, $\overline{x}_1 \cdot x_2$, $x_1 \cdot \overline{x}_2$ und $x_1 \cdot x_2$ durch die vier Eckpunkte eines zu zwei zueinander senkrecht stehenden und durch den Mittelpunkt gehenden Axen symmetrischen Vierecks darzustellen.

In Bild 7.3 findet man, daß die logische Summe der Elemente folgenden Punkten entspricht:

- zwei nebeneinanderliegende Eckpunkte ergeben eine Seite, die einen Aspekt einer Variablen darstellt;
- zwei nicht nebeneinanderliegende Eckpunkte ergeben eine Diagonale, die eine nicht reduzible Funktion darstellt;
- drei Eckpunkte ergeben ein Dreieck, das die Summe von zwei Aspekten zweier Variabler darstellt;
- vier Eckpunkte ergeben das die Einheit darstellende Viereck.

Es ist ebenso möglich, die logische Summe darzustellen durch

- zwei aufeinanderfolgende Seiten, einem Dreieck, also der Summe von zwei Aspekten zweier Variabler entsprechend;
- zwei gegenüberliegende Seiten, dem Viereck, also der Einheit entsprechend;
- zwei Diagonalen, dem Viereck, also ebenfalls der Einheit entsprechend;
- zwei Dreiecke, dem Viereck, also wieder der Einheit entsprechend.

Im Folgenden wollen wir uns näher mit den Produkten beschäftigen.

Betrachten wir z.B. die Seiten AB und CD; AB stellt $\overline{x}_1$ und CD x_1 dar. Das Produkt der so dargestellten Elemente ergibt: $\overline{x}_1 \cdot x_1 = 0$.

Man findet auf die gleiche Weise, daß das logische Produkt der Elemente folgende Darstellungen haben kann:

- zwei Eckpunkte ergeben 0;
- zwei nebeneinanderliegende Seiten ergeben den gemeinsamen Eckpunkt, also die Darstellung eines Minterms;
- zwei nicht nebeneinanderliegende Seiten ergeben 0;
- zwei Diagonalen ergeben 0;[1])
- zwei Dreiecke ergeben die gemeinsame Seite, also einen Aspekt einer Variablen, oder falls sie eine gemeinsame Diagonale haben, diese Diagonale, d.h. die disjunktive Funktion oder die disjunktive inverse Funktion.

Obwohl es an sich von geringem Interesse ist, untersuchen wir nun eine beliebige Funktion in zwei Variablen, zum Beispiel:

$$\overline{x}_1 \cdot \overline{x}_2 \dotplus \overline{x}_1 \cdot x_2 \dotplus x_1 \cdot x_2 \; ;$$

[1]) Das ist die einzige schwache Stelle bei der geometrischen Darstellung, denn für das logische Produkt, das dem geometrischen Durchschnitt entspricht, muß man sich vorstellen, daß die Diagonalen sich nicht schneiden (tatsächlich schneiden sie sich auch nicht in einem Eckpunkt).

Geometrische Interpretation von Funktionen in zwei Variablen

Nr.	Funktion	Geometrische Figur	Minterme (Eckpunkte)	Geometrisches Element
1	0		–	Nichts
2	$\overline{x}_1 \cdot \overline{x}_2$		0	Eckpunkt
3	$\overline{x}_1 \cdot x_2$		1	Eckpunkt
4	$\overline{x}_1 \cdot \overline{x}_2 \dotplus \overline{x}_1 \cdot x_2 = \overline{x}_1$		$0 \dotplus 1$	Seite
5	$x_1 \cdot \overline{x}_2$		2	Eckpunkt
6	$\overline{x}_1 \cdot \overline{x}_2 \dotplus x_1 \cdot \overline{x}_2 = \overline{x}_2$		$0 \dotplus 2$	Seite
7	$\overline{x}_1 \cdot x_2 \dotplus x_1 \cdot \overline{x}_2 = x_1 \oplus x_2$		$1 \dotplus 2$	Diagonale
8	$\overline{x}_1 \cdot x_2 \dotplus \overline{x}_1 \cdot \overline{x}_2 \dotplus x_1 \cdot \overline{x}_2 = \overline{x}_1 \dotplus \overline{x}_2$		$0 \dotplus 1 \dotplus 2$	Dreieck
9	$x_1 \cdot x_2$		3	Eckpunkt
10	$\overline{x}_1 \cdot \overline{x}_2 \dotplus x_1 \cdot x_2 = \overline{x_1 \oplus x_2}$		$0 \dotplus 3$	Diagonale
11	$\overline{x}_1 \cdot x_2 \dotplus x_1 \cdot x_2 = x_2$		$1 \dotplus 3$	Seite
12	$\overline{x}_1 \cdot \overline{x}_2 \dotplus \overline{x}_1 \cdot x_2 \dotplus x_1 \cdot x_2 = \overline{x}_1 \dotplus x_2$		$0 \dotplus 1 \dotplus 3$	Dreieck
13	$x_1 \cdot \overline{x}_2 \dotplus x_1 \cdot x_2 = x_1$		$2 \dotplus 3$	Seite
14	$\overline{x}_1 \cdot \overline{x}_2 \dotplus x_1 \cdot \overline{x}_2 \dotplus x_1 \cdot x_2 = x_1 \dotplus \overline{x}_2$		$0 \dotplus 2 \dotplus 3$	Dreieck
15	$\overline{x}_1 \cdot x_2 \dotplus x_1 \cdot \overline{x}_2 \dotplus x_1 \cdot x_2 = x_1 \dotplus x_2$		$1 \dotplus 2 \dotplus 3$	Dreieck
16	$\overline{x}_1 \cdot \overline{x}_2 \dotplus \overline{x}_1 \cdot x_2 \dotplus x_1 \cdot \overline{x}_2 \dotplus x_1 \cdot x_2 = 1$		$0 \dotplus 1 \dotplus 2 \dotplus 3$	Quadrat

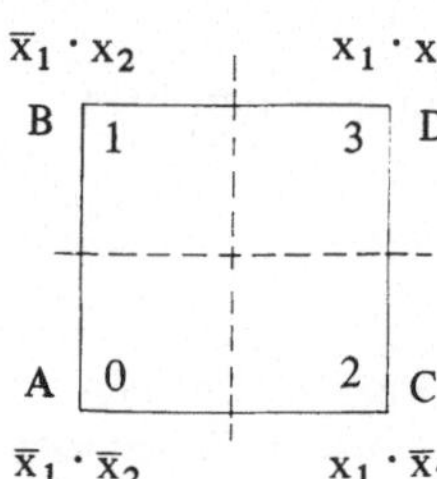

Bild 7.3

Bemerkung: Bei den 16 Figuren gibt es nur 6 Kategorien: Nichts, Eckpunkt, Seite, Diagonale, Dreieck, Quadrat.

sie wird durch eine der folgenden geometrischen Figuren dargestellt (Bild 7.4):

- die drei Eckpunkte 0, 1, 3;
- den Eckpunkt 1 und die Diagonale $0 \dotplus 3$;
- die beiden Seiten $0 \dotplus 3$ und $1 \dotplus 3$;
- das Dreieck (0, 1, 3).

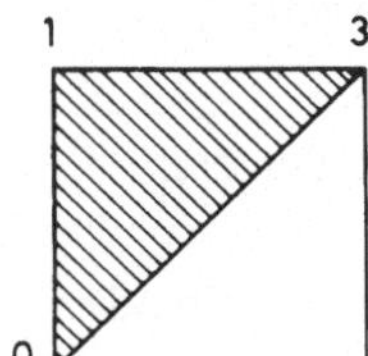

Bild 7.4

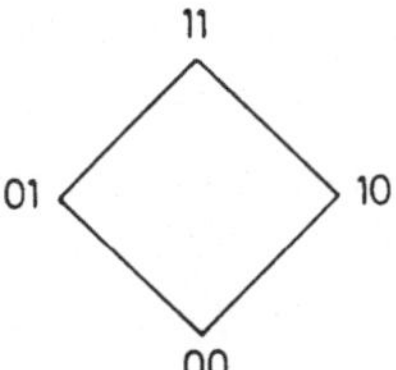

Bild 7.5

Man sieht *ohne Berechnung,* daß diese letzte Figur dem einfachen Ausdruck $\overline{x}_1 \dotplus x_2$ entspricht.

Bemerkung: Manchmal stellt man die die Booleschen Funktionen übertragenden Figuren dar, indem man eine Hierarchie des Rangs berücksichtigt (die Bedeutung dieses Begriffs werden wir später erläutern), der in ihrem binären Index enthaltenen Zahl 1 entsprechend.

Eine Darstellung des Vierecks, die dieser Forderung entspricht, führt zu Bild 7.5.

7.2. Funktionen in drei Variablen

So wie eine geometrische Figur mit vier Eckpunkten genügte, um die vier Minterme einer Funktion in zwei Variablen darzustellen, so benötigt man acht Eckpunkte, z.B. einen Würfel, zur Darstellung der $2^3 = 8$ Minterme einer Funktion in drei Variablen.

Zum leichteren Verständnis haben wir in Bild 7.6 zwei Würfel angegeben, von denen einer die Bezeichnung der durch seine Eckpunkte und Seitenflächen, der andere

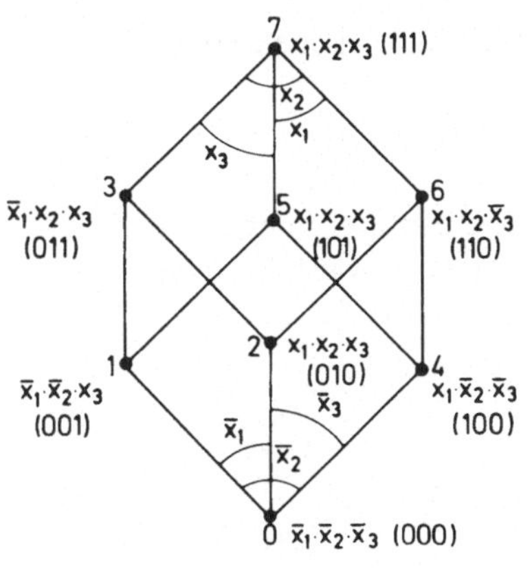

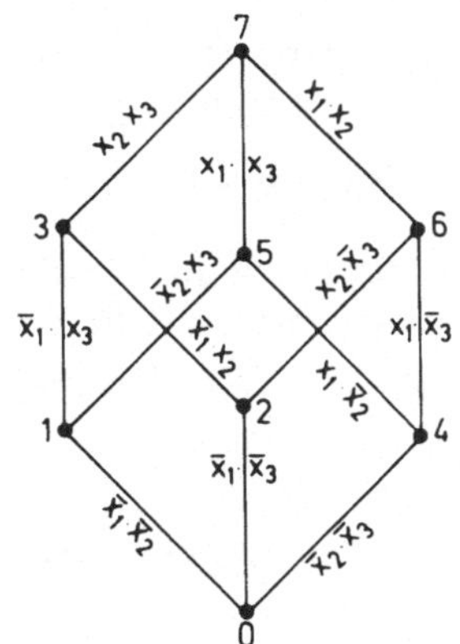

Bild 7.6

die der durch seine Kanten dargestellten Elemente trägt. Wohlgemerkt befinden sich die $256 = 2^{(2^3)}$ verschiedenen Funktionen in drei Variablen in dem dargestellten Würfel.

In der folgenden Aufstellung wird man erkennen, daß die wichtigsten Elemente folgende sind:

- die Seitenfläche, die eine Variable oder ihre Negation darstellt;
- die Kante, die das Produkt von zwei Aspekten zweier Variabler darstellt;
- der Eckpunkt, der einen Minterm darstellt (drei Aspekte);
- die Diagonale der Seitenfläche, die eine Funktion mit fünf Aspekten der drei Variablen darstellt;
- die Diagonale des Würfels, die eine sechs Aspekte der drei Variablen enthaltende Funktion darstellt.

Es handelt sich um diejenigen Elemente, die sehr häufig in der Darstellung der Funktionen in drei Variablen erscheinen.

Die logische Summe der zwei sich schneidenden Seitenflächen entsprechenden Funktionen ist gleich der Summe der zwei Aspekte zweier Variabler (gerades dreieckiges Prisma); das Produkt der zwei sich schneidenden Seitenflächen entsprechenden Funktionen ist das Produkt der zwei Aspekte von zwei Variablen (Würfelkante). Die logische Summe der zwei sich nicht schneidenden Seitenflächen entsprechenden Funktionen ergibt 1 (den Würfel); ihr Produkt ist gleich 0.

Ein Eckpunkt kann als Durchschnitt von drei Seitenflächen, einer Seitenfläche und einer Kante oder von drei Kanten usw. angesehen werden.

Man könnte verkürzend schreiben: Die logische Summe zweier sich treffender Elemente ist gleich der Summe ihrer algebraischen Ausdrücke, das Produkt zweier sich treffender Elemente ist gleich dem Ausdruck ihres Durchschnitts.

Man findet 22 Arten verschiedener Figuren unter den 256, die 256 Booleschen Funktionen darstellend. Die vollständige Tabelle, die wir angeben, beinhaltet 22 Kategorien, gibt jeder einen ihr entsprechenden Namen und gibt in einem speziellen Fall sowohl die geometrische Darstellung als auch den entsprechenden Booleschen Ausdruck an (Tabelle Seiten 126 und 127).

Eine Funktion in drei Variablen kann auf Grund der geometrischen Darstellung vereinfacht werden. Gegeben ist zum Beispiel

$$\Phi = \overline{x}_1 \cdot x_2 \cdot \overline{x}_3 \dotplus \overline{x}_1 \cdot x_2 \cdot x_3 \dotplus x_1 \cdot x_2 \cdot \overline{x}_3 \, .$$

Diese Funktion wird a priori durch die logische Summe der den drei Eckpunkten 2, 3 und 6 zugeordneten Funktionen dargestellt; man kann sie jedoch wie folgt betrachten:

a) als Summe der Kante 2–3 und des Punktes 6:

$$\overline{x}_1 \cdot x_2 \dotplus x_1 \cdot x_2 \cdot \overline{x}_3 \, ;$$

oder der Kante 2–6 und des Punktes 3:

$$x_2 \cdot \overline{x}_3 \dotplus \overline{x}_1 \cdot x_2 \cdot x_3 \, ;$$

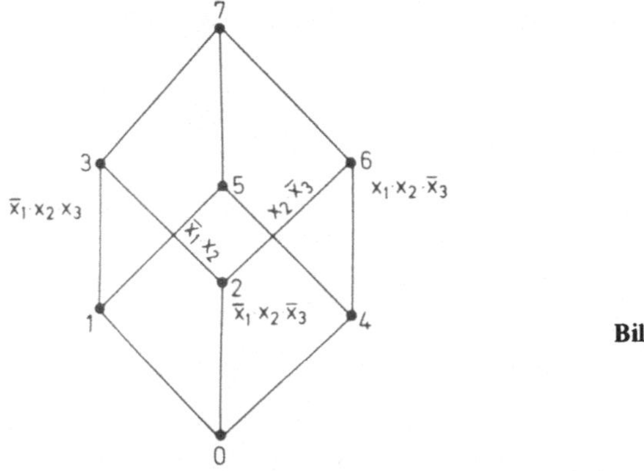

Bild 7.7

b) als Summe der beiden Kanten 2–3 und 2–6:

$\overline{x}_1 \cdot x_2 \dot{+} x_2 \cdot \overline{x}_3$;

c) als Durchschnitt (Produkt) einer Seitenfläche (2–3–6–7) mit dem durch die Summe der Seitenflächen (0–1–2–3) und (0–2–4–6) gebildeten Raumwinkels:

$x_2(\overline{x}_1 \dot{+} \overline{x}_3)$.

Die Reduktion der Ausdrücke 1 und 2 führt ebenfalls zu $x_2 \cdot (\overline{x}_1 \dot{+} \overline{x}_3)$; man sieht also, daß man auch ohne Berechnung zu der reduzierten Form gelangen kann.

7.3. Funktionen in vier Variablen

Bei vier Variablen benötigt man eine Figur mit $2^4 = 16$ Eckpunkten, die $2^{(2^4)} = 65\,536$ verschiedene Funktionen darstellen. Die Figur ist also ein vierdimensionaler Würfel, der wohl dargestellt werden kann und auch im Plan benutzt wird.

Man zählt 402 Klassen[1]) von Funktionen, die 402 geometrischen Figuren entsprechen, wobei die 0 und der gesamte Würfel eingeschlossen sind.

Zu bemerken ist, daß das Viereck, das eine Funktion in zwei Variablen darstellt, drei Rangordnungen besitzt, der Funktionen in drei Variablen darstellende Würfel besitzt hingegen vier, der Funktionen in vier Variablen entsprechende Würfel besitzt 5.

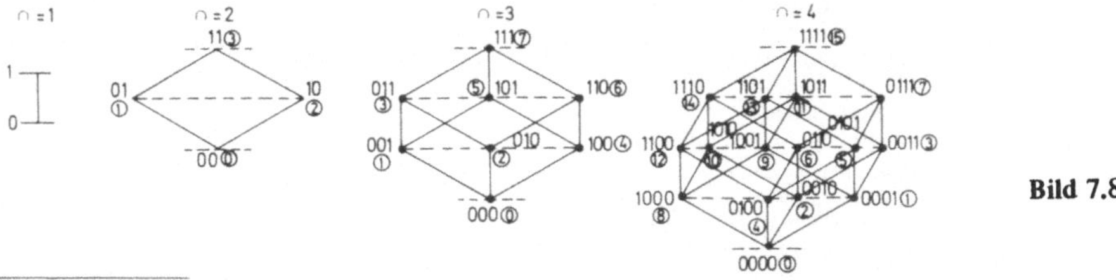

Bild 7.8

1) Die Anzahl der Klassen von Funktionen, die den geometrischen Figuren entsprechen beträgt 6 bei 2 Variablen, 22 bei 3 Variablen, 402 bei 4 Variablen. Man weiß, daß es schon 1 228 158 bei 5 Variablen und 400 507 806 843 728 bei 6 Variablen sind, obwohl man keine allgemeine Formel für ihre Bestimmung kennt.

Die 22 Klassen der repräsentativen geometrischen Figuren der 256 Funktionen in drei Variablen

Kategorie	enthaltene Figur	Anzahl der entsprechenden Figuren	Name der geometrischen Figuren	geometrische Darstellung (Beispiel)	Boolesche Form (Beispiel)	Nr.
A	Nichts	$C_2^0\, n = C_8^0 = 1$	Nichts		0	1
B	1 Eckpunkt	$C_8^1 = 8$	8 Eckpunkte	Eckpunkt 1 	$\bar{x}_1 \cdot \bar{x}_2 \cdot x_3$	2
C	2 Eckpunkte	$C_8^2 = 28$	a) 12 Kanten (Seiten) des Würfels	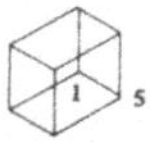 Kante 1–5	$\bar{x}_1 \cdot \bar{x}_2 \cdot x_3 \dot{+} x_1 \cdot \bar{x}_2 \cdot x_3$ $= \boxed{\bar{x}_2 \cdot x_3}$	3
			b) 12 Seitenflächendiagonalen	Diagonale der Seite 1–7 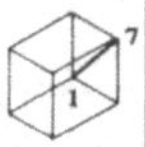	$\bar{x}_1 \cdot \bar{x}_2 \cdot x_3 \dot{+} x_1 \cdot x_2 \cdot x_3$ $= \boxed{(\bar{x}_1 \cdot \bar{x}_2 \dot{+} x_1 \cdot x_2) \cdot x_3}$	4
			c) 4 Würfeldiagonalen	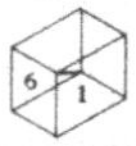 Diagonale des Würfels 1–6	$\boxed{\bar{x}_1 \cdot \bar{x}_2 \cdot x_3 \dot{+} x_1 \cdot x_2 \cdot \bar{x}_3}$	5
D	3 Eckpunkte	$C_8^3 = 56$	a) 24 rechtwinklige gleichschenklige Dreiecke (oder halbe Seitenflächen des Würfels).	Dreieck 1–5–7 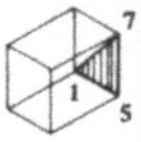	$\bar{x}_1 \cdot \bar{x}_2 \cdot x_3 \dot{+} x_1 \cdot \bar{x}_2 \cdot x_3 \dot{+} x_1 \cdot x_2 \cdot x_3$ $= \boxed{(x_1 \dot{+} \bar{x}_2) \cdot x_3}$	6
			b) 24 rechtwinklige und nicht gleichschenklige Dreiecke (oder halbe Diagonalenebene)	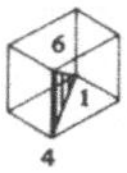 Dreieck 1–4–6	$\bar{x}_1 \cdot \bar{x}_2 \cdot x_3 \dot{+} x_1 \cdot \bar{x}_2 \cdot \bar{x}_3 \dot{+} x_1 \cdot x_2 \cdot \bar{x}_3$ $= \boxed{\bar{x}_1 \cdot \bar{x}_2 \cdot x_3 \dot{+} x_1 \cdot \bar{x}_3}$	7
			c) 8 gleichseitige, durch 2 Diagonalen gebildete Dreiecke	Dreieck 1–2–7 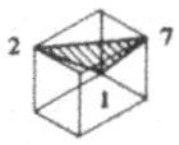	$\bar{x}_1 \cdot \bar{x}_2 \cdot x_3 \dot{+} \bar{x}_1 \cdot x_2 \cdot \bar{x}_3 \dot{+} x_1 \cdot x_2 \cdot x_3$ $= \boxed{\bar{x}_1 \cdot (\bar{x}_2 \cdot x_3 \dot{+} x_2 \cdot \bar{x}_3) \dot{+} x_1 \cdot x_2 \cdot x_3}$	8
E	4 Eckpunkte	$C_8^4 = 70$	a) 8 Seitenflächen des Würfels	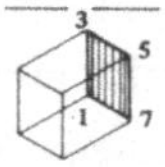 Seite 1–3–5–7	$\bar{x}_1 \cdot \bar{x}_2 \cdot x_3 \dot{+} \bar{x}_1 \cdot x_2 \cdot x_3 \dot{+} x_1 \cdot \bar{x}_2 \cdot x_3$ $\dot{+} x_1 \cdot x_2 \cdot x_3$ $= \boxed{x_3}$	9
			b) 8 rechtwinklige Tetraeder (von den obigen 8 gleichseitigen Dreiecken und dem benachbarten Eckpunkt gebildeten Dreieck)	Tetraeder 0–1–3–5 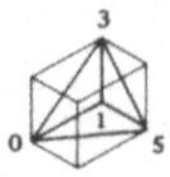	$\bar{x}_1 \cdot \bar{x}_2 \cdot \bar{x}_3 \dot{+} \bar{x}_1 \cdot \bar{x}_2 \cdot x_3 \dot{+} \bar{x}_1 \cdot x_2 \cdot x_3$ $\dot{+} x_1 \cdot \bar{x}_2 \cdot x_3$ $= \boxed{\bar{x}_1 \cdot \bar{x}_2 \dot{+} (\bar{x}_1 \cdot x_2 \dot{+} x_1 \cdot \bar{x}_2) \cdot x_3}$	10
			c) 24 gerade Pyramiden mit einem gleichschenklig rechtwinkligen Dreieck als Basis	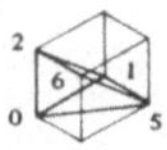 Pyramide 0–2–1–5	$\bar{x}_1 \cdot \bar{x}_2 \cdot \bar{x}_3 \dot{+} \bar{x}_1 \cdot \bar{x}_2 \cdot x_3 \dot{+} \bar{x}_1 \cdot x_2 \cdot \bar{x}_3$ $\dot{+} x_1 \cdot \bar{x}_2 \cdot x_3$ $= \boxed{\bar{x}_1 \cdot \bar{x}_3 \dot{+} \bar{x}_2 \cdot x_3}$	11

Kategorie	enthaltene Figur	Anzahl der entsprechenden Figuren	Zahl der geometrischen Figuren	geometrische Darstellung (Beispiel)	Boolesche Form (Beispiel)	Nr.
			d) 24 schiefe Pyramiden mit einem rechtwinklig gleichschenkligen Dreieck als Basis	Pyramide 0–2–1–7 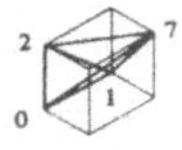	$\bar{x}_1 \cdot \bar{x}_2 \cdot \bar{x}_3 \dot{+} \bar{x}_1 \cdot \bar{x}_2 \cdot x_3 \dot{+} \bar{x}_1 \cdot x_2 \cdot \bar{x}_3$ $\dot{+} x_1 \cdot x_2 \cdot x_3$ $= \boxed{x_1 \cdot x_2 \cdot x_3 \dot{+} \bar{x}_1 \cdot (\bar{x}_2 \dot{+} \bar{x}_3)}$	12
E			e) 6 Diagonalebenen	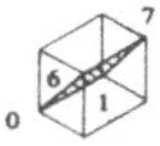 Diagonale der Seitenfläche 0–1–6–7	$\bar{x}_1 \cdot \bar{x}_2 \cdot \bar{x}_3 \dot{+} \bar{x}_1 \cdot \bar{x}_2 \cdot x_3 \dot{+} x_1 \cdot x_2 \cdot \bar{x}_3$ $\dot{+} x_1 \cdot x_2 \cdot x_3$ $= \boxed{\bar{x}_1 \cdot \bar{x}_2 \dot{+} x_1 \cdot x_2}$	13
			f) 2 regelmäßige Tetraeder	Tetraeder 1–2–4–7 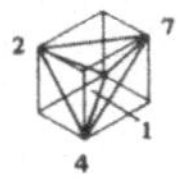	$\bar{x}_1 \cdot \bar{x}_2 \cdot x_3 \dot{+} \bar{x}_1 \cdot x_2 \cdot \bar{x}_3 \dot{+} x_1 \cdot \bar{x}_2 \cdot \bar{x}_3$ $\dot{+} x_1 \cdot x_2 \cdot x_3$ $= \boxed{\bar{x}_1 \cdot (\bar{x}_2 \cdot x_3 \dot{+} x_2 \cdot \bar{x}_3) \dot{+} x_1 \cdot (\bar{x}_2 \cdot \bar{x}_3 \dot{+} x_2 \cdot x_3)}$	14
			a) 24 rechtwinklig quadratische Pyramiden	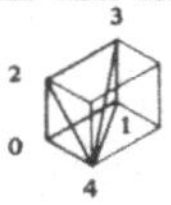 Pyramide 0–1–2–3–4	$\bar{x}_1 \cdot \bar{x}_2 \cdot \bar{x}_3 \dot{+} \bar{x}_1 \cdot \bar{x}_2 \cdot x_3 \dot{+} \bar{x}_1 \cdot x_2 \cdot \bar{x}_3$ $\dot{+} \bar{x}_1 \cdot x_2 \cdot x_3 \dot{+} x_1 \cdot \bar{x}_2 \cdot \bar{x}_3$ $= \boxed{\bar{x}_1 \dot{+} x_1 \cdot \bar{x}_2 \cdot \bar{x}_3}$	15
F	5 Eckpunkte	$C_8^5 = 56$	b) 24 gerade Pyramiden mit einem Rechteck als Basis	Pyramide 1–2–3–4–5 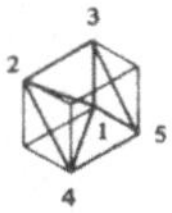	$\bar{x}_1 \cdot \bar{x}_2 \cdot \bar{x}_3 \dot{+} \bar{x}_1 \cdot x_2 \cdot \bar{x}_3 \dot{+} \bar{x}_1 \cdot x_2 \cdot x_3$ $\dot{+} x_1 \cdot \bar{x}_2 \cdot \bar{x}_3 \dot{+} x_1 \cdot \bar{x}_2 \cdot x_3$ $= \boxed{\bar{x}_1 \cdot x_2 \dot{+} \bar{x}_2 \cdot (x_1 \dot{+} x_3)}$	16
			c) 8 fünfeckige Körper, gebildet durch einen regelmäßigen Tetraeder und einen rechtwinkligen Tetraeder	 Körper 0–1–2–4–7	$\bar{x}_1 \cdot \bar{x}_2 \cdot \bar{x}_3 \dot{+} \bar{x}_1 \cdot \bar{x}_2 \cdot x_3 \dot{+} \bar{x}_1 \cdot x_2 \cdot \bar{x}_3$ $\dot{+} x_1 \cdot \bar{x}_2 \cdot \bar{x}_3 \dot{+} x_1 \cdot x_2 \cdot x_3$ $= \boxed{\bar{x}_1 \cdot (\bar{x}_2 \dot{+} \bar{x}_3) \dot{+} \bar{x}_2 \cdot \bar{x}_3 \dot{+} x_1 \cdot x_2 \cdot x_3}$	17
			a) 12 gerade dreiseitige Prismen	Prisma 0–1–2–3–4–5 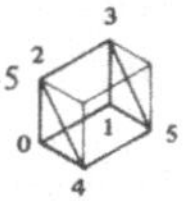	$\bar{x}_1 \cdot \bar{x}_2 \cdot \bar{x}_3 \dot{+} \bar{x}_1 \cdot \bar{x}_2 \cdot x_3 \dot{+} \bar{x}_1 \cdot x_2 \cdot \bar{x}_3$ $\dot{+} \bar{x}_1 \cdot x_2 \cdot x_3 \dot{+} x_1 \cdot \bar{x}_2 \cdot \bar{x}_3 \dot{+} x_1 \cdot \bar{x}_2 \cdot x_3$ $= \boxed{\bar{x}_1 \dot{+} \bar{x}_2}$	18
G	6 Eckpunkte	$C_8^6 = 23$	b) 12 mit Hilfe einer Seitenfläche und der Diagonale der gegenüberliegenden Seite konstruierte Prismen	Prisma 1–2–3–4–5–7 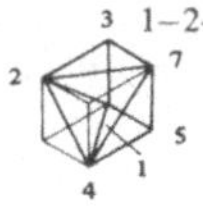	$\bar{x}_1 \cdot \bar{x}_2 \cdot x_3 \dot{+} \bar{x}_1 \cdot x_2 \cdot \bar{x}_3 \dot{+} \bar{x}_1 \cdot x_2 \cdot x_3$ $\dot{+} x_1 \cdot \bar{x}_2 \cdot \bar{x}_3 \dot{+} x_1 \cdot \bar{x}_2 \cdot x_3 \dot{+} x_1 \cdot x_2 \cdot x_3$ $= \boxed{x_3 \dot{+} x_1 \cdot \bar{x}_2 \dot{+} \bar{x}_1 \cdot x_2}$	19
			c) 6 mit Hilfe einer Diagonalebene und einer sie schneidenden Würfeldiagonale konstruierte Prismen	Prisma 0–1–2–5–6–7 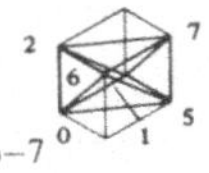	$\bar{x}_1 \cdot \bar{x}_2 \cdot \bar{x}_3 \dot{+} \bar{x}_1 \cdot \bar{x}_2 \cdot x_3 \dot{+} \bar{x}_1 \cdot x_2 \cdot \bar{x}_3$ $\dot{+} x_1 \cdot \bar{x}_2 \cdot x_3 \dot{+} x_1 \cdot x_2 \cdot \bar{x}_3 \dot{+} x_1 \cdot x_2 \cdot x_3$ $= \boxed{\bar{x}_1 \cdot \bar{x}_2 \dot{+} x_2 \cdot \bar{x}_3 \dot{+} x_1 \cdot x_3}$	20
H	7 Eckpunkte	$C_8^7 = 8$	8 siebeneckige Körper (abgestumpfte Würfel)	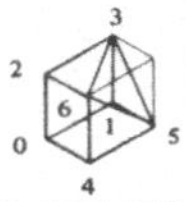 Körper 0–1–2–3–4–5–6	$\bar{x}_1 \cdot \bar{x}_2 \cdot \bar{x}_3 \dot{+} \bar{x}_1 \cdot \bar{x}_2 \cdot x_3 \dot{+} \bar{x}_1 \cdot x_2 \cdot \bar{x}_3$ $\dot{+} x_1 \cdot \bar{x}_2 \cdot x_3 \dot{+} x_1 \cdot \bar{x}_2 \cdot \bar{x}_3 \dot{+} x_1 \cdot \bar{x}_2 \cdot x_3$ $\dot{+} x_1 \cdot x_2 \cdot \bar{x}_3 = \boxed{\bar{x}_1 \dot{+} \bar{x}_2 \dot{+} \bar{x}_3}$	21
I	8 Eckpunkte	$C_8^8 = 1$	1 Würfel	Würfel 0–1–2–3–4–5–6–7–8 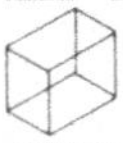	1	22

Diese Tatsache kann durch durch eine Figur schematisiert werden (Bild 7.8), und man stellt fest, daß die Dezimalzahlen der beiden Eckpunkte einer jeden Kante sich nur um 2 unterscheiden können: $2^0 = 1, 2^1 = 2, 2^2 = 4, 2^3 = 8, \ldots$ Man kommt zu einem höheren Rang, indem man in dem der Zahl des Ausgangspunkts entsprechenden binären Ausdruck eine Null durch eine 1 ersetzt, und das bei all den möglichen Positionen; die neue Zahl unterscheidet sich also von der alten durch 2.

Bei den verschiedenen Rangordnungen sind die Zahlen der Eckpunkte durch das Pascalsche Dreieck gegeben (Bild 7.9).

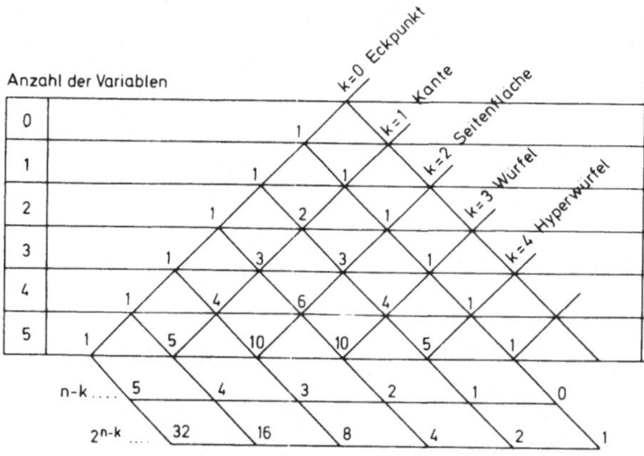

k=0 Eckpunkt, k=1 Kante, k=2 Seitenfläche, k=3 Würfel, k=4 Hyperwürfel

Anzahl der Variablen		2^n Anzahl der Eckpunkte	2^{2^n} Anzahl der Funktionen	n + 1 Anzahl der Ringe
0	1	1		1
1	1 1	2	4	2
2	1 2 1	4	16	3
3	1 3 3 1	8	256	4
4	1 4 6 4 1	16	65 536	5
5	1 5 10 10 5 1	32	$4{,}294 \cdot 10^9$	6

n-k … 5 4 3 2 1 0

2^{n-k} … 32 16 8 4 2 1

Bild 7.9

Es ist nun die Anzahl der Eckpunkte, Kanten, Seitenflächen, Würfeln usw. bzgl. ihrer festen Anzahl von Variablen zu bestimmen. Es gibt insgesamt 2^n Eckpunkte.

Ist n die Anzahl der Variablen, so gehen von jedem Eckpunkt n Kanten aus; es gibt $1 = C_n^n$ Eckpunkte von höherem Rang, C_n^{n-1} Eckpunkte von zweitem Rang usw... bis zu C_n^0. Aber diese Methode führt dazu, jede Kante doppelt zu zählen; man teilt also die erhaltene Gesamtsumme durch 2:

$$\tfrac{1}{2} n\, [C_n^n + C_n^{n-1} + \ldots + C_n^0] = n \cdot 2^{n-1}.$$

Versuchen wir nun, die Seitenflächen aufzuzählen. Sind n Diagonalen gegeben, so zählt man von jedem Eckpunkt ausgehend $\frac{n(n-1)}{2}$ Seitenflächen. Für jede Menge von je vier Eckpunkten zählt man hierbei jedoch jede Seitenfläche vierfach; daraus ergibt sich nun die Gesamtzahl der Seitenflächen:

$$\frac{1}{4}\,\frac{n(n-1)}{2}\,[C_n^n + C_n^{n-1} + \ldots + \ldots] = \frac{n(n-1)}{2} \cdot 2^{n-2}\,.$$

Man sieht, daß für die Anzahl der k = 1, 2, … entsprechenden Elemente gilt:

$$C_n^{n-2} \cdot 2^{n-k} = \frac{n!}{k!(n-k)!} \cdot 2^{n-k}\,.$$

Deshalb hat man die Werte von 2^{n-k} in einer der Zeilen von Bild 7.9 angegeben.

Die Benutzung des Schemas ist einfach. Bestimmen wir einmal die Anzahl der Seitenflächen für n = 4. Sie ergibt sich durch einfaches Ablesen in der schrägen Spalte für k = 2:

$$C_n^{n-2} = C_4^{4-2} = 6$$

und, da $2^{n-k} = 2^2 = 4$,folgt

$$C_n^{n-2} \cdot 2^{n-k} = C_4^{4-2} \cdot 2^2 = 6 \cdot 4 = 24 \text{ Seitenflächen.}$$

Man kann übrigens eine diese Bestimmungen betreffende Tabelle aufstellen. Sie wird durch Angabe der Anzahl der Diagonalen vervollständigt.

k / n	Eckpunkt	Kante	Seitenfläche	Würfel	Hyperwürfel	Seitenflächendiagonale	Würfeldiagonale	Diagonale des Hyperwürfels
	0	1	2	3	4			
0	1							
1	2	1						
2	4	4	1			2		
3	8	12	6	1		12	14	
4	16	32	24	8	1	48	32	8

Es gilt schließlich:

	n = 2	n = 3	n = 4
a) 1 Eckpunkt gehört zu	2 Kanten	3 Kanten	4 Kanten
		3 Seitenflächen	4 Seitenflächen
			4 Würfeln
1 Kante gehört zu		2 Seitenflächen	3 Seitenflächen
			3 Würfeln
			3 Raumwinkeln
1 Seitenfläche gehört zu			2 Würfeln

b) das Komplement von

1 Eckpunkt gehört zu	2 Kanten	3 Seitenflächen	4 Würfeln
1 Kante gehört zu	1 Kante	2 Seitenflächen	3 Würfeln
1 Seitenfläche gehört zu		1 Würfel	2 Würfeln
1 Würfel gehört zu			1 Würfel.

Kommen wir zu den 65 536 verschiedenen Kombinationen der vier Variablen zurück; man hat also:

1 Funktion mit 0 Mintermen	11440 Funktionen mit 9 Mintermen
16 Funktionen mit 1 Minterm	8008 Funktionen mit 10 Mintermen
120 Funktionen mit 2 Mintermen	4368 Funktionen mit 11 Mintermen
560 Funktionen mit 3 Mintermen	1820 Funktionen mit 12 Mintermen
1820 Funktionen mit 4 Mintermen	560 Funktionen mit 13 Mintermen
4368 Funktionen mit 5 Mintermen	120 Funktionen mit 14 Mintermen
8008 Funktionen mit 6 Mintermen	16 Funktionen mit 15 Mintermen
11440 Funktionen mit 7 Mintermen	1 Funktion mit 16 Mintermen
12870 Funktionen mit 8 Mintermen	

Wie oben gezeigt, zerfällt der vierdimensionale Hyperwürfel in 8 Würfel, die wir zum leichteren Verständnis darstellen (Bild 7.10).

4 Variable: $\bar{x}_1, \bar{x}_2, \bar{x}_3, \bar{x}_4$. Zerlegung des Hyperwürfels aus Bild 7.8

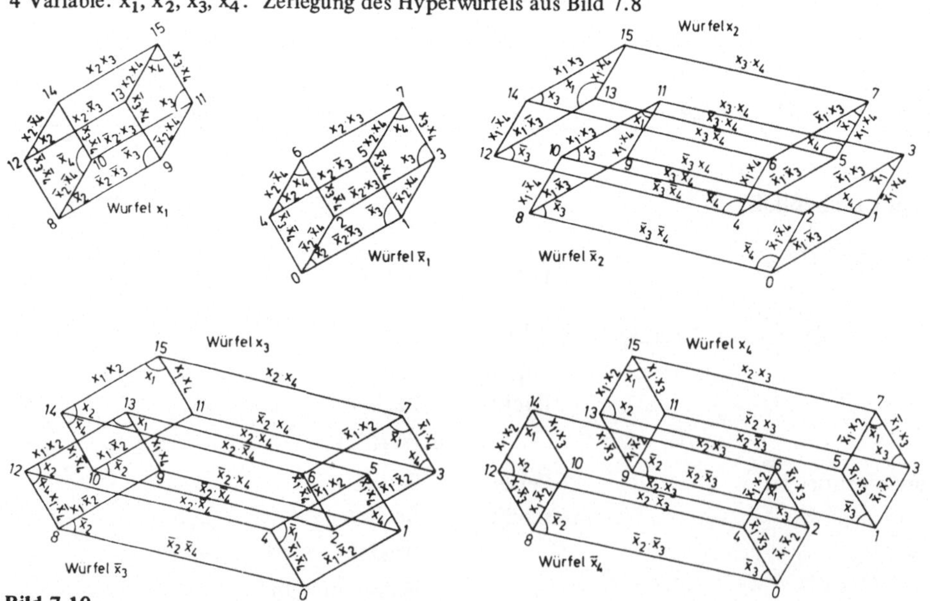

Bild 7.10

Bemerkung. Alle Bezeichnungen sind hier vereinfacht. Zum Beispiel muß im Würfel $\bar{x}_4$ die Kante $\bar{x}_2 \cdot \bar{x}_3$ als $\bar{x}_2 \cdot x_3 \cdot x_4$ (0–8) gelesen werden.

Bemerkung: Die für Funktionen in 2 als auch 3 und 4 Variablen betrachteten geometrischen Figuren haben gezeigt, daß in jedem Fall ein Element größer als alle anderen und ein Element kleiner als alle anderen existiert.

Jedes größere Element ist die logische Summe von zwei Elementen von niedrigerem Rang. Jedes kleinere Element ist das Produkt (der Durchschnitt) von zwei Elementen von höherem Rang. Wir werden diese Begriffe später bei Gittern präzisieren.

Beispiel: Die Zahl 7 schreibt sich vierziffrig im Binärsystem als 0111; sie ist die logische Summe von 0110 (Eckpunkt 6) und 0011 (Eckpunkt 3), denn $0 \dot{+} 1 = 1 \dot{+} 0 = 1 \dot{+} 1 = 1$ und $0 \dot{+} 0 = 0$.

Die Zahl 4 schreibt sich vierziffrig im Binärsystem als 0100; sie ist das Produkt (Durchschnitt) von 1100 (Eckpunkt 12) und 0110 (Eckpunkt 6), denn $1 \cdot 0 = 0 \cdot 1 = 0 \cdot 0 = 0$ und $1 \cdot 1 = 1$; die Elemente in jedem Rang entsprechen sich.

Beispiele zur Vereinfachung von Funktionen in vier Variablen

1. Gegeben sei die Funktion

$$\overline{x}_1 \cdot \overline{x}_2 \cdot \overline{x}_3 \cdot \overline{x}_4 \dot{+} \overline{x}_1 \cdot \overline{x}_2 \cdot \overline{x}_3 \cdot x_4 \dot{+} \overline{x}_1 \cdot x_2 \cdot x_3 \cdot \overline{x}_4 \dot{+} x_1 \cdot x_2 \cdot x_3 \cdot \overline{x}_4 \,.$$

Sie läßt sich durch die logische Summe der Kanten 0–1 und 6–14 darstellen, also

$$\overline{x}_1 \cdot \overline{x}_2 \cdot \overline{x}_3 \dot{+} x_2 \cdot x_3 \cdot \overline{x}_4 \,.$$

2. Gegeben ist die Funktion

$$m_0 \dot{+} m_1 \dot{+} m_2 \dot{+} m_4 \dot{+} m_8 \,.$$

Man stellt fest, daß sie vier zusammenlaufende Kanten (0–1, 0–2, 0–4, 0–8) darstellen können. Es gilt:

$$\begin{aligned} &\overline{x}_1 \cdot \overline{x}_2 \cdot \overline{x}_3 \dot{+} \overline{x}_1 \cdot \overline{x}_2 \cdot \overline{x}_4 \dot{+} \overline{x}_1 \cdot \overline{x}_3 \cdot \overline{x}_4 \dot{+} \overline{x}_2 \cdot \overline{x}_3 \cdot \overline{x}_4 \\ &\quad = \overline{x}_1 \cdot \overline{x}_2 \cdot (\overline{x}_3 \dot{+} \overline{x}_4) \dot{+} \overline{x}_3 \cdot \overline{x}_4 \cdot (\overline{x}_1 \dot{+} \overline{x}_2) \,. \end{aligned}$$

In Bild 7.11 findet man die oben betrachteten Kanten wieder.

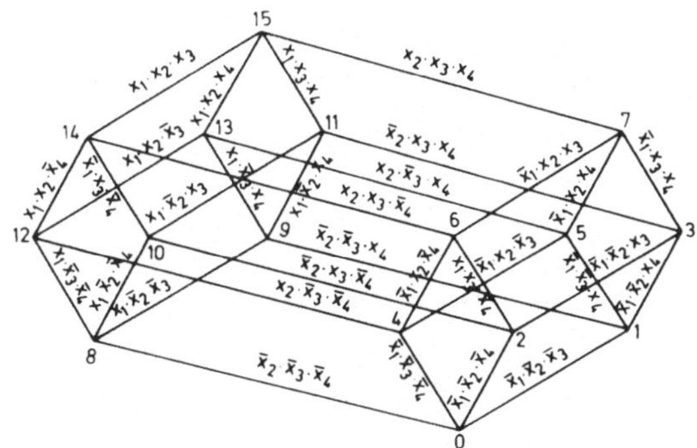

Bild 7.11

7.4. Übungen

1. Vereinfachen Sie folgende Funktion in vier Variablen mit Hilfe des vierdimensionalen Hyperwürfels:

$$\varphi = m_0 \dotplus m_1 \dotplus m_2 \dotplus m_3 \dotplus m_4 \dotplus m_5 \dotplus m_{10} .$$

2. Vereinfachen Sie die Funktion:

$$\varphi = m_0 \dotplus m_1 \dotplus m_2 \dotplus m_3 \dotplus m_4 \dotplus m_{11}$$

in vier Variablen mit Hilfe der Methode des Hyperwürfels.

3. Konstruieren Sie den fünfdimensionalen Körper, der zur geometrischen Darstellung der Funktionen in 5 Variablen dienen kann!

a) In wieviel Hyperwürfel, Würfel kann man diesen Körper zerlegen?

b) Wie sieht das Komplement eines Eckpunkts, einer Kante, einer Seitenfläche, eines Würfels, eines Hyperwürfels aus?

c) Wieviel Elemente aus den Nachfolgern (Kanten, Seitenflächen, Würfeln, Hyperwürfeln) gehören zu einem Eckpunkt, einer Seitenfläche, einem Würfel?

8. Boolesche Gleichungen. Gitter

8.1. Boolesche Gleichungen

8.1.1. Kurze Wiederholung früherer Ergebnisse

Die Boolesche binäre Algebra kann letzten Endes als eine spezielle Algebra angesehen werden, die man auch oft logische Algebra nennt und in der die Zahlenwerte 0 und 1 aus dem Binärsystem stammen. Die Operationen $\dot{+}$ und $\cdot$, jede kommutativ, assoziativ und distributiv bzgl. der anderen, zuzüglich der Negation (–), sind durch folgende Tafeln charakterisiert:

logische Summe (der Vereinigung entsprechend)	*Logisches Produkt* (dem Durchschnitt entsprechend)
$0 \dot{+} 0 = 0$	$0 \cdot 0 = 0$
$0 \dot{+} 1 = 1$	$0 \cdot 1 = 0$
$1 \dot{+} 0 = 1$	$1 \cdot 0 = 0$
$1 \dot{+} 1 = 1$	$1 \cdot 1 = 1$

Negation (oder Komplementbildung)

$$\overline{0} = 1 - 0 = 1 \qquad \overline{1} = 1 - 1 = 0\,.$$

8.1.2. Disjunktive Normalform

Wir wollen die Polynome z in x und y suchen, für die mit $x^2 = x$ und $y^2 = y$ gilt $z^2 = z$.

Da $x^2 = x$ und $y^2 = y$ gilt, kann man nach algebraischer Schlußweise jedes Polynom in x und y auf folgende Form zurückführen:

$$z = A + Bx + Cy + Dxy. \tag{1}$$

Quadriert man, so ergibt sich

$$z^2 = A^2 + B^2x^2 + C^2y^2 + D^2x^2y^2 + 2ABx + 2ACy + 2ADxy + 2BCxy + 2BDx^2y + 2CDxy^2\,.$$

Macht man von der Tatsache Gebrauch, daß $x^2 = x$ und $y^2 = y$ ist, läßt sich dieser Ausdruck wie folgt schreiben:

$$z = A^2 + (B^2 + 2AB)x + (C^2 + 2AC)y + (D^2 + 2AD + 2BC + 2BD + 2CD)xy\,,$$

---

[1]) Dieses Kapitel ist nicht unerläßlich zum Verständnis der folgenden, außer zum Studium der Gitter.

woraus sich durch Gleichsetzung mit dem z entsprechenden Ausdruck (1) ergibt:

$$\begin{aligned} A &= A^2 \\ B &= B(B + 2A) \\ C &= C(C + 2A) \\ D &= D(D + 2A + 2B + 2C) + 2BC\,. \end{aligned}$$

Dieses Gleichungssystem löst man, indem man

$$B = \lambda - A, \qquad C = \mu - A, \qquad D = \nu + A - \lambda - \mu$$

setzt, daraus folgt $A^2 = A$, $\lambda^2 = \lambda$, $\mu^2 = \mu$, $\nu^2 = \nu$. Also ist das System für jede Menge (A, λ, μ, ν) erfüllt, wobei jeder Parameter einen binären Wert besitzt (0 oder 1).

Andererseits läßt sich (1) auf folgende Form bringen:

$$\begin{aligned} z &= A + (\lambda - A)x + (\mu - A)y + (\nu + A - \lambda - \mu)xy \\ &= A(1 - x - y - xy) + \lambda(x - xy) + \mu(y - xy) + \nu xy \\ &= A(1 - x)(1 - y) + \lambda x(1 - y) + \mu y(1 - x) + \nu xy; \end{aligned}$$

x und y sind Boolesche Variable, und da $x^2 = x$ und $y^2 = y$ ist, gilt

$$1 - x = \overline{x} \qquad 1 - y = \overline{y};$$

schließlich

$$z = A\overline{x}\overline{y} + \lambda x\overline{y} + \mu y\overline{x} + \nu xy\,. \tag{2}$$

Man erkennt hier die disjunktive Normalform wieder; die Parameter A, λ, μ und ν sind gleich 0 oder 1:

$$z = A\overline{x}\overline{y} \dotplus \lambda x\overline{y} \dotplus \mu\overline{x}y \dotplus \nu xy\,.$$

Die gewöhnliche Summe und die logische Summe sind hier äquivalent, ein einziger der Terme ist für jedes Wertepaar (x, y) verschieden von 0.

Problem: Ist z ein Polynom in x und y, so daß mit $x^2 = x$ und $y^2 = y$ auch $z^2 = z$ gilt, so fragt man sich, wie seine Form aussehen muß, damit außerdem, und zwar nur unter der Voraussetzung $x = y$, $z^2 = 1$ sein soll.

Setzen wir $x = y$ in die disjunktive Normalform (2) ein:

$$\begin{aligned} z &= A\overline{x}\cdot\overline{x} + \lambda x\cdot\overline{x} + \mu y\cdot\overline{y} + \nu x\cdot x \\ &= A\overline{x} + \nu x\,. \end{aligned}$$

Um für beliebiges x $z = 1$ zu erhalten, muß notwendig $A = \nu = 1$ gelten. Daraus folgt mit den obigen Koeffizienten B, C, D:

$$B = \lambda - 1, \qquad C = \mu - 1, \qquad D = 2 - \lambda - \mu\,.$$

Indem man B, C und D durch ihre Werte in (1) einsetzt, erhält man

$$z = 1 + (\lambda - 1)x + (\mu - 1)y + (2 - \lambda - \mu)xy$$

oder durch Ausrechnen

$$z = 1 - x - y + 2xy + \lambda x + \mu y - \lambda xy - \mu xy \,.$$

Dieser Ausdruck hängt mit $x = y = x^2 = y^2$ weder von λ noch von μ ab. Es bleibt:

$$z = 1 - x - y + 2xy = 1 - (x - y)^2 = xy + (1 - x)(1 - y)\,.$$

Übrigens ist es offensichtlich, daß $(x - y)^2 = 0$ ist, wenn $x = y$ vorausgesetzt ist. Folglich hat der Ausdruck

$$z = xy + (1 - x)(1 - y) = xy + \overline{x}\,\overline{y}\,,$$

den man in Boolescher Form

$$z = xy \dotplus \overline{x}\,\overline{y}$$

schreibt, immer diese Form, wenn $z = 1$, und genau dann, wenn $x = y$ ist. Das kann man mit Hilfe einer Wertetafel nachprüfen:

x	y	$\overline{x}$	$\overline{y}$	xy	$\overline{x}\overline{y}$	z
0	0	1	1	0	1	1
0	1	1	0	0	0	0
1	0	0	1	0	0	0
1	1	0	0	1	0	1

8.1.3. Boolesche Probleme. Codierung

Gegeben sind n Boolesche Variable $x_1, x_2, \ldots, x_n$ und die 2^n entsprechenden Eckpunkte des Hyperwürfels V im n-dimensionalen Raum von allen Werten der n Variablen, wobei jede Variable als eine Koordinate (0 oder 1) gesehen wird. Ein Boolesches Problem besteht darin, diejenigen unter diesen Eckpunkten zu finden, die einer Bedingung C genügen.

Die 2^n Elemente $V_{(n)}$ einzeln zu untersuchen, ist eine annehmbare Lösungsmethode, wenn n nur einige Werte besitzt. Selbst wenn man sich eines elektronischen Rechners bedient, der in der Lage ist, die 2^n Elemente schnell zu überprüfen, so ist die Testzeit für jeden dieser Versuche zu groß, so daß diese Methode praktisch unausführbar ist, falls n einige Zehner überschreitet.

R. Fortet hat eine andere Methode vorgeschlagen, die dahin führt, die der Bedingung C genügenden Elemente sozusagen parametrisch darzustellen.

Betrachten wir die Menge $D \subset V_{(n)}$ der p Elemente, die C erfüllen, und seien $y_1, y_2, \ldots, y_q$ Boolesche Hilfsvariable oder Parameter, deren Werte gleich den Elementen aus $V_{(q)}$ sind. Man nennt die Anwendung von $V_{(q)}$ auf D Codierung von D in $V_{(q)}$; sie existiert, falls $p \leqslant 2^q$ ist. Sei φ eine solche Codierung:

$$v = \varphi(u)\,,$$

mit $u \in V_{(q)}$ und $v \in D$.

Variiert u in $V_{(q)}$ und ist x_j eine beliebige der n Booleschen Variablen, so gilt

$$x_j = g_j(u) = g_j(y_1, y_2, \ldots, y_q);$$

φ kann also durch n Boolesche Funktionen g_j definiert werden.

Die durchgeführte Codierung heißt minimal, wenn die Zahl q der Parameter minimal ist, d.h. wenn q die kleinste ganze Zahl ist, so daß $p \leqslant 2^q$.

8.1.4. Ganze algebraische Funktionen und Gleichungen

Eine algebraische Funktion $f(x_1, x_2, \ldots, x_n)$ als Anwendung von $V_{(n)}$ in der Menge der reellen Zahlen ist eine ganze algebraische Funktion, wenn sie ein Polynom bzgl. der x_j und $\overline{x}_j$ ist. Auf Grund der Idempotenz kann in jedem Monom jede Variable nur in erstem Grad erscheinen; da $x_j \cdot \overline{x}_j = 0$ ist, kann außerdem nur ein Aspekt jeder Variablen in einem gegebenen Monom auftreten. Sind a die numerischen Koeffizienten, so kann folglich eine ganze algebraische Funktion in Form von verschiedenen Monomen dargestellt werden, z.B.

$$a \cdot x_1 \cdot \ldots \cdot x_j \cdot \ldots \cdot \overline{x}_k \cdot \ldots \cdot x_l .$$

Eine solche Darstellung ist, wie man weiß, nicht eindeutig, denn es gilt:

$$x_j \dot{+} \overline{x}_j = 1 = x_j + \overline{x}_j .$$

Es ist möglich, die komplementären Aspekte der Variablen zum Verschwinden zu bringen, denn algebraisch betrachtet gilt

$$\overline{x}_j = 1 - x_j .$$

Speziell kann eine Boolesche Funktion in eine ganze algebraische Funktion überführt werden, denn es ist stets möglich, eine Funktion zu finden, die den Wert 0 oder 1 in den Eckpunkten des Hyperwürfels annimmt.

Eine ganze algebraische Gleichung $f(x_1, \ldots, x_n) = 0$, die eine Bedingung C darstellt, läßt sich in gewissen Fällen leicht lösen. Davon werden jetzt einige Beispiele gegeben.

1. Beispiel: Betrachten wir die Gleichung

$$x_1 + x_2 + \ldots + x_n = 1 .$$

Ist eines und nur eines der x_j gleich 1, so ist diese Gleichung erfüllt, und es ist $p = n$. Nun sei q die kleinste ganze Zahl, so daß $n \leqslant 2^q$ ist und $y_1, y_2, \ldots, y_q$ die Booleschen Hilfsvariablen sind; jede Anwendung von D auf $V_{(n)}$ löst die Aufgabe und liefert die minimale Codierung.

2. Beispiel: Gegeben sei die Ungleichung

$$x_1 + x_2 + \ldots + x_n \leqslant 1 .$$

Sie ist erfüllt, wenn eines und nur eines der x_j gleich 1, oder auch, wenn alle x_j identisch 0 sind. In diesem Fall ist also $p = n + 1$, daraus ergibt sich die Rückführung zu einer Codierung mit $n + 1 \leqslant 2^q$.

Für $n = 2$ ist $p = 3$, $n + 1 = 3$, also $q = 2$.

Man führt die beiden Hilfsvariablen y_1 und y_2 ein, denen die Minterme $y_1 \cdot y_2$, $y_1 \cdot \overline{y}_2$, $\overline{y}_1 \cdot y_2$ und $\overline{y}_1 \cdot \overline{y}_2$ entsprechen. Wie auch immer die Werte von y_1 und y_2 aussehen, ein einziger unter den Mintermen ist gleich 1, die anderen sind identisch 0.

y_1	y_2	$y_1 \cdot y_2$	$y_1 \cdot \overline{y}_2$	$\overline{y}_1 \cdot y_2$	$\overline{y}_1 \cdot \overline{y}_2$
0	0	0	0	0	1
0	1	0	0	1	0
1	0	0	1	0	0
1	1	1	0	0	0

Folglich erhält man eine Lösung der Ungleichung, indem man als Werte für x_1 bzw. x_2 zwei beliebige verschiedene Minterme nimmt.

Beispiel: $x_1 = y_1 \cdot y_2; \quad x_2 = \overline{y}_1 \cdot y_2.$

Für $n = 3$ und $p = 4$ gilt: $n + 1 = 4$, also $q = 2$. Die obige Tabelle zeigt, daß man als Lösung x_1, x_2 und x_3 drei beliebige verschiedene Minterme wählen kann.

Beispiel: $x_1 = y_1 \cdot \overline{y}_2; \quad x_2 = \overline{y}_1 \cdot y_2; \quad x_3 = \overline{y}_1 \cdot \overline{y}_2.$

Für beliebiges n kann man setzen:

$$x_1 = y_1; \quad x_2 = \overline{y}_1 \cdot y_2; \quad x_3 = \overline{y}_1 \cdot \overline{y}_2 \cdot y_3; \ldots; x_n = \overline{y}_1 \cdot \ldots \cdot \overline{y}_{n-1} \cdot y_n.$$

Es handelt sich jedoch im allgemeinen um keine minimale Lösung.

8.1.5. Boolesche Gleichungen

Nehmen wir eine auf die Form einer elementaren Funktion gebrachte Boolesche Funktion der x_j dergestalt, daß eine Bedingung C wie folgt dargestellt werden kann:

$$f(x_1, x_2, \ldots, x_n) = 0;$$

es handelt sich um eine Boolesche Gleichung.

Diese Gleichung zu lösen, heißt Variable $y_1, y_2, \ldots, y_m$ zu finden, so daß gilt:

1. $x_1 = \varphi_1(y_1, \ldots, y_m); \quad x_2 = \varphi_2(y_1, \ldots, y_m); \ldots x_n = \varphi_n(y_1, \ldots, y_m).$
2. Die Gleichung $f(x_1, x_2, \ldots, x_n) = 0$ ist immer erfüllt.

Man weiß (vgl. Abschnitt 6.7), daß diese Gleichung sich wie folgt schreiben läßt:

$$x_1 \cdot f(1, x_2, \ldots, x_n) \dot{+} \overline{x}_1 \cdot f(0, x_2, \ldots, x_n) = 0,$$

d.h. mit

$$f(1, x_2, \ldots, x_n) = r \quad \text{und} \quad f(0, x_2, \ldots, x_n) = s:$$

$$rx_1 \dotplus s\overline{x}_1 = 0 .$$

Die letzte Gleichung kann durch folgendes System ersetzt werden:

$$\begin{cases} rx_1 = 0 \\ s\overline{x}_1 = 0 \end{cases}$$

Die allgemeine Lösung von $rx_1 = 0$ ist nichts anderes als

$$x_1 = \overline{r}y_1 ,$$

wobei y_1 eine Boolesche Hilfsvariable ist.

Unter diesen Voraussetzungen gilt

$$\overline{x}_1 = r \dotplus \overline{y}_1$$

$$s\overline{x}_1 = s(r \dotplus \overline{y}_1) = sr \dotplus s\overline{y}_1 = 0 .$$

Man löst die Gleichung $sr \dotplus s\overline{y}_1 = 0$ mit Hilfe des Systems:

$$\begin{cases} s\overline{y}_1 = 0 \\ sr = 0 . \end{cases}$$

Die allgemeine Lösung der ersten Gleichung des Systems ist nichts anderes als:

$$\overline{y}_1 = \overline{s} \cdot y_2 ,$$

wobei y_2 eine zweite Hilfsvariable ist.

Die zweite Gleichung des Systems ist eine Boolesche Gleichung, in der nur $n - 1$ Variable auftreten. Man wendet darauf von neuem die obige Methode so lange an, bis man nur noch eine Gleichung mit einer Unbekannten hat.

Unter diesen Voraussetzungen verfügt man über eine Lösungsmethode von Booleschen Gleichungen. Wir können jede Gleichung $f(x_1, x_2, ..., x_n) = 0$ lösen; jede Gleichung $g(x_1, x_2, ..., x_n) = 1$ läßt sich darauf zurückführen, wenn man $\overline{g} = 0$ betrachtet.

Bemerkung: Die Gleichung

$$f(x_1, x_2, \ldots, x_n) = g(x_1, x_2, \ldots, x_n) ,$$

wobei f und g elementare Boolesche Funktionen sind, läßt sich zurückführen auf

$$f\overline{g} \dotplus fg = 0 .$$

Beispiel: Folgende Gleichung ist zu lösen:

$$x_1 \cdot x_2 \dotplus \overline{x}_1 \cdot x_3 = 0 ;$$

diese Gleichung läßt sich wie folgt zerlegen:

$$x_1 x_2 = 0 \qquad (1)$$
$$\overline{x}_1 x_3 = 0 . \qquad (2)$$

Gleichung (1) ergibt

$$x_1 = \overline{x}_2 y_1' \quad \text{und} \quad \overline{x}_1 = x_2 \dotplus \overline{y}_1' .$$

Gleichung (2) liefert

$$x_3(x_2 \dotplus \overline{y}_1') = x_2 x_3 \dotplus \overline{y}_1' x_2 = 0 ,$$

eine Gleichung, die ihrerseits wieder zerlegt werden kann:

$$\overline{y}_1' x_3 = 0 \qquad (3)$$
$$x_2 x_3 = 0 . \qquad (4)$$

Aus (3) folgt:

$$\overline{y}_1' = \overline{x}_3 y_1 \quad \text{und} \quad y_1' = x_3 \dotplus \overline{y}_1 .$$

Setzt man dieses in den Ausdruck von x_1 ein, so ergibt sich:

$$x_1 = \overline{x}_2(x_3 \dotplus \overline{y}_1) .$$

In Gleichung (4) tritt jede Variable nur unter einem ihrer Aspekte auf. Lösen wir sie zum Beispiel bzgl. x_2, so gilt

$$x_2 = \overline{x}_3 y_2 ;$$

das System ist gelöst, wenn man setzt:

$$x_3 = y_3 .$$

Es folgt sofort:

$$\left|\begin{aligned} x_1 &= \overline{\overline{y}_3 y_2}(y_3 \dotplus \overline{y}_1) \\ &= (y_3 \dotplus \overline{y}_2)(y_3 \dotplus \overline{y}_1) = y_3 \dotplus \overline{y}_1 \overline{y}_2 \\ x_2 &= \overline{y}_3 y_2 \\ x_3 &= y_3 . \end{aligned}\right.$$

Probe:

$$x_1 x_2 \dotplus \overline{x}_1 x_3 = (y_3 \dotplus \overline{y}_1 \overline{y}_2)\overline{y}_3 y_2 \dotplus \overline{y}_3(y_1 + y_2) y_3 = 0 .$$

Bemerkung 1: Wir konstruieren nun zwei Wertetafeln, die nacheinander alle möglichen Kombinationen der Werte für x_1, x_2 und x_3 einerseits, y_1, y_2 und y_3 andererseits angeben.

x_1	x_2	x_3	x_1x_2	$\overline{x}_1x_3$	$x_1x_2+\overline{x}_1x_3$
0	0	0	0	0	0
		1	0	1	1
	1	0	0	0	0
		1	0	1	1
1	0	0	0	0	0
		1	0	0	0
	1	0	1	0	1
		1	1	0	1

y_1	y_2	y_3	x_1	x_2	x_3	x_1x_2	$\overline{x}_1x_3$	$x_1x_2\dot{+}\overline{x}_1x_3$
0	0	0	1	0	0	0	0	0
		1	1	0	1	0	0	0
	1	0	0	1	0	0	0	0
		1	1	0	1	0	0	0
1	0	0	0	0	0	0	0	0
		1	1	0	1	0	0	0
	1	0	0	1	0	0	0	0
		1	1	0	1	0	0	0

Diese Tafeln zeigen die vier Fälle auf, in denen die Gleichung $x_1x_2 \dot{+} \overline{x}_1x_3 = 0$ erfüllt ist, nämlich:

	x_1	x_2	x_3
1	0	0	0
2	1	0	0
3	1	0	1
4	0	1	0

Bemerkung 2: Man könnte folgende Frage stellen: Falls die obige Gleichung für vier verschiedene Wertesysteme von x_1, x_2 und x_3 erfüllt ist, ist es nicht möglich, diese drei Variablen als Funktion in nur zwei Hilfsvariablen auszudrücken, um eine sinnvolle Codierung zu erhalten?

Lösen wir das System:

$$\begin{cases} x_1 x_2 = 0 \\ \overline{x}_1 x_3 = 0 \end{cases}$$

bzgl. der Variablen x_2 und x_3, so ergibt sich

$$x_2 = \overline{x}_1 y'_1 = \overline{y}_2 y'_1$$

$$x_3 = x_1 y''_1 = y_2 y''_1$$

$$x_1 = y_2 .$$

Stellen wir nun die Wertetafel auf:

y_2	y'_1	y''_1	x_1	x_2	x_3	$x_1 x_2$	$\overline{x}_1 x_3$	$x_1 x_2 \dotplus \overline{x}_1 x_3$	Fall
0	0	0	0	0	0	0	0	0	1
		1	0	0	0	0	0	0	2
	1	0	0	1	0	0	0	0	3
		1	0	1	0	0	0	0	4
1	0	0	1	0	0	0	0	0	5
		1	1	0	1	0	0	0	6
	1	0	1	0	0	0	0	0	7
		1	1	0	1	0	0	0	0

Man erkennt, daß man folgende Fälle umordnen kann:

Fälle 1 und 2: $y_2 = 0$ $y'_1 = 0$ $x_1 = x_2 = x_3 = 0$

Fälle 3 und 4: $y_2 = 0$ $y'_1 = 1$ $x_1 = x_3 = 0;\ x_2 = 1$

Fälle 5 und 7: $y_2 = 1$ $y''_1 = 0$ $x_1 = 1;\ x_2 = x_3 = 0$

Fälle 6 und 8: $y_2 = 1$ $y''_1 = 1$ $x_1 = 1;\ x_2 = 0;\ x_3 = 1$.

Man kann also $y_1 = y'_1 = y''_1$ setzen und erhält:

$$\begin{vmatrix} x_1 = y_2 \\ x_2 = y_1 y_2 \\ x_3 = y_1 \overline{y}_2 . \end{vmatrix}$$

Allgemein läßt sich eine Gleichung der Form $x_1 u \dotplus x_2 \overline{u} = 0$, wobei u eine Funktion in n Variablen ohne x_1 und x_2 ist, lösen, indem man

$$x_1 = \overline{u} y_1$$

$$x_2 = u y_1$$

setzt und für jede der anderen Variablen x_j:

$$x_j = y_{j-1} .$$

8.1.6. Boolesche Funktionen, mit deren Hilfe sich alle anderen Funktionen darstellen lassen

Wir suchen diejenigen Funktionen in 2 Variablen, mit deren Hilfe alle anderen Funktionen dargestellt werden können. Dazu betrachten wir die ganz allgemeine Funktion in 2 Variablen, die bekanntlich auf die Form einer logischen Summe von Mintermen gebracht werden kann:

$$\Phi(x, y) = \alpha \cdot x \cdot y \dotplus \beta \cdot x \cdot \overline{y} \dotplus \gamma \cdot \overline{x} \cdot y \dotplus \delta \cdot \overline{x} \cdot \overline{y} ,$$

wobei die Koeffizienten α, β, γ und δ von Fall zu Fall zu bestimmen sind.

Die Negation von x hängt letzten Endes nur von der Variablen x selbst ab; sie läßt sich also nur durch $\Phi(x, x)$ definieren:

$$\Phi(x, x) = \alpha \cdot x \cdot x \dotplus \beta \cdot x \cdot \overline{x} \dotplus \gamma \cdot \overline{x} \cdot x \dotplus \delta \cdot \overline{x} \cdot \overline{x} = \alpha \cdot x \dotplus \delta \cdot \overline{x} ;$$

daraus folgt $\alpha = 0$ und $\delta = 1$.

Die Funktion $\Phi(x, y)$ wurde also auf folgende Form gebracht:

$$\Phi(x, y) = \beta \cdot x \cdot \overline{y} \dotplus \gamma \cdot \overline{x} \cdot y \dotplus \overline{x} \cdot \overline{y} = \beta x(1 - y) + \gamma(1 - x) y + (1 - x)(1 - y) .$$

Setzen wir $\beta = 1$ und $\gamma = 0$:

$$\Phi(x, y) = x(1 - y) + (1 - x)(1 - y) = 1 - y ;$$

dieser Ausdruck hängt nur von y ab, man muß also $\gamma = 1$ setzen, und es gilt

$$\Phi(x, y) = x(1 - y) + (1 - x) y + (1 - x)(1 - y) = 1 - xy .$$

Setzen wir umgekehrt $\beta = 0$ und $\gamma = 1$:

$$\Phi(x, y) = (1 - x) y + (1 - x)(1 - y) = 1 - x ;$$

dieser Ausdruck hängt nur von x ab; man muß also $\gamma = 0$ setzen, und es ergibt sich

$$\Phi(x, y) = (1 - x)(1 - y) .$$

Bemerkung: Der Einfachheit halber überträgt man die Begriffe der Booleschen Algebra auf diejenigen der gewöhnlichen Algebra. Das ist jedoch nicht notwendig.

Wir hätten genauso im Fall $\beta = 1$, $\gamma = 0$ schreiben können:

$$\Phi = x \cdot \overline{y} \dotplus \overline{x} \cdot \overline{y} = \overline{y}(x \dotplus \overline{x}) = \overline{y}\,.$$

Festzustellen ist, daß Φ lediglich von y abhängt, und mit $\beta = 1$, $\gamma = 1$ gilt

$$\Phi = x \cdot \overline{y} \dotplus \overline{x} \cdot y \dotplus \overline{x} \cdot \overline{y} = \overline{y}(x \dotplus \overline{x}) \dotplus \overline{x}(y \dotplus \overline{y}) = \overline{x} \dotplus \overline{y}\,.$$

Im Fall $\beta = 0$, $\gamma = 1$ erhielten wir

$$\Phi = \overline{x} \cdot y \dotplus \overline{x} \cdot \overline{y} = \overline{x}(y \dotplus \overline{y}) = \overline{x}\,,$$

nur abhängig von x; daraus folgt mit $\beta = 0$, $\gamma = 0$

$$\Phi = \overline{x} \cdot \overline{y}\,.$$

Wir bekommen also zwei Funktionen (x, y), die geeignet sind, die Negation auszudrücken:

$$\Phi(x, y) = 1 - xy = \overline{x \cdot y} = \overline{x} \dotplus \overline{y}$$

und

$$\Phi(x, y) = (1 - x)(1 - y) = \overline{x} \cdot \overline{y} = \overline{x \dotplus y}\,;$$

es handelt sich um die Operationen von Sheffer und von Peirce.

Die erste war Gegenstand einer Bemerkung im 6. Kapitel, und wir kommen nicht näher darauf zurück, daß mit ihr allein alle anderen Booleschen Operationen definiert werden können.

Betrachten wir die Operation von Peirce: $\overline{x \dotplus y}$, mit deren Hilfe wir die Negation einführen konnten; man hat

$$\overline{\overline{x \dotplus y}} = x \dotplus y \qquad \text{und} \qquad \overline{\overline{x} \dotplus \overline{y}} = x \cdot y\,.$$

Wir finden hier die logische Summe und das Produkt wieder, die uns mit der Negation erlaubten, alle Booleschen Funktionen darzustellen. Also ist es mit Hilfe der Operation von Peirce allein möglich, die Menge der Booleschen Funktionen in zwei Variablen zu bilden.

8.1.7. Boolesche Algebra und gewöhnliche Algebra

Wir haben bereits mehrmals betont, daß die algebraischen Rechenregeln mit einigen Ausnahmen in der Booleschen Algebra anwendbar sind. Viele Autoren stellen die Zeichen $\cup$ durch + und $\cap$ durch · dar. Deswegen ist man versucht, alle Regeln der gewöhnlichen Algebra anzuwenden, was zu schweren Fehlern führen kann.

Doch stimmen gewisse Regeln überein. Diese lauten:

$A + B = B + A$	$A \cdot B = B \cdot A$	Kommutativität	beider Opera-
$(A + B) + C = A + (B + C)$	$(A \cdot B) \cdot C = A \cdot (B \cdot C)$	Assoziativität	tionen

$(A + B) \cdot C = A \cdot C + B \cdot C$ Distributivität des Produkts bzgl. der Summe

$A + 0 = A \quad A \cdot 1 = A.$

Hingegen gelten **nur für die Boolesche Algebra:**

$A + B \cdot C = (A + B) \cdot (A + C)$ Distributivität der Summe bzgl. des Produkts

$A + A \cdot B = A$ Absorption

$A \cdot (A + B) = A$ Absorption

$\overline{A \cdot B} = \overline{A} + \overline{B}$

$\overline{A + B} = \overline{A} \cdot \overline{B}.$

Im allgemeinen kommen beim Rechnen mit Gleichungen die schwersten Irrtümer vor. Das System:

$$\begin{cases} A + X = 1 \\ A \cdot X = 0 \end{cases}$$

hat z.B. in der gewöhnlichen Algebra nur eine Lösung, wenn $A = 0$ oder $A = 1$ ist; in der Booleschen Algebra hingegen gibt es immer eine Lösung $\overline{A}$. Denn $A = 1, \overline{A} = 0$ und $A + \overline{A} = 1 + 0 = 1$, während $A \cdot \overline{A} = 1 \cdot 0 = 0$; ebenso wenn $A = 0, \overline{A} = 1$: $A + \overline{A} = 0 + 1 = 1$, während $A \cdot \overline{A} = 0 \cdot 1 = 0$ ist.

In beiden Algebren läßt sich mit $X = Y$ schreiben:

$$A + X = A + Y$$

und

$$A \cdot X = A \cdot Y;$$

in der gewöhnlichen Algebra kann aus $A + X = A + Y$ oder $A \cdot X = A \cdot Y$ abgeleitet werden, daß $X = Y$ gilt: (vorausgesetzt, daß im zweiten Fall $A \neq 0$ ist). **Das ist in der Booleschen Algebra falsch.**

In der Booleschen Algebra hat z.B. die Gleichung:

$$A + X = 0$$

keine Lösung für $A \neq 0$; ebenso die Gleichung:

$$A \cdot X = 1$$

für $A \neq 1$. Aus diesen Bemerkungen folgt, daß man in der Booleschen Algebra *die beiden Seiten einer Gleichung nicht vereinfachen kann.*

8.2. Bemerkungen über Gitter

8.2.1. Einleitung: Rückblick auf binäre Relationen

Gegeben ist die Menge E der Geraden im Raum. Die binäre Relation $\boldsymbol{\perp}$ („schneidet orthogonal") ist *genauer* als die Relation $\perp$ („ist senkrecht"), denn unter all den Geraden, die zu einer gegebenen Geraden Δ senkrecht sind, schneiden nicht alle die Gerade Δ. Man kann also schreiben: $\boldsymbol{\perp} \subset \perp$.

Man kann auf der Menge E eine weitere binäre Relation $\between$ („schneidet") definieren: zwei Geraden im Raum, die sich schneiden, erfüllen die Relation $\between$. All die Geraden jedoch, die eine gewisse Gerade Δ schneiden, schneiden sie nicht orthogonal. Betrachtet man hingegen jene, die gleichzeitig senkrecht zu Δ sind und Δ schneiden, so schneiden diese Geraden Δ orthogonal. Die folgende Beziehung ist daher leicht zu verstehen:

$$\boldsymbol{\perp} = \perp \cap \between.$$

Auf diese Weise kann man die Symbole der Inklusion, des Durchschnitts und der Vereinigung auf binäre Relationen ausweiten.

Allgemein ist der Durchschnitt

$$\bigcap_{R \in \Phi} R$$

einer Familie Φ von auf Mengen E und F definierten Relationen R die von denjenigen Paaren erfüllte Relation, die jeweils die Relation R bzgl. Φ erfüllen.

Die Vereinigung

$$\bigcup_{R \in \Phi} R$$

einer Familie von auf Mengen E und F definierten Relationen R ist die von denjenigen Paaren erfüllte Relation, die mindestens eine der Relationen R bzgl. Φ erfüllen.

Gegeben ist eine binäre Relation R, die auf E und F definiert ist, sowie Teilmengen A und B von E bzw. F. Die auf Paare (a, b) mit $a \in A$ und $b \in B$ beschränkte Relation R heißt Spur von R auf A und B und wird mit $R_{A,B}$ bezeichnet. Stimmen E und F bzw. A und B überein, so wird die Spur $R_{A,A}$ mit R_A bezeichnet und heißt Spur von R auf A.

Beispiel: Oben haben wir die Relationen $\perp$ und $\boldsymbol{\perp}$ auf der Menge E(= F) der Geraden des Raumes definiert. Gegeben ist (D), die Menge der Geraden der Ebene. Die Spuren $\perp_D$ und $\boldsymbol{\perp}_D$ der auf E(= F) definierten binären Relationen: „ist senkrecht" und „schneidet orthogonal" stimmen mit der Orthogonalität in der betrachteten Ebene überein.

Zum Beweis betrachten wir die Relationen $\perp$ und $\boldsymbol{\perp}$ beschränkt auf die Menge (D) der Geraden der gewählten Ebene (Teilmenge A = B von E); jede Gerade, die senkrecht zu einer anderen ist, schneidet diese orthogonal; die Spuren $\perp_D$ und $\boldsymbol{\perp}_D$ stimmen mit der Relation der Orthogonalität überein.

Der Beweis läßt sich auch wie folgt führen: In der Ebene sind die zueinander senkrechten Geraden lediglich eine Teilmenge der sich schneidenden Geraden; die auf (D) beschränkte Relation $\perp$ ist also feiner als die Relation $\mathfrak{X}$ in der gleichen Ebene:

$$\perp_D \subset \mathfrak{X}_D .$$

Unter diesen Bedingungen ist der Durchschnitt von $\perp_D$ und $\mathfrak{X}_D$ offensichtlich identisch mit $\perp_D$, woraus folgt:

$$\boldsymbol{\perp}_D = \perp_D \cap \mathfrak{X}_D = \perp_D .$$

8.2.2. Teilweise geordnete Mengen. Definitionen

1. Betrachten wir eine durch eine reflexive, transitive und antisymmetrische Ordnungsrelation teilweise geordnete Menge E, die genannte Relation bezeichnen wir mit $\subseteq$. Nachdem man eine solche nicht strenge Relation definiert hat, kann man nun bekanntlich eine und nur eine ihr entsprechende strenge Relation $\subset$ definieren (vgl. hierzu Abschnitt 3.1.4). Die Spur von $\subseteq$ auf einer Teilmenge A von E definiert eine Ordnung $\subseteq_A$, die vollständig ist, falls $\subseteq$ eine vollständige Ordnungsrelation ist. Ist hingegen $\subseteq$ eine partielle Ordnungsrelation, so gibt es Teilmengen A von E, oder $\subseteq_A$ definiert eine vollständige Ordnung. Von jeder dieser Teilmengen sagt man, sie bilde eine *Kette.*

Beispiel: Gegeben ist die binäre Relation R, wobei $a R b$ bedeutet, daß a Vielfaches von b bzgl. der Menge N_+ der positiven ganzen Zahlen ist.

a) Sie ist reflexiv: $a R a$ bedeutet, daß $a = k \cdot a$ ist, also: $k = 1$ (nicht strenge Relation);

b) sie ist antisymmetrisch: Gilt gleichzeitig $a R b$ und $b R a$, d.h. gilt: $a = k \cdot b$ und $b = k' \cdot a$, so folgt: $a = k \cdot k' \cdot a$; das ist nur für $k = k' = 1$ erfüllt, also: $a = b$;

c) sie ist offensichtlich transitiv: Aus $a R b$ und $b R c$ folgt $a R c$, denn $a = k \cdot b$ und $b = k' \cdot c$ lassen sich kombinieren, und es ergibt sich: $a = k \cdot k' \cdot c$. Das bedeutet, daß a Vielfaches von c ist. Es handelt sich hier um eine Ordnungsrelation.

Sie definiert eine Teilordnung auf der Menge N_+, denn bekanntlich sind nicht alle positiven Zahlen bzgl. dieser Relation vergleichbar. Wir können die teilweise geordnete Menge in Form eines Diagramms darstellen (Bild 8.1). Da es sich um eine unendliche Menge handelt, stellen wir nur den unteren Teil dar. In der untersten Linie tritt die Zahl 1 auf, in der direkt darüber liegenden die ersten Zahlen; in der dritten Linie stehen die Produkte von je zwei der ersten Zahlen; in der vierten die Produkte von je drei der ersten Faktoren usw.

Beschränken wir das Schema zur Vereinfachung auf die Teiler von 36:

1, 2, 3, 4, 6, 9, 12, 18, 36.

Es entstehen (Bild 8.2) Ketten, wie zum Beispiel: 1, 2, 4, 12, 36 oder 1, 3, 6, 12, 36 oder auch 1, 2, 6, 18, 36 usw. Jede dieser Ketten ist eine Teilmenge der Menge E der ganzen Zahlen von 1 bis 36; die Elemente dieser Ketten sind vollständig geordnet.

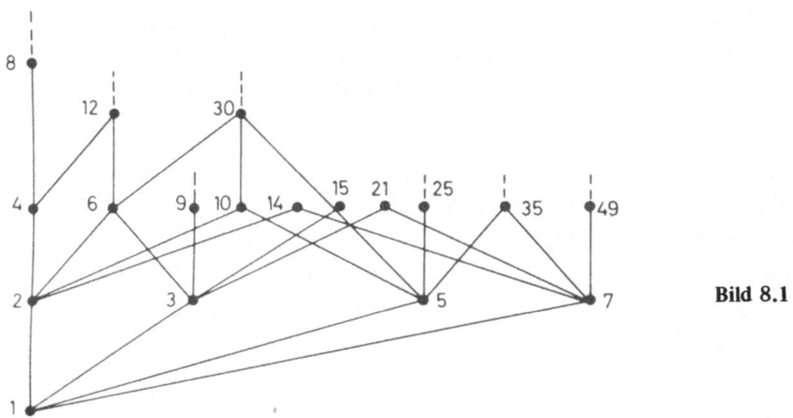

Bild 8.1

2. Eine Kette heißt *maximal,* wenn sie keine echte Teilmenge irgendeiner anderen Kette ist, d.h.: Zu jedem Element x der Menge E, das nicht zur Kette gehört, existiert mindestens ein nicht mit x vergleichbares Element der Kette.

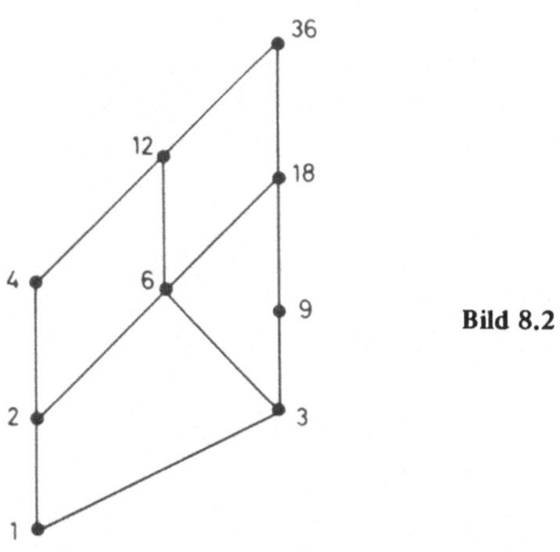

Bild 8.2

Beispiel: Im Beispiel der Teiler von 36 ist die Kette 1, 3, 9, 18, 36 maximal. Die nicht in der Kette auftretenden Elemente sind: 2, 4, 5, 6, 7, 8, 10, 11, 12, 13, 14, 15, 16, 17, 19, 20, 21, 22, 23, 24, 25, 26, 27, 28, 29, 30, 31, 32, 33, 34 und 35. Das Element 2 ist nur mit 18 und 36 vergleichbar (abgesehen vom Element 1 der Kette, denn 1 ist mit jeder anderen Zahl vergleichbar); das Element 4 ist nur mit 36 vergleichbar; 5, 7, 8, 10, 11, 13, 14, 16, 17, 19, 20, 22, 23, 25, 26, 28, 29, 31, 32, 34, 35 sind mit keinem Element vergleichbar; 15, 21, 24, 30, 33 sind mit 3, 27 mit 3 und 9 vergleichbar; mehrere Elemente der Kette sind mit keinem Element außerhalb dieser Kette vergleichbar. Die Bedingung der maximalen Kette ist in jedem Fall erfüllt. Betrachtet man die gesamte Menge N_+, so kann eine Kette nur dann maximal sein, wenn sie unendlich ist. Der Leser kann in einer Übungsaufgabe nachweisen, daß die Menge der Potenzen von 2: 1, 2, 4, 8, 16, 32, 64, 128, ... eine Kette ist.

3. Ein *Segment* $[a, b]$ der Relation $\subseteq$ ist die Menge der Elemente x einer teilweise geordneten Menge, die folgende Bedingung erfüllen: $a \subseteq x \subseteq b$. Man nennt die Menge der Elemente mit $a \subset x \subset b$ *Intervall* (a, b).

Beispiel: Nehmen wir noch einmal die Teiler von 36 und setzen $a = 18$, $b = 3$. Die nicht strenge Relation gibt 18 als Vielfaches oder gleich x, x als Vielfaches oder gleich 3 an. Die Zahlen, die Vielfaches oder gleich 3 sind und 18 teilen, lauten: 3, 6, 9, 18. Daraus folgt:

$$[a, b] = [3, 6, 9, 18] .$$

Wir können die entsprechende strenge Relation betrachten: 18 als Vielfaches von x, jedoch ungleich x, x als Vielfaches von 3, aber ungleich 3, und wir erhalten das Intervall:

$$(a, b) = (6, 9) .$$

4. Eine Teilmenge S von E heißt *Anfangssektion,* wenn aus der Relation $x \subset s$ und $s \in S$ folgt $x \in S$; sie heißt *Endsektion,* wenn aus $s \subset x$ und $s \in S$ folgt $x \in S$.

Beispiel: Wählen wir wieder unter den Teilern von 36 $a = 9$. Die Elemente x aus E, die $x \subset 0$, „x teilt 9", erfüllen (strenge Relation, die den Quotienten 1 ausschließt), bilden eine Anfangssektion: Es sind 1 und 3. Die Elemente x mit $9 \subset x$, „9 teilt x", bilden eine Endsektion: Es sind 18 und 36.

Weitere Beispiele:

a = 4	Anfangssektion: 1, 2	Endsektion: 12, 36.
a = 6	Anfangssektion: 1, 2, 3	Endsektion: 12, 18, 36.

5. Man sagt, zwei verschiedene Elemente a, b, die im Sinn der Relation $\subset$ vergleichbar sind, heißen *konsekutiv,* falls das Intervall (a, b) leer ist.

Beispiel: Es sei $b = 18$; die Relation $a \subset b$, „a teilt b", gibt: a = 1, 2, 3, 6, 9. Betrachten wir das Intervall (3, 18); dieses Intervall ist nicht leer, denn 9 ist Element der Kette 1, 3, 9, 18; 3 und 18 sind nicht konsekutiv.

Sei $b = 6$; die Relation gibt a = 3, 2 und 1. Das Intervall (3, 6) ist leer, folglich sind 3 und 6 konsekutiv.

6. Gegeben ist eine nicht leere Teilmenge A von E. Man nennt ein Element $a \in A$ *erstes Element* oder *kleinstes Element* von A, wenn $a \subseteq x$ für ein jedes $x \in A$ gilt. Dieses erste Element ist notwendig eindeutig, falls es existiert (nach der Eigenschaft der Antisymmetrie der Ordnungsrelation).

Man nennt eine Element $b \in A$ *letztes Element* oder *größtes Element* von A, wenn $x \subseteq b$ für jedes $x \in A$ gilt. Existieren das erste und letzte Element der Grundmenge E, so werden sie *Nullelement* und *universales Element* genannt.

Beispiel: Es ist leicht festzustellen, daß bei A = (1, 3, 9, 18, 36) das erste Element 1 und das letzte 36 ist. Sie genügen den Bedingungen und bilden außerdem das Nullelement und das universale Element der Teilermenge von 36.

Bemerkung: Nimmt man den folgenden Punkt 8 vorweg, so stellt man fest, daß mit $a \in E$ für das Nullelement n gelten muß: $(a \vee n) \subseteq a$ (die obere Grenze von a und n teilt a); die obere Grenze von a und n ist a, und a teilt a (nichtstrenge Relation, Quotient 1); das universale Element u muß so beschaffen sein, daß $(a \wedge u) \subseteq a$ gilt (die untere Grenze von a und u teilt a); die untere Grenze von a und u ist a, und a teilt a.

7. Ein Element m heißt *minimales Element* einer Teilmenge A von E, wenn m nicht größer als jedes andere Element von A ist; umgekehrt ist ein maximales Element m' nicht kleiner als jedes andere Element von A[1]).

Existiert ein erstes Element (bzw. ein letztes Element) von A, so ist dieses Element minimal (bzw. maximal). In einer Kette sind je zwei Elemente derart vergleichbar, daß die Definitionen 6 und 7 übereinstimmen.

Betrachten wir ein Element $x \in E$; ist es nicht maximal bzgl. der Menge E, so existiert eine Endsektion, die von allen Elementen gebildet wird, die größer als x sind. Unter diesen Voraussetzungen werden die minimalen Elemente dieser Endsektion *Nachfolger* von x genannt. Ist x umgekehrt nicht minimal, so existiert eine Anfangssektion, die von den Elementen gebildet wird, die echt kleiner als x sind. Die maximalen Elemente werden *Vorgänger* von x genannt.

Jedes Element x einer Kette, das weder erstes noch letztes ist, besitzt einen Vorgänger, den wir mit x^-, und einen Nachfolger, den wir mit x^+ bezeichnen.

Beispiele: x = 6 in der Menge der Teiler von 36. Die Anfangssektion 1, 2, 3 hat die maximalen Elemente 2 und 3, die Vorgänger von 6 sind. Die Endsektion 12, 18, 36 hat als minimale Elemente 12 und 18, die Nachfolger von 6 sind.

In der Kette 1, 3, 6, 12, 36 ist 3 der Vorgänger der Zahl 6 und 12 ihr Nachfolger.

8. Ein Element m heißt *Majorante* der Teilmenge A einer teilweise geordneten Menge E, wenn

$$x \subseteq m \quad \text{für jedes} \quad x \in A (A \neq \phi)$$

gilt, gleichgültig, welches Element, das größer als eine Majorante von A ist, noch eine weitere Majorante von A ist.

Falls m_0 existiert und das kleinste Element der Menge der Majoranten von A ist, gilt: m_0 ist die obere Grenze von A. Wenn wohlbemerkt die obere Grenze von A zu A gehört, so stimmt sie mit dem letzten Element (größten Element) von A überein.

---

1) Man stellt fest, daß ein minimales oder maximales Element von A nicht notwendig mit allen Elementen von A vergleichbar sein muß.

Beispiel: Gegeben ist A = (1, 2, 4); jedes Element m, für das gilt: „x teilt m" für jedes x unter den Werten 1, 2 und 4, ist eine Majorante von A; in diesem Fall sind es 4, 12, 36 ; denn man betrachtet nicht die strenge Relation. 4 ist die obere Grenze von A und zugleich das letzte Element (größte Element).

Umgekehrt heißt ein Element *Minorante* m′ der Teilmenge A einer teilweise geordneten Menge E, wenn

$$m' \subseteq x \qquad \text{für jedes} \qquad x \in A \, (A \neq \phi)$$

gilt, ganz gleich, welches Element, das kleiner als eine Minorante von A ist, ebenfalls eine Minorante von A ist. Gehört die untere Grenze von A zu A, so stimmt sie mit dem ersten Element (kleinsten Element) von A überein.

Man sagt, eine Teilmenge A von E ist beschränkt, wenn sie wenigstens eine Majorante und eine Minorante besitzt. Es ist nicht notwendig, daß diese Elemente zu A gehören.

a und b sind nun zwei Elemente aus E: Die *untere Grenze* von $\{a, b\}$ wird mit $a \wedge b$, die obere Grenze von $\{a, b\}$ mit $a \vee b$ bezeichnet, falls sie existieren.

Beispiel: Wir nehmen an dieser Stelle das Studium der natürlichen Zahlen mit der Relation $a \subseteq b$ (a teilt b) wieder auf. Bild 8.3 gibt diese Relation an.

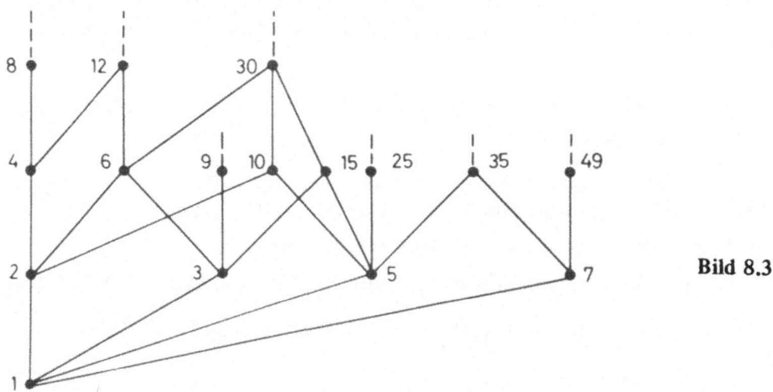

Bild 8.3

Betrachten wir zwei Elemente der durch diese Relation teilweise geordneten Menge, zum Beispiel 6 und 15. Es gilt: $6 = 2 \cdot 3$ und $15 = 3 \cdot 5$. Das kgV von 6 und 15 ist $2 \cdot 3 \cdot 5 = 30$; es ist im oben angegebenen Sinn die obere Grenze von 6 und 15.

Der ggT von 6 und 15 ist 3. 3 ist im oben angegebenen Sinn die untere Grenze von 6 und 15.

Folglich geben die Zeichen $\vee$ und $\wedge$ an, daß man das kgV bzw. den ggT der zu betrachtenden Elemente der Menge N_+ bildet.

Wählen wir drei Elemente der geordneten Menge, zum Beispiel 6, 10 und 15, und untersuchen, ob die Eigenschaften der Distributivität erfüllt sind:

$$6 \wedge (10 \vee 15) = (6 \wedge 10) \vee (6 \wedge 15),$$

$$6 \vee (10 \wedge 15) = (6 \vee 10) \wedge (6 \vee 15).$$

a) Man stellt sofort fest, daß $10 \vee 15$ = kgV von 10 und 15 das Element 30 ist; nimmt man anschließend den ggT von 6 und 30, also $6 \wedge (10 \vee 15)$, so findet man das Element 6.

Ebenso ist der ggT von 6 und 10, also $6 \wedge 10$, das Element 2; der ggT von 6 und 15,6 $\wedge$ 15, ist 3; und schließlich das kgV von 2 und 3, also

$$(6 \wedge 10) \vee (6 \wedge 15) = 2 \vee 3 = 6.$$

Beide Seiten des ersten Ausdrucks sind damit gleich.

b) Der ggT von 10 und 15, also $10 \wedge 15$, ist 5; das kgV von 6 und 5, $6 \wedge (10 \vee 15)$, ist $6 \vee 5$, also 30.

Ebenso ist das kgV von 6 und 10, $6 \vee 10$, gleich 30. Das kgV von 6 und 15, $6 \vee 15$, ist ebenfalls 30; der ggT von 30 und 30, also

$$(6 \vee 10) \wedge (6 \vee 15) = 30 \vee 30 = 30.$$

Es ergibt sich die Gleichheit der beiden Seiten des zweiten Ausdrucks.

Es läßt sich zeigen, daß die Eigenschaften der Distributivität für alle Mengen mit drei Elementen der teilweise geordneten Menge erfüllt sind.

8.2.3. Bezeichnungen

Aus dem vorangehenden Beispiel läßt sich vermuten, daß Beziehungen zwischen den Zeichen $\vee$ und $\cup$ sowie zwischen den Zeichen $\wedge$ und $\cap$ bestehen.

Deshalb nennt man beim Studium der Gitter gewöhnlich die untere Grenze zweier Elemente *Durchschnitt,* die obere Grenze *Vereinigung.*

Man darf nicht voreilig schließen, daß der Durchschnitt und die Vereinigung im Sinn der Mengenlehre notwendig mit den hier definierten Begriffen Durchschnitt und Vereinigung übereinstimmen. Diesbezüglich zwei Bemerkungen: 1. die hier definierten Begriffe Durchschnitt und Vereinigung haben i.a. nicht die Eigenschaften des Durchschnitts und der Vereinigung im Sinn der Mengenlehre (das ist zum Beispiel bei der Distributivität der Fall, wie wir später sehen werden); 2. die Begriffe obere Grenze und untere Grenze sind an die Definition einer Ordnungsrelation gebunden; auf einer Menge können mehrere Ordnungsrelationen existieren.

8.2.4. Gitter

Eine teilweise geordnete Menge T, in der zwei beliebige Elemente a und b eine untere und eine (zu T gehörige) obere Grenze besitzen, heißt *Gitter.*

1. Bezeichnen wir mit $a \wedge b$ die untere Grenze, mit $a \vee b$ die obere Grenze von a und b. Ist T ein Gitter und a und b beliebige Elemente aus T, so existiert ein und nur ein Element α aus T, mit $\alpha = a \vee b$; es existiert ebenfalls ein und nur ein Element β aus T, mit $\beta = a \wedge b$. Die Operationen $\vee$ und $\wedge$ sind also innerhalb des Gitters T binäre Operationen. Anders gesagt: Wir können ein Gitter folgendermaßen definieren:

T sei eine Menge von durch eine Relation $\subseteq$ teilweise geordneten Elementen und $\wedge$ und $\vee$ zwei auf dieser Menge definierte binäre Operationen. Man sagt, T ist ein Gitter, wenn die Operationen $\wedge$ und $\vee$ folgende Axiome erfüllen:

A_1: $a \wedge b \subseteq a$	A'_1: $a \subseteq a \vee b$
A_2: $a \wedge b \subseteq b$	A'_2: $b \subseteq a \vee b$
A_3: für jedes $x \in T$ mit $x \subseteq a$ und $x \subseteq b$ gilt $x \subseteq a \wedge b$.	A'_3: für jedes $x \in T$ mit $a \subseteq x$ und $b \subseteq x$ gilt $a \vee b \subseteq x$.

Die Axiome A_1 und A_2 sagen aus, daß das Element $a \wedge b$ eine Minorante von a und b ist. Die Axiome A'_1 und A'_2 bedeuten, daß $a \vee b$ eine Majorante von a und von b ist.

Das Axiom A_3 (bzw. A'_3) gibt an, daß das Element $a \wedge b$ (bzw. $a \vee b$) die untere Grenze (bzw. obere Grenze) von a und b ist.

Beispiele:

a) Die Menge der reellen Zahlen, die durch die Relation $\leqslant$ geordnet ist, ist ein Gitter, und es gilt:

$$a \wedge b = \min(a, b) \quad \text{und} \quad a \vee b = \max(a, b).$$

b) Die Menge der positiven ganzen Zahlen, durch die Teilbarkeitsrelation $\mid$ ($a \mid b$: a teilt b) geordnet, ist ein Gitter; es gilt:

$$a \wedge b = \text{ggT}(a, b) \quad \text{und} \quad a \vee b = \text{kgV}(a, b).$$

c) Die Menge der Punkte des dreidimensionalen Raumes (P mit den Koordinaten x, y, z), durch folgende Relation $\subseteq$ geordnet:

$$P_1 = (x_1, y_1, z_1) \subseteq P_2 = (x_2, y_2, z_2), \text{ falls } x_1 \leqslant x_2, y_1 \leqslant y_2 \text{ und } z_1 \leqslant z_2,$$

ist ein Gitter, für das gilt:

$P_1 \wedge P_2$ = Punkt mit den Koordinaten x, y, z mit

$$x = \min(x_1, x_2)$$
$$y = \min(y_1, y_2)$$
$$z = \min(z_1, z_2)$$

$P_1 \vee P_2$ = Punkt mit den Koordinaten x, y, z mit

$$x = \max(x_1, x_2)$$
$$y = \max(y_1, y_2)$$
$$z = \max(z_1, z_2).$$

d) Die Menge P(E) der Teilmengen einer Menge E, durch die Inklusion $\subseteq$ geordnet, ist ein Gitter. Sind A und B Teilmengen von E, so gilt

$A \wedge B = A \cap B$ (Durchschnitt)

$A \vee B = A \cup B$ (Vereinigung).

e) Die Menge der numerischen Funktionen in n reellen Zahlen, durch die folgende Ordnungsrelation $\subseteq$ geordnet:

$f \subseteq g$, falls für jede Menge von n Zahlen $x_1, x_2, \ldots, x_n$ gilt:

$f(x_1, x_2, \ldots, x_n) \leqslant g(x_1, x_2, \ldots, x_n)$;

es ergibt sich

$f \wedge g$ = Funktion, definiert durch

$f \wedge g(x_1 \ldots x_n) = \min (f(x_1, \ldots, x_n), g(x_1, \ldots, x_n))$

und ebenso

$f \vee g$ = Funktion, definiert durch

$f \vee g(x_1, \ldots, x_n) = \max (f(x_1, \ldots, x_n), g(x_1, \ldots, x_n))$.

f) Die Menge der linearen Räume (Geraden, Ebenen, ...), durch folgende Relation $\subseteq$ geordnet:

E_1, E_2 seien zwei lineare Räume,

$E_1 \subseteq E_2$, falls E_1 ein linearer Unterraum von E_2 ist.

(Zum Beispiel: E_2 ist ein zweidimensionaler Raum, eine Ebene, und E_1 eine Gerade in dieser Ebene.)

In diesem Gitter gilt:

$E_1 \wedge E_2$ = der vom Durchschnitt $E_1 \cap E_2$ erzeugte Raum (es ist dieser Durchschnitt selbst: So ist der Durchschnitt zweier sich schneidender Ebenen eine Gerade);

$E_1 \vee E_2$ = der durch die Vereinigung $E_1 \cup E_2$ erzeugte Raum ($E_1 \vee E_2$ läßt sich nicht mit $E_1 \cup E_2$ verwechseln; ist z.B. E_1 eine Ebene, E_2 eine diese Ebene schneidende Gerade, so ist die Vereinigung $E_1 \cup E_2$ die Menge der Punkte, die in E_1 oder in E_2 liegen: Diese Menge ist kein linearer Raum; es ist der von E_1 und E_2 erzeugte dreidimensionale Raum).

2. *Prinzip der Dualität*

Dieses Prinzip läßt sich wie folgt entwickeln:

Aus jeder der von dem allgemeinen Gitter erfüllten Eigenschaften erhält man eine andere, die ebenfalls erfüllt ist, indem man überall $\supseteq$ durch $\subseteq$, $\wedge$ durch $\vee$ und $\vee$ durch $\wedge$ ersetzt.

Die Verwirklichung dieses Prinzips beruht auf der sogenannten Methode der „deduktiven Induktion“.

Man verifiziert sofort, daß das Prinzip der Dualität bei folgenden Axiomen gilt: A_1' ist dual zu A_1, A_2' zu A_2 und A_3' zu A_3.

Jede für ein beliebiges Gitter erfüllte Eigenschaft kann mit den Regeln der Logik nur von den Axiomen abgeleitet werden.

P sei eine von jedem Gitter erfüllte Eigenschaft. $\mathcal{P}$ sei die Menge der bereits nachgewiesenen Eigenschaften und der Axiome. Durch einen bestimmten Deduktionsvorgang ist die Eigenschaft P mittels der Eigenschaften $p_1, p_2, \ldots, p_n$ von $\mathcal{P}$ bereits nachgewiesen. Nehmen wir an, jede Eigenschaft $p \in \mathcal{P}$ (d.h. bereits nachgewiesene) erfülle das Dualitätsprinzip. Wir werden zeigen, daß die zu P duale Eigenschaft P* wahr ist.

Betrachten wir hierzu die Eigenschaften $p_1^*, p_2^*, \ldots, p_n^*$, die dual zu den zur Verifikation von P benötigten Eigenschaften $p_1, p_2, \ldots, p_n$ sind. Ersetzt man überall in der Darstellung von P die benutzte Eigenschaft p_i durch die duale Eigenschaft p_i^*, so erhält man eine Darstellung einer Eigenschaft P′, die nichts anderes als die zu P duale Eigenschaft P* ist.

Da das Dualitätsprinzip für die Axiome einer jeden Eigenschaft P gilt, die von allen daraus abzuleitenden Gittern erfüllt ist, folgt, daß das Dualitätsprinzip für jede von einem beliebigen Gitter erfüllte Eigenschaft gilt.

Dieses Prinzip befreit uns, wie wir sehen werden, davon, mit Hilfe von speziellen Beweisen eine große Anzahl von Sätzen aufzustellen.

Bemerkung: Es ist zu beachten, daß wir hier nur von Eigenschaften sprechen, die von einem beliebigen Gitter, also von jedem Gitter, erfüllt werden. Deswegen ist die Eigenschaft der Distributivität von $\wedge$ bzgl. $\vee$:

$$a \wedge (b \vee c) = (a \wedge b) \vee (a \wedge c)$$

keine allgemeine Eigenschaft der Gitter. Sie charakterisiert gewisse als „distributiv“ bezeichnete Gitter. Da die Distributivität von $\wedge$ bzgl. $\vee$ in einem Gitter gilt, kann man nicht unter *Benutzung des Dualitätsprinzips* schließen, daß die duale Eigenschaft, die Distributivität von $\vee$ bzgl. $\wedge$ gilt. Ein spezieller Beweis ist notwendig. Weist man hingegen nach (was gilt), daß aus der Distributivität von $\wedge$ bzgl. $\vee$ die Distributivität von $\vee$ bzgl. $\wedge$ folgt, so ist es nicht notwendig, das Umgekehrte zu beweisen, denn die Eigenschaft

P: „Aus $a \wedge (b \vee c) = (a \wedge b) \vee (a \wedge c)$ folgt $a \vee (b \wedge c) = (a \vee b) \wedge (a \vee c)$“

ist eine für jedes Gitter (ob distributiv oder nicht) gültige Eigenschaft.

Die duale Eigenschaft

P*: „Aus $a \vee (b \wedge c) = (a \vee b) \wedge (a \vee c)$ folgt $a \wedge (b \vee c) = (a \wedge b) \vee (a \wedge c)$“

gilt ebenso nach Anwendung des Dualitätsprinzips.

3. *Grundlegende Eigenschaften der Gitter*

In jedem Gitter sind für beliebige Elemente a, b, c folgende Eigenschaften erfüllt:

$P_1: a \wedge a = a$	$P'_1: a \vee a = a$	(Idempotenz)
$P_2: a \wedge b = b \wedge a$	$P'_2: a \vee b = b \vee a$	(Kommutativität)
$P_3: (a \wedge b) \wedge c = a \wedge (b \wedge c)$	$P'_3: (a \vee b) \vee c = a \vee (b \vee c)$	(Assoziativität)
$P_4: a \wedge (a \vee b) = a$	$P'_4: a \vee (a \wedge b) = a$	(Absorption).

(Die Gleichung x = y bedeutet, daß $x \subseteq y$ und $y \subseteq x$ gilt).

Es genügt, die Eigenschaften P_1, P_2, P_3 und P_4 zu beweisen. Die zu den vorhergehenden dualen Eigenschaften P'_1, P'_2, P'_3, P'_4 folgen auf Grund der Dualität.

$P_1: a \wedge a = a$ (Idempotenz).

1. $a \wedge a \subseteq a$. Die Beziehung folgt aus Axiom A_1, wenn man in $a \wedge b \subseteq a$ b durch a ersetzt.

2. $a \subseteq a \wedge a$. Die Relation $\subseteq$ ist reflexiv: also $a \subseteq a$. Aus Axiom A_3, indem man x und b durch a ersetzt, folgt:

Aus $a \subseteq a$ und $a \subseteq a$ folgt $a \wedge a \subseteq a$.

P_1 ist damit bewiesen.

Bemerkung: Ersetzen wir in diesem Beweis überall $\subseteq$ durch $\supset$ und $\wedge$ durch $\vee$, Axiom A_1 durch Axiom A'_1 und A_3 durch A'_3, so erhalten wir einen Beweis der zu P_1 dualen Eigenschaft P'_1.

$P_2: a \wedge b = b \wedge a$ (Kommutativität).

1. $a \wedge b \subseteq b \wedge a$:

Nach Axiom A_2 $a \wedge b \subseteq b$,

nach Axiom A_1 $a \wedge b \subseteq a$,

nach Axiom A_3 Aus $a \wedge b \subseteq b$ und $a \vee b \subseteq a$ folgt $a \wedge b \subseteq b \wedge a$.

2. $b \wedge a \subseteq a \wedge b$: Diese Beziehung erhält man sofort, indem man im obigen Beweis b durch a und a durch b ersetzt.

Die Kommutativität von $\wedge$ ist also bewiesen, ebenso aus Dualitätsgründen die Kommutativität von $\vee$ (Eigenschaft P'_2).

$P_3: (a \wedge b) \wedge c = a \wedge (b \wedge c)$ (Assoziativität).

Nach den Axiomen A_1 und A_2 (indem man a durch $a \wedge b$ und b durch c ersetzt) gilt

$(a \wedge b) \wedge c \subseteq a \wedge b$

und

$(a \wedge b) \wedge c \subseteq c.$

Nach den Axiomen A_1 und A_2 gilt

$(a \wedge b) \subseteq a$ und $(a \wedge b) \subseteq b$.

Auf Grund der Transitivität der Relation $\subseteq$ folgt

$(a \wedge b) \wedge c \subseteq a \wedge b \subseteq a$

$(a \wedge b) \wedge c \subseteq a \wedge b \subseteq b$.

Nach Axiom A_3:

Aus $(a \wedge b) \wedge c \subseteq b$ und $(a \wedge b) \wedge c \subseteq c$ folgt $(a \wedge b) \wedge c \subseteq b \wedge c$.

Wendet man wiederum Axiom A_3 an, so gilt:

Aus $(a \wedge b) \wedge c \subseteq a$ und $(a \wedge b) \wedge c \subseteq b \wedge c$ folgt $(a \wedge b) \wedge c \subseteq a \wedge (b \wedge c)$.

Analog beweist man

$a \wedge (b \wedge c) \subseteq (a \wedge b) \wedge c$;

daraus folgt die Assoziativität der mit $\wedge$ bezeichneten Operation. Aus Dualitätsgründen ist die Assoziativität von $\vee$ ebenso nachgewiesen.

P_4: $a \wedge (a \vee b) = a$ (Absorption).

1. $a \wedge (a \vee b) \subseteq a$: das folgt aus Axiom A_1 (es genügt, b durch $a \vee b$ zu ersetzen).
2. $a \subseteq a \wedge (a \wedge b)$: wir haben

$a \subseteq a$ (Reflexivität von $\subseteq$)

und

$a \subseteq a \wedge b$ (nach Axiom A'_1).

Nach Axiom A_3 (indem man x durch a und b durch $a \wedge b$ ersetzt) gilt:

Aus $a \subseteq a$ und $a \subseteq a \vee b$ folgt $a \subseteq a \wedge (a \wedge b)$.

Die Eigenschaft P_4 sowie die duale Eigenschaft P'_4 sind also bewiesen.

4. *Definition eines Gitters mit Hilfe der obigen Eigenschaften* $P_1, \ldots, P_4, P'_1, \ldots, P'_4$.

Wir werden zeigen, daß zur Definition eines Gitters die Eigenschaften $P_1, \ldots, P_4$, $P'_1, \ldots, P'_4$ als Axiomensystem dienen können. Es sei T eine Menge von Elementen a, b, c ..., versehen mit zwei inneren Operationen $\wedge$ und $\vee$, die die obigen Eigenschaften erfüllen. Wir werden sehen, daß T ein Gitter ist, d.h. daß man auf T eine reflexive, transitive, antisymmetrische, partielle Ordnungsrelation $\subseteq$ definieren kann, bezüglich der die Operationen $\wedge$ und $\vee$ die Axiome $A_1, \ldots, A_3, A'_1, \ldots, A'_3$ erfüllen. (Die Operation $\wedge$ (bzw. $\vee$) zwischen zwei Elementen ergibt ihre untere Grenze (bzw. obere Grenze) bzgl. der Relation $\subseteq$).

1. Wir werden eine Relation $\subseteq$ zwischen zwei Elementen a und b aus T wie folgt definieren:

$a \subseteq b$ genau dann, wenn gilt: $a \wedge b = a$.

Wir zeigen nun, daß diese Relation eine nicht strenge (partielle) Ordnungsrelation ist:

a) Sie ist reflexiv: Denn

$a \wedge a = a$ (Idempotenz), also $a \subseteq a$;

b) Sie ist transitiv: Sind a, b, c drei Elemente aus T, für die

$a \subseteq b$ und $b \subseteq c$

gilt, so folgt nach Definition von $\subseteq$:

Aus $a \subseteq b$ folgt $a \wedge b = a$.
Aus $b \subseteq c$ folgt $b \wedge c = b$.

Es ist zu zeigen, daß $a \subseteq c$, d.h. daß $a \wedge c = a$ ist.
Berechnen wir $a \wedge c$:

$$
\begin{aligned}
a \wedge c &= (a \wedge b) \wedge c && \text{denn } a \wedge b = a \text{ nach Annahme} \\
&= a \wedge (b \wedge c) && \text{(Assoziativität von } \wedge\text{)} \\
&= a \wedge b && \text{denn } b \wedge c = b \text{ nach Annahme} \\
&= a && \text{denn } a \wedge b = a \text{ nach Annahme,}
\end{aligned}
$$

daraus folgt $a \subseteq c$,und somit ist die Transitivität von $\subseteq$ bewiesen.

c) Sie ist antisymmetrisch: Aus $a \subseteq b$ und $b \subseteq c$ folgt $a = b$.

Aus $a \subseteq b$ folgt $a \wedge b = a$.
Aus $b \subseteq c$ folgt $b \wedge c = b$.

Außerdem gilt

$b \wedge a = a \wedge b$ (Kommutativität),

daraus folgt

$a = a \wedge b = b$.

Damit ist die Antisymmetrie bewiesen.

2. Die Operationen $\vee$ und $\wedge$ erfüllen die Axiome $A_1, \ldots, A_3, A'_1, \ldots, A'_3$.
Wir werden zunächst folgende Eigenschaft P_5 beweisen:

P_5: Aus $a \wedge b = a$ folgt $a \vee b = b$.

Denn ist $a \wedge b = a$, so gilt

$a \vee b = (a \wedge b) \vee b = b$

nach der Eigenschaft der Absorption (P_4').

Das Reziproke

P_5': Aus $a \vee b = b$ folgt $a \wedge b = a$

ist auf Grund der Dualität nachgewiesen.

Aus den Eigenschaften P_5 und P_5' folgt, daß wir beliebig schreiben können:

$a \subseteq b$ genau dann, wenn $a \wedge b = a$,

oder

$a \subseteq b$ genau dann, wenn $a \vee b = b$.

Folglich genügt es zu zeigen, daß die Axiome A_1, A_2, A_3 erfüllt sind. Die Axiome A_1', A_2', A_3' ergeben sich aus Dualitätsgründen.

A_1: $a \wedge b \subseteq a$. Wir zeigen, daß gilt: $(a \wedge b) \wedge a = (a \wedge b)$.

$$
\begin{aligned}
(a \wedge b) \wedge a &= a \wedge (a \wedge b) && \text{(Kommutativität)}\\
&= (a \wedge a) \wedge b && \text{(Assoziativität)}\\
&= a \wedge b && \text{(Idempotenz).}
\end{aligned}
$$

A_1 ist also bewiesen.

A_2: $a \wedge b \subseteq b$. Zu zeigen ist: $(a \wedge b) \wedge b = a \wedge b$.

$$
\begin{aligned}
(a \wedge b) \wedge b &= a \wedge (b \wedge b) && \text{(Assoziativität)}\\
&= a \wedge b && \text{(Idempotenz).}
\end{aligned}
$$

A_3: Für x gelte, daß $x \subseteq a$ und $x \subseteq b$. Wir haben also

$x \wedge a = x$ und $x \wedge b = x$ nach Definition

Daraus folgt

$$
\begin{aligned}
x \wedge (a \wedge b) &= (x \wedge a) \wedge b && \text{(Assoziativität)}\\
&= x \wedge b && \text{denn } x \wedge a = x \text{ nach Annahme}\\
&= x && \text{denn } x \wedge b = x \text{ nach Annahme;}
\end{aligned}
$$

also $x \wedge (a \wedge b) = x$ und $x \subseteq a \wedge b$. Daraus folgt

A_3: $a \wedge b$ ist die untere Grenze von a und b bzgl. der Relation $\subseteq$.

Man sieht, daß die beiden Systeme

$A_1, \ldots, A_3, A_1', \ldots, A_3'$

und

$P_1, \ldots, P_4, P_1', \ldots, P_4'$

für die Definition eines Gitters zwei äquivalente Axiomensysteme bilden.

Andere Axiomensysteme sind ebenfalls möglich.

Die oben angeführten Systeme werden am häufigsten benutzt.

5. *Weitere Eigenschaften der Gitter*

P_6: Aus $a \subseteq b$ folgt $a \wedge b = a$ und umgekehrt.

P'_6: Aus $b \subseteq a$ folgt $a \vee b = a$ und umgekehrt.

Es genügt, P_6 nachzuweisen; P'_6 ergibt sich auf Grund der Dualität.

1. Aus $a \subseteq b$ folgt $a \wedge b = a$.

Nach A_1 gilt $a \wedge b \subseteq a$;

nach A_3: Aus $a \subseteq a$ und $a \subseteq b$ folgt $a \subseteq a \wedge b$;

daraus ergibt sich

$$a \subseteq a \wedge b \subseteq a \qquad \text{und} \qquad a \wedge b = a.$$

2. Aus $a \wedge b = a$ folgt $a \subseteq b$.

Angenommen $a \wedge b = a$, also $a \subseteq a \wedge b$, es gilt jedoch (Axiom A_2) $a \wedge b \subseteq b$. Also $a \subseteq b$ (Transitivität von $\subseteq$).

P_7: Aus $a \subseteq b$ folgt $a \wedge x \subseteq b \wedge x$.

P'_7: Aus $b \subseteq a$ folgt $b \vee x \subseteq a \vee x$ (dual zu P_7).

Diese Eigenschaften werden „direkte Monotonie" der Ordnungsrelation $\subseteq$ bzgl. der Operationen $\wedge$ und $\vee$ genannt. Es genügt, P_7 nachzuweisen.

Wir nehmen an, daß $a \subseteq b$ gilt; dann folgt

$$a \wedge x \subseteq a \quad \text{(Axiom } A_1\text{)}$$

und

$$a \wedge x \subseteq b \quad \text{(Transitivität von } \subseteq\text{)}.$$

Außerdem gilt

$$a \wedge x \subseteq x \quad \text{(Axiom } A_2\text{)}.$$

Daraus ergibt sich (Axiom A_3):

Aus $a \wedge x \subseteq b$ und $a \wedge x \subseteq x$ folgt $a \wedge x \subseteq b \wedge x$;

damit ist P_7 bewiesen.

Bemerkung: Ist E die durch die Relation $\leqslant$ geordnete Menge der Zahlen, so gilt: Aus $a \leqslant b$ folgt $a + x \leqslant b + x$. Aber es gilt ebenso die Umkehrung: Aus $a + x \leqslant b + x$ folgt $a \leqslant b$. In einem Gitter ist die Umkehrung nicht immer erfüllt. Ist also T die Menge der positiven ganzen Zahlen, durch die Teilbarkeitsbedingung geordnet, dann setzen wir:

$a = 10$, $b = 12$, $x = 18$.

$a \wedge x = \text{ggT}(10, 18) = 2$

$b \wedge x = \text{ggT}(12, 18) = 6$.

6 ist durch 2 teilbar: Man hat zwar $a \wedge x \subseteq b \wedge x$, a und b sind jedoch nicht vergleichbar.

Jedes Gitter besitzt außerdem die folgenden Eigenschaften:

P_8: $(a \wedge b) \vee (a \wedge c) \subseteq a \wedge (b \vee c)$;

P'_8: $a \vee (b \wedge c) \subseteq (a \vee b) \wedge (a \vee c)$. (Dual zu P_8).

Es handelt sich hierbei um abgeschwächte Distributivgesetze.

Wir beweisen P_8.

$a \wedge b \subseteq a \wedge (b \vee c)$ nach Axiom A_1 ($b \subseteq b \vee c$) und der Eigenschaft P_6 (monotonie von $\subseteq$), wie oben bereits gezeigt wurde.

Ebenso

$a \wedge c \subseteq a \wedge (b \vee c)$.

Nach Axiom A′ folgt nun das Endergebnis

$(a \wedge b) \vee (a \wedge c) \subseteq a \wedge (b \vee c)$.

P_9: Aus $a \subseteq c$ folgt $a \vee (b \wedge c) \subseteq (a \vee b) \wedge c$ und umgekehrt.

(Hier hat die duale Eigenschaft „Aus $c \subseteq a$ folgt $(a \wedge b) \vee c \subseteq a \wedge (b \vee c)$" die gleiche Form wie P_9).

Nehmen wir zunächst an, daß $a \subseteq c$ gilt, dann ist $a \vee c = c$ (P'_6). Nun ist

$a \vee (b \wedge c) \subseteq (a \vee b) \wedge (a \vee c)$ (nach P_8).

Ersetzt man das zweite Glied $a \vee c$ durch c, so folgt

$a \vee (b \wedge c) \subseteq (a \vee b) \wedge c$;

daraus ergibt sich der erste Teil von P_9.

Nehmen wir nun an, daß

$a \vee (b \wedge c) \subseteq (a \vee b) \wedge c$

gilt, und zeigen, daß daraus folgt: $a \subseteq c$.

Auf Grund der Monotonie von $\subseteq$ (Eigenschaft P_7) folgt

$a \wedge [a \vee (b \wedge c)] \subseteq a \wedge [(a \vee b) \wedge c]$.

Aber

$a \wedge [a \vee (b \wedge c)] = a$ (Absorption).

Außerdem

$$\begin{aligned} a \wedge [(a \vee b) \wedge c] &= [a \wedge (a \vee b)] \wedge c && \text{(Assoziativität)} \\ &= a \wedge c && \text{(Absorption)}, \end{aligned}$$

also

$a \subseteq a \wedge c$.

Nun gilt

$a \wedge c \subseteq a \quad (\text{Axiom } A_1),$

daraus folgt

$a \wedge c = a \quad \text{und somit } a \subseteq c.$

Daraus ergibt sich die Behauptung.

Die folgende Tabelle gibt noch einmal eine Übersicht über die wichtigsten Eigenschaften der Gitter.

Wichtigste Eigenschaften der Gitter

Erstes Axiomensystem

A_1	$a \wedge b \subseteq a$	A'_1	$a \subseteq a \vee b$
A_2	$a \wedge b \subseteq b$	A'_2	$b \subseteq a \vee b$
A_3	$x \subseteq a, x \subseteq b \Rightarrow x \subseteq a \wedge b$	A'_3	$a \subseteq x, b \subseteq x \Rightarrow a \vee b \subseteq x$

Zweites Axiomensystem, äquivalent zum ersten.

P_1	$a \wedge a = a$	P'_1	$a \vee a = a$	(Idempotenz)
P_2	$a \wedge b = b \wedge a$	P'_2	$a \vee b = b \vee a$	(Kommutativität)
P_3	$(a \wedge b) \wedge c = a \wedge (b \wedge c)$	P'_3	$(a \vee b) \vee c = a \vee (b \vee c)$	(Assoziativität)
P_4	$a \wedge (a \vee b) = a$	P'_4	$a \vee (a \wedge b) = a$	(Absorption)

P_5	$a \wedge b = a \Rightarrow a \vee b = b$	P'_5	$a \vee b = a \Rightarrow a \wedge b = b$
P_6	$a \subseteq b \Leftrightarrow a \wedge b = a$	P'_6	$b \subseteq a \Leftrightarrow a \vee b = a$
P_7	$a \subseteq b \Rightarrow a \wedge x \subseteq b \wedge x$	P'_7	$b \subseteq a \Rightarrow b \vee x \subseteq a \vee x$

(Monotonie der Relation $\subseteq$. Die umgekehrte Implikation gilt nicht).

$P_8 \quad (a \wedge b) \vee (a \wedge c) \subseteq a \wedge (b \vee c) \quad P'_8 \quad a \vee (b \wedge c) \subseteq (a \vee b) \wedge (a \vee c)$

(abgeschwächtes Distributivgesetz)

$P_9 \quad a \subseteq c \Leftrightarrow a \vee (b \wedge c) \subseteq (a \vee b) \wedge c.$

6. *Teilgitter – Halbgitter – Zwischengitter*

Eine Teilmenge S von T heißt *Teilgitter* eines Gitters T, wenn S bei beliebigen Elementen a und b auch ihre untere Grenze $a \wedge b$ und ihre obere Grenze $a \vee b$ enthält.

Beispiel: Es sei A = (1, 2, 4, 6, 12, 36) die Teilermenge von 36.

Aus dem Schema von Bild 8.3 läßt sich Bild 8.4 herausnehmen, und man stellt fest, daß die Menge A eine untere Grenze (1) und eine obere Grenze (36) besitzt. Nehmen wir zum Beispiel das Elementepaar (2, 6):

a) 2 teilt 6	6 teilt 6 (nicht strenge Relation)
2 teilt 12	6 teilt 12
2 teilt 36	6 teilt 36;

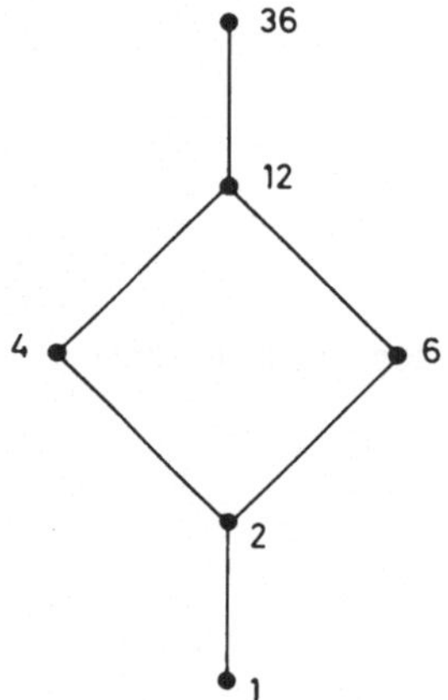

Bild 8.4

daraus folgt, daß die Menge der Majoranten des Paars (2, 6) aus den Elementen (6, 12, 36) besteht. Das kleinste Element dieser Menge ist 6; es ist die obere Grenze des Paars (2, 6).

b) 1 teilt 2 | 1 teilt 6
2 teilt 2 | 2 teilt 6;

daraus ergibt sich, daß die untere Grenze des Paars (2, 6) gleich 2 ist.

Die Paare (1, 2), (2, 4), (4, 12), (6, 12), (12, 36) sind analog. Entsprechendes gilt für: (1, 4), (1, 6), (2, 12), (4, 36) und (6, 36). Wir wollen nun untersuchen, was für das Paar (4, 6) gilt.

4 teilt 12 | 6 teilt 12
4 teilt 36 | 6 teilt 36;

daraus folgt, daß 12 die obere Grenze des Paars (4, 6) ist.

1 teilt 4 | 1 teilt 6
2 teilt 4 | 2 teilt 6;

daraus folgt, daß 2 die untere Grenze des Paars (4, 6) ist. Folglich *ist* A *genau nach Definition ein Gitter.*

Es sei A′ = (1, 2, 4, 12, 36); A′ bildet ein *Teilgitter* von A: Denn, gleich welche Elemente man betrachtet, sie haben alle in A′ ihre untere und obere Grenze.

Betrachten wir hingegen A″ = (1, 4, 6, 36); A″ ist kein Teilgitter, wie man leicht nachprüft, denn die untere und obere Grenze von (4, 6) gehört nicht zu A″.

Eine teilweise geordnete Menge, in der zwei beliebige Elemente immer eine obere Grenze besitzen, heißt *Halbgitter.*

Beispiel: B = (4, 6, 12, 36) ist ein Halbgitter in der Menge der Teiler von 36.

Ein *Zwischengitter* ist eine teilweise geordnete Menge, in der zwei beliebige Elemente immer eine untere Grenze besitzen.

Beispiel: C = (1, 2, 4, 6, 36) in der Teilermenge von 36.

7. *Nullelement – universales Element – vollständiges Gitter*

Betrachten wir zwei Teilmengen A und B einer teilweise geordneten Menge und ihre oberen Grenzen m_a bzw. m_b; existiert die obere Grenze $m_a \vee m_b$, so ist sie eine obere Grenze der Vereinigung $A \cup B$. Denn $m_a \vee m_b$ ist wenigstens gleich m_a oder m_b und stellt somit eine Majorante für A und B und so für $A \cup B$ dar.

Ist m eine Majorante von $A \cup B$, so gilt: $m \supseteq m_a$ und $m \supseteq m_b$, also $m \supseteq m_a \vee m_b$, und somit ist $m_a \vee m_b$ die kleinste Majorante von $A \cup B$, also ihre obere Grenze.

Seien nun m'_a und m'_b die unteren Grenzen von A bzw. B; existiert die untere Grenze $m'_a \wedge m'_b$, so ist sie untere Grenze von $A \cup B$. Diese Aussage ist die zur vorhergehenden „duale" Aussage. Folglich hat jede endliche Teilmenge eines Gitters T eine untere und eine obere Grenze.

Ein Gitter heißt *vollständig,* wenn jede Teilmenge A von T eine untere und eine obere Grenze besitzt ($A \neq \phi$). Ein vollständiges Gitter hat eine zu ihm gehörige obere Grenze, es ist das größte Element von T, d.h. das universale Element; ebenso besitzt T ein kleinstes Element, das Nullelement.

Ein Halbgitter ist vollständig, wenn jede Teilmenge $A (A \neq \phi)$ dieses Halbgitters eine obere Grenze besitzt. Ein Zwischengitter ist vollständig, wenn jede nichtleere Teilmenge dieses Gitters eine untere Grenze besitzt.

Jedes endliche Gitter, Halbgitter oder Zwischengitter ist vollständig.

8. Eine Kette heißt *aufsteigende Kette,* wenn es möglich ist, die Elemente folgendermaßen mit natürlichen Zahlen zu indizieren:

$$a_1 \subset a_2 \subset \ldots \subset a_n \subset \ldots$$

Man sagt, ein Gitter T erfüllt die *Bedingung einer aufsteigenden Kette,* wenn zu jeder aufsteigenden Kette $a_1 \subset a_2 \subset \ldots \subset a_n$ ein Element $a \in T$ existiert, für das gilt

$$a_i \subset a \quad \text{für jedes } i \; (i = 1, 2, \ldots, n).$$

In einem endlichen Gitter ist jede aufsteigende Kette notwendig endlich. Ein solches Gitter erfüllt also die Bedingung einer aufsteigenden Kette.

Benutzt man das Auswahlaxiom, so erfüllt ein unendliches Gitter ebenso die Bedingung einer aufsteigenden Kette. Das gilt jedoch nicht, wenn man dieses Axiom nicht verwendet.

Also ist die durch die Größe geordnete Menge der reellen Zahlen im Intervall [0, 1] (0 und 1 eingeschlossen) ein unendliches Gitter, das die Bedingungen der aufsteigenden Kette erfüllt.

Hingegen ist die Menge der reellen Zahlen des Intervalls]0, 1[(0 und 1 ausgenommen) ein unendliches Gitter, das diese Bedingung jedoch nicht erfüllt.

Jedes endliche Gitter genügt der *Maximalbedingung,* die besagt, daß jede nichtleere Teilmenge dieses Gitters ein maximales Element besitzt. Aus der Maximalbedingung folgt offensichtlich die Bedingung der aufsteigenden Kette und umgekehrt.

Man definiert für eine beliebige Menge umgekehrt die *Bedingung der absteigenden Kette* und die ihr äquivalente *Minimalbedingung.*

Die endlichen Gitter erfüllen diese beiden Bedingungen. Für unser Vorhaben ist es jedoch nicht notwendig zu beweisen, daß ein Gitter vollständig ist, wenn es die Bedingung der aufsteigenden und der absteigenden Kette erfüllt. Denn unser Interesse liegt nur bei den endlichen Gittern, und wir wissen bereits aus anderem Zusammenhang, daß sie vollständig sind.

Beispiele: Das in Bild 8.5 dargestellte Gitter ist endlich; es ist vollständig, da jedes endliche Gitter vollständig ist. (a, b, d, e, g, i) ist ein (vollständiges) Teilgitter. (a, b, f, i) ist kein Teilgitter, denn die obere Grenze $b \vee f$ ist i, während sie im ursprünglichen Gitter gleich h ist.

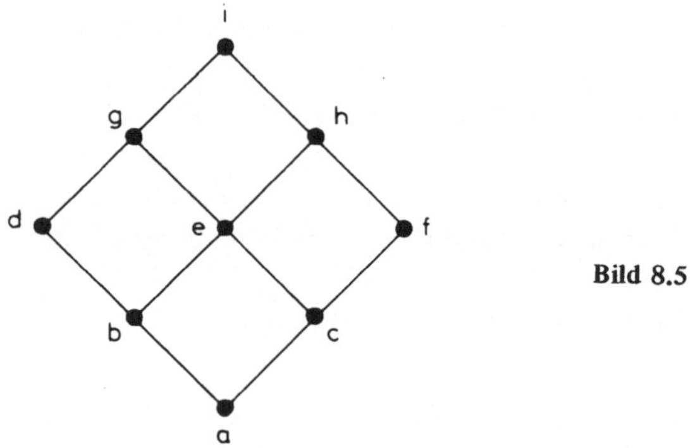

Bild 8.5

8.2.5. Modulares Gitter

Ein Gitter heißt *modular,* wenn aus $a \subseteq c$ folgt

$$a \vee (b \wedge c) = (a \vee b) \wedge c.$$

Man sagt auch, daß ein modulares Gitter eine Dedekindsche Struktur trägt.

Beispiele: 1. Wir haben im vorangehenden Abschnitt 8.2.4 gesehen, daß die durch die Relation $a|b$ (a teilt b) geordnete Menge der natürlichen Zahlen ein Gitter ist, für das

$$a \vee (b \wedge c) = (a \vee b) \wedge c$$

unter der Voraussetzung gilt, daß $a|c$, denn dann bekommen wir den besonderen Fall der Relation $\subseteq$.

2. Betrachten wir das in Bild 8.6 dargestellte Gitter. Wir setzen

$x = a$ und $c = u$,

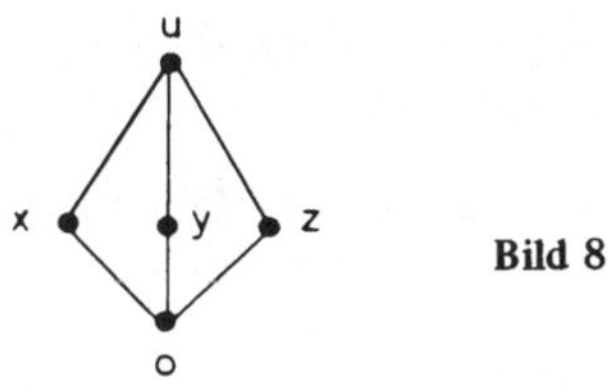

Bild 8.6

da $x \subseteq u$, und wählen zum Beispiel

$$b = z.$$

Wenn dieses Gitter ein modulares Gitter sein soll, so muß

$$x \vee (z \wedge u) = (x \vee z) \wedge u$$

gelten, außerdem

$$z \wedge u = z; \quad x \vee z = u;$$

daraus folgt

$$x \vee (z \wedge u) = x \vee z = u$$

und

$$(x \vee z) \wedge u = u \wedge u = u.$$

Somit ist diese Eigenschaft erfüllt.

Dieses Gitter ist nicht distributiv:

$$x \vee (z \wedge u) = 0 \quad \text{und} \quad (x \vee z) \wedge (x \vee u) = u \wedge u = u.$$

8.2.6. Distributives Gitter

1. Ein Gitter heißt *distributiv,* wenn für beliebige Elemente a, b, c gilt:

$$a \wedge (b \vee c) = (a \wedge b) \vee (a \wedge c) \tag{1}$$

(Distributivität des Durchschnitts bzgl. der Vereinigung)

$$a \vee (b \wedge c) = (a \vee b) \wedge (a \vee c) \tag{2}$$

(Distributivität der Vereinigung bzgl. des Durchschnitts).

Bemerkung: Wir haben in Abschnitt 3.1.4 gesehen, daß eine der Distributivitätseigenschaften sich aus der anderen ableiten läßt; für die Behauptung, daß beide Eigenschaften gelten, genügt es hier ebenso nachzuweisen, daß eine der Eigenschaften (1) oder (2) existiert.

Ein distributives Gitter ist offensichtlich modular: Gilt $a \subseteq c$, so hat man $a \vee c = c$. Daraus folgt nach (2)

$$a \vee (b \wedge c) = (a \vee b) \wedge c.$$

Beispiele: 1. Das Gitter der Teilmengen einer Menge ist distributiv, denn der Durchschnitt bzw. die Vereinigung im Sinn der Mengenlehre sind hier distributiv.

2. Die durch das Gesetz $a|b$ (a teilt b) geordnete Menge der natürlichen Zahlen besitzt, wie wir gesehen haben, die Eigenschaften der Distributivität. Sie bildet also ein distributives Gitter (vgl. Abschnitt 8.2.2).

Wir wollen hier die Distributivität nachweisen, die wir vorher lediglich bezüglich eines Beispiels verifiziert haben.

Δ sei der ggT von a, b, c. Arithmetisch gesehen gilt

$$a = \Delta\alpha, \qquad b = \Delta\beta, \qquad c = \Delta\gamma,$$

wobei α, β, und γ in der zugehörigen Menge zueinander prim sind. Sind nun δ_1 und δ_2 die ggT von (α, β) bzw. (α, γ), so folgt

$$a = \Delta\delta_1\alpha_1 = \Delta\delta_2\alpha_2, \qquad b = \Delta\delta_1\beta_1, \qquad c = \Delta\delta_2\gamma_2.$$

α_1 und β_1 sowie α_2 und γ_2 sind zueinander teilerfremd; δ_1 und δ_2 sind ebenfalls zueinander teilerfremd, denn sonst wären α, β und γ nicht teilerfremd in ihrer Menge. Es gilt jedoch $\delta_1\alpha_1 = \delta_2\alpha_2$, δ_1 teilt also α_2. Folglich kann man schreiben:

$$a = \Delta\delta_1\delta_2\alpha_3.$$

Ist andererseits δ_3 der ggT von β_1 und γ_2:

$$b = \Delta\delta_1\delta_3\beta_3, \qquad c = \Delta\delta_2\delta_3\gamma_3.$$

Bilden wir nun $a\wedge(b\vee c)$:

das kgV von b und c oder $b\vee c$ ist $\Delta\delta_1\delta_2\delta_3\beta_3\gamma_3$;

der ggT von a und $b\vee c$ oder $a\wedge(b\vee c)$ ist $\Delta\delta_1\delta_2$.

Also

$$a\wedge(b\vee c) = \Delta\delta_1\delta_2.$$

Berechnen wir nun andererseits $(a\wedge b)\vee(a\wedge c)$:

der ggT von a und b oder $a\wedge b$ ist $\Delta\delta_1$;

der ggT von a und c oder $a\wedge c$ ist $\Delta\delta_2$;

schließlich ist das kgV von $a\wedge b$ und $a\wedge c$: $\Delta\delta_1\delta_2$.

Also

$$(a\wedge b)\vee(a\wedge c) = \Delta\delta_1\delta_2.$$

Man stellt fest, daß gilt:

$$a\wedge(b\vee c) = (a\wedge b)\vee(a\wedge c).$$

Die erste Eigenschaft der Distributivität ist also erfüllt.

Wir entwickeln nun die Gleichung

$$(a \vee b) \wedge (a \vee c) = (a \wedge a) \vee (b \wedge a) \vee (a \wedge c) \vee (b \wedge c).$$

Der ggT von a und a, also $a \wedge a$, ist a; der ggT von b und a, also $b \wedge a$ ist notwendig ein Teiler von a; das kgV dieses Teilers von a und a ist a; die beiden ersten Terme der Entwicklung lassen sich auf a reduzieren:

$$a \vee (a \wedge c) \vee (b \wedge c).$$

Die gleiche Beweisführung wendet man bei $a \vee (a \wedge c)$ an, und es folgt schließlich

$$(a \vee b) \wedge (a \vee c) = a \vee (b \wedge c).$$

Also ist die zweite Eigenschaft der Distributivität bewiesen (wie bereits vorher bemerkt, kann man diesen zweiten Beweis fortlassen).

Mit Hilfe des Euler-Venn-Diagramms lassen sich die Eigenschaften der durch das Gesetz $a|b$ teilweise geordneten Menge der natürlichen Zahlen veranschaulichen. Wählen wir drei Zahlen:

$$a = 2100 \qquad b = 1386 \qquad c = 2700$$

und zerlegen sie in Primfaktoren:

$$a = 2^2 \cdot 3 \cdot 5^2 \cdot 7,$$
$$b = 2 \cdot 3^2 \cdot 7 \cdot 11,$$
$$c = 2 \cdot 3^3 \cdot 5,$$

Wir zeichnen drei sich schneidende Kreise Bild 8.7 und nehmen an, daß ein jeder dieser Kreise eine der Zahlen repräsentiert. Betrachten wir zum Beispiel a und b und schreiben in den Durchschnitt $a \cap b$ die gemeinsamen Faktoren von a und b. Die anderen Faktoren bleiben in den nicht gemeinsamen Teilen von a und b. Wir müssen also in den Durchschnitt von a und b die Zahlen 2, 3 und 7, in den nicht gemeinsamen Teil von a die Zahlen 2 und 5^2 und in den nicht gemeinsamen Teil von b die Zahlen 3 und 11 schreiben.

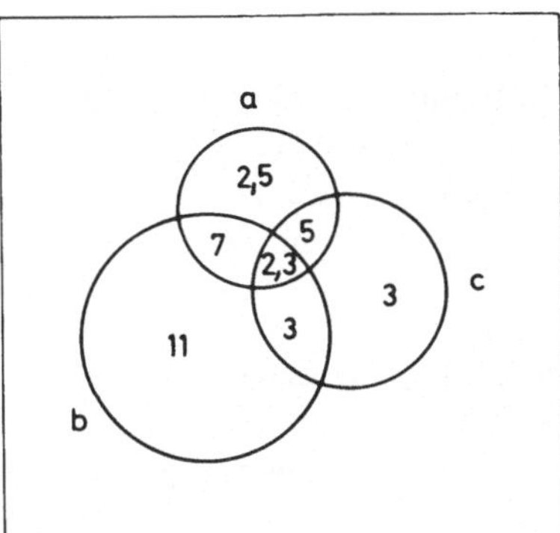

Bild 8.7

Führen wir dieses Verfahren ebenfalls für b und c aus: In b ∩ c schreiben wir 2 und 3^2, in den nicht gemeinsamen Teil von b 7 und 11, in den nicht gemeinsamen Teil von c 3 und 5.

Dasselbe Verfahren für a und c: In a ∩ c schreiben wir 2, 3 und 5, in den nicht gemeinsamen Teil von a 2, 5, 7, in den nicht gemeinsamen Teil von c 3^2 und 5 (Bild 8.8).

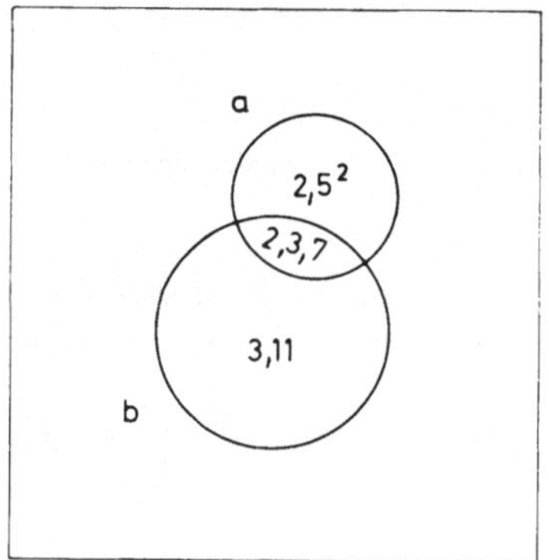

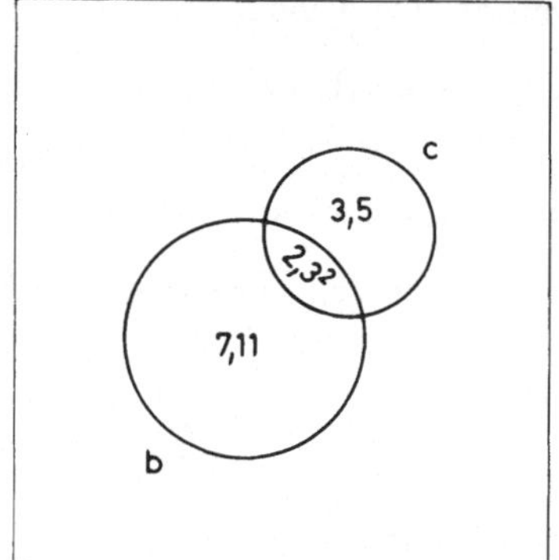

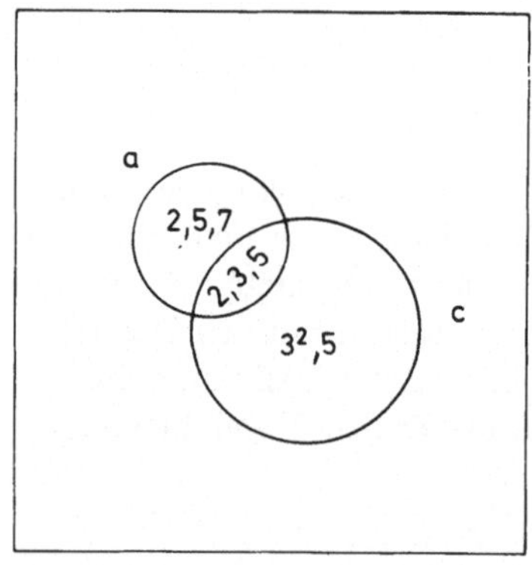

Bild 8.8

Zeichnen wir die drei Kreise in ein und dasselbe Diagramm, so existiert ein gemeinsamer Teil der drei Durchschnitte: Es ist das Kurvendreieck a ∩ b ∩ c. Wir suchen die gemeinsamen Faktoren von (2, 3, 7), (2, 3^2) und (2, 3, 5): 2 und 3 und schreiben sie hinein. In die verbleibenden Bereiche a ∩ b, b ∩ c und a ∩ c muß man nun noch die restlichen Faktoren setzen: 7, 3 und 5.

Wir betrachten nun in den Zeichnungen die beiden nicht gemeinsamen Bereiche von a, wobei jeweils zwei der Kreise dargestellt sind: Die Zahlen (2, 5^2) bzw. (2, 5, 7) treten dort auf. Wir haben jedoch 7 in a ∩ b und 5 in a ∩ c gesetzt; es genügt also, die Zahlen 2 und 5 in a ∩ b ∩ c zu schreiben, usw.

Man erhält schließlich Bild 8.7. Festzustellen ist, daß der ggT von a, b, c in dem mittleren Kurvendreieck auftritt und der ggT von je zwei Zahlen von den Faktoren gebildet wird, die sich in der Gesamtheit des Durchschnitts befinden.

Die kgV hingegen entsprechen den Vereinigungen: Das kgV von a und b ist $2^2 \cdot 3^2 \cdot 5^2 \cdot 7 \cdot 11$ (Vereinigung von a und b, gemeinsame und nicht gemeinsame Faktoren mit dem höchsten Exponent, den sie in a und b besitzen). Das kgV von a, b und c ist $2^2 \cdot 3^3 \cdot 5^2 \cdot 7 \cdot 11$ (Vereinigung $a \cup b \cup c$).

2. Mit Hilfe anderer Betrachtungen läßt sich ebenfalls ein distributives Gitter definieren.

Wir bemerken zunächst: Ist T ein distributives Gitter, a, b, x Elemente aus T, so folgt aus den Relationen:

$$\left.\begin{array}{l} x \vee a = x \vee b \\ x \wedge a = x \wedge b \end{array}\right\} \quad a = b.$$

Denn

$$\begin{array}{ll}
a = a \vee (x \wedge a) & \text{(Absorption)} \\
\quad = a \vee (x \wedge b) & (\text{denn } x \wedge a = x \wedge b) \\
\quad = (a \vee x) \wedge (a \vee b) & \text{(Distributivität)} \\
\quad = (b \vee x) \wedge (a \vee b) & (\text{denn } x \vee a = x \vee b) \\
\quad = b \vee (x \wedge a) & \text{(Distributivität)} \\
\quad = b \vee (x \wedge b) & (\text{denn } x \wedge a = x \wedge b) \\
\quad = b & \text{(Absorption).}
\end{array}$$

Ist T ein Gitter, a, b, x Elemente aus T, so zeigt man umgekehrt, daß T distributiv ist, wenn gilt: Aus den Relationen

$$\left.\begin{array}{l} x \vee a = x \vee b \\ x \wedge a = x \wedge b \end{array}\right\} \quad \text{folgt: } a = b.$$

8.2.7. Komplementäres Gitter

1. Betrachten wir ein Gitter mit den Operationen des Durchschnitts und der Vereinigung und nehmen an, daß dieses Gitter ein Nullelement 0 und ein universales Element u besitzt. Ein mit $\bar{a}$ bezeichnetes Element heißt Komplement eines Elementes a, wenn gilt:

$$a \wedge \bar{a} = 0 \qquad \text{und} \qquad a \vee \bar{a} = u.$$

Hat ein Element wenigstens ein Komplement, so heißt es komplementär; hat jedes Element des Gitters wenigstens ein Komplement, so ist das Gitter selbst *komplementär.*

Das Komplement von 0 ist u, das Komplement von u ist 0.

Beispiele: 1. Gegeben ist das Gitter P(E) der Teilmengen einer Menge E; zu jeder Teilmenge A gibt es in E das Komplement $C_E A$, und folglich ist das Gitter P(E) *komplementär.*

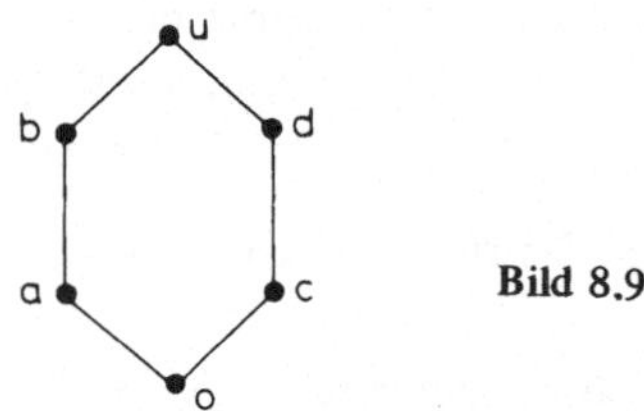

Bild 8.9

2. Betrachten wir das Diagramm des Gitters, das in Bild 8.9 dargestellt ist. Es gilt

$$a \wedge c = 0 \qquad a \vee c = u;$$

ebenso

$$a \wedge d = 0 \qquad a \vee d = u.$$

Entsprechend:

$$b \wedge c = 0 \qquad b \wedge c = u;$$

das gleiche gilt für b und d.

Das Gitter ist also komplementär.

2. Gegeben ist ein distributives Gitter mit Nullelement 0 und universalem Element u. Jedes komplementäre Element dieses Gitters besitzt ein eindeutiges Komplement; für zwei beliebige Elemente a und b mit den Komplementen $\overline{a}$ und $\overline{b}$ gilt

$$\overline{a \wedge b} = \overline{a} \vee \overline{b}$$
$$\overline{a \vee b} = \overline{a} \wedge \overline{b};$$

die komplementären Elemente bilden ein Teilgitter.

Denn nehmen wir an, daß ein beliebiges Element a zwei Komplemente $\overline{b}$ und $\overline{c}$ zuläßt, so gilt:

$$a \wedge b = 0 \qquad \text{und} \qquad a \vee b = u,$$

einerseits

$$a \wedge c = 0 \qquad \text{und} \qquad a \vee c = u.$$

Aus

$$a \wedge c = 0 \qquad \text{und} \qquad b = 0 \vee b$$

ergibt sich

$$0 \vee b = (a \wedge c) \vee b,$$

und benutzt man die Eigenschaften der Distributivität,

$$(a \wedge c) \vee b = (a \vee b) \wedge (c \vee b);$$

es gilt jedoch

$$a \vee b = u;$$

also

$$(a \vee b) \wedge (c \vee b) = u \wedge (c \vee b) = c \vee b.$$

Daraus folgt

$$b = c \vee b.$$

Ebenso

$$\begin{aligned} c = 0 \vee c = (a \wedge b) \vee c &= (a \vee c) \wedge (b \vee c) \\ = u \wedge (b \vee c) &= b \vee c, \end{aligned}$$

also

$$c = b \vee c.$$

Daraus folgt die Gleichheit $b = c$, also die Existenz eines eindeutigen Komplements für jedes komplementäre Element.

Eine andere Möglichkeit zum Beweis von $b = c$ bestünde darin, die charakteristische Eigenschaft eines distributiven Gitters zu beachten:

Ist $a \wedge b = a \wedge c$ und $a \vee b = a \vee c$, so gilt: $b = c$; ist außerdem $a \wedge b = 0$ und $a \wedge c = 0$, so hat man $a \wedge b = a \wedge c$, und ist $a \vee b = u$ und $a \vee c = u$, gilt ebenfalls $a \vee b = a \vee c$.

Hier finden wir auch die Eigenschaft der Involution wieder, denn das Komplement von $\bar{a}$ ist $\bar{\bar{a}}$, d.h. a.

Sind a und b zwei komplementäre Elemente, dann betrachten wir das Komplement von $a \wedge b$, das wir mit $\overline{a \wedge b}$ bezeichnen; wir zeigen, daß dieses (eindeutige) Komplement existiert und folgende Gestalt hat:

$$\overline{a \wedge b} = \bar{a} \vee \bar{b}.$$

Wir bilden

$$(a \wedge b) \wedge (\bar{a} \vee \bar{b})$$

sowie

$$(a \wedge b) \vee (\bar{a} \vee \bar{b});$$

ist $\bar{a} \vee \bar{b}$ das Komplement von $a \wedge b$, so müssen die obigen Ausdrücke gleich 0 bzw. gleich u sein und umgekehrt. Tatsächlich gilt

$$(a \wedge b) \wedge (\bar{a} \vee \bar{b}) = (a \wedge b \wedge \bar{a}) \vee (a \wedge b \wedge \bar{b}) = 0 \vee 0 = 0;$$

$$(a \wedge b) \vee (\bar{a} \vee \bar{b}) = (a \vee \bar{a} \vee \bar{b}) \wedge (b \vee \bar{a} \vee \bar{b}) = u \wedge u = u.$$

Entsprechend

$$(a \vee b) \wedge (\bar{a} \wedge \bar{b}) = (a \wedge \bar{a} \wedge \bar{b}) \vee (b \wedge \bar{a} \wedge \bar{b}) = 0 \vee 0 = 0;$$

$$(a \vee b) \vee (\bar{a} \wedge \bar{b}) = (a \vee b \vee \bar{a}) \wedge (a \vee b \vee \bar{b}) = u \wedge u = u.$$

$\bar{a} \vee \bar{b}$ ist also das eindeutige Komplement von $a \wedge b$, und $\bar{a} \wedge \bar{b}$ das eindeutige Komplement von $a \vee b$.

Die komplementären Elemente bilden ein Teilgitter, denn sind a und b komplementär, so sind, wie wir gesehen haben, ihre obere und untere Grenze ebenfalls komplementär; sie bilden also eine Teilmenge der Menge der komplementären Elemente.

Tatsächlich enthält die Menge der komplementären Elemente a und b, denn $\bar{a}$ und $\bar{b}$ existieren nach Voraussetzung; aber $\bar{a}$ und $\bar{b}$ liegen ebenfalls in dieser Menge, denn $\bar{\bar{a}} = a$ und $\bar{\bar{b}} = b$; $a \wedge b$ ist auch Element dieser Menge, da ein Komplement $\overline{a \wedge b} = \bar{a} \vee \bar{b}$ existiert, ebenso $a \vee b$, da $\overline{a \vee b} = \bar{a} \wedge \bar{b}$ gilt.

8.2.8. Boolesches Gitter. Boolescher Ring

1. Nehmen wir nun an, daß das Gitter mit Nullelement und universalem Element distributiv und komplementär ist, d.h. daß jedes Element mindestens ein Komplement besitzt. Nach dem vorhergehenden Paragraphen ist das Komplement eines jeden Elements eindeutig bestimmt. Die Elemente eines Gitters sind also paarweise komplementär. Das ursprüngliche Gitter stimmt mit dem Gitter der komplementären Elemente überein.

Ein Gitter mit diesen Eigenschaften heißt *Boolesches Gitter.* Die Beziehungen von de Morgan, die für alle komplementären Elemente verifiziert sind, gelten hier für alle Elemente.

Beispiele: Das Gitter P(E) der Teilmengen einer Menge E ist ein Boolesches Gitter.

Betrachten wir zum Beispiel drei Punkte A, B und C und bilden Gruppen von Punkten P und Q, wobei eine jede eine gewisse Anzahl von Punkten darstellt. Man sagt, daß $P \supseteq Q$, wenn alle Punkte von Q in P enthalten sind. Also $(A \cup B) \supseteq B$. Die keinen Punkt enthaltende Gruppe wird mit 0 (Nullelement), die alle Punkte enthaltende Gruppe mit 1 (universales Element) bezeichnet. Mit Hilfe der Relation $P \supseteq Q$ läßt sich die Punktmenge teilweise ordnen.

Das Gitter läßt sich durch die in Bild 8.10 angegebene Form darstellen.

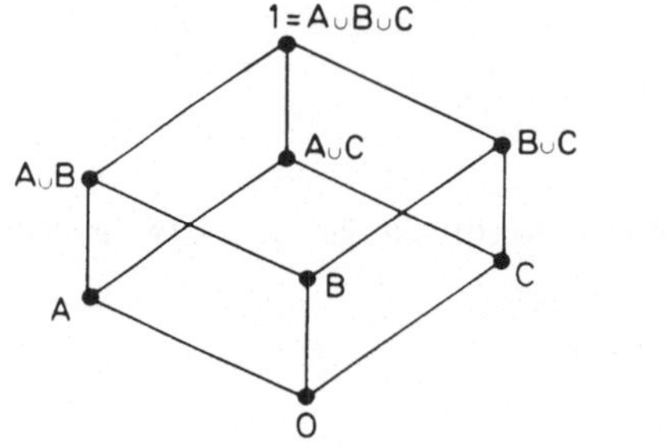

Bild 8.10

Die Vereinigung $A \cup B$ zum Beispiel ist die obere Grenze von A und B.

Der Durchschnitt von $A \cup B$ und $A \cup C$ ist A; es ist genau die untere Grenze von $A \cup B$ und $A \cup C$.

Für das komplementäre Element von A muß gelten $A \cup \bar{A} = 1$; man findet, daß $\bar{A} = B \cup C$ und $A \cap \bar{A} = 0$. Das ist offensichtlich, da die Punkte A, B und C verschieden sind.

Entsprechend ist das Komplement von B gleich $A \cup C$, $A \cup B$ das Komplement von C und umgekehrt. Das Gitter ist also komplementär.

a) $A \cap (B \cup C) = (A \cap B) \cup (A \cap C)$.

Einerseits ist

$A \cap (B \cup C) = 0$,

andererseits

$A \cap B = 0 \quad A \cap C = 0$.

Daraus folgt

$(A \cap B) \cup (A \cap C) = 0$.

b) $A \cup (B \cap C) = (A \cup B) \cap (A \cup C)$.

Da

$B \cap C = 0$,

hat man

$A \cup (B \cap C) = A$.

Andererseits gilt

$(A \cup B) \cap (A \cup C) = A$.

Die Symmetrie der Zeichnung läßt den Schluß zu, daß Distributivitätsgesetze bei beliebiger Wahl der Elemente gelten. Das Gitter ist also distributiv.

c) Die Form des Bildes 8.10 veranlaßt uns, auf die geometrischen Darstellungen der Booleschen Funktionen zurückzukommen, die wir in Kapitel 7 untersucht haben.

Man versteht nun insbesondere, warum man verschiedene „Niveaus" unterscheiden konnte sowie je ein größtes und ein kleinstes Element. Vgl. Abschnitt 7.3.

2. Boolescher Ring

Man kann den Begriff Boolesches Gitter verallgemeinern. Betrachten wir zum Beispiel die Menge N_+ der positiven ganzen Zahlen. Bekanntlich ist die Menge $P(N_+)$ der Teilmengen von N_+ ein Boolesches Gitter, dessen Nullelement gleich ϕ und dessen universales Element N_+ selbst ist. Betrachten wir nun die Menge der *endlichen* Teilmengen von N_+. Sie ist ein Teilgitter von $P(N_+)$, denn sind A und B endliche Teilmengen von N_+, so sind $A \cap B$ und $A \cup B$ ebenfalls endliche Teilmengen. Dieses Teilgitter P* besitzt hingegen kein universales Element, da es keine endliche Teilmenge von N_+ gibt, die alle anderen enthält. P* ist also nicht komplementär. Ist jedoch E eine endliche Teilmenge von N_+, so sind alle Teilmengen von E ebenfalls endlich, so daß das Teilgitter von P*, P(E), ein universales Element E besitzt und somit ein Boolesches Gitter ist.

Das Gitter P* besitzt folgende Eigenschaft: Ist A ein beliebiges Element von P*, so bildet die Menge der Elemente x aus P*, die kleiner als A sind ($x \subseteq A$), ein Teilgitter von P* und ist ein Boolesches Gitter. Ein Gitter mit dieser Eigenschaft heißt *Boolescher Ring.*

Insbesondere ist ein Boolesches Gitter selbst ein Boolescher Ring. Aus vielen Beispielen geben wir die Menge der durch eine Ebene begrenzten Teilmengen an; die Mengen selbst bilden im abstrakten Sinn einen Booleschen Ring ohne universales Element: Die Vereinigung und der Durchschnitt zweier Mengen ist eine Menge, es existiert jedoch keine alle Mengen enthaltende Menge (keine „Menge aller Mengen“).

Man kann den Begriff „Boolescher Ring“ mit dem algebraischen Begriff des Ringes in Beziehung setzen.

Ein Ring ist eine Menge A von Elementen, versehen mit zwei binären Operationen + und · und einer unären Operation *, die folgende Eigenschaften erfüllen:

1. + und · sind assoziativ;
2. Es existiert ein Element 0, so daß:

$$a + 0 = 0 + a = a;$$

3. $a + a^* = a^* + a = 0$ (a^* heißt Inverses oder Negation von a bzgl. +);
4. Die Operation · ist von links und von rechts distributiv bzgl. der Operation +;

$$a \cdot (b + c) = a \cdot b + a \cdot c$$
$$(a + b) \cdot c = a \cdot c + b \cdot c.$$

Ein Boolescher Ring erfüllt außerdem die folgende Eigenschaft:

5. $a \cdot a = a$.

Die Menge der positiven und negativen ganzen Zahlen mit den Additions- und Multiplikationsgesetzen ist ein Ring; es gilt:

$$a^* = -a.$$

Es ist jedoch kein Boolescher Ring, da $a \cdot a = a^2 \neq a$ (falls $a \neq 1$). In diesem Ring sind die Operationen + und · kommutativ.

Die Menge der quadratischen (nxn)-Matrizen mit den Matrixoperationen der Addition und der Multiplikation bildet einen Ring. In diesem Ring ist das Produkt nicht kommutativ.

In einem Booleschen Ring sind die Operationen + und · kommutativ. Außerdem ist $a^* = a$.

Um diese Eigenschaften zu beweisen, entwickeln wir die rechte Seite des Ausdrucks

$$
\begin{aligned}
a + b &= (a + b) \cdot (a + b) && \text{(Eigenschaft 5)}\\
a + b &= a \cdot (a + b) + b \cdot (a + b) && \text{(Distributivität)}\\
&= a \cdot a + a \cdot b + b \cdot a + b \cdot b && \text{(Distributivität)}\\
&= a + a \cdot b + b \cdot a + b && (\text{da } a \cdot a = a).
\end{aligned}
$$

Addiert man vorn a^* und hinten b^*, so erhält man

$$
\begin{aligned}
0 &= (a^* + a) + (b + b^*)\\
&= (a^* + a) + a \cdot b + b \cdot a + (b + b^*)\\
&= a \cdot b + b \cdot a.
\end{aligned}
$$

Mit $a = b$ folgt: $a + a = 0$ und somit $(a^* + a) + a = a^*$ und $a = a^*$.

Fügt man $a \cdot b$ auf beiden Seiten der Gleichung $0 = a \cdot b + b \cdot a$ hinzu, so folgt

$$
\begin{aligned}
a \cdot b &= a \cdot b + a \cdot b + b \cdot a\\
&= [a \cdot b + a \cdot b] + b \cdot a,
\end{aligned}
$$

und da

$$
\begin{aligned}
a \cdot b &= (a \cdot b)^*,\\
a \cdot b &= b \cdot a;
\end{aligned}
$$

damit ist die Kommutativität der Operation $\cdot$ bewiesen.

Schließlich gilt

$$(a + b) + (b + a) = a + (b + b) + a = a + a = 0,$$

und addiert man hinten $b + a$, so folgt

$$(a + b) + (b + a) + (b + a) = b + a,$$

und da

$$
\begin{aligned}
(b + a) + (b + a) &= 0,\\
a + b &= b + a;
\end{aligned}
$$

damit ist die Kommutativität der Addition + bewiesen.

Wir werden nun zeigen, daß eine Menge A, die die obigen fünf Eigenschaften erfüllt, ein distributives Gitter ist, in dem außerdem folgende Eigenschaft gilt:

Bei beliebigem a aus A ist die Menge der Minoranten von a ein Boolesches Gitter.

Setzen wir

$$
\begin{aligned}
a \vee b &= a + b + a \cdot b\\
a \wedge b &= a \cdot b.
\end{aligned}
$$

Wir zeigen, daß die so definierten Operationen $\wedge$ und $\vee$ die Eigenschaften $P_1, \ldots, P_4, P'_1, \ldots, P'_4$ des Gitters erfüllen.

P_1, P_2, P_3:	Diese Eigenschaften ergeben sich unmittelbar aus den Eigenschaften der Operation.
$a \wedge a = a$	
$a \wedge c = b \wedge a$	
$(a \wedge b) \wedge c = a \wedge (b \wedge c)$	

P'_1: $a \vee a = a$, denn $a \vee a = a + a + a \cdot a = 0 + a \cdot a = 0 + a = a$.

P'_1: $a \vee a = a$, denn $a \vee a = a + a + a \cdot a = 0 + a \cdot a = 0 + a = a$.

P'_2: $a \vee b = b \vee a$, denn $a \vee b = a + b + a \cdot b = b + a + b \cdot a = b \vee a$.

P'_3: $(a \vee b) \vee c = a \vee (b \vee c)$, denn
$$
\begin{aligned}
(a \vee b) \vee c &= (a + b + a \cdot b) + c + (a + b + a \cdot b) \cdot c \\
&= a + b + a \cdot b + c + a \cdot c + b \cdot c + a \cdot b \cdot c \\
&= a + (b + c + b \cdot c) + a \cdot (b + c + b \cdot c) \\
&= a \vee (b \vee c).
\end{aligned}
$$

P_4: $a \wedge (a \vee b) = a$, denn
$$
\begin{aligned}
a \wedge (a \vee b) &= a \cdot (a + b + a \cdot b) \\
&= a \cdot a + a \cdot b + a \cdot a \cdot b \\
&= a + (a \cdot b + a \cdot b) \\
&= a + 0 \\
&= a.
\end{aligned}
$$

P'_4: $a \vee (a \wedge b) = a$, denn
$$
\begin{aligned}
a \vee (a \wedge b) &= a + a \cdot b + a \cdot a \cdot b \\
&= a + (a \cdot b + a \cdot b) \\
&= a + 0 \\
&= a.
\end{aligned}
$$

Dieses Gitter A ist distributiv. Es genügt zu zeigen, daß eine der folgenden Eigenschaften gilt:

$$a \wedge (b \vee c) = (a \wedge b) \vee (a \wedge c) \qquad \text{oder} \qquad a \vee (b \wedge c) = (a \vee b) \wedge (a \vee c),$$

da eine Eigenschaft aus der anderen aus Dualitätsgründen folgt.

$$
\begin{aligned}
a \wedge (b \vee c) = a \cdot (b + c + b \cdot c) &= a \cdot b + a \cdot c + a \cdot b \cdot c \\
&= a \cdot b + a \cdot c + (a \cdot b) \cdot (a \cdot c) \\
&= (a \wedge b) \vee (a \wedge c).
\end{aligned}
$$

Ist u ein beliebiges Element aus A, so zeigen wir nun, daß die Menge B der Minoranten von A ein Boolesches Gitter ist.

B ist ein Teilgitter von A, denn ist

$$a \subseteq u \quad \text{und} \quad b \subseteq u, \qquad \text{so gilt} \qquad a \wedge b \subseteq u \quad \text{und} \quad a \vee b \subseteq u.$$

Enthält B also a und b, so enthält es auch ihre obere bzw. untere Grenze.

Außerdem ist 0 in B enthalten, denn

$$\begin{aligned} 0 \vee u &= 0 + u + 0 \cdot u \\ &= 0 + u \cdot u + 0 \cdot u \\ &= u \cdot (u + 0) \\ &= u \cdot u \\ &= u, \end{aligned}$$

also

$$0 \subseteq u \text{ bei beliebigem } u$$

(das zeigt insbesondere: $0 \wedge u = 0 \cdot u = 0$).

B ist komplementär. Denn setzen wir für jedes $a \subseteq u$

$$\overline{a} = u + a,$$

so gilt

$$a \wedge \overline{a} = a \cdot (u + a) = a \cdot u + a \cdot a.$$

Außerdem:

$$a \cdot u = a \wedge u = a, \quad \text{da } a \subseteq u$$

und

$$a \cdot a = a.$$

Man hat also

$$a \wedge \overline{a} = a + a = 0.$$

Außerdem gilt

$$a \vee \overline{a} = a + (u + a) = (a + a) + u = 0 + u = u.$$

Die Gleichungen

$$a \wedge \overline{a} = 0 \quad \text{und} \quad a \vee \overline{a} = u$$

zeigen, daß B komplementär ist. B ist also ein Boolesches Gitter.

Bemerkung: Ist A selbst ein Boolesches Gitter, d.h. besitzt es ein universales Element 1, so gilt:

$$\overline{a} = 1 + a;$$

die Operation + wird wie folgt definiert:

$$a + b = (a \wedge \overline{b}) \vee (\overline{a} \wedge b);$$

es ist die disjunktive Summe von a und b.

Man könnte umgekehrt zeigen: Ist A ein distributives Gitter, in dem das Teilgitter der Minoranten eines beliebigen Elementes a ein Boolesches Gitter ist, dann lassen sich zwei binäre Operationen + und · definieren, die die obigen Eigenschaften 1 bis 5 erfüllen.

Wir wollen hier nur erwähnen, daß für diesen Beweis eine neue Operation benötigt wird, die „Subtraktion", die folgenden Eigenschaften genügt:

1. $a \subseteq b \vee (a - b)$	aus diesen Eigenschaften folgt, daß
2. aus $a \subseteq b \vee x$ folgt $a - b \subseteq x$	$a - b$ das Komplement von b in dem
3. $a \wedge (a - b) = 0$	Teilgitter der Minoranten von $a \vee b$ ist.

In einem Booleschen Gitter gilt:

$$a - b = a \wedge \overline{b}\,.$$

Man setzt

$$a + b = (a - b) \vee (b - a)$$
$$a \cdot b = a \wedge b.$$

Für die so definierten Operationen + und · gelten die fünf Eigenschaften der Booleschen Ringe.

8.2.9. Klassifizierung der Gitter

In dem allgemeinsten Gitter, das wir definierten, haben wir in einer teilweise geordneten Menge die Operationen der Vereinigung $\vee$ und des Durchschnitts $\wedge$, die kommutativ und assoziativ sind. Wir haben ebenfalls bewiesen, daß die Eigenschaften der Idempotenz und der Absorption erfüllt sind. Das galt hingegen nicht allgemein für die Distributivgesetze der Operationen $\vee$ und $\wedge$. Wir fassen in einer Tabelle die charakteristischen Eigenschaften eines Gitters zusammen:

1. Sind a und b Elemente des Gitters, so enthält es $a \vee b$ und $a \wedge b$:
2. $a \vee b = b \vee a$ und $a \wedge b = b \wedge a$ (Kommutativität)
3. $a \vee (b \vee c) = (a \vee b) \vee c$ und $a \wedge (b \wedge c) = (a \wedge b) \wedge c$ (Assoziativität)
4. $a \vee a = a$ und $a \wedge a = a$ (Idempotenz)
5. $a \vee (a \wedge b) = a$ und $a \wedge (a \vee b) = a$ (Absorption).

Außerdem führten wir bei den *vollständigen* Gittern (insbesondere bei den *endlichen* Gittern) das Nullelement und das universale Element ein, und es gilt:

6. $a \vee 0 = a$ und $a \wedge 1 = a$.

Eine erste wichtige Kategorie von Gittern ist die der *modularen Gitter.* In solchen Gittern gilt eine zusätzliche Beziehung:

7. $a \vee (b \wedge c) = (a \vee b) \wedge c$, falls $a \subseteq c$.

Eine weitere sehr wichtige Kategorie wurde genannt: die *distributiven Gitter.* In diesen Gittern gelten die Distributivgesetze:

8. $a \wedge (b \vee c) = (a \wedge b) \vee (a \wedge c)$ und $a \vee (b \wedge c) = (a \vee b) \wedge (a \vee c)$.

Die *komplementären Gitter* wurden durch Einführung der folgenden Eigenschaften charakterisiert:

9. $a \vee \overline{a} = 1$ und $a \wedge \overline{a} = 0$.

Ein *Boolesches Gitter* besitzt all diese Eigenschaften; insbesondere die Eigenschaften 1, 2, 6, 8, 9, die nacheinander den Axiomen **1**, **2**, **3**, **4** und **5** entsprechen, die wir vorher kennengelernt haben (Abschnitt 6.11); mit Axiom **6**, das offensichtlich gilt, bilden sie die axiomatische Basis der Booleschen Algebra [1]). Es ist also nicht erstaunlich, daß man in der Booleschen Algebra zur Berechnung der Elemente Boolesche Gitter einführt.

Es existieren noch andere Kategorien von Gittern (freie Gitter, multiplikative Gitter usw.); wir werden nur einiges über die freien Gitter sagen.

Ein von n verschiedenen Elementen oder *Erzeugenden* erzeugtes Gitter heißt *freies Gitter,* wenn alle möglichen verschiedenen Kombinationen dieser Elemente auftreten. Man definiert eine gewisse Anzahl zusätzlicher Relationen, die erlauben, die bisher als verschieden angesehenen Elemente zu bestimmen.

Für n = 2 enthalten alle freien Gitter vier Elemente a, b, $a \vee b$ und $a \wedge b$. Das allgemeine freie Gitter ist für $n \geqslant 3$ unendlich.

Das freie modulare Gitter mit drei Erzeugenden besteht aus 28 Elementen, es ist für $n \geqslant 4$ unendlich.

Das freie distributive Gitter ist für jede Anzahl von Erzeugenden endlich; es besteht aus 18 Elementen bei drei Erzeugenden, 166 bei vier, 7 579 bei fünf, 7 828 532 bei sechs.

Es ist interessant, die Art der Gitter aus ihrer Gestaltung zu erkennen. So kann ein modulares Gitter kein Teilgitter enthalten, wie im Schema von Bild 8.11 dargestellt ist.

Ist bei zwei vergleichbaren Elementen a und b eines Gitters und einem dritten, nicht mit den beiden vorigen vergleichbaren Element die charakteristische Eigenschaft des modularen Gitters erfüllt, falls $a \subseteq c$, so erhält man notwendig die Gestalt des Bildes 8.12.

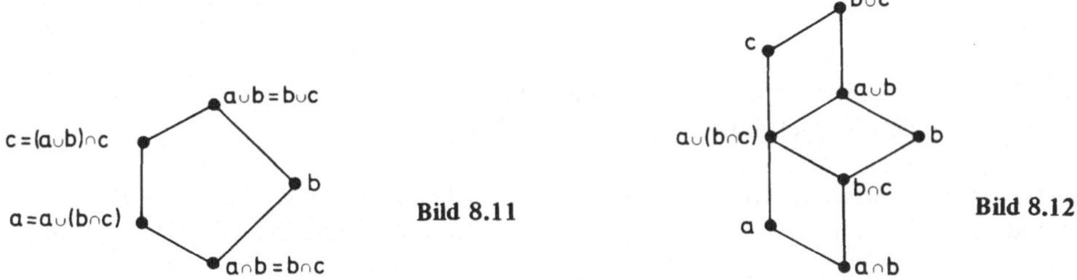

Bild 8.11

Bild 8.12

Diese Gestalt ist so beschaffen, daß sie allein aus Rauten besteht und daß jede Kette, die zwei Elemente verbindet, dieselbe Anzahl von Zwischenelementen besitzt (Bedingung von Jordan-Dedekind): Zum Beispiel gibt es von $a \wedge b$ zu $b \vee c$ in jeder Kette drei Zwischenelemente.

1) Die Eigenschaften der Idempotenz, der Absorption usw. wurden als Folgerungen der Axiome betrachtet.

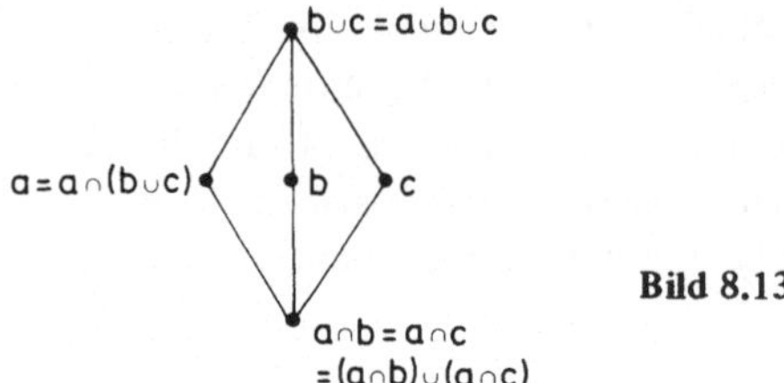

Bild 8.13

Ein distributives Gitter kann kein von drei nicht vergleichbaren Elementen erzeugtes Teilgitter enthalten, wie in Bild 8.13 deutlich wird; wir haben übrigens gesehen (Bild 8.6), daß es sich um ein nicht distributives, modulares Gitter handelt. Drei nicht vergleichbare Elemente eines distributiven Gitters erzeugen eine Figur, die aus mindestens 7 Punkten besteht, und es gilt

$$a \vee b \neq a \vee c \neq b \vee c$$

oder

$$a \wedge b \neq a \wedge c \neq b \wedge c \qquad \text{(Bild 8.14).}$$

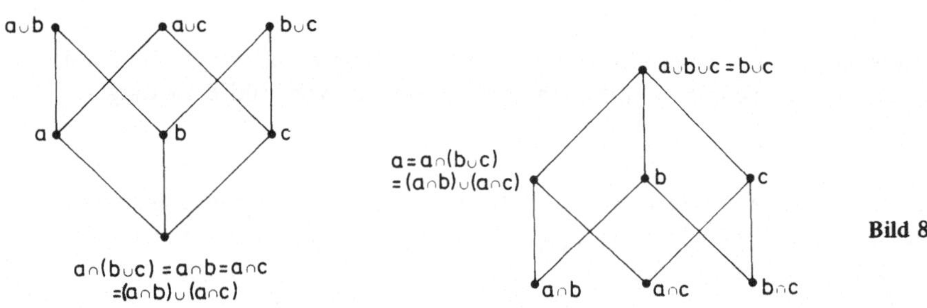

Bild 8.14

Ein Boolesches Gitter mit n unabhängigen Elementen wird bekanntlich durch einen n-dimensionalen Würfel dargestellt, der aus 2^n Elementen besteht.

Aus dokumentarischen Gründen geben wir die Diagramme eines freien, modularen Gitters und eines distributiven Gitters für n = 3 an. Im ersten Fall (Bild 8.15) hat man:

$$\alpha = [a \wedge (b \vee c)] \vee (b \wedge c),$$
$$\beta = [b \wedge (a \vee c)] \vee (a \wedge c),$$
$$\gamma = [c \wedge (a \vee b)] \vee (a \wedge b).$$

Im zweiten Fall (Bild 8.16):

$$\begin{aligned} \Omega &= (a \wedge b) \vee (a \wedge c) \vee (b \wedge c) \\ &= (a \vee b) \wedge (a \vee c) \wedge (b \vee c). \end{aligned}$$

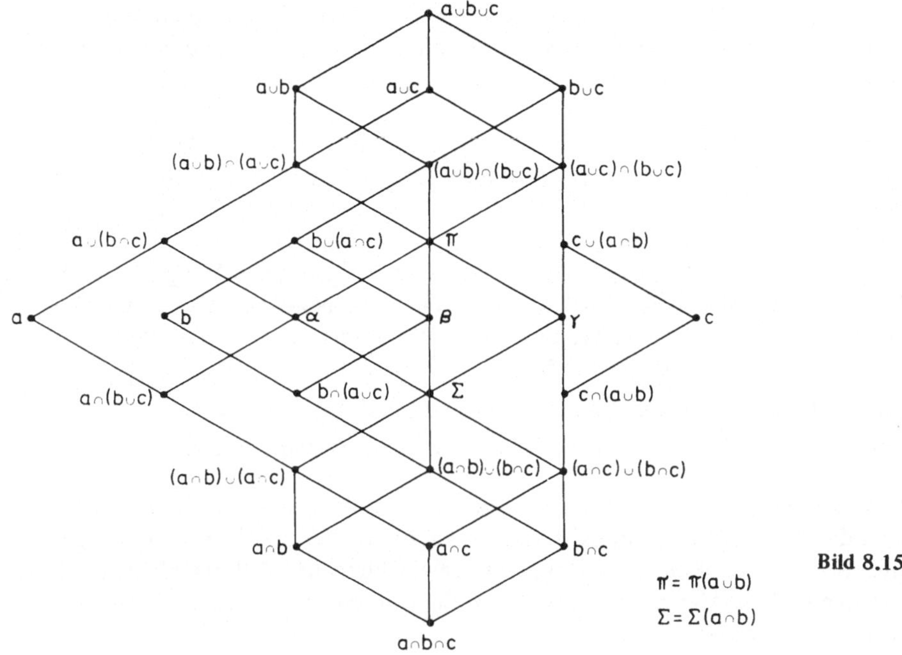

Bild 8.15

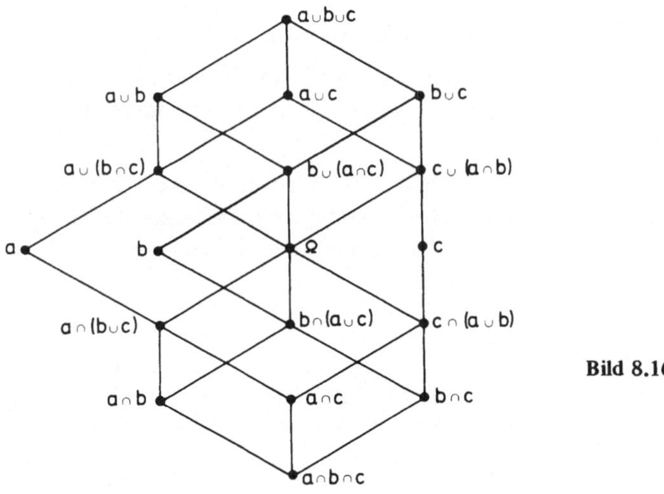

Bild 8.16

8.2.10. Globale Operationen

Die Operationen $\vee$ und $\wedge$ wurden in einem Gitter definiert, das die Eigenschaft besitzt, die Argumente (Elemente) und die Ergebniswerte (obere und untere Grenze) zu enthalten.

Man kann auch andere Operationen definieren, die einer teilweise geordneten Menge von Argumenten eine andere, teilweise geordnete Menge von Ergebniswerten zuordnet. Diese Operationen heißen global und scheinen geeignet, neue Mengen zu definieren.

Bei den Anwendungen der Operationen, wie der Addition, der Multiplikation, der kardinalen und ordinalen Potenz, benutzt man das kardinale Produkt und die kardinale Potenz.

a) *Kardinales Produkt:* Wir betrachten zwei teilweise geordnete Mengen A und B. Die Menge aller Kombinationen (a, b) eines Elements aus A und eines Elements aus B heißt kartesisches Produkt. Diese Menge ist durch die Relation: $(a, b) \supseteq (a', b')$, falls $a \supseteq a'$ und $b \supseteq b'$, geordnet.

   Das kardinale Produkt ist assoziativ und kommutativ.

   Eine Funktion mit $f(x) \supseteq f(y)$ falls $x \supseteq y$, heißt *isotone* Funktion.

b) *Kardinale Potenz:* Bei zwei teilweise geordneten Mengen A und B definiert man die Potenz mit der Basis B und dem Exponenten A, B^A als die Menge aller isotonen Funktionen $b = f(a)$, die einem Element $b \in B$ ein Element $a \in A$ zuordnen. Diese Menge ist teilweise geordnet durch die Relation $f \supseteq g$, falls $f(a) \supseteq g(a)$ für jedes Element a aus A.

8.2.11. Rolle der irreduziblen Elemente in einem distributiven Gitter

In einem Gitter heißt ein Element *irreduzibel* bzgl. der Vereinigung bzw. bzgl. des Durchschnitts, wenn es als Vereinigung bzw. als Durchschnitt zweier anderer Elemente des Gitters angesehen werden kann.

Es handelt sich also um jene Elemente, bei denen sich nicht mindestens zwei absteigende Zweige (Irreduzibilität bzgl. des Durchschnitts) oder zwei aufsteigende Zweige (Irreduzibilität bzgl. der Vereinigung) schneiden. Man schließt das Nullelement und das universale Element aus.

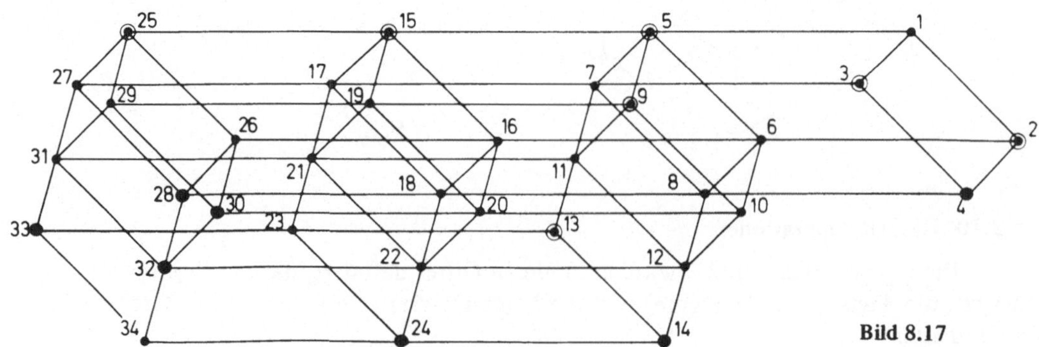

Bild 8.17

Beispiel: In dem Gitter in Bild 8.17 sind die mit 2, 3, 5, 9, 13, 15, 25 numerierten Elemente irreduzibel bzgl. des Durchschnitts; die Elemente 4, 14, 24, 28, 30, 32, 33 sind es bzgl. der Vereinigung.

Handelt es sich um ein distributives Gitter, so definieren die irreduziblen Elemente dieselbe Teilgestalt bei beliebiger Kategorie; diese Teilgestalt ist i.a. kein Gitter, es ist eine teilweise geordnete Menge.

Beispiel: Die irreduziblen Elemente des Bildes 8.17 sind in Bild 8.18 dargestellt.

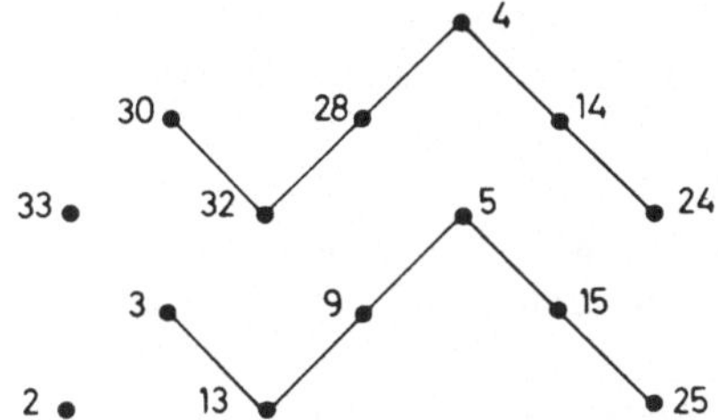

Bild 8.18

Bezeichnen wir mit X die teilweise geordnete Menge, die aus dem Teil der irreduziblen Elemente eines distributiven Gitters T besteht. Es wird gezeigt, daß

$$T = 2_0^X$$

gilt, 2_0^X ist die kardinale Potenz der ordinalen Basis 2_0 und des Exponenten X. Deshalb wird X Logarithmus der Basis 2_0 von T genannt.

Beispiele: 1. Die Boolesche Algebra der Ordnung n hat als Logarithmus die Kardinalzahl n_c; seine Gestalt ist $2_0^{n_c}$.

2. Das freie distributive Gitter mit n Erzeugenden hat als Ausdruck:

$$2_0^{(2_0{}^{n_0})};$$

sein Logarithmus ist die Boolesche Algebra der Ordnung n.

Man erkennt die Analogie der freien distributiven Gitter und der verschiedenen Booleschen Funktionen in n Variablen, deren Anzahl bekanntlich $2^{(2^n)}$ ist.

8.3. Übungen

1. Lösen Sie die Boolesche Gleichung

$$x + y = 2xy$$

nach y auf, und lösen Sie $(A \cap B) \cup (\overline{A} \cap \overline{B}) = 1$ nach B auf.

2. Zeigen Sie, daß das System

$$x < y < z$$

nicht möglich ist.

3. Es sind zwei Klassen x und y einer Menge gegeben, und man nimmt an, daß auf diesen Elementen der Durchschnitt (oder logisches Produkt) und die Implikation definiert sind. Zeigen Sie, daß man bzgl. dieser beiden Operationen die Vereinigung (oder logische Summe) definieren kann.

4. In der gewöhnlichen Algebra folgt aus $xyz = 0$, daß wenigstens einer der Faktoren Null ist. In der Booleschen Algebra folgt aus $A \cap B \cap C = 1$, daß alle Faktoren gleich 1 sind.

5. Es ist die Menge E der Geraden im Raum, die Menge F der Sphären gegeben; ist die Relation „ist orthogonal zu“ feiner als die Relation „schneidet“: $(\perp) \subset \mathfrak{X}$?

6. Sei $E = F = C$ und C die Menge der relativen Zahlen, d.h. die Menge der positiven und negativen Zahlen mit der Null. Die Relation R_m gilt für x und y, wenn x, y, k, m ($\in$C); es ist eine arithmetische Kongruenz. Φ sei die Familie der Kongruenzen, die man erhält, wenn man zu m die Menge P der Primzahlen p bildet. Bilden Sie den Durchschnitt:

$$I = \bigcap_{p \in P} R_p.$$

7. $E = F$ ist die Menge der Punkte im Raum. Sind x und y zwei Punkte im Raum und O ein fester Punkt, so gilt $x R y$, wenn die Punkte O, x, y auf einer Linie liegen.

a) Zeigen Sie, daß R eine Äquivalenzrelation ist.

b) Beweisen Sie: Sind A und B zwei Ebenen, die nicht durch O gehen, dann ist $R_{A,B}$ die Zentralprojektion von A auf B bzgl. O.

8. Das Alphabet, das durch alphabetische Ordnung total geordnet ist, läßt ein erstes Element a und ein letztes Element z zu. Zeigen Sie, daß zu allen Elementen außer a ein Vorgänger und zu allen Elementen außer z ein Nachfolger existiert.

9. Die Menge der rationalen Zahlen und die Menge der reellen Zahlen sind total geordnet durch die Relation $\leqslant$ im gewöhnlichen Sinn. Es gibt weder ein größtes noch ein kleinstes Element. Zeigen Sie, daß die Menge der positiven Zahlen, deren Quadrat größer als 2 ist und die zu den oben genannten Mengen gehört, eine Endsektion ist, die zum Beispiel 1 als Minorante zuläßt. In der Menge der rationalen Zahlen hat die Menge der positiven Zahlen, deren Quadrat größer als 2 ist, keine untere Grenze; in der Menge der reellen Zahlen besitzt sie als untere Grenze $\sqrt{2}$.

10. Ordnen Sie ein Spiel von 52 Karten nach den Werten, die Sie im Bridge haben, mit Herz als Trumpf. Zeichnen Sie das entsprechende Diagramm. Welches sind: das größte Element, die minimalen Elemente, die maximalen Ketten? Gibt es ein minimales Element ohne Vorgänger?

11. Gegeben ist das Gitter aus Bild 8.5. Zeigen Sie, daß $\{a, b, f, h, i\}$ ein Teilgitter ist und daß $\{a, b, c, d, e, f, i\}$ kein Teilgitter ist.

12. Man ordnet die Menge der natürlichen Zahlen N_+ partiell durch die Relation $a \subseteq b$, die dann erfüllt ist, wenn $a = m \cdot b$, $m \in N_+$. Anzugeben ist die arithmetische Bedeutung von $x \vee y$ und $x \wedge y$. Zeigen Sie, daß N_+ ein Gitter ist; N_+ ist ebenfalls ein vollständiges Halbgitter. Ist N_+ ein vollständiges Gitter?

13. Ein Gitter heißt modular, d.h. es gilt

$$x \vee (y \wedge z) = (x \vee y) \wedge z,$$

wenn $x \subseteq z$; zeigen Sie, daß diese Beziehung für jedes Gitter gilt:

1. wenn $x = z$;

2. wenn $z = u$ oder $x = 0$, wobei u und 0 das universale Element bzw. das Nullelement ist.

14. a) Ist eine Kette ein distributives Gitter?

b) Sind die in den Diagrammen dargestellten Gitter distributiv?

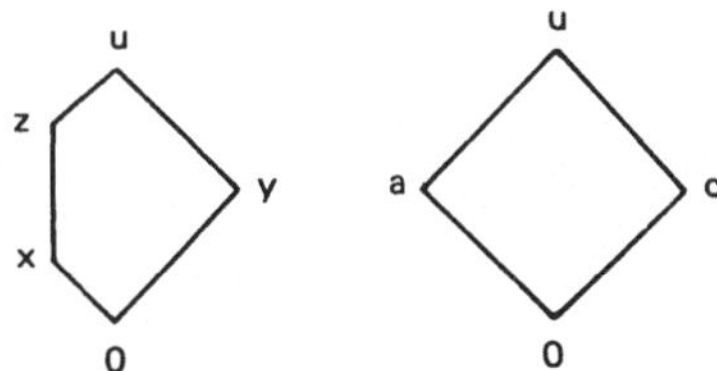

15. Zeigen Sie, daß eine endliche Kette $\{0, a_1, \ldots, u\}$, die mehr als zwei Elemente besitzt, nicht komplementär ist.

16. Sind zwei konvexe Bereiche A und B gegeben, so bezeichnet man mit $A \cdot B$ den größten der gleichzeitig in A und B enthaltenen Bereiche ($A \cdot B$ stimmt mit dem Durchschnitt überein). Mit $A + B$ bezeichnet man den kleinsten, gleichzeitig A und B enthaltenden konvexen Bereich ($A + B$ stimmt nicht mit der Vereinigung überein). Dieses Gitter ist nicht distributiv. Welche abgeschwächten Distributivitätsbeziehungen kann man geltend machen?

9. Methoden der Reduktion Boolescher Funktionen

Wir haben uns bereits mehrfach mit dem Problem der „Vereinfachung" Boolescher Funktionen beschäftigt.

Wir erkannten, daß die Funktionen durch Boolesche Berechnung oder durch die Betrachtung ihrer räumlichen Darstellung reduziert werden können. Wir kommen auf die erste Möglichkeit zurück und geben noch weitere Methoden an.

9.1. Boolesche Berechnung

Wir erinnern, daß Faktoren, die $X \cap \overline{X}$ oder numerisch $x \cdot \overline{x}$ enthalten, weggelassen werden können, denn $X \cap \overline{X} = 0$.

In jedem Faktor kann $X \cup \overline{X}$ oder numerisch $x \dotplus \overline{x}$ verschwinden, der Rest des Faktors bleibt, denn $X \cup \overline{X} = 1$.

Umgekehrt kann die Angabe von zusätzlichen Faktoren in gewissen Fällen eine Reduktion ermöglichen. Ist ϕ eine beliebige Boolesche Funktion, so zeigt die Gleichung

$$\phi = \phi \cap (1 \cup X) \qquad \text{oder} \qquad \varphi = \varphi(1 \dotplus x),$$

daß man im folgenden Ausdruck

$$\phi \cup \ldots \cup (\phi \cap X) \cup \ldots \qquad \text{oder} \qquad \varphi \dotplus \ldots \dotplus \varphi \cdot x \dotplus \ldots$$

$\phi \cap X$ oder $\varphi \cdot x$ weglassen kann.

Ebenso bei

$$\varphi = \varphi \cdot (x \dotplus \overline{x}), \qquad \text{denn} \qquad x \dotplus \overline{x} = 1$$

$$\varphi \cdot x = \varphi \cdot (x \dotplus x), \qquad \text{denn} \qquad x \dotplus x = x.$$

Findet man eine Entwicklung, die aus einer logischen Summe von Mintermen besteht, so kann man sich auf die Tabellen der Funktionen in zwei, drei, ... Variablen beziehen.

Beispiel:

$$\overline{x}_1 \cdot \overline{x}_2 \cdot \overline{x}_3 \dotplus \overline{x}_1 \cdot \overline{x}_2 \cdot x_3 \dotplus x_1 \cdot x_2 \cdot \overline{x}_3 \dotplus x_1 \cdot x_2 \cdot x_3 = \overline{x}_1 \cdot \overline{x}_2 \dotplus x_1 \cdot x_2$$

(Funktion in der Struktur vom Typ Nr. 13 in drei Variablen).

$$\overline{x}_1 \cdot \overline{x}_2 \dotplus \overline{x}_1 \cdot x_2 \dotplus x_1 \cdot x_2 = \overline{x}_1 \dotplus x_2$$

(Funktion von der Struktur Nr. 12 in zwei Variablen).

Wir kommen hier weder auf die Methode der exponentiellen Entwicklung zurück noch auf den Gebrauch des Theorems von de Morgan; wir haben hierfür bereits mehrmals Beispiele angegeben. Um die Arbeit des Lesers zu erleichtern, ordnen wir nur noch einmal die gebräuchlichsten Relationen in zwei und drei Variablen.

Tafel der Booleschen Funktionen

1. *Wichtige Eigenschaften*

Universelle Grenzen: $1 \supseteq x \supseteq 0.$

Idempotenz: $x \dotplus x = x, \quad x \cdot x = x.$

Existenz der universellen Grenzen: $\begin{cases} 0 \dotplus x = x, & 0 \cdot x = 0; \\ 1 \dotplus x = 1, & 1 \cdot x = x. \end{cases}$

Ausdruck logischer Prinzipien: $\begin{cases} x \dotplus \bar{x} = 1 & \text{(ausgeschlossenes Drittes);} \\ x \cdot \bar{x} = 0 & \text{(Widerspruchslosigkeit).} \end{cases}$

Involution: $\overline{(\bar{x})} = x.$

2. *Theorem von de Morgan*

$$\overline{x \dotplus y} = \bar{x} \cdot \bar{y}, \qquad \overline{x \cdot y} = \bar{x} \dotplus \bar{y};$$

$$x \dotplus y = \overline{\bar{x} \cdot \bar{y}}, \qquad x \cdot y = \overline{\bar{x} \dotplus \bar{y}} \cdot$$

3. *Tabellen und Eigenschaften der Booleschen Operationen*

Vereinigung (logische Summe)

$\dotplus$	0	1
0	0	1
1	1	1

Durchschnitt (Produkt)

$\cdot$	0	1
0	0	0
1	0	1

disjunktive Summe

$\oplus$	0	1
0	0	1
1	1	0

Kommutativität:

$$x \dotplus y = y \dotplus x \qquad x \cdot y = y \cdot x \qquad x \oplus y = y \oplus x$$

Assoziativität:

$$x \dotplus (y \dotplus z) = (x \dotplus y) \dotplus z \qquad x \cdot (y \cdot z) = (x \cdot y) \cdot z$$

$$x \oplus (y \oplus z) = (x \oplus y) \oplus z$$

vollständige Distributivität:

$$x \dotplus y \cdot z = (x \dotplus y) \cdot (x \dotplus z)$$

Die disjunktive Summe ist nicht distributiv bzgl. des Durchschnitts; aber der Durchschnitt ist distributiv bzgl. der disjunktiven Summe:

$$x \cdot (y \dotplus z) = x \cdot y \dotplus x \cdot z \qquad x \cdot (y \oplus z) = x \cdot y \oplus x \cdot z.$$

4. *Reduktion der Funktionen in erster Normalform* (zwei Variable)

Nr.	Nummern der Minterme	
4	$0 \dotplus 1$	$\overline{x}_1 \cdot \overline{x}_2 \dotplus \overline{x}_1 \cdot x_2 = \overline{x}_1$
6	$0 \dotplus 2$	$\overline{x}_1 \cdot \overline{x}_2 \dotplus x_1 \cdot \overline{x}_2 = \overline{x}_2$
8	$0 \dotplus 1 \dotplus 2$	$\overline{x}_1 \cdot x_2 \dotplus \overline{x}_1 \cdot \overline{x}_2 \dotplus x_1 \cdot \overline{x}_2 = \overline{x}_1 \dotplus \overline{x}_2$
11	$1 \dotplus 3$	$\overline{x}_1 \cdot x_2 \dotplus x_1 \cdot x_2 = x_2$
12	$0 \dotplus 1 \dotplus 3$	$\overline{x}_1 \cdot \overline{x}_2 \dotplus \overline{x}_1 \cdot x_2 \dotplus x_1 \cdot x_2 = \overline{x}_1 \dotplus x_2$
13	$2 \dotplus 3$	$x_1 \cdot \overline{x}_2 \dotplus x_1 \cdot x_2 = x_1$
14	$0 \dotplus 2 \dotplus 3$	$\overline{x}_1 \cdot \overline{x}_2 \dotplus x_1 \cdot \overline{x}_2 \dotplus x_1 \cdot x_2 = x_1 \dotplus \overline{x}_2$
15	$1 \dotplus 2 \dotplus 3$	$\overline{x}_1 \cdot x_2 \dotplus x_1 \cdot \overline{x}_2 \dotplus x_1 \cdot x_2 = x_1 \dotplus x_2$
16	$0 \dotplus 1 \dotplus 2 \dotplus 3$	1

5. *Nützliche Beziehungen* (zwei Variable)

$x \dotplus x \cdot y = x,$ $\qquad x \cdot (x \dotplus y) = x,$

$x \dotplus \overline{x} \cdot y = x \dotplus y$ $\qquad x \cdot (\overline{x} \dotplus y) = x \cdot y$

$= y \dotplus x \cdot \overline{y},$ $\qquad = y \cdot (x \dotplus \overline{y}).$

$\overline{\overline{x} \cdot y} = x \dotplus \overline{y}.$

$\overline{x} \cdot \overline{y} \dotplus x \cdot y = \overline{x \cdot \overline{y} \dotplus \overline{x} \cdot y} = (\overline{x} \dotplus y) \cdot (\overline{y} \dotplus x).$

$x \cdot \overline{y} \dotplus \overline{x} \cdot y = \overline{\overline{x} \cdot \overline{y} \dotplus x \cdot y} = \overline{\overline{x} \cdot \overline{y}} \cdot \overline{x \cdot y} = (x \dotplus y) \cdot (\overline{x} \dotplus \overline{y}).$ 6.

7. *Nützliche Beziehungen* (drei Variable)

$(x \dotplus y) \cdot (x \dotplus z) = x \dotplus yz$

$(x \dotplus y) \cdot (\overline{x} \dotplus z) = \overline{x} \cdot y \dotplus x \cdot z \dotplus y \cdot z = \overline{x} \cdot y \dotplus x \cdot z$

$(x \dotplus y) \cdot (y \dotplus z) \cdot (z \dotplus x) = x \cdot y \dotplus y \cdot z \dotplus z \cdot x$

$(x \dotplus y) \cdot (y \dotplus z) \cdot (z \dotplus \overline{x}) = (x \dotplus y) \cdot (z \dotplus \overline{x})$

$\overline{x \cdot y \dotplus \overline{x} \cdot z} = x \cdot \overline{y} \dotplus \overline{x} \cdot \overline{z}$

$x \cdot y \dotplus x \cdot z \dotplus z \cdot y \dotplus \overline{x} \cdot \overline{y} \dotplus \overline{x} \cdot \overline{z} \dotplus \overline{z} \cdot \overline{y} = 1$

8. *Einige allgemeine Beziehungen*

$\overline{x \dotplus y \dotplus z \dotplus \ldots \dotplus u \dotplus v} = \overline{x} \cdot \overline{y} \cdot \overline{z} \ldots \overline{u} \cdot \overline{v}$

$\overline{x \cdot y \cdot z \ldots u \cdot v} = \overline{x} \dotplus \overline{y} \dotplus \overline{z} \dotplus \ldots \dotplus \overline{u} \dotplus \overline{v}$

$x \cdot (\overline{x} \dotplus y) \cdot (\overline{x} \dotplus \overline{y} \dotplus z) \ldots (\overline{x} \dotplus \overline{y} \dotplus \overline{z} \dotplus \ldots \dotplus \overline{u} \dotplus v) = x \cdot y \cdot z \ldots u \cdot v.$

$x \dotplus \overline{x} \cdot y \dotplus \overline{x} \cdot \overline{y} \cdot z \dotplus \ldots \dotplus \overline{x} \cdot \overline{y} \cdot \overline{z} \ldots \overline{u} \cdot v = x \dotplus y \dotplus z \dotplus \ldots \dotplus u \dotplus v.$

6. Reduktion der Funktionen in drei Variablen in erster Normalform

Nr. für Typ	
3	$\bar{x}_1 \cdot \bar{x}_2 \cdot x_3 \dot{+} x_1 \cdot \bar{x}_2 \cdot x_3 = \bar{x}_2 \cdot x_3$
4	$\bar{x}_1 \cdot \bar{x}_2 \cdot x_3 \dot{+} x_1 \cdot x_2 \cdot x_3 = (\bar{x}_1 \cdot \bar{x}_2 \dot{+} x_1 \cdot x_2) \cdot x_3$
6	$\bar{x}_1 \cdot \bar{x}_2 \cdot x_3 \dot{+} x_1 \cdot \bar{x}_2 \cdot x_3 \dot{+} x_1 \cdot x_2 \cdot x_3 = (x_1 \dot{+} \bar{x}_2) \cdot x_3$
7	$\bar{x}_1 \cdot \bar{x}_2 \cdot x_3 \dot{+} x_1 \cdot \bar{x}_2 \cdot \bar{x}_3 \dot{+} x_1 \cdot x_2 \cdot \overline{x_3} = \bar{x}_1 \cdot \bar{x}_2 \cdot x_3 \dot{+} x_1 \cdot \bar{x}_3$
8	$\bar{x}_1 \cdot \bar{x}_2 \cdot x_3 \dot{+} \bar{x}_1 \cdot x_2 \cdot \bar{x}_3 \dot{+} x_1 \cdot x_2 \cdot x_3 = \bar{x}_1 \cdot (\bar{x}_2 \cdot x_3 \dot{+} x_2 \cdot \bar{x}_3) \dot{+} x_1 \cdot x_2 \cdot x_3$
9	$\bar{x}_1 \cdot \bar{x}_2 \cdot x_3 \dot{+} \bar{x}_1 \cdot x_2 \cdot x_3 \dot{+} x_1 \cdot \bar{x}_2 \cdot x_3 \dot{+} x_1 \cdot x_2 \cdot x_3 = x_3$
10	$\bar{x}_1 \cdot \bar{x}_2 \cdot \bar{x}_3 \dot{+} \bar{x}_1 \cdot \bar{x}_2 \cdot x_3 \dot{+} \bar{x}_1 \cdot x_2 \cdot x_3 \dot{+} x_1 \cdot \bar{x}_2 \cdot x_3 = \bar{x}_1 \cdot \bar{x}_2 \dot{+} (\bar{x}_1 \cdot x_2 \dot{+} x_1 \cdot \bar{x}_2) \cdot x_3$
11	$\bar{x}_1 \cdot \bar{x}_2 \cdot \bar{x}_3 \dot{+} \bar{x}_1 \cdot \bar{x}_2 \cdot x_3 \dot{+} \bar{x}_1 \cdot x_2 \cdot \bar{x}_3 \dot{+} x_1 \cdot \bar{x}_2 \cdot x_3 = \bar{x}_1 \cdot \bar{x}_3 \dot{+} \bar{x}_2 \cdot x_3$
12	$\bar{x}_1 \cdot \bar{x}_2 \cdot \bar{x}_3 \dot{+} \bar{x}_1 \cdot \bar{x}_2 \cdot x_3 \dot{+} \bar{x}_1 \cdot x_2 \cdot \bar{x}_3 \dot{+} x_1 \cdot x_2 \cdot x_3 = x_1 \cdot x_2 \cdot x_3 \dot{+} \bar{x}_1 \cdot (\bar{x}_2 \dot{+} \bar{x}_3)$
13	$\bar{x}_1 \cdot \bar{x}_2 \cdot \bar{x}_3 \dot{+} \bar{x}_1 \cdot \bar{x}_2 \cdot x_3 \dot{+} x_1 \cdot x_2 \cdot \bar{x}_3 \dot{+} x_1 \cdot x_2 \cdot x_3 = \bar{x}_1 \cdot \bar{x}_2 \dot{+} x_1 \cdot x_2$
14	$\bar{x}_1 \cdot \bar{x}_2 \cdot x_3 \dot{+} \bar{x}_1 \cdot x_2 \cdot \bar{x}_3 \dot{+} x_1 \cdot \bar{x}_2 \cdot \bar{x}_3 \dot{+} x_1 \cdot x_2 \cdot x_3 = \bar{x}_1 \cdot (\bar{x}_2 \cdot x_3 \dot{+} x_2 \cdot \bar{x}_3) \dot{+} x_1 \cdot (\bar{x}_2 \cdot \bar{x}_3 \dot{+} x_2 \cdot x_3)$
15	$\bar{x}_1 \cdot \bar{x}_2 \cdot \bar{x}_3 \dot{+} \bar{x}_1 \cdot \bar{x}_2 \cdot x_3 \dot{+} \bar{x}_1 \cdot x_2 \cdot \bar{x}_3 \dot{+} \bar{x}_1 \cdot x_2 \cdot x_3 \dot{+} x_1 \cdot \bar{x}_2 \cdot \bar{x}_3 = \bar{x}_1 \dot{+} x_1 \cdot \bar{x}_2 \cdot \bar{x}_3$
16	$\bar{x}_1 \cdot \bar{x}_2 \cdot \bar{x}_3 \dot{+} \bar{x}_1 \cdot x_2 \cdot \bar{x}_3 \dot{+} \bar{x}_1 \cdot x_2 \cdot x_3 \dot{+} x_1 \cdot \bar{x}_2 \cdot \bar{x}_3 \dot{+} x_1 \cdot \bar{x}_2 \cdot x_3 = \bar{x}_1 \cdot x_2 \dot{+} \bar{x}_2(x_1 \dot{+} x_3)$
17	$\bar{x}_1 \cdot \bar{x}_2 \cdot \bar{x}_3 \dot{+} \bar{x}_1 \cdot \bar{x}_2 \cdot x_3 \dot{+} \bar{x}_1 \cdot x_2 \cdot \bar{x}_3 \dot{+} x_1 \cdot \bar{x}_2 \cdot \bar{x}_3 \dot{+} x_1 \cdot x_2 \cdot x_3 = \bar{x}_1 \cdot (\bar{x}_2 \dot{+} \bar{x}_3) \dot{+} \bar{x}_2 \cdot \bar{x}_3 \dot{+} x_1 \cdot x_2 \cdot x_3$
18	$\bar{x}_1 \cdot \bar{x}_2 \cdot \bar{x}_3 \dot{+} \bar{x}_1 \cdot \bar{x}_2 \cdot x_3 \dot{+} \bar{x}_1 \cdot x_2 \cdot \bar{x}_3 \dot{+} \bar{x}_1 \cdot x_2 \cdot x_3 \dot{+} x_1 \cdot \bar{x}_2 \cdot \bar{x}_3 \dot{+} x_1 \cdot \bar{x}_2 \cdot x_3 = \bar{x}_1 \dot{+} \bar{x}_2$
19	$\bar{x}_1 \cdot \bar{x}_2 \cdot x_3 \dot{+} \bar{x}_1 \cdot x_2 \cdot \bar{x}_3 \dot{+} \bar{x}_1 \cdot x_2 \cdot x_3 \dot{+} x_1 \cdot \bar{x}_2 \cdot \bar{x}_3 \dot{+} x_1 \cdot \bar{x}_2 \cdot x_3 \dot{+} x_1 \cdot x_2 \cdot x_3 = x_3 \dot{+} x_1 \cdot \bar{x}_2 \dot{+} \bar{x}_1 \cdot x_2$
20	$\bar{x}_1 \cdot \bar{x}_2 \cdot \bar{x}_3 \dot{+} \bar{x}_1 \cdot \bar{x}_2 \cdot x_3 \dot{+} \bar{x}_1 \cdot x_2 \cdot \bar{x}_3 \dot{+} x_1 \cdot \bar{x}_2 \cdot x_3 \dot{+} x_1 \cdot x_2 \cdot \bar{x}_3 \dot{+} x_1 \cdot x_2 \cdot x_3 = \bar{x}_1 \cdot \bar{x}_2 \dot{+} x_2 \cdot \bar{x}_3 \dot{+} x_1 \cdot x_3$
21	$\bar{x}_1 \cdot \bar{x}_2 \cdot \bar{x}_3 \dot{+} \bar{x}_1 \cdot \bar{x}_2 \cdot x_3 \dot{+} \bar{x}_1 \cdot x_2 \cdot \bar{x}_3 \dot{+} \bar{x}_1 \cdot x_2 \cdot x_3 \dot{+} x_1 \cdot \bar{x}_2 \cdot \bar{x}_3 \dot{+} x_1 \cdot \bar{x}_2 \cdot x_3 \dot{+} x_1 \cdot x_2 \cdot \bar{x}_3 = \bar{x}_1 \dot{+} \bar{x}_2 \dot{+} \bar{x}_3$

Beispiele:

a) $\varphi = x\cdot\overline{y}\dotplus y\cdot\overline{z}\dotplus\overline{y}\cdot z\dotplus\overline{x}\cdot\overline{y}$

$= x\cdot\overline{y}\dotplus\overline{y}\cdot z\dotplus\overline{y}\cdot z\cdot(x\dotplus\overline{x})\dotplus\overline{x}\cdot y\cdot(z\dotplus\overline{z})$ (Hinzufügen zusätzlicher Faktoren)

$= x\cdot\overline{y}\cdot(1\dotplus z)\dotplus y\cdot\overline{z}\cdot(1\dotplus\overline{x})\dotplus\overline{x}\cdot z\cdot(y\dotplus\overline{y})$ (Umgruppierung)

$= x\cdot\overline{y}\dotplus y\cdot\overline{z}\dotplus\overline{x}\cdot z.$ (Vereinfachung)

b) $\varphi = w\cdot x\cdot y\dotplus w\cdot x\cdot\overline{z}\dotplus w\cdot\overline{y}\dotplus\overline{w}\cdot\overline{x}\cdot\overline{y}\cdot\overline{z}\dotplus\overline{w}\cdot y$

$= w\cdot(x\cdot y\dotplus\overline{y})\dotplus\overline{w}\cdot(y\dotplus\overline{x}\cdot\overline{y}\cdot\overline{z})\dotplus w\cdot x\cdot\overline{z}$

$= w\cdot(x\dotplus\overline{y})\dotplus\overline{w}\cdot(y\dotplus\overline{x}\cdot\overline{z})\dotplus w\cdot x\cdot\overline{z}$ (denn: $x\cdot\overline{y}\dotplus y = x\dotplus y$)

$= w\cdot x\dotplus w\cdot\overline{y}\dotplus\overline{w}\cdot y\dotplus\overline{w}\cdot\overline{x}\cdot\overline{z}\dotplus w\cdot x\cdot\overline{z}$ (Entwicklung)

$= w\cdot x\cdot(1\dotplus\overline{z})\dotplus w\cdot\overline{y}\dotplus\overline{w}\cdot y\dotplus\overline{w}\cdot\overline{x}\cdot\overline{z}$ (Umgruppierung)

$= w\cdot x\dotplus w\cdot\overline{y}\dotplus\overline{w}\cdot y\dotplus\overline{w}\cdot\overline{x}\cdot\overline{z}$ (Vereinfachung)

$= w\cdot(x\dotplus\overline{y})\dotplus\overline{w}\cdot(y\dotplus\overline{x}\cdot\overline{z}).$

c) $\varphi = w\cdot\overline{x}\dotplus\overline{w}\cdot\overline{y}\cdot z\cdot\overline{t}\dotplus y\dotplus x\cdot\overline{y}\cdot z\cdot\overline{t}$

$= w\cdot\overline{x}\dotplus y\dotplus(\overline{w}\dotplus x)\cdot\overline{y}\cdot z\cdot\overline{t}$

$= w\cdot\overline{x}\dotplus y\dotplus(\overline{w\cdot\overline{x}\dotplus y})\cdot z\cdot\overline{t}$ (Theorem von de Morgan)

$= \psi\dotplus\overline{\psi}\cdot z\cdot\overline{t}$

$= \psi\dotplus z\cdot t$ (denn $x\cdot\overline{y}\dotplus y = x\dotplus y$)

$= w\cdot\overline{x}\dotplus y\dotplus z\cdot\overline{t}$

d) $\varphi = \overline{x}\cdot\overline{y}\cdot\overline{z}\dotplus\overline{x}\cdot\overline{y}\dotplus x\cdot y\cdot\overline{z}\dotplus x\cdot y\cdot z$

Es läßt sich schreiben:

$\varphi = (\overline{x}\cdot\overline{y})\cdot(1\dotplus\overline{z})\dotplus x\cdot y\cdot(z\dotplus\overline{z})$

$= \overline{x}\cdot\overline{y}\dotplus x\cdot y\,.$

Man könnte jedoch direkt bemerken, daß der ursprüngliche Ausdruck sich auf den Typ 13 der Funktionen in drei Variablen zurückführen läßt, denn:

$$\overline{x}\cdot\overline{y}\cdot\overline{z}\dotplus\overline{x}\cdot\overline{y}\cdot z = \overline{x}\cdot\overline{y}\cdot(z\dotplus\overline{z}) = \overline{x}\cdot\overline{y}\cdot(1\dotplus\overline{z}) = \overline{x}\cdot\overline{y}.$$

Bemerkung: Die Boolesche Berechnung ermöglicht, wie man sieht, die Vereinfachung von Ausdrücken; ist jedoch die Anzahl der Variablen etwas höher, so kann man nicht sicher sein, die einfachste Form zu erhalten.

9.2. Kanonische Transpositionen

Wir haben bereits mehrfach bemerkt, daß eine der interessanten Folgerungen aus Theorem 9 (Abschnitt 4.3) darin besteht, daß eine der zwei Normalformen aus weniger Termen als die andere besteht, ausgenommen ist der Fall, wo die Zahl der Minterme oder Maxterme der Entwicklung einer Funktion in n Variablen gleich 2^{n-1} ist.

Ist N_m die Anzahl der Minterme und N_M die Anzahl der Maxterme, so läßt sich Theorem 9 auch wie folgt schreiben:

$$N_m + N_M = 2^n.$$

Ist zum Beispiel N_m etwas kleiner als 2^n, so ist unter diesen Voraussetzungen die zweite Normalform viel einfacher als die erste und umgekehrt.

Diese Methode ist also sehr nützlich, wenn N_m (oder N_M) nahe an 2^n liegt; sie führt jedoch nicht unbedingt sicher zur einfachsten Form.

Beispiele:

a) Betrachten wir:

$$\varphi = x_1 x_2 \dotplus \overline{x}_1 \cdot x_2 \cdot x_3 \dotplus x_1 \cdot \overline{x}_2 \dotplus \overline{x}_1 \cdot \overline{x}_2 \cdot \overline{x}_3 .$$

Wir bringen diese Funktion auf die erste Normalform:

$$= x_1 \cdot x_2 \cdot x_3 \dotplus x_1 \cdot x_2 \cdot \overline{x}_3 \dotplus \overline{x}_1 \cdot x_2 \cdot x_3 \dotplus x_1 \cdot \overline{x}_2 \cdot x_3 \dotplus x_1 \cdot \overline{x}_2 \cdot \overline{x}_3 \dotplus \overline{x}_1 \cdot \overline{x}_2 \cdot \overline{x}_3$$
$$= x_1 \cdot x_2 \cdot x_3 \dotplus x_1 \cdot x_2 \cdot \overline{x}_3 \dotplus x_1 \cdot \overline{x}_2 \cdot x_3 \dotplus x_1 \cdot \overline{x}_2 \cdot \overline{x}_3 \dotplus \overline{x}_1 \cdot x_2 \cdot x_3 \dotplus \overline{x}_1 \cdot \overline{x}_2 \cdot \overline{x}_3$$
$$= m_7 \dotplus m_6 \dotplus m_5 \dotplus m_4 \dotplus m_3 \dotplus m_0 .$$

Die nicht auftretenden Minterme sind: m_1 und m_2. Daraus folgt

$$\overline{\varphi} = m_1 \dotplus m_2 ;$$

Daraus folgt für die zweite Normalform von φ:

$$\begin{aligned}\varphi &= M_6 \cdot M_5 \\ &= (x_1 \dotplus x_2 \dotplus \overline{x}_3) \cdot (x_1 \dotplus \overline{x}_2 \dotplus x_3) \\ &= x_1 \dotplus x_2 \cdot x_3 \dotplus \overline{x}_2 \cdot \overline{x}_3 .\end{aligned}$$

b) Betrachten wir die Funktion:

$$\varphi = (x_1 \dotplus \overline{x}_2 \dotplus \overline{x}_3) \cdot (\overline{x}_1 \dotplus x_2) \cdot (\overline{x}_2 \dotplus x_3)$$

und bringen sie auf die zweite Normalform:

$$\varphi = \underset{4}{(x_1 \dotplus \overline{x}_2 \dotplus \overline{x}_3)} \cdot \underset{3}{(\overline{x}_1 \dotplus x_2 \dotplus x_3)} \cdot \underset{2}{(\overline{x}_1 \dotplus x_2 \dotplus \overline{x}_3)} \cdot \underset{5}{(x_1 \dotplus \overline{x}_2 \dotplus x_3)} \cdot \underset{1}{(\overline{x}_1 \dotplus \overline{x}_2 \dotplus x_3)}$$
$$= M_5 \cdot M_4 \cdot M_3 \cdot M_2 \cdot M_1 .$$

Folglich

$$\overline{\varphi} = M_0 \cdot M_6 \cdot M_7 \qquad \text{und} \qquad \varphi = m_7 \dotplus m_1 \dotplus m_0 .$$

Also

$$\begin{aligned}\varphi &= x_1 \cdot x_2 \cdot x_3 \dotplus \overline{x}_1 \cdot \overline{x}_2 \cdot x_3 \dotplus \overline{x}_1 \cdot \overline{x}_2 \cdot \overline{x}_3 \\ &= x_1 \cdot x_2 \cdot x_3 \dotplus \overline{x}_1 \cdot \overline{x}_2 .\end{aligned}$$

9.3. Diagramme von Veitch

Wir haben mehrmals das Euler-Venn-Diagramm benutzt, das uns vor allem ermöglicht, die Minterme einer Funktion leicht darzustellen, falls diese disjunkt sind.

Veitch hat eine Tabelle entwickelt, die von Feld zu Feld die Minterme in n Variablen darstellt. Daher besteht diese Tabelle aus 2^n *Feldern*, und jedes gibt die *Darstellung* eines der Minterme an.

Gegeben ist zum Beispiel die Tabelle der Minterme in vier Variablen; sie besteht aus $2^4 = 16$ Feldern (Bild 9.1).

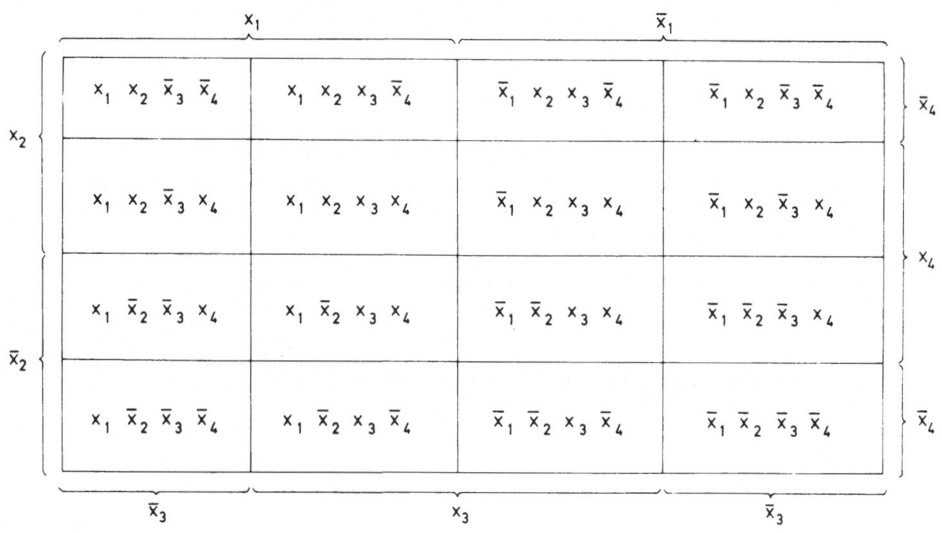

$x_1\ x_2\ \bar{x}_3\ \bar{x}_4$	$x_1\ x_2\ x_3\ \bar{x}_4$	$\bar{x}_1\ x_2\ x_3\ \bar{x}_4$	$\bar{x}_1\ x_2\ \bar{x}_3\ \bar{x}_4$
$x_1\ x_2\ \bar{x}_3\ x_4$	$x_1\ x_2\ x_3\ x_4$	$\bar{x}_1\ x_2\ x_3\ x_4$	$\bar{x}_1\ x_2\ \bar{x}_3\ x_4$
$x_1\ \bar{x}_2\ \bar{x}_3\ x_4$	$x_1\ \bar{x}_2\ x_3\ x_4$	$\bar{x}_1\ \bar{x}_2\ x_3\ x_4$	$\bar{x}_1\ \bar{x}_2\ \bar{x}_3\ x_4$
$x_1\ \bar{x}_2\ \bar{x}_3\ \bar{x}_4$	$x_1\ \bar{x}_2\ x_3\ \bar{x}_4$	$\bar{x}_1\ \bar{x}_2\ x_3\ \bar{x}_4$	$\bar{x}_1\ \bar{x}_2\ \bar{x}_3\ \bar{x}_4$

Bild 9.1

Betrachten wir nun die Funktion

$$\varphi = x_1 \cdot x_2 \cdot x_3 \dotplus x_1 \cdot x_2 \cdot \bar{x}_4 \dotplus x_1 \cdot \bar{x}_3 \dotplus \bar{x}_1 \cdot \bar{x}_2 \cdot \bar{x}_3 \cdot \bar{x}_4 \dotplus \bar{x}_1 \cdot x_3 .$$

Es gilt

$$x_1 \cdot x_2 \cdot x_3 = x_1 \cdot x_2 \cdot x_3 \cdot x_4 \dotplus x_1 \cdot x_2 \cdot x_3 \cdot \bar{x}_4;$$

um diesen Term darzustellen, genügt es, die Felder zu schraffieren, die $x_1 \cdot x_2 \cdot x_3 \cdot x_4$ und $x_1 \cdot x_2 \cdot x_3 \cdot \bar{x}_4$ entsprechen,oder, was auf dasselbe hinauskommt, das gemeinsame Feld der Spalten x_1 und x_3 und der Zeilen x_2 zu schraffieren (a).

Anschließend: $x_1 \cdot x_2 \cdot \bar{x}_4 = x_1 \cdot x_2 \cdot x_3 \cdot \bar{x}_4 + x_1 \cdot x_2 \cdot \bar{x}_3 \cdot \bar{x}_4$.

Ebenso schraffieren wir die gemeinsamen Felder der Spalten x_1 und der Zeilen x_2 und $\bar{x}_4$ (b).

Man kann dann schreiben:

$$x_1 \cdot \overline{x}_3 = x_1 \cdot x_2 \cdot \overline{x}_3 \dotplus x_1 \cdot \overline{x}_2 \cdot \overline{x}_3$$
$$= x_1 \cdot x_2 \cdot \overline{x}_3 \cdot x_4 \dotplus x_1 \cdot x_2 \cdot \overline{x}_3 \cdot \overline{x}_4 \dotplus x_1 \cdot \overline{x}_2 \cdot \overline{x}_3 \cdot x_4 \dotplus x_1 \cdot \overline{x}_2 \cdot \overline{x}_3 \cdot \overline{x}_4,$$

d.h.: Die gemeinsamen Felder der Spalten x_1 und $\overline{x}_3$ sind zu schraffieren (c).

Der Term $\overline{x}_1 \cdot \overline{x}_2 \cdot \overline{x}_3 \cdot \overline{x}_4$ ist ein durch das 16. Feld dargestellter Minterm, dieses Feld schraffieren wir ebenfalls (d).

Schließlich gilt

$$\overline{x}_1 \cdot x_3 = \overline{x}_1 \cdot x_2 \cdot x_3 \dotplus \overline{x}_1 \cdot \overline{x}_2 \cdot x_3$$
$$= \overline{x}_1 \cdot x_2 \cdot x_3 \cdot x_4 \dotplus \overline{x}_1 \cdot x_2 \cdot x_3 \cdot \overline{x}_4 \dotplus \overline{x}_1 \cdot \overline{x}_2 \cdot x_3 \cdot x_4 \dotplus \overline{x}_1 \cdot \overline{x}_2 \cdot x_3 \cdot \overline{x}_4;$$

es genügt also, die gemeinsamen Felder der Spalten $\overline{x}_1$ und x_3 zu schraffieren (e).

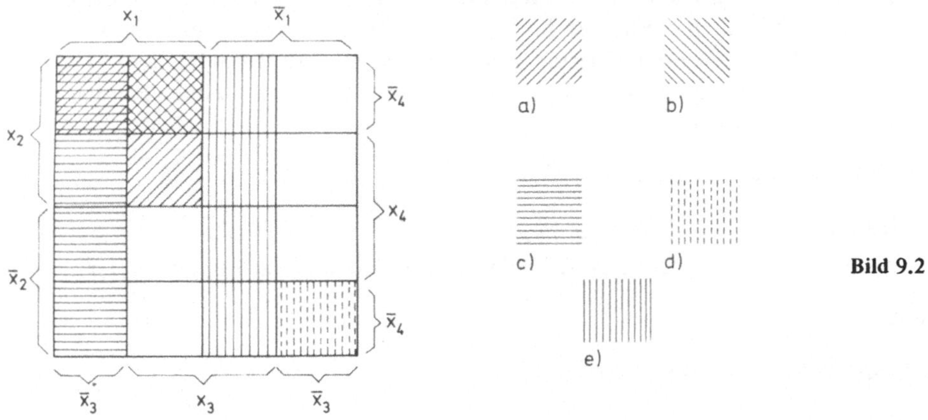

Bild 9.2

Die Schraffierung ist in Bild 9.2 dargestellt. Man faßt also die Elemente ein und derselben Obermenge zusammen. Das Quadrat I stellt die Funktion $x_1 \cdot x_2$ dar, das Rechteck II die Funktion $x_1 \cdot \overline{x}_3$, das Rechteck III die Funktion $\overline{x}_1 \cdot x_3$ und schließlich das Rechteck IV die Funktion $\overline{x}_1 \cdot \overline{x}_2 \cdot \overline{x}_4$. Daraus folgt

$$\varphi = x_1 \cdot x_2 \dotplus x_1 \cdot \overline{x}_3 \dotplus \overline{x}_1 \cdot x_3 \dotplus \overline{x}_1 \cdot \overline{x}_2 \cdot \overline{x}_4.$$

Bild 9.3 verdeutlicht, wie man die Umgruppierungen vorgenommen hat.

Ein weiteres Beispiel: Gegeben ist die Funktion

$$\varphi = x_1 \cdot x_2 \cdot (\overline{x}_3 \cdot \overline{x}_4 \dotplus x_3 \cdot x_4) \dotplus \overline{x}_1 \cdot x_2(x_3 \dotplus x_4) \dotplus \overline{x}_1 \cdot \overline{x}_2 \cdot x_3 \dotplus x_1 \cdot \overline{x}_2 \cdot \overline{x}_3$$
$$\dotplus \overline{x}_1 \cdot \overline{x}_2 \cdot \overline{x}_3 \dotplus x_1 \cdot x_2 \cdot x_4.$$

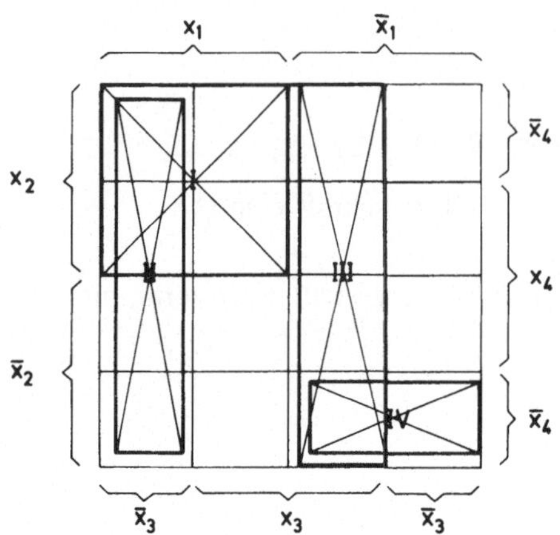

Bild 9.3

Man sieht (Bild 9.4), daß $x_1 \cdot x_2 \cdot \overline{x}_3 \cdot \overline{x}_4$ und $x_1 \cdot x_2 \cdot x_3 \cdot x_4$ durch die von unten links nach oben rechts schraffierten Felder dargestellt sind; die Terme $\overline{x}_1 \cdot x_2 \cdot x_3$ und $\overline{x}_1 \cdot x_2 \cdot x_4$ treten in den links-rechts und rechts-links schraffierten Feldern auf; der Term $\overline{x}_1 \cdot \overline{x}_2 \cdot x_3$ wird durch die beiden horizontal schraffierten Felder, der Term $x_1 \cdot \overline{x}_2 \cdot \overline{x}_3$ durch die vertikal schraffierten Felder dargestellt. Der Term $\overline{x}_1 \cdot \overline{x}_2 \cdot \overline{x}_3$ entspricht den horizontal gestrichelten Feldern, der Term $x_1 \cdot x_2 \cdot x_4$ schließlich den vertikal schraffierten Feldern.

Die Gruppierung läßt sich in vier Termen ausführen:

1. Spalte: $x_1 \cdot \overline{x}_3$ 2. Zeile: $x_2 \cdot x_4$

3. Spalte: $\overline{x}_1 \cdot x_3$ Quadrat, 4 Felder nach rechts und nach unten: $\overline{x}_1 \cdot \overline{x}_2$,

daraus folgt

$$\varphi = x_1 \cdot \overline{x}_3 \dotplus \overline{x}_1 \cdot x_3 \dotplus x_2 \cdot x_4 \dotplus \overline{x}_1 \cdot \overline{x}_2 .$$

Es ist ebenso möglich, auf die gleiche Weise ein Produkt logischer Summen zu vereinfachen.

Betrachten wir einen Augenblick die vorangehende Funktion φ; die nicht in der Zerlegung auftretenden Minterme sind im Diagramm von Veitch durch die weißen Felder dargestellt.

Man hat also

$$\overline{\varphi} = x_1 \cdot x_2 \cdot x_3 \cdot \overline{x}_4 \dotplus \overline{x}_1 \cdot x_2 \cdot \overline{x}_3 \cdot \overline{x}_4 \dotplus x_1 \cdot \overline{x}_2 \cdot x_3 \cdot x_4 \dotplus x_1 \cdot \overline{x}_2 \cdot x_3 \cdot \overline{x}_4,$$

daraus folgt

$$\varphi = (\overline{x}_1 \dotplus \overline{x}_2 \dotplus \overline{x}_3 \dotplus x_4) \cdot (x_1 \dotplus \overline{x}_2 \dotplus x_3 \dotplus x_4) \cdot (\overline{x}_1 \dotplus x_2 \dotplus \overline{x}_3 \dotplus \overline{x}_4) \cdot (\overline{x}_1 \dotplus x_2 \dotplus \overline{x}_3 \dotplus x_4)$$

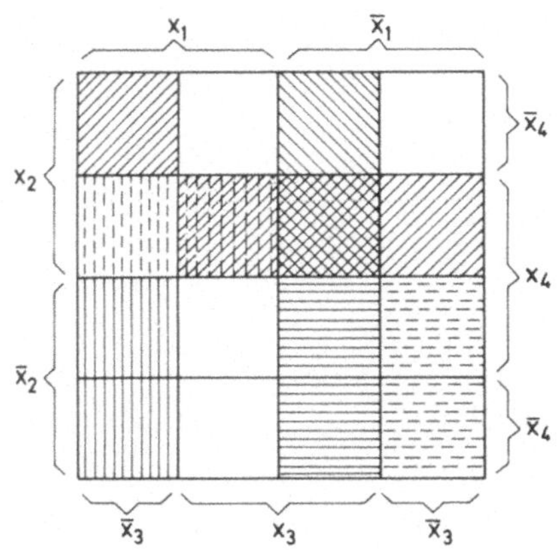

Bild 9.4

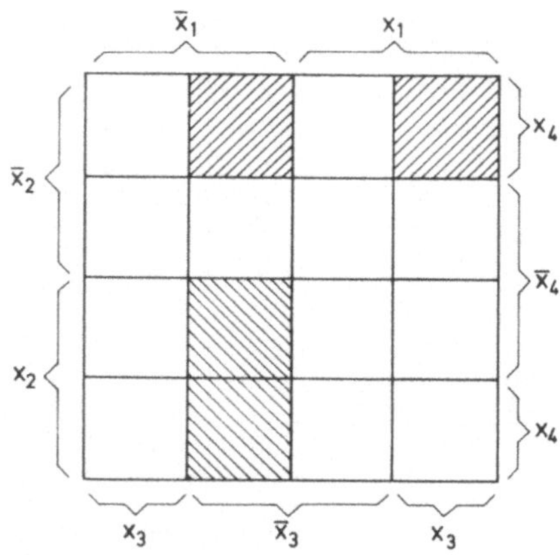

Bild 9.5

Stellen wir noch einmal das Diagramm auf, wobei wir in jedem Feld darauf achten, die die Variablen darstellenden Zeilen und Spalten mit den die zugehörigen Negationen darstellenden Zeilen und Spalten auszuwechseln (Bild 9.5). Die schraffierten Felder sind jetzt diejenigen, die der Zerlegung in Maxterme entsprechen. Man sieht, daß man zwei von ihnen umordnen kann; daraus folgt

$$\varphi = (\overline{x}_1 \dotplus \overline{x}_2 \dotplus \overline{x}_3 \dotplus x_4) \cdot (x_1 \dotplus \overline{x}_2 \dotplus x_3 \dotplus x_4) \cdot (\overline{x}_1 \dotplus x_2 \dotplus \overline{x}_3).$$

Wohlgemerkt ist diese Arbeit überflüssig, wenn man sich über die Dualitätseigenschaften des Veitchschen Diagramms klar wird.

Beispiel: Gegeben ist die Funktion:

$$\varphi = (x_1 \dotplus \overline{x}_2 \dotplus \overline{x}_3) \cdot (\overline{x}_1 \dotplus x_2 \dotplus \overline{x}_3) \cdot (x_1 \dotplus \overline{x}_2 \dotplus x_3 \dotplus \overline{x}_4) \cdot (\overline{x}_1 \dotplus \overline{x}_2 \dotplus \overline{x}_3) \cdot (x_1 \dotplus \overline{x}_2 \dotplus x_3 \dotplus \overline{x}_4).$$

Sie wird Null für:

$$\overline{x}_1 \cdot x_2 \cdot x_3, \quad x_1 \cdot \overline{x}_2 \cdot x_3, \quad \overline{x}_1 \cdot x_2 \cdot \overline{x}_3 \cdot x_4, \quad x_1 \cdot x_2 \cdot x_3, \quad \overline{x}_1 \cdot x_2 \cdot \overline{x}_3 \cdot \overline{x}_4,$$

und wir können die Nullen in das normale Diagramm einzeichnen. Die zu schraffierenden Felder sind also der komplementäre Bereich (Bild 9.6).

Man hat also:

$$\varphi = x_1 \cdot \overline{x}_3 \dotplus \overline{x}_1 \cdot \overline{x}_2$$

und

$$\overline{\varphi} = x_1 \cdot x_3 \dotplus x_1 \cdot x_2;$$

bildet man die Negation des letzten Ausdrucks, dann erhält man

$$\varphi = (\overline{x}_1 \dotplus \overline{x}_3) \cdot (x_1 \dotplus x_2).$$

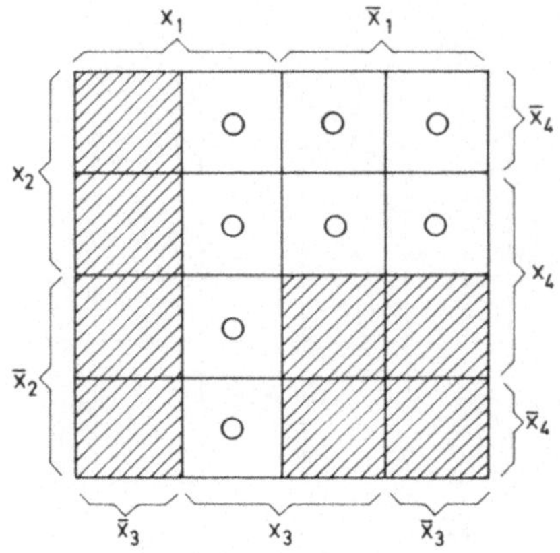

x_1
$\bar{x}_1$
x_2
$\bar{x}_2$
$\bar{x}_4$
x_4
$\bar{x}_4$
$\bar{x}_3$
x_3
$\bar{x}_3$

Die Reduktion von Funktionen mit Hilfe des Diagramms von Veitch erfordert eine gewisse Übung; diese Methode läßt sich gut anwenden, wenn die Anzahl der Variablen nicht über 6 hinausgeht.[1])

In jedem Feld wird die Dezimalzahl angegeben, die dem binären Index eines jeden Minterms entspricht.

Sechs Variable

	x_1	x_1	$\bar{x}_1$	$\bar{x}_1$	x_1	x_1	$\bar{x}_1$	$\bar{x}_1$		
x_2	51	59	27	19	50	58	26	18	$\bar{x}_4$	x_5
x_2	55	63	31	23	54	62	30	22	x_4	x_5
$\bar{x}_2$	39	47	15	7	38	46	14	6	x_4	x_5
$\bar{x}_2$	35	43	11	3	34	42	10	2	$\bar{x}_4$	x_5
x_2	49	57	25	17	48	56	24	16	$\bar{x}_4$	$\bar{x}_5$
x_2	53	61	29	21	52	60	28	20	x_4	$\bar{x}_5$
$\bar{x}_2$	37	45	13	5	36	44	12	4	x_4	$\bar{x}_5$
$\bar{x}_2$	33	41	9	1	32	40	8	0	$\bar{x}_4$	$\bar{x}_5$
	$\bar{x}_3$	x_3	x_3	$\bar{x}_3$	$\bar{x}_3$	x_3	x_3	$\bar{x}_3$		
	x_6	x_6	x_6	x_6	$\bar{x}_6$	$\bar{x}_6$	$\bar{x}_6$	$\bar{x}_6$		

$2^6 = 64$ Felder

In jedem Feld wird die Dezimalzahl angegeben, die dem binären Index eines jeden Minterms entspricht.

Bild 9.7

9.4. Tafeln von Havard

Die Methode von *Havard* setzt sich zum Ziel, unter Benutzung einer Tafel und einer systematischen Regel die einfachste Form eines Booleschen Ausdrucks zu finden.

Sie ist auf einer Aufzählung der elementaren Komponenten begründet, die anstatt durch Buchstaben durch Angabe der der binären Zahl entsprechenden Dezimalzahl bezeichnet werden, indem die Buchstaben durch die Werte 0 und 1 ersetzt werden, je nachdem, ob es sich um das Komplement oder die Negation der Variablen oder um die Variable selbst handelt.

---

1) Vgl. hierzu eine Ausweitung dieser Methode, die bei Erscheinen dieses Buches veröffentlicht wurde. P. Naslin, in Revue *Automatisme*, November 1962, Dunod.

Sind zum Beispiel drei Variable x, y, z gegeben.

Die Komponenten sind:

$x, \bar{x}, y, \bar{y}, z, \bar{z}$

$xy, \bar{x}y, x\bar{y}, \bar{x}\bar{y}$

$xz, \bar{x}z, x\bar{z}, \bar{x}\bar{z}$

$yz, \bar{y}z, y\bar{z}, \bar{y}\bar{z}$

$xyz, xy\bar{z}, x\bar{y}\bar{z}, x\bar{y}\bar{z}$

$xyz, \bar{x}y\bar{z}, \bar{x}\bar{y}\bar{z}, \bar{x}\bar{y}z.$

Man kann sie in Spalten anordnen, sie unterscheiden sich jedoch nur in der letzten Spalte alle voneinander (in der Spalte der Minterme) (Bild 9.8)

$\bar{x}$	$\bar{y}$	$\bar{z}$	$\bar{x}\bar{y}$	$\bar{x}\bar{z}$	$\bar{y}\bar{z}$	$\bar{x}\bar{y}\bar{z}$
$\bar{x}$	$\bar{y}$	z	$\bar{x}\bar{y}$	$\bar{x}z$	$\bar{y}z$	$\bar{x}\bar{y}z$
$\bar{x}$	y	$\bar{z}$	$\bar{x}y$	$\bar{x}\bar{z}$	$y\bar{z}$	$\bar{x}y\bar{z}$
$\bar{x}$	y	z	$\bar{x}y$	$\bar{x}z$	yz	$\bar{x}yz$
x	$\bar{y}$	$\bar{z}$	$x\bar{y}$	$x\bar{z}$	$\bar{y}\bar{z}$	$x\bar{y}\bar{z}$
x	$\bar{y}$	z	$x\bar{y}$	xz	$\bar{y}z$	$x\bar{y}z$
x	y	$\bar{z}$	xy	$x\bar{z}$	$y\bar{z}$	$xy\bar{z}$
x	y	z	xy	xz	yz	xyz

Bild 9.8

Wie man sieht, erhält man auf diese Weise nicht nur die Minterme in der letzten Spalte, sondern auch alle möglichen Werte der Variablen in den drei ersten Spalten; daraus ergibt sich die Gestalt der Tafel von Havard für drei Variable (Bild 9.9).

m_i	x	y	z	xy	xz	yz	xyz
m_0	0	0	0	0	0	0	0
m_1	0	0	1	0	1	1	1
m_2	0	1	0	1	0	2	2
m_3	0	1	1	1	1	3	3
m_4	1	0	0	2	2	0	4
m_5	1	0	1	2	3	1	5
m_6	1	1	0	3	2	2	6
m_7	1	1	1	3	3	3	7

Bild 9.9

1. Beispiel: Betrachten wir nun eine Funktion in der ersten Normalform:

$\bar{x} \cdot y \cdot \bar{z} \dotplus \bar{x} \cdot y \cdot z \dotplus x \cdot \bar{y} \cdot z;$

sie läßt sich durch elementare Berechnung reduzieren:

$\bar{x} \cdot y \dotplus x \cdot \bar{y} \cdot z.$

Um jedoch zu lernen, wie man sich der Havardschen Tafel bedient, geben wir zunächst noch einmal die Tafel 9.8 an. Wir stellen in dem neuen Diagramm 9.10 sogleich fest, daß die Komponenten der einfachsten Form in den Zeilen dargestellt sind, die den Mintermen der kanonischen Zerlegung entsprechen. So tritt $\overline{x}y$ in Zeile 3 (Minterm $\overline{x} \cdot y \cdot \overline{z}$) und in Zeile 4 (Minterm $\overline{x} \cdot y \cdot z$) auf; was $x \cdot \overline{y} \cdot z$ betrifft, so handelt es sich um den Minterm der Zeile 6. Daraus läßt sich schließen, daß man, um die einfachste Form zu erhalten, zunächst in der Tafel all die Zeilen streichen muß, die den nicht in der disjunktiven Normalform auftretenden Mintermen entsprechen.

	1	2	3	4	5	6	7
1	~~$\overline{x}$~~	~~$\overline{y}$~~	~~$\overline{z}$~~	~~$\overline{x}\,\overline{y}$~~	~~$\overline{x}\,\overline{z}$~~	~~$\overline{y}\,\overline{z}$~~	~~$\overline{x}\,\overline{y}\,\overline{z}$~~
2	~~$\overline{x}$~~	~~$\overline{y}$~~	~~z~~	~~$\overline{x}\,\overline{y}$~~	~~$\overline{x}\,z$~~	~~$\overline{y}\,z$~~	~~$\overline{x}\,\overline{y}\,z$~~
3	$\overline{x}$	y	$\overline{z}$	[$\overline{x}\,y$]	$\overline{x}\,\overline{z}$	$y\,\overline{z}$	$\overline{x}\,y\,\overline{z}$
4	$\overline{x}$	y	z	($\overline{x}\,y$)	$\overline{x}\,z$	$y\,z$	$\overline{x}\,y\,z$
5	~~x~~	~~$\overline{y}$~~	~~$\overline{z}$~~	~~$x\,\overline{y}$~~	~~$x\,\overline{z}$~~	~~$\overline{y}\,\overline{z}$~~	~~$x\,\overline{y}\,\overline{z}$~~
6	x	$\overline{y}$	z	$x\,\overline{y}$	$x\,z$	$\overline{y}\,z$	[$x\,\overline{y}\,z$]
7	~~x~~	~~y~~	~~$\overline{z}$~~	~~$x\,y$~~	~~$x\,\overline{z}$~~	~~$y\,\overline{z}$~~	~~$x\,y\,\overline{z}$~~
8	~~x~~	~~y~~	~~z~~	~~$x\,y$~~	~~$x\,z$~~	~~$y\,z$~~	~~$x\,y\,z$~~

Bild 9.10

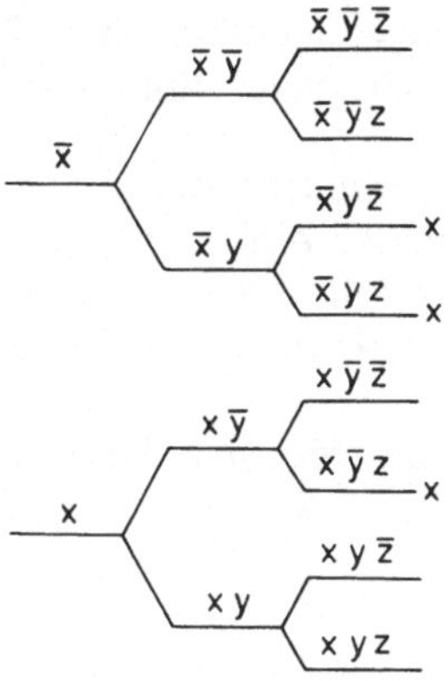

Bild 9.11

Wir streichen also die Zeilen, die den Mintermen der Zeilen 1, 2, 5, 7, 8 entsprechen, d.h. den Mintermen m_0, m_1, m_4, m_6, m_7. Hierbei haben wir in den Spalten 1, 2, 3, 4, 5 und 6 eine gewisse Anzahl von Komponenten gestrichen, zum Beispiel: $\overline{x}, \overline{y}, \overline{z}, \overline{x} \cdot \overline{y}, \overline{x} \cdot \overline{z}, \overline{y} \cdot \overline{z}$. Wir werden zeigen, daß die auf diese Weise durchgestrichenen Komponenten nicht zu der vereinfachten Form gehören können.

Dazu stellen wir ein Baumdiagramm auf, das die Havardsche Tafel ersetzen kann (Bild 9.11).

Man sieht deutlich, daß die Komponente $\overline{x}$ nicht in der vereinfachten Form auftritt, denn sie kann nur dann erscheinen, wenn die durch die Verzweigung ($\overline{x}\,\overline{y}\,\overline{z}$, $\overline{x}\,\overline{y}\,z$, $\overline{x}\,y\,z$, $\overline{x}\,y\,z$) definierten Minterme in der kanonischen Zerlegung existieren. In anderen Termen kann die Komponente $\overline{x}$ nur in der vereinfachten Form auftreten, wenn sie in den ersten Spalten in keiner Zeile gestrichen ist. Das ist hier jedoch nicht der Fall. Deswegen können wir alle $\overline{x}$ der ersten Spalte weglassen.

Entsprechendes gilt für x.

Hätten wir Baumdiagramme von $\overline{y}$ und y, dann von $\overline{z}$ und z ausgehend gezeichnet, so hätten wir ebenso feststellen können, daß weder $\overline{y}$ und y einerseits, noch $\overline{z}$ und z andererseits in der vereinfachten Form auftreten. Also lassen wir alle y, $\overline{y}$, z und $\overline{z}$ in den Spalten 2 und 3 weg.

Diese Bemerkungen gelten auch für Komponenten in zwei Variablen. Also kann die vereinfachte Form nicht $x\overline{y}$ enthalten; das hieße nämlich, daß die Normalform die Minterme $x\overline{y}\,\overline{z}$ und $x\overline{y}z$ enthalten müßte. Hat man $x\overline{y}$ ausgestrichen, da der Minterm $x\overline{y}\,\overline{z}$ nicht auftritt, so muß man die Komponente $x\overline{y}$ überall weglassen, wo sie in der vierten Spalte auftritt.

Daraus ergibt sich die Regel: Elimination (Spalte für Spalte) der Komponenten, die zu denjenigen identisch sind, die bereits durch Weglassen der den in der ersten Normalform fehlenden Mintermen entsprechenden Zeile ausgestrichen sind.

In der gewählten Menge bleibt schließlich nur noch die Komponente $\overline{x}y$ in der vierten Spalte; ihr Auftreten in der vereinfachten Form ist unerläßlich, da sie allein die Minterme der Zeilen 3 und 4 darstellt. Es ist jedoch unnötig, sie zweimal zu nehmen, deswegen können wir sie entweder in Zeile 3 oder in Zeile 4 weglassen.

Wir stellen fest, daß der Minterm $x\overline{y}z$ die einzige in Zeile 6 bestehende Komponente ist. Deshalb wird xyz also in der vereinfachten Form auftreten. Diese lautet:

$$\overline{x}\cdot y \dot{+} x\cdot\overline{y}\cdot z;$$

diese Form ist mit dem Ergebnis der Rechnung identisch.

2. Beispiel: Wir betrachten eine weitere Funktion in drei Variablen:

$$\overline{x}y \dot{+} x\overline{y} \dot{+} \overline{y}z.$$

Aus Bild 9.12 kann man sehen, daß diese Funktion sich auch einfach darstellen läßt durch

$$\overline{x}y \dot{+} x\overline{y} \dot{+} \overline{x}z;$$

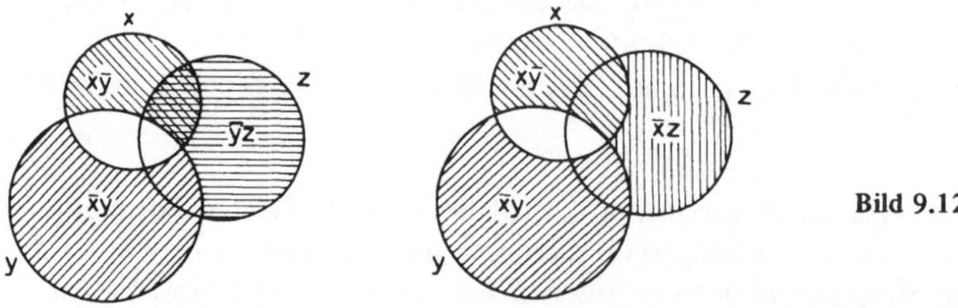

Bild 9.12

die Zerlegung dieser beiden Formen in Normalformen ist übrigens gleich

$$\overline{x}yz \dot{+} \overline{x}y\overline{z} \dot{+} x\overline{y}z \dot{+} x\overline{y}\,\overline{z} \dot{+} \overline{x}\,\overline{y}z.$$

Stellen wir die Tabelle der Komponenten und die numerische Tafel von Havard in drei Variablen nebeneinander auf (Bild 9.13).

$\bar{x}$	$\bar{y}$	$\bar{z}$	$\bar{x}\,\bar{y}$	$\bar{x}\,\bar{z}$	$\bar{y}\,\bar{z}$	$\bar{x}\,\bar{y}\,\bar{z}$
$\bar{x}$	$\bar{y}$	z	$\bar{x}\,\bar{y}$	$\bar{x}\,z$	$\bar{y}\,z$	$\bar{x}\,\bar{y}\,z$
$\bar{x}$	y	$\bar{z}$	$\bar{x}\,y$	$\bar{x}\,\bar{z}$	$y\,\bar{z}$	$\bar{x}\,y\,\bar{z}$
$\bar{x}$	y	z	$\bar{x}\,y$	$\bar{x}\,z$	$y\,z$	$\bar{x}\,y\,z$
x	$\bar{y}$	$\bar{z}$	$x\,\bar{y}$	$x\,\bar{z}$	$\bar{y}\,\bar{z}$	$x\,\bar{y}\,\bar{z}$
x	$\bar{y}$	z	$x\,\bar{y}$	$x\,z$	$\bar{y}\,z$	$x\,\bar{y}\,z$
x	y	$\bar{z}$	$x\,y$	$x\,\bar{z}$	$y\,\bar{z}$	$x\,y\,\bar{z}$
x	y	z	$x\,y$	$x\,z$	$y\,z$	$x\,y\,z$

	x	y	z	x y	x z	y z	x y z
m_0	0	0	0	0	0	0	0
m_1	0	0	1	0	1	1	1
m_2	0	1	0	1	0	2	2
m_3	0	1	1	1	1	3	3
m_4	1	0	0	2	2	0	4
m_5	1	0	1	2	3	1	5
m_6	1	1	0	3	2	2	6
m_7	1	1	1	3	3	3	7

Bild 9.13

Wir wenden die im vorigen Beispiel abgeleiteten Regeln an:

1. Weglassen der Zeilen der in der ersten Normalform fehlenden Minterme;

2. Elimination all der bereits bei der Operation 1 gestrichenen Komponenten in jeder Spalte.

Man stellt fest, daß die Elimination der bereits gestrichenen Komponenten durch die numerische Tafel von Havard erleichtert wird; denn es sind gerade diejenigen Komponenten, die durch dieselbe Zahl in der gegebenen Spalte dargestellt sind.

Schließlich bleiben noch: 2 mal 1 und 2 mal 2 in Spalte xy, 2 mal 1 in Spalte xz und 2 mal 1 in Spalte yz.

Die 1 in Spalte xy bleibt als einzige der Komponenten in Zeile m_2 übrig; man nennt sie deswegen *Hauptkomponente* oder essentielle Komponente, denn es ist sicher, daß die entsprechende Komponente in der vereinfachten Form auftritt. Dasselbe gilt für die 2 in Zeile m_4.

Alle noch nicht gestrichenen Komponenten sind keine Hauptkomponenten. Wie wir vorher bemerkten, ist es nicht notwendig, die Komponenten stehen zu lassen, die gleich den Hauptkomponenten in derselben Spalte sind. Wir streichen also die 1 der Spalte xy und Zeile m_3 und die 2 der Spalte xy und der Zeile m_5 (Operation 3).

Der 1 in Spalte xy und Zeile m_3, die wir gerade weggelassen haben, folgt in Spalte xz eine weitere 1. Stellen wir zwei Baumdiagramme gegenüber (Bild 9.14), um uns über diese Tatsachen klar zu werden.

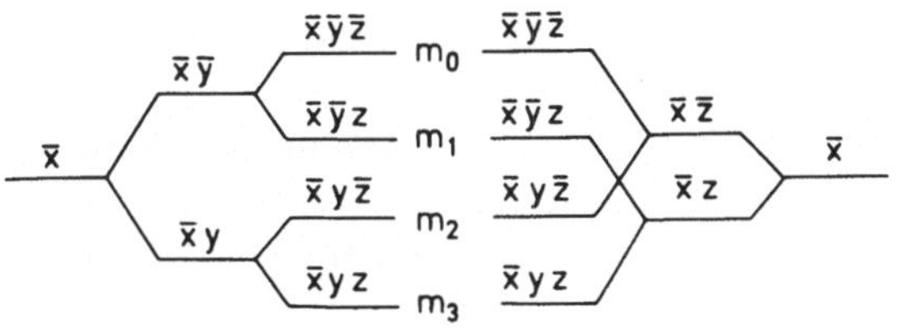

$\bar{x}$ — $\bar{x}\bar{y}$: $\bar{x}\bar{y}\bar{z}$ (m_0), $\bar{x}\bar{y}z$ (m_1); $\bar{x}y$: $\bar{x}y\bar{z}$ (m_2), $\bar{x}yz$ (m_3)

$\bar{x}\bar{y}\bar{z}$, $\bar{x}\bar{y}z$, $\bar{x}y\bar{z}$, $\bar{x}yz$ — $\bar{x}\bar{z}$, $\bar{x}z$ — $\bar{x}$

Bild 9.14

Daß $\bar{x}y$ in der Liste der Komponenten auftritt, bedeutet, daß die Minterme m_2 und m_3 in der kanonischen Zerlegung existieren; außerdem hat man gleichzeitig $\bar{x}z$, das bedeutet, daß die Minterme m_1 und m_3 darin ebenfalls auftreten.

Wir haben die Hauptkomponente $\bar{x}y$ in Zeile m_2 stehen lassen; folglich fiel die Komponente $\bar{x}y$ (keine Hauptkomponente, äquivalent zu einer Hauptkomponente) in Zeile m_3 fort. Es ist außerdem nicht notwendig, $\bar{x}z$ in Zeile m_3 zu belassen; denn $\bar{x}z$ tritt, wie wir sehen werden, notwendig in einer nicht gestrichenen Zeile auf, hier in Zeile m_1. Es genügt also, $\bar{x}z$ in Zeile m_1 stehen zu lassen.

Dieselbe Situation hat man bei $x\bar{y}$ und $\bar{y}z$ in Zeile m_5. Man kann also die nicht essentiellen Komponenten in der Havardschen Tafel eliminieren (Operation 4), die in derselben Zeile auftreten wie die zu den Hauptkomponenten äquivalenten Komponenten, wobei diese selbst bei Operation 3 gestrichen worden sind.

Nach Operation 4 treten außer den Hauptkomponenten $\bar{x}y$ und $x\bar{y}$, die sicherlich in der vereinfachten Form erscheinen werden, noch die nicht essentiellen Komponenten $\bar{x}z$ und $\bar{y}z$ in der Zeile m_1 auf.

Wir betrachten nun die Minterme, die $\bar{x}y$, $x\bar{y}$, $\bar{x}z$ und $\bar{y}z$ entsprechen. Es ergibt sich die folgende Aufstellung (Bild 9.15).

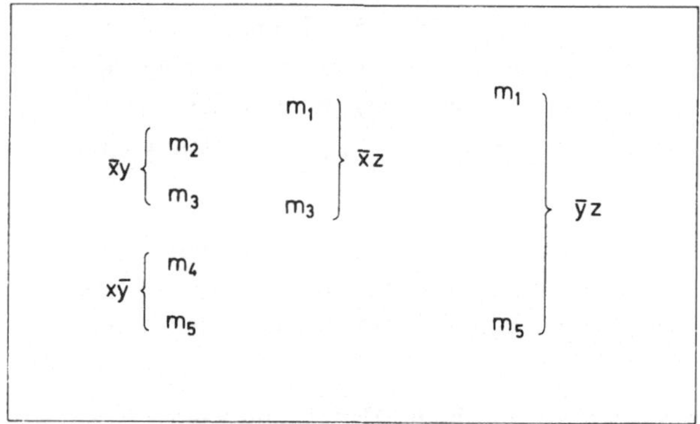

Bild 9.15

Man stellt fest, daß

$$\bar{x}y \dotplus x\bar{y} \dotplus \bar{x}z = m_2 \dotplus m_3 \dotplus m_4 \dotplus m_5 \dotplus m_1 \dotplus m_3$$
$$= m_1 \dotplus m_2 \dotplus m_3 \dotplus m_4 \dotplus m_5$$

gilt, ebenso

$$\bar{x}y \dotplus x\bar{y} \dotplus \bar{y}z = m_2 \dotplus m_3 \dotplus m_4 \dotplus m_5 \dotplus m_1 \dotplus m_5$$
$$= m_1 \dotplus m_2 \dotplus m_3 \dotplus m_4 \dotplus m_5.$$

Es ist also nicht nötig, beide Komponenten $\bar{x}z$ und $\bar{y}z$ zur Aufstellung der Funktion zu nehmen; es genügt eine einzige. Das bedeutet, daß in einer Zeile mehrere nicht essentielle Komponenten auftreten. Um die vereinfachte Form zu konstruieren, ist nur eine von ihnen zu verwenden.

Gäbe es mehrere Zeilen, die mehrere nicht essentielle Komponenten enthielten, so müßte man, um die zur ursprünglichen Funktion äquivalente zu erhalten, eine der möglichen Kombinationen nehmen, die von den aus jeder Zeile nur einmal genommenen Komponenten gebildet werden.

Es ist nicht sicher, auf diese Weise zu der minimalen Form zu gelangen. Unter diesen Bedingungen ist es sinnvoll, die bei der Quineschen Methode angegebenen Schritte zu benutzen (vgl. spätere Ausführungen).

3. Beispiel: Wir betrachten die Funktion f in 6 Variablen, die nach Voraussetzung schon auf die erste Normalform gebracht ist:

$$f = m_3 \dotplus m_8 \dotplus m_{13} \dotplus m_{14} \dotplus m_{15} \dotplus m_{23} \dotplus m_{24} \dotplus m_{25} \dotplus m_{26}$$
$$\dotplus m_{27} \dotplus m_{28} \dotplus m_{37} \dotplus m_{52} \dotplus m_{59} \dotplus m_{60}.$$

Aus Platzgründen geben wir die Tafel von Havard in 6 Variablen hier nicht an. Es genügt, die letzten 22 Spalten zu betrachten; das Weglassen der Elemente der ersten 41 ergibt sich aus der ersten Regel, die wir bereits bei den ersten beiden Beispielen kennengelernt haben (Bild 9.16).

Ebenso beschränken wir uns auf die Bemerkung, daß unter den Komponenten in vier Variablen nur die der Zahl 6 in der Spalte uvwx bleiben; alle anderen werden mit den gewohnten Mitteln eliminiert.

Nehmen wir in Zeile m_{24} als Hauptkomponente 6, so müssen wir dreimal die 6 in derselben Spalte streichen.

In allen Zeilen, in denen keine Komponenten von höchstens vier Buchstaben erscheinen, müssen wir die Möglichkeit untersuchen, Komponenten von fünf Buchstaben zu erhalten.

In den Zeilen m_3, m_{23}, m_{37} treten keine Komponenten von fünf Buchstaben auf; folglich kommen die jeder Zeile entsprechenden Minterme in der vereinfachten Form vor.

Die Zeile m_8 liefert die Hauptkomponente 8 in Spalte uvwxz. Zeile m_{14} liefert die Hauptkomponente 7 in Spalte uvwxy. Folglich müssen die zu den vorigen Komponenten nicht essentiellen Komponenten, die in Zeile m_{15} auftreten, eliminiert werden.

Die Zeilen m_{24}, m_{25}, m_{26}, m_{27} wurden, wie man feststellt, *nicht untersucht*, und das aus folgendem Grund: Sie lieferten bereits ein Element der vereinfachten Form, *selbst wenn dieses zur Vermeidung von Wiederholungen gestrichen werden mußte.*

In Zeile m_{28} treten zwei nicht essentielle Komponenten auf: 12 in Spalte uvwyz und 28 in Spalte vwxyz. Die Zeilen m_{52} und m_{59} liefern jeweils eine Hauptkomponente, und daraus ergibt sich die Elimination der entsprechenden Komponenten in Zeile m_{60}.

Die vereinfachte Form hat folgende Gestalt:

$$\bar{u}vw\bar{x} \dotplus \bar{u}\bar{v}wxy \dotplus \bar{u}\bar{v}wxz \dotplus uvx\bar{y}\bar{z} \dotplus \bar{u}w\bar{x}\bar{y}\bar{z} \dotplus vw\bar{x}yz$$

$$\dotplus \bar{u}\bar{v}\bar{w}\bar{x}yz \dotplus \bar{u}v\bar{w}xyz \dotplus u\bar{v}\bar{w}x\bar{y}z \dotplus \left\langle \begin{array}{l} \bar{u}vw\bar{y}\bar{z} \\ \text{oder} \\ vwx\bar{y}\bar{z} \end{array} \right.$$

uvwx	uvwy	uvwz	uvxy	uvxz	uvyz	uwxy	uwxz	uwyz	uxyz	vwxy	vwxz	vwyz	vxyz	wxyz	uvwxy	uvwxz	uvwyz	uvxyz	uwxyz	vwxyz	uvwxyz
0	0	0	0	0	0	0	0	0	0	0	0	0	0	0	0	0	0	0	0	0	0
0	0	1	0	1	1	0	1	1	1	0	1	1	1	1	0	1	1	1	1	1	1
0	1	0	1	0	2	1	0	2	2	1	0	2	2	2	1	0	2	2	2	2	2
0	1	1	1	1	3	1	1	3	3	1	1	3	3	3	1	1	3	3	3	3	3
1	0	0	2	2	0	2	2	0	4	2	2	0	4	4	2	2	0	4	4	4	4
1	0	1	2	3	1	2	3	1	5	2	3	1	5	5	2	3	1	5	5	5	5
1	1	0	3	2	2	3	2	2	6	3	2	2	6	6	3	2	2	6	6	6	6
1	1	1	3	3	3	3	3	3	7	3	3	3	7	7	3	3	3	7	7	7	7
2	2	2	0	0	0	4	4	4	0	4	4	4	0	8	4	4	4	0	8	8	8
2	2	3	0	1	1	4	5	5	1	4	5	5	1	9	4	5	5	1	9	9	9
2	3	2	1	0	2	5	4	6	2	5	4	6	2	10	5	4	6	2	10	10	10
2	3	3	1	1	3	5	5	7	3	5	5	7	3	11	5	5	7	3	11	11	11
3	2	2	2	2	0	6	6	4	4	6	6	4	4	12	6	6	4	4	12	12	12
3	2	3	2	3	1	6	7	5	5	6	7	5	5	13	6	7	5	5	13	13	13
3	3	2	3	2	2	7	6	6	6	7	6	6	6	14	7	6	6	6	14	14	14
3	3	3	3	3	3	7	7	7	7	7	7	7	7	15	7	7	7	7	15	15	15
4	4	4	4	4	4	0	0	0	0	8	8	8	8	0	8	8	8	8	0	16	16
4	4	5	4	5	5	0	1	1	1	8	9	9	9	1	8	9	9	9	1	17	17
4	5	4	5	4	6	1	0	2	2	9	8	10	10	2	9	8	10	10	2	18	18
4	5	5	5	5	7	1	1	3	3	9	9	11	11	3	9	9	11	11	3	19	19
5	4	4	6	6	4	2	2	0	4	10	10	8	12	4	10	10	8	12	4	20	20
5	4	5	6	7	5	2	3	1	5	10	11	9	13	5	10	11	9	13	5	21	21
5	5	4	7	6	6	3	2	2	6	11	10	10	14	6	11	10	10	14	6	22	22
5	5	5	7	7	7	3	3	3	7	11	11	11	15	7	11	11	11	15	7	23	23
6	6	6	4	4	4	4	4	4	0	12	12	12	8	8	12	12	12	8	8	24	24
6	6	7	4	5	5	4	5	5	1	12	13	13	9	9	12	13	13	9	9	25	25
6	7	6	5	4	6	5	4	6	2	13	12	14	10	10	13	12	14	10	10	26	26
6	7	7	5	5	7	5	5	7	3	13	13	15	11	11	13	13	15	11	11	27	27
7	6	6	6	6	4	6	6	4	4	14	14	12	12	12	14	14	12	12	12	28	28
7	6	7	6	7	5	6	7	5	5	14	15	13	13	13	14	15	13	13	13	29	29
7	7	6	7	6	6	7	6	6	6	15	14	14	14	14	15	14	14	14	14	30	30
7	7	7	7	7	7	7	7	7	7	15	15	15	15	15	15	15	15	15	15	31	31
8	8	8	8	8	8	8	8	8	8	0	0	0	0	0	16	16	16	16	16	0	32
8	8	9	8	9	9	8	9	9	9	0	1	1	1	1	16	17	17	17	17	1	33
8	9	8	9	8	10	9	8	10	10	1	0	2	2	2	17	16	18	18	18	2	34
8	9	9	9	9	11	9	9	11	11	1	1	3	3	3	17	17	19	19	19	3	35
9	8	8	10	10	8	10	10	8	12	2	2	0	4	4	18	18	16	20	20	4	36
9	8	9	10	11	9	10	11	9	13	2	3	1	5	5	18	19	17	21	21	5	37
9	9	8	11	10	10	11	10	10	14	3	2	2	6	6	19	18	18	22	22	6	38
9	9	9	11	11	11	11	11	11	15	3	3	3	7	7	19	19	19	23	23	7	39
10	10	10	8	8	8	12	12	12	8	4	4	4	0	8	20	20	20	16	24	8	40
10	10	11	8	9	9	12	13	13	9	4	5	5	1	9	20	21	21	17	25	9	41
10	11	10	9	8	10	13	12	14	10	5	4	6	2	10	21	20	22	18	26	10	42
10	11	11	9	9	11	13	13	15	11	5	5	7	3	11	21	21	23	19	27	11	43
11	10	10	10	10	8	14	14	12	12	6	6	4	4	12	22	22	20	20	28	12	44
11	10	11	10	11	9	14	15	13	13	6	7	5	5	13	22	23	21	21	29	13	45
11	11	10	11	10	10	15	14	14	14	7	6	6	6	14	23	22	22	22	30	14	46
11	11	11	11	11	11	15	15	15	15	7	7	7	7	15	23	23	23	23	31	15	47
12	12	12	12	12	12	8	8	8	8	8	8	8	8	0	24	24	24	24	16	16	48
12	12	13	12	13	13	8	9	9	9	8	9	9	9	1	24	25	25	25	17	17	49
12	13	12	13	12	14	9	8	10	10	9	8	10	10	2	25	24	26	26	18	18	50
12	13	13	13	13	15	9	9	11	11	9	9	11	11	3	25	25	27	27	19	19	51
13	12	12	14	14	12	10	10	8	12	10	10	8	12	4	26	26	24	28	20	20	52
13	12	13	14	15	13	10	11	9	13	10	11	9	13	5	26	27	25	29	21	21	53
13	13	12	15	14	14	11	10	10	14	11	10	10	14	6	27	26	26	30	22	22	54
13	13	13	15	15	15	11	11	11	15	11	11	11	15	7	27	27	27	31	23	23	55
14	14	14	12	12	12	12	12	12	8	12	12	12	8	8	28	28	28	24	24	24	56
14	14	15	12	13	13	12	13	13	9	12	13	13	9	9	28	29	29	25	25	25	57
14	15	14	13	12	14	13	12	14	10	13	12	14	10	10	29	28	30	26	26	26	58
14	15	15	13	13	15	13	13	15	11	13	13	15	11	11	29	29	31	27	27	27	59
15	14	14	14	14	12	14	14	12	12	14	14	12	12	12	30	30	28	28	28	28	60
15	14	15	14	15	13	14	15	13	13	14	15	13	13	13	30	31	29	29 29	29	29	61
15	15	14	15	14	14	15	14	14	14	15	14	14	14	14	31	30	30	30	30	30	62
15	15	15	15	15	15	15	15	15	15	15	15	15	15	15	31	31	31	31	31	31	63

Bild 9.16

Man kann sie im folgenden Schema wiederfinden:

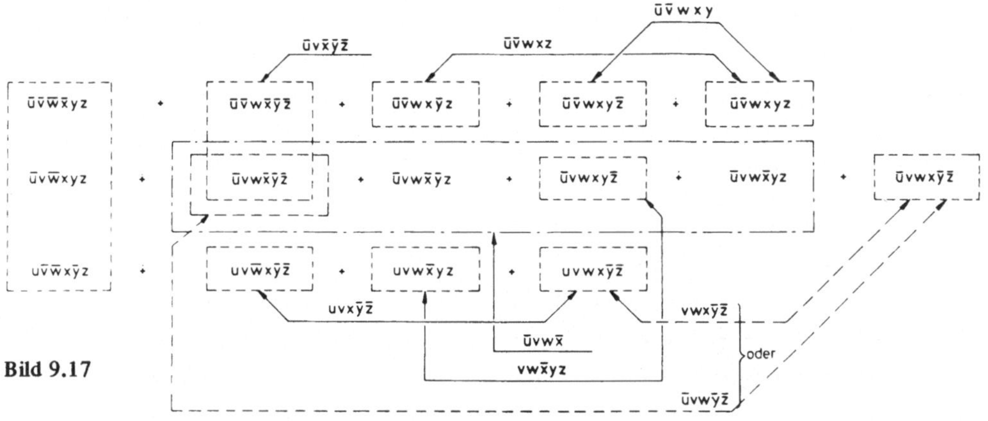

Bild 9.17

4. Beispiel: Der Leser mag die obigen Bemerkungen auf die folgende Funktion in fünf Variablen anwenden:

$$y = m_3 \dotplus m_6 \dotplus m_7 \dotplus m_{11} \dotplus m_{12} \dotplus m_{13} \dotplus m_{14} \dotplus m_{15} \dotplus m_{19} \dotplus m_{22}$$
$$\dotplus m_{23} \dotplus m_{24} \dotplus m_{25} \dotplus m_{26} \dotplus m_{27} \dotplus m_{28} \dotplus m_{29} \dotplus m_{30}.$$

Die Tafel von Havard ist in Bild 9.18 angegeben. Es existieren keine Hauptkomponenten. Hingegen erhält man alle nicht essentiellen Komponenten aus den Zeilen: m_3, m_6, m_7, m_{11}, m_{12}, m_{13}, m_{14}, m_{15}, m_{19}, m_{22}, m_{23}, m_{24}, m_{25}, m_{26}, m_{27}, m_{28}, m_{29} und m_{30}.

Betrachtet man alle der Funktion zugehörigen nicht essentiellen Komponenten, so kann man die minimalen unter ihnen bestimmen. Diese Arbeit ist langwierig, deshalb wird man besser auf das Beispiel zurückgreifen, das wir bei den praktischen Ergänzungen zur Quineschen Methode angegeben haben.

Wir werden nun die Tabelle benutzen und die Regeln anwenden, die wir von einem sehr einfachen Beispiel abgeleitet haben, um den Vorteil der Havardschen Methode aufzuzeigen.

Gegeben ist also die Funktion:

$$\varphi = \overline{x \dotplus yz \dotplus \overline{yz}} \dotplus (\bar{x}y \dotplus x\bar{y}) \cdot z.$$

1. Bringen wir sie auf die erste Normalform:

$$\varphi = \bar{x} \cdot (\bar{y} \dotplus \bar{z}) \cdot (y \dotplus z) \dotplus \bar{x}yz \dotplus x\bar{y}z$$
$$= \bar{x}\bar{y}z \dotplus \bar{x}y\bar{z} \dotplus \bar{x}yz \dotplus x\bar{y}z = m_1 \dotplus m_2 \dotplus m_3 \dotplus m_5.$$

Damit wir die Havardsche Tafel in drei Variablen benutzen können, geben wir vor, keine Vereinfachungen zu erkennen, um die Funktion nun auf ihre einfachste Form zu bringen (Bild 9.19).

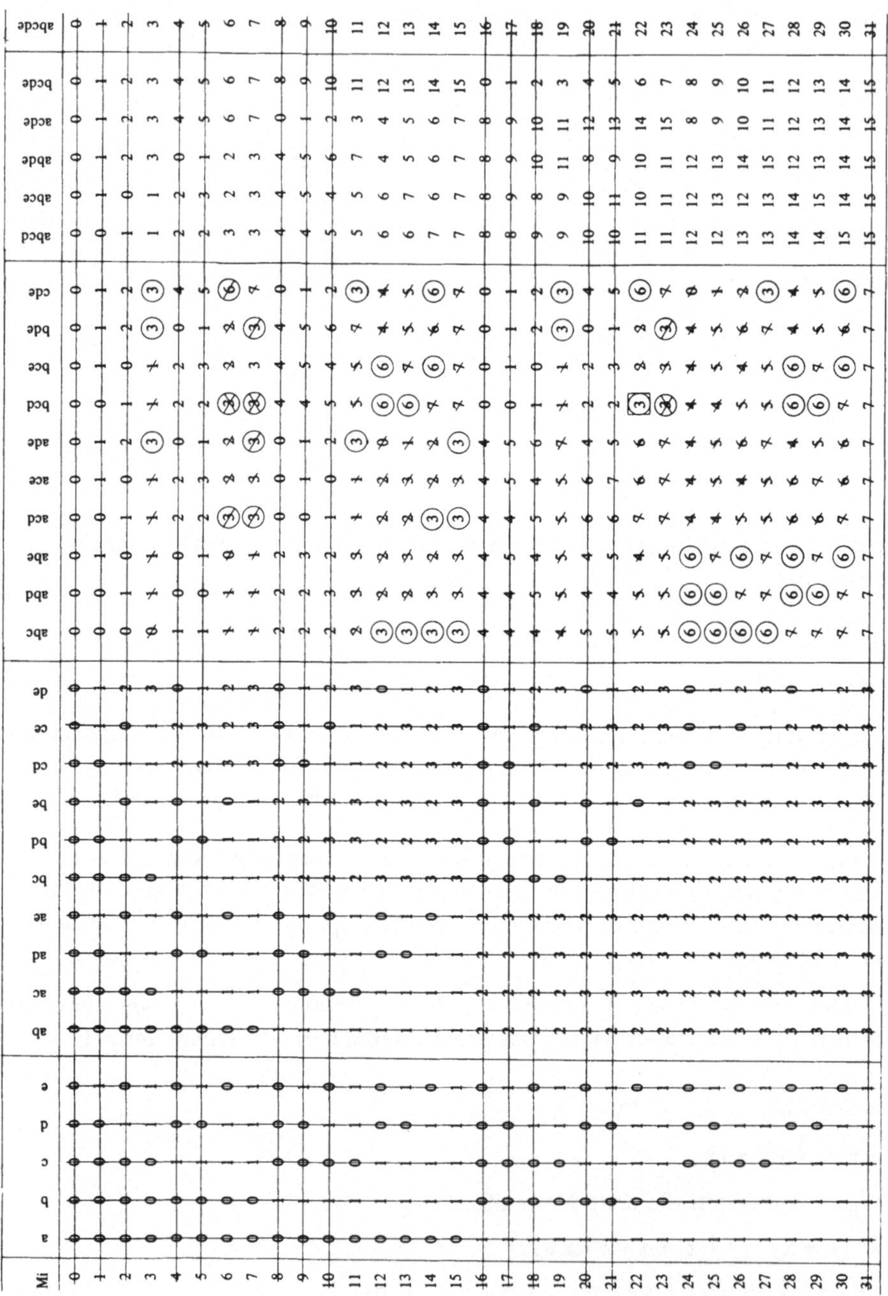

Bild 9.18

2. Wir streichen in der Havardschen Tafel diejenigen Zeilen, die keinem der Minterme in der Zerlegung der Funktion in der ersten Normalform entsprechen.

3. Wir eliminieren nun Spalte für Spalte die Komponenten, die bereits in den Zeilen gestrichen wurden, d.h. all diejenigen, die die Nummer der bei Operation 2 gestrichenen Komponenten tragen.

In unserem Beispiel gibt es in den Spalten x, y, z keine Komponenten mehr; es bleiben insgesamt sechs in den Spalten xy, xz und yz.

4. Wir suchen nun unter den verbleibenden Komponenten *diejenigen, die in ihrer Zeile eindeutig sind* in der Gruppe von Spalten, die dergleichen Anzahl von Variablen entsprechen; es sind *Hauptkomponenten,* die wir durch ein Quadrat kennzeichnen.

In unserem Beispiel handelt es sich um die 1 in Zeile m_2 und Spalte xy und die 1 in Zeile m_5 und Spalte yz.

Kennzeichnen wir die von den Hauptkomponenten verschiedenen Komponenten durch einen Kreis. Es ist zweimal die 1 in Zeile m_1 und Spalten xz und yz und zweimal die 1 in Zeile m_3 und Spalten xy und xz.

5. Wir eliminieren nun in jeder Spalte die nicht essentiellen Komponenten mit der gleichen Nummer wie die Hauptkomponenten derselben Spalte.

In unserem Beispiel ist es die 1 in Zeile m_1 und Spalte yz und die 1 in Zeile m_3 und Spalte xy.

Wir streichen schließlich die nicht essentiellen Komponenten in den Zeilen, die die zu den Hauptkomponenten äquivalenten nicht essentiellen Komponenten enthalten.

In unserem Beispiel ist es die 1 in Zeile m_1 und Spalte xz und die 1 in Zeile m_3 und Spalte xz.

6. Es bleibt noch, den oder die reduzierte(n) Form(en) anzugeben, die mit Hilfe der logischen Summe aller Hauptkomponenten und gegebenenfalls der nicht essentiellen Komponenten gebildet werden, wobei sie beliebig kombiniert werden können, wenn man aus jeder Zeile eine Komponente nimmt.

m_i	x	y	z	xy	xz	yz	xyz
m_0	0	0	0	0	0	0	0
m_1	0	0	1	0	1	1	1
m_2	0	1	0	1	0	2	2
m_3	0	1	1	1	1	3	3
m_4	1	0	0	2	2	0	4
m_5	1	0	1	2	3	1	5
m_6	1	1	0	3	2	2	6
m_7	1	1	1	3	3	3	7

Bild 9.19

m_i	x	y	z	xy	xz	yz	xyz
m_0	0̸	0̸	0̸	0̸	0̸	[0]	0
~~m_1~~	~~0~~	~~0~~	~~1~~	~~0~~	~~1~~	~~1~~	~~1~~
~~m_2~~	~~0~~	~~1~~	~~0~~	~~1~~	~~0~~	~~2~~	~~2~~
~~m_3~~	~~0~~	~~1~~	~~1~~	~~1~~	~~1~~	~~3~~	~~3~~
m_4	1̸	0̸	0̸	2̸	(2̸)	(0̸)	4
~~m_5~~	~~1~~	~~0~~	~~1~~	~~2~~	~~3~~	~~1~~	~~5~~
m_6	1̸	1̸	0̸	(3̸)	(2̸)	2̸	6
m_7	1̸	1̸	1̸	[3]	3̸	3̸	7

Bild 9.20

In unserem Beispiel gibt es nur Hauptkomponenten, so daß:

$$\varphi = \bar{x}y \dotplus \bar{y}z,$$

da die Komponenten der Spalten xy und yz, die der Dezimalzahl 1 bzw. der binären Zahl 01 entsprechen, genau gleich $\bar{x}y$ und $\bar{y}z$ sind.

Bemerkung: Die für φ erhaltene Form ist eine Vereinigung von Durchschnitten (eine logische Summe von Produkten). Man hätte ebenso einen Durchschnitt von Vereinigungen (ein Produkt logischer Summen) erhalten können. Mit Hilfe der Havardschen Tafel läßt sich dieses Ziel erreichen.

Wir wissen, daß φ folgende Gestalt hat:

$$\varphi = m_1 \dotplus m_2 \dotplus m_3 \dotplus m_5.$$

Daraus folgt

$$\bar{\varphi} = m_0 \dotplus m_4 \dotplus m_6 \dotplus m_7.$$

Die Anwendung der beschriebenen Methode ergibt sofort

$$\bar{y} = x \cdot y \dotplus \bar{y} \cdot z;$$

daraus folgt

$$y = (\bar{x} \dotplus \bar{y}) \cdot (y \dotplus z).$$

9.5. Die Quinesche Methode

V. W. Quine fand eine Methode [1]) zur Vereinfachung einer Booleschen Funktion durch Aufsuchen der *Primkomponenten* dieser Funktion.

[1]) *V. W. Quine.* The problem of symplifying truth functions (The american mathematical monthly. Oct. 1952).
V. W. Quine. A way to symplify truth functions (id. Nov. 1955).

Gegeben ist eine Boolesche Funktion $\Phi(x_1, ..., x_n)$ in n Variablen $x_1, ..., x_n$ und eine Komponente A von m dieser n Variablen. A heißt Primkomponente der Funktion, falls gilt:

a) A impliziert Φ (d.h.: A kann nicht den Wert 1 haben, ohne daß Φ ihn ebenfalls hat).

b) A wird von keiner Komponente impliziert, die selbst Φ impliziert.

Geben wir ein Beispiel an:

$$\Phi = abc \dotplus ab\overline{c} \dotplus \overline{a}\overline{b}d \dotplus bcd.$$

Man sieht leicht, daß weder abc noch $ab\overline{c}$ Primkomponenten sind, denn $abc \dotplus ab\overline{c} = ab$.

Hingegen sind ab, $\overline{a}\overline{b}d$, bcd und ebenso $\overline{a}cd$ Primkomponenten. Wir beweisen dieses z.B. für die letzten beiden Komponenten:

bcd:

a) bcd impliziert offensichtlich Φ;

b) bcd wird nur von b, c, d, bc, bd oder cd impliziert.

Außerdem verifiziert man leicht, daß keine dieser Komponenten Φ impliziert. Nehmen wir an, b impliziere Φ.

Ersetzt man in dem Ausdruck für Φ b durch 1 und $\overline{b}$ durch 0, so muß das Ergebnis 1 sein; aber:

$$\Phi_{(b=1)} = ac \dotplus a\overline{c} \dotplus 0 \dotplus cd = a \dotplus cd \neq 1;$$

ebenso gilt unter der Annahme, daß z.B. bc Φ impliziert: Ersetzt man in Φ b durch 1 und $\overline{b}$ durch 0, c durch 1 und $\overline{c}$ durch 0, so muß der Ausdruck 1 ergeben; es gilt jedoch:

$$\Phi_{(b=c=1)} = a \dotplus 0 \dotplus 0 \dotplus d = a \dotplus d \neq 1.$$

Der Leser mag ebenso beweisen, daß weder c noch d, bd und cd Φ implizieren.

$\overline{a}cd$:

Diese Komponente tritt in der oben angegebenen Form von Φ nicht auf. Sie ist jedoch eine Primkomponente:

a) $\overline{a}cd$ impliziert Φ. Ersetzen wir in Φ $\overline{a}$ durch 1 und a durch 0, c durch 1 und $\overline{c}$ durch 0, d durch 1 und $\overline{d}$ durch 0, so folgt:

$$\Phi_{(\overline{a}=c=d=1)} = 0 \dotplus 0 \dotplus \overline{b} \dotplus b = \overline{b} \dotplus b = 1;$$

b) $\overline{a}cd$ wird nur durch $\overline{a}$, c, d, $\overline{a}c$, $\overline{a}d$ oder cd impliziert. Der Leser mag verifizieren, daß keine dieser Komponenten Φ impliziert.

Quine hat gezeigt, daß jede minimale normale Form einer Funktion Φ (unter normaler Form versteht man eine Vereinigung von Durchschnitten) eine Vereinigung der Primkomponenten von Φ ist.

Das Problem der Vereinfachung einer Booleschen Funktion läßt sich also in zwei Teile gliedern:

1. Aufsuchen aller Primkomponenten dieser Funktion: $A_1, A_2, \ldots, A_p$;

2. Aufsuchen aller Möglichkeiten, Φ durch Vereinigung von m dieser p Primkomponenten in seiner einfachsten Form zu erhalten.

1. *Aufsuchen der Primkomponenten*

Quine hat zwei Methoden angegeben, mit deren Hilfe man all diese Primkomponenten bestimmen kann.

Die *erste Methode* beruht darauf, die gegebene Funktion auf die disjunktive Normalform zu bringen.

Gehen wir auf unser Beispiel zurück:

$$\begin{aligned}\Phi &= abc \dotplus ab\bar{c} \dotplus \bar{a}\bar{b}d \dotplus bcd \\ &= abcd \dotplus abc\bar{d} \dotplus ab\bar{c}d \dotplus ab\bar{c}\bar{d} \dotplus \bar{a}\bar{b}cd \dotplus \bar{a}\bar{b}\bar{c}d \dotplus abcd \dotplus \bar{a}bcd \\ &= abcd \dotplus abc\bar{d} \dotplus ab\bar{c}d \dotplus ab\bar{c}\bar{d} \dotplus \bar{a}\bar{b}cd \dotplus \bar{a}\bar{b}\bar{c}d \dotplus \bar{a}bcd.\end{aligned}$$

Im ersten Schritt suchen wir die Komponenten in drei Variablen, die Φ implizieren. Ist A eine solche Komponente, so fehlt einer der vier Buchstaben a, b, c oder d, nennen wir ihn α, und in der entwickelten Normalform müssen die beiden Minterme $A\alpha$ und $A\bar{\alpha}$ auftreten. Es genügt also, jeweils zwei der Minterme zu vergleichen. Die folgende Tabelle gibt ein mögliches Verfahren an.

Da jeder Minterm von einer Komponente in drei Variablen gebildet wird, ergibt sich

$$\Phi = abc \dotplus abd \dotplus bcd \dotplus ab\bar{d} \dotplus ab\bar{c} \dotplus \bar{a}\bar{b}d \dotplus \bar{a}cd.$$

In einem zweiten Schritt suchen wir die Φ implizierenden Komponenten in zwei Variablen. Ist B eine solche Komponente, so existieren wenigstens zwei Komponenten in drei Variablen, B' und B'', so daß $B' = \alpha B$ und $B'' = \bar{\alpha} B$ ist, wobei α einer der vier Buchstaben a, b, c oder d ist, so daß gilt:

$$B' \dotplus B'' = \alpha B \dotplus \bar{\alpha} B = B.$$

	$abcd$	$abc\bar{d}$	$ab\bar{c}d$	$ab\bar{c}\bar{d}$	$\bar{a}\bar{b}cd$	$\bar{a}\bar{b}\bar{c}d$	$\bar{a}bcd$
abc	X	X					
abd	X		X				
bcd	X						X
abd		X		X			
$ab\bar{c}$			X	X			
$\bar{a}\bar{b}d$					X	X	
$\bar{a}cd$					X		X

Wir können also wie oben die Komponenten in drei Variablen jeweils zu zweit vergleichen, und es ergibt sich die folgende Tabelle:

	abc	abd	bcd	$ab\overline{d}$	$ab\overline{c}$	$\overline{a}\overline{b}d$	$\overline{a}cd$
ab	×	×		×	×		

Wir sehen, daß allein ab eine solche aus zwei Buchstaben bestehende Komponente ist und daß bcd, $\overline{a}\overline{b}d$, $\overline{a}cd$ durch keine der Φ implizierenden Komponenten aus zwei Buchstaben impliziert werden. Es handelt sich also um Primkomponenten von Φ; ebenso ist ab eine Primkomponente, denn andernfalls müßte $\overline{a}b$ oder $a\overline{b}$ Φ implizieren, was nicht der Fall ist.

Es gilt also

$$\Phi = ab \dotplus bcd \dotplus \overline{a}\overline{b}d \dotplus \overline{a}cd.$$

Auf diese Weise haben wir alle Primkomponenten von Φ erhalten. Zum Beweis beachtet man, daß wir alle Minterme zu zweit derart kombinierten, daß wir alle Φ implizierenden Komponenten in drei Variablen erhielten; anschließend kombinierten wir diese Komponenten jeweils zu zweit, um alle Φ implizierenden Komponenten in zwei Variablen zu erhalten, usw.

Das Problem, das sich nun stellt, besteht darin, diese Primkomponenten derart zu kombinieren, daß man eine vereinfachte Form von Φ erhält.

Bevor wir dieses Problem behandeln, geben wir kurz eine zweite Methode an, die von *Quine* zum Aufsuchen der Primkomponenten vorgeschlagen wurde.

Diese *zweite Methode* besteht aus der sukzessiven Anwendung von zwei Regeln.

1. Regel: Gegeben ist eine Funktion Φ in einer normalen Form (Vereinigung von Durchschnitten, wobei die Komponenten Minterme sind oder nicht). Betrachten wir zwei Komponenten A und B. Man benutzt nun folgende Vereinfachungen:

- Falls A B impliziert, kann man A in der Funktion weglassen; zum Beispiel:

  $A = abc \qquad B = bc$

  $A \dotplus B = abc \dotplus bc = bc$

- ist $A = \alpha$ (bzw. $\overline{\alpha}$) und $B = \overline{\alpha}B'$ (bzw. $\alpha B'$), wobei α eine Variable ist, so kann man unter Anwendung der folgenden Identität vereinfachen:[1]

  $\alpha \dotplus \overline{\alpha}B' = \alpha \dotplus B'$

[1] Wir geben hier von *Quine* aufgestellte Regeln zur Berechnung an. Der Leser wird feststellen, daß der zweite Teil der ersten Regel weitführender ist im Vergleich zur zweiten Regel. Denn ist: $A = \alpha = \alpha \cdot 1$, $A' = 1$ und $B = \overline{\alpha}B'$, so findet man durch Anwendung der zweiten Regel:

$$A \dotplus B = \alpha \dotplus \overline{\alpha}B' = \alpha \dotplus \overline{\alpha}B' \dotplus B'.$$

Wendet man nun die erste Regel (1. Teil) an, so sieht man, daß B′ durch $\overline{\alpha}B'$ impliziert wird, also weggelassen werden kann.

oder

$\overline{\alpha} \dotplus \alpha B' = \overline{\alpha} \dotplus B'$;

zum Beispiel:

$A = a \qquad B = \overline{a}bc$

$A \dotplus B = a \dotplus \overline{a}bc = a \dotplus bc.$

2. Regel: Sind A und B zwei in Φ auftretende Komponenten mit

$A = \alpha A'$ und $B = \overline{\alpha}B'$,

wobei α eine Variable ist, so gilt

$A \dotplus B = \alpha A' \dotplus \overline{\alpha}B' \dotplus A'B'$

mit der zweifachen Bedingung:

- daß $A'B'$ nicht leer ist (d.h., daß $A'B'$ nicht eine Variable gleichzeitig unter ihrem normalen und komplementären Aspekt enthält);
- daß $A'B'$ keine bereits in Φ vorkommende Komponente ist.

Zum Beispiel

$A = abc \qquad B = \overline{a}cd$

$A \dotplus B = abc \dotplus \overline{a}cd = abc \dotplus \overline{a}cd \dotplus bcd.$

Man verifiziert leicht, daß der zu den beiden anderen hinzugefügte Term bcd die Vereinigung impliziert. Denn setzen wir: $b = c = d = 1$, so wird $A \dotplus B$: $a \dotplus \overline{a} = 1$.

Quine hat gezeigt, daß man durch Anwenden dieser beiden Regeln alle Primkomponenten von Φ erhält.

Gehen wir auf unser Beispiel zurück:

$\Phi = abc \dotplus ab\overline{c} \dotplus \overline{a}\overline{b}d \dotplus bcd.$

Wir können auf den ersten Blick nicht die Regel der Vereinfachung anwenden, denn keiner der Terme impliziert einen anderen, und kein Paar hat die Gestalt

$\alpha + \overline{\alpha}B$ (oder $\overline{\alpha} + \alpha B$).

Wenden wir nun die zweite Regel an:

Aus $abc \dotplus ab\overline{c}$ wird $abc \dotplus ab\overline{c} \dotplus ab$,

aus $ab\overline{c} \dotplus bcd$ wird $ab\overline{c} \dotplus bcd \dotplus abd$,

aus $\overline{a}\overline{b}d \dotplus bcd$ wird $\overline{a}\overline{b}d \dotplus bcd \dotplus \overline{a}cd$;

weiter können wir im Augenblick nicht gehen.

Für Φ ergibt sich

$\Phi = abc \dotplus ab\overline{c} \dotplus ab \dotplus bcd \dotplus abd \dotplus \overline{a}\overline{b}d \dotplus \overline{a}cd.$

Wenden wir nun die erste Regel zur Vereinfachung an. Man sieht, daß ab durch abc, $ab\bar{c}$, abd impliziert wird; wir können also die drei ersten Komponenten weglassen:

$$\Phi = ab \dotplus bcd \dotplus \bar{a}\bar{b}d \dotplus \bar{a}cd.$$

Jetzt können wir weder die erste noch die zweite Regel weiter anwenden. Denn wenn wir versuchen, die zweite zu benutzen, so ergibt sich

$$ab \dotplus \bar{a}cd = ab \dotplus \bar{a}cd \dotplus \underline{bcd}$$

$$bcd \dotplus \bar{a}\bar{b}d = bcd \dotplus \bar{a}\bar{b}d \dotplus \underline{\bar{a}cd}.$$

Wir stellen fest, daß bcd und $\bar{a}cd$ bereits vorkommen. Da es die einzigen Paare sind, auf die wir die zweite Regel möglicherweise anwenden können und die anderen eine leere Menge bilden ($ab \dotplus \bar{a}\bar{b}d = ab \dotplus \bar{a}\bar{b}d \dotplus \underline{b\bar{b}d}$) oder zur Anwendung nicht geeignet sind, hört das Verfahren hier auf. Wir haben alle Primkomponenten erhalten.

Praktisch kann man eine Tabelle anlegen, von der nur das obere Dreieck benötigt wird. Wir bringen, in Abzissen und Ordinaten ausgedrückt, die Komponenten der Funktion auf die gegebene Form. Im Fall der j-ten Spalte, die der Komponente A_j entspricht, und der i-ten Zeile, die der Komponente A_i entspricht, mit $j > i$, schreiben wir, falls $A_i = \alpha A_i'$ und $A_j = \bar{\alpha} A_j'$, die Komponente $A_i'A_j'$ unter der Bedingung, daß sie nicht bereits Null ist oder bereits unter den schon bekannten Komponenten auftritt. Ist die Tabelle ausgefüllt, streichen wir all die Komponenten, die durch eine andere Komponente impliziert werden, und schreiben an den Anfang der Zeilen und Spalten die verbleibenden Komponenten. Wir wiederholen diese Operation so lange, bis man weder vereinfachen noch eine weitere Komponente in der bereits bekannten Liste hinzufügen kann.

Beispiel:

$$\Phi = a\bar{b} \dotplus b\bar{c} \dotplus c\bar{a} \dotplus \bar{a}bc$$

	$a\bar{b}$	$b\bar{c}$	$c\bar{a}$	~~$\bar{a}bc$~~	$a\bar{c}$	$\bar{b}c$	$\bar{a}b$
$a\bar{b}$		$a\bar{c}$	$\bar{b}c$	–			
$b\bar{c}$			$\bar{a}b$	~~$\bar{a}b$~~			
$c\bar{a}$							
~~$\bar{a}bc$~~							
$a\bar{c}$						~~$\bar{a}b$~~	~~$b\bar{c}$~~
$\bar{b}c$							~~$\bar{a}c$~~
$\bar{a}b$							

Im ersten Schritt erhalten wir als neue Komponenten: $a\bar{c}$, $\bar{b}c$, $\bar{a}b$; wir können also $\bar{a}bc$, das $\bar{a}b$ impliziert, weglassen, ebenso das zweite, bereits geschriebene $\bar{a}b$.

In einem zweiten Schritt erhalten wir $a\bar{b}$, $b\bar{c}$, $\bar{a}c$, Terme, die schon unter den Komponenten vorkommen.

Da wir nicht weiter vereinfachen können, hört das Verfahren hier auf, und man erhält

$$\Phi = a\bar{b} \dotplus b\bar{c} \dotplus c\bar{a} \dotplus a\bar{c} \dotplus \bar{b}c \dotplus \bar{a}b.$$

Alle Primkomponenten sind gefunden.

Diese zweite Methode hat den Vorteil, die Suche nach der disjunktiven Normalform der zu vereinfachenden Booleschen Funktion zu vermeiden. Sie ist auf Grund dieser Tatsache viel kürzer.

2. *Aufsuchen aller minimalen normalen Formen*

Quine hat zwei Methoden zum Aufsuchen der minimalen normalen Formen angegeben. Allein die erste setzt voraus, daß man vorher die Boolesche Funktion auf die disjunktive Normalform gebracht hat.

Stellen wir folgende Tabelle auf: Als Abszissen setzen wir die Primkomponenten, als Ordinaten die Minterme. Wir kennzeichnen jedes Feld vom Index ij mit einem Kreuz, das dem Minterm m_j entspricht, wenn die Primkomponente A_i durch diesen Minterm impliziert wird. Nehmen wir wieder unser Beispiel, so ergibt sich die folgende Tabelle:

		1 $abcd$	2 $abc\bar{d}$	3 $ab\bar{c}d$	4 $ab\bar{c}\bar{d}$	5 $\bar{a}\bar{b}cd$	6 $\bar{a}\bar{b}\bar{c}d$	7 $\bar{a}bcd$
I	ab	X	X	X	X			
II	bcd	X						X
III	$\bar{a}\bar{b}d$					X	X	
IV	$\bar{a}cd$					X		X

Man sieht, daß die Spalten 2, 3, 4 und 6 nur ein Kreuz, die Spalten 1, 5 und 7 hingegen zwei Kreuze enthalten. Das bedeutet, daß die den Mintermen $abc\bar{d}$, $ab\bar{c}d$, $ab\bar{c}\bar{d}$ und $\bar{a}\bar{b}\bar{c}d$ entsprechenden Primkomponenten nur eine einzige Primkomponente von Φ implizieren, während die Minterme $abcd$, $\bar{a}\bar{b}cd$ und $\bar{a}bcd$ zwei Komponenten implizieren. Im ersten Fall müssen die Primkomponenten notwendig in jeder vereinfachten Form auftreten; es sind hier:

$$ab \quad \text{und} \quad \bar{a}\bar{b}d.$$

Die Vereinigung dieser beiden Komponenten enthält außerdem die Minterme $abcd$ und $\bar{a}\bar{b}cd$. Schließlich bleibt allein der Minterm $\bar{a}bcd$, daraus ergeben sich zwei Möglichkeiten: bcd oder $\bar{a}cd$. Es folgt:

$$\Phi = ab \dotplus \bar{a}\bar{b}d \dotplus \begin{cases} bcd \\ \bar{a}cd \end{cases}$$

In diesem sehr einfachen Beispiel, in dem die Wahlmöglichkeiten nicht sehr zahlreich sind, ist diese Methode kurz und einfach. Das gilt jedoch nicht für alle Fälle, besonders dann nicht, wenn die Anzahl der Variablen groß ist und es keine Hauptkomponenten gibt, oder wenn die Anzahl der nicht essentiellen Primkomponenten größer als die der sie implizierenden Minterme ist.

Quine schlägt hier eine zweite Methode vor, die wir kurz angeben. Sie besteht darin:

1. Die Hauptkomponenten zu finden

- durch die obige Methode,
- durch die Methode, die darin besteht, jede Primkomponente zu prüfen, ob sie den Rest der Primkomponenten impliziert oder nicht.

Mit $\Phi = ab \dotplus bcd \dotplus \overline{a}\overline{b}d \dotplus \overline{a}cd$ verifiziert man auf diese Weise, daß ab Hauptkomponente ist. Man setzt für den *Rest* a = b = 1. Mit $\Psi = bcd \dotplus \overline{a}\overline{b}d \dotplus \overline{a}cd$ ergibt sich

$$\Psi_{(a=b=1)} = cd \neq 1;$$

also ist ab eine Hauptkomponente. Hingegen wird $\Psi = ab \dotplus \overline{a}\overline{b}d \dotplus \overline{a}cd$ durch bcd impliziert. Denn setzt man b = c = d = 1, so gilt

$$\Psi_{(b=c=d=1)} = a \dotplus \overline{a} = 1;$$

also ist bcd keine Hauptkomponente.

2. Diejenigen Primkomponenten sind zu finden, die die durch die Vereinigung der Hauptkomponenten erhaltene Funktion implizieren; sie sind in der Darstellung überflüssig.

3. Um *eine* minimale Lösung zu finden, soll die größtmögliche Anzahl von nicht essentiellen Primkomponenten unter den restlichen Komponenten eliminiert werden.

Schreiben wir:

$$\Phi = [A_1 \dotplus A_2 \dotplus \ldots \dotplus A_n] \dotplus B_1 \dotplus \ldots \dotplus B_m,$$

wobei $A_1, \ldots, A_n$ die Hauptkomponenten und $B_1, \ldots, B_m$ die nach Operation 2 bleibenden nicht essentiellen Komponenten sind.

Das von *Quine* empfohlene Verfahren besteht darin, die größte Anzahl der B_i zu kombinieren, daß *ihre Vereinigung* den *Rest* impliziert.

Es ist offensichtlich, daß $B_1 \dotplus B_2 \dotplus \ldots \dotplus B_m$ nicht den Rest $\Psi = A_1 \dotplus A_2 \dotplus \ldots \dotplus A_n$ impliziert, sonst wären alle B_i durch Regel 2 bereits eliminiert.

Wir versuchen nun die Kombination: $B_1 \dotplus B_2 \dotplus \ldots \dotplus B_{m-1}$ und prüfen nach, ob sie durch den Rest $\Psi = A_1 \dotplus A_2 \dotplus \ldots \dotplus A_n \dotplus B_m$ impliziert wird.

Wenn *ja,* dann hätte man eine Lösung gefunden, die aus n + 1 Komponenten besteht, also:

$$\Phi = A_1 \dotplus A_2 \dotplus \ldots \dotplus A_n \dotplus B_m;$$

es bleibt also noch, durch sukzessives Überprüfen aller Kombinationen all die Lösungen zu finden, in denen ein B_i vorkommt:

$$B_1 \dotplus \ldots \dotplus B_{j-1} \dotplus B_{j+1} \dotplus \ldots \dotplus B_m;$$

es fehlt der Term B_j nach derselben Methode.

Wenn *nicht,* so fährt man wie oben fort, die Kombinationen der $(m-1)$ Komponenten B_j zu überprüfen. Findet man nicht die richtige, so überprüft man die der $(m-2)$ Komponenten B_j, immer mit Hilfe derselben Methode.

Das Verfahren ist beendet, wenn man eine Lösung findet, die $(m-k)$ Komponenten B_j eliminiert: Man hat alle Kombinationen der m Komponenten B_j untersucht, wenn man $(m-k)$ zu $(m-k)$ hinzufügt.

So hat man *alle* minimalen Lösungen erhalten.

Bemerkung: Um zu verifizieren, ob eine Funktion $\Omega = B_1 \dotplus \ldots \dotplus B_m$ eine Funktion $\Psi = A_1 \dotplus \ldots \dotplus A_n$ impliziert (Ω bezeichnet hier die Komponenten, die man zu eliminieren sucht, und Ψ den Rest, d.h. die Vereinigung der Hauptkomponenten und der nicht eliminierten Komponenten), muß man sukzessiv beweisen, daß jedes B_i Ψ impliziert. Man muß also jedes Mal m Tests machen.

Wir können nun die Anzahl der Tests bestimmen, die notwendig sind, um alle minimalen Lösungen zu erhalten. Diese Lösungen bestehen ja aus allen $m-k$ Hauptkomponenten.

1. C_m^{m-1} Kombinationen der m B_j, mit $(m-1)$ zu $(m-1)$, und für jede Kombination $(m-1)$ Tests, also $(m-1)\,C_m^{m-1} = mC_{m-1}^1$;

2. C_m^{m-2} Kombinationen der m B_j, mit $(m-2)$ zu $(m-2)$, und für jede Kombination $(m-2)$ Tests, also $(m-2)\,C_m^{m-2} = mC_{m-1}^2$;

....

l. C_m^{m-l} Kombinationen der m B_j, mit $(m-l)$ zu $(m-l)$, und für jede Kombination $(m-l)$ Tests, also:

$$(m-l)\,C_m^{m-l} = (m-l)\frac{m!}{(m-l)!\,l!} = m \cdot \frac{(m-1)!}{(m-l-1)!\,l!} = mC_{m-1}^l.$$

Die Gesamtzahl der Tests beträgt also:

$$N = m\sum_{l=1}^{k} C_{m-1}^l.$$

Für m = 12, k = 5 zum Beispiel ergibt sich:

$$N = 12\,[C_{11}^1 + C_{11}^2 + \ldots + C_{11}^5] = 12\,276.$$

9.6. Bestimmung der optimalen Lösungen

Wir werden eine sehr einfache algebraische Methode anführen, die es gestattet, alle normalen minimalen Formen einer Booleschen Funktion aus ihrer Menge der Primkomponenten zu bestimmen.

Zunächst gehen wir auf das oben angeführte Beispiel zurück (Methode von Havard), in dem Φ eine Funktion in fünf Variablen A, B, C, D und E ist, mit:

$$\Phi = m_3 \dotplus m_6 \dotplus m_7 \dotplus m_{11} \dotplus m_{12} \dotplus m_{13} \dotplus m_{14} \dotplus m_{15} \dotplus m_{19} \dotplus m_{22} \dotplus m_{23}$$
$$\dotplus m_{24} \dotplus m_{25} \dotplus m_{26} \dotplus m_{27} \dotplus m_{28} \dotplus m_{29} \dotplus m_{30}.$$

Der Leser kann unter Benutzung der Havardschen Tafel oder der Quineschen Methode die folgenden zwölf Primkomponenten finden:

$a = \bar{A}BC \qquad g = BC\bar{D}$
$b = AB\bar{C} \qquad h = \bar{B}CD$
$c = AB\bar{D} \qquad i = BC\bar{E}$
$d = AB\bar{E} \qquad j = \bar{B}DE$
$e = \bar{A}CD \qquad k = CD\bar{E}$
$f = \bar{A}DE \qquad l = \bar{C}DE.$

Wir stellen nun eine Tabelle mit den Primkomponenten als Abszissen und den Mintermen als Ordinaten auf (Tabelle A); man stellt fest, daß keine der zwölf Komponenten eine Hauptkomponente ist.

Es sei E_i eine normale Form von Φ, d.h. eine Summe von m Primkomponenten, die Φ entspricht. Offensichtlich ist jeder der in Φ enthaltenen Minterme in wenigstens einem der in E_i auftretenden Primkomponenten enthalten.

Da z.B. der Minterm m_3 in Φ auftreten muß, ist eine der drei Primkomponenten f, j oder l in jeder normalen Form E_i von Φ enthalten.

Wir können also diesen Primkomponenten binäre Variable zuordnen, die den Wert 1 annehmen, wenn die betrachtete Primkomponente in einer normalen Form E_i erscheint, und die andernfalls den Wert 0 annehmen. Diese Variablen müssen ein Boolesches Gleichungssystem erfüllen, das durch jeden der Φ bildenden Minterme erfüllt ist.

Also $m_3 \subset \Phi$ impliziert, daß die Boolesche Gleichung

$$f \dotplus j \dotplus l = 1$$

erfüllt ist.

Wir erhalten auf diese Weise genau so viele Gleichungen, wie es Minterme gibt (Tabelle A).

Für jede normale Form E_i von Φ muß jede der 18 Gleichungen erfüllt sein. Diese Bedingung ist ebenfalls hinreichend, denn ist sie erfüllt, dann ist jeder der 18 Minterme in mindestens einem der in E_i auftretenden Primkomponenten enthalten.

Damit dieses Gleichungssystem erfüllt ist und alle zweiten Glieder den Wert 1 haben, ist es notwendig und hinreichend, daß das Boolesche Produkt der ersten Glieder gleich 1 ist. Dieses System reduziert sich also auf eine einzige Boolesche Gleichung. Be-

Tabelle A

		$\bar{A}BC$	$ABC̄$	$AB\bar{D}$	$AB\bar{E}$	$\bar{A}CD$	$\bar{A}DE$	$BC\bar{D}$	$\bar{B}CD$	$BC\bar{E}$	$\bar{B}DE$	$CD\bar{E}$	$\bar{C}DE$
		a	b	c	d	e	f	g	h	i	j	k	l
m_3	$\bar{A}\bar{B}\bar{C}DE$						X				X		X
m_6	$\bar{A}\bar{B}CD\bar{E}$					X			X			X	
m_7	$\bar{A}\bar{B}CDE$					X	X		X		X		
m_{11}	$\bar{A}B\bar{C}DE$						X						X
m_{12}	$\bar{A}BC\bar{D}\bar{E}$	X						X		X			
m_{13}	$\bar{A}BC\bar{D}E$	X						X					
m_{14}	$\bar{A}BCD\bar{E}$	X				X				X		X	
m_{15}	$\bar{A}BCDE$	X				X	X						
m_{19}	$A\bar{B}\bar{C}DE$										X		X
m_{22}	$A\bar{B}CD\bar{E}$								X			X	
m_{23}	$A\bar{B}CDE$								X		X		
m_{24}	$AB\bar{C}\bar{D}\bar{E}$		X	X	X								
m_{25}	$AB\bar{C}\bar{D}E$		X	X									
m_{26}	$AB\bar{C}D\bar{E}$		X		X								
m_{27}	$AB\bar{C}DE$		X										X
m_{28}	$ABC\bar{D}\bar{E}$			X	X			X		X			
m_{29}	$ABC\bar{D}E$			X				X					
m_{30}	$ABCD\bar{E}$				X					X		X	

mit
$m_3 : f \dotplus j \dotplus l = 1$ (1) X
$m_6 : e \dotplus h \dotplus k = 1$ (2)
$m_7 : e \dotplus f \dotplus h \dotplus j = 1$ (3)
$m_{11} : f \dotplus l = 1$ (4)
$m_{12} : a \dotplus g \dotplus i = 1$ (5) X
$m_{13} : a \dotplus g = 1$ (6)
$m_{14} : a \dotplus e \dotplus i \dotplus k = 1$ (7)
$m_{15} : a \dotplus e \dotplus f = 1$ (8)
$m_{19} : j \dotplus l = 1$ (9)

mit
$m_{22} : h \dotplus k = 1$ (10)
$m_{23} : h \dotplus j = 1$ (11)
$m_{24} : b \dotplus c \dotplus d = 1$ (12) X
$m_{25} : b \dotplus c = 1$ (13)
$m_{26} : b \dotplus d = 1$ (14)
$m_{27} : b \dotplus l = 1$ (15)
$m_{28} : c \dotplus d \dotplus g \dotplus i = 1$ (16) X
$m_{29} : c \dotplus g = 1$ (17)
$m_{30} : d \dotplus i \dotplus k = 1$ (18)

vor wir sie hinschreiben, können wir noch gewisse Vereinfachungen zulassen; nehmen wir z.B. die Gleichungen (1) und (4):

$$f \dotplus j \dotplus l = 1 \quad (1)$$

$$f \dotplus l = 1. \quad (4)$$

Offensichtlich gilt Gleichung (1) immer dann, wenn (4) erfüllt ist. Man kann also (1) weglassen. Das System (1), (4) läßt sich wie folgt darstellen:

$$(f \dotplus j \dotplus l)(f \dotplus l) = 1 \qquad (1)(4)$$

und, wendet man die Regeln des Booleschen Rechnens an:

$$(f \dotplus l)(1 \dotplus j) = (f \dotplus l) = 1.$$

Ebenso können folgende Gleichungen wegfallen:

(5): $a \dotplus g \dotplus i = 1$ denn es gilt (6): $a \dotplus g = 1$
(12): $b \dotplus c \dotplus d = 1$ denn es gilt (13): $b \dotplus c = 1$
(16): $c \dotplus d \dotplus g \dotplus i = 1$ denn es gilt (17): $c \dotplus g = 1$.

Folglich erhalten wir die Gleichung

$$E = \overbrace{(e \dotplus h \dotplus k)(e \dotplus f \dotplus h \dotplus j)}^{(I')} \overbrace{(a \dotplus g)(c \dotplus g)}^{(II')}$$

$$\overbrace{(f \dotplus l)(j \dotplus l)}^{(III')} \overbrace{(a \dotplus e \dotplus i \dotplus k)(a \dotplus e \dotplus f)}^{(IV')}$$

$$\overbrace{(h \dotplus k)(h \dotplus j)}^{(V')} \overbrace{(b \dotplus c)(b \dotplus d)(b \dotplus l)}^{(VI')} (d \dotplus i \dotplus k) = 1$$

Entwickeln wir diese Gleichung, dann gilt

$$(e \dotplus h \dotplus k)(e \dotplus h \dotplus f \dotplus j) = (e \dotplus h \dotplus fk \dotplus kj) \qquad (I')$$

$$(a \dotplus g)(c \dotplus g) = (g \dotplus ac) \qquad (II')$$

$$(f \dotplus l)(j \dotplus l) = (l \dotplus fj) \qquad (III')$$

$$(a \dotplus e \dotplus i \dotplus k)(a \dotplus e \dotplus f) = (a \dotplus e \dotplus fi \dotplus fk) \qquad (IV')$$

$$(h \dotplus k)(h \dotplus j) = (h \dotplus kj) \qquad (V')$$

$$(b \dotplus c)(b \dotplus d)(b \dotplus l) = (b \dotplus cdl). \qquad (VI')$$

Wir können (I′) wegfallen lassen, denn (I) · (V′) = (V′):

$$(e \dotplus h \dotplus fk \dotplus kj)(h \dotplus kj) = (h \dotplus kj).$$

Die ursprüngliche Gleichung schreibt sich also einfach

(I″) (III″)

$$(g \dotplus ac)(l \dotplus fj)(a \dotplus e \dotplus fi \dotplus fk)(h \dotplus kj)(b \dotplus cdl)(d \dotplus i \dotplus k) = 1$$

(II″)

Man hat nun

$$(g \dotplus ac)\,(a \dotplus e \dotplus fi \dotplus fk) = (ag \dotplus ac \dotplus cg \dotplus fig \dotplus fgk) \qquad (\mathrm{I}'')$$

$$(l \dotplus fj)\,(b \dotplus cdl) = (bl \dotplus cdl \dotplus bfj) \qquad (\mathrm{II}'')$$

$$(h \dotplus kj)\,(d \dotplus i \dotplus k) = (kh \dotplus kj \dotplus dh \dotplus hi) \qquad (\mathrm{III}'')$$

Aus der Gleichung wird

$$(ag \dotplus ac \dotplus cg \dotplus fig \dotplus fgk)\,(bl \dotplus cdl \dotplus bfj)\,(kh \dotplus kj \dotplus dh \dotplus hi) = 1.$$

Anschließend:

$$(agbl \dotplus agcdl \dotplus agbfj \dotplus acbl \dotplus acdl \dotplus acbfj \dotplus egbl \dotplus egcdl \dotplus egbfj \dotplus figbl \dotplus figcdl \dotplus \\ figbj \dotplus fgkbl \dotplus fgkcdl \dotplus fgkbj)\,(kh \dotplus kj \dotplus dh \dotplus hi) = 1.$$

Und schließlich:

$$agblkh \dotplus agblkj \dotplus agbldh \dotplus agblhi \dotplus agcdlkh \dotplus agcdlkj \dotplus agcdlh \dotplus agcdlih \\
\dotplus agbfjkh \dotplus agbfjk \dotplus agbfjdh \dotplus agbfjhi \dotplus acblkh \dotplus acblkj \dotplus acbldh \dotplus \\
\dotplus acblhi \dotplus acdlkh \dotplus acdlki \dotplus \boxed{acdlh} \dotplus acdlih \dotplus acbfjkh \dotplus acbfjk \dotplus acbfdh \\
\dotplus acbfjhi \dotplus egblkh \dotplus egblkj \dotplus egbldh \dotplus egblhi \dotplus egcdlkh \dotplus egcdlh \dotplus \\
\dotplus egcdlhi \dotplus egbfjkh \dotplus egbfjk \dotplus egbfjdh \dotplus egbfjhi \dotplus figblkh \dotplus figblkj \\
\dotplus figbldh \dotplus figblhi \dotplus figcdlkh \dotplus figcdlkj \dotplus figcdlh \dotplus figbjkh \dotplus figbkj \\
\dotplus fibgdhj \dotplus figbgh \dotplus fgkblh \dotplus fgkblj \dotplus fgkbldh \dotplus fgkblhi \dotplus fgkcdlh \\
\dotplus fgkcdlj \dotplus fgkcdlhi \dotplus fgkbjh \dotplus \boxed{fgkbj} \dotplus fgkbjdh \dotplus fgkbjhi = 1.$$

Dieser Ausdruck läßt sich natürlich vereinfachen. Wir werden jedoch sehen, daß das unnötig ist. Denn damit diese Gleichung erfüllt ist, ist es notwendig und hinreichend, daß einer ihrer Terme gleich 1 ist. Zum Beispiel wird die Gleichung für $agblkh$ erfüllt. In diesem Fall gilt: $a = g = b = l = k = h = 1$; das bedeutet, daß die Komponenten a, g, b, l, k, h in dem Ausdruck E_i von Φ auftreten.

Da wir minimale Ausdrücke suchen, genügt es, nur die Terme zu betrachten, die die kleinste Anzahl von Buchstaben besitzen. Hier sind es die Terme in den Rechtecken: $acdlh$ und $bfgkj$.

Φ besitzt also zwei und nur zwei minimale Formen, die lauten:

$$E_1 = \overline{A}BC \dotplus AB\overline{D} \dotplus AB\overline{E} \dotplus \overline{B}CD \dotplus \overline{C}DE$$

und

$$E_2 = AB\overline{C} \dotplus \overline{A}DE \dotplus BC\overline{D} \dotplus CD\overline{E} \dotplus \overline{B}DE.$$

Wir weisen nun nach, daß die Minterme wenigstens in einer der Komponenten eines jeden Ausdrucks auftreten. Die folgende Tabelle B zeigt, daß das tatsächlich gilt.

Tabelle B

Nr. des Minterms	Komponente von E_1, die den Minterm i enthält					Komponente von E_2, die den Minterm i enthält				
	a	c	d	h	*l*	b	f	g	j	k
m_3					X		X		X	
m_6				X						X
m_7				X			X		X	
m_{11}					X		X			
m_{12}	X							X		
m_{13}	X							X		
m_{14}	X									X
m_{15}	X						X			
m_{19}					X				X	
m_{22}				X						X
m_{23}				X					X	
m_{24}		X	X			X				
m_{25}		X				X				
m_{26}			X			X				
m_{27}					X	X				
m_{28}		X	X					X		
m_{29}		X						X		
m_{30}			X							X

9.7. Methoden der Faktorisierung

Die Faktorisierung besteht darin, eine Boolesche Funktion auf ein Produkt von elementaren Termen zu bringen. Die disjunktive Normalform schreibt sich

$$\varphi = \bigvee_{i=0}^{2^n - 1} f_i \cdot m_i,$$

und es gilt bekanntlich auch

$$\overline{\varphi} = \mathop{\dot{\sigma}}\limits_{i=0}^{2^n-1} \overline{f}_i \cdot m_i \,.$$

Wendet man auf die letzte Gleichung die Negation an, so ergibt sich

$$\varphi = \overline{\overline{\varphi}} = \overline{\dot{\sigma}\overline{f}_i \cdot m_i} = \mathop{\bar{\omega}}\limits_{i=0}^{2^n-1} \overline{\overline{f}_i \cdot m_i}.$$

Daraus folgt, daß jede Summe von Booleschen Termen als logisches Produkt geschrieben werden kann. Besitzt φ k Funktionen f_i ungleich Null, so besitzt $\overline{\varphi}$ offensichtlich 2^n-k Terme $\overline{f}_i \cdot m_i$ und φ ebenso viele Faktoren $\overline{f}_i \cdot m_i$.

Es gibt mehrere Methoden der Faktorisierung.

A. Betrachten wir eine Funktion φ der Form

$$\varphi = \Phi\Psi \dot{+} \Phi\overline{\Psi},$$

es folgt

$$\overline{\varphi} = \Phi\Psi \dot{+} \overline{\Phi}\overline{\Psi}$$

und sogleich

$$\varphi = \overline{\overline{\varphi}} = \overline{\Phi\Psi \dot{+} \overline{\Phi}\overline{\Psi}} = \overline{\Phi \cdot \Psi} \cdot \overline{\overline{\Phi} \cdot \overline{\Psi}} \,.$$

Ebenso läßt sich:

$$\overline{\varphi} = \overline{\overline{\overline{\Phi}}\Psi \dot{+} \Phi\overline{\overline{\Psi}}}$$

auch wie folgt schreiben:

$$\overline{\varphi} = \overline{\overline{\overline{\Phi}} \cdot \Psi} \cdot \overline{\Phi \cdot \overline{\overline{\Psi}}} \quad .$$

B. Ist die Funktion in folgender Form gegeben:

$$\varphi = \Phi \cdot \Psi \dot{+} \overline{\Phi} \cdot \Omega \,,$$

was durchaus möglich ist, wenn die disjunktive Normalform von φ mindestens zwei Minterme enthält, denn Φ kann wenigstens eine der Variablen repräsentieren, und es gilt:

$$\overline{\varphi} = \Phi \cdot \Psi \dot{+} \Phi \cdot \overline{\Omega} \,.$$

Daraus folgt

$$\begin{aligned} \varphi = \overline{\overline{\varphi}} &= \overline{\Phi\Psi} \cdot \overline{\Phi\overline{\Omega}} \\ &= (\Phi \dot{+} \Psi) \cdot (\Phi \dot{+} \Omega) \,. \end{aligned}$$

C. Im allgemeinen Fall, wenn man nur folgende Form betrachtet:

$$\varphi = \Phi_1 \dot{+} \Phi_2,$$

dann gilt

$$\varphi = \overline{\overline{\Phi}_1 \cdot \overline{\Phi}_2}$$

und sofort ergibt sich

$$\varphi = \overline{\Phi}_1 \cdot \overline{\Phi}_2 ;$$

wir finden hier eine Verallgemeinerung des Theorems von de Morgan wieder, das wir besonders im dritten Kapitel behandelt haben; denn ist

$$\varphi = \varphi_1 \dot{+} \varphi_2 + \ldots + \varphi_n$$
$$\overline{\varphi} = \overline{\varphi}_1 \cdot \overline{\varphi}_2 \cdot \ldots \cdot \overline{\varphi}_n ,$$

so gibt es eine Wahlmöglichkeit zur Faktorisierung von φ. Es genügt, $\overline{\varphi}$ auf folgende Form zu bringen:

$$\overline{\varphi} = \zeta_1 + \zeta_2 + \ldots + \zeta_n ,$$

und man erhält sogleich

$$\varphi = \overline{\zeta}_1 \cdot \overline{\zeta}_2 \cdot \ldots \cdot \overline{\zeta}_n .$$

Beispiel: Betrachten wir die Funktion

$$\varphi = x_1 \cdot x_2 \cdot x_3 \dot{+} \overline{x}_1 \cdot \overline{x}_2 \cdot \overline{x}_3 \; .$$

Die nicht in dieser disjunktiven Normalform auftretenden Minterme bilden $\overline{\varphi}$:

$$\begin{aligned} \overline{\varphi} &= x_1 \cdot x_2 \cdot \overline{x}_3 \dot{+} x_1 \cdot \overline{x}_2 \cdot x_3 \dot{+} x_1 \cdot \overline{x}_2 \cdot \overline{x}_3 \dot{+} \overline{x}_1 \cdot x_2 \cdot x_3 \dot{+} \overline{x}_1 \cdot x_2 \cdot \overline{x}_3 \dot{+} \overline{x}_1 \cdot \overline{x}_2 \cdot x_3 \\ &= x_1 \cdot \overline{x}_2 \cdot (\overline{x}_3 \dot{+} x_3) \dot{+} x_2 \cdot \overline{x}_3 \cdot (\overline{x}_1 \dot{+} x_1) \dot{+} x_3 \cdot \overline{x}_1 \cdot (\overline{x}_2 \dot{+} x_2) \\ &= x_1 \cdot \overline{x}_2 \dot{+} x_2 \cdot \overline{x}_3 \dot{+} x_3 \cdot \overline{x}_1 ; \end{aligned}$$

auf diesen letzten Ausdruck läßt sich das obige Theorem anwenden, und es folgt

$$\varphi = (\overline{\overline{x}_1 \cdot x_2}) \cdot (\overline{\overline{x}_2 \cdot x_3}) \cdot (\overline{\overline{x}_3 \cdot x_1}) = (\overline{x}_1 \dot{+} x_2) \cdot (\overline{x}_2 \dot{+} x_3) \cdot (\overline{x}_3 \dot{+} x_1) \, .$$

Hat man:

$$y = x_1 \cdot x_2 \cdot x_3 \cdot \ldots \cdot x_n \dot{+} \overline{x}_1 \cdot \overline{x}_2 \cdot \overline{x}_3 \cdot \ldots \cdot \overline{x}_n ,$$

so läßt sich y folglich schreiben:

$$y = \underset{i-1}{\overset{n}{\omega}} \overline{\overline{x}_i \cdot x_{i+1}} = \underset{i-1}{\overset{n}{\omega}} (\overline{x}_i \dot{+} x_{i+1}),$$

wobei gilt:

$$x_{n+1} = x_1 .$$

9.8. Übungen

1. Vereinfachen Sie durch Rechnung folgende Ausdrücke:

$$f = (\bar{x}\bar{y}\bar{z} \dotplus \bar{x}\bar{y}z \dotplus \bar{x}yz)$$

$$f = (\bar{x} \dotplus y \dotplus \bar{z}) \cdot (x \dotplus \bar{y} \dotplus \bar{z}) \cdot (\bar{x} \dotplus \bar{y} \dotplus \bar{z})$$

$$f = xy \dotplus \bar{x}z \dotplus yz.$$

2. Reduzieren Sie folgende Funktion mit Hilfe des Veitchschen Diagramms:

$$y = a\bar{b} \dotplus \bar{a}\bar{c}d \dotplus c \dotplus b\bar{c}d.$$

3. Reduzieren Sie die Funktion

$$y = (a \dotplus \bar{b} \dotplus \bar{c}) \cdot (\bar{a} \dotplus b) \cdot (\bar{b} \dotplus c),$$

indem Sie das Diagramm von Veitch benutzen.

4. Untersuchen Sie die reduzierten Formen, und bestimmen Sie die minimale Form der Funktion

$$y = \bar{v} \cdot [\bar{w} \cdot \bar{z} \cdot (y \dotplus x) \dotplus w \cdot (\bar{x} \cdot \bar{y} \cdot \bar{z} \dotplus x \cdot \overline{y \cdot z})]$$
$$\dotplus\, v \cdot [z\, \overline{(\bar{w} \cdot \bar{x} \cdot y \dotplus \bar{w} \cdot x \cdot y \dotplus w \cdot \bar{x} \cdot y)} \dotplus z \cdot (\bar{w} \cdot \bar{x} \cdot y \dotplus \bar{w} \cdot x \cdot y \dotplus w \cdot x \cdot y)]$$

Die Tafel von Havard in fünf Variablen ist zu benutzen.

5. Gegeben ist die Funktion

$$y = v \cdot x \cdot (w \dotplus \bar{x} \dotplus y) \dotplus \overline{v \cdot (w \dotplus y \dotplus \bar{z})} \dotplus w \cdot [(\bar{v} \cdot x \dotplus z \cdot (x \dotplus y)]$$
$$\dotplus\, \overline{(\bar{w} \dotplus \bar{y} \dotplus z) \cdot (v \dotplus \bar{x} \dotplus \bar{y})} \dotplus \bar{w} \cdot z \cdot x.$$

a) Bringen Sie diese Funktion auf die disjunktive Normalform mit Hilfe einer Wertetafel.

b) Bestimmen Sie ihre Komponenten mit Hilfe der Havardschen Tafel in fünf Variablen.

6. Gegeben ist die Funktion

$$f = (\bar{x} \dotplus wy) \cdot (x \dotplus yz).$$

Unter Benutzung der Havardschen Tafel reduzieren Sie diesen Ausdruck:

a) auf die Form einer logischen Summe von Produkten;

b) auf die Form eines Produkts von logischen Summen.

10. Anwendung der Booleschen Algebra in der operationellen Forschung

R. Fortet sagt in einem Artikel der „Revue française de recherche opérationnelle“ [1]), daß die Anwendungen der Booleschen Algebra in diesem Gebiet hauptsächlich darauf beruhen, daß „diese Algebra ausgezeichnet geeignet ist, Alternativen auszudrücken!“

Wir teilen die Darlegung dieser Anwendungen in zwei Abschnitte. Im ersten behandeln wir den Gebrauch der distributiven Gitter zur Verbesserung der Erzeugung von Programmen und der Übertragung dieser Programme. Im zweiten untersuchen wir einige klassische Probleme unter dem Gesichtspunkt der Anwendung der Booleschen Algebra (Zuweisungsprobleme, Bestimmung von Hamiltonschen Kreisen, lineare Programme in ganzen Zahlen, Graphenprobleme usw.)

10.1. Anwendung der distributiven Gitter

M. Claude Cardot gab mehrere Beispiele zur Anwendung der distributiven Gitter beim Studium der Verteilung von Programmen durch Fernsteuerung [2]) und der Übertragung dieser Programme [3]) an.

1. Beispiel: [3]) Man benutzt in der Marine wahrscheinlich noch lange Sender für Morsezeichen, wobei jedes der Signale (das einen Buchstaben des Alphabets, eine Zahl oder ein Satzzeichen repräsentiert) mechanisch von Nocken auf einer sich drehenden Welle erzeugt wird.

Die Herstellung der Nockenwellen für diese Apparate ist besonders teuer, während Kontakte und Wahlknöpfe sehr billig herzustellen sind.

Es kommt also darauf an, die Anzahl der Nockenwellen so weit wie möglich zu reduzieren und ihren Wirkungsbereich zur Herstellung verschiedener Signale zu kombinieren.

Betrachten wir zur Vereinfachung die den Buchstaben und Ziffern entsprechenden Signale des Morsekodes (Bild 10.1). Nimmt man an, daß bei Umdrehung der Nockenwelle ein einziges Signal ausgesendet werden muß und daß die Dauer des Intervalls zwischen den Signalen kein Informationselement ist, können die charakteristischen Zeiten, in denen die Signale vom Wert 0 auf den Wert 1 übergehen, als Block aufgezeichnet werden (ein Signal hat zum Zeitpunkt der Sendung den Wert 1, sonst den Wert 0). So gibt Bild 10.1 an, wie man diese Möglichkeit benutzt hat, verschiedene Signale umzusetzen, um einen Vergleich zwischen ihnen zu erleichtern.

Man sagt, ein Element A ist „größer“ als ein Element B, wenn aus $B = 1$ folgt, daß $A = 1$ ist (und aus $A = 0$ folgt, daß $B = 0$ ist). Unter dieser Voraussetzung sind zwei Elemente vergleichbar, wenn eines von ihnen „größer“ als das andere ist. Man

---

[1]) N° 14. 1. Trimester 1960.

[2]) Revue générale de l'Électricité. Januar 1957 (S. 27–39).

[3]) Automatisme. Januar 1959. S. 3–13.

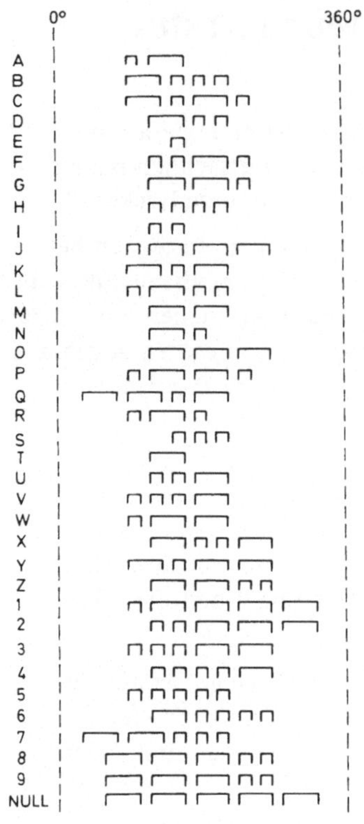

Bild 10.1

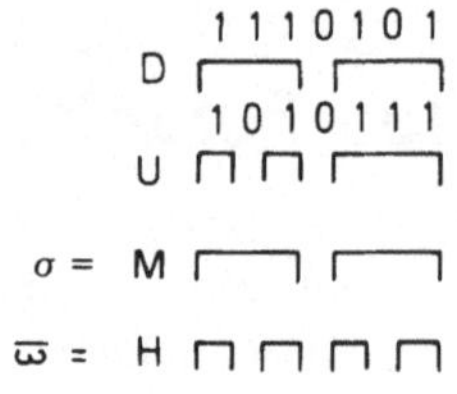

1 1 1 0 1 0 1
D
1 0 1 0 1 1 1
U
σ = M
$\overline{\omega}$ = H

Bild 10.2

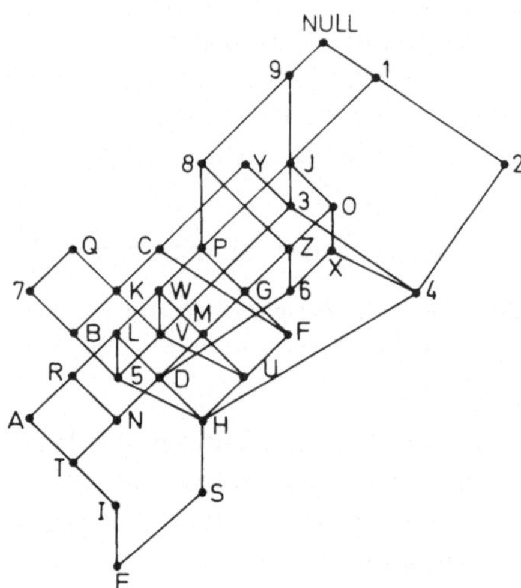

Bild 10.3

sieht deutlich, daß gilt: I > E (Bild 10.1). Denn in dem Schema entspricht der einzige Punkt von E dem zweiten Punkt von I. Man kann ebenfalls I und T vergleichen und stellt fest, daß gilt: T > I. Hingegen lassen sich K und R nicht vergleichen, denn es gibt einen Moment, in dem R = 1 und K = 0 ist,oder auch, in dem R = 0 und K = 1.

Betrachten wir zwei andere Elemente, z.B. D und U. Es läßt sich die logische Summe und das logische Produkt der binären Werte bilden, die durch die Signale in entsprechenden Momenten gebildet werden. Bild 10.2 zeigt, daß man

$$D \dotplus U = M$$

und

$$D \cdot U = H$$

erhält.

Unter dieser Voraussetzung läßt sich ein Hassesches Diagramm zeichnen, das die verschiedenen zu übertragenden Signale einordnet. Dieses Diagramm ist in Bild 10.3 dargestellt.

Das Hassesche Diagramm kann man vervollständigen, und man erhält ein *distributives Gitter.* Die Operation besteht darin, die Elemente einzutragen, die man nach Bildung der Summe und des logischen Produkts von jeweils zwei der ursprünglichen Elemente erhält, falls sie nicht schon im ursprünglichen Diagramm enthalten sind, und anschließend gegebenenfalls die logische Summe und das Produkt der neuen Elemente so lange zu bilden, bis die Menge alle Kombinationen dieser Elemente enthält, oder anders gesagt, bis sie eine bzgl. der Operation $\dotplus$ und abgeschlossene Algebra bildet.

Zur Vereinfachung des Verdrahtungsschemas, das nach den vorangehenden Darlegungen entwickelt wird, kann berücksichtigt werden, daß gewisse Elemente durch den Gebrauch von verschiedenen erzeugenden Elementen dargestellt werden können.

Die vom Autor dieses Beispiels angegebene Lösung besteht aus: 11 Nocken, von denen 9 zwei Kontakte und 2 einen einzigen Kontakt betätigen, d.h. insgesamt 20 Kontakte durch Nocken, 36 Knöpfe, von denen 17 zwei Kontakte und 19 einen einzigen Kontakt betätigen, also 53 Kontakte durch Knöpfe. Diese Lösung genügt der Bedingung, daß kein einziger Bestandteil aus mehr als zwei Kontakten besteht.

Schließlich stellt man in Bezug auf den Sender, bestehend aus 36 Nocken (von denen jede ihr spezielles Signal abgibt), fest, daß man dank einer Vergrößerung der Anzahl der Knöpfe und einer gewissen komplizierteren Verdrahtung eine Nockenwelle herstellen kann, die auf ein Drittel der Größe der ursprünglichen Welle reduziert ist und die viel weniger Energie benötigt.

Bemerkung: Der betrachtete Sender könnte nur aus Nocken bestehen, die einen einzigen Kontakt betätigen, die Umkehrung könnte z.B. mit Hilfe der Nockenwelle stattfinden. Dann ist auf der teilweise geordneten Menge eine einzige Operation (die Operation $\dotplus$, die der Parallelschaltung entspricht) definiert.

C. Cardot gab eine Lösung an, die aus 15 Nocken zu je einem Kontakt besteht und die gestattet, mit Wahlknöpfen von einem bis fünf Kontakten die 36 zu übertragenden Signale herzustellen.

Bild 10.4 gibt die Liste der Signale und die Darstellung der 15 Nocken an.

Die Algebra, die diesem Problem entspricht, ist nach dem in Kapitel 8 gesagten offensichtlich ein Halbgitter.

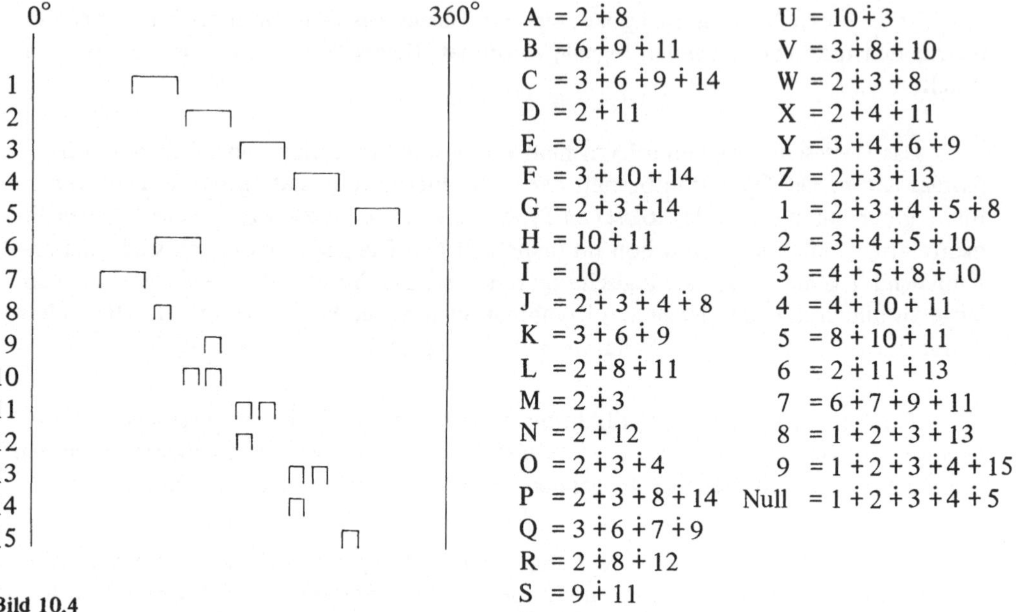

A	$= 2 \dotplus 8$	U	$= 10 \dotplus 3$
B	$= 6 \dotplus 9 \dotplus 11$	V	$= 3 \dotplus 8 \dotplus 10$
C	$= 3 \dotplus 6 \dotplus 9 \dotplus 14$	W	$= 2 \dotplus 3 \dotplus 8$
D	$= 2 \dotplus 11$	X	$= 2 \dotplus 4 \dotplus 11$
E	$= 9$	Y	$= 3 \dotplus 4 \dotplus 6 \dotplus 9$
F	$= 3 \dotplus 10 \dotplus 14$	Z	$= 2 \dotplus 3 \dotplus 13$
G	$= 2 \dotplus 3 \dotplus 14$	1	$= 2 \dotplus 3 \dotplus 4 \dotplus 5 \dotplus 8$
H	$= 10 \dotplus 11$	2	$= 3 \dotplus 4 \dotplus 5 \dotplus 10$
I	$= 10$	3	$= 4 \dotplus 5 \dotplus 8 \dotplus 10$
J	$= 2 \dotplus 3 \dotplus 4 \dotplus 8$	4	$= 4 \dotplus 10 \dotplus 11$
K	$= 3 \dotplus 6 \dotplus 9$	5	$= 8 \dotplus 10 \dotplus 11$
L	$= 2 \dotplus 8 \dotplus 11$	6	$= 2 \dotplus 11 \dotplus 13$
M	$= 2 \dotplus 3$	7	$= 6 \dotplus 7 \dotplus 9 \dotplus 11$
N	$= 2 \dotplus 12$	8	$= 1 \dotplus 2 \dotplus 3 \dotplus 13$
O	$= 2 \dotplus 3 \dotplus 4$	9	$= 1 \dotplus 2 \dotplus 3 \dotplus 4 \dotplus 15$
P	$= 2 \dotplus 3 \dotplus 8 \dotplus 14$	Null	$= 1 \dotplus 2 \dotplus 3 \dotplus 4 \dotplus 5$
Q	$= 3 \dotplus 6 \dotplus 7 \dotplus 9$		
R	$= 2 \dotplus 8 \dotplus 12$		
S	$= 9 \dotplus 11$		
T	$= 2$		

Bild 10.4

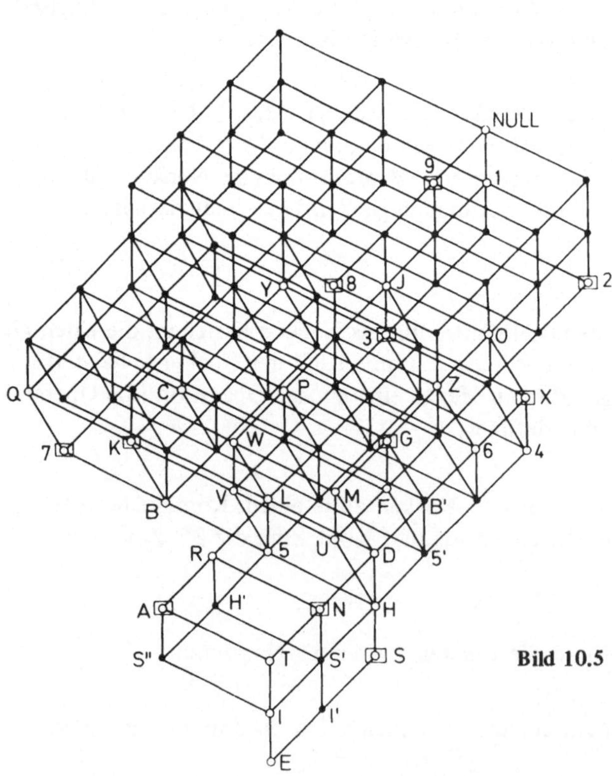

Bild 10.5

Bild 10.5 zeigt das so erhaltene Gitter; die bedeutsamen Elemente sind dort angegeben; die mit dem Zeichen „'" versehenen Elemente haben dieselbe Bedeutung, sind jedoch nur zwischenzeitlich umgesetzt.

Das Problem zu lösen,heißt also, mit Hilfe des Diagramms die kleinste Anzahl erzeugender Elemente zu finden, die durch sukzessive Anwendung der Operationen des Produkts und der logischen Summe die Menge der Gitterelemente erzeugen.

Meistens bringt diese Operation eine große Ungenauigkeit mit sich; man versucht, ein Erzeugendensystem zu erhalten, mit dem die notwendigen Elemente (die ursprünglichen Signale) durch Formeln ausgedrückt werden können, die so einfach wie möglich sind. *C. Cardot* ist es gelungen, im vorliegenden Fall,[1]) jedoch ohne die Minimalität zu beweisen, die folgenden 11 Erzeugenden zu finden:

A, G, K, N, S, X, 2, 3, 7, 8, 9.

Man stellt durch einfache Untersuchung des Gitters fest, daß die zu übertragenden Signale ohne die Erzeugenden folgende Gestalt haben:

$B = 7 \cdot K$	$M = T \dotplus U = A \cdot X \dotplus 2 \cdot K$
$C = K \dotplus F = K \dotplus 3 \cdot G$	$O = G \dotplus X$
$D = S \dotplus T = S \dotplus A \cdot X$	$P = A \dotplus G$
$E = A \cdot S$	$Q = K \dotplus 7$
$H = S \dotplus I = S \dotplus 2 \cdot A$	$R = A \dotplus N$
$I = 2 \cdot A$	$T = A \cdot X$
$J = A \dotplus 3$	$U = 2 \cdot K$
$L = A \dotplus S$	$V = U \dotplus 3 \cdot A = 2 \cdot K \dotplus 3 \cdot A$

$W = U \dotplus A = 2 \cdot K \dotplus A$
$Y = K \dotplus 3$
$Z = F \dotplus 6 = 3 \cdot G \dotplus 8 \cdot X$
$1 = 2 \dotplus A$
$4 = 2 \cdot X$
$5 = S \dotplus 3 \cdot A$
$6 = 8 \cdot X$
$0 = 9 \dotplus 2$

---

[1]) Bei einer anderen Ordnung hat er nur 10 Erzeugende gefunden, wobei jedoch die Formeln zur Erhaltung der anderen Elemente schwieriger werden.

2. Beispiel:[1]) Man will die Menge (E) der durch Bild 10.6 definierten Programme bestimmen. Es handelt sich z.B. um ein Programm, durch das eine Lampe in bestimmten Zeitabständen eingeschaltet wird.

In dem gewählten Beispiel gibt es vier mögliche Zeitpunkte zur Einschaltung (oder Wiedereinschaltung) a_1, a_2, a_3 und a_4 und vier mögliche Zeitpunkte zur (vorläufigen oder endgültigen) Ausschaltung e_1, e_2, e_3 und e_4. Die Tabelle gibt all die Programme an, die man mit diesen Definitionen aufstellen kann.

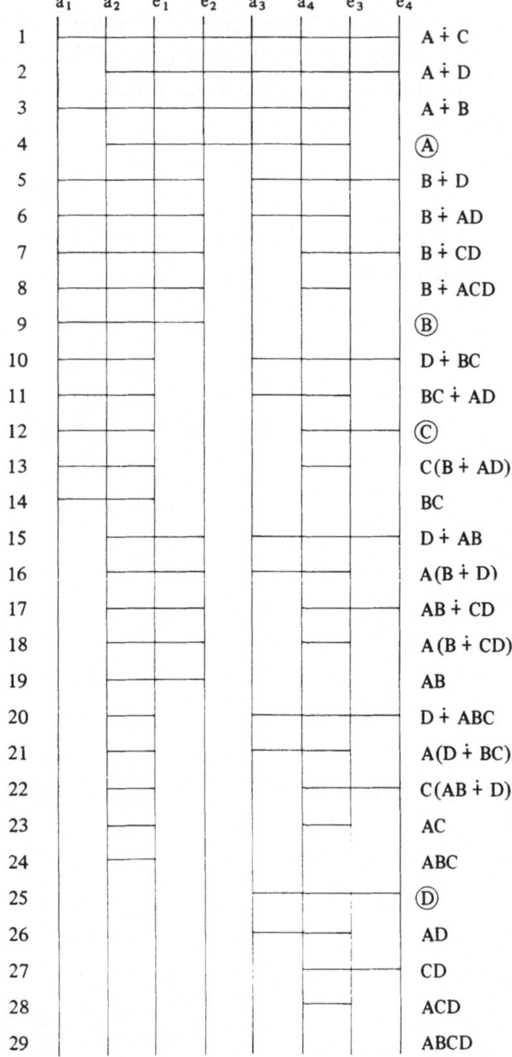

Bild 10.6
Menge (E) der Programme

---

[1]) Durch ein Beispiel von *C. Cardot* inspiriert. Revue générale de l'Électricité. Januar 1957, Seite 27ff.

Nehmen wir an, daß zwei Relais a und b zur Durchführung der beiden Programme A und B nötig sind. Durch die Inbetriebnahme dieser Relais ist die Durchführung des Programms $A \cup B$ insofern gesichert, als die Lampe zu einem gegebenen Zeitpunkt mit Hilfe des einen *oder* anderen der beiden Programme A und B eingeschaltet wird. Ebenso gewährleistet die Einschaltung dieser Relais die Durchführung des Programms $A \cap B$, und die Lampe wird zu einem gegebenen Zeitpunkt mit Hilfe des einen oder anderen der beiden Programme A und B ein- oder ausgeschaltet.

Die allgemeine Frage, die sich nun stellt, ist die folgende: Man will ein beliebiges Programm mit Hilfe einer *minimalen* Anzahl von „erzeugenden“ Programmen und den Operationen der Vereinigung und des Durchschnitts realisieren.[1])

Man kann auf dieser Menge von Programmen eine partielle Ordnung folgendermaßen definieren: Es gilt $A < B$, wenn zu dem Zeitpunkt, in dem die Lampe durch Programm A eingeschaltet wird, sie ebenfalls durch das Programm B eingeschaltet wird. Danach ergibt sich:

$4 < 2, \quad 6 < 5,$ usw.

Man sieht leicht, daß die Menge der Programme ein vollständiges Gitter bildet (Bild 10.7). Denn für zwei gegebene Programme A und B gilt:

1. die Programme $A \cup B$ und $A \cap B$ gehören zur Menge (E);

2. das Programm $A \cup B$ (bzw. $A \cap B$) ist bzgl. der obigen Ordnung das kleinste (bzw. das größte) der Majoranten (bzw. Minoranten) der Programme A und B.

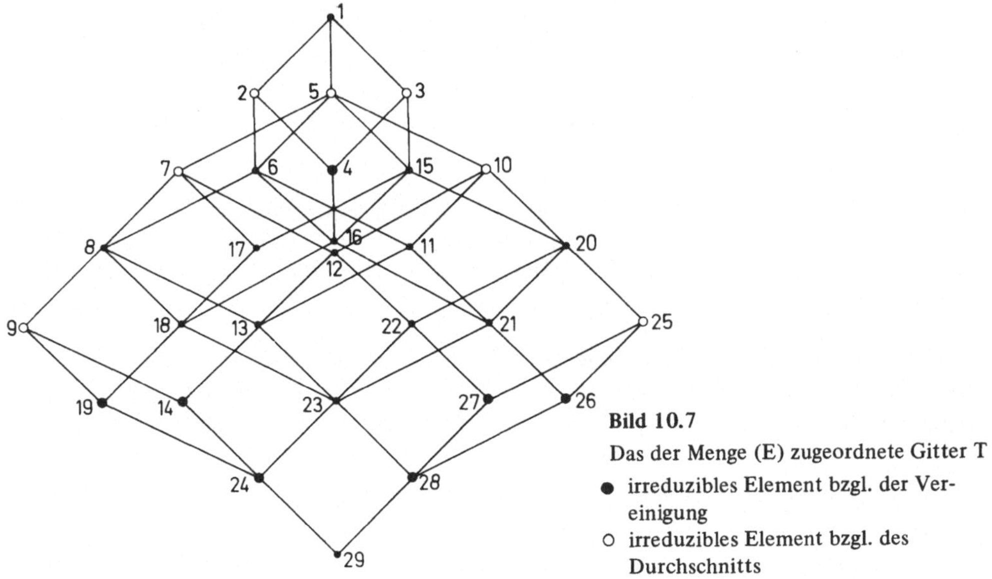

Bild 10.7
Das der Menge (E) zugeordnete Gitter T
● irreduzibles Element bzgl. der Vereinigung
○ irreduzibles Element bzgl. des Durchschnitts

---

[1]) Wie *C. Cardot* bemerkt, ist es möglich, weitere Kriterien zu wählen: z.B. die Komplexität des Relaissystems minimal zu halten.

Die Distributivität eines solchen Gitters ist offensichtlich, denn jedes Programm ist ein Element der Menge der Teilmengen, die von den betrachteten Zeitintervallen gebildet ist.

Suche nach einem minimalen Erzeugenden

1. Zunächst stellen wir fest, daß dieses Gitter wenigstens die Ordnung 4 besitzt, da es aus mehr als 18 und weniger als 166 Elementen besteht.

Andererseits gehört die von den irreduziblen Elementen gebildete Teilkonfiguration zum Booleschen Gitter der Ordnung 4 (vgl. Bild 10.9 Teilkonfiguration, durch die Punkte p, q, r, s, t, u, v definiert).

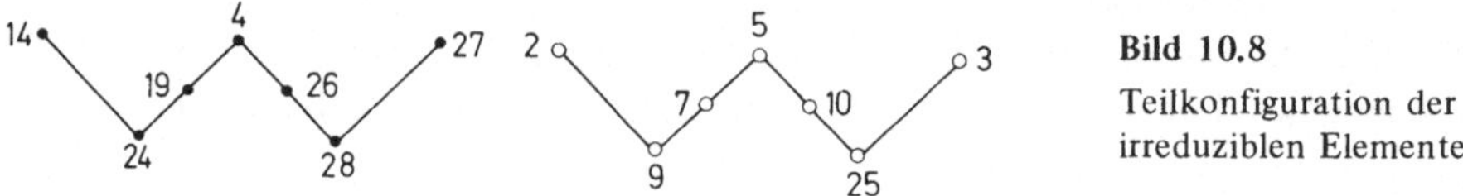

Bild 10.8
Teilkonfiguration der irreduziblen Elemente

Bekanntlich hat ein freies distributives Gitter mit n Erzeugenden als Logarithmus der Basis 2_0 die Boolesche Algebra der Ordnung n, 2_0^n, also $T = 2_0^{(2_0^n)}$, und daraus folgt $\log_{(2_0)} T = 2_0^n$.

Ist X die Menge der irreduziblen Elemente, so gilt ebenfalls $\log_{(2_0)} T = X$, also $X = 2_0^n$.

Da X zu 2_0^4 gehört, d.h. zur Booleschen Algebra der Ordnung 4, folgt, daß T zum freien Gitter mit 4 Erzeugenden gehört.

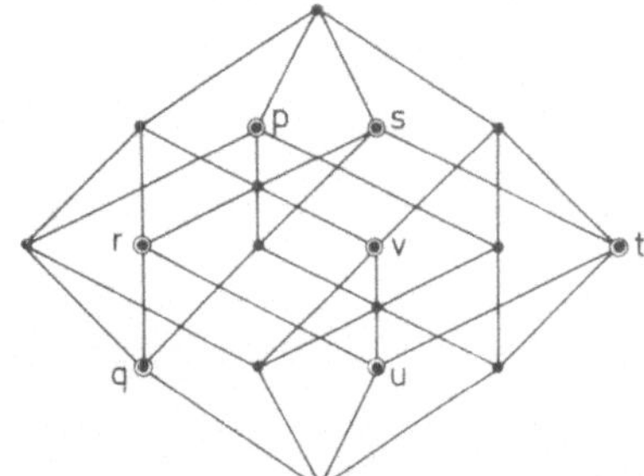

Bild 10.9
Boolesche Algebra der Ordnung 4.
Die Punkte p, q, r, s, t, u und v definieren die Teilkonfiguration der irreduziblen Elemente des Gitters T.

Es geht nun darum, diese erzeugenden Elemente zu finden. Hierzu kennt man keine allgemeine Methode. Jedoch kann in gewissen speziellen Fällen, wie auch in dem behandelten Beispiel, eine Untersuchung der irreduziblen Elemente schnell zum Ergebnis führen.

2. Betrachten wir die folgenden irreduziblen Elemente:

a) 4

b) 9 und 25.

4 ist das irreduzible Element bzgl. der Vereinigung des höchsten Niveaus. Also:

$4 = \max(\text{irred. } \cup)$.

Mit Hilfe derselben Bezeichnungsweise gilt:

$\{9, 25\} = \max(\text{irred. } \cap)$.

Die Annahme erscheint natürlich, daß diese Elemente einem minimalen Erzeugendensystem angehören. Denn:

$$4 = 2 \cap 3; \qquad (1)$$

2 und 3 sind jedoch irreduzible Elemente bzgl. des Durchschnitts, und es gilt notwendig:

$$2 = 4 \cup x,$$

wobei x eine Minorante von 2 und nicht von 4 ist (z.B.: 6, 8 oder 9), und ebenso gilt:

$$3 = 4 \cup y,$$

wobei y eine Minorante von 3, jedoch nicht von 4 ist (z.B.: 15, 20 oder 25). 4 tritt notwendig in den Ausdrücken von 2 und 3 auf. Daraus ergeben sich zwei Möglichkeiten:

- 4 als erzeugendes Element zu wählen;
- andernfalls 2 und 3 als erzeugende Elemente zu wählen.

Ebenso gilt

$$9 = 14 \cup 19 \qquad (2)$$
$$25 = 27 \cup 26, \qquad (3)$$

wobei 14, 19, 26 und 27 auch irreduzible Elemente sind.

Wie bei 4 gilt analog:

$14 = 9 \cap z_1$ (z_1 Majorante von 14 und nicht von 9) (4)
$19 = 9 \cap z_2$ (z_2 Majorante von 19 und nicht von 9) (5)
$27 = 25 \cap z_3$ (z_3 Majorante von 27 und nicht von 25) (6)
$26 = 25 \cap z_4$ (z_4 Majorante von 26 und nicht von 25) (7)

Schließlich hat man die folgenden Möglichkeiten:

α) die Elemente 4, 9 und 25 als Erzeugende zu wählen, d.h. drei Elemente, die weitere fünf irreduzible Elemente erzeugen 2, 3, 5, 19 und 26, denn

$$2 = 4 \cup 9; \quad 3 = 4 \cup 25; \quad 5 = 9 \cup 25; \quad 19 = 4 \cap 9; \quad 26 = 4 \cap 25;$$

β) 2, 3, 9 und 25 als Erzeugende zu wählen, d.h. vier Elemente, die nur zwei weitere irreduzible Elemente erzeugen:

$$4 = 2 \cap 3 \quad \text{und} \quad 5 = 9 \cup 25;$$

γ) als Erzeugende 2, 3, 14, 19, 25 oder äquivalent

2, 3, 9, 26, 27

zu wählen oder auch

4, 14, 19, 26, 27,

in jedem Fall fünf Elemente; oder schließlich

2, 3, 14, 19, 26, 27,

also sechs Elemente.

Man sieht sofort, daß die Lösungen β und γ auszuschließen sind, denn bekanntlich kann das Gitter nur von weniger als vier Elementen erzeugt werden. Die einzig mögliche Lösung ist also die Wahl von 4, 9 und 25 als Erzeugenden.

Es sind nun noch die folgenden irreduziblen Elemente zu erzeugen:

14, 27, 24, 28, 7 und 10.

Es gilt jedoch

$24 = 19 \cap 14$ und $28 = 26 \cap 27$;

außerdem werden die Elemente 16 und 26 von 2, 3 und 5 erzeugt; es genügt also, die folgenden vier Elemente zu erzeugen:

14, 27, 7 und 10,

um somit das gesamte Gitter zu erhalten.

Diese vier Elemente müssen mit Hilfe von 2, 3, 5 und **einem** neuen Element erzeugt werden können, denn das Gitter ist ein freies Teilgitter mit vier Erzeugenden. Sei X dieses Element, dann gilt:

nach (4): $14 = 9 \cap X$
nach (6): $27 = 25 \cap X$.

Daraus folgt:

$14 \cup X = (9 \cap X) \cup X = X$, also ist X Majorante von 14;
$27 \cup X = (25 \cap X) \cup X = X$, also ist X Majorante von 27;

aus demselben Grund gilt

$7 = 9 \cup X$ und $10 = 25 \cup X$, also ist X Minorante von $7 \cap 10 = 12$.

Man hat somit $X \supseteq 12$ und $X \subseteq 12$, daher $X = 12$.

Der Leser mag verifizieren, daß die Menge {4, 9, 25, 12} das Gitter erzeugt. Zu bemerken ist, daß in diesem Beispiel die minimale Lösung eindeutig ist.

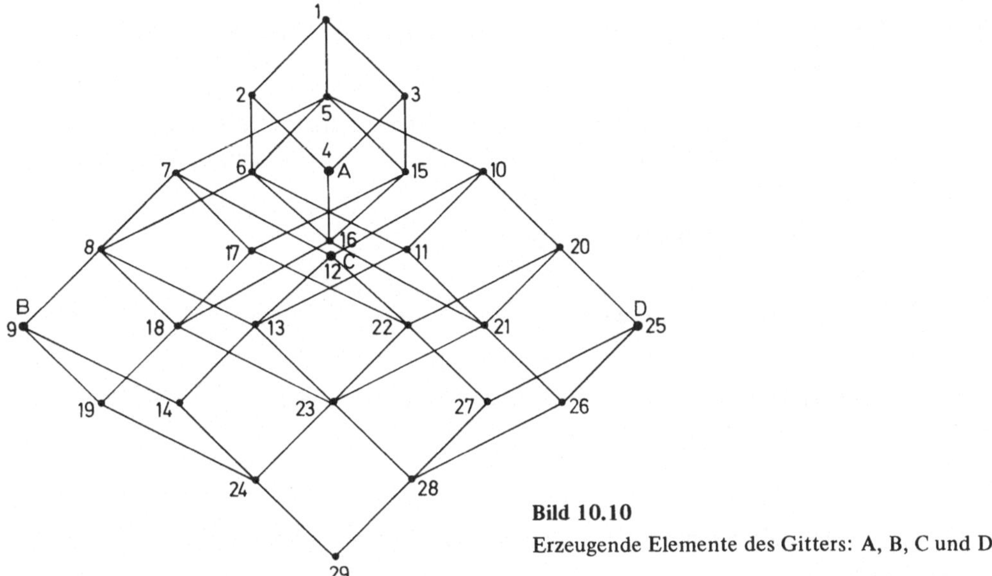

Bild 10.10
Erzeugende Elemente des Gitters: A, B, C und D

10.2. Anwendungen auf klassische Probleme

1. *Zuweisungsprobleme*

R. Fortet gab mehrere Zuweisungsprobleme mit und ohne Kostenfunktion an (Revue française de R. O., 1. Trimester 1960. Cahiers du centre d'études de R. O., Nr. 4. 1959. Brüssel).

Wir geben folgendes Beispiel an. Man hat m Maschinen, die in s i.a. nicht disjunkte Gruppen E_i aufgeteilt sind und s Stückserien besitzen. Das Problem besteht darin, die Serie i (i = 1, 2, ..., s) einer beliebigen, jedoch nur genau einer der Maschinen E_i zuzuweisen, die sie während eines gewissen Zeitraumes verarbeitet. Die Zeit wird von einem beliebigen Ausgangspunkt 0 in Intervallen gleicher Zeitdauer gezählt, was in der maschinellen Verarbeitung charakteristisch ist. Andererseits kann die Zuweisung der Serie i nach Annahme nur zu einem Zeitpunkt t_i erfolgen, der zwischen zwei gegebenen Intervallen a_i und b_i liegt:

$$a_i \leqslant t_i \leqslant b_i.$$

Wir nennen die Boolesche Variable, die gleich 1 ist, falls $t_i - a_i = \alpha$ ist, und 0 im umgekehrten Fall; X_i^α und Y_i^j ist die Boolesche Variable, die gleich 1 ist, wenn die Serie i der Maschine j(j = 1, 2, ..., m) zugewiesen ist, und 0 im umgekehrten Fall.

Dann gilt:

a) Wir haben s Gleichungen vom Typ

$$\sum_\alpha X_i^\alpha = 1 \quad (i = 1, 2, \ldots, s); \tag{1}$$

ist k ein spezieller Wert von i, so gilt:

$$X_k^{\alpha_1} + X_k^{\alpha_2} + \ldots + X_k^{\alpha_p} + \ldots = 1; \tag{1'}$$

ist $t_k = \alpha_k + \alpha_p$, so ist genau eines der $X_k^{\alpha_q}$ gleich 1; man stellt fest, daß Ausdruck (1') immer gilt, wenn man das Zeichen + oder das Zeichen $\dot{+}$ benutzt; dasselbe gilt für die s Gleichungen vom Typ (1).

b) Wir haben s Gleichungen vom Typ

$$\sum_j Y_i^j = 1 \qquad (i = 1, 2, \ldots, s); \tag{2}$$

ist k ein spezieller Wert von i, so wird die Serie k nur einer einzigen Maschine j zugewiesen; also ist genau eines der Y_k^j gleich 1:

$$Y_k^1 + Y_k^2 + \ldots + Y_k^m = 1, \tag{2'}$$

Ausdruck (2') und allgemeiner die Gleichungen vom Typ (2) gelten mit dem Zeichen + und dem Zeichen $\dot{+}$.

Ist andererseits T_{ij}^n die Boolesche Variable, die gleich 1 ist, wenn die Serie i zwischen den Intervallen n – 1 und n in der Maschine j ist, und die gleich 0 im umgekehrten Fall ist, so gilt:

$$T_{ij}^n = (X_i^{\alpha_1} + X_i^{\alpha_2} + \ldots)\, Y_i^j. \tag{3}$$

Für jedes n und jedes j gilt:

$$\sum_i T_{ij}^n \leqslant 1. \tag{4}$$

Beispiel: Gegeben ist: $T_{1j}^n + T_{2j}^n + \ldots + T_{sj}^n$, für eine gegebene Maschine j und einen gegebenen Zeitpunkt n.

Ist eine Serie von n – 1 bis n in der Maschine j, so kann für eine einzige nur gelten: $T_j^n = 1$; ist von n – 1 bis n keine Serie in der Maschine j, so gilt: $T_j^n = 0$.

Es gilt j · N Relationen (4), wobei N die Gesamtzahl der bestimmten Zeitintervalle ist.

Die von *R. Fortet* vorgeschlagene Methode besteht darin, die Gleichungen (1) und (2) durch Codierung so minimal wie möglich zu lösen; dadurch können die X_i^{α} als Funktionen mit den Hilfsvariablen A_i, B_i, C_i, ... und die Y_i^j als Funktionen mit den Hilfsvariablen L_i, M_i, N_i, ... dargestellt werden.

Man kann so die T_{ij}^n als Funktionen dieser beiden Gruppen von Hilfsvariablen erhalten:

$$T_{ij}^n = f_{ij}^n(A_i, \ldots, L_k, \ldots).$$

Die Ungleichungen (4) können als Funktionen der Booleschen Hilfsvariablen $Z_1, Z_2, \ldots$ gelöst werden, daraus folgt

$$T_{ij}^n = g_{ij}^n(\ldots, Z_k, \ldots).$$

Folglich ergeben sich die Booleschen Gleichungen

$$f_{ij}^n(A_i, \ldots, L_k, \ldots) = (g_{ij}^n, \ldots, Z_k, \ldots);$$

diese Gleichungen kann man mit Hilfe einer allgemeinen Methode lösen. Diese Methode erscheint schwerfällig, man kann sie jedoch als Programm einem elektronischen Rechner eingeben, der sie systematisch auswertet.

Zur Verdeutlichung wird anschließend ein Beispiel gegeben; die Ungleichungen (4) lassen sich auch direkt lösen; wohlbemerkt kann man sie aber auch mit Hilfe der allgemeinen Lösungsmethode der Booleschen Gleichungen lösen.

Beispiel: Sechs Stückserien und acht Maschinen sind vorgegeben.

Eine erste Tabelle gibt die Kodierung der Y_i^j an, d.h. die Zuweisungsmöglichkeiten der Serien zu den Maschinen.

Tabelle 1

Maschinen	1	2	3	4	5	6	7	8
Serien								
1	L_1						$\bar{L}_1$	
2			L_2				$\bar{L}_2$	
3		L_3			$\bar{L}_3$			
4	L_4M_4			$L_4\bar{M}_4$			$\bar{L}_4M_4$	$\bar{L}_4\bar{M}_4$
5		L_5M_5		$L_5\bar{M}_5$		$\bar{L}_5M_5$	$\bar{L}_5\bar{M}_5$	
6			L_6			$\bar{L}_6$		

Serie 3 kann entweder der Maschine 2 oder der Maschine 5 zugewiesen werden; sie wird der Maschine 2 zugewiesen, falls $L_3 = 1$ ist und, der Maschine 5, falls $L_3 = 0$ ist.

Serie 5 kann Maschine 2, 4, 6 und 7 zugewiesen werden. Ist z.B. $L_4 = 1$ und $M_4 = 0$, so wird sie der Maschine 4 zugewiesen ($L_4\bar{M}_4 = 1$).

Das Feld, das von Zeile i und Spalte j gebildet wird, ist leer, wenn j nicht zu den E_i gehört, d.h. wenn j nicht zu der Gruppe von Maschinen gehört, die die Serie i verarbeiten können. Im umgekehrten Fall enthält das Feld einen Aspekt einer eindeutig bestimmten Booleschen Variablen oder einen Minterm in mehreren Variablen derart, daß die Bestimmung der Hilfsvariablen $L_i, M_i \ldots$ eine Zuweisung der Serien zu verschiedenen Maschinen erlaubt (da die Minterme disjunkt sind, ist ein einziger Minterm pro Zeile gleich 1, wenn die Werte der Variablen bestimmt sind; das ist der einschränkendste Fall, denn sind gewisse Variable beliebig, so gibt es mehrere Zuweisungsmöglichkeiten).

Eine zweite Tabelle gibt die Codierung der X_i^α als Funktionen der Hilfsvariablen A_i, B_i, ... an.

Tabelle 2

Serie	Codierung	Intervall 1	2	3	4	5	6	7	8	9	10	11	12	13	14	15	16
1	A_1B_1					–	–										
	$A_1\overline{B}_1$						–	–									
	$\overline{A}_1B_1$							–	–								
	$\overline{A}_1\overline{B}_1$																
2	A_2B_2		–	–	–												
	$A_2\overline{B}_2$			–	–	–											
	$\overline{A}_2B_2$				–	–	–										
	$\overline{A}_2\overline{B}_2$					–	–	–									
3	A_3	–	–	–	–												
	$\overline{A}_3$		–	–	–	–											
4	A_4														–	–	–
	$\overline{A}_4$													–	–	–	
5	A_5											–	–	–	–		
	$\overline{A}_5$												–	–	–	–	
6	A_6											–	–	–			
	$\overline{A}_6$												–	–	–		

Die verschiedenen möglichen Verteilungen der zeitlichen Gegebenheiten sind in der Tabelle angegeben.

Ist $A_3 = 0$, so wird Serie 3 vom Ende des Intervalls 1 bis zum Ende des Intervalls 5 verarbeitet ($\overline{A}_3 = 1$).

Sind $A_1 = 0$ und $B_1 = 1$, so wird Serie 1 vom Ende des Intervalls 6 bis zum Ende des Intervalls 8 verarbeitet ($\overline{A}_1B_1 = 1$).

Man kann die T_{ij}^n als Funktionen der Hilfsvariablen L_i, M_i, ..., A_i, B_i, ... erhalten. Es sei z.B. $j = 4$ (Maschine 4):

$$\sum_i T_{i4}^n = T_{14}^n + T_{24}^n + \ldots + T_{64}^n .$$

Außerdem

$$T_{14}^n = (X_1^{\alpha_1} + X_1^{\alpha_2} \dot{+} \ldots)Y_1^4, \quad T_{24}^n = (X_2^{\alpha_1} \dot{+} X_2^{\alpha_2} + \ldots)Y_2^4, \ldots$$

$$\ldots, T_{64}^n = (X_6^{\alpha_1} + X_6^{\alpha_2} \dot{+} \ldots)Y_6^4 .$$

Aus Tabelle 1 erkennt man, daß gilt:

$$Y_1^4 = Y_2^4 = Y_3^4 = 0, \quad Y_4^4 = L_4\overline{M}_4, \quad Y_5^4 = L_5\overline{M}_5, \quad Y_6^4 = 0.$$

Folgende Ausdrücke sind also zu berechnen:

$$T_{44}^{n} = (X_4^{\alpha_1} \dot{+} X_4^{\alpha_2} \dot{+} \ldots) L_4 \overline{M}_4$$

und

$$T_{54}^{n} = (X_5^{\alpha_1} \dot{+} X_5^{\alpha_2} \dot{+} \ldots) L_5 \overline{M}_5 ;$$

außerdem

$$X_4^{13} = \overline{A}_4; \qquad X_4^{14} = X_4^{15} = 1; \qquad X_5^{13} = X_5^{14} = 1; \qquad X_5^{15} = \overline{A}_5 .$$

Daraus folgt

$$\sum_i T_{i4}^{13} = T_{44}^{13} + T_{54}^{13} = \overline{A}_4 L_4 \overline{M}_4 + L_5 \overline{M}_5 ;$$

$$\sum_i T_{i4}^{14} = T_{44}^{14} + T_{54}^{14} = L_4 \overline{M}_4 + L_5 \overline{M}_5 ;$$

$$\sum_i T_{i4}^{15} = T_{44}^{15} + T_{54}^{15} = L_4 \overline{M}_4 + \overline{A}_5 L_5 \overline{M}_5 .$$

Somit lauten die Bedingungen (4) bzgl. der Maschine 4:

$$\begin{aligned} &\overline{A}_4 L_4 \overline{M}_4 + L_5 \overline{M}_5 \leqslant 1 \\ &L_4 \overline{M}_4 \quad + L_5 \overline{M}_5 \leqslant 1 \\ &L_4 \overline{M}_4 \quad + \overline{A}_5 L_5 \overline{M}_5 \leqslant 1 . \end{aligned}$$

Entsprechendes gilt für Maschine 6:

$$\begin{aligned} &A_5 \overline{L}_5 M_5 + A_6 \overline{L}_6 \leqslant 1 \\ &\overline{L}_5 M_5 \quad + \overline{L}_6 \quad \leqslant 1 \\ &\overline{L}_5 M_5 \quad + \overline{A}_6 \overline{L}_6 \leqslant 1 \end{aligned}$$

und für Maschine 7:

$$\begin{aligned} &A_1 B_1 \overline{L}_1 + (A_2 \overline{B}_2 + \overline{A}_2 B_2 + \overline{A}_2 \overline{B}_2) \overline{L}_2 = A_1 B_1 \overline{L}_1 + (\overline{A}_2 + A_2 \overline{B}_2) \overline{L}_2 \leqslant 1 \\ &(A_1 B_1 + A_1 \overline{B}_1) \overline{L}_1 + (\overline{A}_2 B_2 + \overline{A}_2 \overline{B}_2) \overline{L}_2 = A_1 \overline{L}_1 + \overline{A}_2 \overline{L}_2 \qquad \leqslant 1 \\ &(A_1 \overline{B}_1 + \overline{A}_1 B_1) \overline{L}_1 + \overline{A}_2 \overline{B}_2 \overline{L}_2 \qquad \leqslant 1 \\ &\overline{A}_4 \overline{L}_4 M_4 + \overline{L}_5 \overline{M}_5 \qquad \leqslant 1 \\ &\overline{L}_4 M_4 + \overline{L}_5 \overline{M}_5 \qquad \leqslant 1 \\ &\overline{L}_4 M_4 + \overline{A}_5 \overline{L}_5 \overline{M}_5 \qquad \leqslant 1 . \end{aligned}$$

Viele dieser Bedingungen sind weniger einschränkend als andere. So ist die erste und die letzte der Bedingungen bzgl. Maschine 4 notwendig erfüllt, wenn gilt:

$$L_4 \overline{M}_4 + L_5 \overline{M}_5 \leqslant 1 . \tag{a}$$

Entsprechend lassen sich die drei Bedingungen bzgl. Maschine 6 zurückführen:

$$\overline{L}_5 M_5 + \overline{L}_6 \leqslant 1. \tag{b}$$

Wir betrachten die Beziehung

$$A_1 B_1 \overline{L}_1 + A_2 \overline{B}_2 \overline{L}_2 \leqslant 1; \tag{c}$$

die erste Beziehung bzgl. Maschine 7 läßt sich zurückführen auf

$$A_1 \overline{L}_1 + \overline{A}_2 \overline{L}_2 \leqslant 1 \tag{d}$$

und die dritte auf

$$\overline{A}_1 B_1 \overline{L}_1 + A_2 \overline{B}_2 \overline{L}_2 \leqslant 1. \tag{e}$$

Nehmen wir z.B. an, daß $A_1 \overline{L}_1 = 0$ ist; es gilt $\overline{A}_2 \overline{L}_2 = 0$ oder 1 nach (d), und die erste Bedingung bzgl. Maschine 7 schreibt sich

$$\overline{A}_2 \overline{L}_2 + A_2 \overline{B}_2 \overline{L}_2 \leqslant 1;$$

diese Ungleichung ist immer erfüllt, da $A_2 = 0$ ist.

Sie reduziert sich somit auf $\overline{B}_2 \overline{L}_2 \leqslant 1$; ist $\overline{A}_2 = 1$, so reduziert sie sich auf $\overline{L}_2 \leqslant 1$. Nehmen wir nun an, daß $A_1 \overline{L}_1 = 1$ ist; dann gilt $\overline{A}_2 \overline{L}_2 = 0$, und die neue Beziehung lautet

$$A_1 B_1 \overline{L}_1 + A_2 \overline{B}_2 \overline{L}_2 \leqslant 1. \tag{c}$$

Ebenso nehmen wir an, daß $A_1 \overline{L}_1 = 0$ ist; es gilt $\overline{A}_2 \overline{L}_2 = 0$ oder 1 nach Beziehung (d); aus der dritten Relation bzgl. Maschine 7 wird

$$\overline{A}_1 B_1 \overline{L}_1 + \overline{A}_2 \overline{B}_2 \overline{L}_2 \leqslant 1; \tag{e}$$

gilt $A_1 \overline{L}_1 = 1$, so ist $\overline{A}_2 \overline{L}_2 = 0$, und es folgt

$$A_1 \overline{B}_1 \overline{L}_1 + \overline{A}_1 B_1 \overline{L}_1 \leqslant 1;$$

ist aber $A_1 = 1$, folgt daraus $\overline{A}_1 B_1 \overline{L}_1 = 0$. Damit ist die vorhergehende Relation erfüllt.

Schließlich sind die drei letzten Relationen bzgl. Maschine 7 erfüllt, wenn gilt:

$$\overline{L}_4 M_4 + \overline{L}_5 \overline{M}_5 \leqslant 1. \tag{f}$$

Die unbekannten Hilfsvariablen ergeben drei Gruppen von Ungleichungen:

I.	$\overline{L}_5 M_5$	$+ \overline{L}_6$	$\leqslant 1$	(b)
II.	$L_4 \overline{M}_4$	$+ L_5 \overline{M}_5$	$\leqslant 1$	(a)
	$\overline{L}_4 M_4$	$+ \overline{L}_5 \overline{M}_5$	$\leqslant 1$	(f)
III.	$A_1 \overline{L}_1$	$+ \overline{A}_2 \overline{L}_2$	$\leqslant 1$	(d)
	$A_1 B_1 \overline{L}_1$	$+ A_2 \overline{B}_2 \overline{L}_2$	$\leqslant 1$	(c)
	$\overline{A}_1 B_1 \overline{L}_1$	$+ \overline{A}_2 \overline{B}_2 \overline{L}_2$	$\leqslant 1$	(e)

Folglich sind die Hilfsvariablen A_3, A_4, A_5, A_6 und L_3 bei diesem Problem beliebig.

Wir lösen nun die Gruppe III der Ungleichungen.

Ist $L_1 = 0$, so ergibt sich

$$\begin{aligned} A_1 + \bar{A}_2\bar{L}_2 &\leqslant 1 \\ A_1B_1 + A_2\bar{B}_2\bar{L}_2 &\leqslant 1 \\ \bar{A}_1B_1 + \bar{A}_2\bar{B}_2\bar{L}_2 &\leqslant 1; \end{aligned}$$

nehmen wir an, daß $\bar{L}_2 = 1$, d.h. $L_2 = 0$ ist, dann folgt:

$$\begin{aligned} A_1 + \bar{A}_2 &\leqslant 1 \\ A_1B_1 + A_2\bar{B}_2 &\leqslant 1 \\ \bar{A}_1B_1 + \bar{A}_2\bar{B}_2 &\leqslant 1. \end{aligned}$$

Ist $A_1 = 1$, $\bar{A}_2 = 0$, folglich $A_2 = 1$, so ergibt sich:

$$B_1 + \bar{B}_2 \leqslant 1,$$

daraus folgt mit $B_1 = 1$: $B_2 = 1$ und mit $B_1 = 0$: B_2 beliebig.

Man kann nicht $A_1 = 1$ und $A_2 = 0$ erhalten.

Nehmen wir an, daß $A_1 = 0$ ist; das System reduziert sich auf

$$B_1 + \bar{A}_2\bar{B}_2 \leqslant 1.$$

Im Fall, daß $A_2 = 0$ ist, ergibt sich $B_1 + \bar{B}_2 \leqslant 1$, und daraus folgt $B_2 = 1$ mit $B_1 = 1$ oder B_2 mit $B_1 = 0$ beliebig. Im Fall $A_2 = 1$ sind B_1 und B_2 beliebig.

Wir untersuchen nun den Fall, in dem $L_2 = 1$ ($\bar{L}_2 = 0$) ist; das System ist bei beliebigen A_1, A_2, B_1 und B_2 immer erfüllt.

Ist $L_1 = 1$, so sind A_1 und B_1 beliebig. Ist $L_2 = 1$, so sind A_2 und B_2 ebenfalls beliebig; ist $L_2 = 0$, sind A_2 und B_2 auch beliebig.

Diese Diskussion läßt sich zusammenfassen:

L_1	L_2	A_1	A_2	B_1 B_2	Anzahl der Lösungen
0	0	0	0	0 –	2
				1 1	1
		0	1	– –	4
		1	1	0 –	2
				1 1	1
1	–	–	–	– –	32

Zählt man die Anzahl der Lösungen, so ergibt sich die Zahl 42.

Wir beschäftigen uns nun mit Gruppe II, denn es wird einfacher sein, Gruppe I zu lösen, wenn man die Werte für L_5 und M_5 kennt.

Durch eine zur vorigen analoge Methode erhält man

L_4	L_5	M_4	M_5
0	0	0	–
		1	1
0	1	–	–
1	0	–	–
1	1	0	1
		1	–

Unter diesen Bedingungen kommen wir nun zu Gruppe I. Man sieht, daß L_6 beliebig ist, wenn $L_5 = 1$. Ist $L_5 = 0$, so ist $L_6 = 1$, wenn $M_5 = 1$ ist,und L_6 ist beliebig, wenn $M_5 = 0$ ist.

Es ergibt sich also eine vollständige Tabelle für L_4, L_5, L_6, M_4 und M_5, und man erhält insgesamt 24 Lösungen.

L_4	L_5	M_4	M_5	L_6	Anzahl der Lösungen
0	0	0	0	–	2
			1	1	1
		1	1	1	1
	1	–	–	–	8
1	0	–	0	–	4
			1	1	2
	1	0	1	–	2
		1	–	–	4

Betrachten wir schließlich die Variablen A_1, A_2, B_1, B_2, L_1, L_2, L_4, L_5, L_6, M_4 und M_5, so ergeben sich

$$24 \cdot 42 = 1\,008$$

Lösungen, anstelle von $2^{11} = 2\,048$, falls alle Variablen beliebig sind.

Nimmt man die fünf beliebigen Variablen A_3, A_4, A_5, A_6 und L_3, so erhält man

$$2^5 \cdot 1\,008 = 32\,246$$

Lösungen, anstelle von 2^{16}, also 65 536.

Eine der Lösungen aus der Tabelle erzeugt 8 192 Möglichkeiten ($L_1 = 1$, $L_4 = 0$, $L_5 = 1$); diese Lösung läßt den größten Spielraum offen.

Eine andere Lösung aus der Tabelle: $L_1 = L_2 = L_4 = L_5 = 0$, $A_1 = A_2 = B_1 = B_2 = M_4 = M_5 = L_6 = 1$ erzeugt nur 32 Möglichkeiten.

Nimmt man die obigen elf Werte und will man z.B. die Gesamtzeit der Ausführung verkürzen (von 2 bis 15 eingeschlossen, mit maximaler Unterbrechung von 7 bis 11 eingeschlossen), so ergibt sich $A_3 = A_4 = A_5 = A_6 = 0$. Hier ist nur L_3 beliebig, d.h., man kann wahlweise Maschine 2 oder 5 betätigen, um die Serie 3 auszuführen.

Viele weitere Aspekte des Problems können mit Hilfe der Tabellen untersucht werden (verteilte Belastung der Maschinen oder umgekehrt Konzentration der Belastung auf die kleinste Anzahl der Maschinen, usw). Die Belastung der Maschine 7 ist z.B. maximal, wenn $L_1 = L_5 = L_4 = L_6 = 0$, $M_4 = 1$ und $M_5 = 0$ ist. Eine Lösung besteht darin, die Arbeit 4 einer anderen Maschine zuzuordnen: $L_1 = L_2 = L_5 = 0$, $M_5 = 0$; eine weitere Lösung besteht darin, die Arbeit 5 einer anderen Maschine zuzuordnen: $L_1 = L_2 = L_4 = 0$, $M_4 = 1$. Diese Lösung, bei der Maschine 7 während 8 Perioden belastet wird, macht es möglich, daß Maschine 2 ebenfalls während 8 Perioden mit $L_3 = L_5 = M_5 = 1$ belastet wird. Es bleibt noch, die Aufgabe Nr. 6 durch Maschine 3 oder 6 ausführen zu lassen.

2. *Lineare Programme in ganzen Zahlen*

Betrachten wir das folgende Beispiel von *Gomory*, das von *R. Fortet* zitiert wurde:

$$f = 4x_1 + 5x_2 + x_3 \quad \text{(zu maximalisieren);} \tag{1}$$

$$x_1, x_2, x_3 \text{ sind nicht negative ganze Zahlen;} \tag{2}$$

$$3x_1 + 2x_2 \leqslant 10; \tag{3}$$

$$x_1 + 4x_2 \leqslant 11; \tag{4}$$

$$3x_1 + 3x_2 + x_3 \leqslant 13. \tag{5}$$

Man stellt sofort fest, daß gilt:

$$x_1 \leqslant \tfrac{10}{3}, \quad \text{also} \quad \leqslant 3$$
$$x_2 \leqslant \tfrac{11}{4}, \quad \text{also} \quad \leqslant 2$$
$$x_3 \leqslant 13,$$

in binärer Schreibweise erhält man:

$$x_1 = X_0 \cdot 2^0 + X_1 \cdot 2^1$$
$$x_2 = Y_0 \cdot 2^0 + Y_1 \cdot 2^1$$
$$x_3 = Z_0 \cdot 2^0 + Z_1 \cdot 2^1 + Z_2 \cdot 2^2 + Z_3 \cdot 2^3,$$

wobei X, Y und Z Boolesche Variable sind.

Unter diesen Bedingungen läßt sich (4) schreiben:

$$X_0 \cdot 2^0 + X_1 \cdot 2^1 + 4Y_0 \cdot 2^0 + 4Y_1 \cdot 2^1 \leqslant 11$$

oder

$$X_0 \cdot 2^0 + X_1 \cdot 2^1 + (1 \cdot 2^2)Y_0 \cdot 2^0 + (1 \cdot 2^2)Y_1 \cdot 2^1$$
$$= X_0 \cdot 2^0 + X_1 \cdot 2^1 + Y_0 \cdot 2^2 + Y_1 \cdot 2^3 \leqslant 11.$$

Ist $Y_0 = 1$, so ist $Y_1 = 0$, denn mit $Y_1 = 1$ hätte man einen Wert $\geqslant 12$. Ist $Y_0 = 0$, so ist Y_1 beliebig.

Es gilt also notwendig

$$Y_1 \cdot Y_0 = 0.$$

(3) schreibt sich

$$(1 \cdot 2^0 + 1 \cdot 2^1)(X_0 \cdot 2^0 + X_1 \cdot 2^1) + (1 \cdot 2^1)(Y_0 \cdot 2^0 + Y_1 \cdot 2^1)$$
$$= X_0 \cdot 2^0 + X_0 \cdot 2^1 + X_1 \cdot 2^1 + X_1 \cdot 2^2 + Y_0 \cdot 2^1 + Y_1 \cdot 2^2$$
$$= X_0 \cdot 2^0 + (X_0 + X_1 + Y_0) \cdot 2^1 + (X_1 + Y_1) \cdot 2^2 \leqslant 10.$$

Nach der folgenden Wertetafel muß gelten:

$$X_0 \cdot X_1 = 0,$$

außer wenn

$$Y_0 = Y_1 = 0.$$

Y_0	Y_1	X_0	X_1	Wert
0	0	0	0	0
0	0	0	1	6
0	0	1	0	3
0	0	1	1	9
0	1	0	0	4
0	1	0	1	10
0	1	1	0	7
0	1	1	1	13
1	0	0	0	2
1	0	0	1	8
1	0	1	0	5
1	0	1	1	11

(5) läßt sich schreiben:

$$(1 \cdot 2^0 + 1 \cdot 2^1)(X_0 \cdot 2^0 + X_1 \cdot 2^1) + (1 \cdot 2^0 + 1 \cdot 2^1)(Y_0 \cdot 2^0 + Y_1 \cdot 2^1)$$
$$+ Z_0 \cdot 2^0 + Z_1 \cdot 2^1 + Z_2 \cdot 2^2 + Z_3 \cdot 2^3 \leqslant 13$$

oder

$$(X_0 + Y_0 + Z_0) \cdot 2^0 + (X_0 + X_1 + Y_0 + Y_1 + Z_1) \cdot 2^1 + (X_1 + Y_1 + Z_2) \cdot 2^2 + Z_3 \cdot 2^3 \leqslant 13.$$

Untersuchen wir die möglichen Fälle:

a) $Y_0 = Y_1 = 0, \quad X_0 = X_1 = 1;$

dann gilt

$$(1 + Z_0) \cdot 2^0 + (2 + Z_1) \cdot 2^1 + (1 + Z_2) \cdot 2^2 + Z_3 \cdot 2^3 \leqslant 13$$

oder

$$Z_0 \cdot 2^0 + Z_1 \cdot 2^1 + Z_2 \cdot 2^2 + Z_3 \cdot 2^3 \leqslant 4.$$

b)

Y_0	Y_1	X_0	X_1	$X_0 + Y_0 + Z_0$	$X_0 + X_1 + Y_0 + Y_1 + Z_1$	$X_1 + Y_1 + Z_1$	
0	0	0	0	Z_0	Z_1	Z_2	1
0	0	0	1	Z_0	$1 + Z_1$	$1 + Z_2$	2
0	0	1	0	$1 + Z_0$	$1 + Z_1$	Z_2	3
0	1	0	0	Z_0	$1 + Z_1$	$1 + Z_2$	2
0	1	0	1	Z_0	$2 + Z_1$	$2 + Z_2$	4
0	1	1	0	$1 + Z_0$	$2 + Z_1$	$1 + Z_2$	5
1	0	0	0	$1 + Z_0$	$1 + Z_1$	Z_2	3
1	0	0	1	$1 + Z_0$	$2 + Z_1$	$1 + Z_2$	5
1	0	1	0	$2 + Z_0$	$2 + Z_1$	Z_2	6

Wie man sieht, können die 9 Fälle auf 6 zurückgeführt werden, und es ergeben sich die Ungleichungen:

$$Z_0 \cdot 2^0 + Z_1 \cdot 2^1 + Z_2 \cdot 2^2 + Z_3 \cdot 2^3 \leqslant 13 \qquad (1)$$

$$Z_0 \cdot 2^0 + Z_1 \cdot 2^1 + Z_2 \cdot 2^2 + Z_3 \cdot 2^3 \leqslant 7 \qquad (2)$$

$$Z_0 \cdot 2^0 + Z_1 \cdot 2^1 + Z_2 \cdot 2^2 + Z_3 \cdot 2^3 \leqslant 10 \qquad (3)$$

$$Z_0 \cdot 2^0 + Z_1 \cdot 2^1 + Z_2 \cdot 2^2 + Z_3 \cdot 2^3 \leqslant 1 \qquad (4)$$

$$Z_0 \cdot 2^0 + Z_1 \cdot 2^1 + Z_2 \cdot 2^2 + Z_3 \cdot 2^3 \leqslant 4 \qquad (5)$$

$$Z_0 \cdot 2^0 + Z_1 \cdot 2^1 + Z_2 \cdot 2^2 + Z_3 \cdot 2^3 \leqslant 7. \qquad (6)$$

Schließlich erhält man insgesamt 5 Fälle: Die Ungleichung von a) läßt sich auf den 5. Fall, die 6. Gleichung von b) auf den 2. Fall zurückführen.

Die Lösung dieser Relationen ist sehr einfach:

			Anzahl der Lösungen
Fall 1			
$Y_0 = Y_1 = X_0 = X_1 = 0$	$Z_3 = Z_2 = Z_1 = 0$	Z_0 beliebig	2
	$Z_3 = 1 \quad Z_2 = 0$	Z_1, Z_0 beliebig	4
	$Z_3 = 0$	Z_2, Z_1, Z_0 beliebig	8
Fall 2			
$Y_0 = Y_1 = X_0 = 0 \quad X_1 = 1$ $Y_0 = X_0 = X_1 = 0 \quad Y_1 = 1$ $Y_0 = X_0 = 1 \quad Y_1 = X_1 = 0$	$Z_3 = 0$	Z_2, Z_1, Z_0 beliebig	24
Fall 3			
$Y_0 = Y_1 = X_1 = 0 \quad X_0 = 1$ $Y_0 = 1 \quad Y_1 = X_0 = X_1 = 0$	$Z_3 = 1 \quad Z_2 = 0$	$Z_1 = 1 \quad Z_0 = 0$	2
		$Z_1 = 0 \quad Z_0$ beliebig	4
	$Z_3 = 0$	Z_2, Z_1, Z_0 beliebig	16
Fall 4			
$Y_0 = X_0 = 0 \quad Y_1 = X_1 = 1$	$Z_1 = Z_2 = Z_3 = 0$	Z_0 beliebig	2
Fall 5			
$Y_0 = X_1 = 0 \quad Y_1 = X_0 = 1$ $Y_0 = X_1 = 1 \quad Y_1 = X_0 = 0$ $Y_0 = X_1 = 1 \quad Y_0 = Y_1 = 0$	$Z_3 = 0$: $Z_2 = 1$	$Z_1 = Z_0 = 0$	3
	$Z_3 = 0$: $Z_2 = 0$	Z_1, Z_0 beliebig	12

Insgesamt gibt es 77 Lösungen.

Die Funktion f, die sich wie folgt schreibt, ist zu maximalisieren:

$$
\begin{aligned}
&(1 \cdot 2^2)(X_0 \cdot 2^0 + X_1 \cdot 2^1) + (1 \cdot 2^0 + 1 \cdot 2^2)(Y_0 \cdot 2^0 + Y_1 \cdot 2^1) \\
&\quad + Z_0 \cdot 2^0 + Z_1 \cdot 2^1 + Z_2 \cdot 2^2 + Z_3 \cdot 2^3 \\
&\quad = (Y_0 + Z_0) \cdot 2^0 + (Y_1 + Z_1) \cdot 2^1 + (X_0 + Y_0 + Z_2) \cdot 2^2 \\
&\quad + (X_1 + Y_1 + Z_3) \cdot 2^3 .
\end{aligned}
$$

Auf Grund dieser Schreibweise möchte man $Z_0 = 1$ haben, das ist in all den Fällen möglich, in denen Z_1 beliebig ist: Die Anzahl der zu untersuchenden Lösungen beträgt dann 36.

Untersuchen wir nun den Fall, in dem $X_0 = X_1 = 1$, mit $Y_1 = Y_0 = 0$, ist:

$$f = (1 + Z_3) \cdot 2^3 + (1 + Z_2) \cdot 2^2 + Z_1 \cdot 2^1 + Z_0 \cdot 2^0,$$

die Funktion wird durch $Z_3 = 0$, $Z_2 = 1$, $Z_1 = Z_0$, $f_0 = 16$ maximalisiert.

In allen anderen Fällen ist $Y_1 Y_0 = 0$ und $X_1 X_0 = 0$. Da man f maximalisieren will, ist es günstig, zwei der vier Werte (X_0, X_1, Y_0, Y_1) gleich 1 zu nehmen.

Es bleiben dann die Möglichkeiten:

a) $X_1 = Y_1 = 1; \quad X_0 = Y_0 = 0;$

$$\begin{aligned} f_1 &= (2 + Z_3) \cdot 2^3 + Z_2 \cdot 2^2 + (1 + Z_1) \cdot 2^1 + Z_0 \cdot 2^0 \\ &= 18 + 8Z_3 + 4Z_2 + 2Z_1 + Z_0; \end{aligned}$$

b) $X_1 = 1; \quad Y_1 = X_0 = 0; \quad Y_0 = 1;$

$$f_2 = 13 + 8Z_3 + 4Z_2 + 2Z_1 + Z_0;$$

c) $X_1 = 0; \quad Y_1 = X_0 = 1; \quad Y_0 = 0;$

$$f_3 = 14 + 8Z_3 + 4Z_2 + 2Z_1 + Z_0;$$

d) $X_1 = Y_1 = 0; \quad X_0 = Y_0 = 1;$

$$f_4 = 9 + 8Z_3 + 4Z_2 + 2Z_1 + Z_0.$$

In keinem der obigen Fälle gilt $Z_3 = 0$. Es gibt also drei Fälle mit $Z_3 = 0$, die in die obigen eingehen:

1. $Y_0 = X_0 = 1; \quad X_1 = Y_1 = 0,$ was $f_4 = 16$ ergibt;
2. $X_0 = Y_0 = 0; \quad X_1 = Y_1 = 1,$ was $f_1 = 19$ ergibt;
3. $X_1 = Y_0 = 1; \quad X_0 = Y_1 = 0,$ was $f_2 = 17$ ergibt;
   $X_1 = Y_0 = 0; \quad X_0 = Y_1 = 1$ mit dem Maximum $f_3 = 18$.

Bemerkung: Man hätte den Fall 1 weglassen können, denn $f_1 > f_4$ bei beliebigen Z_2, Z_1 und Z_0.

Man findet schnell folgende Lösung:

$$X_0 = Y_0 = 0; \quad X_1 = Y_1 = 1; \quad Z_1 = Z_2 = Z_3 = 0; \quad Z_0 = 1,$$

das entspricht:

$$x_1 = 2; \quad x_2 = 2; \quad x_3 = 1.$$

Dieses Beispiel wäre von geringem Interesse, hätte nicht *R. Fortet* gezeigt, daß Ungleichungen vom Typ:

$$\begin{aligned} &X_0 \cdot 2^0 + (X_0 + X_1 + Y_0) \cdot 2^1 + (X_1 + Y_1) \cdot 2^2 \leqslant 10 \\ &= 0 \cdot 2^0 + 1 \cdot 2^1 + 0 \cdot 2^2 + 1 \cdot 2^3 \end{aligned}$$

auf Boolesche Gleichungen[1]) zurückgeführt werden können; im obigen Fall ergibt sich:

$$X_0X_1(\overline{Y}_0Y_1 \dotplus Y_0\overline{Y}_1) = 0;$$

wir haben ja bereits gefunden, daß $X_1X_0 = 0$ gilt, außer bei $Y_0 = Y_1 = 0$.

Da man eine Methode zur Lösung von Booleschen Gleichungen hat, ist es möglich, die linearen Programme mit ganzen Werten anders als mit Hilfe des Algorithmus von Gomory zu lösen, der bei einer größeren Anzahl von Variablen undurchführbar ist.

3. *Anwendung auf gewisse Graphenprobleme*

Gegeben sind zwei Mengen E und F; betrachten wir eine Abbildung f von E in F. Ist x ein Element aus E, so nennt man f(x) die Menge der Elemente y aus F, die x bzgl. der Abbildung f entsprechen.

Die Menge der Paare (x, y) mit y = f(x) bildet den Graphen G, der durch (E, F, f) definiert ist.

Beispiel: E = F = Menge der reellen Zahlen und y = f(x) = x.

Der Graph (E, F, f) ist die Menge der Paare (x, y) mit y = x; er wird durch die Gerade y = x dargestellt.

Wir betrachten nun eine spezielle Kategorie von Graphen. Hierbei sei E eine endliche Menge von Punkten, und F sei dieselbe Menge. Die Abbildung f wird i.a. eine mehrdeutige Abbildung sein, d.h. jedem Element x aus E wird durch f eine oder mehrere Elemente aus F zugeordnet.

E sei z.B. eine Menge aus vier Punkten A, B, C und D, und die Abbildung f sei wie folgt definiert:

f(A) = B, C

f(B) = C, D

f(C) = D, A

f(D) = A, B.

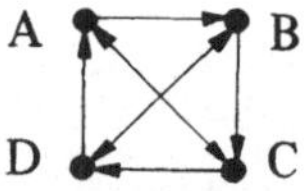

Bild 10.11

Bild 10.11 stellt den zugehörigen Graphen von f dar.

Man sagt, ein Graph enthält einen Bogen $\overrightarrow{X_iX_j}$, wenn X_j zu $f(X_i)$ gehört.

I.a. sind die Bögen orientiert, denn aus $X_j \in f(X_i)$ folgt nicht, daß $X_i \in f(X_j)$ ist, d.h. folgt nicht die Existenz des Bogens $\overrightarrow{X_jX_i}$.

Falls für jedes Paar (X_i, X_j) die Bögen $\overrightarrow{X_iX_j}$ und $\overrightarrow{X_jX_i}$ existieren, so ist die Abbildung f symmetrisch.

---

[1]) Dieses wurde 1960 geschrieben; danach wurde ein Boolescher Algorithmus zur schnelleren Lösung von linearen Programmen in ganzen Zahlen von unseren Mitarbeitern *Y. Malgrange* und *A. Le Garff* (Cie Machines Bull) angegeben.

Bezeichnet man mit $f^{-1}(X_j)$ die Menge der Punkte $\{X_i\}$ mit $X_j \in f(X_i)$, so sieht man, falls f symmetrisch ist, daß

$$f^{-1}(X_i) = f(X_i) \qquad \text{für jedes } i$$

gilt. Denn ist $X_j \in f^{-1}(X_i)$, so gilt $X_i \in f(X_j)$, und der Bogen $\overrightarrow{X_j X_i}$ existiert. Da f symmetrisch ist, existiert ebenso der Bogen $\overrightarrow{X_i X_j}$; also gehört X_j zu $f(X_i)$.

Ist umgekehrt $X_j \in f(X_i)$, so existiert der Bogen $\overrightarrow{X_i X_j}$, und, da f symmetrisch ist, existiert der Bogen $\overrightarrow{X_j X_i}$ ebenfalls. Also gilt $X_i \in f(X_j)$, und $f^{-1}(X_i)$ enthält mindestens das Element X_j. Daraus ergibt sich $X_j \in f^{-1}(X_i)$.

Gilt umgekehrt $f^{-1}(X_i) = f(X_i)$, so folgt aus der Existenz eines Bogens $\overrightarrow{X_i X_j}$ die Existenz des Bogens $\overrightarrow{X_j X_i}$ und umgekehrt.

In diesem letzten Beispiel handelt es sich nicht um einen symmetrischen Graphen. Denn es ist $f(A) = B, C$, aber $f^{-1}(A) = C, D$.

4. *Matrixdarstellung eines Graphen und einer Booleschen Algebra*

E sei eine Menge von Punkten $\{X_1, X_2, \ldots, X_n\}$, f eine mehrdeutige Abbildung von E in sich. Den Graphen bezeichnen wir mit (E, f).

Als Grundmenge nehmen wir den Graphen $R = (E, \phi)$, so daß mit $\phi(X_i) = E$ bei beliebigem i R ein *vollständiger* Graph der Ordnung n ist. Man kann ihn als Menge von Bögen $\overrightarrow{X_i X_j}$ betrachten:

$$R = \bigcup_{i,j} \overrightarrow{X_i X_j}\,.$$

Man sieht, daß jeder Graph G = (E, f) eine Teilmenge von R ist. Also kann man die Gesetze der Mengenalgebra anwenden und die Vereinigung, den Durchschnitt von zwei Graphen G und G′ und das Komplement eines Graphen G definieren.

Also:

$G \cup G'$ ist die Menge der Bögen $\{\overrightarrow{X_i X_j}\}$, die zu G oder zu G′ gehören;

$G \cap G'$ ist die Menge der Bögen $\{\overrightarrow{X_i X_j}\}$, die zu G und zu G′ gehören;

$\overline{G}$ ist die Menge der Bögen $\{\overrightarrow{X_i X_j}\}$, die zu R und nicht zu G gehören.

Nun sei φ_{ij} eine Boolesche Variable, für die gilt:

$\varphi_{ij} = 0$, falls der Bogen $\overrightarrow{X_i X_j}$ nicht zum Graphen G gehört,

$\varphi_{ij} = 1$, falls der Bogen $\overrightarrow{X_i X_j}$ zum Graphen G gehört.

φ ist eine Abbildung der Menge der Paare (X_i, X_j) von R[1]) auf die Menge $\{0, 1\}$; diese definiert den Graphen G vollständig. Man nennt sie auch *charakteristische Funktion* von G.

Sind nun φ und ψ die charakteristischen Funktionen von G und G′ und ϕ die charakteristische Funktion von $G \cup G'$, so gilt

$$\phi_{ij} = 0, \quad \text{wenn} \quad \overrightarrow{X_iX_j} \notin G \quad \text{und} \quad \overrightarrow{X_iX_j} \notin G',$$

d.h. wenn

$$\varphi_{ij} = \psi_{ij} = 0$$

oder auch

$$\varphi_{ij} \dot{+} \psi_{ij} = 0 \text{ ist.}$$

$$\phi_{ij} = 1, \quad \text{wenn} \quad \overrightarrow{X_iX_j} \in G \quad \text{oder} \quad \overrightarrow{X_iX_j} \in G',$$

d.h. wenn

$$\varphi_{ij} \dot{+} \psi_{ij} = 1 \text{ ist.}$$

Also

$$\phi_{ij} = \varphi_{ij} \dot{+} \psi_{ij}.$$

Ebenso gilt, wenn ψ eine charakteristische Funktion von $G \cap G'$ ist:

$$\phi_{ij} = \varphi_{ij} \cdot \psi_{ij}.$$

Ein Graph kann durch eine Matrix M der Ordnung n dargestellt werden, in der jedes Element $m_{ij} = \varphi_{ij}$ ist.

Also erhält man in dem oben genannten Beispiel (Bild 10.11) die folgende Matrix:

i \ j	A	B	C	D
A	0	1	1	0
B	0	0	1	1
C	1	0	0	1
D	1	1	0	0

die Zeilen vom Rang i repräsentieren $f(X_i)$ die Spalten vom Rang j repräsentieren $f^{-1}(X_j)$.

Die Vereinigung zweier Graphen G und G′ wird durch die entsprechende Matrix $\mathcal{M} = M \dot{+} M'$ dargestellt, wobei jedes Element μ_{ij} von $\mathcal{M}$ gleich $m_{ij} \dot{+} m'_{ij}$ ist, wenn m_{ij} und m'_{ij} die Elemente der Matrizen M und M′ sind, die G bzw. G′ entsprechen.

---

1) Man sagt auch, daß G ein partieller Graph von R ist. Allgemein gilt für einen partiellen Graphen $G' = (E, f')$ eines Graphen $G = (E, f)$, daß jedes x aus E, $f'(x)$ in $f(x)$ enthalten ist. Man sagt, ein Graph $G'' = (E', f')$ ist ein Teilgraph von G, wenn $E' \subset E$ und für jedes x aus E′ gilt, daß $f'(x) = f(x) \cap E'$ ist.

Genauso wird der Durchschnitt $G \cap G'$ durch das logische Produkt $N = M \cdot M'$ dargestellt, wobei jedes Element ν_{ij} von N gleich $m_{ij} \cdot m'_{ij}$ ist.

Ebenso kann man ein Matrixprodukt $M \otimes M' = P$ definieren, in dem für jedes Element s_{ij} gilt:

$$s_{ij} = \underset{k=1}{\overset{k=n}{\dot{\sigma}}} m_{ik} \cdot m'_{kj} = m_{i1} \cdot m_{1j} \dotplus m_{i2} \cdot m'_{2j} \dotplus \ldots \dotplus m_{in} \cdot m'_{nj},$$

das Symbol $\dot{\sigma}$ bezeichnet hier die logische Summation.

Dual hierzu kann man eine weitere Operation eines Matrixproduktes $M./.M' = R$ definieren, wobei für jedes Element p_{ij} gilt:

$$p_{ij} = \underset{k=1}{\overset{k=n}{\bar{\omega}}} (m_{ik} \dotplus m'_{kj}) = (m_{i1} \dotplus m'_{1j})\,(m_{i2} \dotplus m'_{2j}) \ldots (m_{in} \dotplus m'_{nj}),$$

das Symbol $\bar{\omega}$ (pi) bezeichnet das logische Produkt.

Wir geben nun einige Anwendungen dieser Operationen an.

a) *Kriterium des starken Zusammenhangs eines Graphen*

Man sagt, ein Graph ist stark zusammenhängend, wenn es wenigstens einen Weg gibt, der zwei beliebige Punkte verbindet. Hierbei versteht man unter einem zwei Punkte X_i und X_j verbindenden Weg eine Folge von Bögen mit

$\overrightarrow{X_i X_{k1}}, \overrightarrow{X_{k1} X_{k2}}, \ldots, \overrightarrow{X_{km} X_j}$;

es läßt sich also schreiben:

Weg von X_i nach $X_j = \overrightarrow{X_i X_{k1} X_{k2} \ldots X_{km} X_j}$.

In dem Beispiel aus Bild 10.11 definiert die Folge von Bögen $\overrightarrow{AB}$, $\overrightarrow{BD}$ einen Weg, der A und D verbindet.

Betrachten wir nun die Matrix m der Ordnung n, die dem Graphen $G = \{X_1, X_2, \ldots, X_n, f\}$ zugeordnet ist,und bilden das Produkt:

$M \otimes M = M^2$.

M^2 hat als Elemente $p_{ij} = \underset{k}{\dot{\sigma}} \epsilon_{ik} \cdot \epsilon_{kj}$,

wobei

$\epsilon_{ik} = 1$, falls der Bogen $\overrightarrow{X_i X_k}$ zu G gehört,und 0 im umgekehrten Fall;

$\epsilon_{kj} = 1$, falls der Bogen $\overrightarrow{X_k X_j}$ zu G gehört,und 0 im umgekehrten Fall.

Also ist $p_{ij} = 1$, wenn ein k existiert mit $\epsilon_{ik} = \epsilon_{kj} = 1$, d.h. wenn die Bögen $\overrightarrow{X_i X_k}$ und $\overrightarrow{X_k X_j}$ existieren oder auch wenn ein Weg $\overrightarrow{X_i X_k X_j}$ existiert.

Mit Hilfe der Matrix M^2 lassen sich also die Punkte bestimmen, die untereinander durch einen aus zwei Bögen bestehenden Weg verbunden sind. Man sagt, daß ein Element p_{ii} von M gleich 1 ist, wenn X_i mit sich selbst verbunden wird, denn

$$p_{ii} = \dot{\sigma}_k \epsilon_{ik} \cdot \epsilon_{ki} = \epsilon_{ii} \cdot \epsilon_{ii} = 1.$$

Mit dieser Konvention gibt die Matrix M^2 die Punkte an, die untereinander durch einen aus *höchstens* zwei Bögen bestehenden Weg verbunden sind.

Wir können nun verallgemeinern. Durch Rekursion zeigt man, daß M^k die Punkte bestimmt, die untereinander durch einen aus höchstens k Bögen bestehenden Weg verbunden sind.

Ist G stark zusammenhängend, so sind zwei beliebige Punkte durch einen aus höchstens $(n - 1)$ Bögen bestehenden Weg verbunden, denn es gibt insgesamt n Punkte. Also enthält M^{n-1} nur die Zahlen 1 und keine 0. Auf diese Weise erhalten wir ein recht einfaches Zusammenhangskriterium.

b) *Entfernung zwischen zwei Punkten eines stark zusammenhängenden symmetrischen Graphen*

Ist ein zusammenhängender Graph symmetrisch, so gilt bekanntlich: Verbindet der Weg

$$\overrightarrow{X_i Y_1 Y_2 \ldots Y_m X_j}$$

zwei Punkte X_i und X_j, so verbindet der Weg

$$\overrightarrow{X_j Y_m \ldots Y_2 Y_1 X_i}$$

X_j mit X_i.

Wir verstehen unter der *Entfernung* $d(X_i X_j)$ zweier Punkte X_i und X_j die kleinste Zahl der die Punkte X_i und X_j verbindenden Bögen.

Dieser Begriff der Entfernung erfüllt die bekannten Eigenschaften:

1. $d(X_i, X_j) > 0$ und $d(X_i, X_i) = 0$;
2. $d(X_i, X_j) = d(X_j, X_i)$, da der Graph symmetrisch ist;
3. $d(X_i, X_j) + d(X_j, X_k) \geqslant d(X_i, X_k)$ (Dreiecksungleichung).

Es ist leicht, die Entfernung von jeweils zwei der Punkte eines stark zusammenhängenden symmetrischen Graphen zu bestimmen, wenn man die Potenzen der zugehörigen Matrix M benutzt.

Ist $X_j \in f(X_i)$, so gilt $d(X_i, X_j) = 1$, da der Bogen $\overrightarrow{X_i X_j}$ X_i mit X_j verbindet.

In M ersetzt man also die m_{ii} durch 0 $[d(X_i, X_i) = 0]$ und läßt die $m_{ij} = 1$ für $i \neq j$ und erhält so die Tabelle der Entfernungen 0 und 1.

Wie wir bereits gesehen haben, gilt für M^2: $m_{ij}^2 = 1$, wenn ein aus höchstens zwei Bögen bestehender Weg existiert, der X_i mit X_j verbindet. Daraus folgt, daß die Matrix $M^2 \cdot \overline{M}$ $[(M \otimes M) \cdot \overline{M}$, wobei $\overline{M}$ das Komplement von M ist$]$ so beschaffen ist, daß ihre Elemente $\mu_{ij}^2 = 1$ den zwei Bögen voneinander entfernten Punkten X_i und X_j entsprechen.

Entsprechend läßt sich zeigen, daß die Elemente $\mu_{ij}^p = 1$ der Matrix $\overline{M}^p \cdot M^{p-1}$ den p Bögen voneinander entfernten Punkten X_i und X_j entsprechen.

Beispiel: Betrachten wir den Graphen in Bild 10.12. Man sieht sofort, daß gilt:

d(AB) = d(BC) = d(CD) = d(BE) = 1
d(AC) = d(BD) = d(AE) = d(EC) = 2
d(AD) = d(ED) = 3.

B, E, C, D

Bild 10.12

Wir beweisen nun diese Aussage:

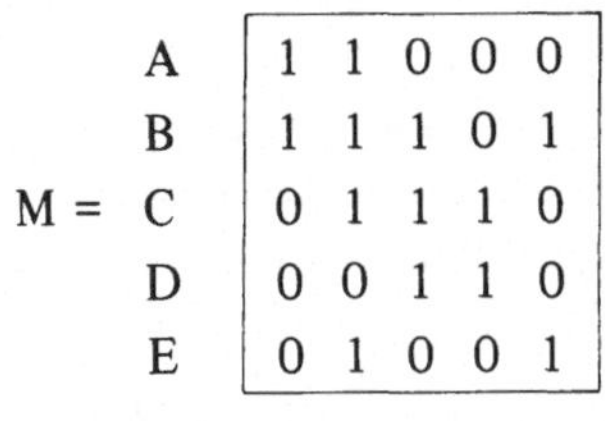

$$M = \begin{array}{c|ccccc|} A & 1 & 1 & 0 & 0 & 0 \\ B & 1 & 1 & 1 & 0 & 1 \\ C & 0 & 1 & 1 & 1 & 0 \\ D & 0 & 0 & 1 & 1 & 0 \\ E & 0 & 1 & 0 & 0 & 1 \end{array}$$

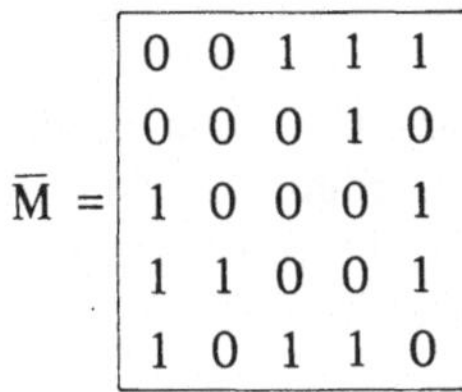

$$\overline{M} = \begin{bmatrix} 0 & 0 & 1 & 1 & 1 \\ 0 & 0 & 0 & 1 & 0 \\ 1 & 0 & 0 & 0 & 1 \\ 1 & 1 & 0 & 0 & 1 \\ 1 & 0 & 1 & 1 & 0 \end{bmatrix}$$

Hieraus folgt zunächst die Tabelle der Distanzen 0 und 1:

	A	B	C	D	E
A	0	1			
B	1	0	1		1
C		1	0	1	
D			1	0	
E		1			0

Berechnen wir nun $M^2 \cdot \overline{M}$ und $M^3 \cdot \overline{M}^2$:

$$M^2 = \begin{bmatrix} 1 & 1 & 0 & 0 & 0 \\ 1 & 1 & 1 & 0 & 1 \\ 0 & 1 & 1 & 1 & 0 \\ 0 & 0 & 1 & 1 & 0 \\ 0 & 1 & 0 & 0 & 1 \end{bmatrix} \otimes \begin{bmatrix} 1 & 1 & 0 & 0 & 0 \\ 1 & 1 & 1 & 0 & 1 \\ 0 & 1 & 1 & 1 & 0 \\ 0 & 0 & 1 & 1 & 0 \\ 0 & 1 & 0 & 0 & 1 \end{bmatrix} = \begin{bmatrix} 1 & 1 & 1 & 0 & 1 \\ 1 & 1 & 1 & 1 & 1 \\ 1 & 1 & 1 & 1 & 1 \\ 0 & 1 & 1 & 1 & 0 \\ 1 & 1 & 1 & 0 & 1 \end{bmatrix}$$

$$M^2 \cdot \overline{M} = \begin{bmatrix} 0 & 0 & 1 & 0 & 1 \\ 0 & 0 & 0 & 1 & 0 \\ 1 & 0 & 0 & 0 & 1 \\ 0 & 1 & 0 & 0 & 0 \\ 1 & 0 & 1 & 0 & 0 \end{bmatrix} \qquad M^3 = \begin{bmatrix} 1 & 1 & 1 & 1 & 1 \\ 1 & 1 & 1 & 1 & 1 \\ 1 & 1 & 1 & 1 & 1 \\ 1 & 1 & 1 & 1 & 1 \\ 1 & 1 & 1 & 1 & 1 \end{bmatrix}$$

$$M^3 \cdot \overline{M}^2 = \begin{bmatrix} 0 & 0 & 0 & 1 & 0 \\ 0 & 0 & 0 & 0 & 0 \\ 0 & 0 & 0 & 0 & 0 \\ 1 & 0 & 0 & 0 & 1 \\ 0 & 0 & 0 & 1 & 0 \end{bmatrix}$$

Schließlich läßt sich die vollständige Tabelle der Distanzen wie folgt aufstellen:

	A	B	C	D	E
A	0	1	2	3	2
B	1	0	1	2	1
C	2	1	0	1	2
D	3	2	1	0	3
E	2	1	2	3	0

Dieser Begriff der Distanz kann manchmal bei gewissen Problemen der operationellen Untersuchungen benutzt werden. So will man z.B. eine Unterteilung eines aus 2n Punkten bestehenden Graphen in zwei Untergraphen von je n Punkten derart finden, daß die Anzahl der diese beiden Untergraphen verbindenden Bögen minimal ist.

Beispiel: Gegeben ist der symmetrische Graph G (Bild 13) und die zugehörige Matrix.

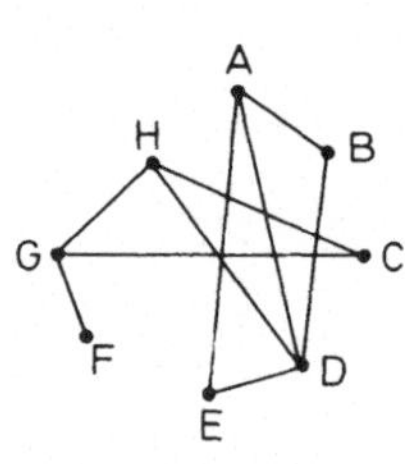

Bild 10.13

	A	B	C	D	E	F	G	H
A	1	1	0	1	1	0	0	0
B	1	1	1	1	0	0	0	0
C	0	1	1	0	0	0	1	1
D	1	1	0	1	1	0	0	1
E	1	0	0	1	1	0	0	0
F	0	0	0	0	0	1	1	0
G	0	0	1	0	0	1	1	1
H	0	0	1	1	0	0	1	1

Wir suchen ein Paar von Untergraphen G_1, G_2, das je vier Punkte enthält, wobei die Zahl der G_1 und G_2 verbindenden Bögen minimal ist.

Zunächst bestimmen wir die Matrix der Distanzen $d(X_i, X_j)$:

	A	B	C	D	E	F	G	H
A	0	1	2	1	1	4	3	2
B	1	0	1	1	2	3	2	2
C	2	1	0	2	3	2	1	1
D	1	1	2	0	1	3	2	1
E	1	2	3	1	0	4	3	2
F	4	3	2	3	4	0	1	2
G	3	2	1	2	3	1	0	1
H	2	2	1	1	2	2	1	0

Die am weitesten voneinander entfernten Punktepaare sind:

A, F: d(A, F) = 4 und

E, F: d(E, F) = 4.

Wir wollen nun den Graphen zeichnen, wobei wir als am weitesten voneinander entfernte Punkte z.B. A und F nehmen. Man stellt fest, daß, wenn ein Punkt X in einer Distanz p von A ($p \leqslant 4$) liegt, notwendig gilt

$$4 \geqslant d(F, X) \geqslant 4 - p;$$

ist die zweite Ungleichung nicht erfüllt, so existiert ein A und F verbindender Weg, der durch X geht und kürzer als 4 ist.

Wir können, von A ausgehend, fünf Abschnitte $Z_0, Z_1, \dots, Z_4$ abgrenzen, für die gilt: Z_0 enthält A;

Z_1 enthält die um 1 von A entfernten Punkte;

. . . .

Z_4 enthält den um 4 von A entfernten Punkt.

Entsprechend bestimmen wir die Abschnitte $Z'_0, \dots, Z'_4$ von F ausgehend. Auf diese Weise erhalten wir folgende Darstellungen, indem wir die im Graphen miteinander verbundenen Punkte verbinden (Bild 10.14a und b).

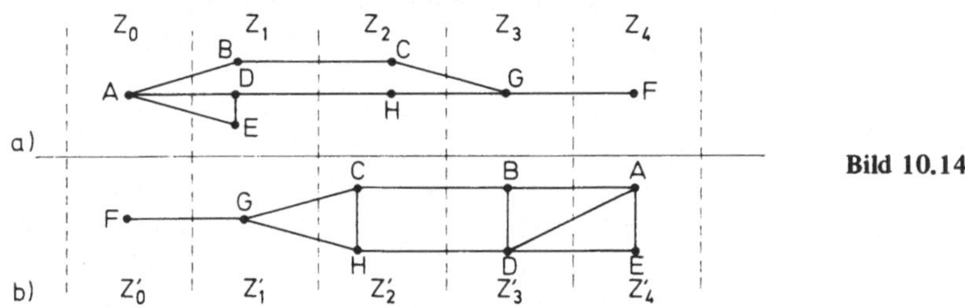

Bild 10.14

Die Untersuchung dieser beiden Darstellungen führt nun sofort zur Teilung von G in zwei aus vier Punkten bestehende Untergraphen:

G_1 = A, B, D, E

G_2 = C, H, G, F.

In dieser Unterteilung treten zwei Verbindungsbögen zwischen G_1 und G_2 auf: BC und DH.

Weiter sieht man, daß die Untersuchung des Paares E, F nichts Neues bringt, da man mit Hilfe der Abschnitte $Z'_0, \dots, Z'_4$ genau eine der beiden erhaltenen Darstellungen bekommt.

Die Situation ist jedoch nicht immer so einfach. Es kann z.B. sein,

1. daß mehrere Paare $(X_i, X_j), (X_k, X_l), \dots$ existieren mit $d(X_i, X_j) = d(X_k, X_l)$, daß diese Distanz maximal ist und außerdem $i \neq j \neq k \neq l$ ist; dann muß man jeden Fall getrennt untersuchen;

2. daß der Vergleich der Graphen, die man aus dem Abschnitt $Z(X_i)$ mit der Wahl von X_i als äußerstem Punkt und dem Abschnitt $Z(X_j)$ mit X_j als äußerstem Punkt erhält, keine Lösung des Problems bringt.

Ist jedenfalls ein Paar von D entfernten extremen Punkten X_i, X_j (wobei D maximal ist) gegeben, so sind die Graphen G_1 und G_2 disjunkt, wobei G_1, G_2 die folgende Form hat:

G_1': X_i und alle Punkte X_k mit $d(X_i, X_k) < \frac{D}{2}$

G_2': X_j und alle Punkte X_l mit $d(X_j, X_l) < \frac{D}{2}$;

andernfalls wäre D nicht maximal.

Enthalten G_1' und G_2' nicht mehr als n Punkte, so läßt sich voraussehen, daß jede Lösung G_1 und G_2 mit:

$$G_1' \subset G_1 \qquad \text{und} \qquad G_2' \subset G_2$$

einer Lösung vorzuziehen ist, bei der G_2 die Punkte von G_1' oder umgekehrt G_1 die Punkte G_2' enthält.

Es bleibt also noch zu untersuchen, in welchen Untergraphen die Punkte X_k zu setzen sind, für die gilt

$$d(X_i, X_k) \geqslant \frac{D}{2} \qquad \text{und} \qquad d(X_j, X_k) \geqslant \frac{D}{2}.$$

Beispiel: Man erhielt die Darstellung in Bild 10.15, indem man A und P als extreme Punkte wählte, hier 2n = 18, n = 9.

Es gilt: D = 6 und $\frac{D}{2} = 3$.

G_1' = A, C, L, M, F, G, H enthält 7 Punkte

G_2' = P, B, O, K, J, D enthält 6 Punkte.

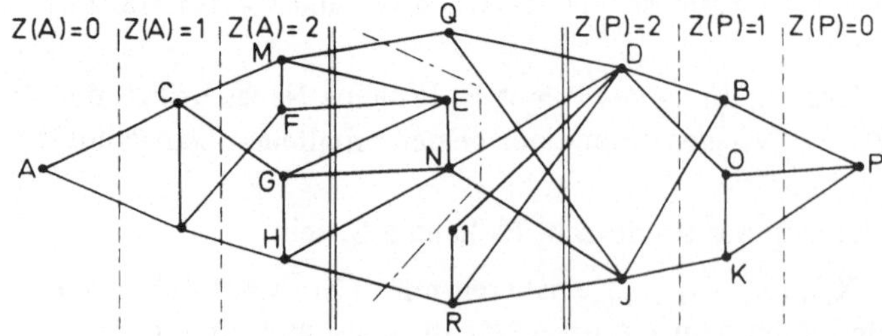

Bild 10.15

Es bleiben die Punkte Q, E, N, I, R, die von A und P mehr als 2 entfernt sind; zwei dieser Punkte müssen zu dem A enthaltenden Untergraphen G_1 gehören und drei zu dem P enthaltenden Untergraphen G_2.

Man kann nun alle Lösungen untersuchen; das Problem läßt sich jedoch vereinfachen, wenn man beachtet, daß E keine Verbindung zu G_2 hat. Wir ordnen E dem Untergraphen G_1 zu. Andererseits hat I keine Verbindung zu G_1; wir ordnen I dem Untergraphen G_2 zu. Ein einziger der Punkte Q, N, R muß zu G_1 gehören. Außerdem gilt:

Q hat eine Verbindung zu $[G_1' \cup E]$ und zwei zu $[G_2' \cup I] \cup [N \cup R]$

N hat drei Verbindungen zu $[G_1' \cup E]$ und zwei zu $[G_2' \cup I] \cup [Q \cup R]$

R hat eine Verbindung zu $[G_1' \cup E]$ und drei zu $[G_2' \cup I] \cup [Q \cup N]$.

Man sieht also: Verbindet man N mit G_1, Q und R mit G_2, so erhält man eine bessere Lösung,als wenn man Q oder R mit G_1 verbindet.

Es gilt somit:

G_1 = A, C, L, M, F, G, H, E, N

G_2 = P, B, O, K, J, D, I, Q, R.

Also gibt es vier Verbindungen zwischen G_1 und G_2 ($\overleftrightarrow{MQ}$, $\overleftrightarrow{ND}$, $\overleftrightarrow{NJ}$, $\overleftrightarrow{HR}$).

Es bliebe noch zu untersuchen, ob der betrachtete Graph weitere Paare (X_i, X_j) zuläßt, für die $d(X_i, X_j) = 6$ gilt, und ob man bzgl. dieser extrem gewählten Punkte mit Hilfe der erhaltenen Darstellungen eine bessere Lösung finden kann.

5. *Untersuchung der Hamiltonschen Kreise eines beliebigen Graphen*

Definitionen

1. Kreis. Ein Graph (oder ein partieller Graph) $C = (E, \varphi)$ heißt *Kreis,* wenn C stark zusammenhängend und φ eineindeutig ist.

Beispiele:

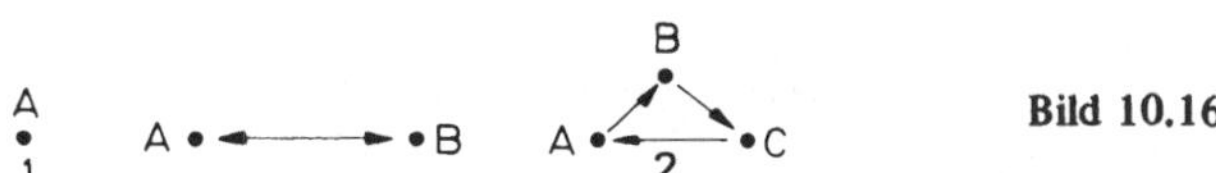

Bild 10.16

Die wichtigste Eigenschaft eines Kreises ist die folgende: Ist n die Anzahl der Punkte des Graphen und X_i ein beliebiger der zugehörigen Punkte, so existiert ein eindeutig bestimmter, *aus* n *Bögen bestehender Weg,* der diesen Punkt mit sich selbst verbindet.

Sei M die einem Kreis zugeordnete Matrix der Ordnung n, so sind $M, M^2, \ldots, M^{n-1}$ ebenfalls Matrizen, die jeweils einem verschiedenen Kreis zugeordnet sind, und es ist $M^n = [1]$.

Beispiel: n = 3

$$M = \begin{matrix} & \begin{matrix} A & B & C \end{matrix} \\ \begin{matrix} A \\ B \\ C \end{matrix} & \begin{bmatrix} 0 & 1 & 0 \\ 0 & 0 & 1 \\ 1 & 0 & 0 \end{bmatrix} \end{matrix};$$

$$M^2 = \begin{bmatrix} 0 & 1 & 0 \\ 0 & 0 & 1 \\ 1 & 0 & 0 \end{bmatrix} \otimes \begin{bmatrix} 0 & 1 & 0 \\ 0 & 0 & 1 \\ 1 & 0 & 0 \end{bmatrix} = \begin{bmatrix} 0 & 0 & 1 \\ 1 & 0 & 0 \\ 0 & 1 & 0 \end{bmatrix};$$

Die Matrix M^2 entspricht dem Graphen in Bild 10.17; schließlich

$$M^3 = \begin{bmatrix} 0 & 0 & 1 \\ 1 & 0 & 0 \\ 0 & 1 & 0 \end{bmatrix} \otimes \begin{bmatrix} 0 & 1 & 0 \\ 0 & 0 & 1 \\ 1 & 0 & 0 \end{bmatrix} = \begin{bmatrix} 1 & 0 & 0 \\ 0 & 1 & 0 \\ 0 & 0 & 1 \end{bmatrix}.$$

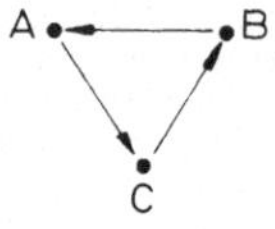

Bild 10.17

Bezeichnet man mit [T] die Matrix, deren sämtliche Elemente gleich 1, und mit [0] die Matrix, in der alle Elemente Null sind, so stellt man weiter fest, daß gilt:

$$M \dotplus M^2 \dotplus \ldots \dotplus M^n = [T]$$

und

$$M \cdot M^2 \cdot \ldots \cdot M^n = [0].$$

Im obigen Beispiel:

$$M \dotplus M^2 \dotplus M^3 = \begin{bmatrix} 0 & 1 & 0 \\ 0 & 0 & 1 \\ 1 & 0 & 0 \end{bmatrix} \dotplus \begin{bmatrix} 0 & 0 & 1 \\ 1 & 0 & 0 \\ 0 & 1 & 0 \end{bmatrix} \dotplus \begin{bmatrix} 1 & 0 & 0 \\ 0 & 1 & 0 \\ 0 & 0 & 1 \end{bmatrix} = \begin{bmatrix} 1 & 1 & 1 \\ 1 & 1 & 1 \\ 1 & 1 & 1 \end{bmatrix}$$

$$M \cdot M^2 \cdot M^3 = \begin{bmatrix} 0 & 1 & 0 \\ 0 & 0 & 1 \\ 1 & 0 & 0 \end{bmatrix} \cdot \begin{bmatrix} 0 & 0 & 1 \\ 1 & 0 & 0 \\ 0 & 0 & 1 \end{bmatrix} \cdot \begin{bmatrix} 1 & 0 & 0 \\ 0 & 1 & 0 \\ 0 & 0 & 1 \end{bmatrix} = \begin{bmatrix} 0 & 0 & 0 \\ 0 & 0 & 0 \\ 0 & 0 & 0 \end{bmatrix}.$$

2. Faktor. Ein Graph G, G = (E, f), heißt Faktor, wenn f eineindeutig ist.

Beispiel: (Bild 10.18).

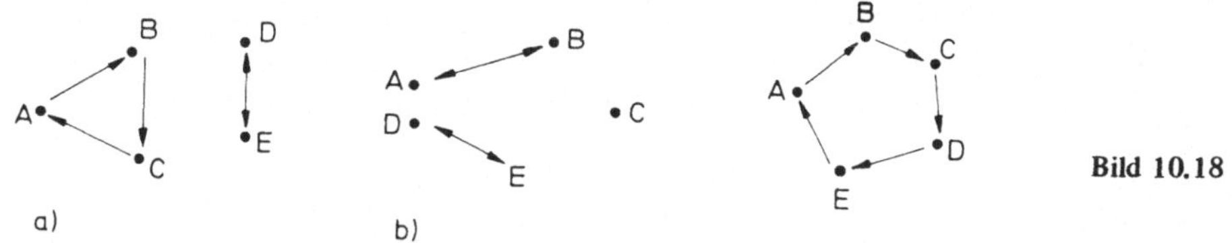

Bild 10.18

Es läßt sich zeigen, daß für einen Faktor gilt:

a) Es existiert höchstens ein Weg, der zwei beliebige Punkte X_i und X_j verbindet.

b) Existiert der Weg $\overrightarrow{X_i \cdot \ldots \cdot X_j}$, so existiert ebenfalls der Weg $\overrightarrow{X_j \cdot \ldots \cdot X_i}$; daraus folgt, daß der Punkt X_i zu einem stark zusammenhängenden Untergraphen des Faktors gehört, daß X_i also zu einem Kreis gehört. Da f eineindeutig ist, ist jedem Punkt des Faktors ein und nur ein Punkt, entweder der Punkt selbst oder ein anderer Punkt, zugeordnet. Daraus folgt, daß jeder Punkt zu einem und nur einem Kreis gehört.

Hamiltonsche Kreise

Ist ein Faktor (oder ein Kreis) stark zusammenhängend, so heißt er *Hamiltonscher Kreis.*

Das Problem, das wir behandeln wollen, besteht aus der Untersuchung und Aufzählung der Hamiltonschen Kreise und der in einem beliebigen Graphen enthaltenen Faktoren.

Da f eineindeutig ist, enthält die einem Faktor zugeordnete Matrix in jeder Zeile und in jeder Spalte genau ein von Null verschiedenes Element. Gilt umgekehrt diese Eigenschaft, so ist f eineindeutig.

Cl. Flament (in Bulletin du Centre d'Études et de Recherches psychotechniques – 1959. Nr. 1, 2) hat eine Lösung des Problems gegeben, indem er die dem Graphen zugeordnete Matrix benutzte.

M sei diese Matrix der Ordnung n. Betrachten wir einen der n! Terme der Laplaceschen Entwicklung der Determinante von M.

$$P_\alpha = m_{i_1 j_1} \cdot m_{i_2 j_2} \cdot \ldots \cdot m_{i_n j_n} \qquad (\alpha = 1, 2, \ldots, n!).$$

Dieser Term ist so beschaffen, daß jeder Zeilenindex $i_1, \ldots, i_n$ genau einmal auftritt; entsprechendes gilt für die Spaltenindices.

Außerdem gilt:

$m_{ij} = 1$, wenn der Bogen $\overrightarrow{X_i X_j}$ zum Graphen gehört;

$m_{ij} = 0$, im entgegengesetzten Fall.

Daraus folgt, daß $P_\alpha = 1$, wenn alle Bögen $\overrightarrow{X_{i_n} X_{j_k}}$ zum Graphen gehören.

H sei die Menge dieser Bögen und M′ die zugehörige Matrix. Da $P_\alpha = 1$ ist, enthält jede Zeile genau ein von 0 verschiedenes Element. Dasselbe gilt für jede Spalte.

φ war die durch diese Matrix definierte Funktion.

$\varphi(X_i)$ enthält bei beliebigem i genau ein Element, ebenso $\varphi^{-1}(X_i)$, also ist φ eineindeutig, und H ist ein Faktor.

Die Anzahl N der Faktoren eines Graphen ist damit durch folgende Formel gegeben:

$$N = \sum_{\alpha=1}^{\alpha=n!} P_\alpha.$$

Bemerkung: Die Zahl $\sum_\alpha P_\alpha$ heißt *Permanente* einer beliebigen Matrix, wobei P_α einen der n! Terme der Laplaceschen Entwicklung ihrer Determinante bezeichnet. Die Anzahl der in einem Graphen enthaltenen Hamiltonschen Kreise ist also gleich der Permanente der zugehörigen Matrix. Die Aufzählung und Bestimmung der Hamiltonschen Kreise ist etwas komplexer. Eine Möglichkeit besteht darin, durch die im vorigen Kapitel angeführte Methode den Zusammenhang eines jeden Faktors nachzuprüfen; das ist jedoch auf Grund der Länge wenig gebräuchlich.

Man kann aber folgendes feststellen: Ist H ein Hamiltonscher Kreis, dann läßt sich das elementare Produkt P_α durch Permutationen seiner Terme folgendermaßen darstellen:

$$P_\alpha = m_{i_1 i_2} \cdot m_{i_2 i_3} \cdot m_{i_3 i_4} \cdot \ldots \cdot m_{i_{n-1} i_n} \cdot m_{i_n i_1};$$

der entsprechende Weg ist:

$$\overrightarrow{X_{i_1} X_{i_2} X_{i_3} \ldots X_{i_n} X_{i_1}}\ .$$

Gegeben ist die zu G gehörige Matrix M der Ordnung n, wobei n = 4 sei.

Wir lassen ein beliebiges Element $m_{ij} = 1$ von M weg (z.B. i = 1 und j = der kleinste Spaltenindex mit $m_{ij} = 1$); setzen wir $i = i_1$, $j = i_2$.

Nun untersuchen wir die Minorante $M^{i_1 i_2}$ von M (d.h. die Determinante der Matrix der Ordnung n − 1, hier der Ordnung 3, die aus M entsteht, indem man die i_1-ste Zeile und i_2-te Spalte streicht). Wir bezeichnen sie mit M_1.

Anstatt sie wie bei der Laplaceschen Entwicklung bzgl. einer beliebigen Zeile zu entwickeln, entwickeln wir sie bzgl. der Zeile i_2; wir lassen in dieser Zeile ein Element $m_{i_2 j}$ weg, mit:

a) $m_{i_2 j} = 1$;

b) $j \neq i_1$;

die zweite Bedingung ergibt sich sofort, da das Produkt $m_{i_1 i_2} \cdot m_{i_2 i_1}$ dem Paar (X_{i_1}, X_{i_2}) entspricht; enthält jedoch ein Faktor einen aus weniger als n Bögen bestehenden Kreis, so ist er kein Hamiltonscher Kreis.

Also sei $m_{i_2 i_3}$ der fortfallende Term, falls er existiert. Nun entwickeln wir den Minor $M_2 = M_1^{i_2 i_3}$ der Determinante der Matrix M_1 bzgl. der Zeile i_3. Dieser Minor enthält nicht die Spalte i_2, da M_1 diese Spalte nicht enthält.

Wir lassen nun, wie vorher, ein Element $m_{i_3 j}$ weg, mit:

a) $m_{i_3 j} = 1$;

b) $j \neq i_1$.

Die Spalten i_2 und i_3 treten nicht in der Matrix M_2 auf, und da $n = 4$ ist, existiert in diesem Fall nur eine einzig mögliche Lösung, ein Index j, nennen wir ihn i_4.

Wir nehmen nun an, daß $m_{i_3 i_4} = 1$ ist.

Schließlich entwickeln wir den Minor $M_3 = M_2^{i_3 i_4}$ der Determinante der Matrix M_2 bzgl. der Zeile i_4. In dem betrachteten Fall ist dieser Minor das Element $m_{i_4 i_1}$; ist dieses Element gleich 1, so erhalten wir den Hamiltonschen Kreis, der durch:

$$P_\alpha = m_{i_1 i_2} \cdot m_{i_2 i_3} \cdot m_{i_3 i_4} \cdot m_{i_4 i_1}$$

definiert ist.

Beispiel: Gegeben ist die Matrix

$$M = \begin{array}{c} \\ 1 \\ 2 \\ 3 \\ 4 \end{array} \begin{array}{c} \begin{array}{cccc} 1 & 2 & 3 & 4 \end{array} \\ \begin{bmatrix} 1 & 0 & 1 & 1 \\ 0 & 1 & 1 & 0 \\ 1 & 0 & 1 & 1 \\ 0 & 1 & 1 & 0 \end{bmatrix} \end{array}.$$

Wir entwickeln bzgl. der ersten Zeile:

- der Term m_{11} kann nicht weggelassen werden, um den Hamiltonschen Kreis zu erhalten; er stellt X_1 dar;
- der fortfallende Term sei m_{13}.

Der Minor:

$$M_1 = M^{13} = \begin{array}{c} \\ 2 \\ 3 \\ 4 \end{array} \begin{array}{c} \begin{array}{ccc} 1 & 2 & 4 \end{array} \\ \begin{bmatrix} 0 & 1 & 0 \\ 1 & 0 & 1 \\ 0 & 1 & 0 \end{bmatrix} \end{array}$$

ist bzgl. der Zeile 3 zu entwickeln; der Term m_{31} kann nicht weggelassen werden, da das Produkt $m_{13} m_{31}$ dem Kreis $X_1 X_3$ entspricht. Wir können z.B. den Term m_{34} weglassen. Nun untersuchen wir den Minor

$$M_2 = M_1^{34} = \begin{array}{c} \\ 2 \\ 4 \end{array} \begin{array}{c} \begin{array}{cc} 1 & 2 \end{array} \\ \begin{bmatrix} 0 & 1 \\ 0 & 1 \end{bmatrix} \end{array},$$

den wir nach Zeile 4 entwickeln. Nur der Term m_{42} kann fortfallen.

Der Minor:

$$M_3 = M_2^{42} = \begin{array}{c} \\ 2 \end{array} \begin{array}{c} 1 \\ [0] \end{array};$$

da m_2 Null ist, haben wir keinen Hamiltonschen Kreis erhalten.

Gehen wir nun zu dem Minor M_2, dann zu dem Minor M_1 zurück, so sehen wir, daß wir diese einzige Wahl hatten. Man muß also zu M zurückgehen und dann als ersten Term $m_{14} = 1$ wählen. Dann gilt:

$$M_1' = \begin{array}{c} \\ 2 \\ 3 \\ 4 \end{array} \begin{array}{c} \begin{array}{ccc} 1 & 2 & 3 \end{array} \\ \begin{bmatrix} 0 & 1 & 1 \\ 1 & 0 & 1 \\ 0 & 1 & 1 \end{bmatrix} \end{array},$$

und in Zeile 4 lassen wir zunächst m_{42} weg. Man erhält

$$M_2' = \begin{array}{c} \\ 2 \\ 3 \end{array} \begin{array}{c} \begin{array}{cc} 1 & 3 \end{array} \\ \begin{bmatrix} 0 & 1 \\ 1 & 1 \end{bmatrix} \end{array}.$$

Wir entwickeln nach Zeile 2 und lassen m_{23} fort. ($m_{23} = 1$)

Der Minor

$$M_3' = \begin{array}{c} \\ 3 \end{array} \begin{array}{c} 1 \\ [1] \end{array},$$

d.h. $m_{31} = 1$. Daraus ergibt sich

$$P_\alpha = m_{14} \cdot m_{42} \cdot m_{23} \cdot m_{31} \; .$$

Wir haben den Hamiltonschen Kreis $X_1 X_4 X_2 X_3$ erhalten (Bild 10.19).

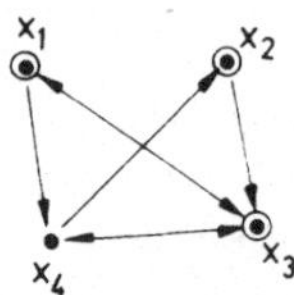

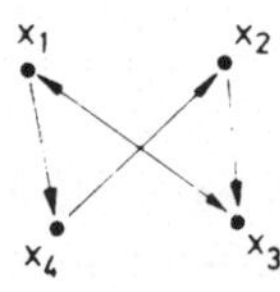

Bild 10.19

Gehen wir nun zu dem Minor M_2' zurück, so sehen wir, daß keine andere Wahlmöglichkeit existierte; kommt man jedoch zu dem Minor M_1' zurück, so bleibt eine zweite Möglichkeit zu untersuchen, da $m_{43} = 1$ ist. Wir lassen also die Terme $m_{14} \cdot m_{43}$ weg.

Der Minor ist

$$M_2'' = \begin{matrix} & 1 & 2 \\ 2 & 0 & 1 \\ 3 & 1 & 0 \end{matrix},$$

und wir entwickeln nach Zeile 3. Die einzige Möglichkeit besteht darin, den Term m_{31} wegfallen zu lassen; wir erhalten jedoch den durch $m_{14} \cdot m_{43} \cdot m_{31}$ dargestellten Kreis, also $X_1 X_4 X_3$. Diese Möglichkeit entfällt somit.

Weder der Minor M_1' noch die Matrix M bieten weitere Wahlmöglichkeiten. Wir haben also den eindeutig bestimmten Hamiltonschen Kreis des Graphen gefunden, der lautet: $X_1 X_4 X_2 X_3$.

Ist wohlbemerkt die dem Graphen zugehörige Matrix von höherer Ordnung, dann ist die Bestimmung aller Hamiltonschen Kreise praktisch nur mit Hilfe elektronischer Rechner durchführbar.

Zweiter Teil Übungsbeispiele zur Booleschen Algebra

11. Boolesche Operationen auf Mengen

1. Man beweise die Eigenschaft der Absorption:

$A \cap (A \cup B) = A \cup (A \cap B)$.

Diese Eigenschaft kann aufgrund unserer Definition der Vereinigungsoperation $\cup$ und der Durchschnittsoperation $\cap$ bewiesen werden:

$A \cup B$ ist die Menge der Elemente, die in A oder B oder in beiden liegen.

$A \cap B$ ist die Menge der Elemente, die in A und B liegen; also ist

$A \cap (A \cup B)$ die Menge der Elemente, die A und $A \cup B$ gemeinsam ist.

Nun gehört jedes Element von A der Menge $A \cup B$ an. Demnach ist A in $A \cap (A \cup B)$ enthalten. Andererseits ist jedes Element, das nicht A angehört (d.h. jedes Element des Komplements von A, $\mathbf{C}_A$), in keiner Menge der Form $A \cap C$ enthalten, wobei C eine beliebige Menge darstellt. Insbesondere enthält $A \cap (A \cup B)$ nur Elemente, die A angehören. Demnach ist $A \cap (A \cup B)$ in A enthalten.

Wir haben dann

$A \cap (A \cup B) \supset A$

und

$A \cap (A \cup B) \subset A$.

Hieraus folgt

$A \cap (A \cup B) = A$.

Ebenso kann gezeigt werden, daß

$A \cup (A \cap B) = A$.

$A \cup (A \cap B)$ ist die Menge der Elemente, die in A und $A \cap B$ liegen oder nicht. Nun sind alle Elemente von $A \cap B$ in A enthalten. Daher enthält die Menge $A \cup (A \cap B)$ nur Elemente aus A und aus $A \cup (A \cap B) \subset A$. Nach der Definition der Vereinigung enthält aber jede Menge $A \cup C$, wobei C eine beliebige Menge ist, alle Elemente von A. Insbesondere gilt

$A \cup (A \cap B) \supset A$.

Wir haben daher

$A \cup (A \cap B) = A$,

woraus folgt, daß

$$A \cap (A \cup B) = A \cup (A \cap B) = A.$$

Wir können diese Eigenschaft graphisch verifizieren (Bild 11.1):

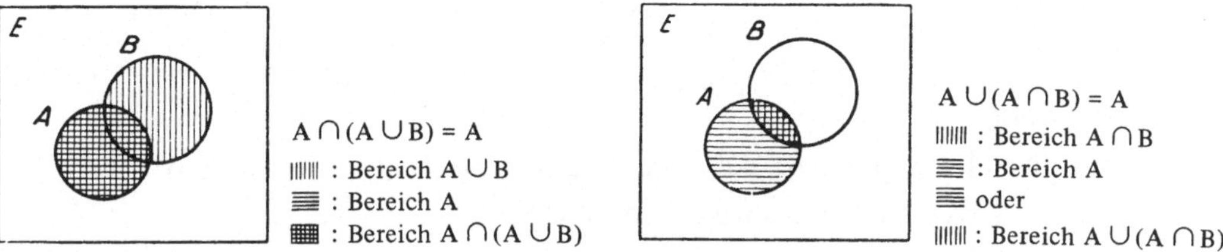

Bild 11.1

Ebensogut hätten wir die Eigenschaften der Distributivität der Vereinigung bzgl. des Durchschnitts oder die Eigenschaft der Distributivität des Durchschnitts bzgl. der Vereinigung benützen können; in der Tat ist

$$A \cap (A \cup B) = (A \cap A) \cup (A \cap B) \quad \text{(Distributivität von } \cap \text{ bzgl. } \cup\text{)},$$

es ist jedoch $A \cap A = A$, woraus folgt, daß

$$A \cap (A \cup B) = A \cup (A \cap B).$$

2. Es ist nachzuweisen, daß aus den Relationen

$$(A \cup C) \subset (A \cup B) \tag{1}$$

und

$$(A \cap C) \subset (A \cap B) \tag{2}$$

$C \subset B$ folgt.

Wir werden zeigen, daß für ein beliebiges $x \in C$ das Element x auch B angehört, wenn die beiden Beziehungen (1) und (2) gelten.

Nun ist $x \in A \cup C$, und aus $x \in C$ folgt, daß

$x \in A \cap C$ (Elemente, die A und C gemeinsam sind)

oder

$x \in \mathbf{C}_{(A)} \cap C$ (Elemente von C, die nicht in A enthalten sind).

Wenn $x \in A \cup C$, gilt nach (1): $x \in A \cup B$; wenn also $x \in \mathbf{C}_{(A)} \cap C$, kann ein x, das nicht A angehört, nur B angehören.

Ist $x \in A \cap C$, so ist nach (2) $x \in A \cap B$; wenn daher $x \in A \cap C$, ist x sowohl in A als auch in B enthalten und gehört demnach B an.

In jedem Fall gehört also x der Menge B an. Da dies für jedes Element von C gilt, haben wir

$$C \subset B.$$

Das zeigt auch die folgende graphische Darstellung in Bild 11.2.

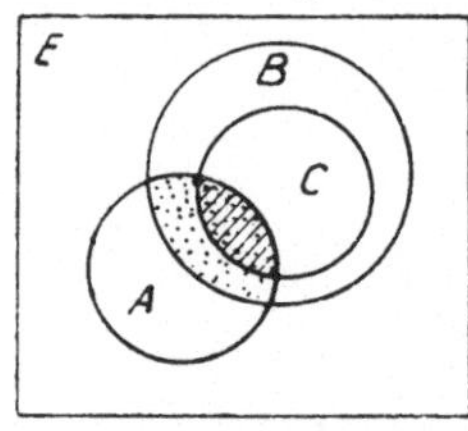

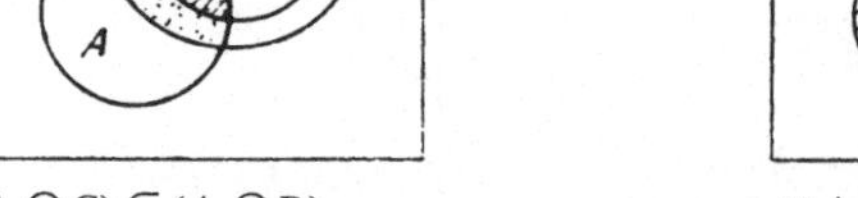

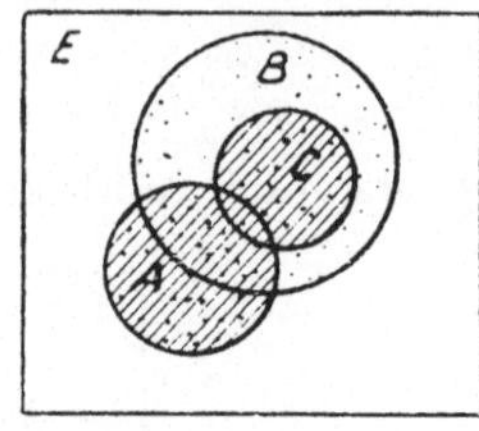

$(A \cap C) \subset (A \cap B)$ $(A \cup C) \subset (A \cup B)$

Bild 11.2

Aus Bild 11.3 geht hervor, daß wenn $C \not\subset B$ (C ist nicht in B enthalten),

$(A \cup C) \not\subset (A \cup B)$ (Beziehung (1) ist falsch)

oder

$(A \cap C) \not\subset (A \cap B)$ (Beziehung (2) ist falsch),

oder die Beziehungen (1) und (2) sind alle beide falsch.

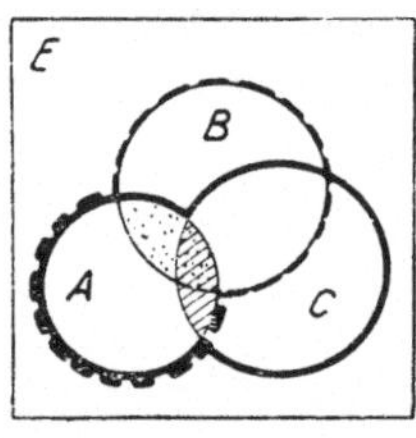

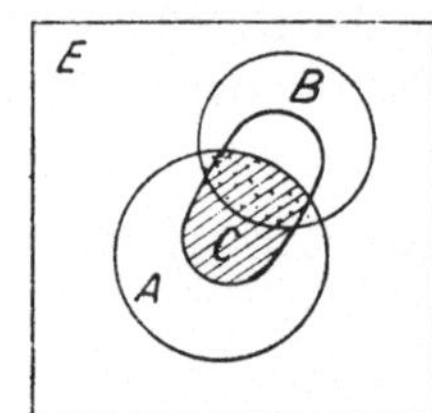

Bild 11.3

$(A \cup B) \not\supset (A \cup C)$
$(A \cap B) \not\supset (A \cap C)$

: $A \cap B$ (punktiert)
: $A \cap C$ (schraffiert)
(fett gedruckte Linie): $A \cup C$
(gestrichelte Linie): $A \cup B$

Die Beziehungen (1) und (2) sind falsch.

$A \cup C \subset A \cup B$
aber
$A \cup C \not\subset A \cup B$

: $A \cap B$
: $A \cap C$

$A \cap C \subset A \cap B$
aber
$A \cap C \not\subset A \cap B$

: $A \cap B$
: $A \cap C$
: $A \cup C$
: $A \cup B$

3. Die Elemente von E, die in einer der Teilmengen A oder B liegen, aber nicht in beiden zugleich, nennt man die symmetrische Differenz D von A und B.

Es ist

$$D = \mathbf{C}_{A \cup B}(A \cap B) \quad (1) \qquad D \cap A = \mathbf{C}_A(A \cap B) \quad (3)$$

$$D = \{\mathbf{C}_A(A \cap B)\} \cup \{\mathbf{C}_B(A \cap B)\} \quad (2) \qquad \mathbf{C}_E(D) = (A \cap B) \cup \mathbf{C}_E(A \cup B). \quad (4)$$

3.1. $D = \mathbf{C}_{A \cup B}(A \cap B)$

Wir betrachten hier $A \cup B$, d.h. die Menge derjenigen Elemente, die A und B gemeinsam sind oder nicht. Die Menge $\mathbf{C}_{A \cup B}(A \cap B)$ bezeichnet demnach diejenigen Elemente von $A \cap B$, die verschieden sind von den Elementen von $A \cap B$, d.h. Elemente, die nicht A und B gemeinsam sind. Es bezeichnet demnach diejenigen Elemente, die A angehören, jedoch nicht B, und jene, die B angehören, aber nicht A; man erhält dieselbe Definition für die symmetrische Differenz D von A und B.

3.2. $D = \{\complement_A(A \cap B)\} \cup \{\complement_B(A \cap B)\}$

Der Ausdruck $\complement_A(A \cap B)$ bezieht sich auf die Menge A, die wir hier betrachten. Diese Menge bezeichnet die Elemente von A, die nicht A und B gemeinsam sind, also nicht in B enthalten sind. Analog bezeichnet $\complement_B(A \cap B)$, wobei wir uns auf B beziehen, die Elemente von B, die nicht A und B gemeinsam sind, also nicht in A enthalten sind.

Die Vereinigung dieser beiden Mengen bezeichnet daher die Elemente von A, die nicht in B enthalten sind, und die Elemente von B, die nicht in A enthalten sind, das ist, definitionsgemäß, die Menge D.

3.3. $D \cap A = \complement_A(A \cap B)$

Nach der Definition von D bezeichnet $D \cap A$ diejenigen Elemente, die A und D gemeinsam sind, d.h. die Elemente, die sowohl A angehören als auch der Menge der Elemente von A, die nicht in B enthalten sind, und der Elemente von B, die nicht in A enthalten sind. Wir haben also:

$$D \cap A = [(A \cap \complement_E(B)) \cup (B \cap \complement_E(A))] \cap A.$$

Infolge der Distributivität des Durchschnitts bzgl. der Vereinigung können wir schreiben

$$D \cap A = [A \cap \complement_E(B) \cap A] \cup [A \cap B \cap \complement_E(A)].$$

$A \cap \complement_E(A)$ ist jedoch die leere Menge. Daher ist

$$A \cap B \cap \complement_E(A) = \phi$$

und

$$D \cap A = A \cap \complement_E(B) \cap A = A \cap \complement_E(B),$$

da $A \cap A = A$.

Es genügt nun zu zeigen, daß

$$\complement_A(A \cap B) = A \cap \complement_E(B).$$

Der Ausdruck $\complement_A(A \cap B)$, worin A als Bezugsmenge betrachtet ist, bezeichnet die Menge der Elemente aus A, die nicht A und B gemeinsam sind, d.h., die nicht B angehören. Diese Elemente gehören daher sowohl A als auch dem Komplement von B bzgl. der Bezugsmenge E an, d.h. dem Durchschnitt $A \cap \complement_E(B)$.

Hieraus folgt die Beziehung

$$D \cap A = \complement_A(A \cap B).$$

3.4. $\complement_E(D) = (A \cap B) \cup \complement_E(A \cup B)$

Die Menge D wird von Elementen aus A oder aus B gebildet; ausgenommen sind Elemente, die sowohl A als auch B angehören, diese Elemente sind demnach gleichzeitig enthalten in

der Menge $A \cup B$ und in
der Menge der A und B nicht gemeinsamen Elemente, d.h. der Menge $\complement_E(A \cap B)$.

Die Menge D ist daher durch den Durchschnitt der beiden Mengen $A \cup B$ und $\complement_E(A \cap B)$ gegeben, nämlich

$$D = (A \cup B) \cap (\complement_E(A \cap B)).$$

Wir haben also

$$\complement_E(D) = \complement_E[(A \cup B) \cap (\complement_E(A \cap B))],$$

das heißt, jedes Element aus $\complement_E(D)$ gehört dem Teil von E an, der nicht den Mengen $A \cup B$ und $\complement_E(A \cap B)$ gemeinsam ist.

Dieser nicht gemeinsame Teil setzt sich zusammen aus den Elementen, die

a) E angehören, ohne $A \cup B$ anzugehören, d.h., die $\complement_E(A \cup B) = \alpha_1$ angehören, oder die

b) E angehören, ohne $\complement_E(A \cap B)$ anzugehören, d.h., die zu $\complement_E[\complement_E(A \cap B)] = A \cap B = \alpha_2$ gehören, oder schließlich die

c) keiner der beiden Mengen $A \cup B$ und $\complement_E(A \cap B)$ angehören, sondern der Menge

$$\complement_E(A \cup B \cup \complement_E(A \cap B)) = \alpha_3.$$

Wir wollen nun zeigen, daß die Menge $A \cup B \cup \complement_E(A \cap B)$ nichts anderes ist als E selbst. In der Tat ist

$$\complement_E(A \cap B) \supset \complement_E(A \cup B),$$

da jedes Element von E, das nicht der Vereinigung $A \cup B$ angehört, auch nicht in deren Durchschnitt enthalten sein kann.

Wir haben also

$$A \cup B \cup \complement_E(A \cap B) \supset (A \cup B) \cup (\complement_E(A \cup B)) = E$$

und daher

$$\complement_E(E) = \phi = \alpha_3.$$

$\complement_E(D)$ enthält nun Elemente der Mengen α_1, α_2 oder α_3

$$\complement_E(D) = \alpha_1 \cup \alpha_2 \cup \alpha_3,$$

woraus folgt, daß

$$\complement_E(D) = \complement_E(A \cup B) \cup (A \cap B) \cup \phi = \complement_E(A \cup B) \cup (A \cap B).$$

Bild 11.4 gibt eine graphische Darstellung von D. Man sieht, daß wir die beiden Ausdrücke

$$D = (A \cap \complement_E(B)) \cup (B \cap \complement_E(A))$$

und

$$D = (A \cup B) \cap (\complement_E(A \cap B))$$

verwendet haben.

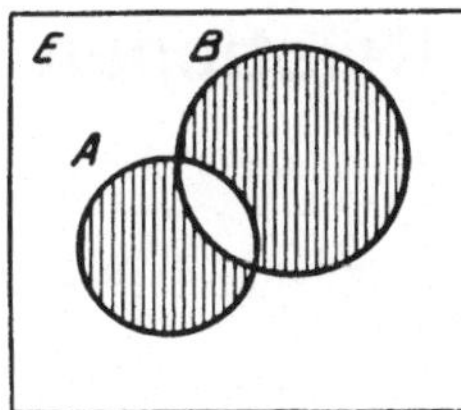

Bild 11.4
$D = (A \cap \complement_E(B)) \cup (B \cap \complement_E(A))$

Diese Ausdrücke sind in der Tat äquivalent, wie man leicht feststellt, wenn man die Regel von de Morgan anwendet.

4. Man betrachte das lineare Intervall $0 < x < \frac{1}{n}$, das A_n definiert.

Man bestimme $\bigcap_{j=0}^{\infty} A_j$.

Wir können schreiben

$$I = \bigcap_{j=0}^{\infty} A_j \subset \lim_{n \to \infty} A_n = A_\infty ,$$

da es sich um einen Durchschnitt von Mengen handelt, jedes Element von I allen jenen Mengen angehört, die an diesem Durchschnitt beteiligt sind, insbesondere der Menge $\lim_{n \to \infty} A_n = A_\infty$.

Man zeige, daß die Menge leer ist.

Wenn n unbegrenzt wächst, strebt $\frac{1}{n}$ gegen 0. Nehmen wir nun an, daß die Menge A_∞ nicht leer ist. Sie enthielte dann zumindest ein Element x und man hätte

$$0 < x < 0,$$

was absurd ist.

Daher ist $I \dot{\subset} A_\infty = \phi$, woraus folgt, daß $I = \phi$.

Bemerkung: Wenn wir die Menge A'_n durch das Intervall

$$0 \leqslant x \leqslant \frac{1}{n}$$

definieren, ist die Menge $A'_\infty = \lim_{n \to \infty} A'_n$ nicht leer. Wir haben in der Tat

$$0 \leqslant 0 \leqslant \lim_{n \to \infty} \frac{1}{n} = 0 .$$

A'_∞ enthält demnach ein Element, 0, und wir erhalten

$$I' = \bigcap_{j=0}^{\infty} A'_j = \{0\}.$$

12. Übungen aus dem Gebiet der binären Relationen

1. Bei den folgenden binären Relationen werden wir prüfen, ob sie reflexiv, symmetrisch oder transitiv sind:

1. Die Beziehung „senkrecht" bei Geraden einer Ebene,
2. die Beziehung der Orthogonalität für Kreise,
3. die Beziehung „konjugiert" bei Punkten in bezug auf einen Kreis,
4. die Beziehung $\leqslant$ für die positiven ganzen Zahlen,
5. die Beziehung $a^2 + a = b^2 + b$ für die relativen ganzen Zahlen,
6. die Beziehung der Orthogonalität von Geraden im Raum.

1.1. *Die Beziehung „senkrecht" bei Geraden einer Ebene*

Betrachten wir zwei Geraden der Ebene D_1 und D_2. Wir setzen $D_1 \mathcal{R} D_2$, wenn diese Geraden senkrecht sind.

a) Diese Beziehung ist nicht reflexiv: In der Tat ist eine Gerade nicht zu sich selbst senkrecht.
b) Diese Beziehung ist nicht transitiv: Wenn $D_1 \mathcal{R} D_2$ und $D_2 \mathcal{R} D_3$, sind die Geraden D_1 und D_3 parallel,aber nicht senkrecht.
c) Diese Beziehung ist symmetrisch: $D_1 \mathcal{R} D_2$ hat zur Folge, daß $D_2 \mathcal{R} D_1$ (aus der Tatsache, daß D_1 senkrecht zu D_2 ist, folgt, daß D_2 senkrecht zu D_1 ist).

1.2. *Die Beziehung der Orthogonalität für Kreise*

Zwei Kreise sind orthogonal, wenn die Tangenten in ihren Schnittpunkten zueinander senkrecht sind.

Diese Beziehung $\mathcal{R}$ ist

a) nicht reflexiv: Ein Kreis kann nicht zu sich selbst orthogonal sein;
b) auch nicht transitiv: Wenn drei Kreise C_1, C_2, C_3 so liegen, daß C_1 zu C_2 orthogonal ist ($C_1 \mathcal{R} C_2$) und C_2 zu C_3 orthogonal ist ($C_2 \mathcal{R} C_3$), ist im allgemeinen C_1 nicht zu C_3 orthogonal;
c) symmetrisch, denn wenn C_1 zu C_2 orthogonal ist, ist auch C_2 zu C_1 orthogonal.

1.3. *Betrachten wir einen Kreis mit dem Mittelpunkt* O *und dem Radius* R *sowie zwei Punkte* A *und* B, *die auf einer durch* O *gehenden Geraden liegen.*

Diese Punkte sind konjugiert in bezug auf den Kreis, wenn

$\overline{OA} \cdot \overline{OB} = R^2$.

a) Betrachten wir die Beziehung $\mathcal{R}$ zwischen zwei Punkten der Ebene, die definiert wird durch $A \mathcal{R} B$, wenn A und B konjugiert sind bezüglich des Kreises C.

Diese Beziehung ist

- nicht reflexiv, da,ausgenommen der Fall $\overline{OA} = R$ (d.h., wenn sich der Punkt A auf der Kreislinie befindet), $\overline{OA}^2 \neq R^2$;
- sie ist symmetrisch: Wenn A zu B konjugiert ist, ist B zu A konjugiert;
- sie ist nicht transitiv: Man sieht, daß, wenn A zu B konjugiert ist in bezug auf den Kreis C und wenn B zu C konjugiert ist, dann ist C = A und R ist nicht reflexiv, da A mit C nicht durch R verbunden ist.

b) Wir können eine neue Relation S betrachten, die für Punktepaare (A, B) definiert ist, wobei A zu B konjugiert ist in bezug auf einen Kreis C. Wir sagen, daß $(A, B)\, S\, (A', B')$, z.B. unter den folgenden Bedingungen:

1. A ist zu B konjugiert bezgl. C und A′ ist zu B′ konjugiert bzgl. C,
2. $\overline{OA} = \overline{OA'}$ oder $\overline{OA} = \overline{OB'}$.

Die Relation zwischen den Punktepaaren in der Ebene ist

reflexiv: $(A, B)\, S\, (A, B)$; die Bedingungen 1 und 2 sind offensichtlich erfüllt;

symmetrisch: $(A, B)\, S\, (A', B')$ hat zur Folge, daß $(A', B')\, S\, (A, B)$; die Bedingung 1 ist offensichtlich erfüllt für die Paare (A′, B′) und (A, B), wenn sie es für die Paare (A, B) und (A′, B′) ist. Man sieht, daß sich das aus der Kommutativität der logischen Operation *und* ergibt. Betrachten wir die beiden Aussagen p und q; P sei die Aussage p und q,und P′ sei die Aussage q und p. P′ ist dann identisch mit P. In der Terminologie der Mengenlehre heißt das: Wenn p die Menge A charakterisiert und q die Menge B, dann charakterisiert die Eigenschaft P die Menge $A \cap B$,und wir haben $A \cap B = B \cap A$.

Bedingung 2 ist außerdem für die Paare (A′, B′) und (A, B) erfüllt. In der Tat hat $(A, B)\, S\, (A', B')$ zur Folge, daß $\overline{OA} = \overline{OA'}$ oder $\overline{OA} = \overline{OB'}$.

Wenn $\overline{OA} = \overline{OA'}$, ist $\overline{OA'} = \overline{OA}$ und auch
$\overline{OA'} = \overline{OA}$ oder $\overline{OA'} = \overline{OB}$.

Wenn $\overline{OA} = \overline{OB'}$, gilt, da A′ und B′ konjugiert sind,
$\overline{OA'} = \overline{OB}$.

Außerdem gilt

$\overline{OA'} = \overline{OA}$ oder $\overline{OA'} = \overline{OB}$.

Transitiv: Nehmen wir an, daß für die Paare (A, B), (A′, B′), (A″, B″) die Relationen

$(A, B)\, S\, (A', B')$ und $(A', B')\, S\, (A'', B'')$

gelten.

Bedingung 1 ist erfüllt für die Paare (A, B) und (A″, B″). Wir zeigen nun, daß für Bedingung 2 dasselbe gilt.

Wir müssen die folgenden 4 Fälle betrachten:

$\overline{OA} = \overline{OA'}$ und $\overline{OA'} = \overline{OA''}$ dann ist $\overline{OA} = \overline{OA''}$

$\overline{OA} = \overline{OA'}$ und $\overline{OA'} = \overline{OB''}$ dann ist $\overline{OA} = \overline{OB''}$

$\overline{OA} = \overline{OB'}$ und $\overline{OA'} = \overline{OA''}$ dann sind A′ und B′ konjugiert

$\overline{OB'} = \overline{OB''}$ und $\overline{OA} = \overline{OB''}$

$\overline{OA} = \overline{OB'}$ und $\overline{OA'} = \overline{OB''}$ dann ist $\overline{OB'} = \overline{OA''}$ und $\overline{OA} = \overline{OA''}$

In allen Fällen ist $\overline{OA} = \overline{OA''}$ oder $\overline{OA} = \overline{OB''}$, und die Beziehung (A, B) S (A″, B″) ist erfüllt. S ist also transitiv.

S ist eine Äquivalenzrelation. Die durch ein Paar (A, B) oder OA = K bestimmte Klasse ist das Paar der Kreise C_1C_2, mit dem Zentrum in O und den Radien $R_1 = K$ bzw.

$$R_2 = \frac{R^2}{K}$$

1.4. *Die Beziehung* $\leqslant$ *für die positiven ganzen Zahlen*

Diese Beziehung ist:

- reflexiv: $a \leqslant a$,
- transitiv: Aus $a \leqslant b$ und $b \leqslant c$ resultiert $a \leqslant c$,
- nicht symmetrisch: Aus $a \leqslant b$ folgt nicht, daß $b \leqslant a$.

Diese Beziehung bestimmt eine Halbordnung; sie ist antisymmetrisch im Sinne der Definition solcher Beziehungen, da aus $a \leqslant b$ und $b \leqslant a$ folgt $a = b$.

1.5. *Die Beziehung* $a^2 + a = b^2 + b$ *für die relativen ganzen Zahlen*

Diese Beziehung R ist

- reflexiv: $a R b$, da $a^2 + a = a^2 + a$;
- transitiv: Aus $a R b$ und $b R c$ folgt $a R c$, da aus $a^2 + a = b^2 + b$ und $b^2 + b = c^2 + c$ folgt, daß $a^2 + a = c^2 + c$;
- symmetrisch: Aus $a R b$ folgt $b R a$, da aus $a^2 + a = b^2 + b$ folgt, daß $b^2 + b = a^2 + a$.

Um die Äquivalenzklassen zu bestimmen, suchen wir die relativen ganzen Zahlen, die einer gegebenen relativen ganzen Zahl a äquivalent sind:

Die Gleichung $a^2 + a = b^2 + b$ hat als Lösung, in b ausgedrückt,

a) $b = a$

b) $b = -(a + 1)$.

Die durch die relative ganze Zahl a bestimmte Klasse enthält demnach nur die beiden Elemente a und $-(a + 1)$. Die Menge der Klassen ist daher die Menge der Paare:

$(0, -1), (1, -2), (2, -3), \ldots, (n, -(n + 1)), \ldots$

1.6. *Die Beziehung der Orthogonalität von Geraden im Raum*

Bezeichnen wir diese Beziehung mit R:

Sie ist nicht reflexiv. Eine Gerade ist nicht orthogonal zu sich selbst.

Sie ist symmetrisch. Sind D_1 und D_2 Geraden und ist D_1 orthogonal zu D_2, dann ist auch D_2 orthogonal zu D_1.

Sie ist nicht transitiv. Im allgemeinen Fall, wenn D_1, D_2, D_3 Geraden im Raum sind, folgt aus $D_1 \mathrel{R} D_2$ und $D_2 \mathrel{R} D_3$. Dies ist nur dann der Fall, wenn D_1, D_2, D_3 die Richtungen eines Dreiecks mit drei rechten Winkeln sind.

2. Bezeichnen wir mit H die Menge der Homothetien, die den Punkt (a, b) in (ka, kb) transformieren. Man schreibt $(a, b) \mathrel{R} (a', b')$, wenn der zweite Punkt aus dem ersten durch eine H-Transformation abgeleitet werden kann. Zeigen wir, daß R eine Äquivalenzrelation ist. Welches sind ihre Klassen?

Verifizieren wir zunächst die Eigenschaften einer Äquivalenzrelation:

a) Reflexivität

Die Transformation $(a, b) \to (1a, 1b)$ transformiert den Punkt (a, b) in sich selbst. Da diese Transformation eine Homothetie ist, haben wir

$$(a, b) \mathrel{R} (a, b).$$

R ist daher reflexiv.

b) Transitivität

Es sei

$$(a, b) \mathrel{R} (a', b') \quad \text{und} \quad (a', b') \mathrel{R} (a'', b''),$$

so daß

$$(a', b') = (k_1 a, k_1 b)$$

und

$$(a'', b'') = (k_2 a', k_2 b') = ((k_1, k_2)a, (k_1, k_2)b).$$

Die Homothetie k_1, k_2 transformiert also (a, b) in (a″, b″) und $(a, b) \mathrel{R} (a'', b'')$. Die Transitivität ist damit bewiesen.

c) Symmetrie

Es sei

$$(a, b) \mathrel{R} (a', b').$$

Dann gilt

$$(a', b') = (ka, kb) \quad \text{und daher} \quad (a, b) = \left(\frac{1}{k} a, \frac{1}{k} b\right).$$

Da die Transformation $\frac{1}{k}$ eine Homothetie ist, ist (a′, b′) R (a, b), und die Symmetrie ist damit bewiesen.

Die durch einen Punkt (a, b) bestimmte Äquivalenzklasse ist die Menge derjenigen Punkte, die sich durch eine Homothetie ableiten lassen. Dies ist demnach die Gerade, die durch den Ursprung und den Punkt (a, b) verläuft. Die Menge der Äquivalenzklassen ist daher die Menge der Geraden der durch den Ursprung gehenden Ebene.

3. Man nennt eine binäre Relation *zyklisch,* wenn aus a R b und b R c folgt, daß c R a. Man zeige, daß eine reflexive und zyklische Relation eine Äquivalenzrelation ist und umgekehrt.

Es sei R eine binäre Relation, die reflexiv und zyklisch ist. Wir zeigen zunächst, daß R eine Äquivalenzrelation ist:

a) R wird als reflexiv angenommen.

b) R ist symmetrisch. Nehmen wir an, daß es zwei Elemente a und b gibt, für die a R b. Da R reflexiv ist, gilt auch b R b; da R zyklisch ist, folgt aus a R b und b R b, daß b R a. R ist demnach symmetrisch.

c) R ist transitiv. Aus der Definition folgt, daß sich aus a R b und b R c c R a ergibt. Wir haben eben gezeigt, daß R symmetrisch ist, also folgt aus c R a: a R c. Aus a R b und b R c folgt somit a R c,und R ist transitiv.

R ist daher eine Äquivalenzrelation.

Wir wollen nun zeigen, daß umgekehrt R zyklisch ist, wenn R eine Äquivalenzrelation ist.

R ist transitiv: Aus a R b und b R c folgt a R c.

R ist symmetrisch: Aus a R c folgt c R a.

Daher folgt aus a R b und b R c die Relation c R a. Jede Äquivalenzrelation ist zyklisch.

4. Es sei T eine innere Verknüpfung auf einer Menge E. Da R eine Äquivalenzrelation ist, definiert man auf der Quotientenmenge E/R ein Verknüpfungsgesetz T wie folgt:

(a) sei die Klasse der Elemente äquivalent zu a vermittels R (aus x∈(a) folgt x ≡ a (R));

(b) sei die Klasse der Elemente äquivalent zu b vermittels R, dann ist (a) ⊥ (b) = (a T b).

a) Man zeige, daß ⊥ eine innere Verknüpfung auf der Quotientenmenge ist.

b) Man zeige, daß dann, wenn T kommutativ ist, auch ⊥ kommutativ ist. Um zu zeigen, daß ⊥ eine innere Verknüpfung auf der Quotientenmenge ist, müssen wir zeigen, daß, welcher Art immer die Klassen (a) und (b) von E/R sind, die Operation (a)⊥ (b) eine Klasse von E/R bestimmt.

Definitionsgemäß ist das Gesetz T eine innere Verknüpfung auf E; daher definiert die Operation a T b ein Element c aus E

$$a \mathrm{T} b = c, \quad c \in E.$$

Da R eine Äquivalenzrelation ist, gehört jedes Element aus E genau einer Äquivalenzklasse an; es sei (c) die Klasse, der das Element c angehört; (c) gehöre E/R an. Die Verknüpfung $\perp$, die der Klasse (a T b) = (c) die Klassen (a) und (b) aus E/R zuordnet, ist daher eine innere Verknüpfung auf E/R.

Nehmen wir nun an, daß T kommutativ sei; dann ist für jedes a und jedes b aus E

$$a \mathrm{T} b = b \mathrm{T} a = c.$$

Da R eine Äquivalenzrelation ist, gehört das Element c aus E *einer einzigen* Äquivalenzklasse (c) = (a T b) = (b T a) an. Nun ist die Klasse bestimmt durch:

$(a) \perp (b)$ ist die Klasse $(a \mathrm{T} b)$,

und die Klasse bestimmt durch:

$(b) \perp (a)$ ist die Klasse $(b \mathrm{T} a)$.

Da (a T b) = (b T a), wie wir eben gesehen haben, so ist

$(a) \perp (b) = (b) \perp (a)$ für jede Klasse (a) und (b),

was beweist, daß die Verknüpfung $\perp$ auch kommutativ ist.

5. Sind a und b zwei relative ganze Zahlen (positiv oder negativ), dann schreiben wir $a R b$, wenn $a - b$ durch 2 teilbar ist. Man zeige, daß es sich um eine Äquivalenzrelation handelt, und bestimme die Klassen.

Zunächst wollen wir beweisen, daß R eine Äquivalenzrelation ist, mit anderen Worten, daß sie reflexiv, symmetrisch und transitiv ist.

a) *Reflexiv:* In der Tat ist $a - a = 0$ und $\frac{0}{2} = 0$; da 0 der Menge N der relativen ganzen Zahlen angehört, ist es durch 2 teilbar, und daher gilt $a R a$.

b) *Symmetrisch:* Wir müssen zeigen, daß aus

$a R b$ die Beziehung $b R a$

folgt. $a R b$ bedeutet, daß $(a - b)$ durch 2 teilbar ist, das heißt, daß die Zahl $c = \frac{a-b}{2}$ eine relative ganze Zahl ist ($c \in N$). In diesem Fall ist die Zahl $c' = -c = \frac{b-a}{2}$ ebenfalls eine relative ganze Zahl, und die Differenz $(b - a)$ ist durch 2 teilbar. Daher gilt $b R a$.

c) *Transitiv:* Wir werden zeigen, daß aus

$a R b$ und $b R c$ folgt, daß $a R c$ $(a, b, c, \in N)$.

$a\,R\,b$ bedeutet, daß die Zahl $A_1 = \frac{a-b}{2}$ zu N gehört,

$b\,R\,c$ bedeutet, daß die Zahl $A_2 = \frac{b-c}{2}$ zu N gehört.

Da A_1 und A_2 zu N gehören, ist ihre Summe ebenfalls eine relative ganze Zahl, nämlich

$$A_1 + A_2 = \frac{a-b}{2} + \frac{b-c}{2} = \frac{a-c}{2} \in N.$$

Die Differenz $(a-c)$ ist daher durch 2 teilbar, und wir haben

$a\,R\,c$;

R ist daher transitiv.

Die reflexive, symmetrische und transitive Relation R ist eine Äquivalenzrelation. Welches sind nun die Klassen der Quotientenmenge N/R?

Es sei a eine ganze (positive oder negative) Zahl; suchen wir nun diejenigen Zahlen, die a äquivalent sind, wobei R die Äquivalenzrelation ist; es sei b eine solche Zahl. Wir haben dann

$\frac{a-b}{2} = k$, wobei k ein Element aus N ist;

hieraus folgt

$a = 2k + b.$

Ist a eine gerade Zahl, dann ist auch b gerade, und jede gerade Zahl ist zu a äquivalent mit R als Äquivalenzrelation.

Ist a ungerade, dann ist auch b ungerade, und jede ungerade Zahl ist zu a äquivalent mit R als Äquivalenzrelation.

Die Menge N/R enthält demnach 2 Klassen: die geraden relativen ganzen Zahlen und die ungeraden relativen ganzen Zahlen.

6. Wir haben bisher gesehen, daß jede Äquivalenzrelation auf einer Menge eine Zerlegung dieser Menge bestimmt. Gilt auch der umgekehrte Schluß?

Eine Zerlegung der Menge E ist eine Familie von Untermengen von E, dergestalt, daß 1. für jede Untermenge X und für jede Untermenge Y dieser Familie, vorausgesetzt, daß X von Y verschieden ist,

$X \cap Y = \phi \quad (X, Y \in F)$

gilt, und daß 2.

$$\bigcup_{X \in F} X = E.$$

Das bedeutet, daß jedes Element x aus E einer und nur einer Untermenge X der Familie F angehört.

Es sei F eine Zerlegung von E, X ein Element dieser Zerlegung; wir betrachten nun die Beziehung:

Aus $a \mathcal{R} b$ folgt, daß a derselben Untermenge X angehört wie b.

Wir zeigen nun, daß diese Beziehung eine Äquivalenzrelation ist:

a) *$\mathcal{R}$ ist reflexiv:* F ist eine Zerlegung; daher gehört a *genau einer* Untermenge X dieser Familie an; daher gehört a derselben Untermenge X an wie a, und es ist $a \mathcal{R} a$.

b) *$\mathcal{R}$ ist symmetrisch:* Wenn a und b derselben Untermenge X angehören, gehören b und a derselben Untermenge an; daher folgt aus $a \mathcal{R} b$, daß $b \mathcal{R} a$; $\mathcal{R}$ ist also symmetrisch.

c) *$\mathcal{R}$ ist transitiv:* Nehmen wir an, daß

$$a \mathcal{R} b \quad \text{und} \quad b \mathcal{R} c.$$

$a \mathcal{R} b$ bedeutet, daß a und b derselben Untermenge X angehören;

$b \mathcal{R} c$ bedeutet, daß b und c derselben Untermenge Y angehören, aber da b nur einer einzigen Untermenge angehört, gehört es dem Durchschnitt $X \cap Y$ an.

Wenn aber X und Y verschieden sind, ist $X \cap Y = \phi$ (gemäß Annahme),und daher ist $X = Y$; c gehört also X an,und es ist $a \mathcal{R} c$, was beweist, daß $\mathcal{R}$ transitiv ist.

Die Beziehung $\mathcal{R}$ ist daher eine Äquivalenzrelation.

7. Man zeige, daß die Beziehung $\subseteq$ (nichtstrikte Inklusion) zwischen Teilen einer Menge E eine Beziehung ist, die eine Halbordnung bestimmt.

Wir müssen zeigen, daß diese Beziehung a) reflexiv, b) transitiv und c) antisymmetrisch ist.

a) Reflexivität

Es sei X ein Teil von E und x ein beliebiges Element aus X. Um zu zeigen, daß $\subseteq$ reflexiv ist, muß man zeigen, daß $X \subseteq X$, das heißt, daß für jedes $x \in X$ $x \in X$, was evident ist. Daher ist die Relation $\subseteq$ reflexiv.

Bemerkung: Die Beziehung $\subset$ (strikte Inklusion) ist nicht reflexiv. Zeigen wir, daß X nicht streng in X enthalten ist ($X \subset X$). $X \subset Y$ bedeutet, daß

1. jedes Element x aus X ein Element aus Y ist und daß
2. zumindest ein Element y aus Y existiert, das nicht in X enthalten ist.

Da jedes Element von x ein Element aus X ist, ist die zweite Bedingung für die Menge X und jedes Element aus X nicht erfüllt, d.h. $X \not\subset X$.

b) Transitivität

Wir werden zeigen, daß aus

$$X \subseteq Y \quad \text{und} \quad Y \subseteq Z \quad \text{folgt} \quad X \subseteq Z.$$

$X \subseteq Y$ bedeutet, daß jedes Element x aus X der Menge Y angehört.

$Y \subseteq Z$ bedeutet, daß jedes Element y aus Y der Menge Z angehört.

Ist x ein beliebiges Element aus X, dann folgt aus $X \subseteq Y$, daß $x \in Y$, und aus $Y \subseteq Z$, daß $x \in Z$. Daher ist jedes Element von x ein Element aus Z, und $X \subseteq Z$.

c) Antisymmetrie

Wir werden zeigen, daß aus

$$X \subseteq Y \quad \text{und} \quad Y \subseteq X \quad \text{folgt} \quad X = Y.$$

Das ergibt sich aus der Definition der Gleichheit zweier Mengen. Zwei Mengen sind dann gleich, wenn jede die andere enthält, was ja hier der Fall ist.

8. Man zeige, daß die mit $<$ bezeichnete Beziehung der Teilordnung auf einer endlichen Menge durch ein Hasse-Diagramm dargestellt werden kann. In dieser Art von Diagrammen ist jedes Element durch einen Punkt dargestellt, benachbarte Elemente sind durch eine nicht waagerechte Linie verbunden; ist $a < b$, liegt b über a. Das im Bild 12.1 gezeigte Diagramm (1) kann 1, 2, 4, 8 für die Beziehung der Ordnung $a|b$ (a Teiler von b) darstellen.

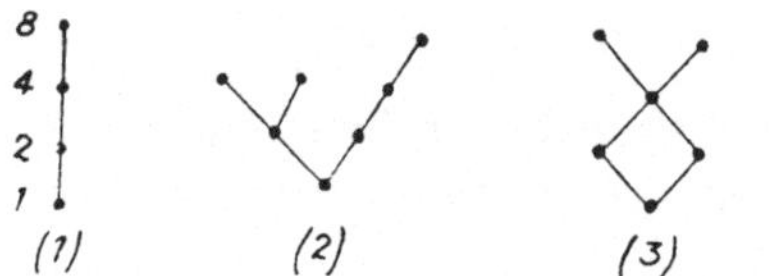

Bild 12.1

Man kann versuchen, die Diagramme (2) und (3) analog zu interpretieren:

E sei eine Menge der Elemente $a_1, a_2, \ldots, a_n$, wobei n eine endliche Zahl ist; auf E sei eine Beziehung der Teilordnung $<$ definiert. Sind a und b Elemente aus E und ist $a < b$, sagen wir, daß b größer als a ist.

Setzen wir $E_0 = E$ und betrachten wir die Untermenge A_0 von E, die aus solchen Elementen von E besteht, die kein anderes Element übertreffen (wir betrachten hier eine strenge Beziehung. Ist die Ordnungsrelation nicht streng, sagen wir, daß A_0 aus Elementen von E_0 besteht, die kein anderes Element übertreffen, ausgenommen sich selbst).

A_0 ist nicht die leere Menge. Machen wir die umgekehrte Annahme: Jedes Element a_0 aus E ist größer als zumindest ein Element a_1 aus E, das selbst größer ist als ein Element a_2 ... Auf diese Weise erhält man eine Folge

$$a_0 > a_1 > a_2 > \ldots > a_p \ldots$$

Jedes Element dieser Folge unterscheidet sich von den anderen; da die Beziehung $<$ transitiv ist, haben wir

$$a_k > a_{k+1} > \ldots > a_{k+k'-1} > a_{k+k'},$$

und daher ist

$$a_k > a_{k+k'},$$

woraus sich ergibt, daß $a_k \neq a_{k+k'}$.

Wäre A_0 die leere Menge, würden wir eine unendliche Folge von Elementen erhalten, was der Annahme, daß E endlich ist, widerspricht.

Betrachten wir die Menge $E_1 = E_0 \cap C_{E_0} A_0$, das heißt, wir beschränken E_0 auf Elemente, die nicht Elemente von A_0 sind, und setzen:

A_1 gleich der Menge derjenigen Elemente aus E_1, die kein Element aus E_1 übertreffen. Wie oben für A_0 kann man zeigen, daß, wenn E_1 nicht leer ist, ist es auch A_0 nicht.

Nachdem wir eine Menge E_i und eine Menge A_i definiert haben, betrachten wir die Menge

$$E_{i+1} = E_i \cap C_{E_i} A_i$$

und, wenn $E_{i+1} \neq \phi$, setzen wir A_{i+1} gleich der Menge derjenigen Elemente aus E_{i+1}, die kein Element aus E_{i+1} übertreffen.

Da wie oben E_{i+1} nicht leer ist, werden wir zeigen, daß auch A_{i+1} nicht leer ist.

Auf diese Weise erhalten wir eine Folge von disjunkten Untermengen von E:

$$A_0, A_1, \ldots, A_i, A_{i+1};$$

da E endlich ist und die Mengen A_i disjunkt sind, existiert ein N, für das gilt:

$$E_N = E_{N-1} \cap C_{E_{N-1}} A_{N-1} = \phi.$$

Die Familie $\{A_0, A_1, \ldots, A_i, \ldots, A_{N-1}\}$ bildet daher eine Zerlegung von E.

Betrachten wir jetzt die Ebene xOy und N Ordinaten $y_0, y_1, \ldots, y_{N-1}$, für die gilt:

$$y_0 < y_1 < \ldots < y_{N-2} < y_{N-1}.$$

Jedem Element a_j^i der Untermenge A_i lassen wir nun in der Ebene einen Koordinatenpunkt (x_j^i, y_i) entsprechen, für den gilt: $x_j^i \neq x_k^i$, falls $a_j^i \neq a_k^i$. Jedem Element E entspricht so ein Punkt der Ebene, und den Elementen einer Menge A_K und einer Menge A_{K+L} entsprechen Punkte, die auf einer Ordinate y_K bzw. y_{K+L} oder $y_{K+L} > y_K$ liegen. Wir sagen, daß die A_K entsprechenden Punkte „oberhalb" der A_{K+L} entsprechenden Punkte liegen.

Wir verbinden nun den beliebigen Punkt α_1 (der a_1 entspricht) durch ein Segment mit dem beliebigen Punkt α_2 (der a_2 entspricht), wenn $\alpha_1 < \alpha_2$ und wenn kein Element a_3 existiert, für das $a_1 < a_3 < a_2$.

Bild 12.2 zeigt anhand eines Beispieles, wie diese Verknüpfung durchgeführt werden kann.

Wir haben hier angenommen, daß die Punkte α_j^i den Elementen a_j^i entsprechen. Die Mengen A_i werden durch den Ausdruck

$$A_i = \bigcup_{j=1}^{j=P_i} a_j^i \quad (A_0 = a_1^0 \cup a_2^0,\ \ A_1 = a_1^1 \cup a_2^1,\ \text{usw.} \ldots)$$

beschrieben, und es gelten z.B. die Beziehungen

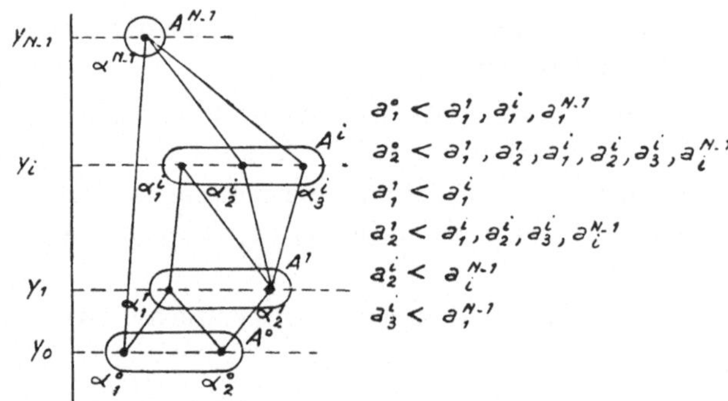

Bild 12.2. Konstruktion des Hasse-Diagramms

Betrachten wir jetzt die Beziehung R, die in folgender Weise auf der Menge H der Punkte α_i definiert ist: Zwei Punkte α_1 und α_2 sind durch die Beziehung R, $\alpha_1 R \alpha_2$, verbunden, wenn eine aufsteigende Folge von Segmenten (eine „Kette“) existiert, die α_1 und α_2 verknüpft. Diese Beziehung ist eine strenge Ordnungsrelation.

Sie ist transitiv: Aus $\alpha_1 R \alpha_2$ und $\alpha_2 R \alpha_3$ folgt, daß eine aufsteigende Kette existiert, die α_1 mit α_2 und α_2 mit α_3 verbindet: also ist auch α_1 mit α_3 verbunden, und demnach gilt $\alpha_1 R \alpha_3$. Sie ist antisymmetrisch; α_1 und α_2 seien zwei beliebige Punkte: Entweder existiert keine aufsteigende Kette, die sie verbindet, oder es existiert eine. Wenn z.B. eine solche aufsteigende Kette α_1 mit α_2 verbindet, ist $\alpha_1 R \alpha_2$; es ist zu zeigen, daß nicht $\alpha_2 R \alpha_1$ gelten kann. Das würde bedeuten, daß eine aufsteigende Kette existiert, die α_2 mit α_1 verbindet. Die beiden Punkte α_1 und α_2 müßten dann auf derselben Ordinate liegen,und die Elemente a_1 und a_2, denen sie entsprechen, würden derselben Untermenge A_i angehören. Es seien $\alpha_1 \beta_1 \beta_2 \ldots \beta_p \alpha_2$ die Punkte der Kette. Damit die Kette von α_1 nach α_2 und von α_2 nach α_1 ansteigt, müßten auch die $\beta_1 \beta_2 \ldots \beta_p$ auf derselben Ordinate y_i liegen wie α_1 und α_2, und die Elemente $b_1, \ldots, b_p$ würden auch A_i angehören. Da α_1 mit β_1 verbunden ist, ist $a_1 < b_1$. Das steht aber in Widerspruch zu der Hypothese, daß a_i keine Majorante in E_i hat, wovon A_i ein Teil ist.

Daher ist $\alpha_1 R \alpha_2$ nicht verträglich mit der inversen Relation $\alpha_2 R \alpha_1$, was zeigt, daß R eine strenge Ordnungsrelation ist.

Zeigen wir schließlich noch, daß aus der Beziehung $a_i < b_j$ für beliebige a_i und b_j aus E: $\alpha_i R \beta_j$ (wobei α_i der a_i, und β_j der b_j entsprechende Diagrammpunkt ist) und umgekehrt aus $\alpha_i R \beta_j$ folgt: $a_i < b_j$.

1. Aus $a_i < b_j$ folgt $\alpha_i R \beta_j$.

a) Es seien A_K und A_L die Untermengen, denen a_i bzw. b_j angehören. Zeigen wir, daß $K < L$, wobei wir von der Annahme des Gegenteiles $K \geqslant L$ ausgehen.

Die Menge $E_L = A_L \cup A_{L+1} \cup \ldots \cup A_{N+1}$ würde dann A_K enthalten; da b_L ein Element aus A_k übertrifft, würde a_i auch ein Element aus E_L übertreffen und könnte nicht A_L angehören. Daraus ergibt sich $K < L$, woraus folgt, daß die Ordinaten y_K und y_L der Punkte α_i bzw. β_j die Bedingung

$y_K < y_L$ erfüllen.

b) Existiert kein Element c, für das $\alpha_i < c < b_j$, dann verbindet ein Segment den Punkt α_i mit dem Punkt β_j, und es ist $\alpha_i R \beta_j$. Sonst sei c_1 dieses Element und γ_1 der ihm entsprechende Punkt. Es ist $c_1 \in A_{K+K'}$ (wobei $K' \geqslant 1$) Punkt a) zufolge. Man kann immer annehmen, daß c_1 so groß ist, daß ein Element c' nicht die Bedingung $a_i < c' < c_1$ erfüllt, denn wir könnten ja dann $c' = c_1$ setzen, und da die Anzahl der Elemente von E endlich ist, müßten wir ein Element c_1 finden können, das obige Bedingung erfüllt.

Wir wissen also, daß ein Segment α_i mit γ_1 verbindet. Ist c_1 so, daß kein Element c'' die Bedingung $c_1 < c'' < b_j$ erfüllt, existiert auch ein Segment, das γ_1 mit β_j verbindet.

Punkt a) zufolge ist $c_1 \in A_{K+K'}$, wobei $K' \geqslant 1$ und $K + K' < L$, was bedeutet, daß die Ordinate z_1 von γ_1 die Bedingung

$$y_K < z_1 < y_L$$

erfüllt. Es existiert daher eine aufsteigende Kette, die α_i mit β_j verbindet, und $\alpha_i R \beta_j$.

c) Existiert ein Element c'', für das $c_1 < c'' < b_j$, können wir wie in b) ein Element c_2 finden, das unmittelbar über c_1 liegt und unterhalb von y_L, d.h. es gibt kein Element c''', das die Bedingung

$$c_1 < c''' < c_2 < b_j$$

erfüllt.

Liegt y_L unmittelbar über c_2, haben wir die aufsteigende Kette $\alpha_i \gamma_1 \gamma_2 b_j$ und $\alpha_i R b_j$. Andernfalls können wir einen dritten Punkt c_3 ... finden, usw. Da E endlich ist, können wir die Folge $\alpha_i c_1 c_2 \ldots c_p, c_q b_j$ bilden, wobei

c_1 unmittelbar über α_i liegt,

$\vdots \qquad \vdots$

c_p unmittelbar über c_{p-1} liegt,

b_j unmittelbar über c_q liegt.

Wir haben dann die aufsteigende Kette $\alpha_i \gamma_1 \gamma_2 \cdots \gamma_p \cdots \gamma_q \beta_j$ und demnach $\alpha_i R \beta_j$.

2. Aus $\alpha_i R \beta_j$ folgt $\alpha_i < \beta_j$.

Hier ist der Beweis sehr einfach. Ist $\alpha_i R \beta_j$, dann gibt es eine aufsteigende Kette $\alpha_i \gamma_1 \ldots \gamma_p \ldots \gamma_q \beta_j$, bestehend aus den Segmenten

$$\alpha_i \gamma_1, \gamma_1 \gamma_2, \ldots, \gamma_{p-1} \gamma_p, \ldots, \gamma_q \beta_j,$$

so daß die Ordinaten

$$y_K y(\gamma_1) \ldots y(\gamma_p) \ldots y(\gamma_q) y_L$$

die Bedingung

$$y_K < y(\gamma_1) < \ldots < y(\gamma_p) < \ldots < y(\gamma_q) < y_L$$

erfüllen.

Seien $c_1, c_2, \ldots, c_p, \ldots, c_q$ die Elemente aus E, die den Punkten $\gamma_1, \gamma_2, \ldots, \gamma_q$ entsprechen. Die Existenz der obengenannten Segmente bedeutet, daß

$$a_i < c_1, c_1 < c_2, \ldots, c_{p+1} < c_p, \ldots, c_q < b_j,$$

und, da die Beziehung $<$ transitiv ist,

$$a_i < c_1 < \ldots < c_q < b_j.$$

Aus $\alpha_i R \beta_j$ folgt daher $\alpha_i < \beta_j$.

Wir haben damit bewiesen, daß eine Teilordnungsrelation $<$ auf einer endlichen Menge immer durch ein Hasse-Diagramm dargestellt werden kann. Es soll hier bemerkt werden, daß es mehrere Arten, ein solches Diagramm aufzubauen, geben kann; so hätten wir, anstatt für A_0 die Menge der Elemente aus E zu nehmen, die keine Minorante haben (oder die kein Element übertreffen), die Menge B_0 der Elemente aus E, die keine Majorante haben, betrachten können. Für die Menge von Bild 12.2 hätten wir folgendes Diagramm erhalten (Bild 12.3):

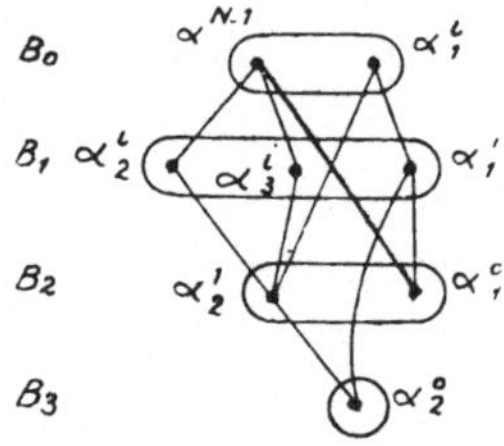

Bild 12.3

Wir wollen nun versuchen, die Diagramme (2) und (3) zu interpretieren. Dazu ordnen wir die Punkte dieser Diagramme den durch die Beziehung a|b (a teilt b) geordneten Zahlen zu.

Wir können, z.B. für Diagramm (2), die Menge der Zahlen 1, 2, 3, 4, 9, 10, 27 = E betrachten:

1 ist Teiler aller Zahlen von E,

2 ist Teiler von 4 und 10,

3 ist Teiler von 9 und 27,

4, 10, 9 und 27 sind nicht Teiler irgend einer anderen Zahl von E.

Wir erhalten Bild 12.4:

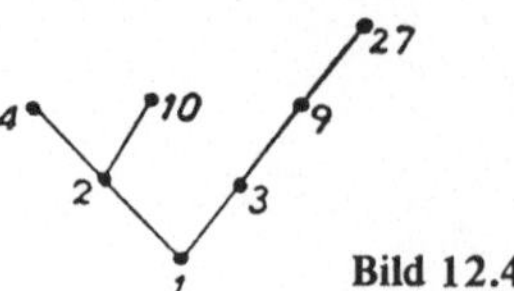

Bild 12.4

Für Diagramm (3) betrachten wir die Menge der Zahlen

1, 2, 3, 6, 12, 18 = E.

Wir erhalten das folgende Hasse-Diagramm (Bild 12.5):

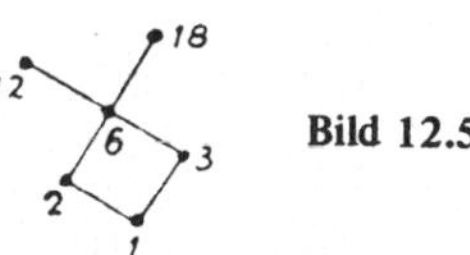

Bild 12.5

9. Wir nennen eine Menge *wohlgeordnet,* wenn jede nicht leere Menge ein erstes Element besitzt, d.h. ein Element, das kleiner ist als alle anderen. Sind nun die folgenden der Größe nach vorgeordneten Mengen

1. die positiven ganzen Zahlen,
2. die rationalen Zahlen, für die $0 < x < 1$,
3. die Menge der Brüche $\frac{1}{n}$ mit $n \in N_+$,
4. die Menge der Zahlen $(1 - \frac{1}{n})$ mit $n \in N_+$.

wohlgeordnet?

Um diese Frage zu beantworten, mache man nicht vom Zermelo-Axiom Gebrauch.

9.1. Die Menge der positiven ganzen Zahlen hat 0 als erstes Element, daher ist diese Menge N_+ wohlgeordnet.

9.2. Es sei x eine rationale Zahl, wobei $0 < x < 1$; wir können schreiben $x = \frac{p}{q}$, wobei $0 < p < q$.

Für jedes p und q können wir stets die rationale Zahl $x' = \frac{p}{q+1}$ bilden, so daß

$0 < x' < x < 1.$

Die Menge dieser Zahlen hat also kein erstes Element, sie ist nicht wohlgeordnet.

9.3. Die Menge der Brüche $\frac{1}{n}$ $(n \in N_+)$ ist ein Teil der Menge der rationalen Zahlen x, für die $0 < x < 1$; da 0 nicht ein Element dieser Menge ist, können wir analog wie oben zeigen, daß sie nicht wohlgeordnet ist.

9.4. Die Menge der Zahlen $1 - \frac{1}{n}$ ist gleichfalls ein Teil der Menge der rationalen Zahlen $0 < x < 1$; da 1 nicht in dieser Menge enthalten ist, können wir ebenfalls zeigen, daß sie nicht wohlgeordnet ist.

13. Übungen zur Einführung in die Boolesche Algebra

1. Beweisen Sie die folgenden Beziehungen:

1.1. $A \cap (A \cup B) = A$,
die in Kapitel 1, Beispiel 1, betrachtete Beziehung. Wir können auch schreiben:

$$
\begin{aligned}
A \cap (A \cup B) &= (A \cap A) \cup (A \cap B) && \text{(Distributivität)}\\
&= A \cup (A \cap B) && \text{(Idempotenz)}\\
&= (A \cap 1) \cup (A \cap B) && \text{da } A \cap 1 = A\\
&= [A \cap (B \cup \overline{B})] \cup (A \cap B) && \text{da } B \cup \overline{B} = 1\\
&= (A \cap B) \cup (A \cap \overline{B}) \cup (A \cap B) && \text{(Distributivität)}\\
&= [(A \cap B) \cup (A \cap B)] \cup (A \cap \overline{B}) && \text{(Kommutativität)}\\
&= (A \cap B) \cup (A \cap \overline{B}) && \text{(Idempotenz)}\\
&= A \cap (B \cup \overline{B}) && \text{(Distributivität)}\\
&= A \cap 1 = A.
\end{aligned}
$$

1.2. $A \cap (\overline{A} \cup B) = A \cap B$

$$
\begin{aligned}
A \cap (\overline{A} \cup B) &= (A \cap \overline{A}) \cup (A \cap B) && \text{(Distributivität)}\\
&= 0 \cup (A \cap B) && \text{denn } A \cap \overline{A} = 0\\
&= A \cap B.
\end{aligned}
$$

1.3. $A \cup (\overline{A} \cap B) = A \cup B$
Diese Beziehung wird aus der Dualität aufgrund des vorhergehenden Beispiels erhalten (man ersetze $\cap$ durch $\cup$ und $\cup$ durch $\cap$).

1.4. $(A \cup B) \cap (B \cup C) \cap (C \cup A) = (A \cap B) \cup (B \cap C) \cup (C \cap A)$,
die für den allgemeinen Fall bewiesene Beziehung.

Wenn wir das erste Glied entwickeln, erhalten wir

$$
\begin{aligned}
&(A \cup B) \cap (B \cup C) \cap (C \cup A) =\\
&= [B \cup (A \cap C)] \cap (C \cup A) && \text{(Distributivität)}\\
&= [B \cup (C \cup A)] \cup [(A \cap C) \cap (C \cup A)] && \text{(Distributivität)}\\
&= (B \cap C) \cup (B \cap A) \cup [(A \cap C) \cap (C \cup A)] && \text{(Distributivität)}
\end{aligned}
$$

aber

$$(A \cap C) \cap (C \cup A) = A \cap C, \quad \text{denn} \quad A \cap C \subset C \cup A,$$

woraus folgt

$$
\begin{aligned}
(A \cup B) \cap (B \cup C) \cap (C \cup A) &= (B \cap C) \cup (B \cap A) \cup (A \cap C)\\
&= (A \cap B) \cup (B \cap C) \cup (C \cap A)
\end{aligned}
$$

(Kommutativität).

1.5. $A \cap C \cap (B \cup C) = A \cap C$

$$A \cap C \cap B \cup C = (A \cap C) \cap (B \cup C) \quad \text{oder} \quad A \cap C \subset C \subset B \cup C,$$

und da aus $X \subset Y$ folgt, daß $X \cap Y = X$, folgt aus

$$A \cap C \subset B \cup C, \quad \text{daß} \quad (A \cap C) \cap (B \cup C) = A \cap C.$$

1.6. $A \cap C \cap (B \cup \overline{C}) = A \cap B \cap C$

Entwickeln wir $C \cap (B \cup \overline{C})$

$$C \cap (B \cup \overline{C}) = (C \cap B) \cup (C \cap \overline{C}) = (C \cap B) \cup 0 = C \cap B,$$

woraus sich das Resultat ergibt.

1.7. $(A \cap C) \cup (B \cup C) = B \cup C$

Es ist:

$$A \cap C \subset C \subset B \cup C,$$

und da aus $X \subset Y$ folgt, daß $X \cup Y = Y$,

$$(A \cap C) \cup (B \cup C) = B \cup C.$$

1.8. $(A \cup \overline{C}) \cap (B \cup C) = (A \cap C) \cup (B \cap \overline{C})$

Entwickeln wir das erste Glied:

$$\begin{aligned}(A \cup \overline{C}) \cap (B \cup C) &= [A \cap (B \cup C)] \cup [\overline{C} \cap (B \cup C)] \\ &= (A \cap B) \cup (A \cap C) \cup (\overline{C} \cap B) \cup (\overline{C} \cap C) \\ &= (A \cap B) \cup (A \cap C) \cup (\overline{C} \cap B) \cup 0\end{aligned}$$

und zeigen nun, daß

$$(A \cap C) \cup (B \cap \overline{C}) \cup (A \cap B) = (A \cap C) \cup (B \cap \overline{C})\text{[1]}$$

$$(A \cap B) = (A \cap B) \cap (C \cup \overline{C}) = (A \cap B \cap C) \cup (A \cap B \cap \overline{C}),$$

woraus folgt

$$(A \cap C) \cup (B \cap \overline{C}) \cup (A \cap B) =$$
$$= [(A \cap C) \cup (A \cap B \cap C)] \cup [(B \cap \overline{C}) \cup (A \cap B \cap \overline{C})];$$

nun ist

$A \cap B \cap C \subset A \cap C$, und die erste Klammer ist gleich $A \cap C$,

$A \cap B \cap \overline{C} \subset B \cap \overline{C}$, und die zweite Klammer ist gleich $B \cap \overline{C}$,

woraus sich das Resultat ergibt.

---

[1]) Auf dieser sehr interessanten Eigenschaft basiert die Quinesche Methode.

Wir können analog die Negation des zweiten Gliedes berechnen:

$$\overline{(A \cap C) \cup (B \cap \overline{C})} = (\overline{A} \cup \overline{C}) \cap (\overline{B} \cup C).$$

Nun wissen wir, daß, wenn X = Y,

$$X \cup \overline{Y} = 1 \qquad \text{und} \qquad X \cap \overline{Y} = 0.$$

Berechnen wir

$$[(A \cup \overline{C}) \cap (B \cup C)] \cup [(\overline{A} \cup \overline{C}) \cap (\overline{B} \cup C)] =$$
$$= [(A \cup \overline{C}) \cup (\overline{A} \cup \overline{C})] \cap [(A \cup \overline{C}) \cup (\overline{B} \cup C)] \cap$$
$$\cap [(B \cup C) \cup (\overline{A} \cup \overline{C})] \cap [(B \cup C) \cup (\overline{B} \cup C)] =$$
$$= (\underbrace{A \cup \overline{A}}_{1} \cup \overline{C}) \cap (A \cup \overline{B} \cup C \cup \overline{C}) \cap (B \cup \underbrace{C \cup \overline{C}}_{1} \cup \overline{A}) \cap (\underbrace{B \cup \overline{B}}_{1} \cup C) =$$
$$= 1 \cap 1 \cap 1 \cap 1 = 1.$$

Berechnen wir auch

$$(A \cup \overline{C}) \cap (B \cup C) \cap (\overline{A} \cup \overline{C}) \cap (\overline{B} \cup C) =$$
$$= [\overline{C} \cup \underbrace{(A \cap \overline{A})}_{0}] \cap [C \cup \underbrace{(B \cap \overline{B})}_{0}] = \overline{C} \cap C = 0.$$

Dieser zweite Weg einer Berechnung kann dazu dienen, eine auf direktem Wege berechnete Gleichung zu verifizieren.

2. Man verallgemeinere die Beziehung

$$A \cap (\overline{A} \cup B) = A \cap B$$

Es handelt sich darum, zu zeigen, daß, wenn $A_1, A_2, \ldots, A_n$ Klassen sind,

$$A_1 \cap (\overline{A}_1 \cup A_2) \cap (\overline{A}_1 \cup \overline{A}_2 \cup A_3) \cap \ldots \cap (\overline{A}_1 \cup \overline{A}_2 \cup \ldots \cup \overline{A}_{n-1} \cup A_n) = \bigcap_{i=1}^{r} A_i.$$

Beweisen wir die Exaktheit dieser Beziehung mittels vollständiger Induktion über die Anzahl der Variablen n.

Die Beziehung gilt für n = 2, da

$$A_1 \cap (\overline{A}_1 \cup A_2) = (A_1 \cap \overline{A}_1) \cup (A_1 \cap A_2)$$
$$= 0 \cup (A_1 \cap A_2) = A_1 \cap A_2.$$

Setzen wir sie als für n Klassen gültig voraus und betrachten wir die Funktion von n + 1 Klassen $A_1, \ldots, A_n, A_{n+1}$:

$$\Phi = A_1 \cap (\overline{A}_1 \cup A_2) \cap \ldots \cap (\overline{A}_1 \cup \overline{A}_2 \cup \ldots \cup \overline{A}_n \cup A_{n+1}).$$

Aufgrund unserer Hypothese können wir Φ auch wie folgt ansetzen:

$$\Phi = \left[\bigcap_{i=1}^{n} A_i\right] \cap (\bar{A}_1 \cup \bar{A}_2 \cup \ldots \cup \bar{A}_n \cup A_{n+1}),$$

doch ist

$$\bar{A}_1 \cup \bar{A}_2 \cup \ldots \cup \bar{A}_n = \overline{A_1 \cap A_2 \cap \ldots \cap A_n}$$

nach der verallgemeinerten Regel von de Morgan und

$$\overline{A_1 \cap A_2 \cap \ldots \cap A_n} = \overline{\bigcap_{i=1}^{n} A_i}\,.$$

Damit erhält der Ausdruck die Form

$$\Phi = \left[\bigcap_{i=1}^{n} A_i\right] \cap \left[\overline{\bigcap_{i=1}^{n} A_i} \cup A_{n+1}\right] = \left[\bigcap_{i=1}^{n} A_i \cap \overline{\bigcap_{i=1}^{n} A_i}\right] \cup \bigcap_{i=1}^{n+1} A_i\,.$$

Der Klammerausdruck ist jedoch gleich Null, da er der Durchschnitt einer Funktion und ihrer Negation ist. Hieraus ergibt sich schließlich

$$\Phi = \bigcap_{i=1}^{n+1} A_i\,.$$

Die Beziehung ist damit bewiesen, unabhängig von der Anzahl der Klassen.

3. Wir haben bereits Euler-Venn-Diagramme benützt, um die Minterme von 2 bzw. 3 Variablen durch 4 bzw. 8 Zonen der Bezugsmenge darzustellen. Man konstruiere ein Euler-Venn-Diagramm, das die Minterme von 4 Variablen darstellt, und numeriere die so erhaltenen Zonen.

Um ein Euler-Venn-Diagramm zu konstruieren, das die Vollkonjunktionen von 4 Variablen darstellt, gehen wir vom Diagramm für 3 Variable, A, B und C, aus. Die neue Variable D muß, unter ihrem positiven Aspekt gesehen, dargestellt werden durch das Innere einer geschlossenen Kurve, und von der negativen Seite gesehen, $\bar{D}$, durch den Teil der Bezugsmenge E, der außerhalb dieser Kurve liegt. Ist andererseits m_i^3 einer der Minterme der 3 Variablen A, B und C, so ergibt sich durch Adjunktion der Variablen D:

$$m_i^3 = m_i^3 \cap (D \cup \bar{D}) = [m_i^3 \cap D] \cup [m_i^3 \cap D]\,,$$

so daß wir 2 neue Minterme gewinnen (von 4 Variablen): m_i^4 und $m_{i'}^4$; jeder dieser beiden neuen Minterme muß durch eine von der anderen verschiedene Zone dargestellt werden, die Vereinigung beider gibt die Zone, die durch den Minterm m_i^3 bestimmt ist. Das läuft darauf hinaus, daß die geschlossene Kurve, die D definiert, jede Zone, die einen Minterm m_i^3 der 3 Variablen A, B und C darstellt, in genau 2 Teile teilt.

Es wurde bewiesen, daß es bei mehr als 3 Variablen nicht mehr möglich ist, die Variablen durch Kreise darzustellen. Bild 13.1 zeigt, daß die Darstellung der Variablen A, B und C durch Kreise es ohne weiteres gestattet, D durch eine konvexe, geschlossene Kurve darzustellen.

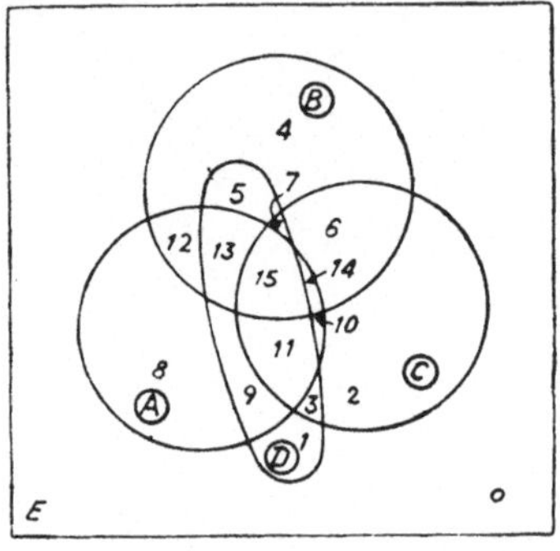

Bild 13.1
Euler-Venn-Diagramm
für 4 Variable A, B, C und D

Numerieren wir die Minterme wie folgt:

$\bar{A} \cap \bar{B} \cap \bar{C} \cap \bar{D} = m_0$ $\quad$ $A \cap \bar{B} \cap \bar{C} \cap \bar{D} = m_8$

$\bar{A} \cap \bar{B} \cap \bar{C} \cap D = m_1$ $\quad$ $A \cap \bar{B} \cap \bar{C} \cap D = m_9$

$\bar{A} \cap \bar{B} \cap C \cap \bar{D} = m_2$ $\quad$ $A \cap \bar{B} \cap C \cap \bar{D} = m_{10}$

$\bar{A} \cap \bar{B} \cap C \cap D = m_3$ $\quad$ $A \cap \bar{B} \cap C \cap D = m_{11}$

$\bar{A} \cap B \cap \bar{C} \cap \bar{D} = m_4$ $\quad$ $A \cap B \cap \bar{C} \cap \bar{D} = m_{12}$

$\bar{A} \cap B \cap \bar{C} \cap D = m_5$ $\quad$ $A \cap B \cap \bar{C} \cap D = m_{13}$

$\bar{A} \cap B \cap C \cap \bar{D} = m_6$ $\quad$ $A \cap B \cap C \cap \bar{D} = m_{14}$

$\bar{A} \cap B \cap C \cap D = m_7$ $\quad$ $A \cap B \cap C \cap D = m_{15}$.

Bild 13.2 zeigt eine Darstellung von 16 Mintermen mit Hilfe von Polygonflächen, wobei die Variablen A, B, C und D durch Rechtecke dargestellt sind. Als Beispiel haben wir in dieser Abbildung die Boolesche Funktion der Minterme durch die grauen Flächen dargestellt, in der eine ungerade Anzahl von Variablen unter ihrem positiven Aspekt auftritt. Die neue Variable D muß unter ihrem positiven Aspekt durch das Innere einer geschlossenen Kurve und unter ihrem negativen Aspekt D durch den Teil der Bezugsmenge E, der außerhalb dieser Kurve liegt, dargestellt werden.

$$\Phi = m_1 \cup m_2 \cup m_4 \cup m_7 \cup m_8 \cup m_{11} \cup m_{13} \cup m_{14}.$$

Bezeichnen wir mit dem Symbol $\oplus$ (disjunktive Summe) die Funktion

$$\Psi = (X \cap \bar{Y}) \cup (\bar{X} \cap Y) = X \oplus Y,$$

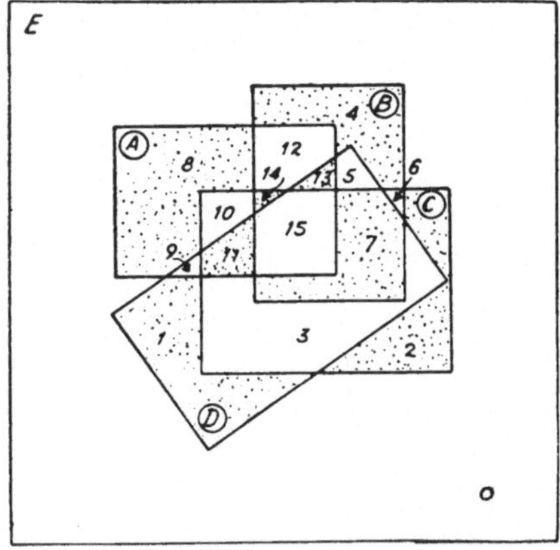

Bild 13.2

so ist leicht zu zeigen, daß Φ in der Form

$$\Phi = A \oplus B \oplus C \oplus D$$

geschrieben werden kann (vgl. Übungsbeispiel 6).

Man sieht, daß in der Abbildung keine graue Fläche an eine andere grenzt; dasselbe gilt für die komplementäre (weiße) Fläche.

Solange man es mit nicht zu vielen Variablen zu tun hat, kann man die Euler-Venn-Diagramme benützen, um Boolesche Funktionen zu vereinfachen oder um sie auf disjunktive kanonische Form zu bringen.

Beispiel: Betrachten wir die folgende Funktion der 3 Variablen A, B und C:

$$\Phi(A, B, C) = (A \cap \overline{B}) \cup (\overline{A} \cap B) \cup (A \cap \overline{C}) \cup (\overline{A} \cap C) .$$

Diese Funktion ist durch die graue Fläche in Bild 13.3 dargestellt.

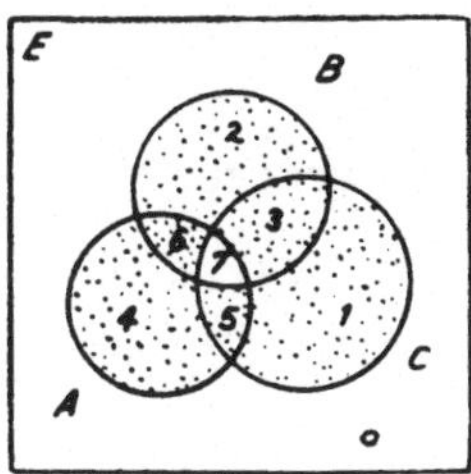

Bild 13.3

Wir sehen, daß

$$\Phi = m_1 \cup m_2 \cup m_3 \cup m_4 \cup m_5 \cup m_6 .$$

Es ist also auf zwei verschiedene Arten möglich, den Ausdruck für Φ zu vereinfachen, wie aus den Bildern 13.4 und 13.5 ersichtlich ist:

$$\Phi = (A \cap \overline{B}) \cup (B \cap \overline{C}) \cup (C \cap \overline{A})$$

und

$$\Phi = (A \cap \overline{C}) \cup (C \cap \overline{B}) \cup (B \cap \overline{A}) .$$

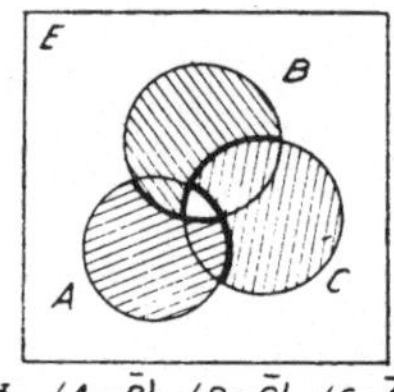

$\Phi = (A \cap \overline{B}) \cup (B \cap \overline{C}) \cup (C \cap \overline{A})$

Bild 13.4

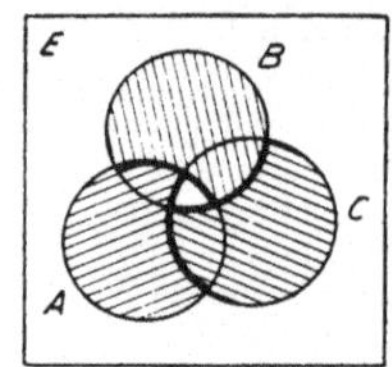

$\Phi = (A \cap \overline{C}) \cup (C \cap \overline{B}) \cup (B \cap \overline{A})$

Bild 13.5

4. Ein Studium der für 2, 3 und (vorhergehendes Beispiel) 4 Variable aufgestellten Euler-Venn-Diagramme zeigt, daß es, um von einem Diagramm für n Variable zu einem Diagramm für (n + 1) Variable überzugehen, genügt, eine geschlossene Linie zu finden, die jedes der Gebiete im Diagramm in zwei Teile teilt (und nur in zwei Teile). Man leite daraus ab, daß die Anzahl der Minterme für eine Funktion von n Variablen gleich 2^n ist.

Beim Konstruieren des Euler-Venn-Diagramms für 4 Variable (vorhergehendes Beispiel) haben wir gesehen, daß die Kurve, die verwendet wurde, um die beiden Aspekte (positiv und negativ) der neuen Variablen D darzustellen, folgende Eigenschaften besitzen muß:

- sie muß geschlossen sein (sonst würde die die Bezugsmenge E darstellende Fläche nicht in zwei Gebiete D und $\overline{D}$ geteilt werden),
- sie muß jeden Minterm dreier Variabler (A, B, C) in genau zwei Teile teilen.

Das ist sofort zu verallgemeinern, da, wenn es bei n Variablen $p_{(n)}$ Minterme gibt,

$$m_1^n, \ldots, m_{p(n)}^n ,$$

die Einführung einer neuen Variablen für jeden Minterm der Ordnung n zwei neue Minterme der Ordnung (n + 1) bestimmt:

$$m_i^{n+1} = m_i^n \cap X_{n+1}$$

$$m_{i'}^{n+1} = m_i^n \cap \overline{X}_{n+1} .$$

Die Gesamtzahl an Mintermen für n + 1 Variable ist daher $2p_{(n)}$; für eine Variable ist p(1) = 2, für n Variable ist die Anzahl der Minterme = 2^n.

5. Man betrachte die ersten drei Beziehungen von Beispiel 1 und beweise sie mit Hilfe

- der Euler-Venn-Diagramme,
- einer Betrachtung der charakteristischen Eigenschaften der Mengen A und B (z.B. p und q).

5.1. $A \cap (A \cup B) = A$

Das Diagramm in Bild 13.6 veranschaulicht diese Gleichung.

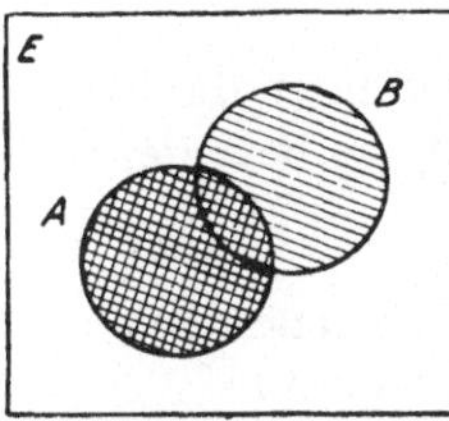

A: ////

$A \cup B$: \\\\

$A \cap (A \cup B)$: Bereich beider Schraffierungen

Bild 13.6

Besitzt die Menge A die charakteristische Eigenschaft p und die Menge B die Eigenschaft q, nennen wir P die die Menge $A \cap (A \cup B)$ charakterisierende Eigenschaft.

Ist x ein Element dieser Menge, besitzt es die Eigenschaft p *und* die Eigenschaft P', die die Menge $A \cup B$ charakterisiert. Ein Element der Menge $A \cup B$ besitzt die Eigenschaft p oder/und die Eigenschaft q, besitzt also

- entweder die Eigenschaften p und q,
- oder die Eigenschaften p und $\overline{q}$ (nicht q),
- oder die Eigenschaften $\overline{p}$ und q.

x besitzt daher:

die Eigenschaft p und $\left\{ \begin{array}{l} \text{entweder die Eigenschaften p und q} \\ \text{oder die Eigenschaften p und } \overline{q} \\ \text{oder die Eigenschaften } \overline{p} \text{ und q.} \end{array} \right.$

Von diesen drei zu betrachtenden Fällen ist jedoch der dritte unmöglich, da ein Element nicht zugleich eine Eigenschaft (p) und ihr Gegenteil (nicht p) besitzen kann.

Andererseits bedeutet die Aussage, daß x

- entweder die Eigenschaften p und q
- oder die Eigenschaften p und $\overline{q}$

besitzt, daß x immer die Eigenschaft p aufweist.

x besitzt daher die Eigenschaft p und die Eigenschaft P, was darauf hinausläuft, daß P = p.

5.2. $A \cap (\bar{A} \cup B) = A \cap B$

Das Diagramm in Bild 13.7 illustriert diese Gleichung.

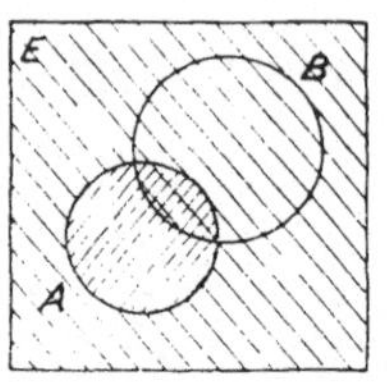

A: ////

$\bar{A} \cup B$: \\\\

$A \cap B = A \cap (\bar{A} \cup B)$: Bereich, in dem sich beide Schraffierungen überschneiden.

Bild 13.7

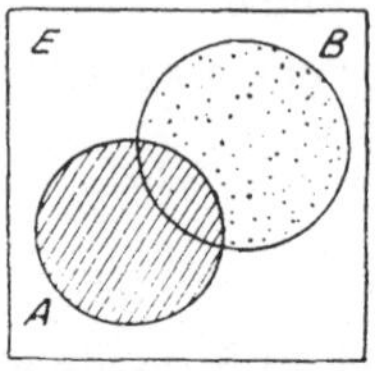

A: ////

$\bar{A} \cap B$: ⁘

$A \cup (\bar{A} \cap B) = A \cup B$: Schraffierter oder punktierter Bereich

Bild 13.8

Ist A charakterisiert durch die Eigenschaft p und B charakterisiert durch die Eigenschaft q und P die charakteristische Eigenschaft der Menge $A \cap (\bar{A} \cup B)$, so bedeutet P: p *und* {$\bar{p}$ oder/und q}.

Hat x die Eigenschaft P, besitzt es p und nicht die Eigenschaft $\bar{p}$. x muß dann die Eigenschaft q haben, woraus sich ergibt, daß P bedeutet: p *und* q; dann ist $A \cap (\bar{A} \cup B) = A \cap B$.

5.3. $A \cup (\bar{A} \cap B) = A \cup B$

Das Diagramm in Bild 13.8 illustriert diese Gleichung.

A ist charakterisiert durch die Eigenschaft p,

B ist charakterisiert durch die Eigenschaft q,

die Menge $A \cup (\bar{A} \cap B)$ ist charakterisiert durch die Eigenschaft

P : p oder/und ($\bar{p}$ und q).

Besitzt x p, besitzt es P.
Besitzt x q:

- besitzt es entweder auch $\bar{p}$, und es besitzt P,
- oder es besitzt auch p, in welchem Fall es P besitzt.

Besitzt x die Eigenschaft q, besitzt es in jedem Fall auch die Eigenschaft P.

Man kann also P so formulieren: p oder q. P charakterisiert daher die Menge $A \cup B$ und

$$A \cup (\bar{A} \cap B) = A \cup B.$$

6. Betrachten wir eine Menge aus n Klassen $X_1, X_2, \ldots, X_n$, und sei $E = \{x, y, z, \ldots\}$ die Menge der 2^{2^n} Booleschen Funktionen, die durch diese Variablen bestimmt sind.

Das Gesetz der Verknüpfung $\oplus$ (disjunktive Summe) auf der Menge E wird definiert durch

$$x \oplus y = (x \cap \bar{y}) \cup (y \cap \bar{x}).$$

Man zeige:

1. daß $\oplus$ assoziativ ist: $(x \oplus y) \oplus z = x \oplus (y \oplus z)$;

2. daß $\oplus$ kommutativ ist: $x \oplus y = y \oplus x$;

3. daß ein Element e aus E existiert, so daß für jedes x gilt $x \oplus e = x$;

4. daß man zu jedem x aus E ein entsprechendes Element x' aus E finden kann, so daß $x \oplus x' = e$;

5. daß der Durchschnitt $\cap$ distributiv ist in bezug auf das Gesetz $\oplus$:

$$x \cap (y \oplus z) = (x \cap y) \oplus (x \cap z).$$

6. 1 bezeichne die Bezugsmenge, auf welcher die n Variablen $x_1 \dots x_n$ definiert sind; man berechne die folgenden Ausdrücke:

$$1 \oplus x$$
$$1 \oplus [(1 \oplus x) \cap (1 \oplus y)].$$

Wir werden zuerst zeigen, daß das Gesetz $\oplus$ ein Gesetz der inneren Verknüpfung (definiert auf die Menge E) Boolescher Funktionen von n Variablen $x_1 \dots x_n$ ist.

Es seien x und y zwei beliebige Funktionen von E; es ist zu zeigen, daß der Ausdruck $x \oplus y$ auch eine Funktion von E definiert.

Betrachten wir die Menge R von 2^n Mintermen, definiert durch die Variablen $x_1 \dots x_n$. Die Menge E ist die Menge der Teile von R, und eine Funktion $\varphi(x_1, \dots, x_n)$ dieser n Booleschen Variablen ist ein Teil von R, demnach also ein Element aus E.

x bezeichnet daher einen Teil von R, y ebenso; dasselbe gilt für die Komplemente $\overline{x}$ und $\overline{y}$. Wir haben dann in

$$x \oplus y = (x \cap \overline{y}) \cup (\overline{x} \cap y)$$

einen Ausdruck, der eine neue, in R enthaltene Menge definiert, also selbst ein Element von E ist. Das Gesetz $\oplus$ ist daher ein Gesetz innerer Verknüpfung.

6.1. *Assoziativität*

Wir müssen zeigen, daß

$$(x \oplus y) \oplus z = x \oplus (y \oplus z).$$

Die linke Seite können wir in der Form

$$(x \oplus y) \oplus z = [(x \oplus y) \cap \overline{z}] \cup [\overline{(x \oplus y)} \cap z] =$$
$$= \{[(x \cap \overline{y}) \cup (\overline{x} \cap y)] \cap \overline{z}\} \cup \{[\overline{(x \cap \overline{y}) \cup (x \cap y)}] \cap z\}$$

schreiben.

Wir berechnen

$$\overline{x \oplus y} = \overline{(x \cap \overline{y}) \cup (\overline{x} \cap y)} = (\overline{x} \cup y) \cap (x \cup \overline{y}),$$ wobei wir wie folgt entwickeln:

$$= (\overline{x} \cap x) \cup (\overline{x} \cap \overline{y}) \cup (x \cap y) \cup (y \cap \overline{y})$$
$$= (\overline{x} \cap \overline{y}) \cup (x \cap y).$$

Wir haben daher

$$\begin{aligned}(x \oplus y) \oplus z &= \{[(x \cap \bar{y}) \cup (\bar{x} \cap y)] \cap \bar{z}\} \cup \{[(\bar{x} \cap \bar{y}) \cup (x \cap y)] \cap z\} \\ &= (x \cap \bar{y} \cap \bar{z}) \cup (\bar{x} \cap y \cap \bar{z}) \cup (\bar{x} \cap \bar{y} \cap z) \cup (x \cap y \cap z) \\ &= \quad \varphi_1 \quad \cup \quad \varphi_2 \quad \cup \quad \varphi_3 \quad \cup \quad \varphi_4 \,.\end{aligned}$$

Es ist jedoch

$$\begin{aligned}\varphi_1 \cup \varphi_4 &= [x \cap (\bar{y} \cap \bar{z})] \cup [x \cap (y \cap z)] \\ &= x \cap [(\bar{y} \cap \bar{z}) \cup (y \cap z)] \qquad \text{(inverse Eigenschaft der Distributivität)} \\ &= x \cap (\overline{y \oplus z})\end{aligned}$$

$$\begin{aligned}\varphi_2 \cup \varphi_3 &= [\bar{x} \cap (y \cap \bar{z})] \cup [\bar{x} \cap (\bar{y} \cap z)] \\ &= \bar{x} \cap [(y \cap \bar{z}) \cup (\bar{y} \cap z)] \qquad \text{(inverse Eigenschaft der Distributivität)} \\ &= \bar{x} \cap (y \oplus z),\end{aligned}$$

woraus folgt:

$$\begin{aligned}(x \oplus y) \oplus z &= (\varphi_1 \cup \varphi_4) \cup (\varphi_2 \cup \varphi_3) \\ &= [x \cap (\overline{y \oplus z})] \cup [\bar{x} \cap (y \oplus z)] = x \oplus (y \oplus z),\end{aligned}$$

was die Assoziativität des Gesetzes $\oplus$ beweist.

6.2. *Kommutativität*

$$\begin{aligned}x \oplus y &= (x \cap \bar{y}) \cup (\bar{x} \cap y) \\ &= (\bar{y} \cap x) \cup (y \cap \bar{x}) \qquad \text{(Kommutativität von } \cap) \\ &= (y \cap \bar{x}) \cup (\bar{y} \cap x) \qquad \text{(Kommutativität von } \cup) \\ &= y \oplus x,\end{aligned}$$

was beweist, daß das Gesetz $\oplus$ kommutativ ist.

6.3. *Existenz eines Elementes* e *aus* E, *so daß für jedes* x *gilt:*

$$x \oplus e = x$$

Setzen wir

$$\begin{aligned}\Phi &= x \oplus e \\ &= (x \cap \bar{e}) \cup (\bar{x} \cap e),\end{aligned}$$

so muß gelten

$$\Phi = x.$$

$\Phi = x$ besagt, daß $\Phi \subset x$ und $\Phi \supset x$.

Nun haben wir gesehen, daß wir statt

$\Phi \subset x$ auch $\Phi \cap \bar{x} = 0$ schreiben können, und statt

$x \subset \Phi$ können wir schreiben $\overline{\Phi} \cap x = 0$.

Die beiden Ausdrücke $\Phi \cap \overline{x}$ und $\overline{\Phi} \cap x$ sind gleich Null; ihre Vereinigung muß also auch gleich Null sein, so daß

$$(\Phi \cap \overline{x}) \cup (\overline{\Phi} \cap x) = 0. \qquad (1)$$

Bemerkung: Wir sehen hier, daß

$$(\Phi \cap \overline{x}) \cup (\overline{\Phi} \cap x) = \Phi \oplus x.$$

Dies besagt, daß die Bedingung für die Gleichheit zweier beliebiger Boolescher Funktionen A und B, A = B, in der Form einer Gleichung geschrieben werden kann:

$$A \oplus B = 0.$$

Diese Eigenschaft der disjunktiven Summe spielt eine wichtige Rolle bei der Lösung Boolescher Gleichungen (vgl. Kapitel 8).

Kommen wir zu Gleichung (1) zurück:

$$(\Phi \cap \overline{x}) \cup (\overline{\Phi} \cap x) = 0.$$

Sie lautet, da $\Phi = x \oplus e = (x \cap \overline{e}) \cup (\overline{x} \cap e)$:

$$\{[(x \cap \overline{e}) \cup (\overline{x} \cap e)] \cap \overline{x}\} \cup \{[(x \cap e) \cup (\overline{x} \cap \overline{e})] \cap x\} = 0. \qquad (1)$$

Wir entwickeln die linke Seite und erhalten:

$$(x \cap \overline{e} \cap \overline{x}) \cup (\overline{x} \cap e) \cup (x \cap e) \cup (\overline{x} \cap \overline{e} \cap x) = 0, \qquad (1')$$

und da

$$x \cap \overline{e} \cap \overline{x} = \overline{x} \cap \overline{e} \cap x = 0,$$

finden wir

$$(\overline{x} \cap e) \cup (x \cap e) = (\overline{x} \cup x) \cap e = \cap e = e = 0.$$

Ein Element e aus E, für das $x \oplus e = x$ mit beliebigem x, kann nur das Element 0 sein.

Es ist tatsächlich

$$x \oplus e = x \oplus 0 = (x \cap \overline{0}) \cup (\overline{x} \cap 0) = x \cap 1 = x.$$

Das Element 0 ist daher das gesuchte Element e.

Analog sieht man, daß $0 \oplus x = (0 \cap \overline{x}) \cup (\overline{0} \cap x) = 1 \cap x = x$.

6.4. *Existenz eines Elements* x', *so daß für ein beliebiges* x *gilt:*

$x \oplus x' = e.$

Wir müssen schreiben

$$x \oplus x' = (x \cap \overline{x}') \cup (\overline{x} \cap x') = 0.$$

Ist die Vereinigung zweier Mengen leer, so ist jede der beiden Mengen leer, also

$$x \cap \overline{x}' = 0 \tag{I}$$

und

$$\overline{x} \cap x' = 0, \tag{II}$$

Gleichung (I) bedeutet, daß x in x' enthalten ist: $x \subset x'$,

Gleichung (II) bedeutet, daß x' in x enthalten ist: $x \supset x'$;

hieraus folgt, daß das gesuchte Element x' mit dem Element x identisch sein muß. Es ist also

$$x \oplus x = (x \cap \overline{x}) \cup (\overline{x} \cap x) = 0.$$

Bemerkung: Ein Gesetz der inneren Verknüpfung $\top$, definiert auf der beliebigen Menge E, das die folgenden Eigenschaften besitzt:

a) Assoziativität: $x \top (y \top z) = (x \top y) \top z \quad (x, y, z \in E)$;

b) Existenz eines „neutralen Elements" e, so daß

$$x \top e = e \top x = x;$$

c) Für jedes Element x aus E folgt die Existenz eines Elements x' aus E, das „inverses Element von x" genannt wird und die Bedingung

$$x \top x' = x' \top x = e$$

befriedigt; das nennt man *Gruppengesetz*, und die Menge E, für die dieses Gesetz gilt, wird *Gruppe* genannt. Ist außerdem das Gesetz $\top$ kommutativ ($x \top y = y \top x$), bildet die Menge E eine kommutative oder Abelsche Gruppe.

Man sieht, daß das Gesetz $\oplus$ ein Abelsches Gruppengesetz ist und daß die Menge E, für die es gilt, eine kommutative Gruppe ist.

6.5. *Distributivität des Durchschnittes* $\cap$ *in bezug auf das* $\oplus$ *Gesetz*

Wir müssen zeigen, daß folgende Gleichung gilt:

$$x \cap (y \oplus z) = (x \cap y) \oplus (x \cap z).$$

Setzen wir $\Phi = x \cap (y \oplus z)$ und entwickeln wir

$$\begin{aligned}\Phi &= x \cap [(y \cap \overline{z}) \cup (\overline{y} \cap z)] \\ &= (x \cap y \cap \overline{z}) \cup (x \cap \overline{y} \cap z) = \varphi_1 \cup \varphi_2,\end{aligned}$$

wobei

$$\varphi_1 = x \cap y \cap \overline{z} \qquad \text{und} \qquad \varphi_2 = x \cap \overline{y} \cap z.$$

Wir können jedoch schreiben

$$0 = x \cap \overline{x} = x \cap \overline{x} \cap y$$

und

$$0 = x \cap \overline{x} = x \cap \overline{x} \cap z;$$

dann ist

$$\varphi_1 = \varphi_1 \cup 0 = (x \cap y \cap \overline{z}) \cup (x \cap \overline{x} \cap y) = (x \cap y) \cap (\overline{x} \cup \overline{z}) = (x \cap y) \cap (\overline{x \cap z})$$

$$\varphi_2 = \varphi_2 \cup 0 = (x \cap \overline{y} \cap z) \cup (x \cap \overline{x} \cap z) = (x \cap z) \cap (\overline{x} \cup \overline{y}) = (\overline{x \cap y}) \cap (x \cap z).$$

Wir haben nun

$$\Phi = \varphi_1 \cup \varphi_2 = [(x \cap y) \cap (\overline{x \cap z})] \cup [(\overline{x \cap y}) \cap (x \cap z)].$$

Setzen wir

$$x \cap y = A \quad \text{und} \quad x \cap z = B,$$

so folgt

$$\Phi = (A \cap \overline{B}) \cup (\overline{A} \cap B) = A \oplus B = (x \cap y) \oplus (x \cap z).$$

Die Distributivität des Durchschnittes $\cap$ bezüglich des Gesetzes $\oplus$ ist damit bewiesen.

Bemerkung 1: Gilt für eine Menge E

a) ein inneres Verknüpfungsgesetz $\top$, also ein Kommutativgruppengesetz (allgemein Additivgesetz genannt),

b) ein zweites inneres Verknüpfungsgesetz $\perp$ (allgemein Multiplikationsgesetz genannt), das folgende Eigenschaften besitzt:

- es ist assoziativ: $(x \perp y) \perp z = x \perp (y \perp z)$ $(x, y, z \in E)$,
- es ist distributiv in bezug auf ersteres

(1) $\quad x \perp (y \top z) = (x \perp y) \top (x \perp z)$

(2) $\quad (x \top y) \perp z = (x \perp z) \top (y \perp z)$,

so nennt man diese Menge E einen *Ring* (*Beispiel:* der Ring der Menge der rationalen Zahlen, für den das Additionsgesetz + und das Multiplikationsgesetz gelten).

Ist außerdem das zweite Gesetz $\top$ kommutativ $(x \top y = y \top x)$, dann nennt man den Ring *kommutativ.* Die beiden Distributivitätseigenschaften, die wir betrachteten, können also auf eine einzige zurückgeführt werden (die erste leitet sich aus der zweiten ab).

Man sieht, daß in unserem Beispiel die Menge E, die dem Gesetz der kommutativen Gruppe $\oplus$ und dem bezüglich ersterem assoziativen, kommutativen und distributiven Gesetz $\cap$ gehorcht, einen kommutativen Ring bildet.

Bemerkung 2: Die Menge E, für die das Gesetz $\oplus$ und das der Vereinigung $\cup$ gilt, bildet keinen Ring. Die Vereinigung ist in der Tat nicht distributiv bezüglich des Gesetzes $\oplus$:

$$\varphi_1 = x \cup (y \oplus z) = x \cup (y \cap \overline{z}) \cup (\overline{y} \cap z) = x \cup (y \cap \overline{z}) \cup (\overline{y} \cap z)$$

$$\begin{aligned}\varphi_2 = (x \cup y) \oplus (x \cup z) &= [(x \cup y) \cap (\overline{x \cup z})] \cup [(\overline{x \cup y}) \cap (x \cup z)] \\ &= [(x \cup y) \cap \overline{x} \cap \overline{z}] \cup [\overline{x} \cap \overline{y} \cap (x \cup z)] \\ &= (y \cap \overline{x} \cap \overline{z}) \cup (\overline{x} \cap \overline{y} \cap z) \\ &= \overline{x} \cap [(y \cap \overline{z}) \cup (\overline{y} \cap z)] \\ &= \overline{x} \cap [y \oplus z].\end{aligned}$$

Es ist leicht zu sehen, daß φ_1 und φ_2 verschieden sind.

Man sieht außerdem, daß

$$\begin{aligned}\varphi_2 = (x \cup y) \oplus (x \cup z) &= \overline{x} \cap [y \oplus z] \\ &= (\overline{x} \cap y) \oplus (\overline{x} \cap z)\end{aligned}$$

infolge der Distributivität von $\cap$ in bezug auf $\oplus$.

6.6. Man berechne die Ausdrücke

a) $1 \oplus x$;

b) $1 \oplus [(1 \oplus x) \cap (1 \oplus y)]$;

a) $1 \oplus x = (1 \cap \overline{x}) \cup (\overline{1} \cap x) = (1 \cap \overline{x}) \cup 0 = 1 \cap \overline{x} = \overline{x}$;

b) $1 \oplus [(1 \oplus x) \cap (1 \oplus y)] = \Phi$

$1 \oplus x = \overline{x}$, nach a)

$1 \oplus y = \overline{y}$, nach a)

$(1 \oplus x) \cap (1 \oplus y) = \overline{x} \cap \overline{y} = \overline{x \cup y}$

und schließlich

$$\Phi = 1 \oplus \overline{x \cup y} = \overline{\overline{x \cup y}} = x \cup y, \text{nach a)}.$$

Wir sehen, daß die Operationen $\oplus$ und $\cap$ es uns ermöglichen,

- die Durchschnittsoperation (offensichtlich),
- die Negationsoperation und
- die Vereinigungsoperation

durchzuführen.

Diese beiden Operationen ermöglichen es uns also, jede beliebige Boolesche Funktion darzustellen.

Wir haben in Kapitel 6 gesehen, daß es auch andere Paare von Operationen gibt, die die Realisierung jeder beliebigen Booleschen Funktion gestatten. Gewisse Operationen (*Pierce, Scheffer*) ermöglichen es für sich allein,jede Funktion zu realisieren.

Die disjunktive Summe spielt eine besondere Rolle in der binären Algebra (vgl. Kapitel 6). Sie ist eine der grundlegenden Operationen, die in den Elektronenrechnern die Durchführung der binären Addition ermöglichen.

14. Übungen zu den kanonischen Formen und den Elementargliedern

1. Man zeige unter Verwendung der Regeln der Booleschen Algebra, daß die Vereinigung der Minterme dreier Variabler identisch 1 ist.

$$\Phi = (\bar{A} \cap \bar{B} \cap \bar{C}) \cup (\bar{A} \cap \bar{B} \cap C) \cup (\bar{A} \cap B \cap \bar{C}) \cup (\bar{A} \cap B \cap C) \cup$$
$$\cup (A \cap \bar{B} \cap \bar{C}) \cup (A \cap \bar{B} \cap C) \cup (A \cap B \cap \bar{C}) \cup (A \cap B \cap C) = 1.$$

Numerieren wir die Minterme, so können wir schreiben

$$\Phi = m_0 \cup m_1 \cup m_2 \cup m_3 \cup m_4 \cup m_5 \cup m_6 \cup m_7.$$

Die ersten vier Minterme können zu A zusammengefaßt werden, die zweiten vier zu $\bar{A}$:

$$m_0 \cup m_1 \cup m_2 \cup m_3 = \bar{A} \cap [(\bar{B} \cap \bar{C}) \cup (\bar{B} \cap C) \cup (B \cap \bar{C}) \cup (B \cap C)] = \bar{A} \cap \varphi_1$$
$$m_4 \cup m_5 \cup m_6 \cup m_7 = A \cap [(\bar{B} \cap \bar{C}) \cup (\bar{B} \cap C) \cup (B \cap \bar{C}) \cup (B \cap C)] = A \cap \varphi_2.$$

Wir sehen, daß $\varphi_1 = \varphi_2$, woraus folgt, daß

$$\Phi = [\bar{A} \cap \varphi_1] \cup [A \cap \varphi_1] = \varphi_1 \cap [A \cup \bar{A}] = \varphi_1$$
$$= (\bar{B} \cap \bar{C}) \cup (\bar{B} \cap C) \cup (B \cap \bar{C}) \cup (B \cap C).$$

Φ hängt also nicht von A ab. Diese Funktion ist nichts anderes als die Vereinigung der Minterme zweier Variabler, die wir ebenfalls numerieren können:

$$\Phi = m'_0 \cup m'_1 \cup m'_2 \cup m'_3,$$
$$m'_0 \cup m'_1 = (\bar{B} \cap \bar{C}) \cup (\bar{B} \cap C) = \bar{B} \cap (C \cup \bar{C}) = \bar{B} \cap \varphi'_1,$$
$$m'_2 \cup m'_3 = (B \cap \bar{C}) \cup (B \cap C) = B \cap (C \cup \bar{C}) = B \cap \varphi'_2.$$

Es ist natürlich auch

$$\varphi'_1 = \varphi'_2$$

und

$$\Phi = (\bar{B} \cap \varphi'_1) \cup (B \cap \varphi'_1) = [\bar{B} \cup B] \cap \varphi'_1 = \varphi'_1.$$

$\Phi = \bar{C} \cup C$ und ist von B unabhängig. Φ ist die Vereinigung der Minterme einer einzigen Variablen: Es ist bekannt, daß diese Vereinigung gleich 1 ist. Hieraus folgt das Resultat. (Man sieht auch, daß, ausgehend von der Identität $X \cup \bar{X} = 1$, man mittels des Rekursionsprinzips zeigen kann, daß für eine beliebige Anzahl von Variablen, die Vereinigung aller durch die Variablen definierten Minterme identisch gleich 1 ist.)

2. Man betrachte die Funktionen dreier Variabler A, B, C und zeige in direktem Beweis, daß jede der Variablen A, B, C ihrerseits in kanonischer Form dargestellt werden kann.

a) *Disjunktive kanonische Form*

A, B, C werden als Klassen, auf der Bezugsklasse 1 definiert, angesehen, so daß man schreiben kann

$$A \cup \bar{A} = B \cup \bar{B} = C \cup \bar{C} = 1 .$$

Die Funktion

$$\Phi_1(A, B, C) = A$$

kann auch in folgender Form geschrieben werden:

$$\begin{aligned} \Phi_1 &= A \cap 1 = A \cap (B \cup \bar{B}) \cap (C \cup \bar{C}) \\ &= [(A \cap B) \cup (A \cap \bar{B})] \cap (C \cup \bar{C}) \\ &= (A \cap B \cap C) \cup (A \cap B \cap \bar{C}) \cup (A \cap \bar{B} \cap C) \cup (A \cap \bar{B} \cap \bar{C}) \\ &= m_7 \cup m_6 \cup m_5 \cup m_4 . \end{aligned}$$

Analog:

$$\begin{aligned} \Phi_2(A, B, C) &= B \\ &= B \cap 1 = B \cap (A \cup \bar{A}) \cap (C \cup \bar{C}) \\ &= (B \cap A \cap C) \cup (B \cap A \cap \bar{C}) \cup (B \cap \bar{A} \cap C) \cup (B \cap \bar{A} \cap \bar{C}) \\ &= m_7 \cup m_6 \cup m_3 \cup m_2 . \end{aligned}$$

Und schließlich ist

$$\begin{aligned} \Phi_3(A, B, C) &= C = C \cap 1 = C \cap (A \cup \bar{A}) \cap (B \cup \bar{B}) \\ &= (C \cap A \cap B) \cup (C \cap A \cap \bar{B}) \cup (C \cap \bar{A} \cap B) \cup (C \cap \bar{A} \cap \bar{B}) \\ &= m_7 \cup m_5 \cup m_3 \cup m_1 . \end{aligned}$$

Bemerkung: Wir hätten auch, z.B. um A zu entwickeln, schreiben können:

$$1 = (\bar{B} \cap \bar{C}) \cup (\bar{B} \cap C) \cup (B \cap \bar{C}) \cup (B \cap C),$$

da die Vereinigung von 4 Mintermen, definiert durch die beiden Variablen B und C, gleich 1 ist.

Wir hätten dann wie oben

$$A = A \cap 1 = m_7 \cup m_6 \cup m_5 \cup m_4 .$$

b) *Konjunktive kanonische Form*

Wir haben

$$A \cap \bar{A} = B \cap \bar{B} = C \cap \bar{C} = 0$$

und analog

$$(A \cap \bar{A}) \cup (B \cap \bar{B}) = (A \cup B) \cap (A \cup \bar{B}) \cap (\bar{A} \cup B) \cap (\bar{A} \cup \bar{B}) = 0$$

(Durchschnitt von 2^n Maxtermen, definiert durch n Variable, ist gleich Null).

Wir können daher schreiben:

$$A = A \cup 0 = A \cup [(\overline{B} \cup \overline{C}) \cap (\overline{B} \cup C) \cap (B \cup \overline{C}) \cap (B \cup C)]$$
$$= (A \cup \overline{B} \cup \overline{C}) \cap (A \cup \overline{B} \cup C) \cap (A \cup B \cup \overline{C}) \cap (A \cup B \cup C)$$
$$A = M_7 \cap M_6 \cap M_5 \cap M_4 .$$

Analog ist

$$B = (A \cup \overline{A} \cup \overline{C}) \cap (B \cup \overline{A} \cup C) \cap (B \cup A \cup \overline{C}) \cap (B \cup A \cup C)$$
$$= M_7 \cap M_6 \cap M_3 \cap M_2 .$$

Und schließlich

$$C = (C \cup \overline{A} \cup \overline{B}) \cap (C \cup \overline{A} \cup B) \cap (C \cup A \cup \overline{B}) \cap (C \cup A \cup B)$$
$$= M_7 \cap M_5 \cap M_3 \cap M_1 .$$

3. Sind die beiden Klassen A und B gegeben, definiert man die Operation $\sim$ durch die Gleichung

$$A \sim B = (A \cap B) \cup (\overline{A} \cap \overline{B}).$$

Man berechne den Ausdruck

$$\Phi = [(A \sim B) \cap (B \sim C)] \sim (A \sim C).$$

Setzen wir

$$\varphi_1 = (A \sim B) \cap (B \sim C)$$
$$\varphi_1 = [(A \cap B) \cup (\overline{A} \cap \overline{B})] \cap [(B \cap C) \cup (\overline{B} \cap \overline{C})]$$
$$= (A \cap B \cap C) \cup (\overline{A} \cap \overline{B} \cap \overline{C}) = m_7 \cup m_0 ,$$

so erhalten wir

$$\Phi = [\varphi_1 \cap (A \sim C)] \cup [\overline{\varphi}_1 \cap (\overline{A \sim C})],$$
$$\varphi_1 \cap (A \sim C) = [(A \cap B \cap C) \cup (\overline{A} \cap \overline{B} \cap \overline{C})] \cap$$
$$\cap [(A \cap C) \cup (\overline{A} \cap \overline{C})] = (A \cap B \cap C) \cup (\overline{A} \cap \overline{B} \cap \overline{C}) = \varphi_1 ,$$
$$\Phi_1 = (\varphi_1 \cup (\overline{\varphi}_1 \cap \overline{A \sim C}) = (\varphi_1 \cup \overline{\varphi}_1) \cap \varphi_1 \cup \overline{A \sim C} = \varphi_1 \cup \overline{A \sim C}$$
$$= (A \cap B \cap C) \cup (\overline{A} \cap \overline{B} \cap \overline{C}) \cup \overline{(A \cap C) \cup (\overline{A} \cap \overline{C})},$$

aber

$$\overline{(A \cap C) \cup (\overline{A} \cap \overline{C})} = (A \cap \overline{C}) \cup (\overline{A} \cap C)$$

und

$$\Phi = (A \cap B \cap C) \cup (\overline{A} \cap \overline{B} \cap \overline{C}) \cup (A \cap \overline{C}) \cup (\overline{A} \cap C).$$

Nun ist

$$(A \cap B \cap C) \cup (A \cap \overline{C}) = (A \cap B) \cup (A \cap \overline{C})$$

$$(\overline{A} \cap \overline{B} \cap \overline{C}) \cup (\overline{A} \cap C) = (\overline{B} \cap \overline{C}) \cup (\overline{A} \cap C),$$

$$\Phi = (A \cap B) \cup (A \cap \overline{C}) \cup (\overline{B} \cap \overline{C}) \cup (\overline{A} \cap C).$$

Diesen Ausdruck können wir noch weiter vereinfachen. Es ist ja

$$(A \cap B) \cup (\overline{B} \cap \overline{C}) = (A \cap B \cap C) \cup \underline{(A \cap B \cap \overline{C}) \cup (A \cap \overline{B} \cap \overline{C})} \cup (\overline{A} \cap \overline{B} \cap \overline{C}),$$

und wir sehen, daß die Vereinigung der zwei unterstrichenen Minterme $(A \cap B \cap \overline{C}) \cup \cup (A \cap \overline{B} \cap C)$ gleich ist $A \cap \overline{C}$. Das Glied $A \cap \overline{C}$ ist daher überflüssig,und wir können schreiben

$$\Phi = (A \cap B) \cup (\overline{B} \cap \overline{C}) \cup (\overline{A} \cap C).$$

Führen wir die Transformation $B \rightarrow \overline{B}$ aus, so lautet Φ:

$$\Phi(B \rightarrow \overline{B}) = (A \cap \overline{B}) \cup (B \cap \overline{C}) \cup (C \cap \overline{A}).$$

Wir erkennen eine der beiden Minimalformen der oben behandelten Funktion wieder (Kap. 9, Übung 3).

Eine andere, $\Phi(B \rightarrow \overline{B})$ äquivalente Form ist

$$\Phi(B \rightarrow \overline{B}) = (\overline{A} \cap B) \cup (\overline{B} \cap C) \cup (\overline{C} \cap A),$$

die, bei nochmaliger Anwendung der Transformation $B \rightarrow \overline{B}$, eine zweite Form für Φ liefert:

$$\Phi = (\overline{A} \cap \overline{B}) \cup (B \cap \overline{C}) \cup (\overline{C} \cap A).$$

4. Es seien A und B zwei Boolesche Variable, bezogen auf die Bezugsgröße 1. Man betrachte die folgenden Booleschen Funktionen:

$$\alpha = (A \cap B) \cup (\overline{A} \cap \overline{B})$$

$$\beta = B.$$

a) Man zeige, daß alle Booleschen Funktionen $\Phi(A, B)$ in der Form $\Psi(\alpha, \beta)$ dargestellt werden können.

Wäre es dasselbe, wenn wir z.B. $\alpha = A \cap \overline{B}$, $\beta = B$ gesetzt hätten?

b) Man gebe den Ausdruck $\Psi(\alpha, \beta)$ für

$$\Phi_1 = A; \quad \Phi_2 = A \cup B; \quad \Phi_3 = A \cap \overline{B}.$$

Betrachten wir die Minterme, definiert durch die Variablen α und β:

$$\mu_0 = \overline{\alpha} \cap \overline{\beta}; \quad \mu_1 = \overline{\alpha} \cap \beta; \quad \mu_2 = \alpha \cap \overline{\beta}; \quad \mu_3 = \alpha \cap \beta.$$

Wenn jede Funktion $\Phi(A, B)$ in der Form $\Psi(\alpha, \beta)$ dargestellt werden kann, kann $\Psi(\alpha, \beta)$, eine Funktion der Variablen α und β, als disjunktive kanonische Form der Vereinigung gewisser Minterme dieser Variablen dargestellt werden.

Da $\Phi(A, B)$ auch in disjuntiver kanonischer Form bzgl. der Minterme $\overline{A} \cap \overline{B} = m_0$, $\overline{A} \cap B = m_1$, $A \cap \overline{B} = m_2$, $A \cap B = m_3$ dargestellt werden kann, muß die Menge der Minterme $\{\mu_0, \mu_1, \mu_2, \mu_3\}$ der Menge der Minterme (m_0, m_1, m_2, m_3) entsprechen.

Es ist in der Tat

$$\mu_0 = \overline{\alpha} \cap \overline{\beta} = [\overline{(A \cap B) \cup (\overline{A} \cap \overline{B})}] \cap \overline{B}$$
$$= [(A \cap \overline{B}) \cup (\overline{A} \cap B)] \cap \overline{B} = A \cap \overline{B} = m_2$$
$$\mu_1 = \overline{\alpha} \cap \beta = [(A \cap \overline{B}) \cup (\overline{A} \cap B)] \cap B = \overline{A} \cap B = m_1$$
$$\mu_2 = \alpha \cap \overline{\beta} = [(A \cap B) \cup (\overline{A} \cap \overline{B})] \cap \overline{B} = \overline{A} \cap \overline{B} = m_0$$
$$\mu_3 = \alpha \cap \beta = [(A \cap B) \cup (\overline{A} \cap \overline{B})] \cap B = A \cap B = m_3 .$$

Stellen wir nun eine Korrespondenztafel auf für die Minterme μ_i und die Minterme m_j, wobei wir $\pi_{ij} = 1$ setzen, wenn μ_i dem m_j entspricht,und $\pi_{ij} = 0$, wenn dies nicht der Fall ist.

Wir erhalten damit eine Matrix $[\pi_{ij}]$,und wir sehen, daß jede Zeile und jede Spalte genau ein $\pi_{ij} = 1$ enthält.

$[\pi_{ij}] = \mu_j$

μ_j \ m_j	0	1	2	3
0	0	0	1	0
1	0	1	0	0
2	1	0	0	0
3	0	0	0	1

Es handelt sich um eine Permutationsmatrix. (Man kann sagen, daß eine Permutationsmatrix eine eineindeutige Korrespondenz zwischen einer endlichen Menge und sich selbst darstellt.)

Diese Matrix $[\pi_{ij}]$ macht es uns leicht, die Transformierte $\Psi(\alpha, \beta)$ einer jeden Funktion $\Phi(A, B)$ und umgekehrt zu berechnen.

Nehmen wir zum Beispiel

$$\Phi_1 = A = (A \cap \overline{B}) \cup (A \cap B) = m_2 \cup m_3,$$

so können wir auch schreiben $\Phi_1 = 0 \cdot m_0 \cup 0 \cdot m_1 \cup 1 \cdot m_2 \cup 1 \cdot m_3$,und wir erhalten den Spaltenvektor

$$\begin{pmatrix} 0 \\ 0 \\ 1 \\ 1 \end{pmatrix}$$

Eine nachfolgende Multiplikation der Matrix $[\pi_{ij}]$ mit diesem Vektor liefert den Spaltenvektor (Ψ):

$$(\Psi) = [\pi_{ij}](\Phi) = \begin{pmatrix} 0 & 0 & 1 & 0 \\ 0 & 1 & 0 & 0 \\ 1 & 0 & 0 & 0 \\ 0 & 0 & 0 & 1 \end{pmatrix} \begin{pmatrix} 0 \\ 0 \\ 1 \\ 1 \end{pmatrix} = \begin{pmatrix} 1 \\ 0 \\ 0 \\ 1 \end{pmatrix},$$

woraus folgt:

$$\Psi = 1\mu_0 \cup 0\mu_1 \cup 0\mu_2 \cup 1\mu_3 = \mu_0 \cup \mu_3 = (\bar{\alpha} \cap \bar{\beta}) \cup (\alpha \cap \beta).$$

Beweis:

$m_2 = A \cap \bar{B} = \bar{\alpha} \cap \bar{\beta} = \mu_0$

$m_3 = A \cap B = \alpha \cap \beta = \mu_3$

$m_2 \cup m_3 = \mu_0 \cup \mu_3.$

Berechnen wir analog

$\Phi_2 = A \cup B = m_1 \cup m_2 \cup m_3,$

der Vektor Φ_2 ist dann

$$(\Phi_2) = \begin{pmatrix} 0 \\ 1 \\ 1 \\ 1 \end{pmatrix},$$

woraus wir erhalten:

$$(\Psi_2) = \begin{pmatrix} 0 & 0 & 1 & 0 \\ 0 & 1 & 0 & 0 \\ 1 & 0 & 0 & 0 \\ 0 & 0 & 0 & 1 \end{pmatrix} \begin{pmatrix} 0 \\ 1 \\ 1 \\ 1 \end{pmatrix} = \begin{pmatrix} 1 \\ 1 \\ 0 \\ 1 \end{pmatrix}$$

$$\Psi_2 = \mu_0 \cup \mu_1 \cup \mu_3 = (\bar{\alpha} \cap \bar{\beta}) \cup (\bar{\alpha} \cap \beta) \cup (\alpha \cap \beta) = \bar{\alpha} \cup \beta.$$

Beweis:

$A \cup B = m_1 \cup m_2 \cup m_3 = \mu_1 \cup \mu_0 \cup \mu_3 = \bar{\alpha} \cup \beta.$

Berechnen wir schließlich

$\Phi_3 = (A \cap \bar{B}) \cup (\bar{A} \cap B) = m_1 \cup m_2$

$$(\Phi_3) = \begin{pmatrix} 0 \\ 1 \\ 1 \\ 0 \end{pmatrix}$$

$$(\Psi_3) = \begin{pmatrix} 0 & 0 & 1 & 0 \\ 0 & 1 & 0 & 0 \\ 1 & 0 & 0 & 0 \\ 0 & 0 & 0 & 1 \end{pmatrix} \begin{pmatrix} 0 \\ 1 \\ 1 \\ 0 \end{pmatrix} = \begin{pmatrix} 1 \\ 1 \\ 0 \\ 0 \end{pmatrix}$$

$$\Psi_3 = \mu_0 \cup \mu_1 = (\bar{\alpha} \cap \bar{\beta}) \cup (\bar{\alpha} \cap \beta) = \bar{\alpha}.$$

Wenn wir jetzt die inverse Transformierte $\Phi(A, B)$ einer Funktion $\Psi(\alpha, \beta)$ berechnen wollen, müssen wir die inverse Permutationsmatrix benützen. Es ist bekannt, daß die inverse Matrix einer Permutationsmatrix gleich ihrer Transponierten ist (die Transponierte $[m'_{ij}]$ einer Matrix $[m_{ij}]$ ist die Matrix, die man erhält, wenn man $m'_{ij} = m_{ji}$ setzt, d.h. man vertauscht Zeilen und Spalten). Wir sehen, daß in unserem Fall $[\pi'_{ij}] = [\pi_{ij}]$.

Berechnen wir z.B. $\Phi(A, B)$ für $\Psi(\alpha, \beta) = \bar{\alpha} \cup \bar{\beta}$

$$\bar{\alpha} \cup \bar{\beta} = \mu_0 \cup \mu_1 \cup \mu_2,$$

woraus folgt:

$$(\Psi) = \begin{pmatrix} 1 \\ 1 \\ 1 \\ 0 \end{pmatrix}$$

und

$$(\Phi) = \begin{pmatrix} 0 & 0 & 1 & 0 \\ 0 & 1 & 0 & 0 \\ 1 & 0 & 0 & 0 \\ 0 & 0 & 0 & 1 \end{pmatrix} \begin{pmatrix} 1 \\ 1 \\ 1 \\ 0 \end{pmatrix} = \begin{pmatrix} 1 \\ 1 \\ 1 \\ 0 \end{pmatrix}$$

und daraus ergibt sich

$$\Phi = m_0 \cup m_1 \cup m_2 = \bar{A} \cup \bar{B}.$$

Beweis: Wir können auf direktem Wege folgendermaßen vorgehen:

$$\bar{\alpha} = \overline{(A \cap B) \cup (\bar{A} \cap \bar{B})} = (A \cap \bar{B}) \cup (\bar{A} \cap B)$$

$$\bar{\beta} = \bar{B}$$

$$\bar{\alpha} \cup \bar{\beta} = (A \cap \bar{B}) \cup (\bar{A} \cap B) \cup \bar{B} = (\bar{A} \cap B) \cup \bar{B} = \bar{A} \cup \bar{B}.$$

Nehmen wir an, wir hätten

$$\alpha = A \cap \bar{B} \quad \text{und} \quad \beta = B$$

gesetzt, so daß

$$\mu_0 = \bar{\alpha} \cap \bar{\beta} = (\bar{A} \cup B) \cap \bar{B} = \bar{A} \cap \bar{B} = m_0$$

$$\mu_1 = \bar{\alpha} \cap \beta = (\bar{A} \cup B) \cap B = B = m_1 \cup m_3$$

$$\mu_2 = \alpha \cap \bar{\beta} = (A \cap \bar{B}) \cap \bar{B} = A \cap \bar{B} = m_2$$

$$\mu_3 = \alpha \cap \beta = A \cap \bar{B} \cap B = 0.$$

Wir erhalten so keine Permutation von Mintermen; die Variablen α und β gestatten nicht, alle Funktionen $\Phi(A, B)$ auszudrücken.

So können alle Funktionen, in die die Minterme m_1 oder m_3 separat eingehen, nicht als Funktionen von α und β ausgedrückt werden; es sind dies die Funktionen

$A;\ \bar{A}$

$A \cap B;\ A \cap \bar{B}$

$\bar{A} \cup \bar{B};\ A \cup \bar{B}$

$(A \cap B) \cup (\bar{A} \cap \bar{B});\ (A \cap \bar{B}) \cup (\bar{A} \cap B),$

also 8 Funktionen von 16.

Die dieser Transformation entsprechende Matrix sieht so aus:

	m_0	m_1	m_2	m_3
μ_0	1	0	0	0
μ_1	0	1	0	1
μ_2	0	0	1	0
μ_3	0	0	0	0

Man sieht, daß es sich nicht um eine Permutationsmatrix handelt.

Man kann sich das so vorstellen: Ein Arzt hat die Krankheiten A und B zu diagnostizieren, wobei er sich nach dem Vorhandensein oder Fehlen zweier Symptome α und β richtet. Das Symptom α tritt auf, wenn der Patient an beiden Krankheiten gleichzeitig leidet, es kann aber auch zu beobachten sein, wenn er keine der beiden Krankheiten hat; β hingegen tritt nur dann auf, wenn der Patient an der Krankheit B leidet.

Wir haben also, wie im ersten oben behandelten Beispiel,

$$\alpha = (A \cap B) \cup (\bar{A} \cap \bar{B})$$

$$\beta = B,$$

und wir sehen, daß gleichzeitiges Vorhandensein oder Fehlen von 2 Symptomen es gestattet festzustellen, ob der Patient an Krankheit A, Krankheit B, beiden gleichzeitig oder keiner von beiden leidet.

Hätten wir

$\alpha = A \cap \overline{B}$ und $\beta = B$

gehabt, dann hätte das Vorhandensein von Symptom β bei Fehlen von Symptom α (d.h. $\Psi(\alpha, \beta) = \overline{\alpha} \cap \beta$) es gestattet, die Krankheit B zu konstatieren, ohne jedoch zu wissen, ob der Patient die Krankheit A hat oder nicht. Mit anderen Worten, diese beiden Symptome ermöglichen es nicht, ein gleichzeitiges Auftreten von A und B festzustellen.

5. Man bestimme die Anzahl der logischen Elemente, die notwendig sind, um folgende Funktionen zu realisieren:

a) $\{A \cap B \cap [C \cup (\overline{D} \cap \overline{C})]\} \cup F$,

b) $(A \cap B \cap C) \cup (\overline{A} \cap B) \cup C$.

Wie auch im Kurs sind hier folgende Regeln zugelassen (es handelt sich um ein Beispiel; man hätte natürlich auch andere Konventionen machen können, in der Praxis hängt alles von der Art der verwendeten logischen Grundelemente ab):

- kein logisches Element ist notwendig, um eine Klasse oder ihre Negation für sich allein zu realisieren,
- ein Elementarglied von mehreren Klassen benötigt ebensoviele logische Elemente, wie Klassen in diesem Glied auftreten,
- Vereinigung oder Durchschnitt mehrerer Glieder erfordert ebensoviele logische Elemente, wie es Glieder gibt,
- die Negation irgendeiner Funktion erfordert kein zusätzliches logisches Element.

5.1. $\{A \cap B \cap [C \cup (\overline{D} \cap \overline{C})]\} \cup F = \Phi$

Ohne zunächst zu versuchen, Φ zu vereinfachen, berechnen wir die Anzahl der zu seiner Realisierung notwendigen logischen Elemente.

Das Glied $\overline{D} \cap \overline{C}$ erfordert 2 Elemente.

Die Funktion $C \cup (\overline{D} \cap \overline{C})$, die Vereinigung zweier Glieder, erfordert noch 2 Elemente.

Die Funktion $A \cap B \cap [C \cup (D \cap C)] = \Psi$, der Durchschnitt von 3 Gliedern, erfordert 3 Elemente.

Schließlich verlangt noch $\Phi = \Psi \cup F$, die Vereinigung der Glieder Ψ und F, 2 Elemente.

Insgesamt erhalten wir damit $2 + 2 + 3 + 2 = 9$ logische Elemente.

Wir können aber Φ vereinfachen. Es ist

$C \cup (\overline{D} \cap \overline{C}) = C \cup \overline{D}$.

So ist

$\Phi = [A \cap B \cap (C \cup \bar{D})] \cup F$

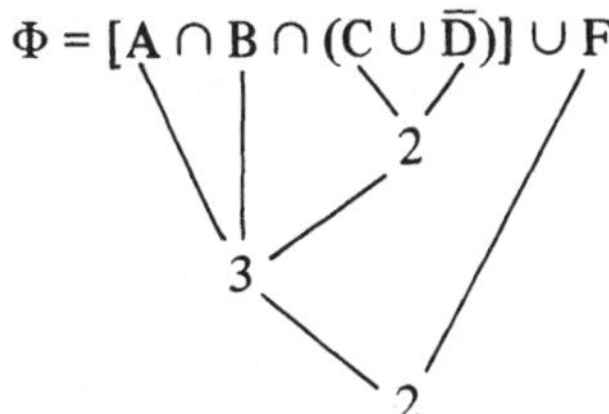

und wir sehen, daß 7 logische Elemente genügen, um diese Funktion zu realisieren.

5.2. $(A \cap B \cap C) \cup (\bar{A} \cap B) \cup C = \Phi$

Ohne irgendeine Vereinfachung erhalten wir folgendes Schema:

$(A \cap B \cap C) \cup (\bar{A} \cap B) \cup C.$

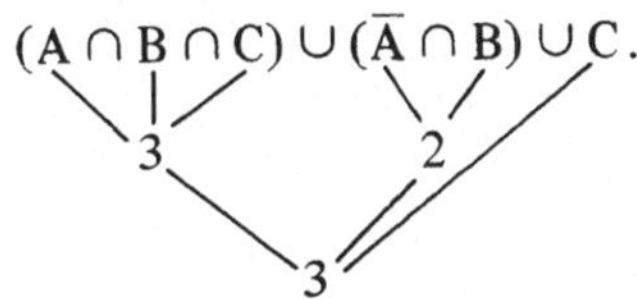

Man braucht also 8 Elemente, um Φ in dieser Form zu realisieren.
Man kann aber $A \cap B \cap C \subset C$ in der Form

$(A \cap B \cap C) \cup C = C$

schreiben, woraus sich

$\Phi = (\bar{A} \cap B) \cup C$

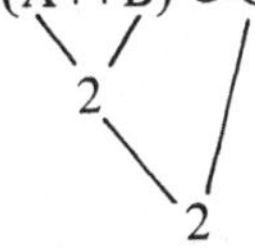

ergibt, d.h. es genügen 4 logische Elemente,um Φ zu realisieren.

15. Wahrheitstafeln. Verwendung neuer Boolescher Operationen

1. Man benütze eine Wahrheitstafel, um zu zeigen, daß

$$(A \cap B) \cup C = (A \cup C) \cap (B \cup C).$$

Stellen wir die Wahrheitstafel für die binären Variablen a, b, c auf, die den Klassen A, B, C zugeordnet sind, und beweisen wir die Gleichung

$$ab \dotplus c = (a \dotplus b)(b \dotplus c):$$

a	b	c	ab	$ab \dotplus c$	$a \dotplus c$	$b \dotplus c$	$(a \dotplus c)(b \dotplus c)$
0	0	0	0	0	0	0	0
0	0	1	0	1	1	1	1
0	1	0	0	0	0	1	0
0	1	1	0	1	1	1	1
1	0	0	0	0	1	0	0
1	0	1	0	1	1	1	1
1	1	0	1	1	1	1	1
1	1	1	1	1	1	1	1

Bild 15.1

Wie Bild 15.1 zeigt, ist diese Gleichung für alle Werte der Variablen a, b, c erfüllt, womit das Problem gelöst ist.

2. Man beweise nochmals die Beziehungen aus Abschnitt 9.3, Übung 1,unter Verwendung der Wahrheitstafeln.

Folgende Beziehungen sind zu verifizieren:

1. $A \cap (A \cup B) = A$,
2. $A \cap (\bar{A} \cup B) = A \cap B$,
3. $A \cup (\bar{A} \cap B) = A \cup B$,
4. $(A \cup B) \cap (B \cup C) \cap (C \cup A) = (A \cap B) \cup (B \cap C) \cup (C \cap A)$,
5. $A \cap C \cap (B \cup C) = A \cap C$,
6. $A \cap C \cap (B \cup \bar{C}) = A \cap B \cap C$,
7. $(A \cup \bar{C}) \cap (B \cup C) = (A \cap C) \cup (B \cap \bar{C})$.

Die Wahrheitstafeln sind die folgenden:

2.1. $A \cap (A \cup B) = A$

Bild 15.2 zeigt die Gleichung

$a(a \dotplus b) = a$

a	b	$a \dotplus b$	$a(a \dotplus b)$
0	0	0	0
	1	1	0
1	0	1	1
	1	1	1

Bild 15.2

2.2. $A \cap (\bar{A} \cup B) = A \cap B$

Bild 15.3 veranschaulicht die Gleichung

$a(\bar{a} \dotplus b) = ab$

a	b	$\bar{a} \dotplus b$	$a(\bar{a} \dotplus b)$	$a \cdot b$
0	0	1	0	0
	1	1	0	0
1	0	0	0	0
	1	1	1	1

Bild 15.3

2.3. $A \cup (\bar{A} \cap B) = A \cup B$

Bild 15.4 veranschaulicht die Gleichung

$a \dotplus (\bar{a}b) = a \dotplus b$

a	b	$\bar{a} \cdot b$	$a \dotplus (\bar{a}b)$	$a \dotplus b$
0	0	0	0	0
	1	1	1	1
1	0	0	1	1
	1	0	1	1

Bild 15.4

2.4. $(A \cup B) \cap (B \cup C) \cap (C \cup A) = (A \cap B) \cup (B \cap C) \cup (C \cap A)$

a	b	c	$a \dotplus b$	$b \dotplus c$	$c \dotplus a$	$(a \dotplus b)(b \dotplus c)(c \dotplus a)$	ab	bc	ca	$ab \dotplus bc \dotplus ca$
0	0	0	0	0	0	0	0	0	0	0
		1	0	1	1	0	0	0	0	0
	1	0	1	1	0	0	0	0	0	0
		1	1	1	1	1	0	1	0	1
1	0	0	1	0	1	0	0	0	0	0
		1	1	1	1	1	0	0	1	1
	1	0	1	1	1	1	1	0	0	1
		1	1	1	1	1	1	1	1	1

Bild 15.5

Bild 15.5 veranschaulicht die Gleichung

$(a \dotplus b)(b \dotplus c)(c \dotplus a) = ab \dotplus bc \dotplus ca$

2.5. $A \cap C \cap (B \cup C) = A \cap C$

Bild 15.6 veranschaulicht die Gleichung

$ac(b \dotplus \overline{c}) = ac$

a	b	c	ac	$b \dotplus c$	$ac(b \dotplus \overline{c})$
0	0	0	0	0	0
		1	0	1	0
	1	0	0	1	0
		1	0	1	0
1	0	0	0	0	0
		1	1	1	1
	1	0	0	1	0
		1	1	1	1

Bild 15.6

2.6. $A \cap C \cap (B \cup \overline{C}) = A \cap B \cap C$

Bild 15.7 veranschaulicht die Gleichung

$ac(b \dotplus \overline{c}) = abc$

a	b	c	$b \dotplus \overline{c}$	$ac(b \dotplus \overline{c})$	abc
0	0	0	1	0	0
		1	0	0	0
	1	0	1	0	0
		1	1	0	0
1	0	0	1	0	0
		1	0	0	0
	1	0	1	0	0
		1	1	1	1

Bild 15.7

2.7. $(A \cup \overline{C}) \cap (B \cup C) = (A \cap C) \cup (B \cap \overline{C})$

a	b	c	$a \dotplus \overline{c}$	$b \dotplus c$	$(a \dotplus \overline{c})(b \dotplus c)$	ac	$b\overline{c}$	$ac \dotplus b\overline{c}$
0	0	0	1	0	0	0	0	0
		1	0	1	0	0	0	0
	1	0	1	1	1	0	1	1
		1	0	1	0	0	0	0
1	0	0	1	0	0	0	0	0
		1	1	1	1	1	0	1
	1	0	1	1	1	0	1	1
		1	1	1	1	1	0	1

Bild 15.8

Bild 15.8 veranschaulicht die Gleichung

$$(a \dotplus \overline{c})\,(b \dotplus c) = ac \dotplus b\overline{c}.$$

Bemerkung: Man sieht, daß letztere Beziehung es gestattet, eine Summe von Produkten in der Form eines Produktes von Summen darzustellen, und umgekehrt. Man kann tatsächlich eine Funktion $\varphi(x_1, ..., x_4)$ immer in der Form

$$\begin{aligned}\varphi(x_1 \ldots x_n) &= x_1\varphi_1(1, x_2 \ldots x_n) \dotplus \overline{x}_1\varphi_0(0, x_2 \ldots x_n)\\ &= x_1\varphi_1 \dotplus \overline{x}_1\varphi_0 = (x_1 \dotplus \varphi_0)\,(\overline{x}_1 \dotplus \varphi_1)\end{aligned}$$

schreiben.

Nach dieser Beziehung kann man auch

$$\begin{aligned}x_1 \dotplus \varphi_0 &= x_2\varphi_2 \dotplus \overline{x}_2\varphi_2\\ \overline{x}_1 \dotplus \varphi_1 &= x_2\varphi_3 \dotplus \overline{x}_2\psi_3\end{aligned}$$

setzen und dieselbe Regel anwenden, solange bis jedes Glied als Summe einer bestimmten Anzahl von Variablen erscheint.

3. Man verwende eine Boolesche Tafel, um die Funktion

$$\varphi = xy \dotplus \overline{x}z \dotplus yz$$

in den beiden kanonischen Formen darzustellen.

3.1. *Disjunktive kanonische Form*

Stellen wir zunächst die Wahrheitstafel auf (Bild 15.9).

x	y	z	xy	$\overline{x}z$	yz	$xy \dotplus \overline{x}z \dotplus yz$	Nummer des Minterms	Nummer des Maxterms M_j, der $\overline{m}_i$ entspricht
0	0	0	0	0	0	0	m_0	$\boxed{M_7}$
		1	0	1	0	1	$\boxed{m_1}$	M_6
	1	0	0	0	0	0	m_2	$\boxed{M_5}$
		1	0	1	1	1	$\boxed{m_3}$	M_4
1	0	0	0	0	0	0	m_4	$\boxed{M_3}$
		1	0	0	0	0	m_5	$\boxed{M_2}$
	1	0	1	0	0	1	$\boxed{m_6}$	M_1
		1	1	0	1	1	$\boxed{m_7}$	M_0

Bild 15.9

Wir finden dann

$$\varphi = m_1 \dotplus m_3 \dotplus m_6 \dotplus m_7 = \bar{x}\bar{y}z \dotplus \bar{x}yz \dotplus xy\bar{z} \dotplus xyz.$$

3.2. *Konjunktive kanonische Form*

$$\bar{\varphi} = m_0 \dotplus m_2 \dotplus m_4 \dotplus m_5,$$

woraus folgt

$$\varphi = \bar{m}_0 \cdot \bar{m}_2 \cdot \bar{m}_4 \cdot \bar{m}_5 = M_7 \cdot M_5 \cdot M_3 \cdot M_2$$
$$= (x \dotplus y \dotplus z)(x \dotplus \bar{y} \dotplus z)(\bar{x} \dotplus y \dotplus z)(\bar{x} \dotplus y \dotplus \bar{z}).$$

Beweis:

$$(x \dotplus y \dotplus z)(x \dotplus \bar{y} \dotplus z) = x \dotplus z$$
$$(\bar{x} \dotplus y \dotplus z)(\bar{x} \dotplus y \dotplus \bar{z}) = \bar{x} \dotplus y,$$
$$\varphi = (x \dotplus z)(\bar{x} \dotplus y) = xy \dotplus \bar{x}z = xy \dotplus \bar{x}z \dotplus yz.$$

4. Man bringe die Funktion

$$\varphi = \bar{x}y \dotplus wyz \dotplus wx$$

auf die beiden kanonischen Formen, wobei man eine Boolesche Tafel benütze. Dazu stellen wir die Wahrheitstafel für die 4 Variablen x, y, z, w auf (Bild 15.10).

Aus dieser Tafel ist ersichtlich, daß

$$\varphi = m_0 \dotplus m_1 \dotplus m_2 \dotplus m_3 \dotplus m_7 \dotplus m_9 \dotplus m_{11} \dotplus m_{13} \dotplus m_{15}$$
$$= \bar{x}\bar{y}\bar{z}\bar{w} \dotplus \bar{x}\bar{y}\bar{z}w \dotplus \bar{x}\bar{y}z\bar{w} \dotplus \bar{x}\bar{y}zw \dotplus \bar{x}yzw \dotplus x\bar{y}\bar{z}w \dotplus x\bar{y}zw \dotplus xy\bar{z}w \dotplus xyzw,$$
$$\varphi = M_1 \cdot M_3 \cdot M_5 \cdot M_7 \cdot M_9 \cdot M_{10} \cdot M_{11}$$
$$= (\bar{x} \dotplus \bar{y} \dotplus \bar{z} \dotplus w)(\bar{x} \dotplus \bar{y} \dotplus z \dotplus w)(\bar{x} \dotplus y \dotplus \bar{z} \dotplus w)(\bar{x} \dotplus y \dotplus z \dotplus w)$$
$$(x \dotplus \bar{y} \dotplus \bar{z} \dotplus w)(x \dotplus \bar{y} \dotplus z \dotplus \bar{w})(x \dotplus \bar{y} \dotplus z \dotplus w).$$

5. Betrachten wir folgende Paare von Operationen:

1. Implikation $\dot{\subset}$ und Negation $^-$,
2. Piercesche Operation $\downarrow$ und Negation $^-$,
3. Sheffersche Operation $|$ und Negation $^-$.

Man beweise, daß es immer möglich ist, aus jedem dieser Paare alle anderen Operationen abzuleiten.

Es ist bekannt, daß man alle Booleschen Operationen aus den Operationen der Vereinigung $\cup$, des Durchschnittes $\cap$ und der Negation $^-$ ableiten kann. Da die Negationsoperation in jedem der obengenannten Paare auftritt, genügt es zu zeigen, daß man aus jedem von ihnen Vereinigung und Durchschnitt ableiten kann.

<table>
<tr><th>x</th><th>y</th><th>z</th><th>w</th><th>$\overline{x}y$</th><th>wyz</th><th>wx</th><th>φ</th><th>Nr. der m_i</th><th>Nr. des M_j, welches dem $\overline{m}_i$ entspricht</th></tr>
<tr><td rowspan="8">0</td><td rowspan="4">0</td><td rowspan="2">0</td><td>0</td><td>1</td><td>0</td><td>0</td><td>1</td><td>m_0 .</td><td>M_{15}</td></tr>
<tr><td>1</td><td>1</td><td>0</td><td>0</td><td>1</td><td>m_1 .</td><td>M_{14}</td></tr>
<tr><td rowspan="2">1</td><td>0</td><td>1</td><td>0</td><td>0</td><td>1</td><td>m_2 .</td><td>M_{13}</td></tr>
<tr><td>1</td><td>1</td><td>0</td><td>0</td><td>1</td><td>m_3 .</td><td>M_{12}</td></tr>
<tr><td rowspan="4">1</td><td rowspan="2">0</td><td>0</td><td>0</td><td>0</td><td>0</td><td>0</td><td>m_4</td><td>M_{11} .</td></tr>
<tr><td>1</td><td>0</td><td>0</td><td>0</td><td>0</td><td>m_5</td><td>M_{10} .</td></tr>
<tr><td rowspan="2">1</td><td>0</td><td>0</td><td>0</td><td>0</td><td>0</td><td>m_6</td><td>M_9 .</td></tr>
<tr><td>1</td><td>0</td><td>1</td><td>0</td><td>1</td><td>m_7 .</td><td>M_8</td></tr>
<tr><td rowspan="8">1</td><td rowspan="4">0</td><td rowspan="2">0</td><td>0</td><td>0</td><td>0</td><td>0</td><td>0</td><td>m_8</td><td>M_7 .</td></tr>
<tr><td>1</td><td>0</td><td>0</td><td>1</td><td>1</td><td>m_9 .</td><td>M_6</td></tr>
<tr><td rowspan="2">1</td><td>0</td><td>0</td><td>0</td><td>0</td><td>0</td><td>m_{10}</td><td>M_5 .</td></tr>
<tr><td>1</td><td>0</td><td>0</td><td>1</td><td>1</td><td>m_{11} .</td><td>M_4</td></tr>
<tr><td rowspan="4">1</td><td rowspan="2">0</td><td>0</td><td>0</td><td>0</td><td>0</td><td>0</td><td>m_{12}</td><td>M_3 .</td></tr>
<tr><td>1</td><td>0</td><td>0</td><td>1</td><td>1</td><td>m_{13} .</td><td>M_2</td></tr>
<tr><td rowspan="2">1</td><td>0</td><td>0</td><td>0</td><td>0</td><td>0</td><td>m_{14}</td><td>M_1 .</td></tr>
<tr><td>1</td><td>0</td><td>1</td><td>1</td><td>1</td><td>m_{15} .</td><td>M_0</td></tr>
</table>

Bild 15.10

Zeigen wir, daß es sogar genügt zu beweisen, daß man eine dieser Operationen, die Vereinigung oder den Durchschnitt, ableiten kann; in anderen Worten, aus den Paaren der Operationen

- Vereinigung $\cup$ und Negation $\overline{}$,
- Durchschnitt $\cap$ und Negation $\overline{}$,

kann man alle anderen Operationen ableiten.

A und B seien zwei Boolesche Variable, so ist

$$A \cup B = \overline{\overline{A} \cap \overline{B}} \quad \text{und} \quad A \cap B = \overline{\overline{A} \cup \overline{B}}.$$

Wir ersehen daraus, daß jedes dieser beiden Paare zu allen anderen Operationen führt.

Betrachten wir nun jedes der 3 zu untersuchenden Paare von Operationen.

5.1. *Implikation $\dot{\subset}$ und Negation*

Das Symbol $A \dot{\subset} B$ stellt die Funktion $\overline{A} \cup B$ dar. Es ist sofort zu sehen, daß die Funktion $A \cup B$ durch das Symbol $\overline{A} \dot{\subset} B$ darstellbar ist, das auf Anwendung der Operationen $\dot{\subset}$ und $^{-}$ beruht. Im Besitz der Vereinigung und der Negation können wir alle Booleschen Funktionen realisieren.

So kann $A \cap B = \overline{\overline{A} \cup \overline{B}}$ auf folgende Weise ausgedrückt werden:

$\overline{A} \cup \overline{B}$ durch das Symbol $A \dot{\subset} \overline{B}$ und

$A \cap B$ durch das Symbol $\overline{A \dot{\subset} \overline{B}}$.

5.2. *Piercesche Operation $\downarrow$ und Negation $^{-}$*

Das Symbol $A \downarrow B$ stellt die Funktion $\overline{A} \cap \overline{B}$ dar. Wenden wir die Negation auf die Variablen A und B an, so erhalten wir das Symbol $\overline{A} \downarrow \overline{B}$, das die Funktion $A \cap B$ darstellt und uns die Durchschnittsoperation liefert.

Wendet man die Negation auf die Menge der Funktion $(A \downarrow B)$ an, erhält man das Symbol $\overline{A \downarrow B}$, das die Funktion $\overline{\overline{A} \cap \overline{B}} = A \cup B$ darstellt.

5.3. *Sheffersche Operation und Negation $^{-}$*

Das Symbol $A | B$ stellt die Funktion $\overline{A} \cup \overline{B}$ dar. Wir erhalten den Durchschnitt $\overline{\overline{A} \cup \overline{B}} = A \cap B$ vermittels des Symbols $\overline{A | B}$ und die Vereinigung $\overline{\overline{A}} \cup \overline{\overline{B}} = A \cup B$ mittels des Symbols $\overline{A} | \overline{B}$.

Bemerkung: Wir haben im Verlauf des Kurses gesehen, daß die Operationen nach Sheffer und Pierce, und sie allein, es ermöglichen, alle anderen Funktionen abzuleiten. Wir haben gesehen, daß es, um dies zu zeigen, genügt zu beweisen, daß aus jeder von ihnen die Negation abgeleitet werden kann.

Es ist in der Tat

$$A \downarrow A = \overline{A} \cap \overline{A} = \overline{A}$$

$$A | A \;\; = \overline{A} \cup \overline{A} = \overline{A}.$$

Diese Operationen werden praktisch nie allein verwendet, schon wegen der Länge der Ausdrücke, die sich dabei ergeben würden; so lautet mit der Shefferschen Operation die disjunktive Summe $\Phi = (A \cap \overline{B}) \cup (\overline{A} \cap B)$ wie folgt:

Setzen wir $\overline{\varphi}_1 = A \cap \overline{B}$; $\overline{\varphi}_2 = \overline{A} \cap B$.

Dann ist

$$\Phi = \overline{\varphi}_1 \cup \overline{\varphi}_2 = \varphi_1 | \varphi_2,$$

$$\varphi_1 = A \cap \overline{B} = \overline{\overline{A} \cup B} = \overline{A | \overline{B}} = \overline{A | (B | B)} = [A | (B | B)] | [A | (B | B)],$$

$$\varphi_2 = \overline{A} \cap B = \overline{A \cup \overline{B}} = \overline{\overline{A} | B} = \overline{(A | A) | B} = [(A | A) | B] | [(A | A) | B],$$

hieraus folgt

$$\Phi = \varphi_1 | \varphi_2 = \{[A | (B | B)] | [A | (B | B)]\} | \{[(A | A) | B] | [(A | A) | B]\}.$$

Das Problem der Wahl der Grundoperationen ist primär ein Problem der Praxis, wobei die Lösung von der angewandten Technik (Relaisschaltung, Röhrenschaltung, Transistoren usw.) abhängt. In gewissen Fällen erhält man die einfachste Realisierung Boolescher Funktionen nicht aufgrund von 2, sondern von 3 oder gar 4 Grundoperationen.

Wendet man z.B. eine auf Transistoren und Dioden basierende Technik an, so ist es sehr leicht, die Operationen der Negation, der Vereinigung und des Durchschnitts sowie die Sheffersche Operation zu realisieren. Von diesen Besonderheiten kann man Gebrauch machen, um die darzustellenden Booleschen Funktionen zu vereinfachen.

6. Ist die Operation ⊕ (disjunktive Summe) distributiv in bezug auf den Durchschnitt, d.h. kann man

$$A \oplus (B \cap C) = (A \oplus B) \cap (A \oplus C)$$

setzen?

Ist der Durchschnitt distributiv in bezug auf die disjunktive Summe

$$A \cap (B \oplus C) = (A \cap B) \oplus (A \cap C)?$$

6.1. Ist die disjunktive Summe distributiv bzgl. des Durchschnitts?

Entwickeln wir den Ausdruck $\Phi_1 = A \oplus (B \cap C)$:

$$\begin{aligned}\Phi_1 &= (A \cap \overline{B \cap C}) \cup (\bar{A} \cap B \cap C)\\ &= [A \cap (\bar{B} \cup \bar{C})] \cup (\bar{A} \cap B \cap C)\\ &= (A \cap \bar{B}) \cup (A \cap \bar{C}) \cup (\bar{A} \cap B \cap C)\\ &= (A \cap \bar{B} \cap C) \cup (A \cap \bar{B} \cap \bar{C}) \cup (A \cap B \cap \bar{C}) \cup (\bar{A} \cap B \cap C)\\ &= m_3 \cup m_4 \cup m_5 \cup m_6.\end{aligned}$$

Entwickeln wir weiter den Ausdruck $\Phi_2 = (A \oplus B) \cap (A \oplus C)$:

$$\begin{aligned}\Phi_2 &= [(A \cap \bar{B}) \cup (\bar{A} \cap B)] \cap [(A \cap \bar{C}) \cup (\bar{A} \cap C)]\\ &= (A \cap \bar{B} \cap \bar{C}) \cup (A \cap \bar{B} \cap \bar{A} \cap C) \cup (\bar{A} \cap B \cap A \cap C) \cup (\bar{A} \cap B \cap C)\\ &= (A \cap \bar{B} \cap \bar{C}) \cup (\bar{A} \cap B \cap C) = m_3 \cup m_4.\end{aligned}$$

Nachdem wir Φ_1 und Φ_2 auf disjunktive kanonische Form gebracht haben, können wir feststellen, daß die beiden Ausdrücke nicht übereinstimmen. Es ist

$$\Phi_1 = m_3 \cup m_4 \cup m_5 \cup m_6 \supset m_3 \cup m_4 = \Phi_2.$$

Φ_1 und Φ_2 sind nur dann einander gleich, wenn $m_5 \cup m_6 = \phi$, d.h. wenn

$$(A \cap \bar{B} \cap C) \cup (A \cap B \cap \bar{C}) = A \cap [(\bar{B} \cap C) \cup (B \cap \bar{C})] = A \cap (B \oplus C) = \phi.$$

Wir sehen also, daß die disjunktive Summe bzgl. des Durchschnittes nicht distributiv ist.

6.2. Ist der Durchschnitt bzgl. der disjunktiven Summe distributiv?
Entwickeln wir $\Phi_1 = A \cap (B \oplus C)$.

$$\begin{aligned}
\Phi_1 &= A \cap [(B \cap \bar{C}) \cup (\bar{B} \cap C)] = (A \cap B \cap \bar{C}) \cup (A \cap \bar{B} \cap C) \\
&= [(A \cap B) \cap (\bar{A} \cup \bar{C})] \cup [(\bar{A} \cup \bar{B}) \cap (A \cap C)] \\
&= [(A \cap B) \cap (\overline{A \cap C})] \cup [(\overline{A \cap B}) \cap (A \cap C)] \\
&= (A \cap B) \oplus (A \cap C) = \Phi_2 .
\end{aligned}$$

Der Durchschnitt ist daher bzgl. der disjunktiven Summe distributiv.

7. Man zeige, daß

1. $\bar{A} \oplus \bar{B} = A \oplus B$.
2. $\overline{A \oplus B} = \bar{A} \oplus B = A \oplus \bar{B}$.
3. Man zeige für die assoziative Operation $\oplus$, daß

$$\begin{aligned}
\overline{A_1 \oplus A_2 \oplus \ldots \oplus A_n} &= \bar{A}_1 \oplus A_2 \oplus A_3 \oplus \ldots \oplus A_n \\
&= A_1 \oplus \bar{A}_2 \oplus A_3 \oplus \ldots \oplus A_n \\
&\ldots\ldots\ldots\ldots\ldots\ldots\ldots \\
&= A_1 \oplus A_2 \oplus A_3 \oplus \ldots \oplus \bar{A}_n
\end{aligned}$$

und daß allgemein gilt [1])

$$\begin{aligned}
\overline{A_1 \oplus A_2 \oplus \ldots \oplus A_n} &= (\bar{A}_k) \oplus (\mathop{S_\oplus}_{i \neq k} A_i) \\
&= (\bar{A}_k \oplus \bar{A}_l \oplus A_m) \oplus (\mathop{S_\oplus}_{i \neq k, l, m} A_i), \\
&= (\bar{A}_{i_1} \oplus \bar{A}_{i_2} \oplus \ldots \oplus \bar{A}_{i_{2k+1}}) \oplus (\mathop{S_\oplus}_{i \neq i_1, i_2 \ldots i_{2k+1}} A_i),
\end{aligned}$$

worin eine ungerade Anzahl von $\bar{A}_i$-Gliedern vorkommt.

7.1. $\bar{A} \oplus \bar{B} = (\bar{A} \cap B) \cup (A \cap \bar{B}) = (A \cap \bar{B}) \cup (\bar{A} \cap B) = A \oplus B$

(Kommutativität der Vereinigung $\cup$).

7.2.
$$\begin{aligned}
\overline{A \oplus B} &= \overline{(\bar{A} \cap B) \cup (A \cap \bar{B})} = (\overline{\bar{A} \cap B}) \cap (\overline{A \cap \bar{B}}) \\
&= (A \cup \bar{B}) \cap (\bar{A} \cup B) = (A \cap B) \cup (\bar{A} \cap \bar{B}) \\
&= (A \cap \bar{\bar{B}}) \cup (\bar{A} \cap \bar{B}) = A \oplus \bar{B} \\
&= (\bar{\bar{A}} \cap B) \cup (\bar{A} \cap \bar{B}) = \bar{A} \oplus B .
\end{aligned}$$

[1]) Für die disjunktive Summe kann das Symbol $\mathop{S_\oplus}_{i}$ mit dem Symbol $\mathop{\sigma}_{i}$ für die Vereinigung verglichen werden.

7.3. Wir wissen, daß die Operation $\oplus$ assoziativ ist, also können wir schreiben:

$$\underset{i=1}{\overset{n}{S_\oplus}} A_i = A_1 \oplus A_2 \oplus \ldots \oplus A_n = A_1 \oplus \varphi_1, \quad \text{wobei} \quad \varphi_1 = A_2 \oplus \ldots \oplus A_n,$$
$$= A_2 \oplus \varphi_2, \quad \text{wobei} \quad \varphi_2 = A_1 \oplus A_3 \oplus \ldots \oplus A_n,$$

und in allgemeiner Form

$$\underset{i=1}{\overset{n}{S}} A_i = A_i \oplus (\underset{j \neq i}{S_\oplus} A_j) = A_i \oplus \varphi_i.$$

Wir haben dann

$$\overline{A_1 \oplus A_2 \oplus \ldots \oplus A_n} = \overline{A_i \oplus \varphi_i} = \overline{A}_i \oplus \varphi_i$$

nach dem vorhergehenden Ergebnis (7.2).

Es ist daher auch

$$\overline{A_1 \oplus A_2 \oplus \ldots \oplus A_n} = \overline{A}_1 \oplus A_2 \oplus \ldots \oplus A_n$$
$$= A_1 \oplus \overline{A}_2 \oplus A_3 \oplus \ldots \oplus A_n$$
$$\ldots\ldots\ldots\ldots\ldots\ldots\ldots$$
$$= A_1 \oplus A_2 \oplus \ldots \oplus \overline{A}_n.$$

Betrachten wir ganz allgemein eine ungerade Anzahl von Variablen:

$A_{i_1}, A_{i_2} \ldots A_{i_{2k+1}} \quad (2k + 1 \leqslant n).$

Der Ausdruck

$$\overline{\underset{i=1}{\overset{n}{S_\oplus}} A_i} \quad \text{lautet} \quad \overline{(\underset{p=1}{\overset{2k+1}{S_\oplus}} A_{i_p}) \oplus (\underset{q \neq p}{S_\oplus} A_{i_q})} = \overline{\underset{p=1}{\overset{2k+1}{S_\oplus}} A_{i_p}} \oplus (\underset{q \neq p}{S_\oplus} A_{i_q}),$$

was sich aus dem in 7.2 erhaltenen Resultat ergibt.

Nach letzterem Resultat ist

$$\overline{\underset{p=1}{\overset{2k+1}{S_\oplus}} A_{i_p}} = [\underset{p=1}{\overset{2k}{S_\oplus}} A_{i_p}] \oplus \overline{A}_{i_{2k+1}}.$$

Der Klammerausdruck enthält eine gerade Anzahl von Variablen,und wir können daher schreiben:

$$[\underset{p=1}{\overset{2k}{S_\oplus}} A_{i_p}] = \underset{r=1}{\overset{k}{S_\oplus}} (A_{i_{2r-1}} \oplus A_{i_{2r}}).$$

Das in 7.1 gewonnene Ergebnis liefert

$$A_{i_{2r-1}} \oplus A_{i_{2r}} = \overline{A_{i_{2r-1}}} \oplus \overline{A_{i_{2r}}}$$

und daraus finden wir

$$\mathop{S_\oplus}_{p=1}^{2k} A_{i_p} = \mathop{S_\oplus}_{r=1}^{k} (\overline{A}_{i_{2r-1}} \oplus \overline{A}_{i_{2r}}) = \overline{\mathop{S_\oplus}_{p=1}^{2k} \overline{A}_{i_p}},$$

woraus

$$\mathop{S_\oplus}_{p=1}^{2k+1} A_{i_p} = \mathop{S_\oplus}_{p=1}^{2k+1} \overline{A_{i_p}}$$

folgt. Schließlich ist

$$\overline{\mathop{S_\oplus}_{i=1}^{n}} A_i = (\mathop{S_\oplus}_{p=1}^{2k+1} \overline{A_{i_p}}) \oplus (\mathop{S_\oplus}_{q \neq p} A_{i_q}) = (\overline{A}_{i_1} \oplus \overline{A}_{i_2} \oplus \ldots \oplus \overline{A}_{i_{2k+1}}) \oplus (\mathop{S_\oplus}_{i \neq i_1, i_2 \ldots i_{2k+1}} A_i).$$

8. Welchen Bedingungen müssen A, B, C genügen, damit

$(A|B)|C = A|(B|C)$,

wobei das Symbol | für die Sheffersche Operation steht?

Berechnen wir $\Phi_1 = (A|B)|C$ und $\Phi_2 = A|(B|C)$.

$\Phi_1 = \overline{(\overline{A} \cup \overline{B})} \cup \overline{C} = (A \cap B) \cup \overline{C}$

$\Phi_2 = \overline{A} \cup \overline{(\overline{B} \cup \overline{C})} = \overline{A} \cup (B \cap C)$.

Damit $\Phi_1 = \Phi_2$, ist es notwendig und hinreichend, daß

$\Phi_1 \subset \Phi_2$ und daß $\Phi_2 \subset \Phi_1$,

das heißt, daß

$\Phi_1 \cap \overline{\Phi}_2 = 0$ und daß $\overline{\Phi}_1 \cap \Phi_2 = 0$.

Eine notwendige und hinreichende Bedingung dafür, daß zwei Variable gleich Null sind, ist, daß ihre Vereinigung gleich Null ist.

Es muß daher

$(\Phi_1 \cap \overline{\Phi}_2) \cup (\overline{\Phi}_1 \cap \Phi_2) = \Phi_1 \oplus \Phi_2 = 0$.

Berechnen wir $\Phi_1 \oplus \Phi_2$:

$$\begin{aligned}\Phi_1 \cap \overline{\Phi}_2 &= [(A \cap B) \cup \overline{C}] \cap [A \cap (\overline{B} \cup \overline{C})] \\ &= A \cap [\overline{C} \cup (A \cap B \cap \overline{B})] = A \cap \overline{C}, \\ \overline{\Phi}_1 \cap \Phi_2 &= [(\overline{A} \cup \overline{B}) \cap C] \cap [\overline{A} \cup (B \cap C)] \\ &= [\overline{A} \cup (\overline{B} \cap B \cap C)] \cap C = \overline{A} \cap C,\end{aligned}$$

woraus sich ergibt:

$\Phi_1 \oplus \Phi_2 = (A \cap \overline{C}) \cup (\overline{A} \cap C) = A \oplus C$.

Wir müssen daher

$$\Phi_1 \oplus \Phi_2 = A \oplus C = 0$$

setzen, woraus A = C folgt.

In der Tat bedeutet

$$\left.\begin{array}{l} A \oplus C = 0, \text{ daß } A \cap \overline{C} = 0, \text{ daß also } A \subset C, \\ \text{und daß } \overline{A} \cap C = 0, \text{ daß also } A \supset C \end{array}\right\} \text{woraus sich ergibt: } A = C.$$

Wir sehen somit, daß die Sheffersche Operation nicht assoziativ ist. Sie ist aber kommutativ, da

$$A|B = \overline{A} \cup \overline{B} = \overline{B} \cup \overline{A} = B|A.$$

Ist A = C, haben wir

$$(A|B)|C = (A|B)|A = (B|A)|A = A|(B|A) = A|(B|C).$$

Daraus sieht man, daß in diesem Fall die Gleichheit von Φ_1 und Φ_2 sich unmittelbar aus der Kommutativität der Operation | ableitet.

16. Die geometrische Darstellung

1. Man verwende den vierdimensionalen Hyperwürfel, um die folgende Funktion von 4 Variablen zu vereinfachen:

$$\varphi = m_0 \dotplus m_1 \dotplus m_2 \dotplus m_3 \dotplus m_4 \dotplus m_5 \dotplus m_{10}.$$

Bild 16.1 veranschaulicht den vierdimensionalen Hyperwürfel. Jeder Eckpunkt des Hyperwürfels stellt einen Minterm dar, die Numerierung ist die übliche. Die dick gezeichneten Punkte stellen die Minterme aus der Funktion φ dar; die sie verbindenden Kanten sind durch fette Linien gekennzeichnet.

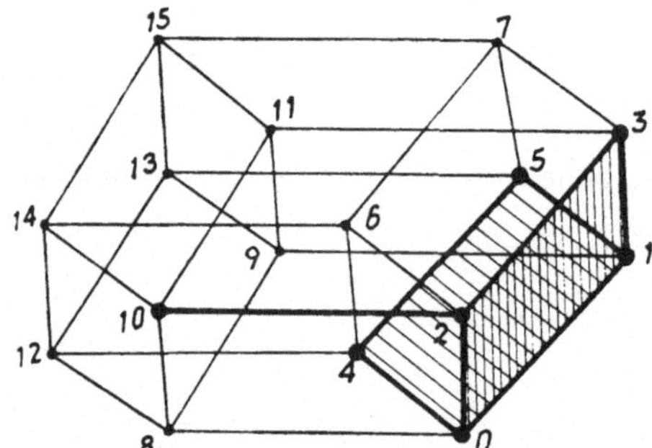

Bild 16.1

Diejenigen Flächen des Hyperwürfels, deren 4 Kanten solche fette Linien sind, sind schraffiert.

Die Funktion φ ist daher dargestellt durch

- die Fläche [0, 1, 2, 3], die wir mit F_1 bezeichnen,
- die Fläche [0, 1, 4, 5], oder F_2, und
- die Kante [2, 10], mit A_1 bezeichnet.

Um φ explizit auszudrücken, untersuchen wir, was jede dieser geometrischen Figuren darstellt:

F_1: Geben wir jeden der Minterme 0, 1, 2, 3 in binärer Schreibweise an:

	x_1	x_2	x_3	x_4
0 =	0	0	0	0
1 =	0	0	0	1
2 =	0	0	1	0
3 =	0	0	1	1
	0	0	.	.

Die Vereinigung dieser Minterme lautet daher $\overline{x}_1\overline{x}_2$, da diese zwei Variablen in jedem der 4 betrachteten Minterme, von der negativen Seite her gesehen, erscheinen.

F_2: Die Minterme 0, 1, 4 und 5 liefern in binärer Schreibweise

	x_1	x_2	x_3	x_4
0	0	0	0	0
1	0	0	0	1
4	0	1	0	0
5	0	1	0	1
	0	.	0	.

und wir erhalten

$$F_2 = \overline{x}_1\overline{x}_3,$$

A_1: Die Minterme 2 und 10 in binärer Schreibweise führen zu

	x_1	x_2	x_3	x_4
2	0	0	1	0
10	1	0	1	0
	.	0	1	0

und

$$A_1 = \overline{x}_2 x_3 \overline{x}_4.$$

Schließlich erhalten wir:

$$\varphi = \overline{x}_1\overline{x}_2 \dotplus \overline{x}_1\overline{x}_3 \dotplus \overline{x}_2 x_3 \overline{x}_4.$$

2. Man vereinfache die Funktion

$$\varphi = m_0 \dotplus m_1 \dotplus m_2 \dotplus m_3 \dotplus m_4 \dotplus m_{11}$$

mit vier Variablen, unter Verwendung der Methode des Hyperwürfels.

Bild 16.2 veranschaulicht die betrachtete Funktion φ. Wir sehen, daß sie zerlegt werden kann in

a) die Fläche $F_1 = [0, 1, 2, 3]$,

b) die Kante $A_1 = [0, 4]$,

c) die Kante $A_2 = [3, 11]$.

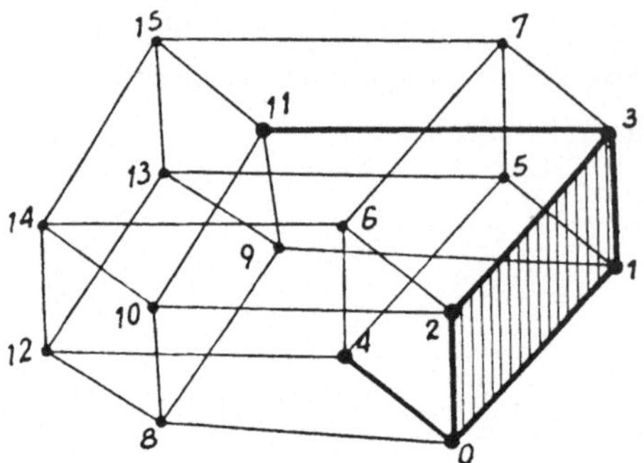

Bild 16.2

Die Fläche F_1 stellt die Funktion $\bar{x}_1\bar{x}_2$ dar (vgl. vorhergehendes Beispiel). Die Kante A_1 kann wie folgt angesetzt werden:

	x_1	x_2	x_3	x_4
0	0	0	0	0
4	0	1	0	0
	0	.	0	0

sie stellt also die Funktion $\bar{x}_1\bar{x}_3\bar{x}_4$ dar.

Die Kante A_2 lautet

	x_1	x_2	x_3	x_4
3	0	0	1	1
11	1	0	1	1
	.	0	1	1

d.h., sie stellt die Funktion $\bar{x}_2x_3x_4$ dar.

Wir erhalten also

$$\varphi = \bar{x}_1\bar{x}_2 \dot{+} \bar{x}_1\bar{x}_3\bar{x}_4 \dot{+} \bar{x}_2x_3x_4.$$

3. Man konstruiere das 5-dimensionale Volumen, das zur geometrischen Darstellung von Funktionen von 5 Variablen verwendet werden kann.

In wieviele Hyperwürfel und Würfel kann man dieses Volumen zerlegen?

Welches ist das Komplement eines Eckpunktes, einer Kante, einer Würfelfläche, einer Hyperwürfelfläche?

Wieviele Elemente unter den folgenden (Kanten, Flächen, Würfel, Hyperwürfel) haben einen gemeinsamen Eckpunkt bzw. Kante, Fläche oder Würfel?

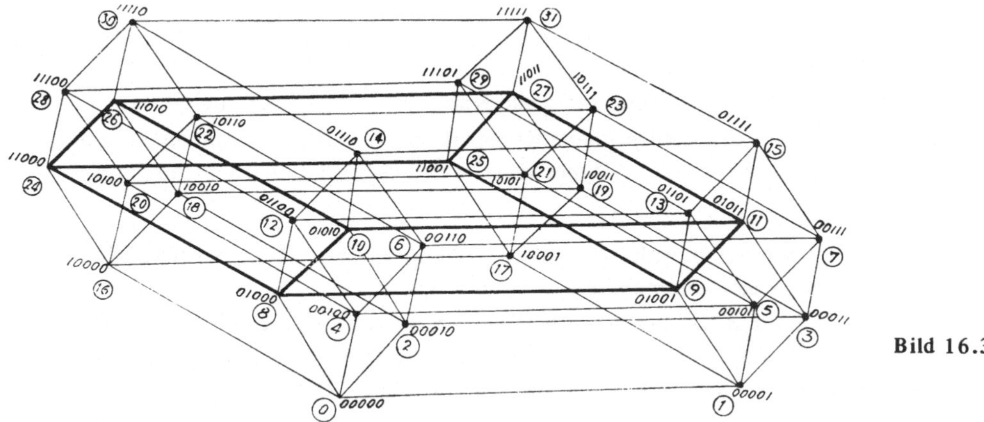

Bild 16.3

Bild 16.3 veranschaulicht ein 5-dimensionales Volumen, das dazu dienen kann, Funktionen von 5 Booleschen Variablen zu beschreiben.

Die Konstruktion eines solchen Volumens ist einfach. Diese Figur kann tatsächlich in zwei komplementäre Hyperwürfel zerlegt werden, von denen einer eine Variable, z.B. x_5 darstellt, der andere die Negation dieser Variablen, z.B. $\overline{x}_5$.

Der x_5 darstellende Hyperwürfel ist hier durch die Eckpunkte mit ungeraden Nummern bestimmt, und der $\overline{x}_5$ darstellende Hyperwürfel durch Eckpunkte mit geraden Nummern.

Die binäre Nummer eines Minterms, wobei x_5 unter seinem positiven Aspekt auftritt, ist eine Nummer, in der die Einerziffer eine 1 ist; die Nummer eines Minterms, wobei x_5 unter seinem negativen Aspekt erscheint, hat eine 0 an der Einserstelle.

Der x_5 darstellende Hyperwürfel liegt dann so, daß sein kleinstes Element, das den Minterm $\overline{x}_1\overline{x}_2\overline{x}_3\overline{x}_4x_5 = m_1$ darstellt, auf derselben Ebene liegt wie die Eckpunkte des $\overline{x}_5$ darstellenden Hyperwürfels, dessen Nummer, in binärer Schreibweise, ein und nur ein binäres Gewicht 1 enthält, d.h. die Minterme m_2, m_4, m_8 und m_{16}. Auf diese Weise findet man in der untersten Ebene (Ebene 0) des 5-dimensionalen Volumens den Minterm m_0, in der Ebene 1 befinden sich die 5 Minterme, deren binäre Nummer ein und nur ein binäres Gewicht enthält, d.h. die Minterme m_1, m_2, m_4, m_8, m_{16}.

Die Kante 0–1 definiert die Translation, die auf den $\overline{x}_5$ darstellenden Hyperwürfel anzuwenden ist, um den x_5 darstellenden Hyperwürfel zu erhalten. Jedem Minterm μ_i der 4 Variablen x_1, x_2, x_3, x_4 des $\overline{x}_5$ darstellenden Hyperwürfels entsprechen die Minterme $\mu_i \cdot \overline{x}_5$, $\mu_i \cdot x_5$ im 5-dimensionalen Volumen. Gehen wir von einem die 4 Variablen x_1, x_2, x_3 und x_4 darstellenden Hyperwürfel aus, werden die Eckpunkte dieses Hyperwürfels die Nummern 0 bis 15 tragen und die Minterme μ_0, μ_1 ..., μ_{15} dieser 4 Variablen darstellen. Die dem Minterm μ_k entsprechenden 2 Minterme der 5 Variablen x_1, ..., x_5 sind

$$\mu_k \cdot \overline{x} = m_{2k}$$

und

$$\mu_k \cdot x = m_{2k+1};$$

die entsprechenden Eckpunkte sind durch die Kante 2k – 2k + 1 verbunden.

Man sieht, daß das hier angegebene Konstruktionsverfahren es ermöglicht, ausgehend von einem n-dimensionalen Hyperwürfel einen (n + 1)-dimensionalen Hyperwürfel zu konstruieren.

3.1. Bestimmen wir nun die Anzahl der 4-dimensionalen Hyperwürfel und Würfel, in die das 5-dimensionale Volumen zerlegt werden kann.

k sei die Dimension der betrachteten Figur (Eckpunkt, Kante, Fläche, Würfel, Hyperwürfel, ...); die Anzahl N_k von k-dimensionalen Figuren, in die ein n-dimensionales Volumen zerlegt werden kann, ist dann durch die bekannte Formel

$$N_k = C_n^{n-k} \cdot 2^{n-k}$$

gegeben. In unserem Fall ist n = 5.

Für k = 4 (4-dimensionaler Hyperwürfel) haben wir

$$N_4 = C_5^1 \cdot 2^1 = 5 \cdot 2 = 10.$$

Wir erhalten daher 10 4-dimensionale Hyperwürfel. Jeder dieser Hyperwürfel stellt einen der Aspekte von 5 Variablen dar.

Es gilt also folgendes:

x_1 wird durch einen Hyperwürfel dargestellt, dessen Eckpunkte eine binäre Nummer der Form (1...) tragen, wobei die Punkte für 0 oder 1 stehen. Dies sind also die Eckpunkte

16, 17, 18, 20, 24, 19, 21, 25, 22, 26, 28, 23, 27, 29, 30, 31,

d.h. die Eckpunkte i wobei $i \geqslant 16$.

$\bar{x}_1$ wird durch einen Hyperwürfel dargestellt, dessen Eckpunkte eine Nummer der Form (0...) haben, d.h. die Eckpunkte j,wobei $j < 16$.

x_2 wird durch einen Hyperwürfel dargestellt, dessen Eckpunkte eine Nummer der Form (.1...) tragen, d.h. die Eckpunkte i, wobei

$8 \leqslant i < 16$ und $24 \leqslant i \leqslant 31$.

$\bar{x}_2$ wird durch den Hyperwürfel dargestellt, dessen Eckpunkte eine Nummer der Form (.0...) haben, d.h. die Eckpunkte j, wobei

$0 \leqslant j < 8$ und $16 \leqslant j < 24$

usw.

Berechnen wir jetzt die Anzahl der Würfel, die im 5-dimensionalen Volumen enthalten sind.

Wir haben hier k = 3, woraus sich

$$N_3 = C_5^2 \cdot 2^2 = \frac{5 \cdot 4}{2} \cdot 2^2 = 40$$

ergibt.

Jeder dieser Würfel stellt ein Glied dar, in dem zwei der 5 Variablen auftreten, und jede dieser beiden Variablen erscheint unter ihrem positiven oder negativen Aspekt.

So ist das Glied $x_2 \bar{x}_3$ durch einen Würfel, dessen Eckpunkte eine Nummer der Form (.1 0...) tragen, dargestellt, d.h. den Würfel mit den Eckpunkten

0 1 0 0 0 = 8
0 1 0 0 1 = 9
0 1 0 1 0 = 10
0 1 0 1 1 = 11
1 1 0 0 0 = 24
1 1 0 0 1 = 25
1 1 0 1 0 = 26
1 1 0 1 1 = 27;

in Bild 16.3 haben wir die Kanten dieses Würfels durch fette Linien ausgezogen.

3.2. Welches ist das Komplement eines Eckpunktes, einer Kante, einer Fläche, eines Würfels, eines Hyperwürfels?

• *Das Komplement des Eckpunktes.* Jeder Eckpunkt stellt einen Minterm dar; wir setzen einen der beiden Aspekte, entweder x_i oder $\bar{x}_i$ der Variablen x_i gleich ξ_i. Jeder Minterm lautet

$$\xi_1 \cdot \xi_2 \cdot \xi_3 \cdot \xi_4 \cdot \xi_5$$

und sein Komplement ist

$$\bar{\xi}_1 \dotplus \bar{\xi}_2 \dotplus \bar{\xi}_3 \dotplus \bar{\xi}_4 \dotplus \bar{\xi}_5 ,$$

d.h. dies ist die Vereinigung der 5 Glieder, gebildet aus einem der Aspekte jeder der 5 Variablen.

Jedes $\bar{\xi}_i$ ist daher durch einen Hyperwürfel dargestellt, und das Komplement eines Eckpunktes ist die Vereinigung von 5 Hyperwürfeln.

So ist das Komplement von Eckpunkt 10, der den Minterm $\bar{x}_1 x_2 \bar{x}_3 x_4 \bar{x}_5$ darstellt, die Vereinigung von Hyperwürfeln, die die Glieder x_1, $\bar{x}_2$, x_3, $\bar{x}_4$ und x_5 darstellen.

• *Das Komplement einer Kante.* Eine Kante stellt ein Glied dar, in dem unter einem ihrer Aspekte 4 der 5 Variablen $x_1 x_2 x_3 x_4$ oder x_5 auftreten.

Ihr Komplement ist die Vereinigung von 4 Variablen und wird daher durch die Vereinigung von 4 Hyperwürfeln dargestellt.

So stellt die Kante 3–19 das Glied $\bar{x}_2 \bar{x}_3 x_4 x_5$ dar, ihr Komplement ist die Vereinigung $x_2 \dotplus x_3 \dotplus \bar{x}_4 \dotplus \bar{x}_5$; es wird demnach von den 4 Hyperwürfeln dargestellt, die ihrerseits $x_2, x_3, \bar{x}_4$ bzw. $\bar{x}_5$ darstellen.

• *Das Komplement einer Fläche.* Jede Fläche stellt ein Glied dar, in dem 3 der 5 Variablen auftreten. Sein Komplement wird demnach von den Hyperwürfeln dargestellt, die den komplementären Aspekt dieser 3 Variablen repräsentieren.

So stellt die Fläche 17, 21, 25, 29 das Glied $x_1\bar{x}_4x_5$ dar, da

17 = 1 0 0 0 1
21 = 1 0 1 0 1
25 = 1 1 0 0 1
29 = 1 1 1 0 1

Wir haben hier alle Nummern der Form 1 . . 01, was dem Glied $x_1\bar{x}_4x_5$ entspricht.

Das Komplement dieser Fläche ist die Vereinigung der drei $\bar{x}_1$, x_4 und $\bar{x}_5$ darstellenden Hyperwürfel.

- *Das Komplement eines Würfels.* Jeder Würfel stellt ein Glied dar, wobei 2 der 5 Variablen erscheinen. Sein Komplement ist daher die Vereinigung der beiden Hyperwürfel, die den komplementären Aspekt dieser beiden Variablen darstellen.

So stellt der Würfel [0, 2, 4, 8, 6, 10, 12, 14] das Glied $\bar{x}_1\bar{x}_5$ dar, und sein Komplement ist die Vereinigung der beiden Hyperwürfel x_1 und x_5.

- *Das Komplement des Hyperwürfels.* Jeder Hyperwürfel stellt ein Glied dar, wo eine einzige der 5 Variablen auftritt. Sein Komplement ist daher ein Hyperwürfel, der den komplementären Aspekt dieser Variablen darstellt.

So stellt, wie wir gesehen haben, der Hyperwürfel, dessen Eckpunkte ungerade Nummern tragen, das Glied x_5 dar. Sein $\bar{x}_5$ darstellendes Komplement ist ein Hyperwürfel, dessen Eckpunkte geradzahlige Nummern haben.

Fassen wir zusammen: Das Komplement

– eines Eckpunktes, der das Glied $\xi_1\xi_2\xi_3\xi_4\xi_5$ darstellt, ist die Vereinigung der 5 Hyperwürfel, die $\bar{\xi}_1 \dotplus \bar{\xi}_2 \dotplus \bar{\xi}_3 \dotplus \bar{\xi}_4 \dotplus \bar{\xi}_5$ darstellen;

– einer Kante, die das Glied $\xi_{i1}\xi_{i2}\xi_{i3}\xi_{i4}$ darstellt, ist die Vereinigung von 4 Hyperwürfeln, die $\bar{\xi}_{i1} \dotplus \bar{\xi}_{i2} \dotplus \bar{\xi}_{i3} \dotplus \bar{\xi}_{i4}$ darstellen;

– einer Fläche, die das Glied $\xi_{i1}\xi_{i2}\xi_{i3}$ darstellt, ist die Vereinigung von 3 Hyperwürfeln, die $\bar{\xi}_{i1} \dotplus \bar{\xi}_{i2} \dotplus \bar{\xi}_{i3}$ darstellen;

– eines Würfels, der das Glied $\xi_{i1}\xi_{i2}$ darstellt, ist die Vereinigung von 2 Hyperwürfeln, die $\bar{\xi}_{i1} \dotplus \bar{\xi}_{i2}$ darstellen;

– eines Hyperwürfels, der das Glied ξ_i darstellt, ist der $\bar{\xi}_i$ darstellende Hyperwürfel.

3.3. Wieviele der Elemente (Kanten, Flächen, Würfel, Hyperwürfel) haben einen Eckpunkt bzw. eine Kante, eine Fläche, einen Würfel gemeinsam?

Anzahl der Kanten, die einen gemeinsamen Eckpunkt haben

S_i sei ein beliebiger Eckpunkt und S_j ein Eckpunkt, mit dem S_i durch eine Kante verbunden ist.

Stellt S_i den Minterm $\xi_1\xi_2\xi_3\xi_4\xi_5$ dar, eine Kante, die ein Glied aus 4 Variablen repräsentiert, so wird S_j einen der folgenden Minterme darstellen:

$\bar{\xi}_1\xi_2\xi_3\xi_4\xi_5$, so daß die Kante S_iS_j das Glied $\xi_1\xi_2\xi_3\xi_4\xi_5 \dotplus \bar{\xi}_1\xi_2\xi_3\xi_4\xi_5 = \xi_2\xi_3\xi_4\xi_5$ darstellt;

$\xi_1\bar{\xi}_2\xi_3\xi_4\xi_5$, so daß die Kante S_iS_j das Glied $\xi_1\xi_3\xi_4\xi_5$ darstellt;

$\xi_1\xi_2\bar{\xi}_3\xi_4\xi_5$, so daß die Kante S_iS_j das Glied $\xi_1\xi_2\xi_4\xi_5$ darstellt;

$\xi_1\xi_2\xi_3\bar{\xi}_4\xi_5$, so daß die Kante S_iS_j das Glied $\xi_1\xi_2\xi_3\xi_5$ darstellt;

$\xi_1\xi_2\xi_3\xi_4\bar{\xi}_5$, so daß die Kante S_iS_j das Glied $\xi_1\xi_2\xi_3\xi_4$ darstellt.

Eine Kante ist daher zwei Mintermen gemeinsam, die sich nur durch den Aspekt der Variablen unterscheiden. Es haben daher jeweils 5 Kanten einen gemeinsamen Eckpunkt.

Anzahl der Flächen, die eine gemeinsame Kante haben

Eine Kante stellt ein Glied der Form $\xi_{i1}\xi_{i2}\xi_{i3}\xi_{i4}$ dar.

Im 4-dimensionalen Hyperwürfel, der die Funktion von 4 Variablen $x_{i1}x_{i2}x_{i3}x_{i4}$ darstellt, ist diese Kante ein Eckpunkt, der den Minterm $\xi_{i1}\xi_{i2}\xi_{i3}\xi_{i4}$ dieser 4 Variablen darstellt. Analoge Überlegungen wie oben zeigen, daß dieser Eckpunkt 4 Kanten $\xi_{i1}\xi_{i2}\xi_{i3}$ dieses Hyperwürfels gemeinsam ist. Diese Kanten stellen die Glieder

$$\xi_{i1}\xi_{i2}\xi_{i3}, \quad \xi_{i1}\xi_{i2}\xi_{i4}, \quad \xi_{i1}\xi_{i3}\xi_{i4}, \quad \xi_{i2}\xi_{i3}\xi_{i4}$$

dar, die im 5-dimensionalen Volumen durch Flächen dargestellt sind.

Es haben daher jeweils 4 Flächen eine gemeinsame Kante.

Analoge Überlegungen zeigen, daß

- jeweils 3 Würfel eine Fläche gemeinsam besitzen und
- 2 Hyperwürfel einen Würfel gemeinsam haben.

17. Boolesche Gleichungen - Verbände

1. Man löse die folgenden Booleschen Gleichungen nach y auf:

1.1. $x + y = 2xy$

Um diese Gleichung zu lösen gibt es mehrere Methoden. Bevor wir jedoch darangehen, möchten wir darauf hinweisen, daß es sich um eine algebraische Gleichung handelt, deren Variable nur die Werte 0 oder 1 annehmen können. Diese Einschränkung kann durch das Gleichungssystem

$$x^2 = x$$

$$y^2 = y$$

dargestellt werden.

Wir können dann schreiben:

$$x^2 + y^2 = 2xy, \quad \text{woraus sich} \quad (x - y)^2 = 0$$

ergibt.

Hieraus folgt die Lösung

$$y = x.$$

Wir können diese algebraische Gleichung in eine Boolesche Gleichung umformen. Die Gleichung lautet:

$$x + y - 2xy = 0$$

oder auch

$$x + y - xy - xy = 0,$$

woraus sich ergibt:

$$x(1 - y) + y(1 - x) = 0.$$

Da aber $1 - y = \overline{y}$ und $1 - x = \overline{x}$, können wir sie in der Form

$$x\overline{y} + y\overline{x} = 0$$

schreiben.

Weil für beliebige Werte von x und y immer $x\overline{y} \cdot \overline{y}x = 0$, ergibt sich aus obiger Gleichung sofort die Boolesche Gleichung

$$x\overline{y} \dotplus \overline{x}y = 0. \tag{1}$$

Wir kennen diese Gleichung als die charakteristische Gleichung für die Gleichheit von x und y. Wir erhalten damit wieder die obige Lösung.

Wenden wir nun die allgemeine Methode, eine Boolesche Gleichung zu lösen, an. Gleichung (1) kann in 2 Boolesche Gleichungen zerlegt werden:

$$\begin{cases} \bar{x}y = 0 \\ x\bar{y} = 0 \end{cases}$$

Aus $\bar{x}y = 0$ ergibt sich $y = x\xi_1$ und $\bar{y} = \bar{x} + \bar{\xi}_1$.

Die zweite Gleichung liefert

$$x(\bar{x} + \bar{\xi}_1) = x\bar{\xi}_1 = 0\,, \quad \text{woraus} \quad x = \xi_1\xi_2$$

folgt.

Setzen wir den hier gewonnenen Wert von x in den Ausdruck für y ein, finden wir

$$y = x\xi_1 = \xi_1\xi_2\xi_1 = \xi_1\xi_2 = x$$

$$\boxed{y = x}$$

Beweis:

Stellen wir für x und y die Wertetafel (Bild 17.1) auf,und berechnen wir die Ausdrücke x + y und 2xy. Wir sehen, daß die beiden Ausdrücke gleich werden, wenn x = y = 0 und x = y = 1, d.h. sie sind gleich, wenn x = y. Für andere Werte von x und y, d.h. für $x \neq y$, ist auch $x + y \neq 2xy$.

x	y	x + y	2xy
0	0	0	0
	1	1	0
1	0	1	0
	1	2	2

Bild 17.1

1.2. Man löse die Gleichung

$$(A \cap B) \cup (\bar{A} \cap \bar{B}) = 1$$

nach B auf.

Wir können diese Gleichung auch in der Form

$$(A \cap \bar{B}) \cup (\bar{A} \cap B) = 0$$

schreiben, da

$$(A \cap \bar{B}) \cup (\bar{A} \cap B) = \overline{(A \cap B) \cup (\bar{A} \cap \bar{B})}.$$

Diese Gleichung kann sofort gelöst werden. Die linke Seite ist die Vereinigung zweier Glieder. Da diese Vereinigung gleich Null ist, ist jedes der Glieder Null und

$$A \cap \overline{B} = 0, \quad \text{d.h.} \quad A \subset B,$$

und

$$\overline{A} \cap B = 0, \quad \text{d.h.} \quad A \supset B,$$

woraus folgt, daß

$$A = B.$$

Wir können noch die charakteristischen Funktionen a und b der Klassen A und B betrachten. Die Gleichung lautet also

$$a\overline{b} \dotplus \overline{a}b = 0, \quad \text{woraus} \quad a = b$$

folgt, und wir haben wiederum obiges Ergebnis erhalten.

2. Man beweise die Unmöglichkeit des Systems $x < y < z$.

Löst man die erste Ungleichung

$$x < y,$$

sieht man sofort, daß sie nur gilt, wenn

$$\begin{cases} x = 0 \\ y = 1. \end{cases}$$

Wenden wir nun die allgemeine Methode an, um zu diesem Ergebnis zu gelangen. Wir können schreiben

$$x - y < 0, \quad \text{und da} \quad y = 1 - \overline{y}$$

ist,

$$x - (1 - \overline{y}) < 0 \quad \text{oder} \quad x - \overline{y} < 1.$$

Wandeln wir nun diese vollständige algebraische Ungleichung in eine Boolesche Gleichung um. Das ist hier sehr einfach; da x und y nur gleich Null oder positiv sein können (die Werte 0 oder 1 annehmen können), kann nur $x + \overline{y} = 0$ sein. In Worten der normalen Algebra gesagt: Ist die Summe zweier positiver Glieder oder Nullglieder gleich Null, dann ist jedes dieser Glieder gleich Null. Wir können daher die Boolesche Gleichung folgendermaßen schreiben:

$$x \dotplus \overline{y} = 0, \text{ oder als System geschrieben: } \begin{cases} x = 0 \\ \overline{y} = 0, \text{woraus } y = 1 \text{ folgt.} \end{cases}$$

Wir sind damit wieder zu dem bereits oben gefundenen Ergebnis gelangt.

Die zweite Ungleichung liefert analog

$$\begin{cases} y = 0 \\ \overline{x} = 1 \end{cases}$$

Da y nun nicht gleichzeitig die Werte 0 und 1 annehmen kann, ist dieses System nicht möglich.

Die Komplemente zu Booleschen Gleichungen und algebraischen Gleichungen mit binären Werten

Symmetrische Boolesche Funktionen. Eine Boolesche Funktion $f(x_1, ..., x_n)$ von n Variablen $x_1 ... x_n$ wird als symmetrisch bezeichnet, wenn jede Permutation $x_{i_1} ... x_{i_n}$ dieser n Variablen die Funktion unverändert läßt, d.h. wenn

$$f(x_{i_1}, ..., x_{i_n}) = f(x_1, ..., x_n).$$

Beispiele: Mit n = 3 ist die Funktion

$$f_1(x_1, x_2, x_3) = x_1 x_2 \dotplus x_2 x_3 \dotplus x_3 x_1$$

symmetrisch. Die Funktion

$$f_2(x_1, x_2, x_3) = x_1 \overline{x}_2 \dotplus x_2 \overline{x}_3 \dotplus x_3 \overline{x}_1$$

ist gleichfalls symmetrisch.

Führen wir als Beispiel die Permutation

$$x_1 \rightarrow x_2$$

$$x_2 \rightarrow x_1$$

$$x_3 \rightarrow x_3$$

durch.

Wir erhalten

$$f_2'(x_2, x_1, x_3) = x_2 \overline{x}_1 \dotplus x_1 \overline{x}_3 \dotplus x_3 \overline{x}_2 .$$

Diese beiden Funktionen sind identisch; in der Tat ist

$$\overline{f}_2 = (\overline{x}_1 \dotplus x_2)(\overline{x}_2 \dotplus x_3)(\overline{x}_3 \dotplus x_1) = \overline{x}_1 \overline{x}_2 \overline{x}_3 \dotplus x_1 x_2 x_3$$

$$\overline{f}_2' = (\overline{x}_2 \dotplus x_1)(\overline{x}_1 \dotplus x_3)(\overline{x}_3 \dotplus x_2) = \overline{x}_1 \overline{x}_2 \overline{x}_3 \dotplus x_1 x_2 x_3 = \overline{f}_2 ,$$

woraus folgt, daß

$$f_2' = f_2 .$$

Betrachten wir nun eine algebraische Ungleichung mit binären Werten, die wir in der Form

$$0 \leqslant x_1 + x_2 + ... + x_n \leqslant k \qquad \text{(I)}$$

schreiben, wobei $k \leqslant n$.

Eine solche Ungleichung besagt, daß höchstens k von n Variablen gleichzeitig den Wert 1 annehmen können. Jedes Glied der Form $x_{i_1} \cdot x_{i_2} \cdot x_{i_3} \dots x_{i_k} \cdot x_{i_{k+1}}$ muß daher mindestens eine verschwindende Variable enthalten, ist also als Ganzes gleich Null. Ziehen wir in Betracht, daß jedes Glied, in dem mehr als k + 1 Variable auftreten, in zumindest einem Glied von k + 1 Variablen enthalten ist, kann die durch obige Ungleichung definierte Bedingung durch folgendes System vollständig ausgedrückt werden:

$$\left.\begin{array}{l} x_1 x_2 \dots x_{k+1} = 0 \\ x_1 x_2 \dots x_k x_{k+2} = 0 \\ \vdots \\ x_{n-k-1} x_{n-k} \dots x_n = 0 \end{array}\right\}$$

Hieraus folgt die einzige Boolesche Gleichung

$$\overset{\leqslant k}{\underset{n}{S}}(x_1 \dots x_n) =$$

$$= (x_1 x_2 \dots x_{k+1}) \dotplus (x_1 x_2 \dots x_k x_{k+2}) \dotplus \dots \dotplus (x_{n-k-1} x_{n-k} \dots x_n) = 0, \qquad \text{(II)}$$

wobei das Symbol $\overset{\leqslant k}{\underset{n}{S}}(x_1 \dots x_n)$ die Boolesche Summe aller Glieder von n Variablen $x_1 \dots x_n$ darstellt, (k + 1) dieser Variablen erscheinen unter ihrem positiven Aspekt. Die Funktion $\overset{\leqslant k}{\underset{n}{S}}(x_1 \dots x_n)$ ist offensichtlich eine symmetrische Funktion, da jede der Variablen y dieselbe Rolle spielt[1]).

Wir sehen also, daß jede Ungleichung der Form (I) leicht in eine Boolesche Gleischung der Form (II) umgewandelt werden kann.

Betrachten wir nun Ungleichung (III):

$$k \leqslant x_1 + x_2 + \dots + x_n \leqslant n. \qquad \text{(III)}$$

Wir können diese Ungleichung auch in anderer Form schreiben, wenn wir in Betracht ziehen, daß

$$x_i = 1 - \bar{x}_i.$$

Wir erhalten

$$k \leqslant (1 - \bar{x}_1) + \dots + (1 - \bar{x}_n) \leqslant n \qquad \text{(III')}$$

und daraus

$$k \leqslant n - [\bar{x}_1 + \bar{x}_2 + \dots + \bar{x}_n] \leqslant n$$

1) Die Funktion $\overset{\leqslant k}{\underset{n}{S}}(x_1 \dots x_n)$ umfaßt $\overset{k+1}{\underset{n}{C}} = \frac{n!}{(k+1)!\,(n-k-1)!}$ Terme, da es $\overset{k+1}{\underset{n}{C}}$ Glieder der Form $(x_{i_1} x_{i_2} \dots x_{i_{k+1}})$ gibt.

und schließlich

$$0 \leqslant \bar{x}_1 + \dots + \bar{x}_n \leqslant n - k. \qquad \text{(III'')}$$

Wir haben also gesehen, wie diese Ungleichung in eine Boolesche Gleichung

$$\underset{n}{\overset{\leqslant n-k}{\mathsf{S}}} (\bar{x}_1 \dots \bar{x}_n) = \underset{n}{\overset{\geqslant k}{\mathsf{S}}} (x_1 \dots x_n) = 0$$

umgeformt werden kann, die wir in der Form

$$\underset{n}{\overset{\geqslant k}{\mathsf{S}}} (x_1 \dots x_n) = (\bar{x}_1 \bar{x}_2 \dots \bar{x}_{n-k+1}) \dotplus \dots \dotplus (\bar{x}_{k-1} \bar{x}_k \dots \bar{x}_n) = 0$$

schreiben können, wobei das Symbol $\underset{n}{\overset{\geqslant k}{\mathsf{S}}} (x_1 \dots x_n)$ eine symmetrische Funktion von n Variablen darstellt; diese Funktion wurde aus der Booleschen Summe von $\underset{n}{\overset{n-k+1}{\mathsf{C}}} = \frac{n!}{(k-1)!\,(n-k+1)!}$ Gliedern gewonnen, wobei $(n-k+1)$ von n Variablen $x_1 \dots x_n$ unter ihrem negativen Aspekt auftreten.

Beispiele: Die Ungleichung

$$0 \leqslant x_1 + x_2 + x_3 \leqslant 2 \qquad \text{(V)}$$

kann unmittelbar in eine einzige Boolesche Gleichung umgeformt werden:

$$\underset{3}{\overset{\leqslant 2}{\mathsf{S}}} (x_1 x_2 x_3) = x_1 x_2 x_3 = 0.$$

Man sieht, daß, wenn diese Gleichung gilt, die 3 Variablen $x_1 x_2 x_3$ niemals zugleich den Wert 1 annehmen. Die Ungleichung (V) ist damit bewiesen.

Die Ungleichung

$$3 \geqslant x_1 + x_2 + x_3 \geqslant 2 \qquad \text{(VI)}$$

kann unmittelbar in eine einzige Boolesche Gleichung umgeformt werden:

$$\underset{n}{\overset{\geqslant 2}{\mathsf{S}}} (x_1 x_2 x_3) = \underset{n}{\overset{\leqslant 1}{\mathsf{S}}} (\bar{x}_1 \bar{x}_2 \bar{x}_3) = \bar{x}_1 \bar{x}_2 \dotplus \bar{x}_1 \bar{x}_3 \dotplus \bar{x}_2 \bar{x}_3 = 0.$$

Komplementationsformel. Man berechne das Komplement der symmetrischen Funktion $\underset{n}{\overset{\leqslant k}{\mathsf{S}}} (x_1 \dots x_n)$.

Wir wissen, daß die Gleichung

$$\underset{n}{\overset{\leqslant k}{\mathsf{S}}} (x_1 \dots x_n) = 0$$

äquivalent ist der Ungleichung

$$0 \leqslant x_1 + x_2 + \ldots + x_n \leqslant k. \tag{VII}$$

Das Komplement $\overline{\underset{n}{\overset{\leqslant k}{S}}(x_1 \ldots x_n)}$ wird daher den Wert 1 annehmen, wenn die Ungleichung (VII) erfüllt ist, und den Wert 0, wenn sie es nicht ist. Die Gleichung $\underset{n}{\overset{\leqslant k}{S}}(x_1 \ldots x_n) = 0$ ist daher der Gleichung (VIII) äquivalent:

$$k < x_1 + x_2 + \ldots + x_n \leqslant n \tag{VIII}$$

oder auch

$$k + 1 \leqslant x_1 + x_2 + \ldots + x_n \leqslant n \tag{VIII'}$$

oder schließlich

$$0 \leqslant \bar{x}_1 + \bar{x}_2 + \ldots + \bar{x}_n \leqslant n - k - 1. \tag{VIII''}$$

Letztere Ungleichung ist der Booleschen Gleichung

$$\underset{n}{\overset{\leqslant n-k-1}{S}}(\bar{x}_1, \bar{x}_2, \ldots, \bar{x}_n) = 0$$

äquivalent.

Hieraus gewinnen wir die Komplementationsformel

$$\overline{\underset{n}{\overset{\leqslant k}{S}}(x_1, \ldots, x_n)} = \underset{n}{\overset{\leqslant n-k-1}{S}}(\bar{x}_1, \bar{x}_2, \ldots, \bar{x}_n). \tag{1}$$

Beispiele: Man berechne das Komplement zu

$$f(x_1 x_2 x_3) = x_1 x_2 \dotplus x_2 x_1 \dotplus x_3 x_1.$$

Wir haben: $f(x_1 x_2 x_3) = \underset{3}{\overset{\leqslant 1}{S}}(x_1 x_2 x_3)$, was bei Anwendung der Komplementationsformel

$$\overline{f(x_1 x_2 x_3)} = \underset{3}{\overset{\leqslant 1}{S}}(\bar{x}_1 \bar{x}_2 \bar{x}_3) = \bar{x}_1 \bar{x}_2 \dotplus \bar{x}_2 \bar{x}_3 \dotplus \bar{x}_3 \bar{x}_1$$

liefert.

Beweis:

$$\begin{aligned}
\overline{x_1 x_2 \dotplus x_2 x_3 \dotplus x_3 x_1} &= (\bar{x}_1 \dotplus \bar{x}_2)(\bar{x}_2 \dotplus \bar{x}_3)(\bar{x}_3 \dotplus \bar{x}_1) \\
&= \bar{x}_1 \bar{x}_2 \bar{x}_3 \dotplus \bar{x}_1 \bar{x}_2 \dotplus \bar{x}_1 \bar{x}_3 \dotplus \bar{x}_2 \bar{x}_3 \\
&= \bar{x}_1 \bar{x}_2 \dotplus \bar{x}_2 \bar{x}_3 \dotplus \bar{x}_3 \bar{x}_1.
\end{aligned}$$

Berechnen wir das Komplement von

$$f(x_1 x_2 x_3) = x_1 x_2 x_3$$

$$f(x_1 x_2 x_3) = \underset{3}{\overset{\leqslant 2}{S}}(x_1 x_2 x_3),$$

woraus folgt:

$$\overline{f(x_1 x_2 x_3)} = \underset{3}{\overset{\leqslant 0}{S}}(\bar{x}_1 \bar{x}_2 \bar{x}_3) = \bar{x}_1 \dotplus \bar{x}_2 \dotplus \bar{x}_3 = \overline{x_1 x_2 x_3}.$$

Andere nützliche Formeln. Die symmetrische Funktion $\underset{n}{\overset{\leqslant k}{S}}(x_1 \ldots x_n)$ kann wie folgt entwickelt werden:

$$\underset{n}{\overset{\leqslant k}{S}}(x_1 x_2 \ldots x_n) = x_1 \, [x_2 x_3 \ldots x_{k+1} \dotplus \ldots \dotplus x_{n-k} x_{n-k+1} \ldots x_n] \dotplus$$
$$\dotplus \, [x_2 x_3 \ldots x_{k+1} x_{k+2} \dotplus \ldots \dotplus x_{n-k-1} x_{n-k} \ldots x_n].$$

Die erste Klammer ist die Summe aller Glieder von (n – 1) Variablen $x_2, \ldots, x_n$, wobei k dieser Variablen unter ihrem positiven Aspekt auftreten; sie ist also eine symmetrische Funktion:

$$\underset{n-1}{\overset{\leqslant k-1}{S}}(x_2, \ldots, x_n).$$

Die zweite Klammer ist die Summe aller Glieder von (n – 1) Variablen $x_2, \ldots, x_n$, wobei (k + 1) dieser Variablen unter ihrem positiven Aspekt erscheinen; sie ist demnach eine symmetrische Funktion:

$$\underset{n-1}{\overset{\leqslant k}{S}}(x_2, \ldots, x_n),$$

woraus sich Gleichung (2) ableitet:

$$\underset{n}{\overset{\leqslant k}{S}}(x_1, x_2, \ldots, x_n) = x_1 \cdot \underset{n-1}{\overset{\leqslant k-1}{S}}(x_2, \ldots, x_n) \dotplus \underset{n-1}{\overset{\leqslant k}{S}}(x_2, \ldots, x_n). \tag{2}$$

Wir wissen, daß die linke Seite auf die Form

$$\varphi(x_1, \ldots, x_n) = x_1 u \dotplus \bar{x}_1 v$$

gebracht werden muß, um eine Boolesche Gleichung der Form $\varphi(x_1, \ldots, x_n) = 0$ zu lösen.

Betrachten wir obige Gleichung, sehen wir, daß

$$\underset{n-1}{\overset{\leqslant k}{S}}(x_2, \ldots, x_n) = (x_1 \dotplus \bar{x}_1) \underset{n-1}{\overset{\leqslant k}{S}}(x_2, \ldots, x_n) = x_1 \underset{n-1}{\overset{\leqslant k}{S}}(x_2, \ldots, x_n) \dotplus \bar{x}_1 \underset{n-1}{\overset{\leqslant k}{S}}(x_2, \ldots, x_n).$$

Hieraus folgt:

$$\underset{n}{\overset{\leqslant k}{S}}(x_1, \ldots, x_n) = x_1 [\underset{n-1}{\overset{\leqslant k-1}{S}}(x_2, \ldots, x_n) \dot{+} \underset{n-1}{\overset{\leqslant k}{S}}(x_2, \ldots, x_n)] \dot{+} \bar{x}_1 \underset{n-1}{\overset{\leqslant k}{S}}(x_2, \ldots, x_n);$$

aber jedes Glied der Funktion $\underset{n-1}{\overset{\leqslant k}{S}}(x_2, \ldots, x_n)$, das die Form $x_{i_1} x_{i_2} \ldots x_{i_k} x_{i_{k+1}}$, $(i_j \neq 1)$, hat, ist in zumindest einem Glied der Funktion $\underset{n-1}{\overset{\leqslant k-1}{S}}(x_2, \ldots, x_n)$ enthalten; solche Glieder haben die Form

$$x_{i_1} x_{i_2} \ldots x_{i_k} = x_{i_1} x_{i_2} \ldots x_{i_k} x_{i_{k+1}} \dot{+} x_{i_1} x_{i_2} \ldots x_{i_k} \bar{x}_{i_{k+1}}.$$

Daher ist $\underset{n-1}{\overset{\leqslant k}{S}}(x_2, \ldots, x_n)$ in

$$\underset{n-1}{\overset{\leqslant k-1}{S}}(x_2, \ldots, x_n)$$

und in

$$\underset{n-1}{\overset{\leqslant k-1}{S}}(x_2, \ldots, x_n) \dot{+} \underset{n-1}{\overset{\leqslant k}{S}}(x_2, \ldots, x_n) = \underset{n-1}{\overset{\leqslant k-1}{S}}(x_2, \ldots, x_n)$$

enthalten, und wir erhalten Gleichung (3):

$$\underset{n}{\overset{\leqslant k}{S}}(x_1, \ldots, x_n) = x_1 \underset{n-1}{\overset{\leqslant k-1}{S}}(x_2, \ldots, x_n) \dot{+} \bar{x}_1 \underset{n-1}{\overset{\leqslant k}{S}}(x_2, \ldots, x_n). \tag{3}$$

Berechnen wir nun

$$\underset{n}{\overset{\leqslant k}{S}}(x_1, \ldots, x_n) \cdot \underset{n}{\overset{\leqslant k-1}{S}}(x_1, \ldots, x_n).$$

Die Funktion $\underset{n}{\overset{\leqslant k}{S}}(x_1, \ldots, x_n)$

- ist gleich Null, wenn die Ungleichung $0 \leqslant x_1 + \ldots + x_n \leqslant k$ befriedigt ist,
- sie wird gleich 1, wenn die Ungleichung $k + 1 \leqslant x_1 + \ldots + x_n \leqslant n$ befriedigt ist.

Die Funktion $\underset{n}{\overset{\leqslant k-1}{S}}(x_1, \ldots, x_n)$

- ist gleich Null, wenn die Ungleichung $0 \leqslant x_1 + \ldots + x_n \leqslant k - 1$ befriedigt ist,
- sie wird gleich 1 im umgekehrten Fall, d.h. wenn die Ungleichung $k \leqslant x_1 + \ldots + x_n \leqslant n$ befriedigt ist.

Das Produkt dieser beiden Funktionen wird gleich 1:

- wenn die beiden Ungleichungen $k + 1 \leqslant x_1 + \ldots + x_n \leqslant n$ und $k \leqslant x_1 + \ldots + x_n \leqslant n$ befriedigt sind,
- doch können diese beiden Ungleichungen auf die erste zurückgeführt werden, da $k < k + 1$.

In allen anderen Fällen wird das Produkt gleich 0, d.h. wenn die Ungleichung

$0 \leqslant x_1 + \ldots + x_n \leqslant k + 1$

oder

$0 \leqslant x_1 + \ldots + x_n \leqslant k$

gilt.

Hieraus gewinnen wir Gleichung (4):

$$\overset{\leqslant k}{\underset{n}{S}}(x_1, \ldots, x_n) \cdot \overset{\leqslant k-1}{\underset{n}{S}}(x_1, \ldots, x_n) = \overset{\leqslant k}{\underset{n}{S}}(x_1, \ldots, x_n). \tag{4}$$

Analoge Überlegungen führen uns zu Gleichung (5)

$$\overset{\leqslant k}{\underset{n}{S}}(x_1, \ldots, x_n) \cdot [\overset{\leqslant k-p_1}{\underset{n}{S}}(x_1, \ldots, x_n) \dotplus \overset{\leqslant k-p_2}{\underset{n}{S}}(x_1, \ldots, x_n) \dotplus \ldots$$

$$\ldots \dotplus \overset{\leqslant k-p_i}{\underset{n}{S}}(x_1 x_2, \ldots, x_n)] = \overset{\leqslant k}{\underset{n}{S}}(x_1, \ldots, x_n), \tag{5}$$

wobei $p_1, p_2, \ldots, p_i$ positive ganze Zahlen sind, kleiner oder gleich k.

Berechnen wir noch

$$\overset{\leqslant k}{\underset{n}{S}}(x_1, \ldots, x_n) \cdot \overset{\leqslant k-p}{\underset{n}{S}}(x_1, \ldots, x_n),$$

wobei p eine positive ganze Zahl oder Null ist und kleiner als k.

Die Funktion $\overset{\leqslant k}{\underset{n}{S}}(x_1, \ldots, x_n)$

- wird gleich 0, wenn die Ungleichung $0 \leqslant x_1 + \ldots + x_n \leqslant k$ befriedigt ist,
- sie wird gleich 1, wenn die Ungleichung $k + 1 \leqslant x_1 + \ldots + x_n \leqslant n$ befriedigt ist.

Die Funktion $\overline{\overset{\leqslant k-p}{\underset{n}{S}}(x_1, \ldots, x_n)}$

- wird 1, wenn die Ungleichung $0 \leqslant x_1 + \ldots + x_n \leqslant k - p$ befriedigt ist,
- und sie wird 0, wenn die Ungleichung $k - p + 1 \leqslant x_1 + \ldots + x_n \leqslant n$ befriedigt ist.

Das Produkt dieser beiden Funktionen wird 1, wenn die beiden Ungleichungen $k + 1 \leqslant x_1 + \ldots + x_n < n$ und $0 \leqslant x_1 + \ldots + x_n \leqslant k - p$ gelten.

Nun ist $k - p < k + 1$, da $p \geqslant 0$. Die beiden obigen Ungleichungen sind demnach nicht vereinbar,und wir haben Gleichung (6):

$$\underset{n}{\overset{\leqslant k}{S}} (x_1, \ldots, x_n) \cdot \overline{\underset{n}{\overset{\leqslant k-p}{S}} (x_1, \ldots, x_n)} = 0. \tag{6}$$

Berechnen wir schließlich

$$\underset{n}{\overset{\leqslant k}{S}} (x_1 \ldots x_n) \dotplus \overline{\underset{n}{\overset{\leqslant k-1}{S}} (x_1 \ldots x_n)}.$$

Die Funktion $\underset{n}{\overset{\leqslant k}{S}} (x_1 \ldots x_n)$:

- wird 0, wenn die Ungleichung $0 \leqslant x_1 + \ldots + x_n \leqslant k$ befriedigt ist,
- und wird 1, wenn die Ungleichung $k + 1 \leqslant x_1 + \ldots + x_n \leqslant n$ befriedigt ist.

Die Funktion $\overline{\underset{n}{\overset{\leqslant k-1}{S}} (x_1 \ldots x_n)}$:

- wird 1, wenn die Ungleichung $0 \leqslant x_1 + \ldots + x_n \leqslant k - 1$ befriedigt ist,
- und wird 0, wenn die Ungleichung $k \leqslant x_1 + \ldots + x_n \leqslant n$ befriedigt ist.

Die Boolesche Summe dieser beiden Funktionen wird 0, wenn jede von ihnen gleich 0 ist, d.h. wenn die beiden Ungleichungen

$$0 \leqslant x_1 + \ldots + x_n \leqslant k$$

und

$$k \leqslant x_1 + \ldots + x_n \leqslant n$$

gleichzeitig gelten, d.h. wenn die algebraische Gleichung

$$x_1 + x_2 + \ldots + x_n = k$$

befriedigt ist.

Wir sehen, daß jede algebraische Gleichung der Form

$$x_1 + x_2 + \ldots + x_n = 0$$

in eine Boolesche Gleichung umgeformt werden kann:

$$\underset{n}{\overset{k}{S}}(x_1 \ldots x_n) = \underset{n}{\overset{\leqslant k}{S}} (x_1 \ldots x_n) \dotplus \overline{\underset{n}{\overset{\leqslant k-1}{S}} (x_1 \ldots x_n)} = 0.$$

Wenden wir die Komplementationsformel an, erhalten wir

$$\underset{n}{\overset{k}{S}}(x_1 \ldots x_n) = \underset{n}{\overset{\leqslant k}{S}} (x_1 \ldots x_n) \dotplus \underset{n}{\overset{\leqslant n-k}{S}} (\bar{x}_1 \ldots \bar{x}_n). \tag{7}$$

1. Beispiel. Die Gleichung $x_1 + x_2 + x_3 = 2$ lautet als Boolesche Gleichung

$$\mathop{S}\limits_{3}^{5}(x_1 x_2 x_3) = x_1 x_2 x_3$$

$$\mathop{S}\limits_{3}^{\leqslant 1}(\bar{x}_1, \bar{x}_2, \bar{x}_3) = \bar{x}_1 \bar{x}_2 \dotplus \bar{x}_2 \bar{x}_3 \dotplus \bar{x}_1 \bar{x}_2,$$

woraus sich die Gleichung

$$\mathop{S}\limits_{3}^{2}(x_1 x_2 x_3) = x_1 x_2 x_3 \dotplus \bar{x}_1 \bar{x}_2 \dotplus \bar{x}_2 \bar{x}_3 \dotplus \bar{x}_1 \bar{x}_2 = 0$$

ableitet.

Mit Hilfe der letzten Formeln kann eine Boolesche Gleichung der Form

$$\mathop{S}\limits_{n}^{\leqslant k}(x_1 \dots x_n) = 0$$

gelöst werden, wobei wir ausschließlich die Operatoren $\mathop{S}\limits_{p}^{\leqslant l}(x_{i_1} \dots x_{i_p})$ verwenden.

Wir haben in der Tat

$$\mathop{S}\limits_{n}^{\leqslant k}(x_1, \dots, x_n) = x_1 \mathop{S}\limits_{n-1}^{\leqslant k-1}(x_2, \dots, x_n) \dotplus \bar{x}_1 \mathop{S}\limits_{n-1}^{\leqslant k}(x_2, \dots, x_n),$$

woraus sich das System

$$\begin{cases} x_1 \mathop{S}\limits_{n-1}^{\leqslant k-1}(x_2 \dots x_n) = 0 \\ \bar{x}_1 \mathop{S}\limits_{n-1}^{\leqslant k}(x_2 \dots x_n) = 0 \end{cases}$$

ableitet.

Die erste Gleichung, nach x_1 aufgelöst, liefert

$$x_1 = \overline{\mathop{S}\limits_{n-1}^{\leqslant k-1}(x_2, \dots, x_n)} \cdot y_1,$$

woraus folgt:

$$\bar{x}_1 = \mathop{S}\limits_{n-1}^{\leqslant k-1}(x_2 \dots x_n) \dotplus \bar{y}_1.$$

Setzt man diesen Ausdruck für $\bar{x}_1$ in die zweite Gleichung ein, erhalten wir

$$[\mathop{S}\limits_{n-1}^{\leqslant k-1}(x_2 \dots x_n) \dotplus \bar{y}_1] \cdot \mathop{S}\limits_{n-1}^{\leqslant k}(x_2 \dots x_n) = 0,$$

eine Gleichung, die zerfällt in

$$\begin{cases} \bar{y}_1 \underset{n-1}{\overset{\leqslant k}{S}}(x_2 \dots x_n) = 0, \quad \text{woraus folgt} \quad \bar{y}_1 = \overline{\underset{n-1}{\overset{\leqslant k}{S}}(x_2 \dots x_n)}\, \bar{y}'_1 \\ \qquad\qquad\qquad\qquad \text{und} \quad y_1 = \underset{n-1}{\overset{\leqslant k}{S}}(x_2 \dots x_n) \dotplus y'_1 \\ \underset{n-1}{\overset{\leqslant k-1}{S}}(x_2 \dots x_n) \cdot \underset{n-1}{\overset{\leqslant k}{S}}(x_2 \dots x_n) = 0. \end{cases}$$

Wir haben dann

$$x_1 = \overline{\underset{n-1}{\overset{\leqslant k-1}{S}}(x_2 \dots x_n)} \cdot [\underset{n-1}{\overset{\leqslant k}{S}}(x_2 \dots x_n) \dotplus y'_1].$$

Wir haben aber gesehen (Gleichung 5), daß

$$\underset{n-1}{\overset{\leqslant k-1}{S}}(x_2 \dots x_n) \cdot \underset{n-1}{\overset{\leqslant k}{S}}(x_2 \dots x_n) = 0.$$

Also gilt

$$x_1 = \overline{\underset{n-1}{\overset{\leqslant k-1}{S}}(x_2 \dots x_n)}\, y'_1.$$

Somit bleibt uns noch die Gleichung

$$\underset{n-1}{\overset{\leqslant k-1}{S}}(x_2 \dots x_n) \cdot \underset{n-1}{\overset{\leqslant k}{S}}(x_2 \dots x_n) = 0$$

zu lösen.

Wendet man (4) an, ist diese Gleichung mit

$$\underset{n-1}{\overset{\leqslant k}{S}}(x_2, \dots, x_n) = 0$$

gleichwertig.

Wir finden so eine Gleichung, die in ihrer Form der Ausgangsgleichung ähnelt, aber nur $(n-1)$ Variable enthält.

Ist $k < n-1$, lösen wir sie wie oben nach x_2 auf und erhalten

$$x_2 = \overline{\underset{n-2}{\overset{\leqslant k-1}{S}}(x_3 \dots x_n)}\, y'_2.$$

Es bleibt die Gleichung

$$\underset{n-2}{\overset{\leqslant k}{S}}(x_3 \dots x_n) = 0.$$

Ist $k = n - 1$, ist die Gleichung

$$\overset{n-1}{\underset{n-1}{S}}(x_2 \dots x_n) = 0$$

der Ungleichung

$$0 \leqslant x_2 + \dots + x_n \leqslant n - 1$$

äquivalent; letztere gilt immer, unabhängig von den für die Variablen $x_2 \dots x_n$ gewählten Werten.

Wir schreiben also

$$x_2 = y'_2$$
$$x_3 = y'_3$$
$$\vdots$$
$$x_n = y'_n .$$

Wir kommen schließlich zu einem Punkt, an dem nur mehr eine Gleichung der Form

$$\overset{\leqslant k}{\underset{n-p}{S}}(x_{p+1}, \dots, x_n) = 0$$

zu lösen ist, wir erhalten dann $n - p = k$.

Eine vollständige Lösung kann demnach wie folgt geschrieben werden:

$$x_{p+1} = y'_{p+1}$$
$$\vdots$$
$$x_n = y'_n .$$

Wir erhalten endgültig

$$x_1 = \overline{\overset{\leqslant k-1}{\underset{n-1}{S}}(x_2 \dots x_n)}\, y'_1$$
$$\vdots$$
$$x_p = \overline{\overset{\leqslant k-p}{\underset{n-p}{S}}(x_{p+1} \dots x_n)}\, y'_p$$
$$x_{p+1} = y'_{p+1}$$
$$\vdots$$
$$x_n = y'_n ,$$

wobei p so gewählt ist, daß $n - p = k$.

Ein solcher Schlüssel, der jede Gleichung der Form

$$\overset{\leqslant k}{\underset{n}{S}} (x_1 \dots x_n) = 0$$

zu lösen gestattet, ist jedoch im allgemeinen nicht minimal.

Das Problem, einen Minimalschlüssel zu finden, ist nach unseren Kenntnissen bisher noch ungelöst.

Transformation einer beliebigen algebraischen Gleichung (oder Ungleichung) in binären Größen in eine Boolesche Gleichung

Es sei zum Beispiel die folgende Gleichung für binäre Größen zu lösen:

$$2x + y - xz = 2. \tag{I}$$

Wir wollen eine allgemeine Methode angeben, wie man eine derartige Gleichung in eine Boolesche Gleichung überführen kann, deren Lösung man dann mit Hilfe der im ersten Teil des Buches angegebenen Methode gewinnt.

Wir bringen vorerst diese Gleichung auf die Form:

$$X_1 + X_2 + X_3 + \dots + X_n = k,$$

wobei $X_1, \dots, X_n$ neue zweiwertige Variable bedeuten, deren Koeffizient durchweg 1 ist. k ist eine beliebige ganze Zahl.

Ist k negativ, so besitzt die Gleichung keine Lösung. Die Summe von Termen, die positiv oder null sind, ist selbst positiv oder null.

Wenn $k = 0$, so erhalten wir die Lösung der Gleichung unmittelbar durch

$$X_1 = X_2 = \dots = X_n = 0.$$

Wenn $0 < k < n$, so genügt es zur Lösung der vorgelegten Gleichung, die Transformation aus Formel (7) anzuwenden. Wir erhalten dadurch die Boolesche Gleichung:

$$\overset{k}{\underset{n}{S}}(X_1, \dots, X_n) = \overset{\leqslant k}{\underset{n}{S}} (X_1, \dots, X_n) \dotplus \overset{\leqslant n-k}{\underset{n}{S}} (\overline{X}_1, \dots, \overline{X}_n) = 0.$$

Wir können nun zu den ursprünglichen Variablen zurückkehren und die erhaltene Boolesche Gleichung lösen.

Wenn schließlich $k \geqslant n$, so läßt sich die Gleichung immer verifizieren.

Die Gleichung (I), die wir als Beispiel gewählt haben, enthält auf der linken Seite einen negativen Term, nämlich den Term $-xz$. Um diesen Term durch eine positive Größe zu ersetzen, genügt es zu schreiben:

$$xz = 1 - \overline{xz}.$$

Somit erhalten wir $2x + y - (1 - \overline{xz}) = 2$. Daraus folgt $2x + y + \overline{xz} = 3$, was man auch so schreiben kann:

$$x + x + y + \overline{xz} = 3. \tag{II}$$

Wir haben jetzt nur mehr

$X_1 = x \qquad X_3 = y$

$X_2 = x \qquad X_4 = \overline{xz}$

zu setzen, wobei jede der neuen Variablen eine Boolesche Variable ist. Außerdem gilt $0 < k < n$.

Gleichung (I) ist daher äquivalent der Booleschen Gleichung

$$\underset{4}{\overset{3}{S}}(X_1 X_2 X_3 X_4) = \underset{4}{\overset{\leqslant 3}{S}}(X_1 X_2 X_3 X_4) \dotplus \underset{4}{\overset{\leqslant 1}{S}}(\overline{X}_1 \overline{X}_2 \overline{X}_3 \overline{X}_4)$$

$$\underset{4}{\overset{\leqslant 3}{S}}(X_1 X_2 X_3 X_4) = X_1 X_2 X_3 X_4 = xy(\overline{x} \dotplus \overline{z}) = xy\overline{z}$$

$$\underset{4}{\overset{\leqslant 1}{S}}(\overline{X}_1 \overline{X}_2 \overline{X}_3 \overline{X}_4) = \overline{X}_1 \overline{X}_2 \dotplus \overline{X}_1 \overline{X}_3 \dotplus \overline{X}_1 \overline{X}_4 \dotplus \overline{X}_2 \overline{X}_3 \dotplus \overline{X}_2 \overline{X}_4 \dotplus \overline{X}_3 \overline{X}_4$$

$\overline{X}_1 \overline{X}_2 = \overline{x}$

$\overline{X}_1 \overline{X}_3 = \overline{X}_2 \overline{X}_3 = \overline{x}\overline{y}$

$\overline{X}_1 \overline{X}_4 = \overline{X}_2 \overline{X}_4 = \overline{x} \cdot xz = 0$

$\overline{X}_3 \overline{X}_4 = x\overline{y}z\,.$

Wir erhalten also:

$$\begin{aligned}\underset{4}{\overset{3}{S}}(X_1 X_2 X_3 X_4) &= xy\overline{z} \dotplus \overline{x} \dotplus \overline{x}\overline{y} \dotplus x\overline{y}z \\ &= \overline{x} \dotplus x(y\overline{z} \dotplus \overline{y}z) \\ &= \overline{x} \dotplus y\overline{z} \dotplus \overline{y}z.\end{aligned}$$

Die algebraische Gleichung (I) ist somit der folgenden Booleschen Gleichung (III) äquivalent:

$$\overline{x} \dotplus y\overline{z} \dotplus \overline{y}z = 0. \tag{III}$$

Als Lösung ergibt sich:

$\overline{x} = 0,\quad$ also $\quad x = 1,$

$y\overline{z} \dotplus \overline{y}z = 0,\quad$ also $\quad y = z;$

Probe:

$2 + y - y = 2.$

Die angegebenen Werte erfüllen die Gleichung tatsächlich.

In gleicher Weise können wir zeigen, daß jede andere Wertekombination die Gleichung (I) nicht erfüllt:

a) $x = 0$ ergibt $y < 2$

b) $x = 1, y = 1, z = 0$ ergibt $2 + 1 - 0 > 2$

c) $x = 1, y = 0, z = 1$ ergibt $2 + 0 - 1 < 2$.

Die gefundene Lösung ist daher die allgemeine Lösung der Gleichung (I).

Zur Vereinfachung der Rechnung hätten wir auch so schreiben können:

$$2x + y - xz = x + x(1 - z) + y = 2,$$

woraus folgt

$$x + x\overline{z} + y = 2.$$

Wir setzen $x = X_1$, $x\overline{z} = X_2$, $y = X_3$. Die Gleichung geht dann über in die folgende Boolesche Gleichung:

$$\underset{3}{\overset{2}{S}}(X_1 X_2 X_3) = X_1 X_2 X_3 \dotplus \overline{X}_1 \overline{X}_2 \dotplus \overline{X}_1 \overline{X}_3 \dotplus \overline{X}_2 \overline{X}_3 = 0$$

oder

$$xy\overline{z} \dotplus \overline{x} \dotplus \overline{x}\overline{y} \dotplus \overline{y}z = 0,$$

und nach Vereinfachung erhält man schließlich

$$\overline{x} \dotplus y\overline{z} \dotplus \overline{y}z = 0,$$

also wieder Gleichung (III).

2. Beispiel: Es sei die folgende algebraische Ungleichung für zweiwertige Größen

$$5x + 3y + 2z + t \leqslant 5 \qquad \text{(I)}$$

zu lösen. Alle Koeffizienten auf der linken Seite sind positiv. Man kann diese Ungleichung daher unmittelbar in eine Boolesche Gleichung überführen, wenn man die im ersten Beispiel benutzte Methode anwendet. Wir werden jedoch ein einfacheres Verfahren angeben, mit dessen Hilfe man die Einführung der Variablen $X_1, \ldots, X_n$ vermeidet. Hier würde man $5 + 3 + 3 + 1 = 11$ Hilfsvariable benötigen. Die Ungleichung (I) ist äquivalent dem Ausdruck

$$\underset{11}{\overset{\leqslant 5}{S}} (X_1, \ldots, X_n),$$

der $\underset{11}{\overset{6}{S}} = 462$ Terme enthält.

Aber viele dieser Terme sind gleich.

Setzen wir zum Beispiel

$X_1 = X_2 = X_3 = X_4 = X_5 = x,$

$Y_1 = Y_2 = Y_3 = y,$

$Z_1 = Z_2 = z,$

$T \ = t.$

Die Funktion $\underset{11}{\overset{\leqslant 5}{\mathbf{S}}}(X_1, ..., T)$ ist eine Summe aus Gliedern, in denen jeweils 6 der 11 Variablen $X_1, ..., T$ als Faktoren auftreten.

Kommt jedoch in einem Summanden eine der Variablen $X_1, X_2, ..., X_5$ vor, so enthält dieser Summand auch x. Es genügt dann, daß zusätzlich eine der 3 weiteren Größen y, z oder t auftritt, um einen Summanden in 6 Variablen zu erhalten. Daraus folgt also: Wenn ein Summand außer x noch *mehr als eine* der drei anderen Variablen enthält, dann ist er bereits in einem der Summanden enthalten, in dem nur x und eine einzige weitere Variable vorkommen.

Schließlich genügt es, jene Glieder zu betrachten, in denen die Variablen x, y, z und t in solchen Kombinationen auftreten, daß die Summe ihrer Koeffizienten (in Ungleichung (I)) größer als 5 + 1 = 6 wird.

Wir haben daher die Glieder

xy,	da	$5 + 3 \geqslant 6$
xz,	da	$5 + 2 \geqslant 6$
xt,	da	$5 + 1 \geqslant 6$
yzt,	da	$3 + 2 + 1 \geqslant 6.$

Die Boolesche Gleichung, die der Ungleichung (I) äquivalent ist, lautet nun

$$x(y \dotplus z \dotplus t) \dotplus yzt = 0. \qquad \text{(II)}$$

Die Lösung ist:

a) Mit x = 1 geht Gleichung (II) über in

$y \dotplus z \dotplus t \dotplus yzt = y \dotplus z \dotplus t = 0,$ und es folgt $y = z = t = 0.$

b) Mit x = 0 wird aus Gleichung (II) yzt = 0. Das liefert sieben Lösungen, den möglichen Wertekombinationen von y, z, t entsprechend. Der Fall y = z = t = 1 ist ausgenommen.

Der Beweis ist unmittelbar zu erbringen:

a) $x = 1, y = z = t = 0$ liefert $5 \leqslant 5.$

b) Mit x = 0 geht die Ungleichung (I) über in $3y + 2z + t \leqslant 5$. Diese Gleichung gilt immer dann, wenn eine der Variablen y, z, t null ist. Nur die Werte y = z = t = 1 müssen ausgenommen werden.

Wie man noch sehen wird, läßt sich die hier dargebotene allgemeine Methode der Transformation algebraischer Gleichungen in binären Variablen (oder Ungleichungen) in eine Boolesche Gleichung mühelos zur Lösung von Aufgaben über binäre Größen im Bereich der ganzen Zahlen nach der Methode von Fortet anwenden.

3. Für je zwei Klassen X und Y einer Menge von Klassen sei sowohl der Durchschnitt (logisches Produkt) als auch die Implikation definiert. Man zeige, daß sich die Vereinigung (die logische Summe) durch die beiden vorher genannten Operationen definieren läßt.

Auf Grund der Definition der Implikation entspricht den Klassen X und Y die neue Klasse $X \dot{\subset} Y = \overline{X} \dotplus Y$.

Wir betrachten nun die Klasse

$$\Phi = (Y \dot{\subset} X) \dot{\subset} X = u \dot{\subset} X = \overline{u} \dotplus X.$$

Wir haben

$$u = Y \dot{\subset} X$$

und daher

$$\overline{u} = \overline{\overline{Y} \dotplus X} = Y\overline{X},$$

woraus folgt

$$\Phi = Y\overline{X} \dotplus X = Y \dotplus X = X \dotplus Y.$$

Somit haben wir die Definition der Vereinigung (der logischen Summe) auf die Implikation zurückgeführt. Man beachte, daß der Durchschnitt nicht in die Definition eingeht.

4. In der gewöhnlichen Algebra folgt aus $xyz = 0$, daß mindestens einer der Faktoren null ist. In der Booleschen Algebra folgt aus $A \cap B \cap C = 1$, daß alle drei Faktoren 1 sind.

Mit 1 als Fundamentalbereich haben wir:

a) $A \subset 1, B \subset 1$ und $C \subset 1$ nach Voraussetzung.

b) $A \supset A \cap B \cap C = 1$, also $A \supset 1$ und daher $A = 1$,

$B \supset B \cap A \cap C = 1$, also $B \supset 1$ und daher $B = 1$,

$C \supset A \cap B \cap C = 1$, also $C \supset 1$ und daher $C = 1$.

Man beachte, daß in der Booleschen Algebra die Gleichung $A \cap B \cap C = 0$ nicht zur Folge hat, daß mindestens einer der Faktoren 0 ist. Aus dieser Gleichung folgt lediglich $A = \overline{B \cap C} \cap X$, wobei X eine beliebige Boolesche Variable ist.

In der Algebra der *zweiwertigen* Booleschen Variablen folgt jedoch im Gegensatz dazu aus der Gleichung $xyz = 0$, daß mindestens ein Faktor 0 ist.

Man löst diese Gleichung durch die folgende Parametrisierung:

$x = \overline{yz}\xi$

$y = y$

$z = z.$

Wenn $y = z = 1$, so erhalten wir $x = 0$, $\xi = 0$.
Wenn y oder $z = 0$, so ist mindestens einer der drei Faktoren 0.
Darüber hinaus folgt in der Booleschen Algebra aus der Gleichung

$xyz = 1$ die Behauptung $x = y = z = 1$.

5. E sei die Gesamtheit der Geraden im Raum, F die Gesamtheit der Kugeln. Ist die Relation „ist orthogonal zu" $(\leftrightarrow)$ feiner als die Relation „schneiden sich" $(\between)$? Mit anderen Worten, darf man schreiben

$(\leftrightarrow) \subset \between?$

5.1. Betrachten wir die Gesamtheit E der Geraden im Raum. Um die Behauptung $\leftrightarrow \subset \between$ zu verifizieren, genügt es nachzuweisen, daß die Behauptung $\leftrightarrow \cap \overline{\between}$ niemals zutrifft, daß also die Menge der Paare von orthogonalen Geraden, die sich nicht schneiden, leer ist. Es gibt nun aber orthogonale Geraden, die sich nicht schneiden. Die Behauptung gilt also nicht für die Menge E der Geraden im Raum.

5.2. Betrachten wir die Menge F der Kugeln. Wenn zwei Kugeln orthogonal zueinander sind, so schneiden sie sich, wie wir wissen. Die Menge der orthogonalen Kugeln, die sich nicht schneiden, ist daher leer. Mit anderen Worten:

$\leftrightarrow \cap \overline{\between} = \phi,$

woraus folgt

$\leftrightarrow \subset \between.$

Somit gilt die Behauptung für die Menge F der Kugeln.

6. Es sei $E = F = C$, und C sei die Menge der ganzen rationalen Zahlen, enthalte also die positiven ganzen Zahlen, die negativen ganzen Zahlen und die Null. Zwischen x und y gelte die Relation R_m, wenn $x - y = km (x, y, k, m \in C)$. Das ist eine arithmetische Kongruenz. Es sei Φ die Familie der Kongruenzen, die man erhält, wenn man m die Menge p der Primzahlen durchlaufen läßt.

Man bestimme den Durchschnitt

$$I = \bigcap_{p \in P} R_p.$$

Es seien R_{p_1} und R_{p_2} beliebige Elemente von Φ. Das sind also Kongruenzen. Die erste ist eine Kongruenz modulo p_1, die zweite modulo p_2; p_1 und p_2 bedeuten dabei zwei Primzahlen. Nehmen wir an, es gilt

$$x R_{p_1} y \quad \text{und} \quad x R_{p_2} y \quad (x, y \in C);$$

$x R_{p_1} y$ bedeutet dasselbe wie $x - y = k_1 p_1 (k_1 \in C)$,

$x R_{p_2} y$ bedeutet dasselbe wie $x - y = k_2 p_2 (k_2 \in C)$.

Die beiden Gleichungen $x - y = k_1 p_1$ und $x - y = k_2 p_2$ müssen simultan gelten, was bedeutet, daß $x - y$ sowohl durch p_1 als auch durch p_2 teilbar sein muß und daher auch durch das kleinste gemeinsame Vielfache (kgV). Da p_1 und p_2 Primzahlen sind, ist ihr $\text{kgV} = p_1 \cdot p_2$, und wir erhalten die Kongruenz

$$x R_{p_1 p_2} y.$$

Wenn andererseits x und y ganze Zahlen sind, so daß für die Primzahlen p_1 und p_2 gilt

$$x R_{p_1 p_2} y,$$

so erhalten wir

$$x - y = p_1 p_2 k.$$

Setzen wir $k_1 = p_2 k$ und $k_2 = p_1 k$, so gilt $x - y = p_1 k_1$ und $x - y = p_2 k_2$, und wir haben daher

$$x R_{p_1} y \quad \text{und} \quad x R_{p_2} y.$$

Die Aussage „$x R_{p_1} y$ und $x R_{p_2} y$", die die Aussage „$x (R_{p_1} \cap R_{p_2}) y$" definiert, ist daher der Aussage „$x R_{p_1 p_2} y$" äquivalent. Daraus folgt

$$R_{p_1} \cap R_{p_2} = R_{p_1 p_2}.$$

Man sieht durch analoge Überlegungen leicht ein, daß im Falle von n Primzahlen $p_1, p_2, \ldots, p_n$ für den Durchschnitt gilt

$$\bigcap_{i=1}^{i=n} R_{p_i} = R_{\text{kgV}(p_1, \ldots, p_n)} = R_{p_1 p_2 \ldots p_n},$$

da für die Primzahl gilt

$$\text{kgV}(p_1, \ldots, p_n) = p_1 p_2 \ldots p_n.$$

Wir erhalten also

$$\bigcap_{p \in P} R_p = R_{\prod_{p \in P} p},$$

wobei $\prod_{p \in P} p$ das Produkt aus allen Primzahlen bezeichnet.

Da eine Kongruenz eine Äquivalenzrelation darstellt, kann man die Frage nach den Äquivalenzklassen stellen, die durch die Relation $R = \bigcap_{p \in P}$ definiert sind. Es seien x und y zwei ganze Zahlen:

a) Wenn $x \neq y$, so ist die Differenz $x - y$ sicher nicht durch alle Primzahlen teilbar. In diesem Falle ist daher x niemals äquivalent y modulo R.

b) Wenn $x = y$, so ist die Differenz $x - y$ null, und wir können immer schreiben $x - y = 0 = p_1 \cdot k$ mit $k = 0$ und einer beliebigen Primzahl p_1.

Die Menge der Äquivalenzklassen, die durch die Relation R definiert ist, ist daher einfach die Menge C.

7. E = F sei die Menge der Punkte im Raum. Für zwei Raumpunkte x und y gelte die Relation $x R y$, wenn die Punkte x, y und 0 auf einer Geraden liegen, wobei 0 ein fester Bezugspunkt ist.

1. Man zeige, daß R eine Äquivalenzrelation ist.

2. A und B seien zwei Ebenen, die den Punkt 0 nicht enthalten. Man zeige, daß $R_{A,B}$ die Zentralprojektion von A auf B mit dem Zentrum in 0 ist.

7.1. R ist eine Äquivalenzrelation.

- R ist reflexiv: Für jedes x liegen die Punkte 0, x, x auf einer Geraden. Daraus folgt $x R x$.
- R ist transitiv.

Nehmen wir an, daß für die Punkte x, y, z gilt

$x R y$ und $y R z$.

Aus $x R y$ folgt, daß 0, x, y auf einer Geraden liegen.
Aus $y R z$ folgt, daß 0, y, z auf einer Geraden liegen.

Nun bestimmen aber die Punkte 0 und y eine Gerade Δ eindeutig. Es folgt daher, daß auch x und z auf Δ liegen. Damit liegen die drei Punkte 0, x, z auf einer Geraden, und wir erhalten

$x R z$.

Damit ist die Transitivität bewiesen.

- R ist symmetrisch. $x R y$ gilt nur, wenn 0, x, y auf einer Geraden liegen. Dann liegen auch 0, y, x auf derselben Geraden, und es folgt $y R x$. Das beweist die Symmetrie.

7.2. Der Ausdruck $R_{A,B}$ soll bedeuten, daß die Relation R nur in jenen Fällen betrachtet wird, in denen x ein Punkt der Ebene A und y ein Punkt der Ebene B ist. Nehmen wir nun einen festen Punkt x aus A und suchen wir dazu alle y aus B, so daß $x R y$ gilt. Der Punkt 0 liegt weder auf A noch auf B. Die Punkte x und 0 bestimmen eine Gerade Δ. Es sind zwei Fälle möglich:

a) Δ ist parallel zu B. Dann ist kein Punkt aus B äquivalent x bezüglich R.

b) Δ ist nicht parallel zu B. Die Gerade trifft B im Punkt y und wir haben $x \, R \, y$.

Die Relation $R_{A,B}$ definiert daher die Zentralprojektion von A auf B aus dem Zentrum 0 (Bild 17.2).

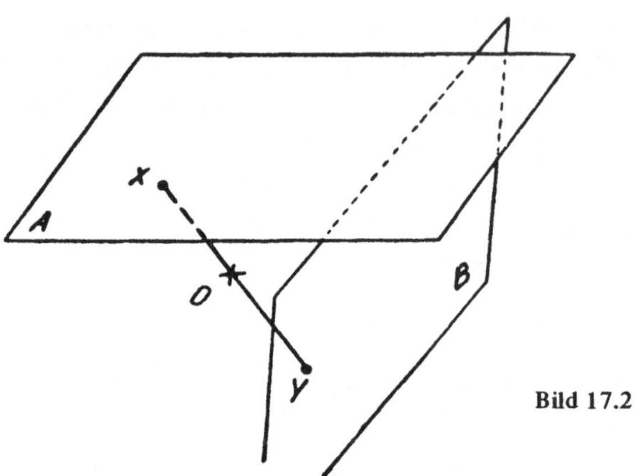

Bild 17.2

8. Das Alphabet, durch die alphabetische Reihenfolge total geordnet, besitzt ein erstes Element a und ein letztes Element z. Man zeige, daß es für jedes Element außer a einen Vorgänger und für jedes Element außer z einen Nachfolger gibt.

Es sei L_1 ein Buchstabe des Alphabets, und zwar verschieden von a. Betrachten wir die Relation ⊂ zwischen zwei Buchstaben L_i und L_j des Alphabets, die definiert ist durch $L_i \subset L_j$, wenn L_i in der alphabetischen Reihenfolge vor L_j steht (wir betrachten hier die strikte Relation, bei der angenommen wird, daß L_i und L_j nicht die gleichen Buchstaben sind).

Die Menge S_1 der Buchstaben L_i, für die $L_i \subset L_1$ gilt, ist ein Anfangsstück des Alphabets. Da L_1 von a verschieden vorausgesetzt wurde, enthält S_1 mindestens den Buchstaben a. S_1 ist eine Kette. Denn jeder Teil einer Kette ist wieder eine Kette, und das Alphabet, durch die Relation ⊂ total geordnet, bildet eine Kette. Die Kette S_1 besitzt genau ein maximales Element. Sie ist nämlich endlich und enthält wenigstens das Element a. Dieses eindeutig bestimmte maximale Element ist nach Definition der Vorgänger von L_1. Also besitzt jeder von a verschiedene Buchstaben einen Vorgänger.

Um zu zeigen, daß jedes von z verschiedene Element einen Nachfolger hat, betrachte man einen beliebigen Buchstaben L_2, der von z verschieden ist, und das Endstück S_2 aus den Buchstaben L_j, für die $L_2 \subset L_j$ gilt.

Zum Beweis genügt es, in den Überlegungen des vorhergehenden Absatzes a durch z, L_1 durch L_2, S_1 durch S_2, maximales Element durch minimales Element und Vorgänger durch Nachfolger zu ersetzen.

9. Die Menge der rationalen Zahlen und die Menge der reellen Zahlen sind total geordnet durch die Relation $\leqslant$, im üblichen Sinn verstanden. Hier gibt es weder ein größtes noch ein kleinstes Element. Man zeige, daß die positiven Elemente der obigen Mengen, deren Quadrat größer als 2 ist, nach unten begrenzte Abschnitte bilden, für die zum Beispiel 1 eine untere Schranke ist.

In der Menge der rationalen Zahlen hat die Teilmenge der positiven Elemente, deren Quadrate größer als 2 sind, keine untere Grenze. In der Menge der reellen Zahlen gibt es eine untere Grenze, nämlich $\sqrt{2}$.

10. Man ordne ein Spiel aus 52 Karten den Werten entsprechend, die ihnen beim Bridgespiel mit Herz als Trumpf zukommen. Man zeichne das entsprechende Diagramm. Welche Elemente sind die größten, welche sind minimal, welche maximal? Gibt es ein minimales Element ohne Vorgänger?

Da Herz Trumpf ist, zählt jede Karte dieser Farbe mehr als eine beliebige Karte der anderen Farben. Unter den Karten einer Farbe ist eine Ordnung durch die Reihenfolge 2, 3, 4, 5, 6, 7, 8, 9, 10, Bube, Dame, König, As definiert, eine totale Ordnung also, die wir durch das Symbol $\nless$ kennzeichnen wollen (z.B. gilt 6 $\prec$ Bube).

Die partielle Ordnungsrelation $x \subset y$, die wir dadurch erhalten, lautet nun:

$$x \subset y \begin{cases} \text{wenn } x \text{ und } y \text{ von derselben Farbe sind und } x \nless y \\ \text{oder wenn } y \text{ ein Herz ist, } x \text{ aber nicht.} \end{cases}$$

Man sieht unmittelbar, daß zwei Karten von verschiedener Farbe, von denen keine eine Herz ist, nicht vergleichbar sind. Wir erhalten das Diagramm des Bildes 17.3. (Diese Ordnung kann allerdings während des Spielverlaufes durch die Spieler selbst geändert

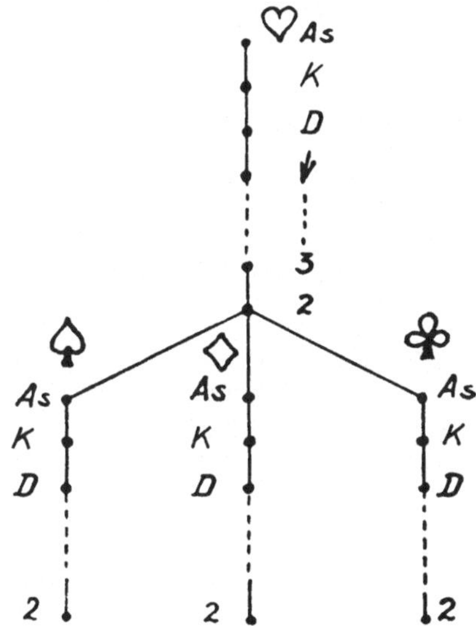

Bild 17.3

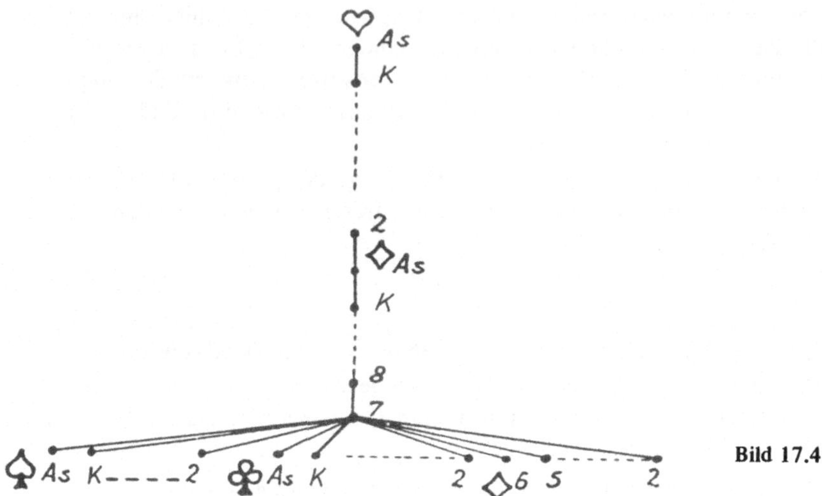

Bild 17.4

werden. Wenn ein Spieler zum Beispiel die Karo-Sieben ausspielt, erhalten wir das Diagramm des Bildes 17.4, das die folgende partielle Ordnung definiert:

x ⊂ y { wenn 7 ♦ ⊂ x und x ⊂ y
oder wenn 7 ♦ ⊂ y und x ist eine Karte von der Farbe ♠, ♣
oder von der Farbe ♦ und kleiner als 7.

Somit sind alle Karten von der Farbe Pique oder Kreuz und alle Karo unter der Karo-Sieben untereinander nicht vergleichbar).

Bleiben wir beim Diagramm in Bild 17.3.

Das größte Element ist das Herz-As. Minimale Elemente sind die Pique-Zwei, die Karo-Zwei und die Kreuz-Zwei.

Es gibt drei maximale Ketten:

a) ♥ (As, K, ..., 2) ♠ (As, K, ..., 2),

b) ♥ (As, K, ..., 2) ♦ (As, K, ..., 2),

c) ♥ (As, K, ..., 2) ♣ (As, K, ..., 2).

Betrachten wir die erste Kette. Sie ist maximal, da jede Karte, die nicht zu dieser Kette gehört, eine der beiden Farben ♦ oder ♣ besitzt und daher mit mindestens einer der Karten aus der Kette unvergleichbar ist, zum Beispiel mit der Pique-Zwei. Auf dieselbe Weise zeigt man, daß die beiden Ketten maximal sind.

Es sei andererseits C eine maximale Kette. Diese Kette umfaßt:

1. Alle Herzkarten, da jede davon mit allen anderen Karten vergleichbar ist und ihr Fehlen daher im Widerspruch dazu wäre, daß die Kette maximal ist.

2. Alle Karten von einer und nur einer der drei Farben ♠, ♦, ♣. Sie kann nur Karten von einer dieser drei Farben enthalten, da wir sonst keine Kette hätten. Sie enthält aber auch alle Karten dieser Farbe. Denn jede solche ist erstens mit allen anderen Karten ihrer Farbe und zweitens mit allen Karten von der Farbe Herz vergleichbar. Also wäre auch ihr Fehlen im Widerspruch zur Aussage, daß es sich um eine maximale Kette handelt.

Die drei oben angegebenen maximalen Ketten sind somit die einzigen.

11. Man betrachte den Verband im Bild 17.5. Man zeige, daß {a, b, f, h, i} ein Unterverband ist und daß {a, b, c, d, e, f, i} keiner ist.

Die Diagramme aus Bild 17.6 und Bild 17.7 stellen die partiell geordneten Teilmengen A′ bzw. A″ dar.

$$A' = \{a, b, f, h, i\}$$

und

$$A'' = \{a, b, c, d, e, f, i\}.$$

Wir zeigen nun, daß A′ ein Unterverband des Verbandes A in Bild 17.5 ist.

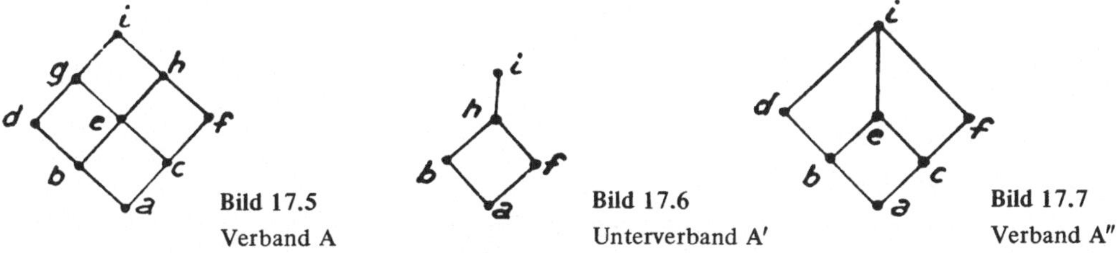

Bild 17.5 Verband A

Bild 17.6 Unterverband A′

Bild 17.7 Verband A″

Wir müssen zeigen, daß mit zwei beliebigen Elementen x und y von A′ die Elemente α und β von A, nämlich $\alpha = x \cup y$ und $\beta = x \cap y$, auch Elemente von A′ sind.

Wir bemerken vorerst, daß im Falle vergleichbarer Elemente x und y von A, also etwa $x \subseteq y$, gilt

$$x \cap y = x \quad \text{und} \quad x \cup y = y.$$

Wenn diese Elemente auch Elemente von A′ sind, so sind sie natürlich auch vergleichbar,und es gilt weiterhin $\alpha = y$ und $\beta = x$. Daraus folgt, daß α und β zu A′ gehören. Es genügt daher, die Elemente von A′ zu untersuchen, die nicht vergleichbar sind. In unserem Falle haben wir nur die Elemente b und f zu untersuchen.

In A gilt:

$$b \cup f = h \in A' \quad \text{und} \quad b \cap f = a \in A'.$$

Somit sei A′ ein Unterverband von A.

Wir zeigen jetzt, daß man A″ nicht als Unterverband von A auffassen kann.

Es genügt zu zeigen, daß es in dem Verband A″ ein Paar x, y gibt, so daß wenigstens eines der Elemente α oder β von A, $\alpha = x \cup y$ oder $\beta = x \cap y$, nicht zu A″ gehört. (Man sieht sofort, daß es sich bei A″ um einen Verband handelt. Jedes Punktepaar besitzt eine untere und eine obere Grenze. Wäre das nicht der Fall, so wäre A″ kein Verband und könnte damit auch kein Unterverband von A sein.) Es existiert ein Paar x, y derart, daß für mindestens eines der Elemente aus A

$\alpha = x \cup y$ oder $\beta = x \cap y$ nicht zu A″ gehört.

Zum Beispiel haben wir in A

$d \cup e = g \notin A''$.

A″ ist daher kein Unterverband von A.

12. Man ordne die Menge der natürlichen Zahlen partiell durch die Relation $a \subseteq b$, die gelten soll, wenn es eine Zahl $m \in N$ gibt, so daß $a = mb$ gilt. Man gebe eine arithmetische Deutung von $x \vee y$ und $x \wedge y$ an. Man zeige, daß N sowohl ein Verband als auch ein vollständiger Halbverband ist. Ist dieses auch ein vollständiger Verband?

- Wenn zwei ganze Zahlen x und y eine obere Grenze $x \vee y = z$ haben, dann genügt z gleichzeitig den beiden Gleichungen

$x = m_1 z$ (oder $x \subseteq z$)

und

$y = m_2 z$ (oder $y \subseteq z$);

z ist also ein gemeinsamer Teiler von x und y.

Außerdem existiert keine Zahl z′ mit der Eigenschaft

$x \subseteq z' \subseteq z$

und

$y \subseteq z' \subseteq z$.

Eine derartige Zahl z′ wäre ein gemeinsamer Teiler von x und y, der selbst durch z teilbar wäre, da aus $z' \subseteq z$ ja $z' = m'z$ folgt.

Da nun m′ eine positive ganze Zahl ist, folgt aus der Gleichung $z' = m'z$ die Ungleichung $z' \geqslant z$ (z′ ist also eine ganze Zahl, die im üblichen Sinn größer als z ist).

Die obere Grenze z von x und y ist daher die größte ganze Zahl, die sowohl Teiler von x als auch Teiler von y ist. Wenn diese obere Grenze existiert, so haben wir also (ggT = größter gemeinsamer Teiler)

$x \vee y = \mathrm{ggT}(x, y)$.

- Auf genau dieselbe Weise zeigt man, daß die untere Grenze von x und y, falls sie existiert, gegeben ist durch

$x \wedge y = \mathrm{kgV}(x, y)$.

- Jedes Paar von ganzen Zahlen x und y besitzt einen ggT (und nur einen) und ein kgV (und nur eines). Wir haben somit die Existenz und die Eindeutigkeit einer oberen und unteren Grenze für jedes Paar von ganzen Zahlen x, y bezüglich der Relation $\subseteq$ bewiesen.

Die Menge N, durch die Relation geordnet, ist daher ein Verband. Sie bildet einen vollständigen Halbverband, da für beliebige $x \in N$ gilt $1 \supseteq x$ (denn $x = x \cdot 1$). Das Element 1 spielt daher hier die Rolle des universellen Elements in diesem Verband.

Im Gegensatz dazu enthält der Verband kein Nullelement, da es keine ganze Zahl n gibt, so daß für alle $x \in N$ gilt

$$n \subseteq x \quad \text{oder} \quad n = mx.$$

Wir haben somit hier keinen vollständigen Verband.

13. Gegeben sei ein modularer Verband. Es gilt also

$$x \cup (y \cap z) = (x \cup y) \cap z \quad \text{für alle} \quad x \subseteq z.$$

Man zeige, daß diese Relation in jedem Verband gilt, wenn

1. $x = z$
2. $z = u$ oder $x = 0$. Dabei ist u das Einselement und 0 das Nullelement des Verbandes.

13.1. Wir setzen $x = z$ und erhalten:

$$\begin{aligned} x \cup (y \cap z) &= x \cup (y \cap x) \\ &= x \cup (x \cap y) && \text{(Kommutativität der Durchschnittsbildung, in jedem Verband gültig)} \\ &= x && \text{(Absorptionsgesetz, in jedem Verband gültig).} \end{aligned}$$

Andererseits gilt:

$$\begin{aligned} (x \cup y) \cap z &= (x \cup y) \cap x \\ &= x \cap (x \cup y) && \text{(Kommutativität der Durchschnittsbildung)} \\ &= x && \text{(Absorption).} \end{aligned}$$

Es gilt daher in jedem Verband für $x = z$

$$x \cup (y \cap z) = (x \cup y) \cap z$$

13.2. Es sei $z = u$, und u sei das Einselement des Verbandes. Wir haben dann für ein beliebiges Verbandselement m

$$m \cup u = u \quad \text{und} \quad m \cap u = m.$$

Insbesondere gilt auch

$y \cup u = y,$

woraus folgt

$$x \cup (y \cap z) = x \cup y$$

und

$$(x \cup y) \cap u = x \cup y.$$

Daraus ergibt sich die Gleichung

$$x \cup (y \cap u) = (x \cup y) \cap u.$$

13.3. 0 sei das Nullelement des Verbandes. Wir setzen $x = 0$ und erhalten

$m \cup 0 = m \quad$ und $\quad m \cap 0 = 0,$

insbesondere also

$0 \cup (y \cap z) = y \cap z \quad$ und $\quad (0 \cup y) \cap z = y \cap z.$

Daraus folgt die Gleichheit der beiden Ausdrücke.

14. 1. Ist eine Kette ein distributiver Verband?
2. Sind die in den Bildern 17.8 und 17.9 dargestellten Verbände distributiv?

1. Eine Kette ist ein Verband. Für jedes Paar x, y von Elementen der Kette gilt ja wenigstens eine der beiden Beziehungen

$x \subseteq y \quad$ oder $\quad x \supseteq y.$

Die Relation $\subseteq$ ist somit eine totale Ordnungsrelation. Beliebige Paare von Elementen sind daher vergleichbar.

Es seien y und z zwei beliebige Elemente des Verbandes. Wir nehmen an, daß $y \subseteq z$ gilt.

Wir haben dann für jedes Element x des Verbandes die Beziehung

$$x \cup y \subseteq x \cup z \qquad (1)$$

und

$$x \cap y \subseteq x \cap z. \qquad (2)$$

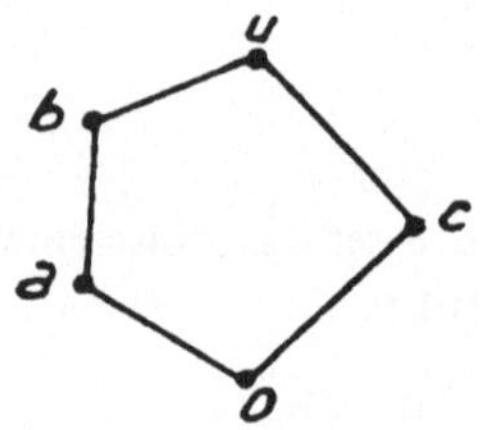

Bild 17.8

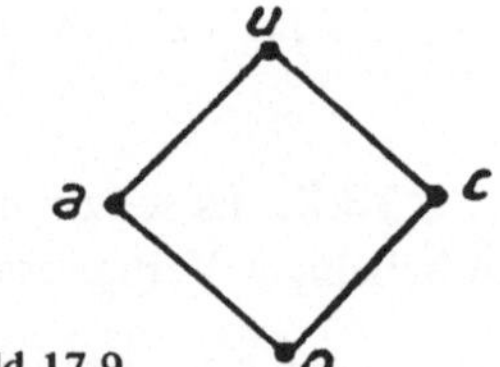

Bild 17.9

In der Tat folgen aus $y \subseteq z$ die Gleichungen $y \cup z = z$ und $y \cap z = y$. In jedem Verband gilt übrigens für beliebige Verbandselemente A, B

$$A, B \subseteq A \cup B \quad \text{und} \quad A \cap B \subseteq A, B.$$

Insbesondere haben wir für $A = x \cup y$ und $B = z$

$$x \cup y \subseteq (x \cup y) \cup z = x \cup (y \cup z) = x \cup z$$

oder, wenn wir

$$A = x \cap z \quad \text{und} \quad B = y$$

setzen,

$$x \cap y = x \cap (y \cap z) = (x \cap z) \cap y \subseteq x \cap z.$$

Damit sind die Beziehungen (1) und (2) bewiesen.

Betrachten wir nun die Ausdrücke:

$$x \cup (y \cap z) \quad \text{und} \quad (x \cup y) \cap (x \cup z).$$

Mit $y \subseteq z$ gilt:

a) $y \cap z = y$ und $x \cup (y \cap z) = x \cup y$,

b) $(x \cup y) \subseteq (x \cup z)$ (Relation (1)) und daher $(x \cup y) \cap (x \cup z) = x \cup y$,

woraus folgt

$$x \cup (y \cap z) = (x \cup y) \cap (x \cup z).$$

Das beweist die Distributivität der Vereinigung bzgl. des Durchschnitts.

Betrachten wir nochmals die Ausdrücke

$$x \cap (y \cup z) \quad \text{und} \quad (x \cap y) \cup (x \cap z).$$

Mit $y \subseteq z$ haben wir

a) $y \cup z = z$, also $x \cap (y \cup z) = x \cap z$

und

b) $(x \cap y) \subseteq (x \cap z)$ (Relation (2)) und daher $(x \cap y) \cup (x \cap z) = x \cap z$,

woraus folgt

$$x \cap (y \cup z) = (x \cap y) \cup (x \cap z).$$

Das beweist die Distributivität des Durchschnittes bzgl. der Vereinigung.

Eine Kette ist daher ein distributiver Verband.

14.2. Der Verband aus Bild 17.8 ist nicht distributiv. Um das nachzuweisen, genügt es, daß wir drei Elemente x, y und z des Verbandes angeben, für die mindestens eine der beiden folgenden Gleichungen falsch ist.

$$x \cap (y \cup z) = (x \cap y) \cup (x \cap z) \tag{1}$$

$$x \cup (y \cap z) = (x \cup y) \cap (x \cup z). \tag{2}$$

Wir haben gesehen (Aufgabe 14.1), daß die Gleichungen (1) und (2) immer gelten, wenn y und z vergleichbar sind, also wenn etwa gilt $y \subseteq z$. Wir müssen daher drei Punkte in der folgenden Art wählen:

$$y = c$$

$$z = a \quad \text{oder} \quad b.$$

Wenn andererseits $x \subseteq y \cap z$, dann gelten die Ungleichungen:

$$x \subseteq y, \quad x \subseteq z, \quad x \subseteq y \cup z,$$

woraus folgt

a) $x \cap (y \cup z) = x$ und $(x \cap y) \cup (x \cap z) = x$, also
$x \cap (y \cup z) = (x \cap y) \cup (x \cap z)$,

b) $x \cup (y \cap z) = y \cap z$ und $(x \cup y) \cap (x \cup z) = y \cap z$, also
$x \cup (y \cap z) = (x \cap y) \cup (x \cap z)$.

Die Gleichungen (1) und (2) gelten also wenigstens für $x \subseteq y \cap z$.

Auf dieselbe Weise zeigt man, daß diese Gleichungen auch für $x \supseteq y \cup z$ erfüllt sind.

Wir schließen daraus, daß (1) und (2) im Falle $x = 0$ oder $x = a$ stets gelten. Es bleiben uns daher nur die folgenden Kombinationen von drei Punkten zu untersuchen

$$x = a, \quad y = c, \quad z = b$$

und

$$x = b, \quad y = c, \quad z = a.$$

Für die erste Kombination gilt

$$\left.\begin{array}{l} a \cup (b \cap c) = a \cup b = a \\ (a \cup b) \cap (a \cup c) = b \cap u = b \end{array}\right\} \text{Gleichung (2) gilt nicht.}$$

Man beachte, daß die Gleichung (1) für diese Kombination gilt. Es ist nämlich

$$a \cap (b \cup c) = a \cap u = a$$

und

$$(a \cap b) \cup (a \cap c) = a \cup 0 = a.$$

Auf dieselbe Weise zeigt man, daß für die zweite Kombination Gleichung (2) gilt, aber Gleichung (1) nicht erfüllt ist. In der Tat haben wir:

$$b \cup (c \cap a) = b \cup 0 = b$$

$$(b \cup c) \cap (b \cup a) = u \cap b = b$$

$$b \cap (c \cup a) = b \cap u = b$$

$$(b \cap c) \cup (b \cap a) = 0 \cup a = a.$$

Der Verband in Bild 17.8 ist somit nicht distributiv. Die Existenz eines Unterverbandes von dieser Konfiguration ist also eine hinreichende Bedingung dafür, daß ein Verband nicht distributiv ist. Wir bemerken jedoch, daß diese Bedingung nicht notwendig ist. Das ergibt sich in der Tat aus der Betrachtung des Bildes 17.10.

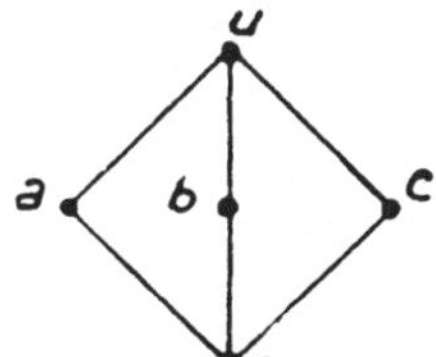

Bild 17.10

Für die drei Punkte a, b, c gilt keine der beiden Gleichungen (1) und (2), denn es ist:

a) $a \cap (b \cup c) = a \cap u = a$

$(a \cap b) \cup (a \cap c) = 0 \cup 0 = 0$

b) $a \cup (b \cap c) = a \cup 0 = a$

$(a \cup b) \cap (a \cup c) = u \cap u = u.$

Wir haben im ersten Teil des Buches gelernt, daß eine notwendige und hinreichende Bedingung für die Distributivität eines Verbandes die ist, daß kein Unterverband vom Typ des Bildes 17.8 oder des Bildes 17.10 auftritt. Diese Tatsache läßt sich auch noch in der folgenden Art formulieren.

Ein Verband ist distributiv dann und nur dann, wenn für drei Verbandselemente x, y und a aus den Gleichungen

$$x \cup a = y \cup a$$

$$x \cap a = y \cap a$$

stets $x = y$ folgt.

Im Verband in Bild 17.9 fallen die beiden Punkte a und b des Verbandes aus Bild 17.8 zusammen. Ersetzen wir in den Ausdrücken

$$a \cup (b \cap c), \quad (a \cup b) \cap (a \cup c), \quad b \cap (c \cup a), \quad (b \cap c) \cup (b \cap a)$$

b durch a, so erhalten wir die Beziehungen

$$a \cup (b \cap c) = (a \cup b) \cap (a \cup c) = a$$

$$a \cap (c \cup a) = (a \cap c) \cup (a \cap a) = a.$$

Damit gelten für drei beliebige Punkte des Verbandes die Gleichungen (1) und (2). Der Verband ist daher distributiv.

15. Man zeige, daß eine endliche Kette, die aus mehr als zwei Elementen besteht, $\{0, a_1, ..., u\}$, nicht komplementär ist.

Notwendig und hinreichend dafür, daß ein Verband komplementär ist, ist die Existenz eines eindeutigen Elementes $\bar{a}$ zu jedem Verbandselement a, so daß

$$a \cup \bar{a} = u$$

$$a \cap \bar{a} = 0.$$

Ist der Verband eine Kette, so haben wir für jedes Paar a, b

$$a \subseteq b \quad \text{oder} \quad b \subseteq a.$$

Nehmen wir zum Beispiel an, daß $a \subseteq b$ gilt. Dann erhalten wir

$$a \cup b = b$$

und

$$a \cap b = a.$$

Wenn also b komplementär zu a sein soll, so muß gelten

$$b = u \quad \text{und} \quad a = 0.$$

Man sieht, daß die Kette aus den beiden Elementen u und 0 einen komplementären Verband bildet. Eine Kette, die mehr als zwei Elemente besitzt, ist hingegen nie komplementär.

16. Gegeben seien zwei konvexe Bereiche A und B. Mit A · B bezeichne man den größten konvexen Bereich, der zugleich in A und B enthalten ist (A · B fällt mit dem Durchschnitt zusammen). Mit A + B bezeichne man den kleinsten konvexen Bereich, der sowohl A als auch B enthält (A + B fällt nicht mit der mengentheoretischen Vereinigung zusammen). Dieser Verband ist nicht distributiv. Welche schwächere Distributivitätsrelation könnte man nachweisen?

Betrachten wir zum Beispiel Bild 17.11. Es zeigt die beiden gleich großen disjunkten Kreise B und C und den in B enthaltenen konvexen Bereich A, der seinerseits die beiden Berührungspunkte α und β von B und den gemeinsamen Tangenten von B und C enthält.

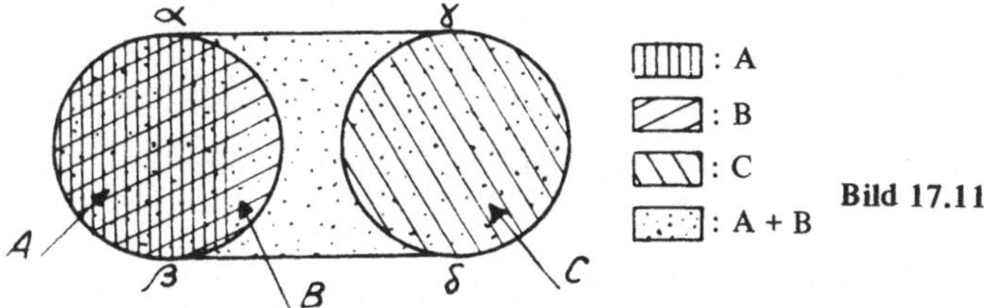

Bild 17.11

Die Bereiche A und B sind zu C disjunkt. Wir haben daher

$A \cdot C = B \cdot C = \phi$ (leerer Bereich).

Der Bereich B + C wird hier als universelles Verbandselement (Einselment) betrachtet, da er alle im Bild dargestellten konvexen Bereiche enthält.

Außerdem sehen wir, daß

$A \cdot B = A,\ A + B = B$ und schließlich $A + C = B + C$,

da ja die Punkte α und β zu A gehören.

Wir erhalten daher den Verband in Bild 17.12; dieser Verband ist nicht distributiv (vgl. Aufgabe 14.2).

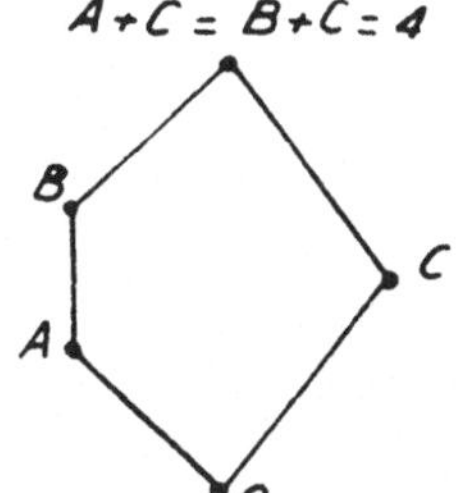

Bild 17.12

Betrachten wir nun die Gesamtheit der komplexen Bereiche und bilden wir die Verbandsoperationen mit Hilfe der oben erklärten Gesetze (·) und (+), so enthält dieser Verband, wie wir zeigen werden, einen Unterverband von der Konfiguration des Bildes 17.12. Er ist daher nicht distributiv.

Er ist außerdem nicht modular, denn der Unterverband aus Bild 17.12 ist nicht modular. Tatsächlich existieren drei Elemente x, y und z, so daß aus $x \subseteq z$ nicht folgt

$x \cap (y \cup z) = (x \cap y) \cup z,$

bzw. in diesem Falle

$x(y + z) = xy + xz.$

Setzen wir $x = A$, $y = C$, $z = B$. Es gilt zwar $A \subseteq B$, aber

$A(C + B) = A \cdot u = A$

$(AC) + B = 0 + B = B.$

Daraus folgt

$$A(C + B) \neq A \cdot C + B.$$

Wie in jedem Verband können wir hier die folgende schwache Distributivitätsrelation als gültig nachweisen:

$$A + B \cdot C \subseteq (A + B) \cdot (A + C)$$

$$A(B + C) \supseteq A \cdot B + A \cdot C.$$

Wir zeigen, daß gilt

$$A + BC \subseteq (A + B) \cdot (A + C).$$

Wir haben

$$B \cdot C \subseteq B \quad \text{und} \quad B \cdot C \subseteq C.$$

Daraus folgt

$$A + B \cdot C \subseteq A + B \quad \text{und} \quad A + B \cdot C \subseteq A + C$$

und schließlich

$$A + B \cdot C \subseteq (A + B) \cdot (A + C).$$

Die zweite Ungleichung beweist man auf dieselbe Weise.

18. Methode zur Reduktion Boolescher Funktionen

1. Man vereinfache die folgenden Ausdrücke durch Anwendung der Rechenregeln:

$$f_1 = \bar{x}\bar{y}\bar{z} \dotplus \bar{x}\bar{y}z \dotplus \bar{x}yz$$

$$f_2 = (\bar{x} \dotplus y \dotplus \bar{z})(x \dotplus \bar{y} \dotplus z)(\bar{x} \dotplus \bar{y} \dotplus \bar{z})$$

$$f_3 = xy \dotplus \bar{x}z \dotplus yz.$$

1.1. $f_1 = \bar{x}\bar{y}\bar{z} \dotplus \bar{x}\bar{y}z \dotplus \bar{x}yz$

$$\bar{x}\bar{y}\bar{z} \dotplus \bar{x}\bar{y}z = \bar{x}\bar{y}(\bar{z} \dotplus z) = \bar{x}\bar{y} \cdot 1 = \bar{x}\bar{y}$$

$$f_1 = \bar{x}(\bar{y} \dotplus yz)$$

oder

$$\bar{y} \dotplus yz = \bar{y} \dotplus \bar{y}z \dotplus yz = \bar{y} \dotplus z(y \dotplus \bar{y}) = \bar{y} \dotplus z$$

und schließlich

$$f_1 = \bar{x}\bar{y} \dotplus \bar{x}z.$$

1.2. $f_2 = (\bar{x} \dotplus y \dotplus \bar{z})(x \dotplus \bar{y} \dotplus z)(\bar{x} \dotplus \bar{y} \dotplus \bar{z})$

Zur Vereinfachung dieser Funktion benützen wir die Formel

$$\overline{au \dotplus \bar{a}v} = a\bar{u} \dotplus \bar{a}\bar{v},$$

die wir nun beweisen wollen:

$$\overline{au \dotplus \bar{a}v} = (\bar{a} \dotplus \bar{u})(a \dotplus \bar{v}) = \bar{a}a \dotplus \bar{a}\bar{v} \dotplus a\bar{u} \dotplus \bar{u}\bar{v} = \bar{a}\bar{v} \dotplus a\bar{u} \dotplus \bar{u}\bar{v}$$

oder

$$a\bar{u} = a\bar{u} \dotplus a\bar{u}\bar{v}$$

$$\bar{a}\bar{v} = \bar{a}\bar{v} \dotplus \bar{a}\bar{u}\bar{v}.$$

Daraus folgt

$$a\bar{u} \dotplus \bar{a}\bar{v} = a\bar{u} \dotplus \bar{a}\bar{v} \dotplus (a \dotplus \bar{a})\bar{u}\bar{v} = a\bar{u} \dotplus \bar{a}\bar{v} \dotplus \bar{u}\bar{v}$$

und somit

$$\overline{au \dotplus \bar{a}v} = a\bar{u} \dotplus \bar{a}\bar{v}.$$

Wir berechnen nun

$$\bar{f}_2 = x\bar{y}z \dotplus \bar{x}y\bar{z} \dotplus xyz$$

$$x\bar{y}z \dotplus xyz = xz.$$

Daraus folgt

$$\overline{f}_2 = xz \dotplus \overline{x}y\overline{z} = xu \dotplus \overline{x}v$$

mit

$$u = z \quad \text{und} \quad v = y\overline{z},$$

also

$$\overline{u} = \overline{z} \quad \text{und} \quad \overline{v} = \overline{y} \dotplus z,$$

und wir erhalten

$$f_2 = \overline{\overline{f}}_2 = x\overline{z} \dotplus \overline{x}\overline{y} \dotplus \overline{x}z.$$

1.3. $f_3 = xy \dotplus \overline{x}z \dotplus yz.$

Wir haben

$$xy = xy \dotplus xyz$$
$$\overline{x}z = \overline{x}z \dotplus \overline{x}yz.$$

Daraus folgt

$$xy \dotplus \overline{x}z = xy \dotplus \overline{x}z \dotplus (x \dotplus \overline{x})yz = f_3$$
$$f_3 = xy \dotplus \overline{x}z.$$

Wir stoßen hier auf eine Regel, die invers zur Regel von Quine ist. Man erkennt, daß eine Funktion φ, die eine Boolesche Summe der Form $au \dotplus \overline{a}v$ enthält, als Bestandteil auch uv aufweist, und zwar in Form der Summe $au \dotplus \overline{a}v \dotplus uv$.

Eine Funktion der Form

$$\Psi = au \dotplus \overline{a}v \dotplus uv$$

kann man also durch Weglassen des Summanden uv vereinfachen.

2. Mit Hilfe des Veitch-Diagramms reduziere man die Funktion

$$y = a\overline{b} \dotplus \overline{a}\overline{c}d \dotplus c \dotplus b\overline{c}d.$$

Bild 18.1 stellt das Veitch-Diagramm für vier Variable dar, worin wir die Zonen punktiert bzw. schraffiert haben, die den Gliedern der obigen Funktion entsprechen.

Wir finden für y

$$y = c \dotplus d \dotplus a\overline{b}.$$

Wir können dieses Ergebnis auch mit Hilfe der Methode von Quine finden:

$$c \dotplus \overline{a}d\overline{c} = c \dotplus \overline{a}d \dotplus \overline{a}d\overline{c} = c \dotplus \overline{a}d$$
$$c \dotplus bd\overline{c} = c \dotplus bd \dotplus bd\overline{c} = c \dotplus bd,$$

woraus folgt

$$y = a\overline{b} \dotplus c \dotplus \overline{a}d \dotplus bd.$$

Da aber

$$a\overline{b} \dotplus bd = a\overline{b} \dotplus bd \dotplus ad$$

und

$$\overline{a}d \dotplus ad = d,$$

erhalten wir

$$y = a\overline{b} \dotplus c \dotplus \cancel{\overline{a}d} \dotplus \cancel{bd} \dotplus \cancel{ad} \dotplus d = a\overline{b} \dotplus c \dotplus d.$$

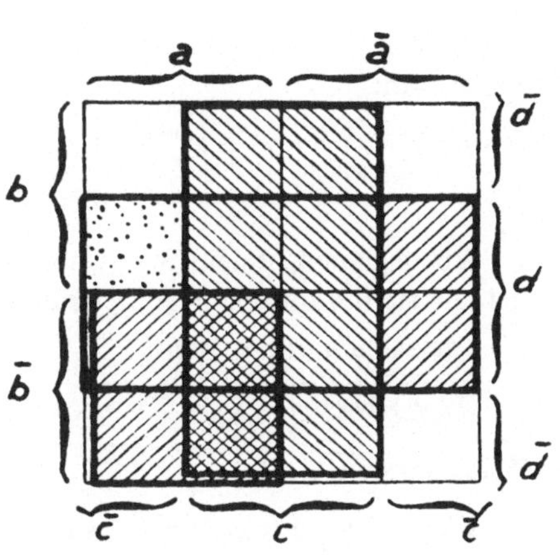

Bild 18.1

3. Man vereinfache die Funktion

$$y = (a \dotplus \overline{b} \dotplus \overline{c})(\overline{a} \dotplus b)(\overline{b} \dotplus c)$$

unter Verwendung des Veitch-Diagramms (Bild 18.2).

Berechnen wir $\overline{y} = \overline{a}bc \dotplus a\overline{b} \dotplus b\overline{c}$. Im Veitch-Diagramm entsprechen die punktierten Zonen $\overline{y}$, die schraffierten Zonen y (nicht punktierte Zonen, durch Komplementbildung erhalten).

Das gibt

$$y = abc \dotplus \overline{a}\overline{b}.$$

Probe:

$$\begin{aligned}\overline{y} &= a\overline{b} \dotplus b\overline{c} \dotplus \overline{a}bc \\ &= a\overline{b} \dotplus b\overline{c} \dotplus \cancel{\overline{a}bc} \dotplus a\overline{c} \dotplus \overline{a}b \\ &= a\overline{b} \dotplus [a\overline{c} \dotplus \overline{a}b \dotplus b\overline{c}] = a\overline{b} \dotplus a\overline{c} \dotplus \overline{a}b \\ &= a(\overline{b} \dotplus \overline{c}) \dotplus \overline{a}b \\ &= a(\overline{bc}) \dotplus \overline{a}b = au \dotplus \overline{a}v \quad \text{mit} \quad u = \overline{bc} \quad \text{und} \quad v = b,\end{aligned}$$

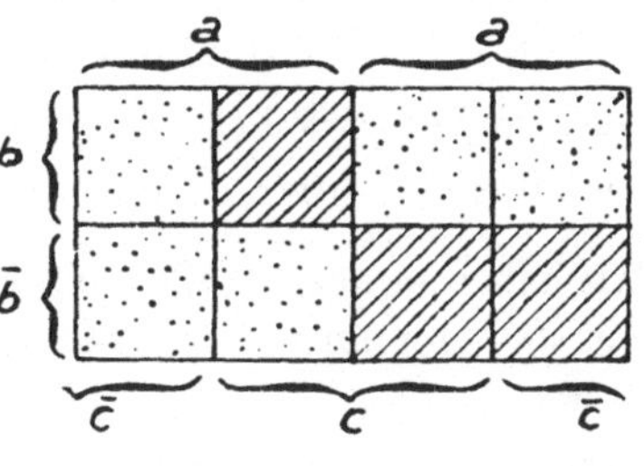

Bild 18.2

woraus folgt

$$y = a\overline{u} \dotplus \overline{a}\overline{v} = abc \dotplus \overline{a}\overline{b}.$$

Man sieht, daß im Falle einer geringen Variablenzahl das Veitch-Diagramm für die Vereinfachung Boolescher Funktionen günstig ist, und zwar dort, wo die Vereinfachung mit Hilfe der Rechenregeln umständlich ist, wie das obige Beispiel zeigt. Wenn mehr als vier Variable auftreten, so wird im Gegensatz dazu die Handhabung des Veitch-Diagramms komplizierter, und man benützt mit mehr Vorteil die Tabellen von Harward oder die Methode von Quine. Diese Methode ist auch die einzige in der Praxis nutzbare, wenn die Anzahl der Variablen größer als 6 wird. (Ausgenommen besonders einfache und durchsichtige Fälle.)

4. Man studiere die Vereinfachungen der folgenden Funktion und bestimme ihre Minimalform:

$$y = \bar{v}[\bar{w}\bar{z}(y \dot{+} x) \dot{+} w(\bar{x}\bar{y}\bar{z} \dot{+} x\bar{y}\bar{z})] \dot{+}$$
$$\dot{+}\, v[\overline{z(\bar{w}\bar{x}y \dot{+} \bar{w}xy \dot{+} w\bar{x}y)} \dot{+} \bar{z}(\bar{w}\bar{x}y \dot{+} \bar{w}xy \dot{+} wxy)].$$

Wir beginnen, indem wir y auf die disjunktive Normalform bringen,und führen dabei alle sich unmittelbar anbietenden Vereinfachungen durch.

Tatsächlich ergibt sich:

$$\overline{\bar{w}\bar{x}y \dot{+} \bar{w}xy \dot{+} w\bar{x}y} = \overline{\bar{w}y \dot{+} \bar{x}y} = (w \dot{+} \bar{y})(x \dot{+} \bar{y}) = \bar{y} \dot{+} wx$$

und andererseits

$$\bar{w}\bar{x}y \dot{+} \bar{w}xy \dot{+} wxy = \bar{w}y \dot{+} xy,$$

woraus folgt

$$y = \bar{v}[\bar{w}[x \dot{+} y]\bar{z} \dot{+} w[\bar{x}\bar{y}\bar{z} \dot{+} x\bar{y} \dot{+} x\bar{z}]] \dot{+} v[\bar{y}z \dot{+} wxz \dot{+} \bar{w}y\bar{z} \dot{+} xy\bar{z}]$$

oder auch:

$$y = \bar{v}[\bar{w}(\bar{x}y \dot{+} x\bar{y} \dot{+} xy)\bar{z} \dot{+} w(\bar{x}\bar{y}\bar{z} \dot{+} x\bar{y}\bar{z} \dot{+} x\bar{y}z \dot{+} xy\bar{z})] \dot{+}$$
$$\dot{+}\, v[\bar{w}(\bar{x}(y\bar{z} \dot{+} \bar{y}z) \dot{+} x(\bar{y}z \dot{+} y\bar{z})) \dot{+} w[\bar{x}(\bar{y}z) \dot{+} x(\bar{y}z \dot{+} y\bar{z} \dot{+} yz)]] =$$
$$= \underset{m_2}{\bar{v}\bar{w}\bar{x}y\bar{z}} \dot{+} \underset{m_4}{\bar{v}\bar{w}x\bar{y}\bar{z}} \dot{+} \underset{m_6}{\bar{v}\bar{w}xy\bar{z}} \dot{+} \underset{m_8}{\bar{v}w\bar{x}\bar{y}\bar{z}} \dot{+} \underset{m_{12}}{\bar{v}wx\bar{y}\bar{z}} \dot{+} \underset{m_{13}}{\bar{v}wx\bar{y}z} \dot{+} \underset{m_{14}}{\bar{v}wxy\bar{z}} \dot{+}$$
$$\dot{+}\, \underset{m_{15}}{v\bar{w}\bar{x}y\bar{z}} \dot{+} \underset{m_{17}}{v\bar{w}\bar{x}\bar{y}z} \dot{+} \underset{m_{21}}{v\bar{w}x\bar{y}z} \dot{+} \underset{m_{22}}{v\bar{w}xy\bar{z}} \dot{+} \underset{m_{25}}{vw\bar{x}\bar{y}z} \dot{+} \underset{m_{29}}{vwx\bar{y}z} \dot{+} \underset{m_{30}}{vwxy\bar{z}} \dot{+} \underset{m_{31}}{vwxyz}.$$

Wir haben in der Tabelle nach Havard für fünf Variable die Minterme, die in y enthalten sind, mit einem Kreuz markiert. Wir gehen in den folgenden Schritten vor:

1. Wir streichen die Zeilen, die den nicht enthaltenen Mintermen entsprechen.

2. In jeder Spalte der Glieder aus 1, 2, ... Variablen streichen wir weiterhin die bereits durch Punkt 1. einmal in dieser Spalte gestrichenen Ziffern. Man sieht sofort, daß alle Spalten der Glieder aus 1 und 2 Variablen verschwinden. Unter den Gliedern mit drei Variablen bleiben noch:

Das Glied Nr. 2 der Variablen vxz, nämlich $\bar{v}x\bar{z}$, das wir mit A bezeichnen,

das Glied Nr. 5 der Variablen vyz, nämlich $v\bar{y}z$, das wir mit B bezeichnen,

das Glied Nr. 2 der Variablen wyz, nämlich $\bar{w}y\bar{z}$, das wir mit C bezeichnen,

das Glied Nr. 6 der Variablen xyz, nämlich $xy\bar{z}$, das wir mit D bezeichnen.

3. Wir markieren nun alle jene Zeilen mit einem zweiten Kreuz, die einem Minterm entsprechen, der oben *noch nicht* angeführt ist. Dann suchen wir unter den Gliedern aus vier Variablen die restlichen heraus, die mindestens einen der gerade erwähnten Minterme enthalten. Es ist nämlich unzweckmäßig, die Glieder aus vier Variablen, die keinen der zweimal markierten Minterme enthalten, beizubehalten. Diese Glieder sind schon unter den bereits ausgewählten Gliedern aus drei Variablen vorhanden.

m_i	v	w	x	y	z	vw	vx	vy	vz	wx	wy	wz	xy	xz	yz	vwx	vwy	vwz	vxy	vxz	vyz	wxy	wxz	wyz	xyz	vwxy	vwxz	vwyz	vxyz	wxyz	vwxyz	
0	0	0	0	0	0	0	0	0	0	0	0	0	0	0	0	0	0	0	0	0	0	0	0	0	0	0	0	0	0	0	0	
1	0	0	0	0	1	0	0	0	1	0	0	1	0	1	1	0	0	1	0	1	1	0	1	1	1	0	1	1	1	1	1	
2	0	0	0	1	0	0	0	1	0	0	1	0	1	0	2	0	1	0	1	0	2	1	0	(2)	2	1	0	2	2	2	2	x
3	0	0	0	1	1	0	0	1	1	0	1	1	1	1	3	0	1	1	1	1	3	1	1	3	3	1	1	3	3	3	3	
4	0	0	1	0	0	0	1	0	0	1	0	0	2	2	0	1	0	0	2	(2)	0	2	2	0	4	2	2	0	4	4	4	x
5	0	0	1	0	1	0	1	0	1	1	0	1	2	3	1	1	0	1	2	3	1	2	3	1	5	2	3	1	5	5	5	
6	0	0	1	1	0	0	1	1	0	1	1	0	3	2	2	1	1	0	3	(2)	2	3	2	(2)	(6)	3	2	2	6	6	6	x
7	0	0	1	1	1	0	1	1	1	1	1	1	3	3	3	1	1	1	3	3	3	3	3	3	7	3	3	3	7	7	7	
8	0	1	0	0	0	1	0	0	0	2	2	2	0	0	0	2	2	2	0	0	0	4	4	4	0	4	4	(4)	0	0	8	xx
9	0	1	0	0	1	1	0	0	1	2	2	3	0	1	1	2	2	3	0	1	1	4	5	5	1	4	5	5	1	9	9	
10	0	1	0	1	0	1	0	1	0	2	3	2	1	0	2	2	3	2	1	0	2	5	4	6	2	5	4	6	2	10	10	
11	0	1	0	1	1	1	0	1	1	2	3	3	1	1	3	2	3	3	1	1	3	5	5	7	3	5	5	7	3	11	11	
12	0	1	1	0	0	1	1	0	0	3	2	2	2	2	0	3	2	2	2	(2)	0	6	6	4	4	(6)	6	(4)	4	12	12	x
13	0	1	1	0	1	1	1	0	1	3	2	3	2	3	1	3	2	3	2	3	1	6	7	5	5	(6)	7	5	5	(13)	13	xx
14	0	1	1	1	0	1	1	1	0	3	3	2	3	2	2	3	3	2	3	(2)	2	7	6	6	(6)	7	6	6	6	14	14	x
15	0	1	1	1	1	1	1	1	1	3	3	3	3	3	3	3	3	3	3	3	3	7	7	7	7	7	7	7	7	15	15	
16	1	0	0	0	0	2	2	2	2	0	0	0	0	0	0	4	4	4	4	4	4	0	0	0	0	8	8	8	8	0	16	
17	1	0	0	0	1	2	2	2	3	0	0	1	0	1	1	4	4	5	4	5	(5)	0	1	1	1	8	9	9	9	1	17	x
18	1	0	0	1	0	2	2	3	2	0	1	0	1	0	2	4	5	4	5	4	6	1	0	(2)	2	9	8	10	10	2	18	x
19	1	0	0	1	1	2	2	3	3	0	1	1	1	1	3	4	5	5	5	5	7	1	1	3	3	9	9	11	11	3	19	
20	1	0	1	0	0	2	3	2	2	1	0	0	2	2	0	5	4	4	6	6	4	2	2	0	4	10	10	8	12	4	20	
21	1	0	1	0	1	2	3	2	3	1	0	1	2	3	1	5	4	5	6	7	(5)	2	3	1	5	10	11	9	13	5	21	x
22	1	0	1	1	0	2	3	3	2	1	1	0	3	2	2	5	5	4	7	6	6	3	2	(2)	(6)	11	10	10	14	6	22	x
23	1	0	1	1	1	2	3	3	3	1	1	1	3	3	3	5	5	5	7	7	7	3	3	3	7	11	11	11	15	7	23	
24	1	1	0	0	0	3	2	2	2	2	2	2	0	0	0	6	6	6	4	4	4	4	4	4	0	12	12	12	8	8	24	
25	1	1	0	0	1	3	2	2	3	2	2	3	0	1	1	6	6	7	4	5	(5)	4	5	5	1	12	13	13	9	9	25	x
26	1	1	0	1	0	3	2	3	2	2	3	2	1	0	2	6	7	6	5	4	6	5	4	6	2	13	12	14	10	10	26	
27	1	1	0	1	1	3	2	3	3	2	3	3	1	1	3	6	7	7	5	5	7	5	5	7	3	13	13	15	11	11	27	
28	1	1	1	0	0	3	3	2	2	3	2	2	2	2	0	7	6	6	6	6	4	6	6	4	4	14	14	12	12	12	28	
29	1	1	1	0	1	3	3	2	3	3	2	3	2	3	1	7	6	7	6	7	(5)	6	7	5	5	14	(15)	13	13	(13)	29	x
30	1	1	1	1	0	3	3	3	2	3	3	2	3	2	2	7	7	6	7	6	6	7	6	6	(6)	(15)	14	14	14	14	30	x
31	1	1	1	1	1	3	3	3	3	3	3	3	3	3	3	7	7	7	7	7	7	7	7	7	7	(15)	(15)	15	15	15	31	xx

Bild 18.3. Tabelle nach Havard für 5 Variable

Es bleiben somit die folgenden Glieder:

Nr. 6 aus den Variablen vwxy, also $\bar{v}wx\bar{y}$, das wir E nennen,
Nr. 15 aus den Variablen vwxy, also vwxy, das wir F nennen,
Nr. 15 aus den Variablen vwxz, also vwxz, das wir G nennen,
Nr. 4 aus den Variablen vwyz, also $\bar{v}w\bar{x}\bar{z}$, das wir H nennen,
Nr. 13 aus den Variablen wxyz, also $wx\bar{y}z$, das wir I nennen.

Auf diese Weise erhalten wir alle Primglieder der Funktion y und können nun schreiben:

$$y = A \dotplus B \dotplus \ldots \dotplus H \dotplus I.$$

Um von hier aus auf die Minimalform zu kommen, verwenden wir die im ersten Teil des Buches angegebene Methode. Jeder Zeile der Tabelle entspricht eine Boolesche Gleichung, deren Variable die Primglieder A, ..., I sind. Wenn der gleiche Minterm in mehreren Gliedern vorkommt, zum Beispiel etwa in x_1, x_2, x_3, dann gilt die Gleichung $x_1 \dotplus x_2 \dotplus x_3 = 1$, woraus folgt, daß mindestens eines der Glieder x_1, x_2, x_3 in der einfachsten Form von y auftreten muß.

Wir erhalten:

Für m_2 die Gleichung $C = 1$ (1)
für m_4 die Gleichung $A = 1$ (2)
für m_6 die Gleichung $A \dotplus C \dotplus D = 1$ (3)
für m_8 die Gleichung $H = 1$ (4)
für m_{12} die Gleichung $A \dotplus E \dotplus H = 1$ (5)
für m_{13} die Gleichung $E \dotplus I = 1$ (6)
für m_{14} die Gleichung $A \dotplus D = 1$ (7)
für m_{17} die Gleichung $B = 1$ (8)
für m_{18} die Gleichung $C = 1$ (9)
für m_{21} die Gleichung $B = 1$ (10)
für m_{22} die Gleichung $C \dotplus D = 1$ (11)
für m_{25} die Gleichung $B = 1$ (12)
für m_{29} die Gleichung $B \dotplus G \dotplus I = 1$ (13)
für m_{30} die Gleichung $D \dotplus F = 1$ (14)
für m_{31} die Gleichung $F \dotplus G = 1$ (15)

In allen diesen Gleichungen steht auf der rechten Seite 1. Das Produkt aus all diesen Ausdrücken muß daher auch den Wert 1 haben. Bevor wir dieses Produkt anschreiben, können wir jedoch gewisse Vereinfachungen vornehmen. Wir haben in der Tat, wenn wir die gewöhnlichen Regeln des Booleschen Kalküls anwenden:

$$x(y \dotplus x) = x,$$

und für das Produkt aus den linken Seiten der Gleichungen

$$C = 1 \quad \text{und} \quad A \dotplus C \dotplus D = 1$$

erhalten wir zum Beispiel

$$C \cdot (A \dotplus C \dotplus D) = C = 1\,.$$

Daraus schließt man: Da das Glied C notwendigerweise in jeder vereinfachten Form von y auftritt (C ist ja ein *wesentliches* Glied), ist es nicht nötig, daß der Minterm m_6 zusätzlich zu A oder D in y vorkommt, da m_6 bereits in C enthalten ist. Die Gleichung (3) ist daher im Hinblick auf Gleichung (1) überflüssig und braucht nicht mehr berücksichtigt zu werden.

Genauso dürfen auch die Gleichungen (3), (5), (7), (9), (10), (11), (12), (13) unberücksichtigt bleiben, wie man leicht nachweist.

Schließlich erhalten wir die Gleichung

$$\xi = A \cdot B \cdot C \cdot H(E \dotplus I)(D \dotplus F)(F \dotplus G) = 1\,.$$

Man beachte, daß y die 4 wesentlichen Glieder A, B, C und H enthält.

Entwickeln wir die Primglieder von ξ, so haben wir:

$$(D \dotplus F)(F \dotplus G) = (F \dotplus DG)$$

$$(E \dotplus I)(F \dotplus DG) = EF \dotplus IF \dotplus EDG \dotplus IDG\,.$$

Wir behalten nur die Terme bei, die am wenigsten Variablen enthalten, also EF und IF.

Schließlich gibt das

$$\xi = A \cdot B \cdot C \cdot F \cdot H \cdot (E \dotplus I),$$

und daraus ergeben sich die zwei äquivalenten Minimalformen

$$y = A \dotplus B \dotplus C \dotplus F \dotplus H \dotplus \begin{cases} E \\ I \end{cases}$$

oder

$$y = \bar{v}x\bar{z} \dotplus v\bar{y}z \dotplus \bar{w}y\bar{z} \dotplus vwxy \dotplus \bar{v}w\bar{x}\bar{z} \dotplus \begin{cases} \bar{v}wx\bar{y} \\ wx\bar{y}z. \end{cases}$$

5. Wir betrachten die Funktion

$$Y = vx(w \dotplus \bar{x} \dotplus y) \dotplus \overline{v(w \dotplus y \dotplus \bar{z})} \dotplus w[\bar{v}x \dotplus z(x \dotplus y)] \dotplus \overline{(\bar{w} \dotplus \bar{y} \dotplus z)(v \dotplus \bar{x} \dotplus \bar{y})} \dotplus \bar{w}xz\,.$$

a) Mit Hilfe der Wertetafel bringe man diese Funktion auf die disjunktive Normalform.

b) Man bestimme deren Glieder durch die Methode von Quine.

Vorerst bringen wir diese Funktion auf *Normalform*, das heißt, auf die Form eines Polynoms.

Wir erhalten

$$Y = vwx \dotplus vxy \dotplus \bar{v} \dotplus \bar{w}\bar{y}z \dotplus \bar{v}wx \dotplus wxz \dotplus wyz \dotplus wy\bar{z} \dotplus \bar{v}xy \dotplus \bar{w}xz.$$

Man sieht unmittelbar, daß die Glieder $\bar{v}wx$ und $\bar{v}xy$, die in $\bar{v}$ enthalten sind, verschwinden, und daß andererseits gilt:

$$wxz \dotplus \bar{w}xz = xz$$

und

$$wy\bar{z} \dotplus wyz = wy,$$

woraus folgt

$$Y = vwx \dotplus \bar{v} \dotplus \bar{w}\bar{y}z \dotplus xz \dotplus wy \dotplus vxy.$$

Wir bilden die Wertetafel (Bild 18.4) und erhalten

$$Y = m_0 \dotplus m_1 \dotplus m_2 \dotplus m_3 \dotplus m_4 \dotplus m_5 \dotplus m_6 \dotplus m_7 \dotplus m_8 \dotplus m_9 \dotplus m_{10} \dotplus$$
$$\dotplus m_{11} \dotplus m_{12} \dotplus m_{13} \dotplus m_{14} \dotplus m_{15} \dotplus m_{17} \dotplus m_{21} \dotplus m_{22} \dotplus m_{23} \dotplus$$
$$\dotplus m_{26} \dotplus m_{27} \dotplus m_{28} \dotplus m_{29} \dotplus m_{30} \dotplus m_{31}.$$

Wenden wir nun die Methode von Quine an, um die Primglieder von y zu finden.

Wir haben: $\bar{v} \dotplus vwx \dotplus vxy = \bar{v} \dotplus vwx \dotplus vxy \dotplus \underline{wx} \dotplus \underline{xy}$. Da die Glieder wx und xy auftreten, dürfen wir vwx und vxy weglassen. Diese Glieder sind in y enthalten. Wenn wir je zwei der Glieder kombinieren, tritt kein neues Glied auf. Wir erhalten

$$wx \dotplus \bar{w}\bar{y}z = wx \dotplus \bar{w}\bar{y}z \dotplus \underline{x\bar{y}z},$$

da $x\bar{y}z$ in xz enthalten ist.

Die reduzierte Form von Y, in der alle Primglieder auftreten, heißt somit

$$Y = \bar{v} \dotplus wx \dotplus xy \dotplus wy \dotplus xz \dotplus w\bar{y}z.$$

In der Wertetafel von Bild 18.4 haben wir bezüglich dieser Primglieder alle jene Minterme mit einem x markiert, die in einem davon enthalten sind. Mit einem umrandeten Kreuz ⊗ haben wir alle solche Minterme gekennzeichnet, die in den gesuchten Gliedern enthalten sind. Man sieht daher, daß die Glieder $\bar{v}$, wx, xy, wy und $\bar{w}\bar{y}z$ wesentlich sind.

Da die Summe der Glieder gleich Y ist, ist das Glied xz überflüssig. Die (eindeutige) Minimalform von Y ist daher:

$$Y = \bar{v} \dotplus wx \dotplus xy \dotplus wy \dotplus \bar{w}\bar{y}z.$$

6. Wir betrachten die Funktion

$$f = (\bar{x} \dotplus wy)(x \dotplus yz).$$

Unter der Verwendung der Methode von Quine reduziere man den Ausdruck:

a) Auf die Form einer logischen Summe von Produkten,
b) auf die Form des Produktes von logischen Summen.

m_i	v	w	x	y	z	$\bar{v}$	wx	xy	wy	xz	$\bar{w}\bar{y}z$	Y
0	0	0	0	0	0	ⓧ						x
1					1	x					x	x
2				1	0	ⓧ						x
3					1	ⓧ						x
4			1	0	0	ⓧ						x
5					1	x				x	x	x
6				1	0	x		x				x
7					1	x		x		x		x
8		1	0	0	0	ⓧ						x
9					1	ⓧ						x
10				1	0	x			x			x
11					1	x			x			x
12			1	0	0	x	x					x
13					1	x	x			x		x
14				1	0	x	x	x	x			x
15					1	x	x	x	x	x		x
16	1	0	0	0	0	///	///	///	///	///	///	///
17					1						ⓧ	x
18				1	0	///	///	///	///	///	///	///
19					1	///	///	///	///	///	///	///
20			1	0	0	///	///	///	///	///	///	///
21					1					x	x	x
22				1	0			ⓧ				x
23					1			x		x		x
24		1	0	0	0	///	///	///	///	///	///	///
25					1	///	///	///	///	///	///	///
26				1	0				ⓧ			x
27					1				ⓧ			x
28			1	0	0		ⓧ					x
29					1		x			x		x
30				1	0		x	x	x			x
31					1		x	x	x	x		x

Bild 18.4

Wir entwickeln die Funktion, um sie auf Normalform zu bringen:

$$f = \bar{x}yz \dotplus xwy \dotplus wyz.$$

Bei Verwendung der Methode von Quine sehen wir, daß gilt

$$\bar{x}yz \dotplus xwy = \bar{x}yz \dotplus xwy \dotplus \underbrace{wyz} = f.$$

Die zwei ersten Glieder enthalten das dritte. Daraus folgt

$$f = \bar{x}yz \dotplus xwy.$$

Das ist eine Minimalform, denn die beiden einzigen Glieder haben keinen Minterm gemeinsam (ihr Produkt ist null), und man kann kein Glied weglassen, ohne die Funktion zu ändern.

Man kann diese Funktion leicht auf die Form eines Produktes von logischen Summen bringen. Wir geben dazu zwei Methoden an:

1. *Wir berechnen* $\bar{f}$:

$$\begin{aligned}\bar{f} &= (x \dotplus \bar{y} \dotplus \bar{z})(\bar{x} \dotplus \bar{w} \dotplus \bar{y}) \\ &= x\bar{w} \dotplus \cancel{x\bar{y}} \dotplus \cancel{\bar{x}\bar{y}} \dotplus \cancel{\bar{y}\bar{w}} \dotplus \bar{y} \dotplus \bar{x}\bar{z} \dotplus \bar{z}\bar{w} \dotplus \cancel{\bar{y}\bar{z}} \\ &= \bar{y} \dotplus x\bar{w} \dotplus \bar{x}\bar{z} \dotplus \bar{z}\bar{w}.\end{aligned}$$

Unter Verwendung der Methode von Quine ergibt sich

$$x\bar{w} \dotplus \bar{x}\bar{z} = x\bar{w} \dotplus \bar{x}\bar{z} \dotplus \bar{z}\bar{w}.$$

Das Glied zw darf weggelassen werden, und wir erhalten

$$\bar{f} = \bar{y} \dotplus x\bar{w} \dotplus \bar{x}\bar{z},$$

woraus folgt

$$f = y(\bar{x} \dotplus w)(x \dotplus z).$$

2. *Direkte Berechnung:*

Wir wenden hier die Methode von Quine auf ein Glied an, das aus einer logischen Summe von Variablen gebildet ist. Wenn wir eine Funktion der Art

$$\varphi = (x \dotplus u)(\bar{x} \dotplus v)$$

haben, so dürfen wir schreiben

$$\varphi = (x \dotplus u)(\bar{x} \dotplus v)(u \dotplus v).$$

Tatsächlich gilt

$$\varphi = \bar{\bar{\varphi}} = \overline{x\bar{u} \dotplus \bar{x}\bar{v}} = \overline{x\bar{u} \dotplus \bar{x}\bar{v} \dotplus \bar{u}\bar{v}} = (x \dotplus u)(\bar{x} \dotplus v)(u \dotplus v).$$

Man sieht, daß sich die Methode von Quine auf das Produkt aus logischen Summen ebensogut anwenden läßt wie auf die logische Summe von Produkten. In unserem Falle erhalten wir:

$$f = (\bar{x} \dotplus wy)(x \dotplus yz) = (\bar{x} \dotplus wy)(x \dotplus yz)(wy \dotplus yz)$$
$$= y(\bar{x} \dotplus wy)(x \dotplus yz)(w \dotplus z).$$

Da aber gilt

$$a(b \dotplus ac) = ab \dotplus ac = a(b \dotplus c),$$

so folgt

$$y(\bar{x} \dotplus wy)(x \dotplus yz) = y(\bar{x} \dotplus w)(x \dotplus z)$$
$$f = y(\bar{x} \dotplus w)(x \dotplus z)(w \dotplus z).$$

Wenden wir nochmals die Methode von Quine an, so ergibt sich

$$(\bar{x} \dotplus w)(x \dotplus y) = (\bar{x} \dotplus w)(x \dotplus z)(w \dotplus z).$$

Das Glied $(w \dotplus z)$ darf daher in dem Ausdruck für f weggelassen werden, woraus schließlich folgt

$$f = y(\bar{x} \dotplus w)(x \dotplus z).$$

Namen- und Sachwortverzeichnis